普通高等教育“十一五”国家级规划教材

电工电子技术

第 3 版

主　编　詹迪铌　王桂琴
副主编　王芳荣　徐卓君
参　编　吴　微　厉　茜
　　　　刘　洋　林宝君

机 械 工 业 出 版 社

本书是普通高等教育“十一五”国家级规划教材，是根据教育部高等学校电工电子基础课程教学指导分委员会最新颁布的“电工学”课程教学基本要求，结合编者多年的教学实践，为进一步提高学生的综合素质与自主创新能力，并为推进高等院校教学改革中的创新课程建设而编写的新形态教材。

本书分为直流电路、交流电路、电机与控制、模拟电子电路、数字电子电路五篇，共包含十七章内容。除每章后附有本章小结、习题外，还独具特色地在每一篇结尾配有综合训练，其内容包括：阶段小测验、趣味阅读、能力开发与创新三个栏目。

本书可用作高等院校非电类专业的教材，也可供其他社会读者使用。

本书的相关在线教学资源可登录 https://mooc1.chaoxing.com/course/214383667.html 浏览或下载。电子课件可登录 http://www.cmpedu.com 下载。

图书在版编目（CIP）数据

电工电子技术/詹迪铌，王桂琴主编. —3版. —北京：机械工业出版社，2023.4（2025.2重印）
普通高等教育“十一五”国家级规划教材
ISBN 978-7-111-72345-5

Ⅰ.①电… Ⅱ.①詹… ②王… Ⅲ.①电工技术-高等学校-教材②电子技术-高等学校-教材 Ⅳ.①TM②TN

中国国家版本馆CIP数据核字（2023）第027091号

机械工业出版社（北京市百万庄大街22号 邮政编码100037）
策划编辑：王雅新　　责任编辑：王雅新　聂文君
责任校对：张晓蓉　张　薇　　封面设计：王　旭
责任印制：张　博
北京建宏印刷有限公司印刷
2025年2月第3版第7次印刷
184mm×260mm · 24.75印张 · 630千字
标准书号：ISBN 978-7-111-72345-5
定价：69.80元

电话服务　　网络服务
客服电话：010-88361066　　机　工　官　网：www.cmpbook.com
010-88379833　　机　工　官　博：weibo.com/cmp1952
010-68326294　　金　书　网：www.golden-book.com

机工教育服务网：www.cmpedu.com

前言

《电工电子技术》（第3版）是普通高等教育“十一五”国家级规划教材。本书是在第2版的基础上，以侧重学生价值引领、能力培养与素质提高及社会对人才的需求为背景，以培养科学家精神为目的，结合吉林大学电工学在线课程资源修订而成。

本次修订将《电工电子技术》升级为“新形态”立体化教材，主要适用于高等院校本专科非电类专业使用，也适用于各类读者自主学习或作为参考书使用。

第3版在满足“电工学教学基本要求”的前提下，做了以下修改工作：

1. 内容的取舍上尽量处理好以下3个关系：既要压缩一些实际应用中越来越少的传统内容，又要保证基本概念、基本定理、基本分析方法的阐述；既要尽量淡化分立、加强集成，又要保证管路结合；既要考虑内容的典型性与应用性，又要体现现代电工电子技术的先进性。

2. 加强了知识的应用，重要章节开篇增加实用案例导学。例如在暂态分析中加入了汽车点火电路；增加了一些与时俱进的内容，例如增加了纳米晶体管的内容。

3. 书中的例题与习题有所变动。删去了与课堂教学主要内容不够紧密的例题与习题，补充了一些更加典型的例题和习题，并给出了习题答案，更加方便学生学习。

4. 本教材采用了“新形态”教材的做法，对于一些重要的知识点和难点及补充例题，读者可以通过扫描二维码，观看视频、PDF文件。每章内容之后，增加了详细的章节小结，通过扫描二维码，读者可以看到PDF文件。每篇后的综合小测验，改为在线测验，这种形式更利于读者对学习成果进行自我检验。

科学充满未知，探索永无止境。编者希望年轻的读者们能具备勇攀高峰、敢为人先、追求真理、严谨治学，淡泊名利、潜心研究的精神品格，继承和发扬老一辈科学家胸怀祖国、服务人民的优秀品质。创造无愧于时代、无愧于人民、无愧于历史的光荣业绩。

本书由吉林大学詹迪铌、王桂琴担任主编，徐卓君、王芳荣担任副主编。其中，第一章由王桂琴编写，第二章、第三章、第四章、第五章及第一、二篇综合训练由詹迪铌编写；第六章、第七章由林宝君编写；第八章、第三篇综合训练、习题答案由厉茜编写；第九章、第十章由刘洋编写；第十一章、第十二章及第四篇综合训练由吴微编写；第十三章、第十四章、第十五章由徐卓君编写；第十六章、第十七章及第五篇综合训练由王芳荣编写。

本书为吉林大学省级精品课“电工学”课程的配套教材，相关教学资源可登录 https://www.xueyinonline.com/detail/227042251/和 https://mooc1.chaoxing.com/course/222630702.html 加入在线课程，获取在线资源。

虽然作者努力对教材进行了修改完善，但限于水平，不免有不妥和疏漏之处，敬请兄弟院校的同仁和广大读者批评指正。

编　者

2023年1月

目 录

第三篇 电机与控制

第四篇 模拟电子电路

第五篇 数字电子电路

第一篇

直 流 电 路

第一章　电路的基本概念和基本定律

第一节　电路和电路模型

一、电路

电路是为能够实现某种需要、由若干电工元器件按一定方式相互连接起来的组合。电气工程中会遇到各种各样的电路，有些比较简单，有些很复杂，通常把比较复杂的电路称为网络，电路与网络没有本质上的差异。

电路一般由电源（信号源）、负载和中间环节三部分组成，其中：

电源（信号源）是将其他形式的能量或信号转换为电能或电信号的装置，例如，发电机将机械能转换为电能，传感器将非电量信息转换为电信号等。

负载是取用电能，将电能转换为其他形式能量的装置，例如，电动机将电能转换为机械能，扬声器将音频信号转换为声音等。

连接电源与负载之间的中间环节是传送、控制电能或电信号的部分，它包括连接导线、控制电器和保护元件（开关、熔断器）等。

例如，图 1-1-1 所示就是手电筒电路和有线广播电路示意图。

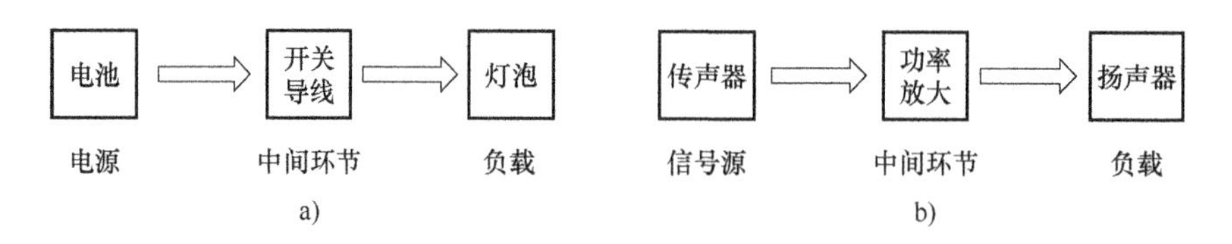

图 1-1-1　电路示意图

a）手电筒电路示意图　b）有线广播电路示意图

电路的作用是：完成供电、通信、计算、测量和控制等方面的工作。就电路的功能而言，可以分为两类：一类是实现能量的传输、分配和转换，例如，供电电路就是将电能转换为光能、热能、机械能等；另一类是实现信号的传递与处理，例如，计算机将输入的数字信号加以运算、判断、处理，然后将新的数据输出显示。

二、电路模型

由于组成电路的电气设备和器件种类繁多，即使是很简单的电气设备或器件，在工作时所发生的物理现象也是很复杂的，这给电路分析带来了很大困难。但是，这些复杂的物理现象都是由一些基本的物理现象综合而成的，因此我们可以将电气设备或器件中的每一种基本物理性质用一个对应的理想元件来表示。

电路分析的直接对象并不是那些由实际的电工器件构成的电路，而是分析从实际电路抽象出来的电路模型。这些电路模型是由表示实际器件的基本物理性质的理想元件组成的。

基本的理想元件有：电阻、电容、电感、电压源和电流源等，如图 1-1-2 所示。

实际的电路元件一般都不会只具备一种特性。例如，白炽灯，主要是将电能转换为光能和热能，但是它除了有电阻特性之外，还具备一定的电感性质，只考虑它的主要作用，就可以忽略微小的电感，把它看成一个理想的电阻元件。

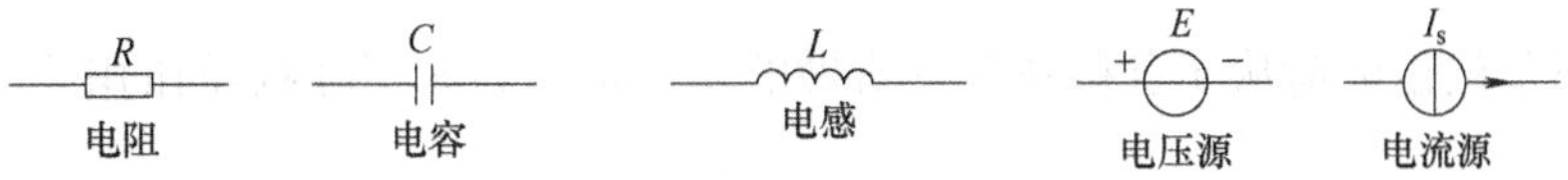

R 电阻　C 电容　L 电感　E 电压源　I_s 电流源

图 1-1-2　理想元件的电路模型

第二节　电路的基本物理量及其参考方向

一、电流及其参考方向

电荷在电场力作用下，做有规则的定向运动就是电流。单位时间内通过导体横截面的电荷量定义为电流，即

$$i=\frac{\mathrm{d}q}{\mathrm{d}t}$$

大小和方向随时间变化的电流称为交变电流，用小写字母 i 表示。有的电流其大小和方向不随时间变化，即$\frac{\mathrm{d}q}{\mathrm{d}t}$=常数，这种电流称为恒定电流，简称直流，用大写字母 I 表示。电流的单位是安培（A）。

分析电路时，除了要计算电流的大小外，同时还要确定它的方向，习惯上把正电荷运动的方向（或负电荷运动的相反方向）作为电流的方向，这种方向称为电流的实际方向，简称电流的方向。

电流的实际方向，在简单情况下是可以直接确定的，例如，在图 1-2-1a 所示的直流电路中，可以从电源给定的正负极性判断出电流的方向。但在实际问题中，往往难以凭直观判断电流的实际方向，例如，在图 1-2-1b 中，稍微复杂一些的电路，难以事前判断出电阻 R 上电流的实际方向。

在 ab 段电路上，电流只可能有两种流向，为了计算方便，可以任选一个方向作为电流的参考方向。按照参考方向计算，电流就变成了一个可正可负的代数量。若计算结果为正，说明电流的实际方向与参考方向一致；计算结果为负，说明电流的实际方向与参考方向相反。如图 1-2-2 所示，实线箭头代表参考方向，虚线箭头代表实际方向。

电流的参考方向标注方法有两种：一是在电路中，画一个实线箭头，并标出电流名称；二是用双下标表示，如 I_{ab} 表示从 a 流向 b 的电流。

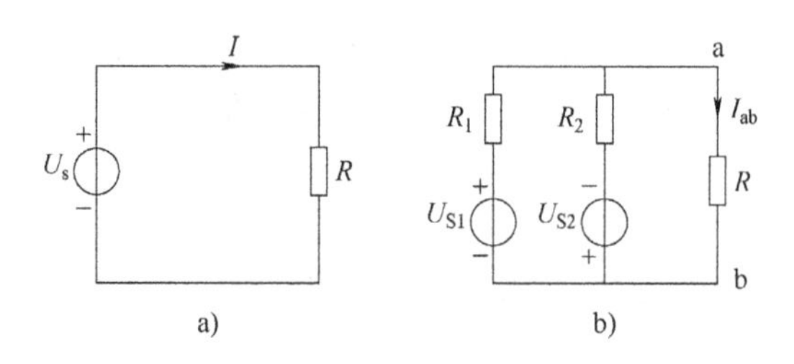

图 1-2-1　电流的实际方向与参考方向

a）电流的实际方向　b）电流的参考方向

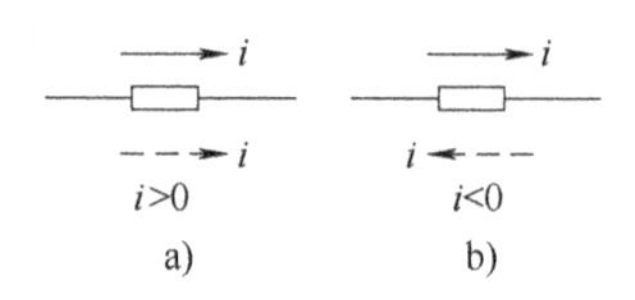

图 1-2-2　实际方向与参考方向

二、电压及其参考方向

电场力把单位正电荷从 a 点移到 b 点所做的功，定义为 a、b 两点间的电压 u_{ab}。

$$u_{ab} = \frac{dw}{dq}$$

电路中任意两点间的电压就是这两点间的电位差，即

$$u_{ab} = V_a - V_b$$

若 a 点为高电位，b 点为低电位，则 u_{ab} 为正值。电压的方向规定为由高电位指向低电位，即电位降低的方向。电压的单位是伏特（V）。

在分析与计算电路时，同电流一样，电压也要任意选定其参考方向。按照所选定的参考方向分析电路，得出的电压为正值（$u>0$），表明电压的实际方向与参考方向一致；反之，若得出的电压为负值（$u<0$），则表明电压的实际方向与参考方向相反。

电路中表示电压的参考方向有三种，a、b 两点间电压的参考方向一是用箭头表示；二是用“+”“−”符号表示；三是书写时用双下标的 u_{ab} 表示，如图 1-2-3 所示。对一个元件或一段电路上的电压参考方向和电流参考方向可以独立地任意选定。若电压和电流的参考方向相同，则把电压和电流的这种参考方向称为关联参考方向，如图 1-2-4 所示。

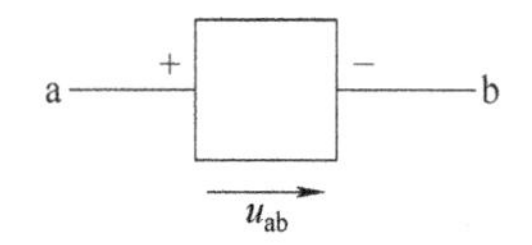

图 1-2-3　电压的参考方向

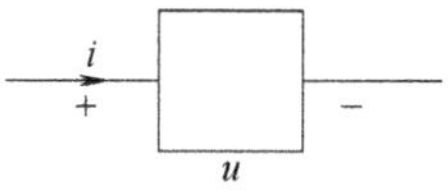

图 1-2-4　关联参考方向

三、电动势及其参考方向

电动势在数值上等于非电场力把单位正电荷由负极经电源内部移到正极所做的功。显然，电动势的单位也是伏特（V）。

通常规定电动势的实际方向是由电源的负极指向电源的正极。同电流和电压一样，在电路中所标出的电动势方向也是它的参考方向。

注意，电源的端电压与电动势之间的关系如图 1-2-5 所示。

四、电能和电功率

当一个电路元件两端加上电压 $u(t)$，流过电流 $i(t)$ 时，就会产生能量转换。从 t_0 到 t_1

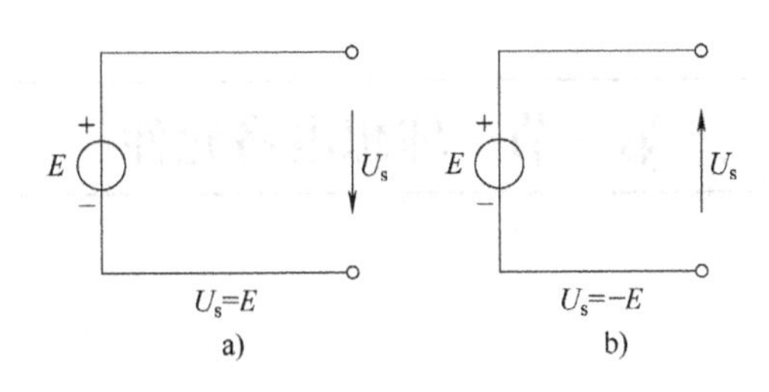

图　1-2-5

的时间内，元件的电能可根据电压的定义求得

$$w = \int u \mathrm{d}q$$

在电压和电流的关联参考方向下，由于 $i = \mathrm{d}q/\mathrm{d}t$，所以

$$w = \int_{t_0}^{t_1} u(t)i(t)\mathrm{d}t$$

电能对时间的变化率就是电功率，简称功率，即

$$p = \frac{\mathrm{d}w}{\mathrm{d}t} = u(t)i(t)$$

式中，u 和 i 都是时间的函数，是代数量，因此电能 w 和功率 p 也是时间的函数，也是代数量。

在国际单位制（SI）中，电压的单位是伏特（V），电流的单位是安培（A），电荷的单位是库仑（C），时间的单位是秒（s），电能的单位是焦耳（J），功率的单位是瓦特（W）。

元件上的电能与电功率有发出和吸收两种可能。进行电路分析时，电压和电流采用的是参考方向，两者之间可能是关联参考方向，也可能是非关联参考方向。这种情况下，怎样确定元件是发出功率还是吸收功率，可做如下规定：

1）在电压和电流关联参考方向下 $p = u(t)i(t)$。

2）在电压和电流非关联参考方向下 $p = -u(t)i(t)$。

在此规定下，将按参考方向计算出来的电压、电流代入到计算功率的公式中，如果计算结果 $p>0$，表示电压与电流的实际方向相同，元件吸收功率，是负载；反之，若计算结果为 $p<0$，表示电压与电流实际方向相反，元件发出功率，是电源。

【例 1-2-1】 图 1-2-6 是一个含有电压源和负载的闭合电路。电压源电压 $U_s = 24\mathrm{V}$，内阻 $R_s = 0.5\Omega$，负载电阻 $R = 7.5\Omega$。求：

（1）电路中的电流。

（2）负载端电压。

（3）各元件的功率。

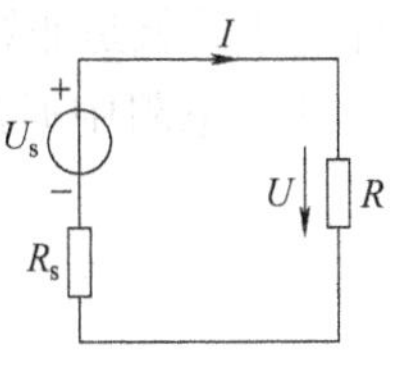

图　1-2-6

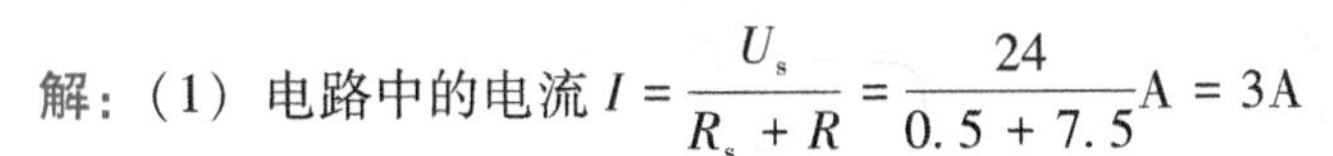

解：（1）电路中的电流 $I = \dfrac{U_s}{R_s + R} = \dfrac{24}{0.5 + 7.5}\mathrm{A} = 3\mathrm{A}$

（2）负载端电压 $U = IR = 3\mathrm{A} \times 7.5\Omega = 22.5\mathrm{V}$

（3）各元件的功率为

$$P_s = -U_s I = -24\mathrm{V} \times 3\mathrm{A} = -72\mathrm{W}\ \text{（电源产生的功率）}$$

$$P = UI = 22.5\mathrm{V} \times 3\mathrm{A} = 67.5\mathrm{W}\ \text{（负载消耗的功率）}$$

$$\Delta P = I^2 R_s = 3^2 \times 0.5\mathrm{W} = 4.5\mathrm{W}\ \text{（电源内阻消耗的功率）}$$

拓展例题

第三节　理想电路元件

一、理想无源元件

（一）电阻元件

线性电阻元件在电路中的图形符号如图 1-3-1 所示。

在电压和电流关联参考方向下，按欧姆定律线性电阻元件的电压、电流关系为

$$i=\frac{u}{R}$$

上式中的 R 称为元件的电阻，是一正常数，当电压用伏特（V）、电流用安培（A）表示时，电阻的单位为欧姆（Ω）。

若电阻元件的电压和电流是非关联参考方向（见图 1-3-2），则欧姆定律应写为

$$i=-\frac{u}{R}$$

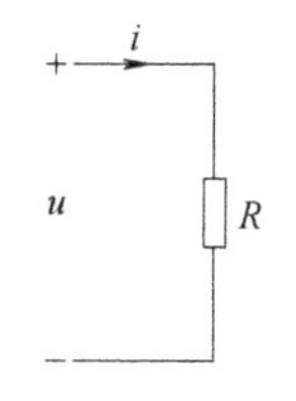

图 1-3-1　电阻电路

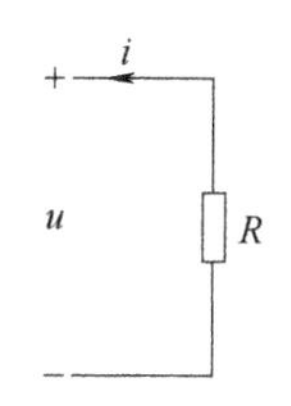

图 1-3-2　u 与 i 参考方向相反

电阻元件的特性常用元件两端的电压与通过它的电流之间的关系曲线 $u=f(i)$ 或 $i=f(u)$ 表示，这种曲线称为伏安特性，它可以通过实验作出。

若电阻值不随电压、电流变化而变化，则称此电阻为线性电阻。常用的电阻器可视为线性电阻元件。线性电阻的伏安特性是通过坐标原点的一条直线，如图 1-3-3a 所示。

若电阻值随电压、电流变化而变化的电阻则称为非线性电阻，例如，常用的晶体二极管、晶体三极管就是非线性电阻元件。非线性电阻的伏安特性是一条曲线，如图 1-3-3b 所示。

线性电阻中通过的电流与两端电压成正比。

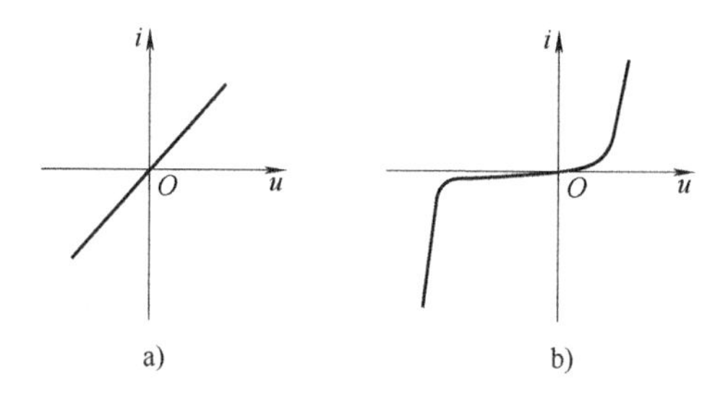

图 1-3-3　电阻元件的伏安特性

a）线性电阻的伏安特性　b）晶体二极管的伏安特性

在电压和电流的关联参考方向下，任何时刻电阻元件吸收的功率

$$p = ui = Ri^2 = \frac{U^2}{R}$$

电阻 R 是正实数，电阻元件吸收的功率总是大于零，其吸收的能量常以热的形式消耗掉，所以线性电阻元件不仅是无源元件，还是耗能元件。

从初始时刻 t_0 到任意时刻 t 期间，电阻元件消耗的电能为

$$W_R = \int_{t_0}^{t} p(\xi)\,\mathrm{d}\xi$$

（二）电感元件

1. 电感

在电工技术中，由导线绕制而成的线圈能够产生比较集中的磁场，如图 1-3-4a 所示。在忽略很小的导线电阻条件下，可以认为线圈只有电感参数，是一个理想电感元件。

当线圈中有电流通过，线圈即产生磁场，若穿过一匝线圈的磁通为 Φ，则与 N 匝线圈交链的总磁通为 $N\Phi$。总磁通 $N\Phi$ 通常称为磁链 Ψ，即 $\Psi=N\Phi$。当电流增大时，Ψ 亦增大；电流减少，Ψ 亦减小。因此，磁链是电流的函数。为了衡量线圈产生磁场的能力，取线圈的磁链与电流的比值，即

$$L = \frac{\Psi}{i}$$

式中，L 称为自感系数，简称电感。当磁链的单位是韦伯（Wb）、电流的单位是安培（A）时，电感的单位是亨（H）。电感在电路中的图形符号如图 1-3-4b 所示。

电感的大小与线圈的尺寸、匝数以及周围介质的导磁性能有关。若电感线圈周围介质为非铁磁物质（如空心线圈），磁链 Ψ 与电流 i 成正比，L 为常数，则电感元件称为线性电感元件，其韦安特性如图 1-3-5 所示。带有铁心的线圈，L 不是常数，则属于非线性电感元件。

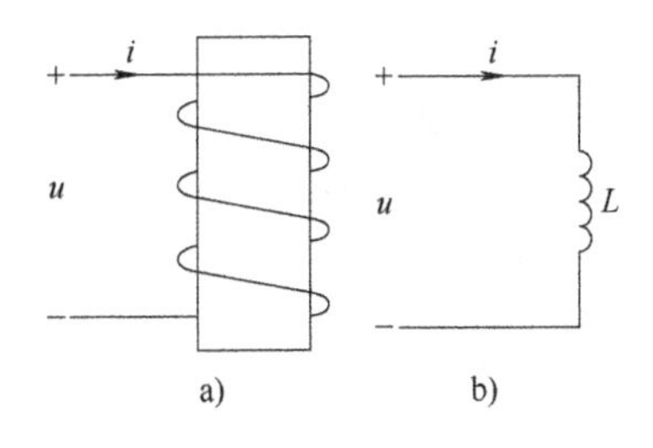

图 1-3-4　电感电路

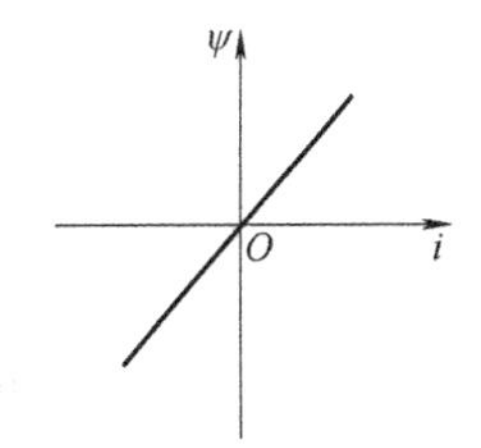

图 1-3-5　线性电感元件的韦安特性

2. 电压电流关系

当线性电感元件中的电流发生变化时，穿过线圈的磁通也相应地发生变化，根据电磁感应定律，则在线圈两端产生自感电动势 e_L。在图 1-3-4 所示电路中，若电流 i 与电压 u 的参考方向相同，则自感电动势为

$$e_L = -\frac{\mathrm{d}\Psi}{\mathrm{d}t} = -L\frac{\mathrm{d}i}{\mathrm{d}t}$$

考虑到电压的参考方向规定为由高电位指向低电位，而电动势参考方向的规定与之相反，因此有

$$u = -e_L = L\frac{\mathrm{d}i}{\mathrm{d}t}$$

这就是电感元件的特性方程，它说明：

电感元件两端电压与电流的变化率成正比。电流变化快，感应电压高，电流变化慢，感应电压低。若电感元件中通过的电流是不随时间变化的直流时，$i=I$，$\frac{\mathrm{d}i}{\mathrm{d}t}=0$，所以电感元件对直流相当于短路。

3. 能量关系

如果在 t_0 时刻电感的初始电流 $i(t_0)=0$，这时电感元件没有磁通，其磁场能量为零。则电感元件在任意时刻 t 所储存的磁场能量 $W_L(t)$ 将等于它所吸收的电能，为

$$W_L(t)=\int_0^t ui\mathrm{d}t=\frac{1}{2}Li^2(t)$$

（三）电容元件

1. 电容

任何两块金属导体在中间隔以绝缘介质，就构成一个电容器。忽略很小的漏电损失，可以认为电容器只具有电容参数，是理想电容元件。当电容器两端加上电压后，它的两块金属板上就会聚集起等量而异号的电荷，如图 1-3-6a 所示。电压越高，聚集的电荷越多，产生的电场越强，储存的电场能量越多。为了衡量电容器储存电荷的能力，取电容器储存的电荷量与电压的比值，即

$$C=\frac{q}{u}$$

式中，C 为电容器的电容量，简称电容。当电荷的单位是库仑（C）、电压的单位是伏特（V）时，电容的单位是法拉（F）。$1\mathrm{F}=10^6\mu\mathrm{F}=10^{12}\mathrm{pF}$。电容在电路中的图形符号如图 1-3-6b 所示。

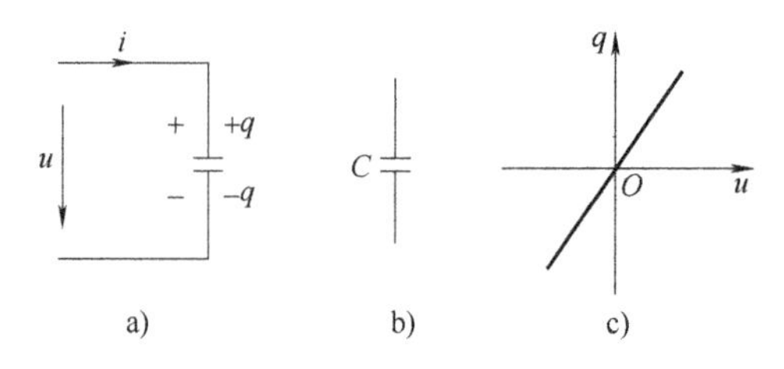

图 1-3-6　线性电容元件

电容的大小与电容器本身的几何尺寸及其极板间的绝缘介质的性能有关。若电容器储存的电荷与所加电压成正比，C 为常数，这样的电容元件称为线性电容元件，如图 1-3-6c 所示；否则就是非线性电容元件。

2. 电压与电流的关系

当加在电容两端的电压发生变化时，极板上的电荷量 $q=Cu$ 也相应地发生变化，根据电流的定义，电路中就会产生电流，在电压 u 和电流 i 参考方向相同的情况下，即有

$$i=\frac{\mathrm{d}q}{\mathrm{d}t}=C\frac{\mathrm{d}u}{\mathrm{d}t}$$

这就是电容元件的特性方程，它说明：

电容中的电流 i 与两端电压 u 的变化率成正比，电压变化快，电容电流大；电压变化慢，

电容电流小。若电容两端电压是不随时间变化的直流电压时，$u=U$，$\frac{\mathrm{d}u}{\mathrm{d}t}=0$，则 $i=C\frac{\mathrm{d}u}{\mathrm{d}t}=0$，即电容元件对直流相当于开路。

3. 能量关系

如果在 t_0 时刻电容的初始电压 $u(t_0)=0$，这时电容元件处于未充电状态，其电场能量为零，则电容元件在任意时刻 t 所储存的电场能量 $W_C(t)$ 将等于它所吸收的电能，即

$$W_C(t)=\int_0^t ui\mathrm{d}t=\frac{1}{2}Cu^2(t)$$

二、理想电源元件

串并联计算

日常生活中的电源，有干电池、太阳能电池、蓄电池、发电机等，但它们都不是理想电源。仅考虑一个电源提供能量的作用，就可以得到理想的电源模型。电源按功能又分为理想电压源和理想电流源。

（一）电压源

电压源有理想电压源和实际电压源之分。理想电压源又称为恒压源，它是从实际电压源抽象出来的一种理想元件。

1. 理想电压源（恒压源）

理想电压源的电路模型如图 1-3-7a 所示。

它具有以下两个性质：

1）电源的端电压 U 恒等于电源的电动势 E，与流过它的电流无关。

2）流过恒压源电流是任意的，由负载电阻和电动势 E 确定。

理想电压源的上述性质可以用图 1-3-7b 所示的伏安特性曲线来表征。

2. 实际电压源

事实上，理想电压源是不存在的，因为任何实际电压源都有内阻，所以当有输出电流时，内阻上就会产生压降，并且消耗一定的能量。

实际电压源电路模型是用恒压源与内阻的串联表示，如图 1-3-8a 所示。

实际电压源的端电压与电流的关系可表示为

$$U=E-IR_0$$

其伏安关系如图 1-3-8b 所示。由此可知，当输出电流增加时，输出电压下降，并且内阻越大，输出电压的变化也越大。

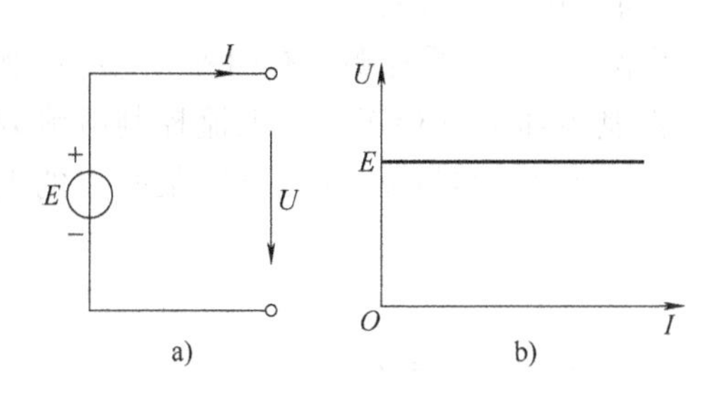

图 1-3-7　理想电压源

a）电路模型　b）伏安特性

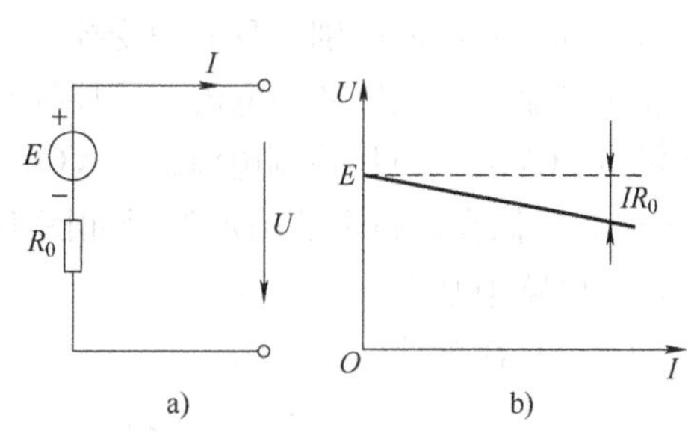

图 1-3-8　实际电压源

a）电路模型　b）伏安特性

(二) 电流源

电流源也有理想电流源和实际电流源之分，理想电流源又称恒流源。

1. 理想电流源（恒流源）

理想电流源的电路模型如图1-3-9a所示。

它具有以下两个性质：

1）输出电流恒等于I_s，与其端电压无关。

2）恒流源两端的电压是任意的，由负载电阻和电流I_s确定。

理想电流源的上述性质可用图1-3-9b所示的伏安特性曲线来表征。

2. 实际电流源

实际电流源的电路模型是用理想电流源和一个内阻R_0并联的组合表示，如图1-3-10a所示。

实际电流源的伏安关系表示为

$$I = I_s - \frac{U}{R_0}$$

其伏安关系如图1-3-10b所示。可见，实际电流源输出的电流是随着输出电压的增加而减小的。

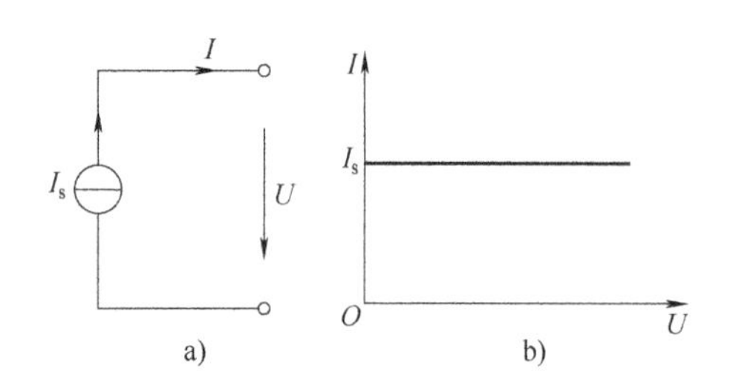

图1-3-9　理想电流源

a）电路模型　b）伏安特性

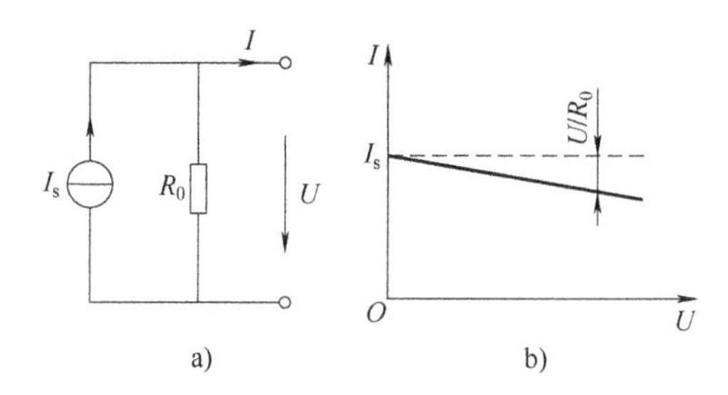

图1-3-10　实际电流源

a）电路模型　b）伏安特性

(三) 受控源

在电路分析中，还常常遇到另外一种类型的元件——受控源。受控电压源的电压和受控电流源的电流都不是给定的时间函数，而是受某一支路电流或电压控制的，因此受控源为非独立电源。

为了和独立电源区别，我们把受控源的电路图形符号用菱形来表示。

根据控制量是电压还是电流，受控的是电压源还是电流源，受控源共有四种：电压控制电压源（VCVS）、电压控制电流源（VCCS）、电流控制电压源（CCVS）、电流控制电流源（CCCS），它们在电路中的图形符号如图1-3-11所示，图中控制量u_1为电路中某两点的电压，i_1为电路中某支路的电流。

四种受控源的伏安关系为

$$\text{VCVS}: u_2 = \mu u_1 \qquad \text{CCVS}: u_2 = r i_1$$

$$\text{VCCS}: i_2 = g u_1 \qquad \text{CCCS}: i_2 = \beta i_1$$

式中，μ、g、r和β统称为控制系数。其中，μ和β无量纲，μ称为转移电压比，或称电压放大系数；β称为转移电流比，或称电流放大系数；g具有电导的量纲，称为转移电导；

r 具有电阻的量纲，称为转移电阻。当这些控制系数为常数时，被控制量与控制量成正比，这种受控源是线性受控源。

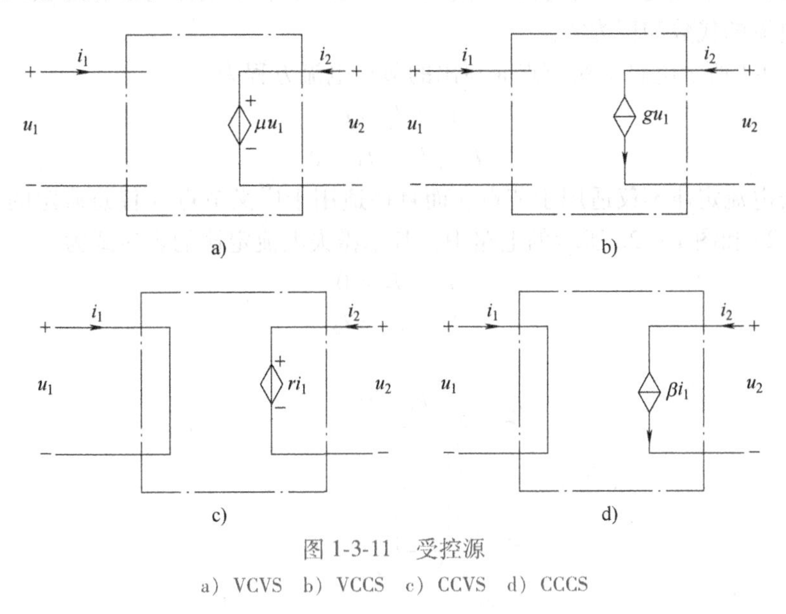

图 1-3-11　受控源

a）VCVS　b）VCCS　c）CCVS　d）CCCS

第四节　基尔霍夫定律

基尔霍夫定律是以德国物理学家、天文学家、化学家基尔霍夫的名字命名的。在他 21 岁在大学就读时，就总结出了用于网络电路的基尔霍夫定律。该定律描述了电路中各部分电流之间和电压之间的关系，它是分析与计算电路的理论基础。

在介绍基尔霍夫定律之前，先以图 1-4-1 所示电路为例，说明几个名词。

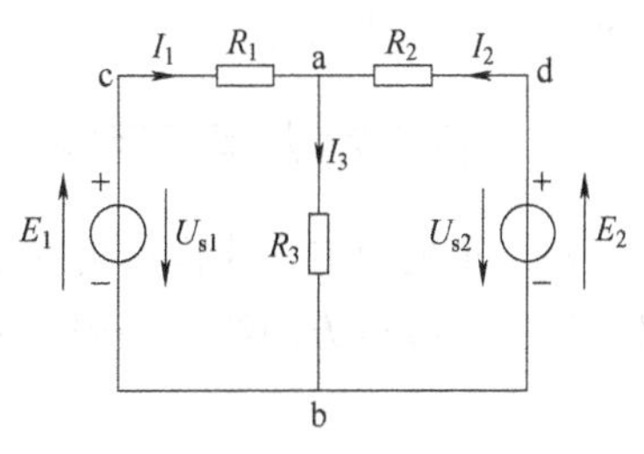

图 1-4-1　电路举例

支路： 电路中的每个分支称为支路，一条支路流过同一个电流。在图 1-4-1 所示电路中共有三条支路。

节点： 电路中三条或三条以上支路连接的点称为节点，在图 1-4-1 所示电路中共有两个节点，节点 a 和 b。

回路： 电路中任意一个闭合路径叫回路，图 1-4-1 所示电路中 acba、abda 和 acbda 都是回路。

网孔： 在电路中，电路内部不含有支路的回路叫网孔。图 1-4-1 所示电路中 acba 和 abda 是网孔。

节点的辨识

一、基尔霍夫第一定律（KCL）

基尔霍夫第一定律也称为基尔霍夫电流定律，内容是：任一瞬时，对电路中的任一节点，流入节点的电流之和等于流出该节点的电流之和。其数学表达式为

$$\sum I_{\mathrm{i}} = \sum I_{\mathrm{o}}$$

将上式的右边移至左边可写成

$$\sum I=0$$

这就是说，如果规定流入节点的电流为正，流出节点的电流为负，那么，在任一瞬时，任一节点上电流的代数和恒为零。

对于图1-4-1所示电路，对节点a写出的节点电流方程为

$$I_1 + I_2 = I_3$$

或

$$I_1 + I_2 - I_3 = 0$$

基尔霍夫电流定律不仅适用于节点，而且还适用于广义节点（任意假定的封闭面）。例如，在图1-4-2a和图1-4-2b所示的电路中，基尔霍夫电流定律的表达式为

$$I_1 - I_2 = 0$$

$$I_B + I_C = I_E$$

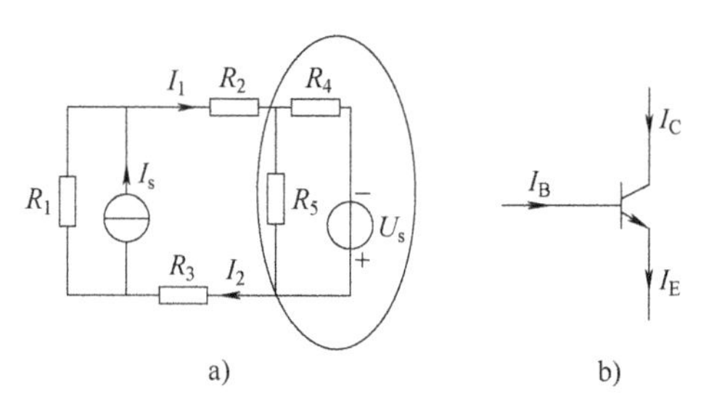

图1-4-2　基尔霍夫电流定律推广

a）电路举例　b）晶体管

基尔霍夫电流定律体现的是电流的连续性，即在电路中的任何一点包括节点，电荷既不能堆积，也不能消失。

二、基尔霍夫第二定律（KVL）

基尔霍夫第二定律也称为基尔霍夫电压定律，内容是：在任一瞬时，对电路中的任一回路，沿任一绕行方向绕行一周，回路中各段电压的代数和恒等于零。数学表达式为

$$\sum U=0$$

上式中，凡是与绕行方向一致的电压取正，反之取负。

例如，对于图1-4-3所示电路，基尔霍夫第二定律的回路电压方程为

$$U_1 - U_2 + U_{s2} - U_{s1} = 0$$

或写成

$$I_1R_1 - I_2R_2 = E_1 - E_2$$

即

$$\sum (IR) = \sum E$$

上式为基尔霍夫电压定律在电源电动势与电阻构成的电路中的又一种表达式，即在任一瞬时，任一回路的任一绕行方向上，回路中电阻上电压降的代数和等于回路中电动势的代数和。凡电流和电动势的参考方向与绕行方向一致的取正，反之取负。

基尔霍夫电压定律不仅适用于闭合电路，也可以推广应用于开口电路。

例如，对于图1-4-4所示电路，开口电压用U表示，则有

$$U + IR - E = 0$$

即

$$U = E - IR$$

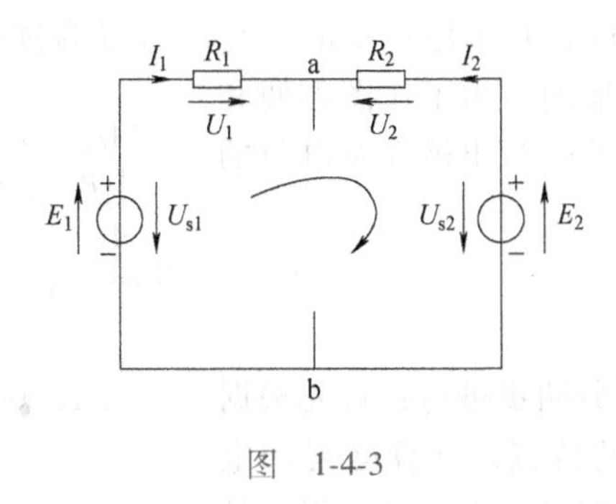

图　1-4-3

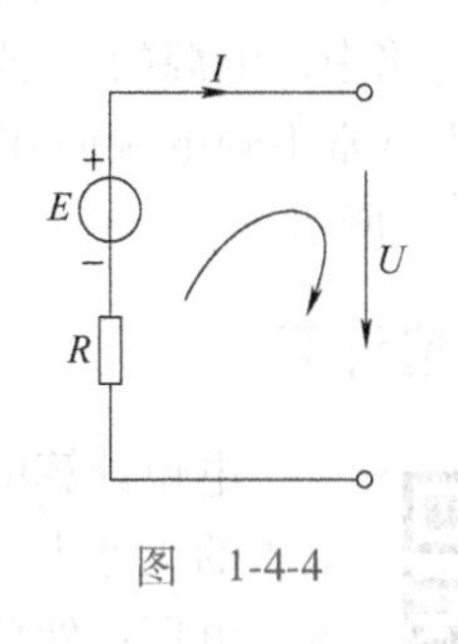

图　1-4-4

说明：基尔霍夫两个定律的应用具有普遍性。它们不仅适用于各种不同元件构成的电路，也适用于任何变化的电压和电流。因此，它是分析电路中电压、电流关系的基本定律。

【例 1-4-1】　电路如图 1-4-5 所示，试用基尔霍夫定律求 I_x 和 U_x。

解：根据基尔霍夫电流定律

对节点 a：$I_1+1A-4A=0$

$I_1=3A$

对节点 b：$2A-I_1-I_2=0$

$I_2=-1A$

对节点 c：$I_2+I_3-3A=0$　　$I_3=4A$

对节点 d：$-1A-I_3-I_x=0$　　$I_x=-5A$

根据基尔霍夫电压定律，设绕行方向为顺时针，则

$$5\Omega\times I_2-U_x-10V=0$$

$$U_x=-15V$$

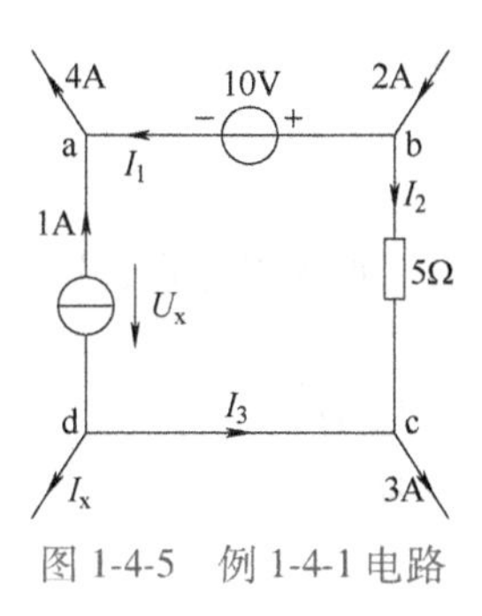

图 1-4-5　例 1-4-1 电路

第五节　电路中的电位及其计算

一、参考点

就像人们以海平面作为衡量地理位置所处高度的参考平面一样，在计算电位时，也必须选定电路中某一点作为参考点，并规定该点的电位为零。$V_0=0$，参考点就是零电位点，电路图中的参考点用符号⊥表示。在电力工程中规定大地为零电位的参考点；在电子电路中，则选择若干导线连接的公共点或机壳作为参考点；电路分析时，可以任意选取某一点为参考点。

二、电位

电路中某点电位等于该点与参考点之间的电压。例如

$$U_{ab}=V_a-V_b$$

若选择 b 点为参考点：$V_b=0$，则 a 点电位 $V_a=U_{ab}$；

若选择 a 点为参考点：$V_a=0$，则 b 点电位 $V_b=-U_{ab}$。

从上面的讨论可以看出：参考点选择得不同，电路中各点电位就不同。只有当参考点选定之后，电路中各点电位才有确定的数值。就是说，电位的高低与参考点选择有

关。但是不管参考点如何选择，任意两点间的电压是不变的，与参考点的选择无关。

在电子电路中，电源的一端通常都是接地的，为了作图方便和清晰，习惯上常常不画电源而在电源的非接地端标出极性及电位的值，如图 1-5-1 所示。

图　1-5-1

三、电位计算

电位计算的总结

电位计算的具体方法可分两步进行：首先根据电压的大小与参考点无关的特点，计算必要的电流、电压；然后选择合适的路径，根据已求得的某点与参考点（$V_0=0$）之间的电压或其他两点间电压且已知其中一点电位，就可以求出所求点电位。

【例 1-5-1】　电路如图 1-5-2 所示，已知：$U_{s1}=8V$，$U_{s2}=16V$，$R_1=2\Omega$，$R_2=4\Omega$，$R_3=6\Omega$，求电路中 a、b 和 c 点电位。

解：U_{s1} 和 R_1 支路中无电流；U_{s2}、R_2 和 R_3 组成闭合回路，在图示的电流电压参考方向下

$$I=\frac{U_{s2}}{R_2+R_3}=\frac{16}{4+6}A=1.6A$$

c 点为参考点，$V_c=0$

$$V_b=U_{bc}=IR_3=1.6\times 6V=9.6V$$

因为
$$U_{ab}=U_{s1}+0\times R_1=8V$$

所以
$$V_a=U_{ab}+V_b=8V+9.6V=17.6V$$

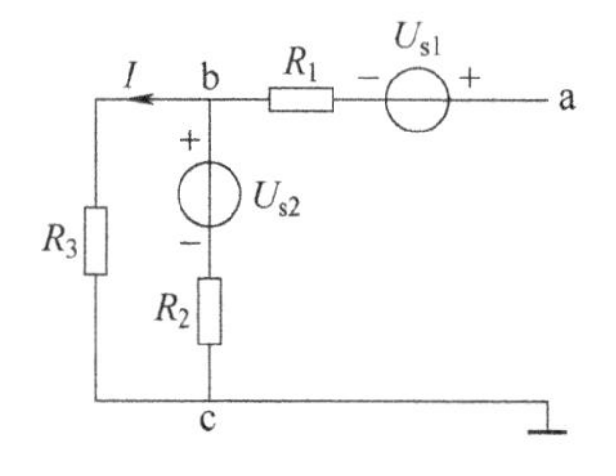

图 1-5-2　例 1-5-1 电路

本章小结

具体内容请扫描二维码观看。

第一章小结

习　题

1-1　电路如图 1-T-1 所示，求 bc 两点间电压。

1-2　计算图 1-T-2 所示电路中的电流 i 和电压 u。

1-3　电路如图 1-T-3 所示，求：

（1）各图中线性电阻两端电压 u。

（2）各电源及线性电阻的功率，并判断其性质。

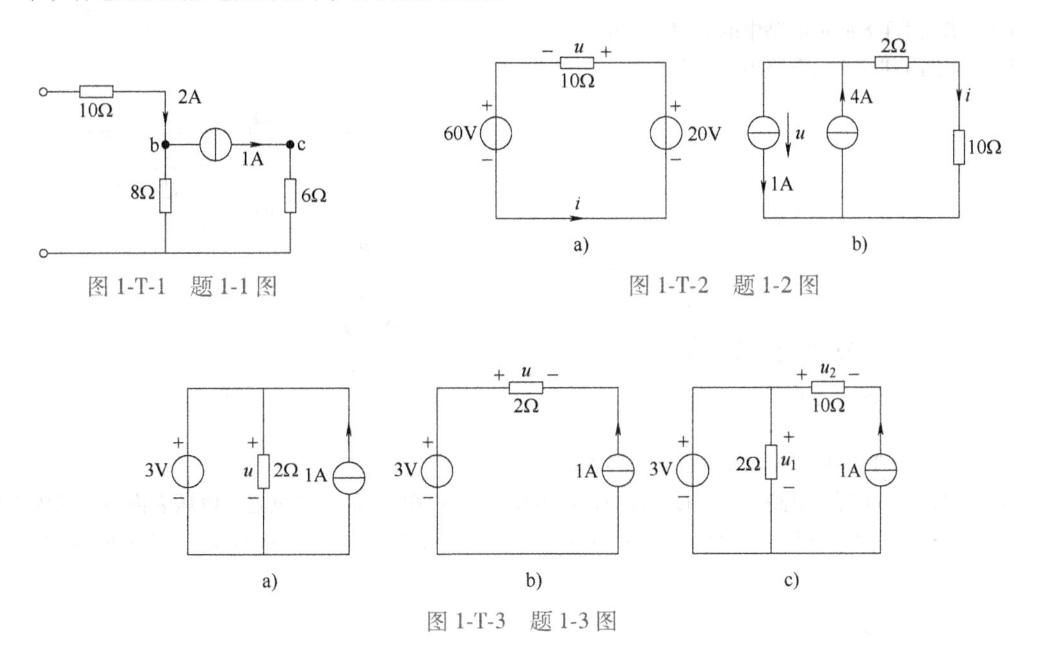

图 1-T-1　题 1-1 图

图 1-T-2　题 1-2 图

图 1-T-3　题 1-3 图

1-4　A_1、A_2 两个网络按图 1-T-4 连接时，电压表、电流表都正向偏转，试说明哪个网络输出功率？若电流表反向偏转，哪个网络输出功率？

1-5　试计算图 1-T-5 所示电路中各支路的电流。

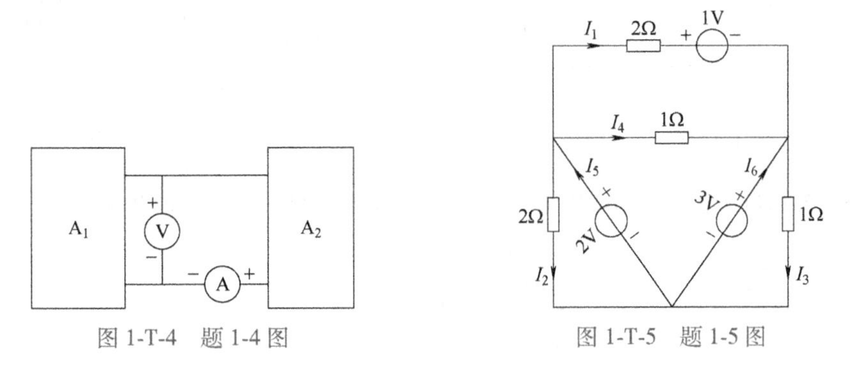

图 1-T-4　题 1-4 图

图 1-T-5　题 1-5 图

1-6　在图 1-T-6 所示电路中，已知：$u_{s1}=6V$，$u_{s2}=12V$，$I_s=2A$，$R_1=2\Omega$，$R_2=1\Omega$，试计算各电压源及电流源的功率，并判断其性质。

1-7　在图 1-T-7 所示电路中，当开关 S 断开时，试求 ab 两端电压 U_{ab}；当开关 S 闭合时，若 2A 恒流源的功率是−10W，试求电流 I_E。

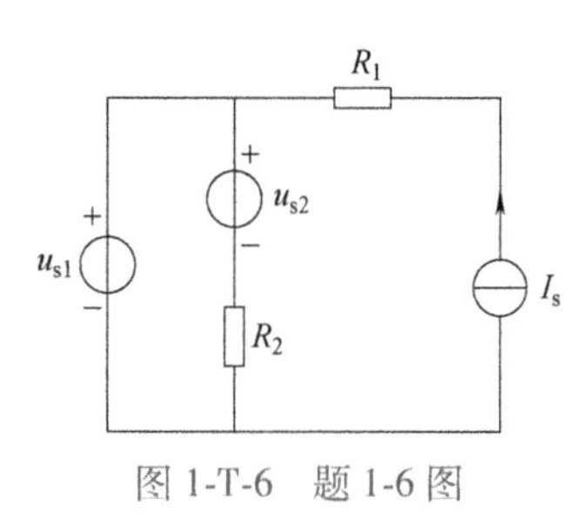

图 1-T-6　题 1-6 图

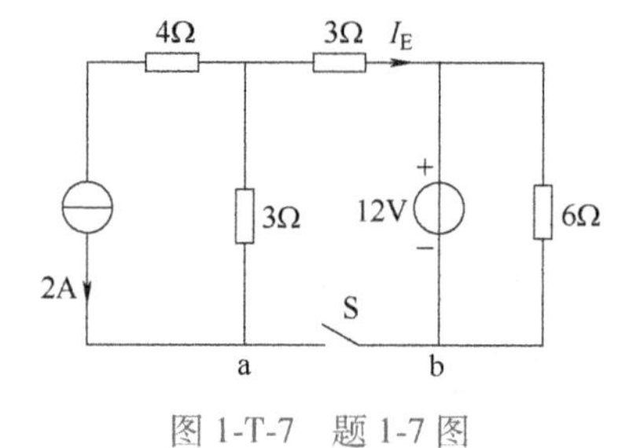

图 1-T-7　题 1-7 图

1-8　求图 1-T-8 所示电路中的 I、U_s 及 R。

1-9　求图 1-T-9 所示电路中 A 点的电位。

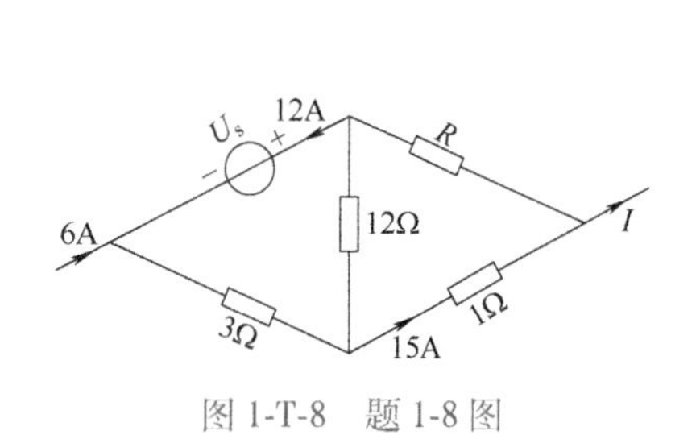

图 1-T-8　题 1-8 图

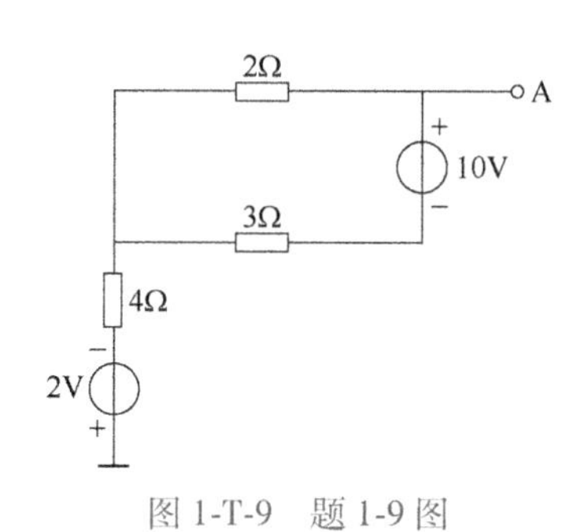

图 1-T-9　题 1-9 图

1-10　求图 1-T-10 所示电路中 a、b、c 各点的电位。

1-11　图 1-T-11 所示电路是一测量实际电压源电压 U_s 和内阻 R_0 的实验电路，电压表内阻可认为无限大，当开关 S 断开时，电压表读数为 12V；开关 S 闭合时，电压表的读数为 11.8V，试求电压 U_s 和内阻 R_0。

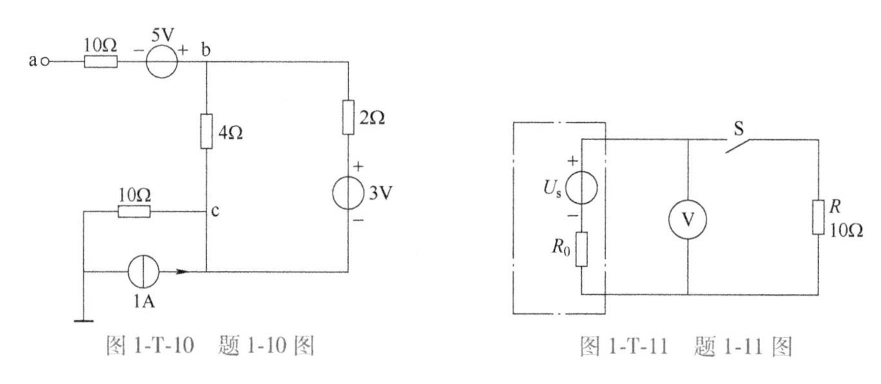

图 1-T-10　题 1-10 图　　图 1-T-11　题 1-11 图

1-12　图 1-T-12 所示电路中，分别计算开关 S 断开和闭合两种情况下 A 点的电位。

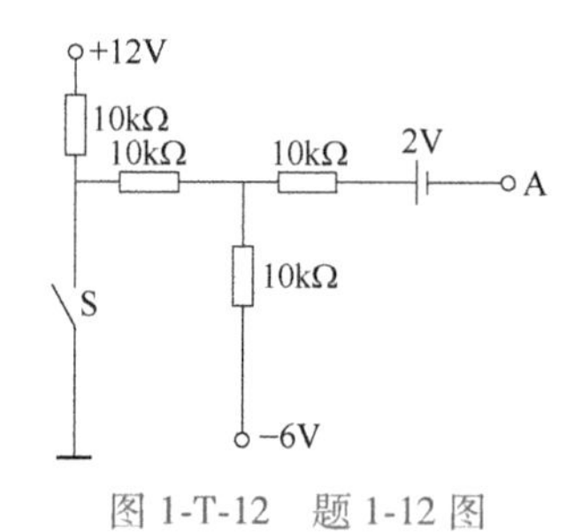

图 1-T-12　题 1-12 图

第二章　电路的分析方法

第一节　支路电流法

电路分析一般是指已知电路的参数和激励，求解电路中的响应。支路电流法是求解复杂电路最基本的方法之一。它是以支路电流为未知量，直接应用基尔霍夫两个定律分别对节点和回路列出所需要的方程组，然后联立解出各未知支路电流。

下面以图 2-1-1 所示电路为例加以说明。

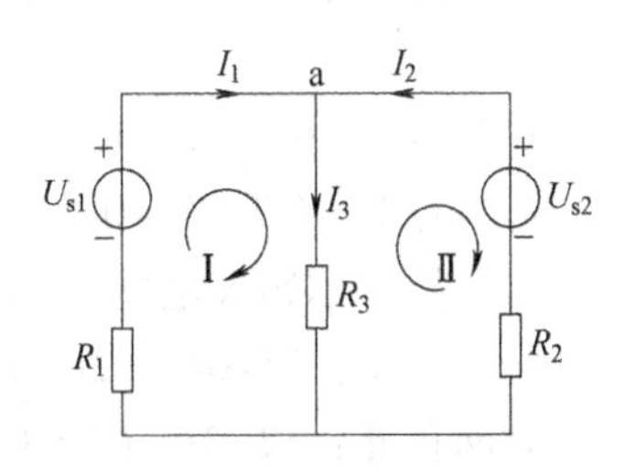

图 2-1-1　支路电流法图例

在本电路中，支路数 $b=3$，因为有三个未知的支路电流，故需列出三个独立方程。

1）列方程之前，首先在电路图上选好各支路电流的参考方向和回路的绕行方向。

2）应用基尔霍夫电流定律列出独立的电流方程。

本电路节点数 $n=2$，应用基尔霍夫电流定律只能列出 $n-1=2-1=1$ 个独立节点电流方程。对节点 a 有

$$I_1 + I_2 - I_3 = 0$$

3）应用基尔霍夫电压定律对回路列出独立的电压方程。

由于本电路需要三个独立方程，前面已列出了一个独立电流方程，余下的两个方程可由基尔霍夫电压定律列回路电压方程解决。为使所列方程彼此独立，对于平面电路，按网孔所列的电压方程一定是独立的。图 2-1-1 电路有两个网孔，对左边的网孔 Ⅰ 可列出

$$I_1R_1 + I_3R_3 - U_{s1} = 0$$

对右边的网孔 Ⅱ 可列出

$$U_{s2} - I_2R_2 - I_3R_3 = 0$$

4）联立所列出的 b 个独立方程，可求得各支路电流。

【例 2-1-1】　在图 2-1-2 所示电路中，求：

（1）各支路电流 I_1、I_2、I_3。

（2）a、b 两点间的电压。

解：（1）对节点 a：$I_1+I_2-I_3=0$

对回路 Ⅰ：$I_1R_1-I_2R_2-E_2-E_1=0$

对回路Ⅱ：$I_2R_2+I_3R_3+E_2=0$

联立上面三个方程得到

$$\begin{cases}I_1+I_2-I_3=0\\3I_1-4I_2-18-27=0\\4I_2+6I_3+18=0\end{cases}$$

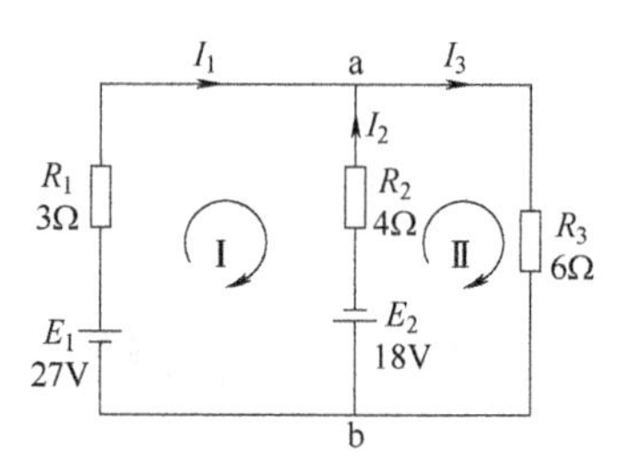

图 2-1-2　例 2-1-1 电路

解方程得

$$I_1=7\text{A}\quad I_2=-6\text{A}\quad I_3=1\text{A}$$

（2）$U_{ab}=I_3R_3=6\text{V}$

【例 2-1-2】　求图 2-1-3 所示电路中的电流 I。

解：图 2-1-3 电路支路数 $b=5$，节点数 $n=3$，其中含有已知的恒流源电流 $I_s=6\text{A}$，支路电流未知数减少了一个，所以应用支路电流法只需列出四个方程即可求解。

（1）标出各支路电流参考方向和回路绕行方向。

（2）按基尔霍夫电流定律列 $n-1=3-1=2$ 个独立方程。

对节点 a：$6-I_1-I=0$

对节点 b：$I-I_2+I_3=0$

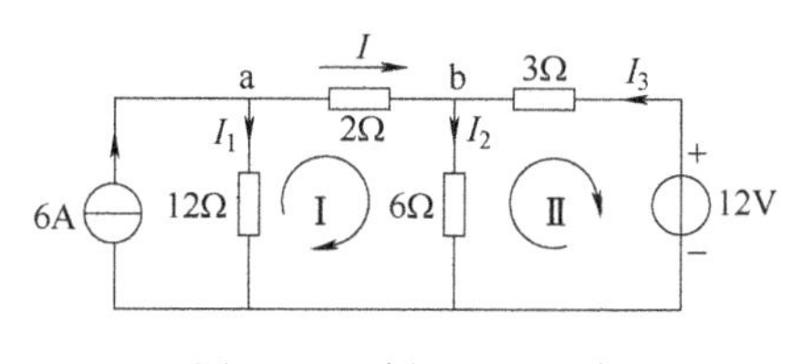

图 2-1-3　例 2-1-2 电路

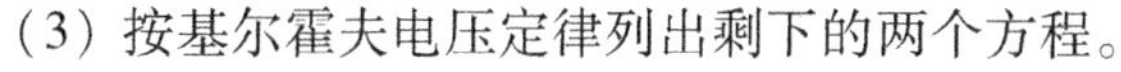

（3）按基尔霍夫电压定律列出剩下的两个方程。

对网孔Ⅰ：$2I+6I_2-12I_1=0$

对网孔Ⅱ：$12-3I_3-6I_2=0$

（4）联立求解得 $I=4\text{A}$

从这道例题可以看出：①某支路中含有理想电流源，则该支路电流即为已知，因此可以少列一个电压方程（不对理想电流源所在的那个网孔列电压方程）；②当支路较多而只求解一条支路的电流时，用支路电流法计算是相当繁琐的，本书将在后面讨论用其他方法计算。

第二节　叠加原理

叠加原理是线性电路的一个重要定理，它反映了线性电路的两个基本性质，即叠加性和比例性。

一、叠加原理内容

在线性电路中，当有两个或两个以上电源作用时，任一支路的电流或电压，等于各个电源单独作用时在该支路中产生的电流或电压的代数和。

二、叠加原理的使用

1）叠加原理只适用于线性电路，不能用于非线性电路。

2）应用叠加原理分析计算电路时，应保持电路的结构不变。当某一电源单独作用时，要将不作用的电源中的恒压源短接，恒流源开路。

3）最后进行叠加时，要注意各电流或电压分量的方向，与所有电源共同作用的支路电流或电压方向一致的电流分量或电压分量取正号，反之取负号。

4）在线性电路中，叠加原理只能计算电压和电流，不能用来计算功率。这是因为功率与电流（或电压）的二次方成正比，它们之间不是线性关系。

叠加原理不仅可用来计算复杂电路，更重要的是在线性电路的分析中起着重要作用，线性电路的许多定理（如戴维宁定理）可以根据叠加原理导出。因此，叠加原理是分析线性电路的基础。

【例 2-2-1】　试用叠加原理求图 2-2-1a 中的电流 I。

解：（1）当 E_1 单独作用时，E_2 不作用，将其短路，如图 2-2-1b 所示。

$$I'=\frac{E_1}{R_1+R_2//R_3}\times\frac{R_2}{R_2+R_3}=\frac{27}{3+4//6}\times\frac{4}{4+6}\text{A}=2\text{A}$$

（2）当 E_2 单独作用时，E_1 不作用，将其短路，如图 2-2-1c 所示。

$$I''=-\frac{E_2}{R_2+R_1//R_3}\times\frac{R_1}{R_1+R_3}=-\frac{54}{4+3//6}\times\frac{3}{3+6}\text{A}=-3\text{A}$$

（3）叠加

$$I=I'+I''=2\text{A}-3\text{A}=-1\text{A}$$

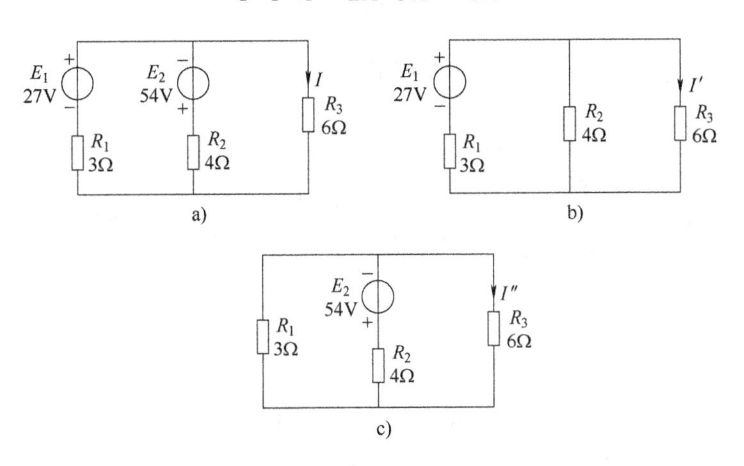

图 2-2-1　例 2-2-1 电路

【例 2-2-2】　电路如图 2-2-2a 所示，已知 $E=12\text{V}$，$U_{ab}=10\text{V}$，若把 E 短接，如图 2-2-2b 所示，求此时的 U_{ab}。

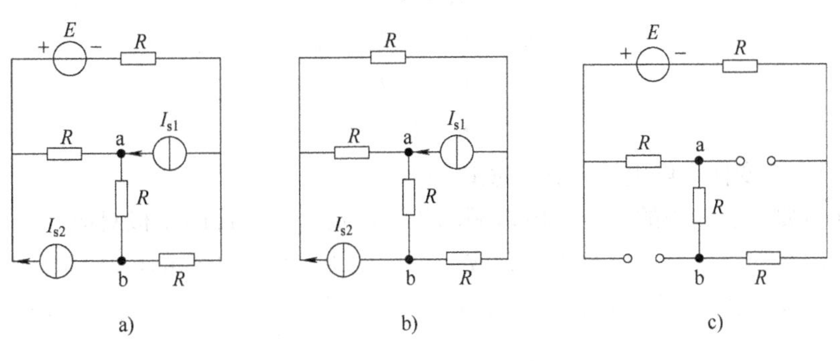

图 2-2-2　例 2-2-2 电路

解：E 单独作用时，电路如图 2-2-2c 所示。

$$U'_{ab}=\frac{1}{4}E=3V$$

根据叠加原理，图 2-2-2b 所示电路中

$$U_{ab}=(10-3)V=7V$$

第三节　电压源与电流源的等效变换

一个实际电源既可以用电压源与电阻的串联模型表示，又可以用电流源与电阻的并联模型表示，对外电路来说，在保证输出电压和输出电流不变的条件下，实际的电压源和电流源之间可以等效变换。这就意味着内电路的结构可以实现串并联的转换。

在图 2-3-1 所示电压源和电流源电路中，电压源的输出电压为

$$U=U_s-R_sI \tag{2-3-1}$$

电流源的输出电压为

$$I=I_s-\frac{U}{R'_s}$$

$$U=I_sR'_s-IR'_s \tag{2-3-2}$$

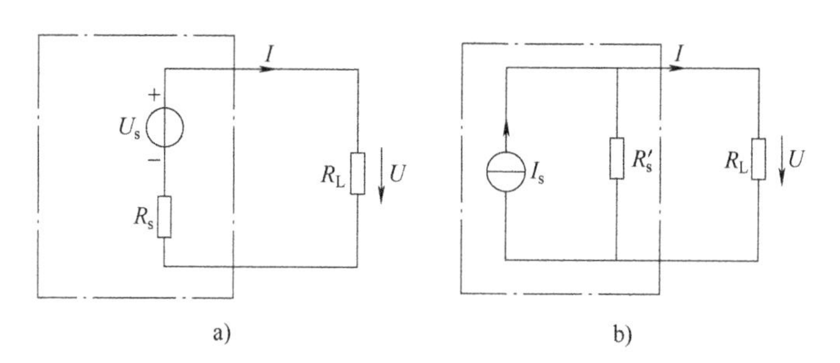

图 2-3-1　电压源与电流源的等效变换

比较式（2-3-1）和式（2-3-2），由外特性相同可以得到电压源与电流源等效的条件为

电流源⟶电压源

$$\begin{cases}U_s=I_sR'_s\\R_s=R'_s\end{cases}$$

电压源⟶电流源

$$\begin{cases}I_s=U_s/R'_s\\R_s=R'_s\end{cases}$$

应用电源等效变换求解电路应该注意以下几点：

1）变换时要注意电源的方向，电流源的流出电流与电压源的正极对应。

2）几个串联的恒压源可以直接合并成一个恒压源，该恒压源的电压等于几个恒压源电压的代数和；并联的恒流源可以直接合并成一个恒流源，该恒流源的电流为各恒流源电流的代数和。

3）待求支路作为外电路，不能参与到等效变换中。

4）在参与变换的内电路中，与恒压源并联的元件在等效变换中不起作用，可以将其断开；与恒流源串联的元件在等效变换中不起作用，可以将其短路。

5）等效变换是对外电路而言的，内部电路并不等效。

6）恒压源和恒流源之间没有等效关系，因为它们的伏安特性曲线永远不可能一致。

【例 2-3-1】 试用电源等效变换的方法，求图 2-3-2a 所示电路中的 I。

解：应用电源等效变换解题时，所求支路不得变换，除了所求支路外，其他支路都可变换，本题的解题过程为：

1）将与 12V 恒压源并联的支路去掉，简化为图 2-3-2b。

2）将 3A 恒流源与 2Ω 电阻并联支路变换为 6V 恒压源与 2Ω 电阻串联支路，简化为图 2-3-2c。

3）将 12V 和 6V 恒压源合并为一个 6V 恒压源（注意方向），简化为图 2-3-2d。

4）将两个电压源变换为电流源，简化为图 2-3-2e。

5）将 3A 和 1A 两个恒流源合并为一个 2A 恒流源（注意方向），将 2Ω 电阻和 8Ω 电阻等效为一个 1.6Ω 电阻，简化为图 2-3-2f。

最后，应用分流公式可求得

$$I = \frac{1.6}{1.6 + 0.4} \times 2\text{A} = 1.6\text{A}$$

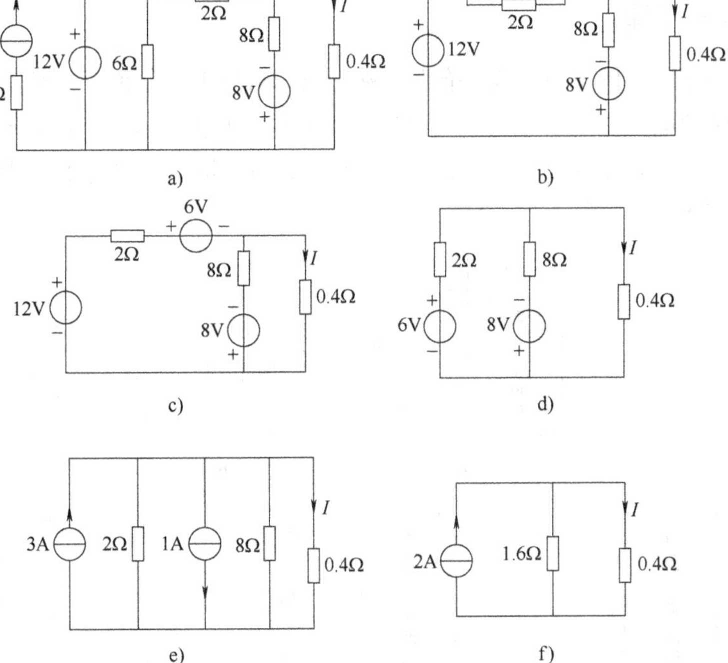

图 2-3-2 例 2-3-1 电路

第四节 戴维宁定理

前面在研究电源等效变换方法时可以发现，对于负载来说，任何一个内电路最终都能化简为电压源或电流源，为求某一条支路的电流或电压提供了方便。戴维宁定理就是用计算的方法直接求出电压源的等效电路，直接求出电流源的方法叫诺顿定理，它们统称为等效电源定理。

一、二端网络

如果电路具有两个引出端与外电路连接，而不管其内部结构如何，这样的电路就叫二端网络。在二端网络中，如果含有电源，叫有源二端网络；如果不含电源，叫无源二端网络，如图 2-4-1a 和图 2-4-1b 所示。无源二端网络可以化简为一个电阻。

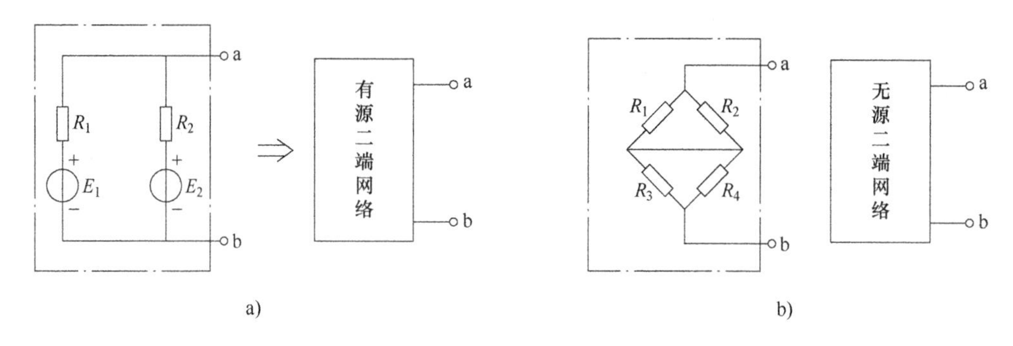

图 2-4-1　二端网络

二、戴维宁定理

戴维宁定理指出：任何一个线性有源二端网络，对外电路来说，都可以用一个电压源来代替，该电压源的电动势 E 等于二端网络的开路电压，其内阻 R_0 等于将有源二端网络转换成无源二端网络后（将有源二端网络中的恒压源短路，恒流源开路），网络两端的等效电阻。其示意图如图 2-4-2 所示。

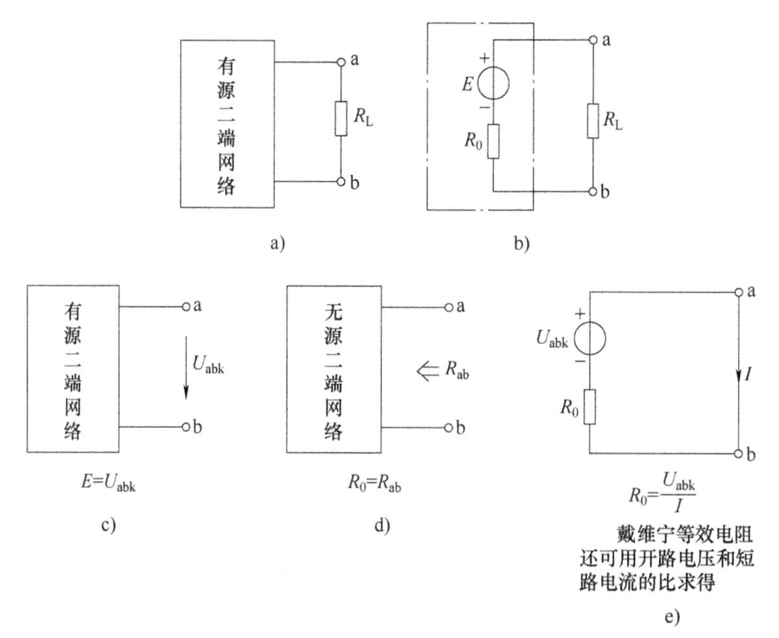

图 2-4-2　戴维宁定理

应用戴维宁定理的解题步骤：

1）将待求支路断开，剩余部分是一个有源二端网络，将其等效为一个电压源。

2）求出将待求支路断开后有源二端网络的开路电压，即为电源电动势 E。

3）求出将有源二端网络转换成无源二端网络后（将有源二端网络中的恒压源短路，恒流源开路）网络两端的电阻，即为 R_0。

4）在由一个电压源和待求支路构成的电路中，求出待求量。

【例 2-4-1】 用戴维宁定理求图 2-4-3a 所示电路中的电压 U。

解： 将待求支路断开，单独拿出来，剩余部分是一有源二端网络，等效为一个电压源，如图 2-4-3b 所示。

原电路变为图 2-4-3c 所示电路，$E=U_{abk}=6\times12\text{V}-\dfrac{6}{6+3}\times12\text{V}=64\text{V}$。

在图 2-4-3d 中，求得 $R_0=12\Omega+\dfrac{6\times3}{6+3}\Omega=14\Omega$。

根据图 2-4-3b，可得 $U=\dfrac{2E}{R_0+2}=8\text{V}$。

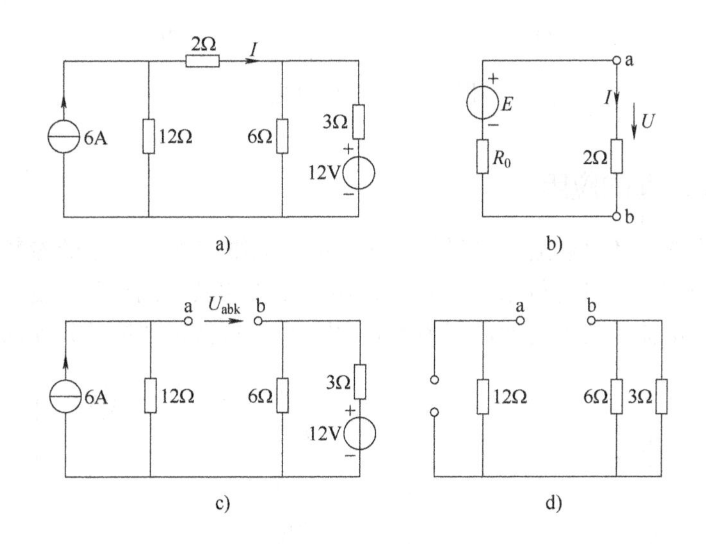

图 2-4-3　例 2-4-1 电路

【例 2-4-2】 用戴维宁定理求图 2-4-4a 所示电路中的电流 I_G。已知 $U_s=12\text{V}$，$R_1=R_2=5\Omega$，$R_3=10\Omega$，$R_4=5\Omega$，$R_G=10\Omega$。

解：（1）在图 2-4-4c 中求出 $E=U_{abk}=\dfrac{U_s}{R_1+R_2}R_2-\dfrac{U_s}{R_3+R_4}R_4=2\text{V}$。

（2）在图 2-4-4d 中求出 $R_0=R_{ab}=\dfrac{R_1R_2}{R_1+R_2}+\dfrac{R_3R_4}{R_3+R_4}=5.8\Omega$。

（3）在图 2-4-4b 中求出 $I_G=\dfrac{E}{R_0+R_G}=\dfrac{2}{5.8+10}\text{A}=0.126\text{A}$。

当待求支路上有多个元件，应该断开谁呢？请扫码观看视频拓展例题。

拓展例题

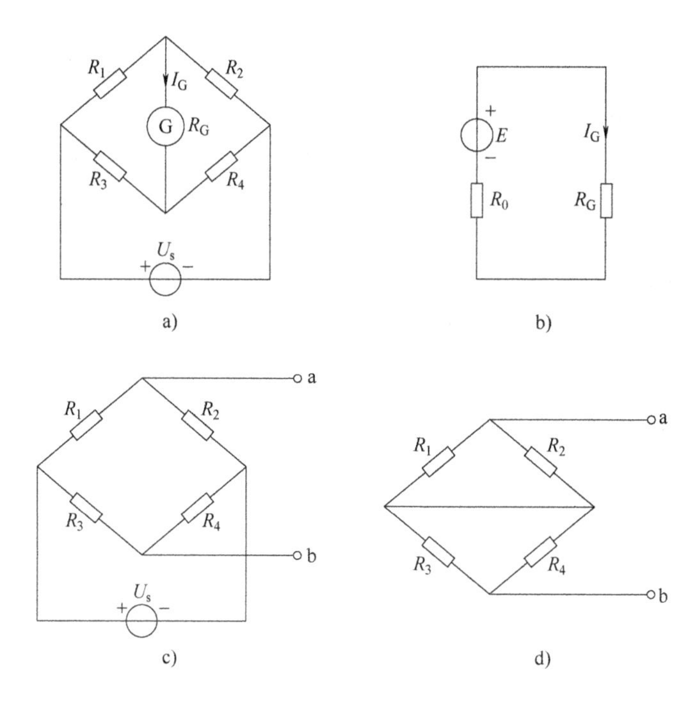

图 2-4-4　例 2-4-2 电路

三、戴维宁定理的应用

对一个未知电路，还可以通过测量的方法，测出戴维宁等效电路的参数。如图 2-4-5 所示，求戴维宁等效内阻，可将待求支路断开，用电压表测其开路电压 U_{abk}。再将负载短路，用电流表测出短路电流，两者的比值即为等效内阻 R_0，这就是“断路短路法”。

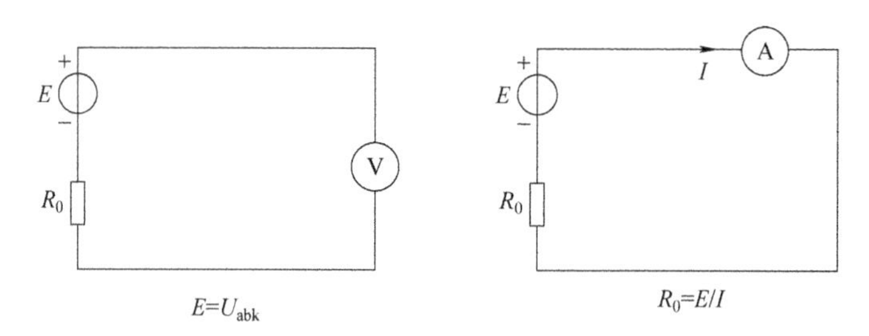

图 2-4-5　断路短路法

【例 2-4-3】　电路如图 2-4-6a 所示，若用一个理想的电压表测 $U_{ab}=60V$，用一个理想的电流表测 $I=1.5A$，求用一个内阻为 760Ω 的电压表测 $U'_{ab}=?$

解： 电路中的参数都是未知的，所以可以采用断路短路法计算。

理想电压表内阻无穷大，则测得的 U_{ab} 就是开路电压，理想电流表的内阻为 0，则测得的 I 就是短路电流。

$$U_{abk}=U_{ab}=60V$$

$$R_0=\frac{U_{ab}}{I}=40\Omega$$

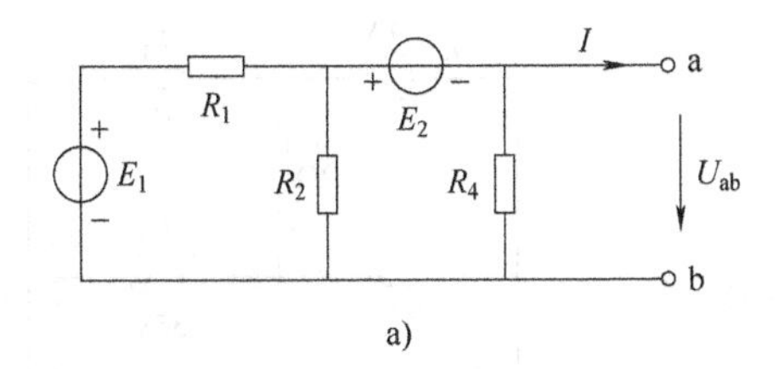

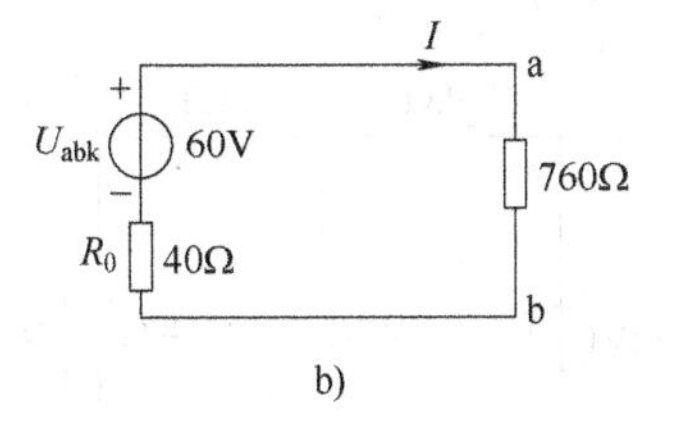

图 2-4-6 例 2-4-3 电路

用一个内阻为 760Ω 的电压表测量相当于图 2-4-6b 所示电路。

$$U'_{ab}=\frac{60\times760}{40+760}\text{V}=57\text{V}$$

可以看出，用带内阻的实际电压源测量，电压会比实际电压小。

本章小结

具体内容请扫描二维码观看。

第二章小结

习 题

2-1 用支路电流法求图 2-T-1 所示电路中各支路的电流，并计算各电阻吸收的功率和电源发出的功率。

2-2 用支路电流法求图 2-T-2 所示电路的各支路电流。

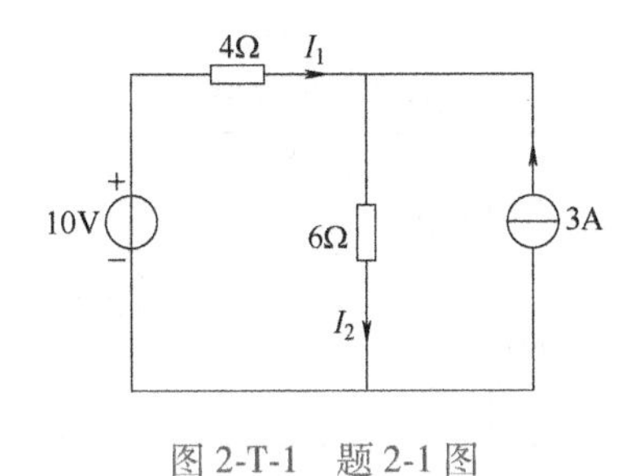

图 2-T-1 题 2-1 图

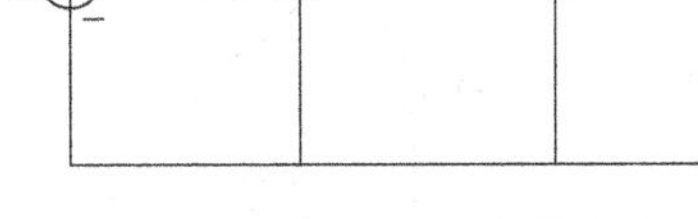

图 2-T-2 题 2-2 图

2-3 用叠加原理求图 2-T-3 所示电路中 4kΩ 电阻两端的电压 U。

2-4 用叠加原理求图 2-T-4 所示电路中的 I。

2-5 用叠加原理求 4Ω 电阻两端的电压 U，电路图如图 2-T-5 所示。

2-6 用叠加原理求图 2-T-6 所示电路中的电压 U。

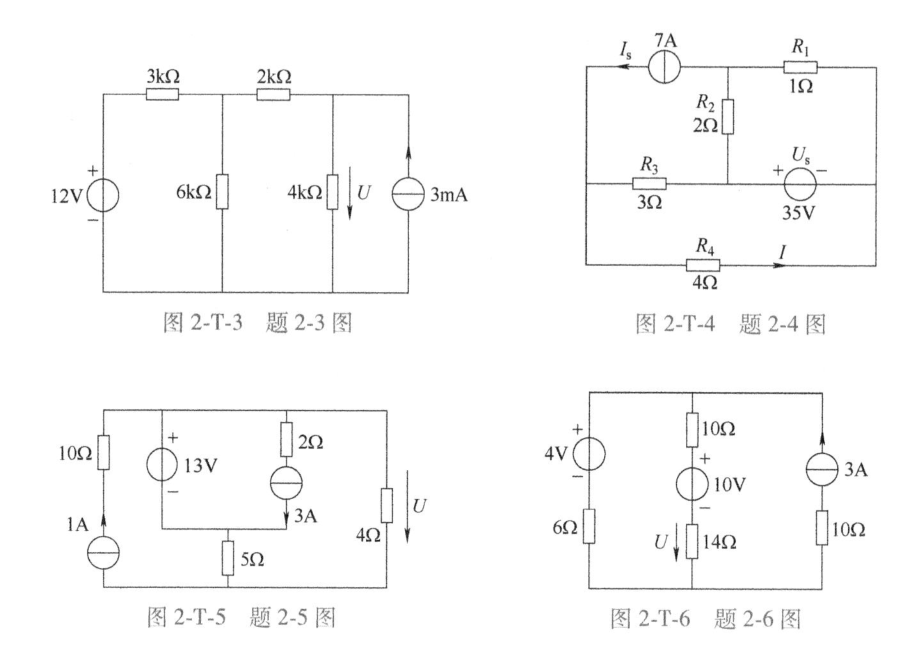

图2-T-3　题2-3图

图2-T-4　题2-4图

图2-T-5　题2-5图

图2-T-6　题2-6图

2-7　将图2-T-7所示电路化为等效电压源。

2-8　图2-T-8所示电路中，$E=10$V，S断开时电流表读数为2.5A，求S闭合后电流表读数。

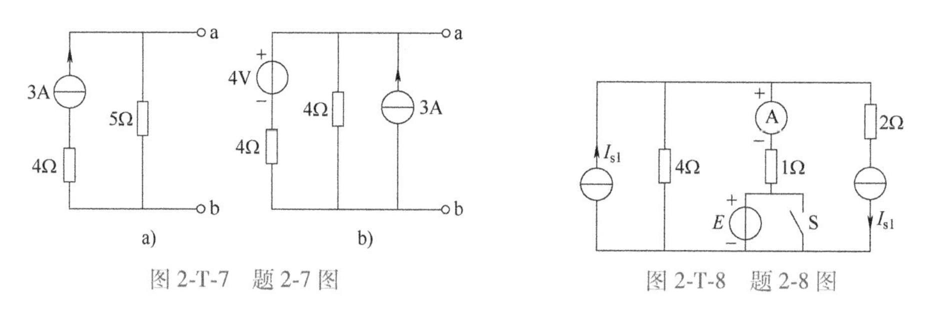

图2-T-7　题2-7图

图2-T-8　题2-8图

2-9　试用电源等效变换的方法求图2-T-9所示电路中的I。

2-10　试用电源等效变换的方法求图2-T-10所示电路中的电流I。

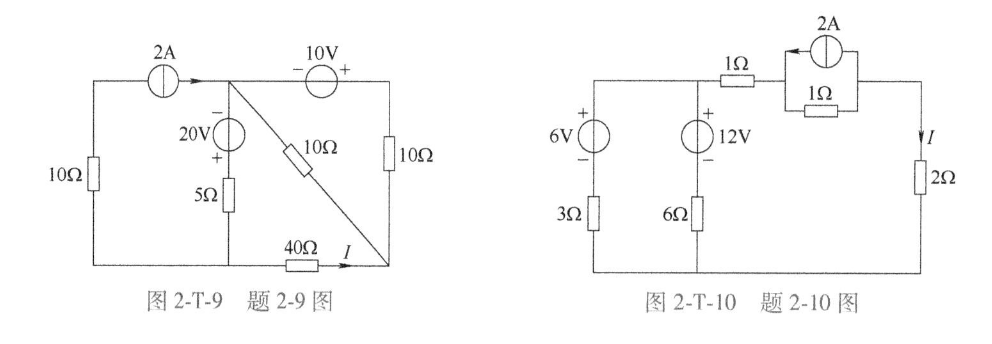

图2-T-9　题2-9图

图2-T-10　题2-10图

2-11　试用等效变换的方法求图2-T-11所示电路中的电流I。

2-12　用戴维宁定理求图2-T-12所示电路中的I。

2-13　用戴维宁定理求图2-T-13所示电路中的电流I。

2-14　用戴维宁定理求图2-T-14所示电路中的电流I。

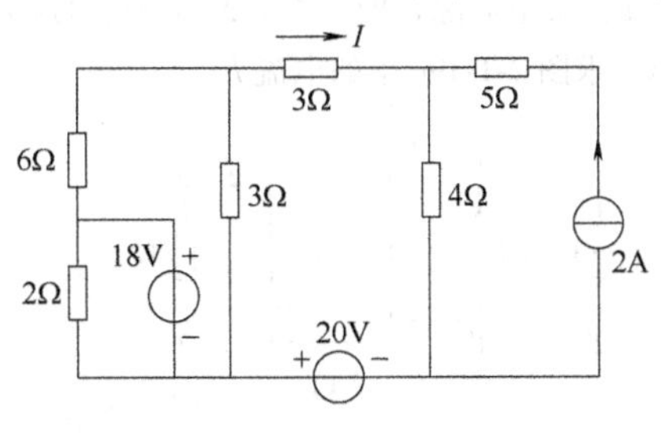

图 2-T-11　题 2-11 图

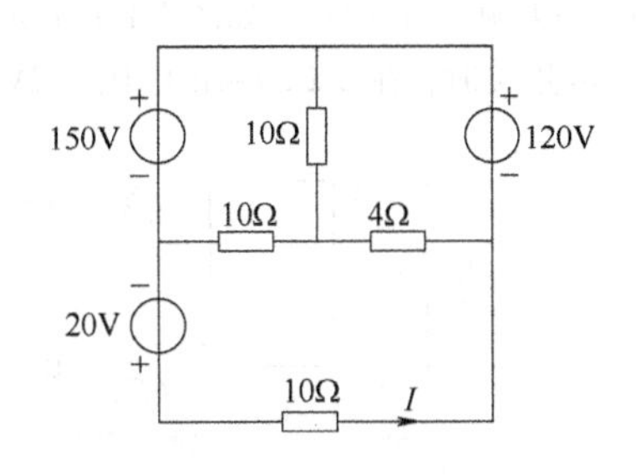

图 2-T-12　题 2-12 图

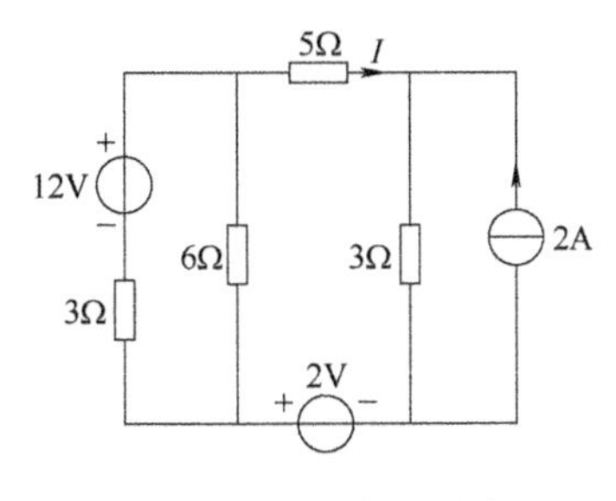

图 2-T-13　题 2-13 图

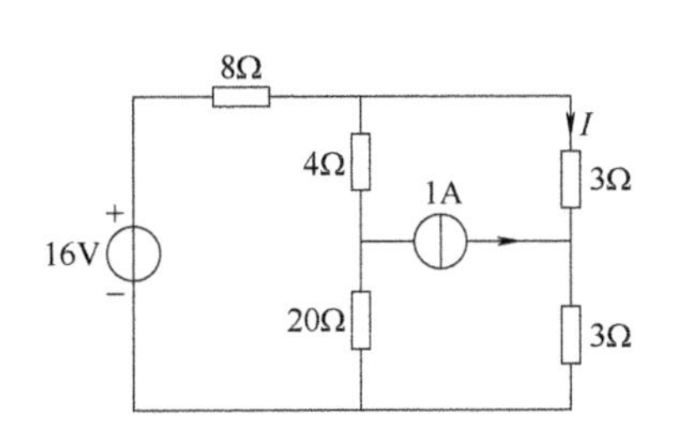

图 2-T-14　题 2-14 图

2-15　用戴维宁定理求图 2-T-15 所示电路中的电流 I。

2-16　电路如图 2-T-16 所示，求通过某电气设备的电流 I_x 及两端电压 U_x，并说明它是电源还是负载。

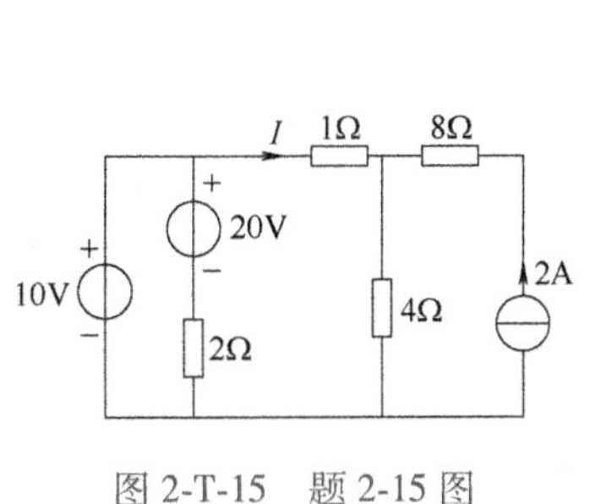

图 2-T-15　题 2-15 图

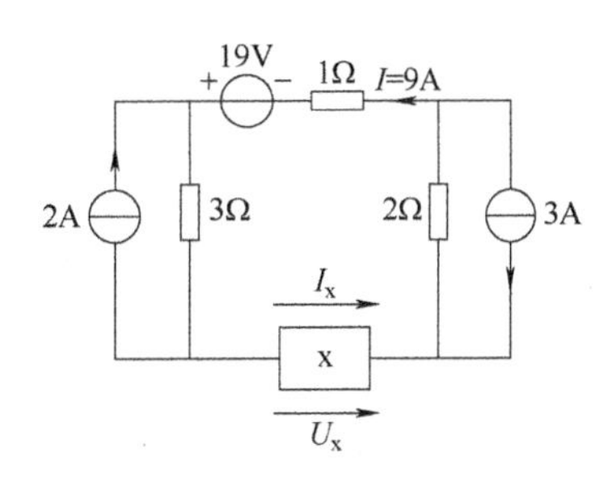

图 2-T-16　题 2-16 图

2-17　用戴维宁定理求图 2-T-17 所示电路中的电流 I，并求恒压源的功率 P_s。

2-18　求图 2-T-18 所示电路中，当开关 S 闭合和断开两种情况下的电流 I。

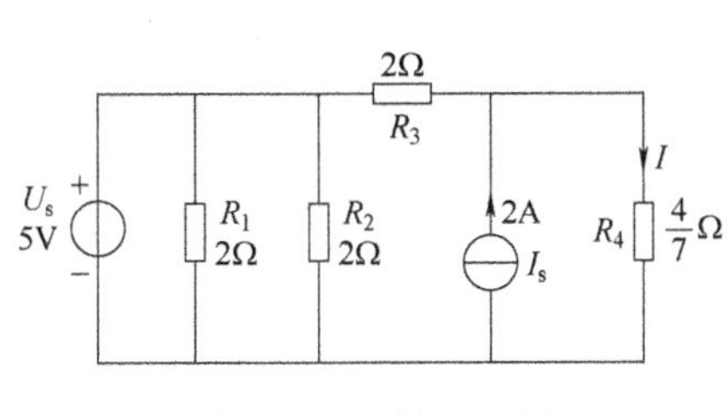

图 2-T-17　题 2-17 图

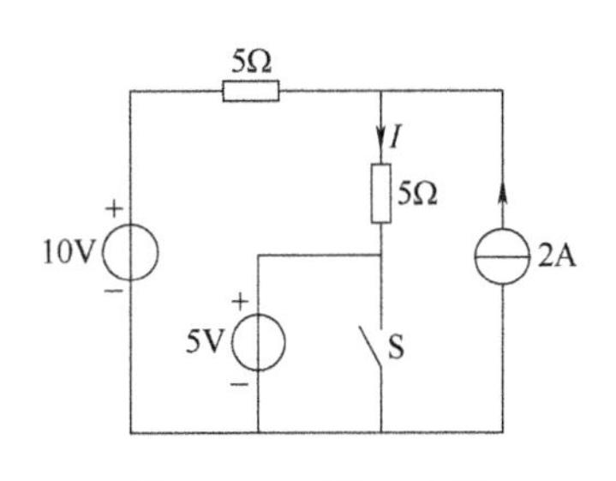

图 2-T-18　题 2-18 图

2-19　一无源双口网络 N_0 如图2-T-19a所示，在1-1′端接某电流源 I_s 时，在2-2′端测得电压为10V，若按图2-T-19b连接时，在2-2′端测得电压为2V，若 $I_s=1A$，求图2-T-19c中的电流 I。

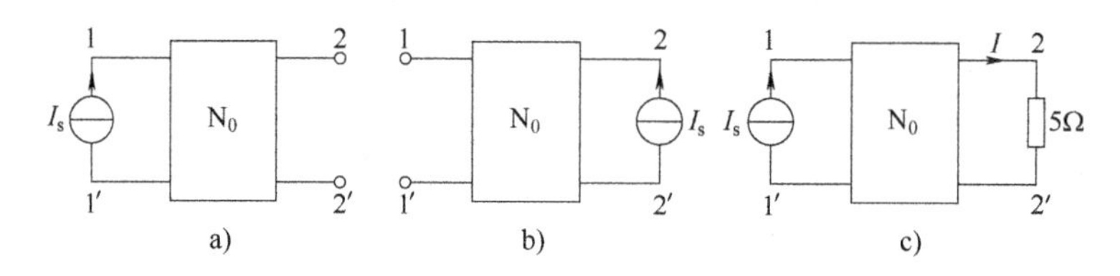

图2-T-19　题2-19图

第三章　电路的暂态分析

第一节　暂态分析的基本概念与换路定律

一、稳态和暂态

第一章中学习的储能元件，在直流电路中电容相当于开路，电感相当于短路。如果电路发生变化，就会产生过渡过程。例如，汽车点火电路，如图 3-1-1 所示，电感放电就是利用线圈感应产生高压放电，供给火花塞足够高的电压（几千伏），使火花塞产生足够强的火花，点燃混合燃料气。电感接在直流蓄电池上，产生一个电流。当电感器在突然断电后，会在电感两级产生高压，电感放电就是利用这个暂态过程实现的。

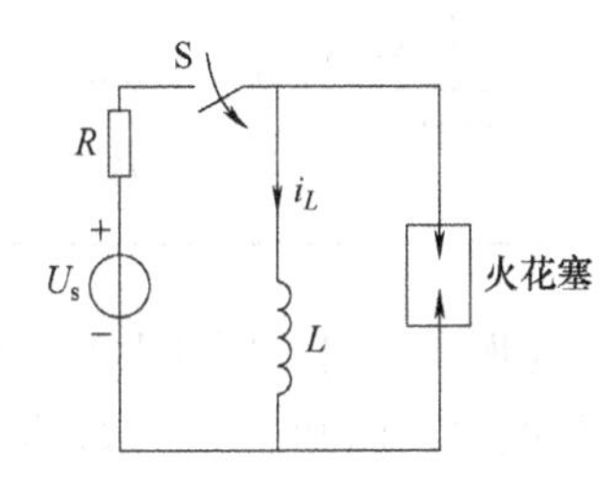

图 3-1-1　汽车点火电路

二、产生暂态过程的原因

在实际工作中，电路要进行各种操作，如接通或断开电源，电源电压的改变以及电路参数改变等。另外，电路也可能发生开路、短路等现象。不论是操作或是故障的原因，导致这种电路的接通、断开、短路、电源电压或电路参数突然变化，统称为换路。由于换路，就会使电路的工作状态发生变化，就有可能产生暂态过程，因此换路是引起暂态过程的外因。然而，在含有储能元件的电路中，产生暂态的根本原因在于能量的变化只能是连续变化而不能跃变。在电感元件中，储存的磁场能量$\left(W_L=\frac{1}{2}Li_L^2\right)$在换路时不能跃变，这表现为电感中的电流 i_L 不能跃变。在电容元件中，储存的电场能量$\left(W_C=\frac{1}{2}Cu_C^2\right)$在换路时不能跃变，这表现为电容两端的电压 u_C 不能跃变。所以，储能元件的能量不能跃变是产生暂态过程的内因。

三、换路定律

为方便起见，通常把换路瞬间作为计时起点，即在 $t=0$ 时换路。把换路前终了时刻记为 $t=0_-$，把换路后的初始时刻记为 $t=0_+$，换路瞬间，电感元件中的电流和电容元件上的电压不能跃变，这称为换路定律。如用公式表示则为

$$\begin{cases} i_L(0_+) = i_L(0_-) \\ u_C(0_+) = u_C(0_-) \end{cases} \tag{3-1-1}$$

换路定律仅适用于换路瞬间，可根据它来确定 $t=0_+$ 时电路中电压和电流的值，即暂态过程的初始值。

电感和电容元件在换路瞬间及稳态时的特征列于表 3-1-1 中。

表 3-1-1　电感和电容元件在换路瞬间及稳态时的特征

元　件	特　征		
	$t=0_-$	$t=0_+$	$t=\infty$
C，$u_C(t)$	$u_C(0_-)=0$	$u_C(0_+)=0$	断开
	$u_C(0_-)=U_0$	$u_C(0_+)=U_0$（U_0）	
L，$i_L(t)$	$i_L(0_-)=0$	$i_L(0_+)=0$	短路
	$i_L(0_-)=I_0$	$i_L(0_+)=I_0$（I_0）	

【例 3-1-1】　图 3-1-2 所示电路已稳定，求开关闭合后电容电压、电感电压及各支路电流初始值。已知：$R=4\Omega$，$R_1=R_2=8\Omega$，$U_s=12\text{V}$。

解：先选定 u_C、u_L 及各支路电流的参考方向。由于开关闭合前电路已处于稳态，所以

$$u_C(0_-) = 0$$

$$i_L(0_-) = 0$$

开关 S 闭合后瞬间，根据换路定律，有

$$u_C(0_+) = u_C(0_-) = 0$$

$$i_L(0_+) = i_L(0_-) = 0$$

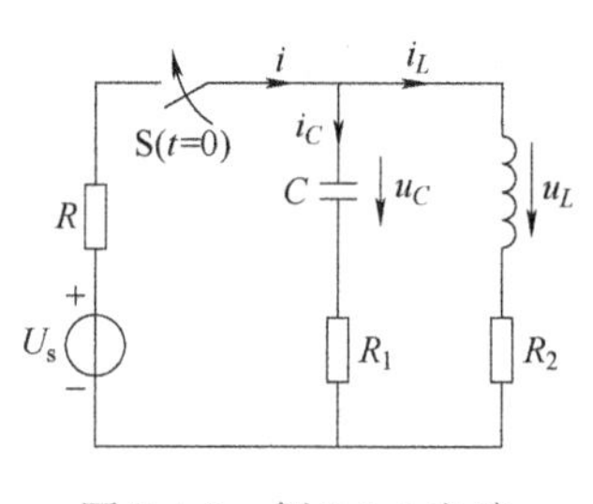

图 3-1-2　例 3-1-1 电路

根据基尔霍夫定律，有

$$i(0_+) = i_C(0_+) + i_L(0_+) = i_C(0_+)$$

$$U_s = i(0_+)R + u_C(0_+) + i_C(0_+)R_1 = i(0_+)(R + R_1)$$

所以

$$i(0_+) = i_C(0_+) = \frac{U_s}{R + R_1} = \frac{12}{4 + 8}\text{A} = 1\text{A}$$

$$u_L(0_+) = U_s - i(0_+)R - i_L(0_+)R_2 = 12\text{V} - 1 \times 4\text{V} - 0 \times 8\text{V} = 8\text{V}$$

【例 3-1-2】　图 3-1-3 所示电路已稳定，求开关 S 闭合后的电容电压和各支路电流的初始值。已知：$U_s=12\text{V}$，$R_1=4\text{k}\Omega$，$R_2=2\text{k}\Omega$。

解：开关 S 闭合前电路已稳定，所以

$$u_C(0_-) = 12\text{V}$$

开关闭合后瞬间，根据换路定律，有

$$u_C(0_+) = u_C(0_-) = 12\text{V}$$

根据欧姆定律，有

$$i_1(0_+)=\frac{U_s-u_C(0_+)}{R_1}=0$$

$$i_2(0_+)=\frac{u_C(0_+)}{R_2}=6\text{mA}$$

$$i_C(0_+)=i_1(0_+)-i_2(0_+)=-6\text{mA}$$

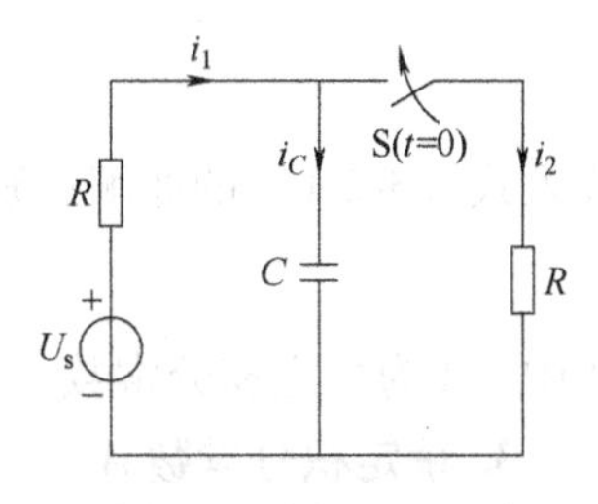

图 3-1-3 例 3-1-2 电路

以上例题说明，虽然电容电压 u_C 和电感电流 i_L 是不能跃变的，但其他的电流电压是可以跃变的，即电容或电阻中的电流是可以跃变的，电感或电阻的两端电压也是可以跃变的。

第二节 *RC* 电路的暂态过程

电路中的响应是由激励产生的，激励一般是外加输入信号，如独立电源和元件中的初始储能。根据激励的不同，可以把响应分为零输入响应、零状态响应和电路的全响应。

一、零输入响应

图 3-2-1 所示电路是 *RC* 串联电路。换路前，开关 S 合在位置 1 上，电源对电容器充电至 $u_C(0)=U_0$。在 $t=0$ 时，开关由位置 1 换到位置 2，*RC* 电路脱离电源，电容器 *C* 开始通过电阻 *R* 放电。这时，电路的输入为零，电路中的电流和电压仅由电容器所储存的能量引起，所以称为零输入响应。

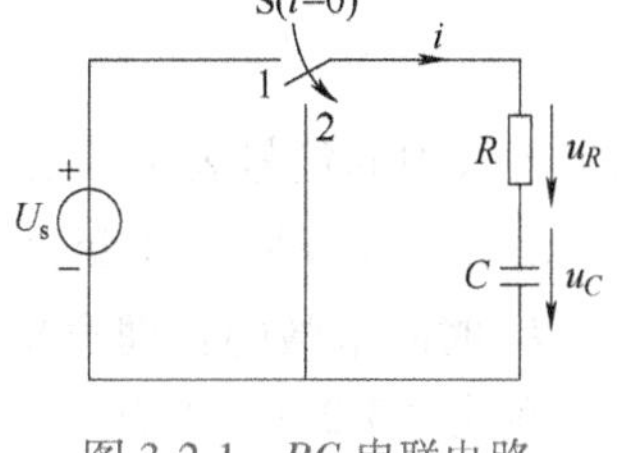

图 3-2-1 *RC* 串联电路

1. 换路后 *RC* 电路的微分方程

在图 3-2-1 所示的参考方向下，应用基尔霍夫电压定律，有

$$u_R(t)+u_C(t)=0$$

因为 $u_R(t)=Ri(t)$，$i(t)=C\dfrac{\mathrm{d}u_C(t)}{\mathrm{d}t}$，代入上式，得

$$RC\frac{\mathrm{d}u_C(t)}{\mathrm{d}t}+u_C(t)=0 \tag{3-2-1}$$

这是一个一阶常系数线性齐次微分方程，初始条件为

$$t=0,\ u_C(0)=U_0$$

2. 微分方程的通解

令微分方程的通解是指数函数，即

$$u_C(t)=A\mathrm{e}^{pt}$$

将其代入微分方程，得

$$(RCP+1)A\mathrm{e}^{pt}=0$$

消去因子 $A\mathrm{e}^{pt}$，得到该微分方程的特征方程

$$RCP+1=0$$

求得特征根为

$$P=-\frac{1}{RC}$$

代入式（3-2-1）的通解，则有

$$u_C(t)=A\mathrm{e}^{-\frac{t}{RC}} \tag{3-2-2}$$

式中，A 为待定积分常数。

3. 确定积分常数 A

根据初始条件，$t=0$，$u_C(0)=U_0$，代入式（3-2-2）可求出

$$A=U_0$$

因此，微分方程的解为

$$u_C(t)=U_0\mathrm{e}^{-\frac{t}{RC}}=U_0\mathrm{e}^{-\frac{t}{\tau}}\qquad(\tau=RC) \tag{3-2-3}$$

电路中的电流为

$$i(t)=C\frac{\mathrm{d}u_C(t)}{\mathrm{d}t}=-\frac{U_0}{R}\mathrm{e}^{-\frac{t}{\tau}} \tag{3-2-4}$$

电阻上的电压为

$$u_R(t)=i(t)R=-U_0\mathrm{e}^{-\frac{t}{\tau}} \tag{3-2-5}$$

以上各式中的负号表示其实际方向与所选的参考方向相反。

u_C、u_R 和 i 随时间变化的曲线如图3-2-2所示。

4. 时间常数的物理意义

在式（3-2-3）中有

$$\tau=RC \tag{3-2-6}$$

τ 称为 RC 电路的时间常数，当 C 用法拉（F）、R 用欧姆（Ω）为单位时，τ 的单位是秒（s）。它决定了电路中过渡过程的快慢。

当 $t=\tau$ 时，$u_C(t=\tau)=U_0\mathrm{e}^{-1}=0.368U_0$。可见时间常数等于电压 u_C 衰减到初始值（即$t=0$时的值）的36.8%所需要的时间。时间常数 τ 可以用图解法求得。如图3-2-3所示，在 $t=0$ 点作曲线的切线，切线与时间轴交点所对应的时间，即为 $\tau=RC$。

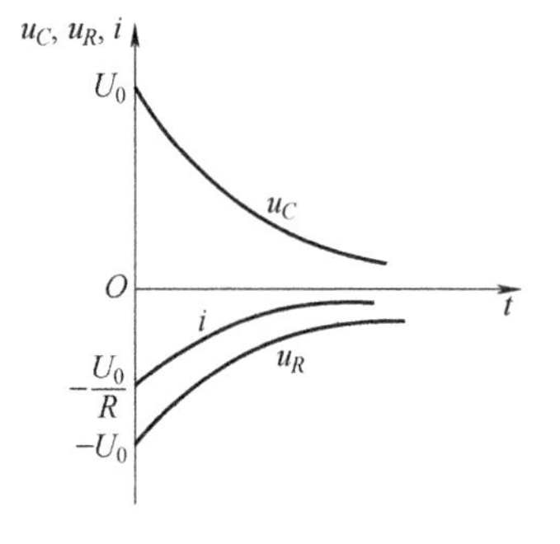

图3-2-2　u_C、u_R 和 i 随时间变化的曲线

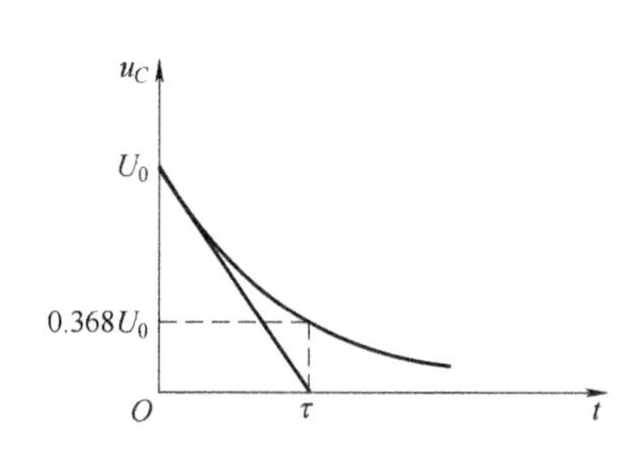

图3-2-3　时间常数 τ

从理论上讲，需要无限长的时间，电压或电流才衰减为零，电路达到稳态。但是，由于指数曲线开始变化较快，而后逐渐缓慢下来，见表3-2-1，因此在 $t=(3\sim5)\tau$ 时，$u_C=(0.05\sim0.007)U_0$，一般就可以认为已达到稳定状态，过渡过程即暂态过程结束。显然，时间常数越小，暂态过程进行得越快，反之则越慢。这是因为，在一定的初始电压 U_0 时，

电容 C 越大，电容器储存的电荷（$q_0=CU_0$）越多，放电时间就越长；而电阻越大，放电电流$\left(I_0=\dfrac{U_0}{R}\right)$就越小，放电时间也越长。

表 3-2-1　电容电压随时间的变化关系

t	0	τ	2τ	3τ	4τ	5τ	…	∞
$u_C=U_0\mathrm{e}^{-\frac{t}{\tau}}$	U_0	$0.368U_0$	$0.135U_0$	$0.05U_0$	$0.018U_0$	$0.007U_0$	…	0

综上所述，RC 电路的零输入响应是描述电容的放电过程。电容器电压不能突变，它是随着时间按指数规律逐渐衰减，最后趋于零。随着放电的进行，电容器在换路前所储存的能量逐渐为电阻元件所消耗。

二、零状态响应

换路前的电路中储能元件没有储存能量，处于零状态。当接通电源或有信号激励时，电路中所产生的响应称为零状态响应。

如图 3-2-4 所示电路，换路前，开关 S 合在位置 2 上，电容器的端电压为 $u_C(0_-)=0$。若在 $t=0$ 时，将开关由位置 2 换接到位置 1，则电源向电容器充电。

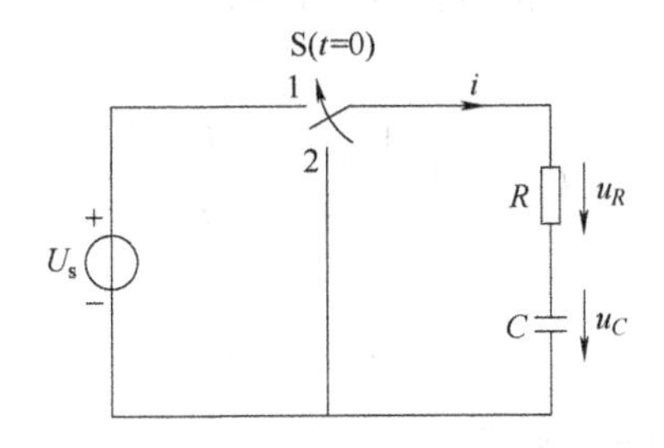

图 3-2-4　零状态响应电路

1. 换路后，*RC* 电路的微分方程

在图 3-2-4 所示的参考方向下，应用基尔霍夫电压定律，有

$$u_R(t)+u_C(t)=U_s$$

因为 $u_R(t)=Ri(t)$，$i(t)=C\dfrac{\mathrm{d}u_C(t)}{\mathrm{d}t}$，把它们代入上式，得

$$RC\frac{\mathrm{d}u_C(t)}{\mathrm{d}t}+u_C(t)=U_s \tag{3-2-7}$$

这是一个一阶常系数线性非齐次微分方程，初始条件为

$$t=0,\ u_C(0)=0$$

2. 微分方程的通解

由数学知识可知，一阶线性非齐次微分方程的通解是由特解 u'_C 和相应的齐次微分方程的通解 u''_C 组成，即

$$u_C(t)=u'_C(t)+u''_C(t) \tag{3-2-8}$$

满足非齐次微分方程的任一个解都可以作为特解。在电路中，由于暂态过程最终要结

束，理论上是当 $t=\infty$ 时进入新的稳定状态。因此，就取电路达到新的稳定状态的解作为该方程的特解。特解又称为稳态解或稳态分量。电容电压 u_C 的特解为

$$u_C'(t)=u_C(\infty)=U_s$$

齐次微分方程

$$RC\frac{\mathrm{d}u_C(t)}{\mathrm{d}t}+u_C(t)=0$$

的通解为

$$u_C''(t)=A\mathrm{e}^{-\frac{t}{\tau}} \qquad (\tau=RC)$$

可见，电容电压 u_C'' 的大小随着时间按指数规律衰减，最后趋于零。它是电路处于过渡状态下的解，因此把它称为电路的暂态解或暂态分量。

式（3-2-8）的解为

$$u_C(t)=U_s+A\mathrm{e}^{-\frac{t}{\tau}} \tag{3-2-9}$$

3. 确定积分常数 A

根据初始条件，$t=0$，$u_C(0)=0$，代入式（3-2-9），$0=U_s+A$，可求得

$$A=-U_s$$

因此，微分方程的解，即 RC 电路的零状态响应为

$$u_C(t)=U_s(1-\mathrm{e}^{-\frac{t}{\tau}}) \tag{3-2-10}$$

电路中的电流为

$$i(t)=C\frac{\mathrm{d}u_C(t)}{\mathrm{d}t}=\frac{U_s}{R}\mathrm{e}^{-\frac{t}{\tau}} \tag{3-2-11}$$

电阻上的电压为

$$u_R(t)=Ri(t)=U_s\mathrm{e}^{-\frac{t}{\tau}} \tag{3-2-12}$$

u_C、u_R 和 i 随时间变化的曲线如图 3-2-5 所示。

RC 电路在直流电压作用下，$u_C(t)$、$u_R(t)$ 和 $i(t)$ 都是按指数规律变化的。当直流电压刚作用于电路瞬间，电容上的电压为零，电容相当于短接，电源电压全部加在电阻上，电流最大。随后电容上的电压随时间不断增加，电阻上的电压逐渐衰减，经过 $(3\sim5)\tau$ 的时间，暂态过程结束，电容上的电压与输入电压相等，电流衰减为零，电阻上的电压也衰减为零。

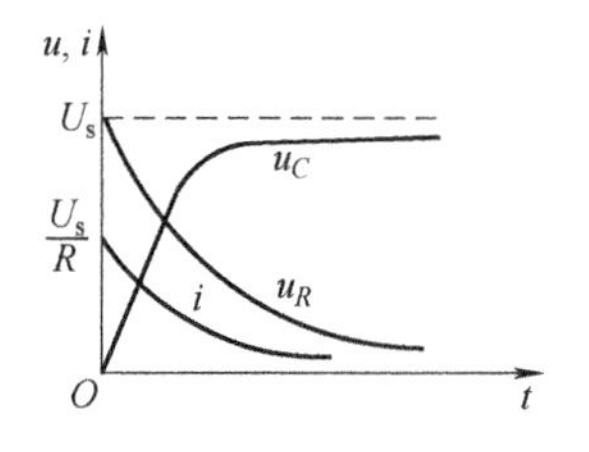

图 3-2-5 u_C、u_R 和 i 随时间变化的曲线

综上所述，RC 电路的零状态响应是描述 RC 电路的充电过程。充电过程的快慢，由电路的时间常数 $\tau=RC$ 决定。

三、电路的全响应

换路前，电路中的储能元件存有能量。当接通电源或信号激励时，即换路后，这种由储能元件的初始储能状态和外加电源（或信号源）共同引起的响应，称为电路的全响应，如图 3-2-6 所示。

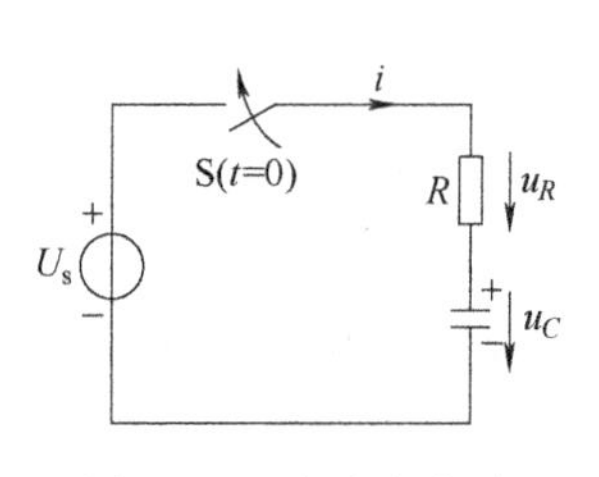

图 3-2-6 全响应电路

1. 换路后，RC 电路的微分方程

$$RC\frac{\mathrm{d}u_C(t)}{\mathrm{d}t}+u_C(t)=U_s \tag{3-2-13}$$

初始条件为 $t=0$，$u_C(0)=U_0$。

微分方程的解，即 RC 电路的全响应为

$$u_C(t)=U_s+(U_0-U_s)\mathrm{e}^{-\frac{t}{\tau}} \tag{3-2-14}$$

2. 对微分方程（全响应）的讨论

1）$u_C(t)$ 是由稳态分量 U_s 和暂态分量 $(U_0-U_s)\mathrm{e}^{-\frac{t}{\tau}}$ 叠加而成的，其变化曲线如图 3-2-7 所示。

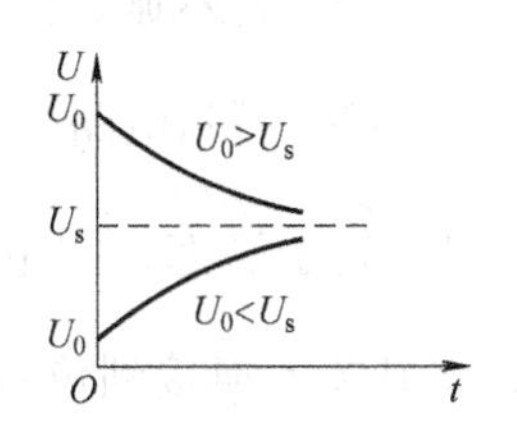

图 3-2-7　u_C 的变化曲线

当 $U_0<U_s$ 时，电容电压 $u_C(t)$ 将由初始值 U_0 增加到稳态值 U_s，此时电容器处于继续充电状态。

当 $U_0>U_s$ 时，电容电压 $u_C(t)$ 将由初始值 U_0 衰减到稳态值 U_s，此时电容器处于放电状态。

当 $t\rightarrow\infty$（一般为 $3\tau\sim5\tau$）时，暂态响应消失了，电路进入新的稳定状态。全响应中只保留稳定分量。

2）电路的全响应是零输入响应和零状态响应的叠加。式（3-2-14）可以写为

$$u_C(t)=U_0\mathrm{e}^{-\frac{t}{\tau}}+U_s(1-\mathrm{e}^{-\frac{t}{\tau}}) \tag{3-2-15}$$

式中，$U_0\mathrm{e}^{-\frac{t}{\tau}}$ 是电路中的零输入响应，$U_s(1-\mathrm{e}^{-\frac{t}{\tau}})$ 是电路中的零状态响应，如图 3-2-8 所示。

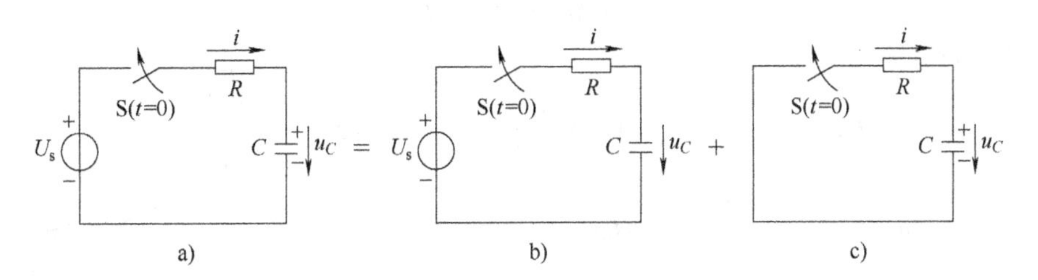

图 3-2-8　电路的全响应及其分解

a）全响应　b）零状态响应　c）零输入响应

通过上述对 RC 电路暂态过程的分析，计算暂态过程的步骤可以归纳为：

1）按换路后的电路列出微分方程。

2）计算待求量的稳态解。

3）计算待求量的暂态解；微分方程的通解=稳态解+暂态解。

4）根据初始条件来确定积分常数 A，最后得到满足初始条件的解。

上述通过解微分方程分析计算暂态过程的方法，可先将电路化为（如应用戴维宁定理）典型的 RC 串联电路，再判断暂态过程的类型。在计算出初始值、稳态值和时间常数之后，直接代入式（3-2-14）或式（3-2-15）即可得到解答。

第三节　RL 电路的暂态过程

工程上，感性负载居多，如电机、继电器、电磁铁等都可以等效为 RL 串联电路。含有

电感元件的电路在换路时也可能产生暂态过程。

分析 *RL* 电路与分析 *RC* 电路暂态过程的响应有许多相似之处，如电路微分方程的形式相同，方程的求解相同，电路时间常数的大小对暂态过程进程的影响相同等。

一、零输入响应

图 3-3-1 所示电路是 *RL* 串联电路。换路前，开关 S 合在位置 1，处于稳态，则电路中通过恒定电流 $I_0=\frac{U_s}{R}$。当 $t=0$ 时，将开关 S 换接到位置 2，*RL* 电路脱离电源，电感将所储存的能量$\left(W_L=\frac{1}{2}LI_0^2\right)$向电阻释放出来，电路处于零输入状态。

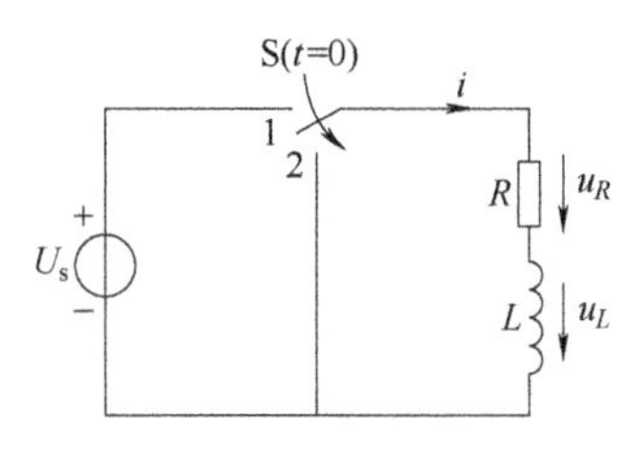

图 3-3-1　*RL* 电路的零状态响应

36

在图 3-3-1 所示的电路参考方向下，根据基尔霍夫电压定律，有

$$u_L(t)+u_R(t)=0$$

因为 $u_L(t)=L\frac{\mathrm{d}i_L(t)}{\mathrm{d}t}$，$u_R(t)=Ri_L(t)$，得

$$L\frac{\mathrm{d}i_L(t)}{\mathrm{d}t}+Ri_L(t)=0 \tag{3-3-1}$$

初始条件为

$$t=0,\ i_L(0)=I_0$$

所以 *RL* 电路的零输入响应为

$$i_L(t)=I_0\mathrm{e}^{-\frac{R}{L}t}=I_0\mathrm{e}^{-\frac{t}{\tau}}\qquad\left(\tau=\frac{L}{R}\right) \tag{3-3-2}$$

$$u_L(t)=L\frac{\mathrm{d}i_L(t)}{\mathrm{d}t}=-RI_0\mathrm{e}^{-\frac{t}{\tau}} \tag{3-3-3}$$

$$u_R(t)=Ri_L(t)=RI_0\mathrm{e}^{-\frac{t}{\tau}} \tag{3-3-4}$$

i_L、u_L 和 u_R 随时间变化的曲线如图 3-3-2 所示。

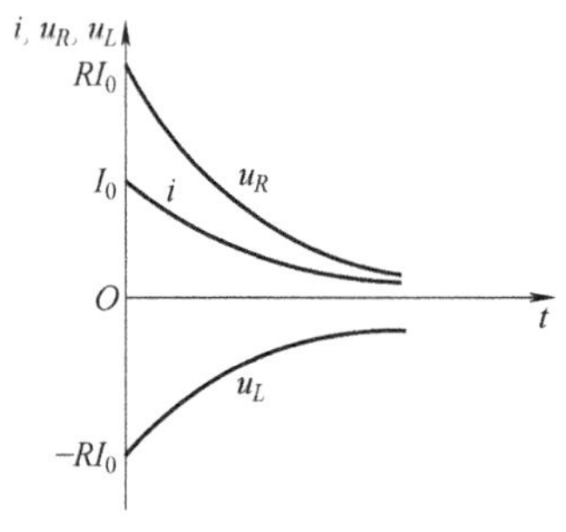

图 3-3-2　i、u_L 与 u_R 随时间变化的曲线

需要注意的是 *RL* 电路的时间常数与 *RC* 电路不同。*RL* 电路的时间常数为

$$\tau=\frac{L}{R} \tag{3-3-5}$$

τ 的单位是秒（s），*RL* 电路时间常数对暂态过程进程的影响与 *RC* 电路的时间常数相同，一般经过 $(3\sim5)\tau$ 后，暂态过程结束。

【例 3-3-1】　*RL* 电路断开带来的问题。

当开关将电感线圈从电源断开，而未加以短路时，根据换路定律，在换路瞬间，流过电感的电流必须保持原有数值 I_0。但现在电路已断开，电感电流将在极短时间急速地衰减为零，形成很大的电流变化率，在电感两端将产生很高的感应电压。此电压将在开关的触头之间造成电弧以延缓电流的中断，开关触头有可能被烧坏。

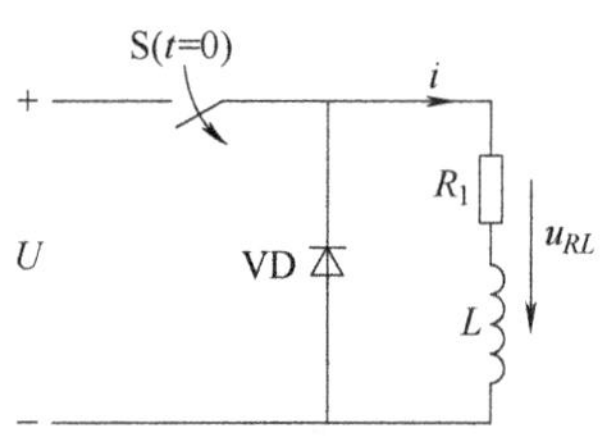

图 3-3-3　并联二极管的 *RL* 电路

因此，在切断电感电路时，常在线圈两端反向并联一个二极管，如图 3-3-3 所示，以限制其断开时的电压，保证电路中电气设备和操作人员的安全。

如果在线圈两端原来并联有电压表（其内阻很大），则在开关 S 断开前必须将电压表断开，以免引起过电压而损坏电压表。

二、零状态响应

零状态响应如图 3-3-4 所示。

电感的电流初始值

$$i_L(0_+)=i_L(0_-)=0$$

根据 KVL 可得到微分方程

$$i_L R+L\frac{\mathrm{d}i}{\mathrm{d}t}=U_s$$

则 RL 电路的零状态响应为

$$i_L(t)=\frac{U_s}{R}(1-e^{-\frac{t}{\tau}}) \tag{3-3-6}$$

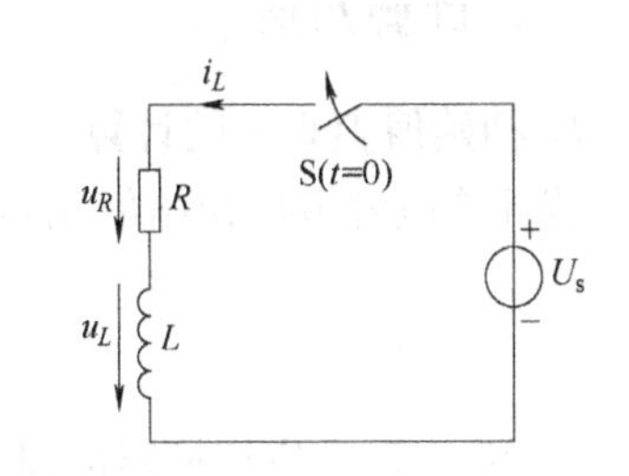

图 3-3-4　RL 电路的零状态响应

三、全响应

与 RC 电路的全响应一样，RL 电路的全响应也可以看成是零输入响应和零状态响应的叠加。即

$$i_L(t)=I_0 e^{-\frac{t}{\tau}}+\frac{U_s}{R}(1-e^{-\frac{t}{\tau}}) \tag{3-3-7}$$

也可以看成稳态解和暂态解的叠加，即

$$i_L(t)=\frac{U_s}{R}+\left(I_0-\frac{U_s}{R}\right)e^{-\frac{t}{\tau}} \tag{3-3-8}$$

由以上分析可见，RC 电路和 RL 电路的三种响应形式是一样的，其响应曲线也是类似的，都是从一个初始值按照指数规律变化到一个新的稳态值。

第四节　一阶电路暂态分析的三要素法

对于只含有一个（或者可以化为一个）储能元件的线性电路，不论是简单的还是复杂的，它的微分方程都是一阶常系数线性微分方程，这种电路称为一阶电路。

一、一阶电路全响应的一般式

我们知道，一阶电路微分方程的解，即全响应是由稳态分量（稳态值）和暂态分量叠加而成的，写成一般式子

$$f(t)=f(\infty)+Ae^{-\frac{t}{\tau}}$$

式中，$f(t)$ 为待求的电压或电流；$f(\infty)$ 是稳态分量（稳态值）；$Ae^{-\frac{t}{\tau}}$ 是暂态分量；τ 为电路的时间常数。若换路瞬间，即 $t=0_+$ 时的初始值为 $f(0_+)$，代入上式可得 $A=f(0_+)-f(\infty)$，则

$$f(t)=f(\infty)+[f(0_+)-f(\infty)]\mathrm{e}^{-\frac{t}{\tau}} \tag{3-4-1}$$

此式称为一阶电路全响应的一般形式。式（3-4-1）说明：不管组成一阶电路的元件和电路结构如何，只要求得电路的初始值$f(0_+)$、稳态值$f(\infty)$和时间常数τ这三个要素，就能直接写出暂态过程中的电压或电流随时间变化的表达式。这种由$f(0_+)$、$f(\infty)$和τ三个量直接得到电路响应的方法称为一阶电路暂态分析的三要素法。

二、计算方法

1. 初始值$f(0_+)$的计算

若计算电容电压初始值$u_C(0_+)$或电感电流初始值$i_L(0_+)$，则根据换路定律，有

$$u_C(0_+)=u_C(0_-)$$
$$i_L(0_+)=i_L(0_-)$$

$u_C(0_+)$和$i_L(0_+)$应按换路前瞬间电路计算$u_C(0_-)$和$i_L(0_-)$。若换路前电路已处于稳定稳态，则电容相当于开路，电感相当于短路。

除了电容电压$u_C(0_+)$和电感电流$i_L(0_+)$以外，其他的电压和电流（包括电容中的电流和电感两端电压）必须按换路后瞬间的电路计算。其中：①电容电压$u_C(0_+)$可用恒压源代替，电感电流$i_L(0_+)$可用恒流源代替；②若$u_C(0_+)=0$，在换路后瞬间，将电容按短路处理；若$i_L(0_+)=0$，在换路后瞬间，将电感按开路处理。然后与独立电源一起，应用电路分析方法，计算出换路后瞬间其他电压与电流初始值。

2. 稳态值$f(\infty)$的计算

应当根据换路后的电路，当$t\to\infty$进入稳态时，计算稳态值$f(\infty)$。此时电容器相当于开路，电感相当于短路，可应用电路分析方法计算所求的电压与电流稳态值。

3. 时间常数τ的计算

根据换路后的电路，先将电容（或电感）元件划出来，再将剩下的二端网络化为无源二端网络，用戴维宁定理中求内阻的方法计算等效电阻R_0，则时间常数

$$\tau=R_0C \text{ 或 } \tau=\frac{L}{R_0}$$

【例3-4-1】 在图3-4-1所示电路中，$R_1=6\text{k}\Omega$，$R_2=1\text{k}\Omega$，$R_3=2\text{k}\Omega$，$C=0.1\mu\text{F}$，$I_s=6\text{mA}$，换路前电路已处于稳态。求开关S闭合后的$u_C(t)$，并画出变化曲线。

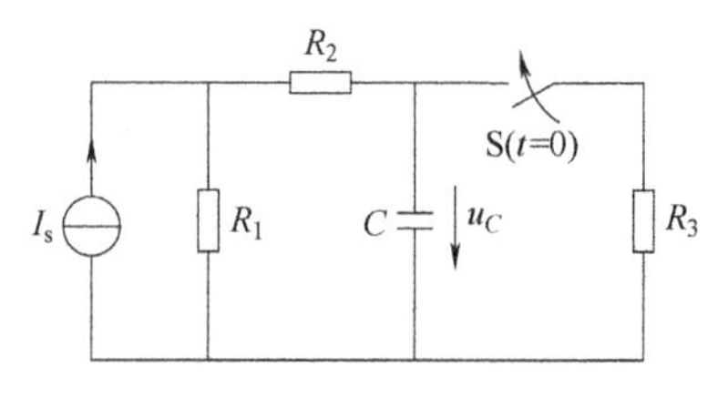

图3-4-1　例3-4-1电路

解：（1）确定初始值

换路前电路处于稳态，电容相当于开路

$$u_C(0_+)=u_C(0_-)=I_sR_1=6\times6\text{V}=36\text{V}$$

（2）确定稳态值

此时电容相当于开路，

$$u_C(\infty)=\left(\frac{R_1}{R_1+R_2+R_3}I_s\right)R_3$$
$$=\frac{6}{6+1+2}\times 6\times 10^{-3}\times 2\times 10^3\text{V}=8\text{V}$$

（3）确定时间常数

按换路后的电路，求从电容两端看进去无源二端网络的等效电阻 R

$$R=\frac{(R_1+R_2)R_3}{R_1+R_2+R_3}=\frac{(6+1)\times 2}{6+1+2}\text{k}\Omega=\frac{14}{9}\text{k}\Omega$$

$$\tau=RC=\frac{14}{9}\times 10^3\times 0.1\times 10^{-6}\text{s}=0.155\times 10^{-3}\text{s}$$

根据三要素法，有

$$u_C(t)=u_C(\infty)+[u_C(0_+)-u_C(\infty)]\text{e}^{-\frac{t}{\tau}}$$
$$=8\text{V}+(36-8)\text{e}^{-\frac{t}{0.155\times 10^{-3}}}\text{V}$$
$$=8\text{V}+28\text{e}^{-6.43\times 10^3 t}\text{V}$$

$u_C(t)$ 的变化曲线如图 3-4-2 所示。

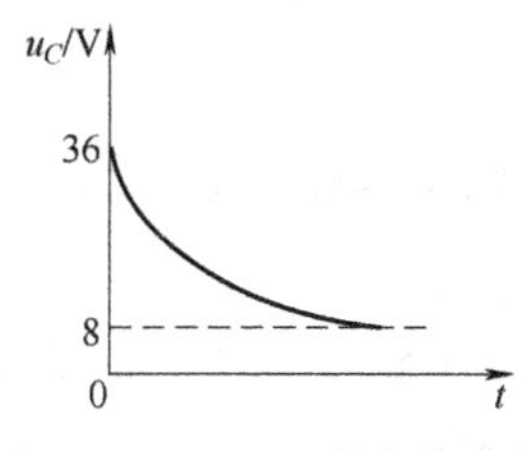

图 3-4-2　$u_C(t)$ 的变化曲线

【例 3-4-2】　电路如图 3-4-3 所示，换路前电路处于稳态，$t=0$，断开开关 S，求 $i_L(t)$。

解：

（1）确定初始值

在换路前的电路中，电感相当于短路

$$i_L(0_+)=i_L(0_-)=\left(\frac{6}{10+2.5}\times\frac{5}{5+5}\right)\text{A}=0.24\text{A}$$

（2）确定稳态值

在换路后的电路中，电感相当于短路

$$i_L(\infty)=\left(\frac{6}{10+\frac{(5+5)\times 5}{5+5+5}}\times\frac{5+5}{5+5+5}\right)\text{A}=0.3\text{A}$$

（3）确定时间常数

$$\tau=\frac{10\times 10^{-3}\text{H}}{\left[\frac{10\times(5+5)}{10+5+5}+5\right]\Omega}=10^{-3}\text{s}$$

根据三要素法，有

$$i_L(t)=i_L(\infty)+[i_L(0_+)-i_L(\infty)]e^{-\frac{t}{\tau}}$$
$$=0.3\text{A}-0.06e^{-1000t}\text{A}$$

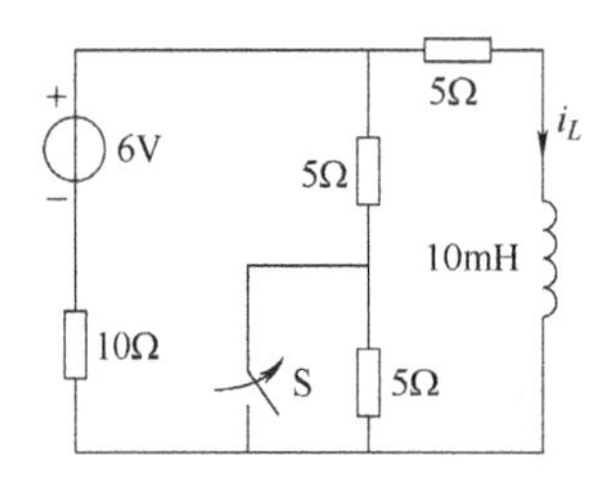

图 3-4-3　例 3-4-2 电路

拓展例题

第五节　微分电路与积分电路

一、微分电路

1. 电路作用

微分电路在脉冲数字电路中常用来将矩形脉冲信号变换成尖脉冲信号。

2. 工作原理

在图 3-5-1 所示的微分电路中，输入一脉冲宽度为 t_p，幅值为 U 的矩形脉冲信号 u_i，如图 3-5-2a 所示。

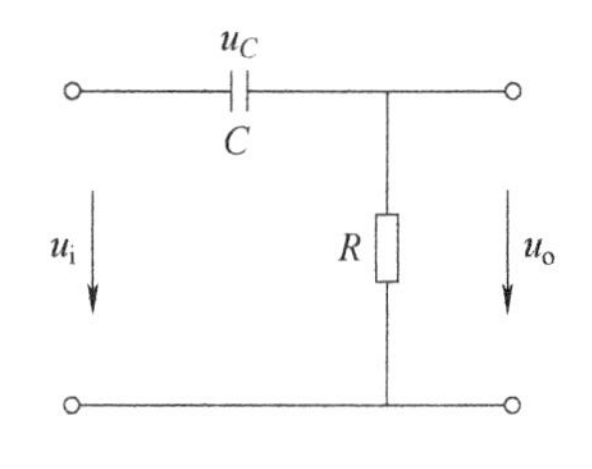

图 3-5-1　微分电路

在 $t=0$ 时，输入矩形脉冲信号从零跃变到 U。而后电容器开始充电，$u_C(t)$ 随时间按指数规律增加。

如果电路的时间常数 $\tau \ll t_p$，则 $u_C(t)$ 很快增加到 U，而输出电压 $u_o(t)$ 很快衰减到零，$u_o(t)$ 波形就成为很窄的正尖脉冲，如图 3-5-2c 所示。图 3-5-2b 是 u_C 的波形。

在 $t=t_p$ 瞬间，输入矩形脉冲信号从 U 跃变为 0，这相当于输入端短接。电容器将前面充得的电压全部加到电阻 R 上，因此在这一瞬间，$u_o=-u_C=-U$，即输出电压从零跃变到 $-U$。随着电容器很快地放电，$u_o(t)$ 和 $u_C(t)$ 均随时间按指数规律衰减到零。输出电压 $u_o(t)$ 的波形就成为很窄的负尖脉冲，如图 3-5-2c 所示。

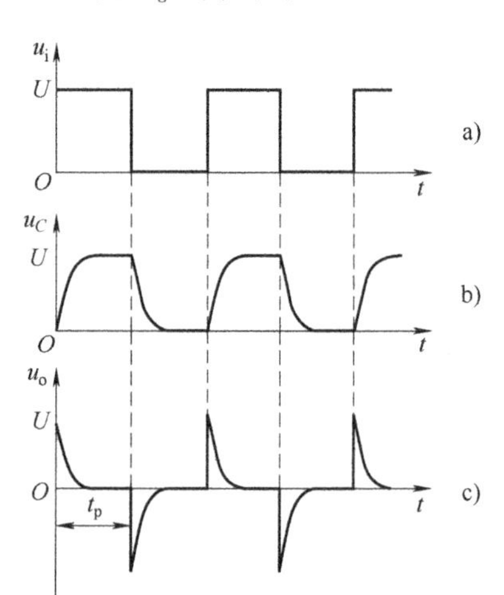

图 3-5-2　微分电路的输入电压和输出电压的波形

数学证明：

由于 $\tau \ll t_p$，充放电过程很快，电容器电压除了开始充电或放电一段极短时间之外，$u_o \ll u_C$，因此

$$u_i=u_C+u_o\approx u_C$$

从而

$$u_o=Ri=RC\frac{du_C}{dt}\approx RC\frac{du_i}{dt}$$

上式说明，输出电压 u_o 近似地与输入电压 u_i 对时间的

微分成正比。因此这种电路称为微分电路。

3. 构成微分电路的条件

1）$\tau \ll t_p$（一般 $\tau < 0.2t_p$）。

2）从电阻 R 的两端输出。

二、积分电路

1. 电路作用

积分电路常用来将矩形脉冲信号变换为锯齿波或三角波信号。

2. 工作原理

当矩形脉冲加到图 3-5-3 所示串联电路上时，在 $t=0$ 瞬间，输入电压 u_i 从零跃变为 U，电容器开始充电。输出电压$u_o(t)$按指数规律增加。若时间常数 $\tau >> t_p$，电容器充电很慢，$u_o(t)$增加也很慢，输出电压在 $0 \sim t_p$ 时间内上升曲线只是指数曲线的起始部分，这部分曲线近似直线。因此，输出电压近似线性增长。当 $t > t_p$ 时，$u_i(t)$为零，输入端相当于短接，电容器以很慢的速度放电，$u_o(t)$近似地线性下降，这样，积分电路在矩形脉冲信号作用下，输出将是一个三角波（或锯齿波）信号，如图 3-5-4 所示。

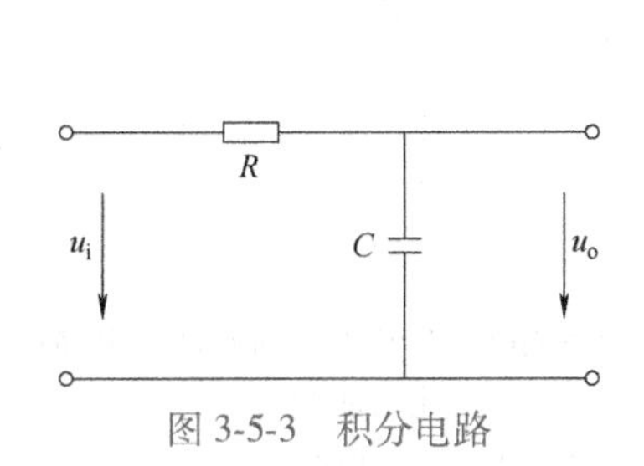

图 3-5-3 积分电路

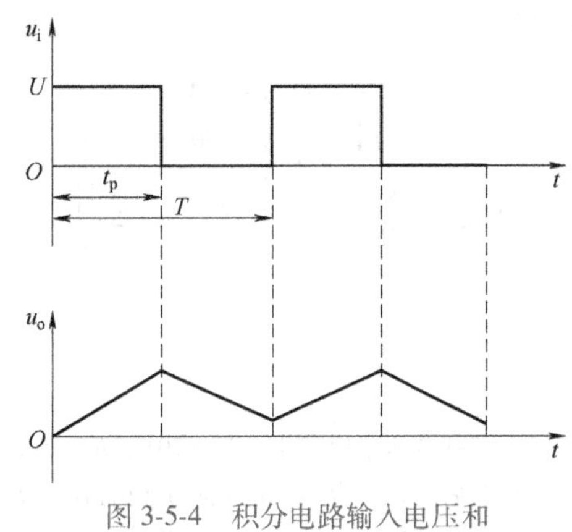

图 3-5-4 积分电路输入电压和输出电压的波形

数学证明：

由于时间常数 $\tau \gg t_p$，充放电进行很慢，输出电压 u_o 一直很小，即 $u_o \ll u_R$，于是

$$u_i = u_o + u_R \approx u_R = Ri$$

而

$$u_o = u_C = \frac{1}{C}\int i\mathrm{d}t \approx \frac{1}{RC}\int u_i \mathrm{d}t$$

上式说明，输出电压 u_o 近似地与输入电压 u_i 对时间的积分成正比。因此，这种电路称为积分电路。

3. 构成积分电路的条件

1）$\tau \gg t_p$。

2）从电容 C 的两端输出。

本章小结

具体内容请扫描二维码观看。

第三章小结

习　题

3-1　在图3-T-1所示电路中，开关S闭合前电路已处于稳态，试确定S闭合后电压 u_C 和电流 i_C，i_1，i_2 的初始值和稳态值。

3-2　在图3-T-2所示电路中，开关S闭合前电路已处于稳态，试确定S闭合后电压 u_L 和电流 i_L，i_1，i_2 的初始值和稳态值。

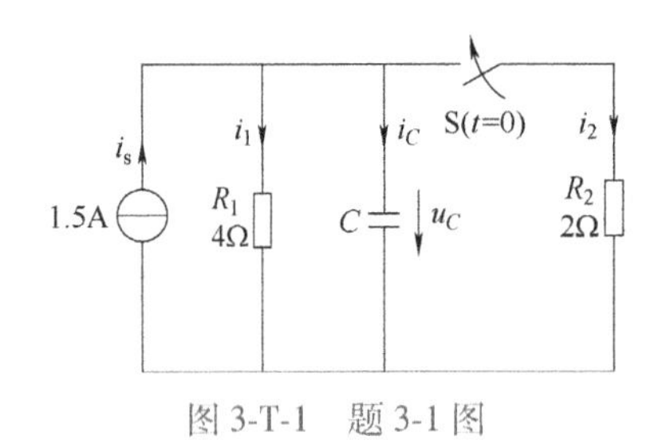

图3-T-1　题3-1图

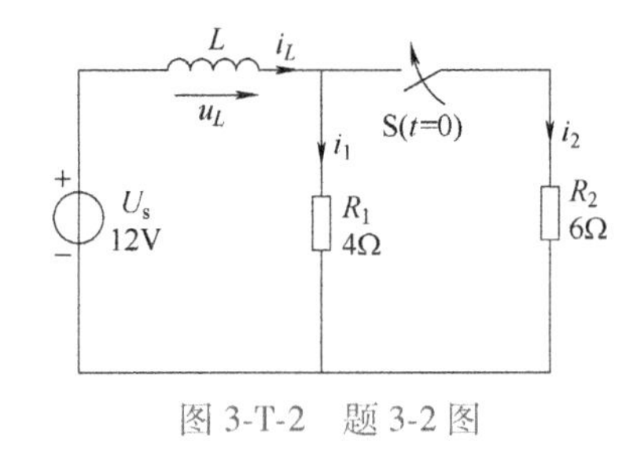

图3-T-2　题3-2图

3-3　在图3-T-3所示电路中，$U_s=20V$，$R_1=5k\Omega$，$R_2=10k\Omega$，$C=4\mu F$，在开关S断开前，电路已处于稳态，当S打开后，试求电容电压 $u_C(t)$ 和电流 $i_C(t)$，作出它们随时间 t 变化的曲线。

3-4　在图3-T-4所示电路中，当开关S断开后0.2s时，电容器电压为8V，试求：

（1）电容 C 应当是多少？

（2）电流 i 的初始值。

（3）$u_C(t)$。

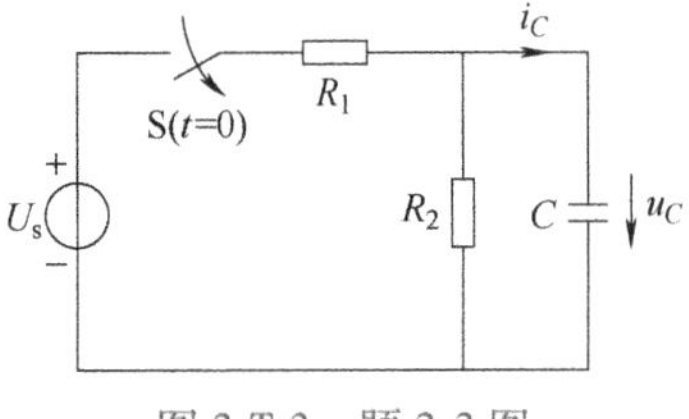

图3-T-3　题3-3图

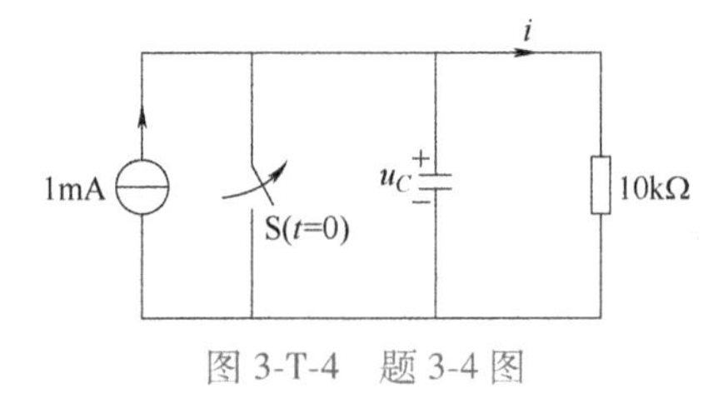

图3-T-4　题3-4图

3-5　在图3-T-5所示电路中，$U_s=100V$，$R_1=3\Omega$，$R_2=10\Omega$，$R_3=6\Omega$，$C=10\mu F$，开关S闭合前电路处于稳态。试求S闭合后，各支路电流 $i_1(t)$、$i_2(t)$ 和 $i_3(t)$。

3-6　在图3-T-6所示电路中，$U_s=12V$，$I_s=4mA$，$R_1=6k\Omega$，$R_2=2k\Omega$，$C=20\mu F$，在开关S闭合前电路已处于稳态。试求S闭合后的电压 $u_C(t)$。

3-7 在图 3-T-7 所示电路中，$U_s=50\text{V}$，$R_1=4\Omega$，$R_2=20\Omega$，$R_3=6\Omega$，$C=4\mu\text{F}$，开关 S 闭合前电路处于稳态。试求 S 闭合后电容中电流 $i(t)$ 和电容器电压 $u_C(t)$，并作出曲线。

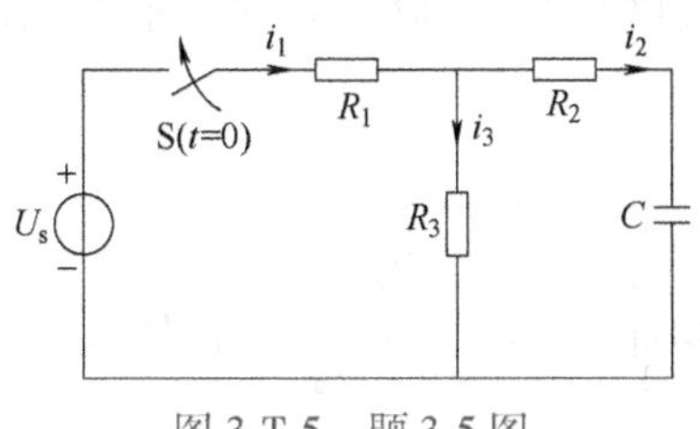

图 3-T-5 题 3-5 图

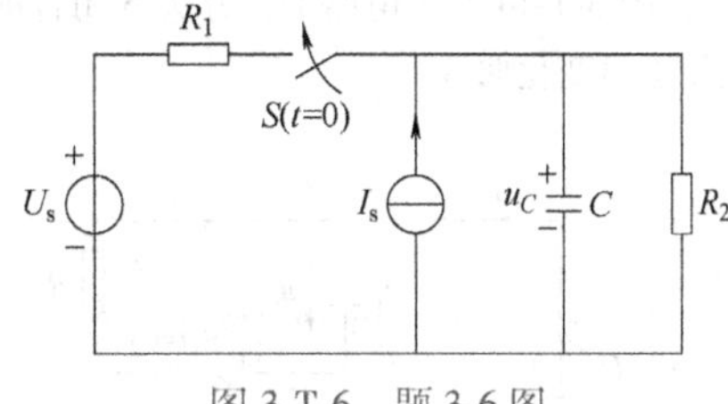

图 3-T-6 题 3-6 图

3-8 在图 3-T-8 所示电路中，$E_1=10\text{V}$，$E_2=5\text{V}$，$R_1=R_2=4\text{k}\Omega$，$R_3=2\text{k}\Omega$，$C=100\mu\text{F}$，开关 S 在位置 a 时电路已处于稳态，求 S 由 a 合向 b 后的 $u_C(t)$ 和 $i_0(t)$。

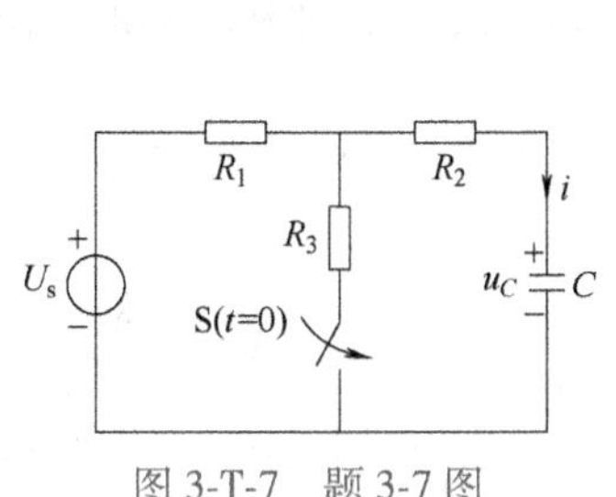

图 3-T-7 题 3-7 图

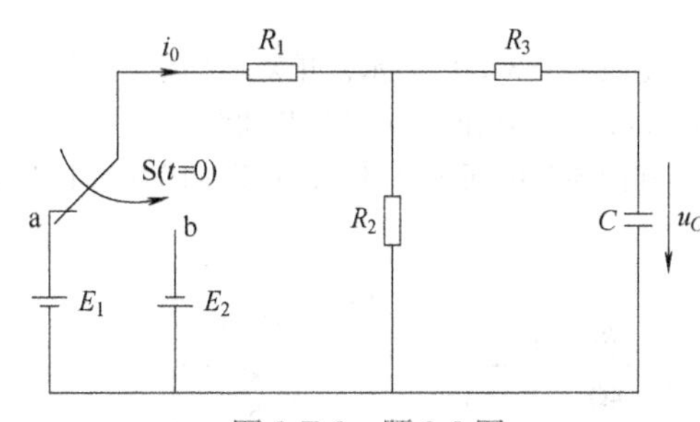

图 3-T-8 题 3-8 图

3-9 在图 3-T-9 所示电路中，开关 S 闭合前电路已处于稳态，在 $t=0$ 时将 S 闭合，求 S 闭合后的 $i_1(t)$ 和 $i_2(t)$。已知：$R_1=6\Omega$，$R_2=3\Omega$，$C=0.5\text{F}$，$I_s=2\text{A}$。

3-10 在图 3-T-10 所示电路中，$U_s=10\text{V}$，$R_1=6\Omega$，$R_2=4\Omega$，$L=10\text{mH}$，开关断开时的电路已处于稳态。试求开关 S 闭合后电感中 $i_L(t)$ 和 $u_L(t)$。

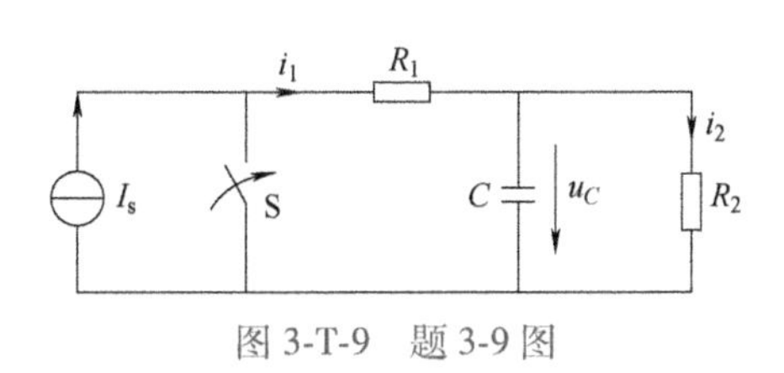

图 3-T-9 题 3-9 图

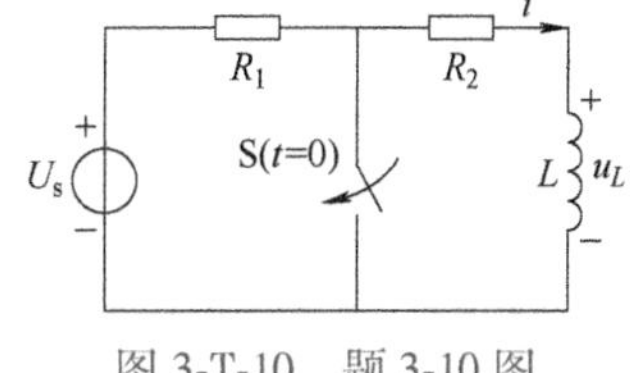

图 3-T-10 题 3-10 图

3-11 在图 3-T-11 所示电路中，开关 S 闭合前电路已处于稳态，在 $t=0$ 时将 S 闭合，试用三要素法求 S 闭合后的 $i_L(t)$，并画出 $i_L(t)$ 的变化曲线。

3-12 在图 3-T-12 所示电路中，$U_s=8\text{V}$，$I_s=1\text{A}$，$R_1=2\Omega$，$R_2=3\Omega$，$R_3=3\Omega$，$R_4=6\Omega$，$L=10\text{mH}$，开关 S 断开前的电路处于稳态，试求 S 打开后电感中电流 $i(t)$ 和电压 $u_L(t)$。

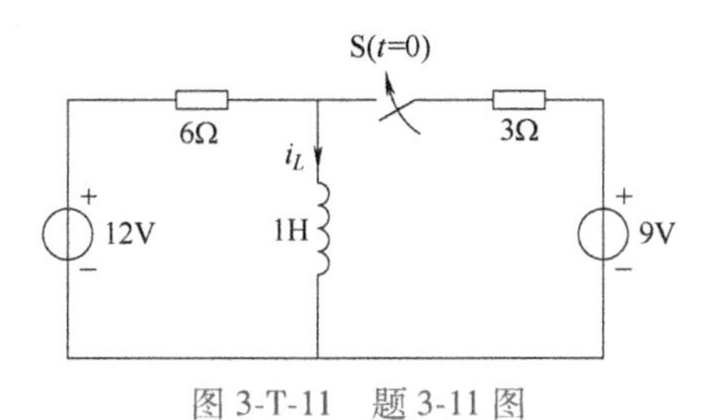

图 3-T-11 题 3-11 图

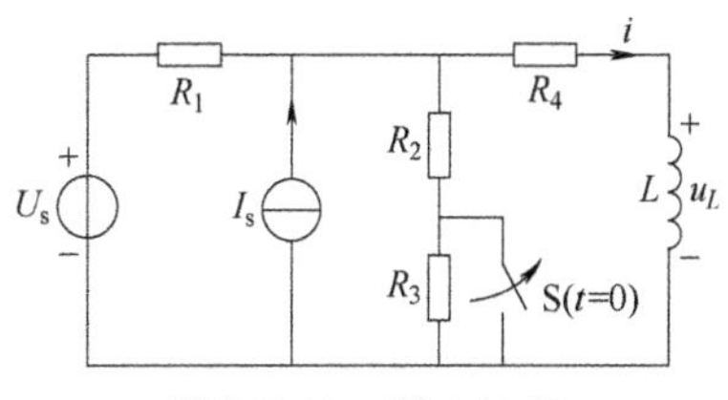

图 3-T-12 题 3-12 图

3-13　图3-T-13所示电路中，开关S断开前电路已处于稳态，$R_1=200\Omega$，$R_2=400\Omega$，$C_1=0.1\mu F$，$C_2=0.05\mu F$，$U=25V$，$t=0$时，将S断开，求S断开后的$u_{C1}(t)$，$u_{C2}(t)$和$i(t)$。

3-14　在图3-T-14所示电路中，开关S闭合前电路已处于稳态，在$t=0$时将S闭合，求S闭合后$i_L(t)$及$i(t)$，并画出变化曲线。

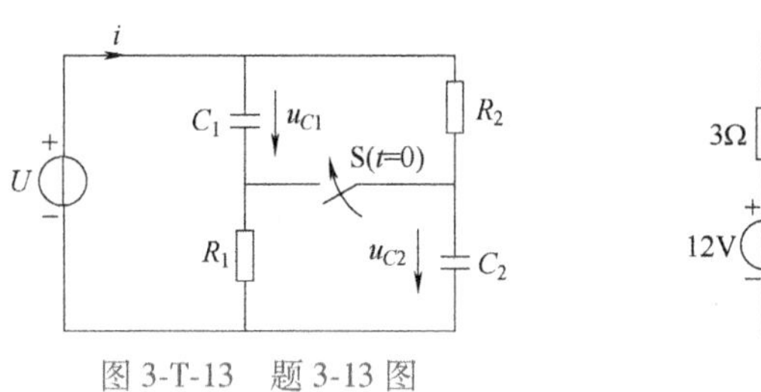

图3-T-13　题3-13图

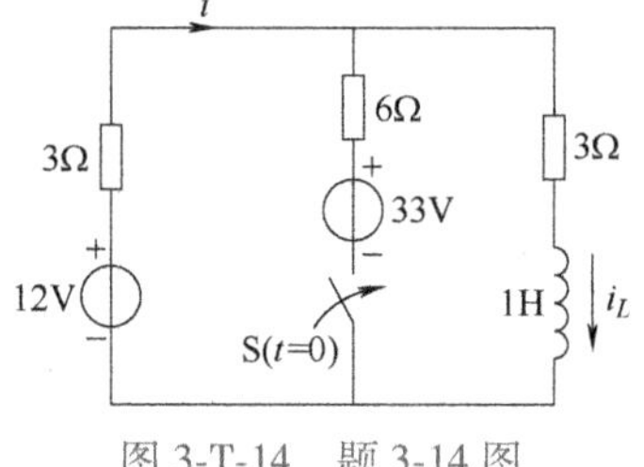

图3-T-14　题3-14图

3-15　电路如图3-T-15所示，开关S未闭合前电路已处于稳态，（1）试用三要素法求S闭合后电阻R_1中的电流$i(t)$；（2）画出$i(t)$的变化曲线。

3-16　在图3-T-16所示电路中，开关S闭合前电路已处于稳态，求S闭合后的$u_C(t)$和$i(t)$，并画出变化曲线。

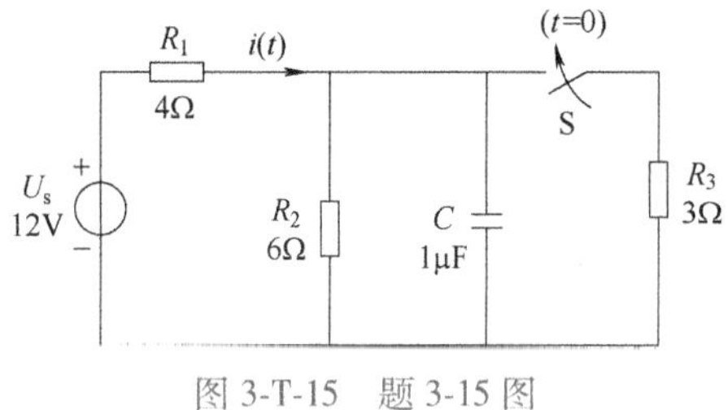

图3-T-15　题3-15图

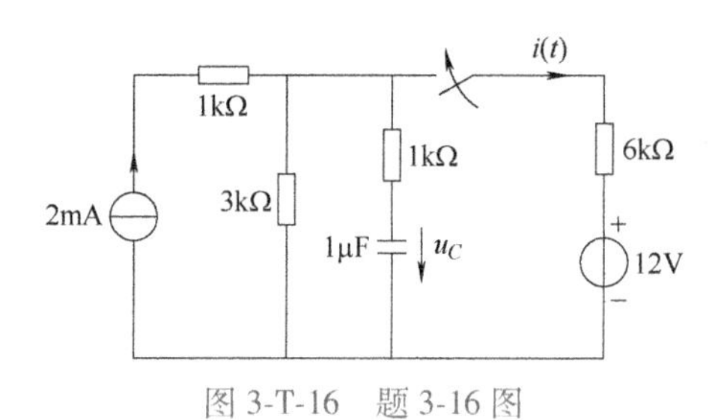

图3-T-16　题3-16图

第一篇综合训练

一、阶段小测验

直流电路阶段测验

二、趣味阅读

电阻器是组成各种电子线路的主要元件之一。目前绝大多数电子产品都离不开电阻。电阻的种类实在太多了，在此仅对敏感型电阻做简单的介绍。

敏感型电阻的电阻值对外界条件变化十分敏感，因此利用它们可以将许多非电量的信息转换成电信号，如温度、湿度、光照、速度、加速度、位移、压力、磁场等。

对于敏感型元件，在使用时希望它们具备下列条件：

1）灵敏度高。

2）测量范围宽。

3）准确可靠，重复性好。

4）响应速度快。

5）能在复杂环境中使用。

6）老化效应小。

7）有良好的互换性，体积小。

8）制造工艺简单，成本低。

9）使用方便。

1. 热敏电阻

热敏电阻是一种对温度变化很敏感的器件。它具有灵敏度高，体积小，电阻值可在很宽的范围内进行选择，使用方便，制造工艺成熟，成本低，易于大批量生产等特点。热敏电阻可根据其温度系数的不同分为正温度系数热敏电阻和负温度系数热敏电阻。正温度系数热敏电阻其电阻值随温度的升高而增大，负温度系数热敏电阻其电阻值随温度的升高而减小。

正温度系数热敏电阻在彩色电视机中的应用就是一个实例。彩色电视机的显像管有三个电子束。由于地磁或周围其他电器干扰磁场的偶然影响将使电子束发生偏离，从而引起色彩的紊乱。为了保证图像颜色的纯度及较好的图像质量，必须在开机之前，在显像管外面产生一个强磁场来消除干扰磁场的影响。但是这个强磁场又必须在电视机正式工作之后能自动地迅速衰减到很微弱的程度。其电路如图1-Z-1所示，当开关S刚接通时，热敏电阻（在此电路中称其为消磁电阻）R_t 的电阻值很小，因此消磁线圈 L 通过的电流较大，由于大电流的作用，使电阻 R_t 迅速发热，电阻值突然增大许多，电路中的电流迅速下降，最终达到几毫安，这样就达到了自动消除干扰磁场的目的。

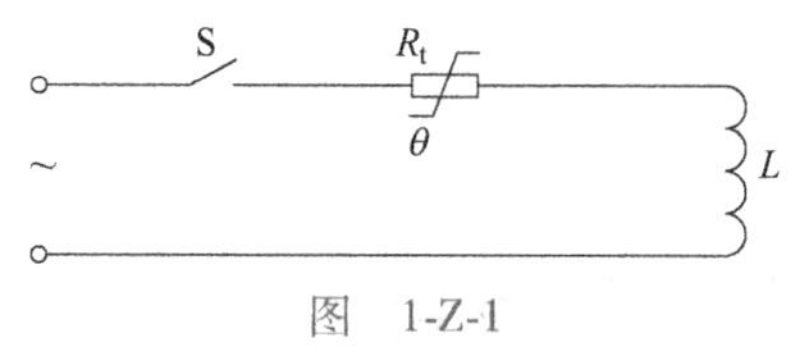

图　1-Z-1

2. 光敏电阻

光敏电阻是利用半导体材料的光电效应制成的一种敏感型电阻。这种电阻的主要特点是电阻值对光照非常敏感，也可以把光敏电阻看作是一种光控可变电阻，随着入射光的强弱不同电阻值将发生显著的变化。一般地说，入射光增强时电阻值减小；反之，入射光减弱时电阻值增大。光敏电阻有三种类型：可见光光敏电阻、红外光光敏电阻、紫外光光敏电阻。

如图1-Z-2所示，当光敏电阻不受光线照射时，其阻值很大，晶体管VT导通，使继电器KA吸合，触点接通，从而控制电器设备工作。当光敏电阻受到光线照射时，晶体管VT截止，使继电器KA断电，由此来控制电器设备不工作。

3. 压敏电阻

压敏电阻是用半导体材料制成的，其伏安特性是非线性的，对外加电压十分敏感。这种电阻的一个突出特点是当电阻两端的电压增加到某一个特定值时，电阻值急剧变小。根据这个特点，压敏电阻器在电路中可作为过电压保护或稳压元件使用。

利用压敏电阻作为过电压保护元件使用的电路如图1-Z-3所示，其中 Z_s 是电路的总阻抗，U_s 是输入电压。当 U_s 大于压敏电阻 R_Y 的压敏电压时，它立刻开始放电。放电电流是 I，放电后的电压是 U，它们具有如下关系：

$$U_s = Z_s I + U$$

如果没有压敏电阻 R_Y 进行保护，那么放电电流 I 就等于零，这时 $U_s = U$，相当于输入电压 U_s 全部施加到被保护的电路上。当 U_s 电压过高时，被保护的电路可能被击穿烧毁。

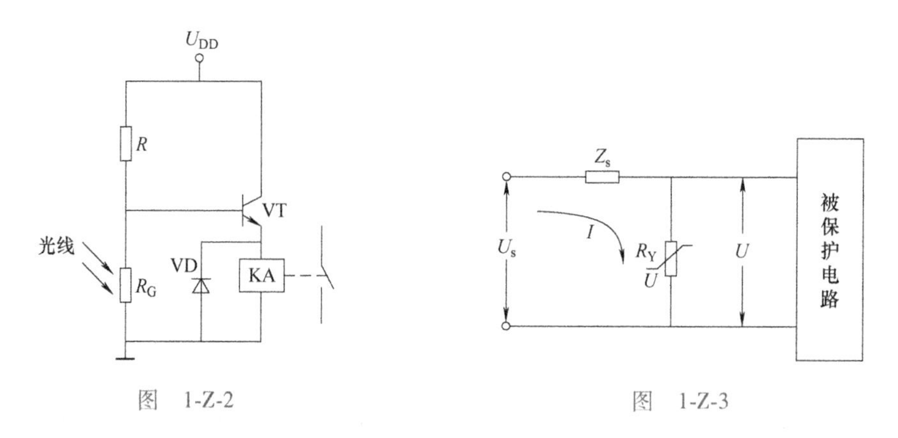

图　1-Z-2　　　　图　1-Z-3

4. 力敏电阻

力敏电阻是用材料的电阻率随所受压力变化而变化的压力电阻效应所制成的一种敏感型

电阻。利用力敏电阻可将压力、应力及加速度等非电量转变成电信号，从而对物体的受力情况进行测量和控制。

利用力敏电阻可组成电桥式压力传感器，如图 1-Z-4a 所示，在受到外力作用时，电桥失去平衡，输出信号是 ΔU，此输出信号和外加力 p 之间有如图 1-Z-4b 所示的线性关系。输出信号 ΔU 可通过放大器进行放大来带动显示器或执行机构，从而实现测量和控制。力敏桥式压力传感器在设计时对供桥电压 U 的要求较高，设计时应特别注意，其工作电流最好用恒流源供给。

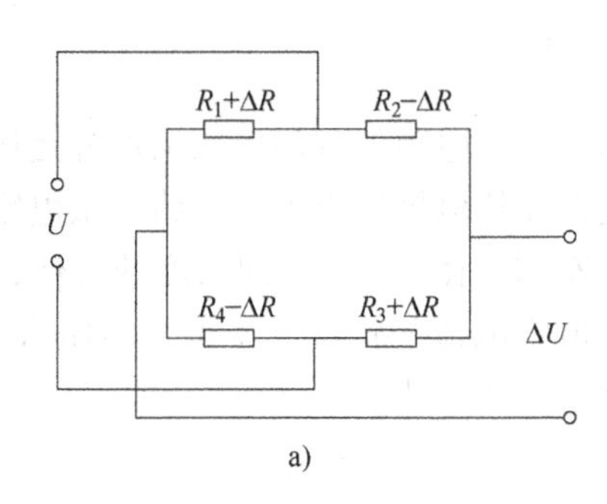

a)

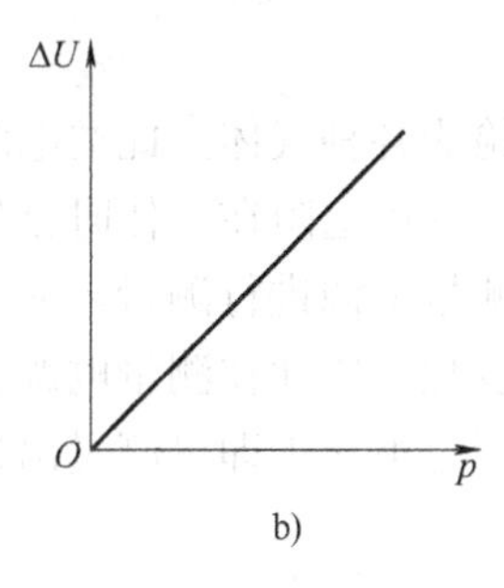

b)

图 1-Z-4

5. 湿敏电阻

湿敏电阻是电阻值随周围环境的相对湿度变化而发生变化的一种敏感型电阻，被广泛的应用在纺织、食品、种子、制药、造纸、木材加工等许多领域中。它主要由湿敏层、电极和具有一定机械强度的绝缘基片所组成，其结构如图 1-Z-5 所示。

图 1-Z-5

湿敏层在吸收了周围环境中的湿气之后，将引起电极之间电阻值的变化。这样便能直接地将湿度的变化转变为电阻值的变化。将湿敏电阻连接在电路中，便能将湿度转变为电信号，从而对周围环境的湿度变化进行测量和控制。

湿敏电阻的电阻值随湿度变化表现为指数规律。当阻值随湿度的增加而增加时，称为正的电阻湿度特性；当阻值随湿度的增加而减小时，称为负的电阻湿度特性。

6. 磁敏电阻

磁敏电阻是利用半导体材料的电阻率随外加磁场强度变化而变化的磁阻效应制作的一种敏感型电阻。它主要采用锑化铟和砷化铟等半导体材料制成。由于这种电阻是一种磁电转换元件，具有体积小、重量轻、灵敏度高、可靠性好和寿命长等优点，因此在电子测量、电器控制等许多领域得到了广泛的应用。如测量磁场强度、位移、频率、功率，直流与交流的变换、模拟运算等，还可制成可变电阻、无触点电位器和无触点开关等。

图 1-Z-6 是利用金属膜磁敏电阻设计的测量旋转体转数和转速仪器的工作原理。当永磁体旋转一周时，三端金属膜磁敏电阻的输出电压变换两次，经过放大整形便可产生两个电压脉冲，这个电压脉冲数量正比于旋转体的转数和转速。可根据此原理将机械式水表的齿轮和指针去掉，设计成非接触式电子式水表。

7. 气敏电阻

有的半导体材料，当表面上吸附气体分子之后其电阻率便发生变化，利用这种现象制成

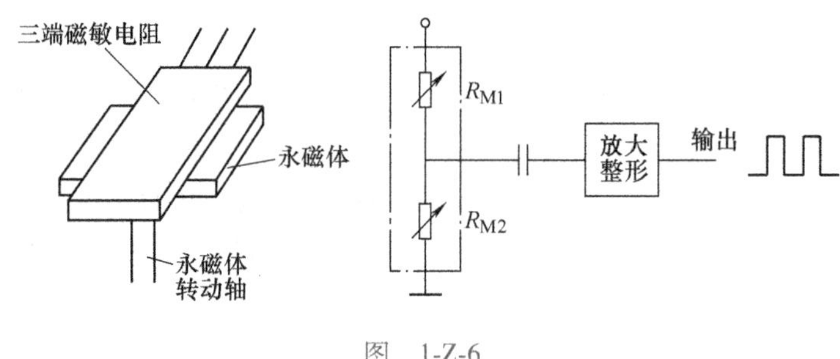

图　1-Z-6

的电阻器可用来检测各种气体。此类电阻称为气敏电阻。气敏电阻大部分是用金属氧化物半导体材料制造的。气敏电阻在工作时首先应把加热电极通电加热，将气敏电阻加热到工作温度，然后再接通测量电源进行测量。如图 1-Z-7 所示，对于不同浓度的气体，气敏电阻的阻值将发生不同的变化。因此在测量电源供给恒定电流的情况下，取样电阻 R_L 两端的电压便有不同的变化。通过电压表即可测量出这个电压的变化。

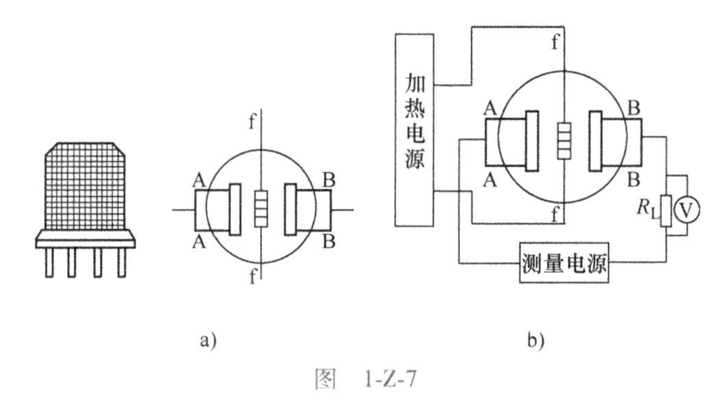

图　1-Z-7

在使用气敏电阻进行气体检测时，必须选用适当的测量电路。测量电路可用电压法和电流法。如图 1-Z-8 所示，电压法即工作时在气敏电阻中通过较小的恒定工作电流，将电阻的变化转换成电阻两端电压的变化。电流法即工作时在气敏电阻中同样通过较小的恒定工作电流，由于气敏电阻阻值的变化可转换成电阻 R 两端电压的变化，由此便可测量出被检测气体的种类和浓度。

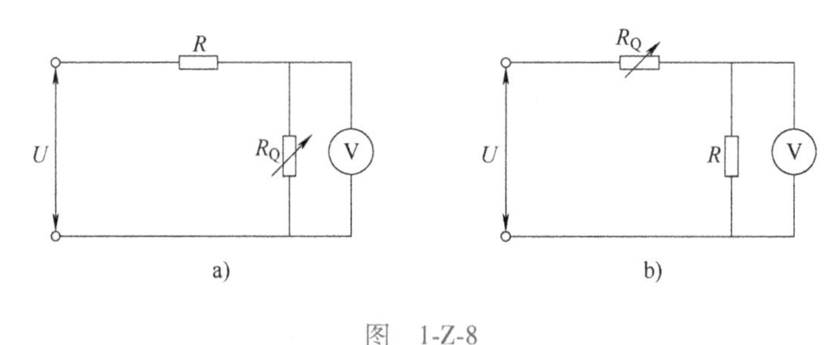

图　1-Z-8

a）电压法　b）电流法

三、能力开发与创新

1）可用磁敏电阻制作测量平行位移磁阻传感器，其工作原理如图 1-Z-9 所示。由 R_{M1}、

R_{M2}、R_1 和 R_2 组成电桥，当磁铁处在中央位置时，磁敏电阻 $R_{M1}=R_{M2}$，电桥输出 $U_{AB}=0$。当磁铁发生了位移时，若向左移动，则 $U_{AB}>0$；若向右移动，则 $U_{AB}<0$。因此可以看出，这种设计不但能测量位移的大小，同时还能测量位移的方向。

2）利用负温度系数热敏电阻测量温度可设计成如图 1-Z-10 所示的电桥。在某一特定的温度下，电桥处于平衡状态，此时电桥输出端电压为零。当被测温度偏离这一特定的温度时，则 R_t 的电阻值发生变化，使电桥失去平衡，电桥输出端将有明显的电压变化。这种测温原理的精度和灵敏度都很高。

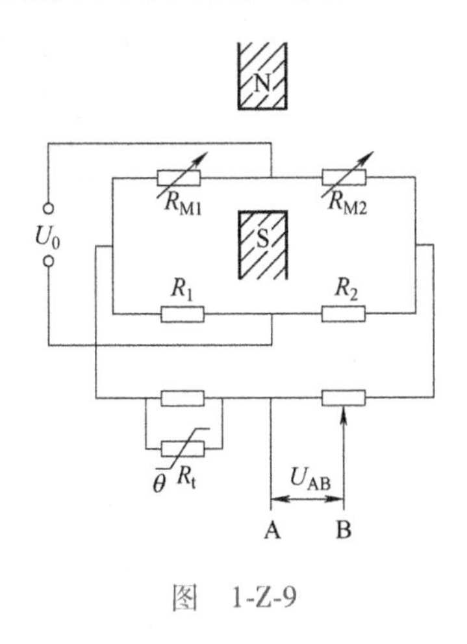

图 1-Z-9

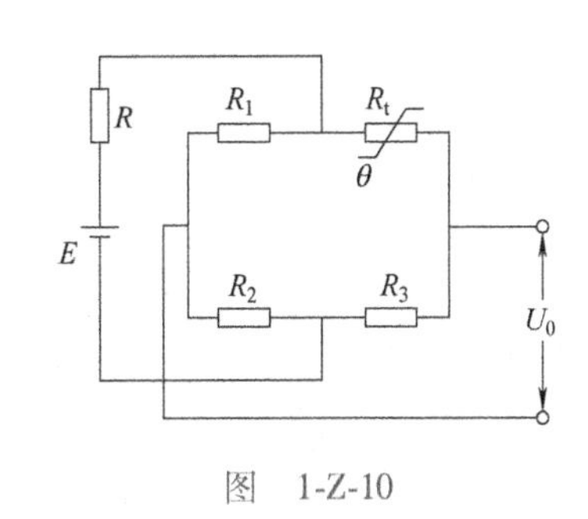

图 1-Z-10

3）电流表和电压表是最常用的电工仪表，它是利用欧姆定律和电阻串并联规律的原理设计的。实际上表头可通过的电流很小，采用电阻与表头相并联的方式，就可以扩大表头的量程，以此可以设计出不同量程的直流电流表，如图 1-Z-11 所示。同样，采用电阻与表头相串联的方式，也可以设计出不同量程的直流电压表，如图 1-Z-12 所示。

4）你有办法设计出可以测量电阻的仪表吗？

5）你能用光敏电阻设计一种实用的光电自动开关吗？

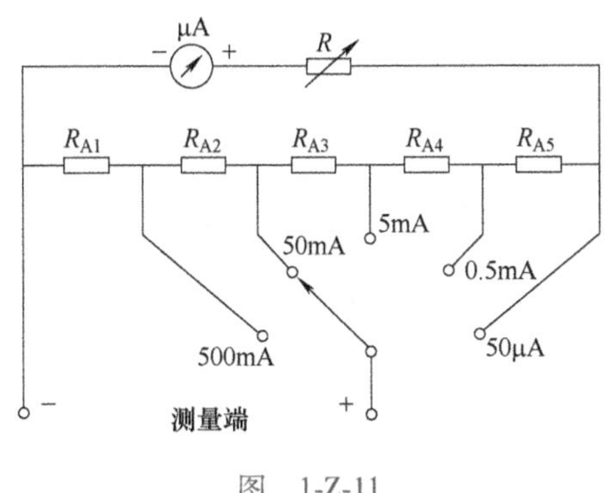

图 1-Z-11

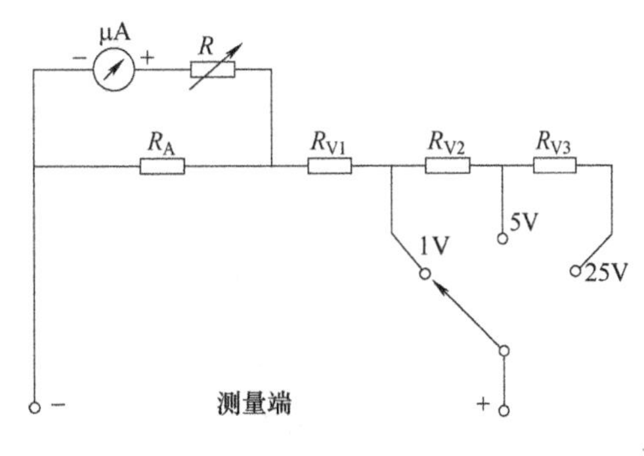

图 1-Z-12

第二篇
交流电路

第四章　单相正弦交流电路

第一节　正弦交流电的基本概念

大小和方向随时间按正弦规律变化的电压、电流和电动势总称为正弦交流电。因为它们都是物理量，所以又称为正弦量。以电流为例，在图 4-1-1a 所示参考方向下，电流 i 可用三角函数

$$i = I_m \sin(\omega t + \psi) \tag{4-1-1}$$

来表示，其波形如图 4-1-1b 所示。

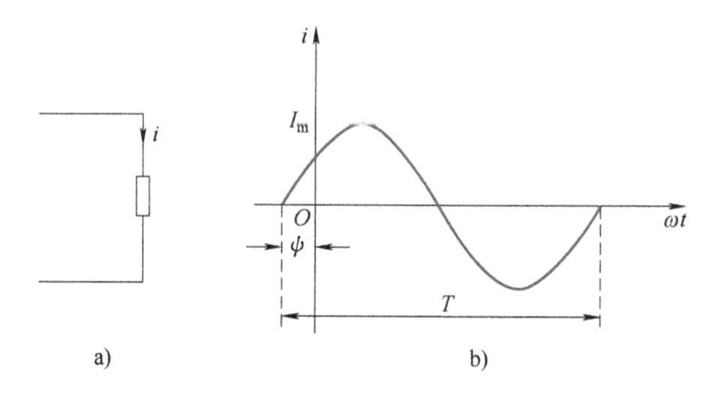

图 4-1-1　正弦波形

因为电流的方向随时间不断变化，所以它的实际方向无法用一个固定的箭头来表示。图 4-1-1a 所示电路中标出的是电流的参考方向，表示在 $i>0$ 的正半周里，电流的实际方向与参考方向相同；在 $i<0$ 的负半周里，电流的实际方向与参考方向相反。

在式（4-1-1）中，i 表示正弦电流在某一瞬时的实际数值，称为瞬时值；I_m 表示最大的瞬时值，称为最大值或幅值；ω 为正弦电流的角频率；ψ 为初相位或初相角。最大值、角频率和初相位是确定正弦量的三要素。

一、周期与频率

交流电重复变化一次所需要的时间称为周期，用 T 表示，单位为秒（s）。交流电每秒钟重复变化的次数称为频率，用 f 表示，单位为赫兹（Hz），简称赫。频率和周期互为倒数，即

$$f=\frac{1}{T} \tag{4-1-2}$$

正弦交流电在一个周期内角度变化了 2π 弧度，在单位时间里正弦量变化的角度称为角频率，用 ω 表示，即

$$\omega=\frac{2\pi}{T}=2\pi f \tag{4-1-3}$$

它的单位是弧度每秒（rad/s）。

周期、频率和角频率从不同的角度描述了正弦交流电的变化快慢，三者只要知道其一，其余就可以由式（4-1-3）求出。

二、最大值与有效值

交流电某瞬间的值，称为瞬时值。正弦电压、电流和电动势的瞬时值分别用小写字母 u、i 和 e 表示。瞬时值中最大的值称为最大值，又叫幅值。最大值（或幅值）规定用注有下标 m 的大写字母 U_m、I_m 和 E_m 表示。

正弦交流电的大小用有效值计量。有效值是根据交流电流和直流电流的热效应相等来规定的。

图 4-1-2 所示的两个电流 i 和 I，如果在相同的时间 T 内所产生的热量（或消耗的电能）相等，那么就把这个直流电流 I 定义为交流电流 i 的有效值。

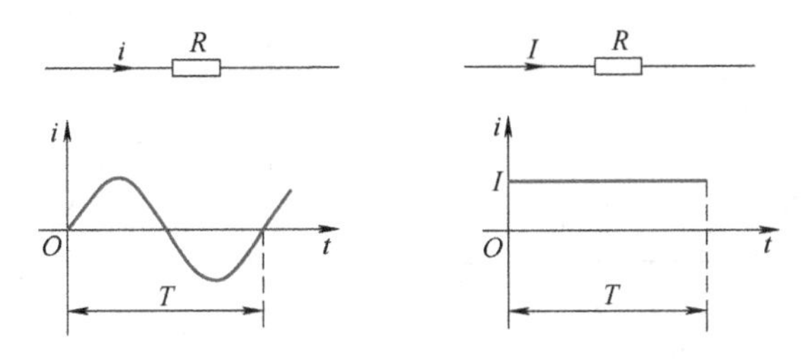

图 4-1-2 电流的热效应

根据上述有效值的定义得到

$$\int_0^T i^2 R\mathrm{d}t = I^2 RT$$

由此可以得到交流电流的有效值

$$I=\sqrt{\frac{1}{T}\int_0^T i^2\mathrm{d}t} \tag{4-1-4}$$

这就是说，正弦交流电的有效值等于它的瞬时值的二次方在一个周期内的平均值的二次方根，故交流电的有效值又称为方均根值。这一结论不仅适用于正弦交流电，而且适用于任何周期性的量，但不能用于非周期量。

对于正弦电流，设 $i=I_m\sin(\omega t+\psi)$，代入式（4-1-4），则

$$I=\sqrt{\frac{1}{T}\int_0^T [I_m\sin(\omega t+\psi)]^2\mathrm{d}t}$$

因为

$$\int_0^T \sin^2(\omega t+\psi)\mathrm{d}t=\int_0^T \frac{1-\cos(2\omega t+\psi)}{2}\mathrm{d}t$$

$$= \frac{1}{2}\left| t - \frac{\sin(2\omega t + \psi)}{2\omega} \right|_0^T = \frac{T}{2}$$

所以

$$I = \sqrt{\frac{1}{T} I_m^2 \frac{T}{2}} = \frac{I_m}{\sqrt{2}} \tag{4-1-5}$$

同理，正弦电压和正弦电动势的有效值分别为

$$U = \frac{U_m}{\sqrt{2}} \qquad E = \frac{E_m}{\sqrt{2}} \tag{4-1-6}$$

按规定，有效值都用大写字母表示，和表示直流的字母一样。

人们平时所说交流电的数值都是指有效值，电气设备铭牌上所标的额定电压和额定电流，以及交流电流表和交流电压表测量的数值都是有效值。

三、相位与相位差

1. 相位

交流电随时间做周期性的变化，在不同的时刻 t，$\omega t+\psi$ 是随时间变化的角度，称为相位角，简称相位。$t=0$ 时的相位角 ψ，即为初相位角，简称初相位。初相位的大小与所取的计时起点有关，由图 4-1-3 可见，所取计时起点不同，交流电流的初相位及其初始值 i_{01} 和 i_{02} 也就不同，因此，初相位决定了交流电的初始值。

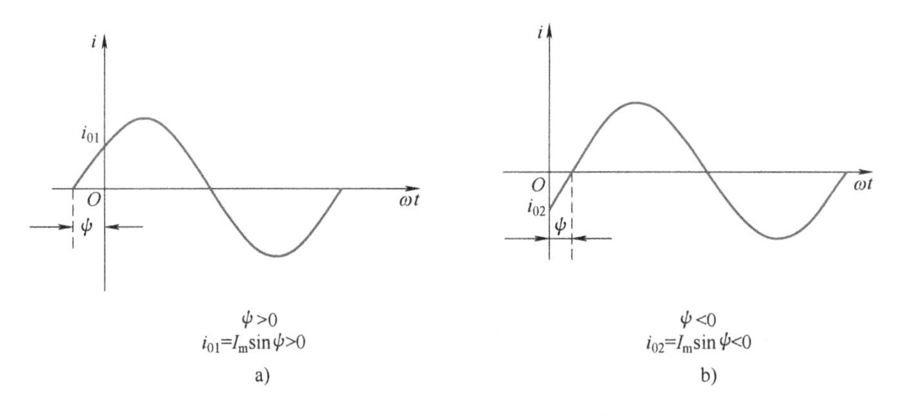

图 4-1-3　不同初相位的正弦波形

2. 相位差

在正弦交流电路中，常常出现多个同频率的电压和电流，在分析研究时，需要比较它们之间的相位关系。任意两个同频率的正弦量的相位（角）之差，称为相位差，用字母 φ 表示。例如，有两个同频率的正弦交流电

$$u = U_m \sin(\omega t + \psi_u)$$

$$i = I_m \sin(\omega t + \psi_i)$$

电压 u 和电流 i 之间的相位差为

$$\varphi = (\omega t + \psi_u) - (\omega t + \psi_i) = \psi_u - \psi_i \tag{4-1-7}$$

可见两个频率相同的正弦量的相位差就是它们的初相位之差。虽然两个同频率正弦量的相位角都随时间改变，但它们的相位差却是不变的，即与时间 t 无关。

当 $\varphi>0°$，即 $\psi_u>\psi_i$ 时，波形如图 4-1-4a 所示，u 总是比 i 先经过零值和正的最大值。这

时我们说，在相位上 u 超前 i 一个 φ 角，或者说 i 滞后 u 一个 φ 角。

当 $\varphi=0°$，即 $\psi_u=\psi_i$ 时，波形如图 4-1-4b 所示，u 与 i 同时达到零值、正最大值或负最大值，它们的变化步调相同，则称 u 与 i 相位相同，或 u 与 i 同相。

当 $\varphi=90°$时，波形如图 4-1-4c 所示，u 比 i 超前 90°，或者 i 比 u 滞后 90°，称它们的相位为正交。

当 $\varphi=180°$时，波形如图 4-1-4d 所示，当 u 为正最大值时，i 正好为负最大值，则 u 和 i 相位相反，或者说 u 与 i 反相。

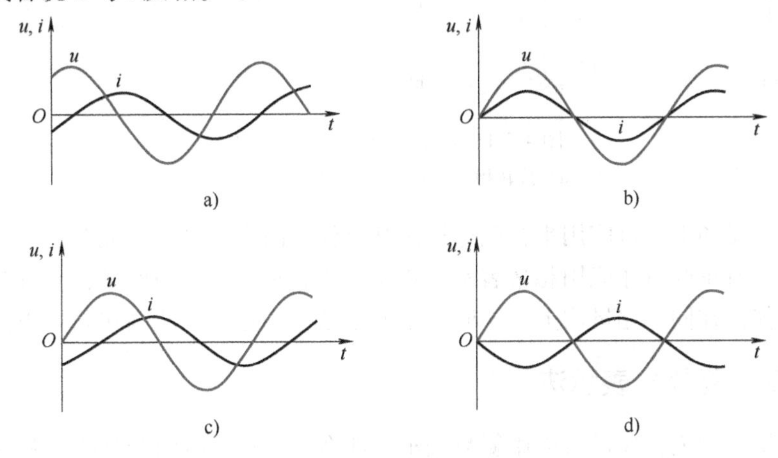

图 4-1-4　相位差

a）u 超前 i　b）同相　c）正交　d）反相

第二节　正弦交流电的相量表示法

前面是采用三角函数式和波形图来表示正弦交流电，这种方法比较直观，但不便于电路的分析计算。在电工技术中常用相量来表示正弦交流电，可使分析计算过程简化。

一、相量图表示法

设有一正弦电流 $i=I_m\sin(\omega t+\psi)$，其波形如图 4-2-1b 所示。图 4-2-1a 所示为一旋转矢量，矢量的长度正比于正弦量的幅值 I_m，矢量的初始角（即 $t=0$ 时矢量的初始位置与横坐标正方向之间的夹角）等于正弦量的初相位 ψ，并以正弦量的角频率 ω 做逆时针匀速旋转。这个旋转矢量任何时刻在纵轴上的投影，正好等于正弦量在同一时刻的瞬时值。例如，在 $t=0$ 时，$i_0=I_m\sin\psi$；在 $t=t_1$ 时，$i_1=I_m\sin(\omega t_1+\psi)$ 等。这说明可用旋转矢量表示正弦交流电。

考虑到在正弦交流电路中，各电压和电流均为同一频率。因此在任何瞬时各旋转矢量间的夹角都是不变的，这样即可用一个不旋转的矢量来表示正弦交流电。矢量的长度与正弦交流电的最大值（或有效值）的大小相等，矢量与横轴正方向的夹角等于正弦交流电的初相位。

由于表示随时间变化的正弦量的矢量与空间矢量（如力、电场强度等）有本质区别，因此把表示正弦量的矢量称为相量。相量的写法为大写字母的上方加一个“·”。图 4-2-1c 中$\dot{I}_m$是电流的最大值相量，$\dot{I}$是电流的有效值相量。

把数个同频率正弦量的相量画在同一图上，这种表示它们之间大小和相位关系的图形称

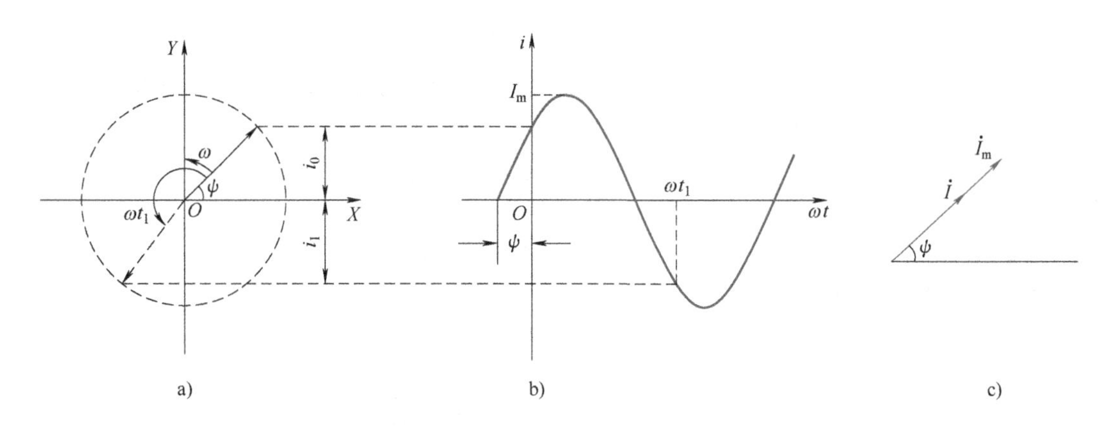

图 4-2-1　正弦交流电的表示方法

a）旋转相量　b）正弦波形　c）相量

为相量图。在相量图上，可应用平行四边形法则求任意两个相量之和或差。

注意：①只有正弦量才能用相量表示，相量不能表示非正弦周期量；②只有同频率的正弦量的相量才能画在同一相量图上，不同频率的正弦量的相量不能画在同一相量图上。

二、相量（复数）表示法

从数学的知识知道，矢量可以用复数表示。那么，表示随时间变化的正弦量的相量，也可以用复数表示，即正弦量可以用复数表示。

在直角坐标系中，若以横轴为实数轴，用±1 为单位，纵轴为虚数轴，用±j($\mathrm{j}=\sqrt{-1}$)为单位，则坐标系所在的平面称为复数平面。随时间按正弦规律变化的电流 $i=I_m\sin(\omega t+\psi)$ 可用相量表示，若将它画在复数平面坐标内，则如图 4-2-2 所示。相量$\dot{I}_m$在实轴的投影为 a，称为实部；在虚轴的投影为 b，称为虚部。则其复数可表示为

$$\dot{I}_m=a+\mathrm{j}b \tag{4-2-1}$$

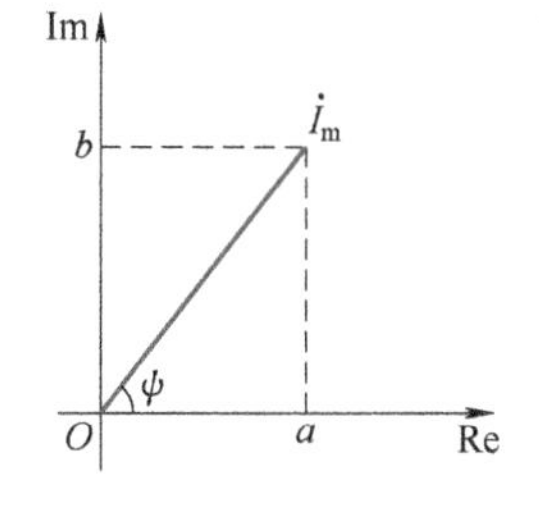

图 4-2-2　相量的复数表示

此式称为复数的代数式。

由图 4-2-2 可见

$$I_m=\sqrt{a^2+b^2} \tag{4-2-2}$$

称为复数的模，也就是正弦电流的最大值。

$$\psi=\arctan\frac{b}{a}$$

相量的计算方法

称为复数的辐角，也就是正弦电流的初相位。

因为

$$a=I_m\cos\psi,\quad b=I_m\sin\psi$$

所以式（4-2-1）又可写为

$$\dot{I}_m=I_m\cos\psi+\mathrm{j}I_m\sin\psi=I_m(\cos\psi+\mathrm{j}\sin\psi) \tag{4-2-3}$$

根据欧拉公式 $\cos\psi+\mathrm{j}\sin\psi=\mathrm{e}^{\mathrm{j}\psi}$，将式（4-2-3）改写为

$$\dot{I}_m=I_m\mathrm{e}^{\mathrm{j}\psi} \tag{4-2-4}$$

这就是复数的指数式，若用$\angle\psi$ 表示 $\mathrm{e}^{\mathrm{j}\psi}$，则有

$$\dot{I}_m=I_m\angle\psi \tag{4-2-5}$$

这就是复数的极坐标式。

因此，一个相量，即正弦量，可以用上述四种复数式表示，这四种形式可以相互变换。

在 ω 一定的条件下，正弦量可以用一个复数来表示。辐角等于正弦量的初相角，复数的模等于正弦量的最大值或有效值，该复数称为正弦量的最大值或有效值相量。但是，相量只能表示正弦量，不等于正弦量。因为相量只能反映正弦量的两个要素：幅值与初相位。

三、基尔霍夫定律的相量形式

基尔霍夫定律的时域形式为

$$\begin{cases}\text{KCL} & \sum i=0 \\ \text{KVL} & \sum u=0\end{cases} \tag{4-2-6}$$

在分析计算正弦交流电路时，只要电压、电流全部是同频率的正弦量，就很容易推导出基尔霍夫定律的相量形式，即

$$\begin{cases}\text{KCL} & \sum \dot{I}=0 \\ \text{KVL} & \sum \dot{U}=0\end{cases} \tag{4-2-7}$$

【例 4-2-1】 试写出下列正弦量的相量，求出 $i = i_1+i_2$，并画出相量图。

$$i_1=20\sqrt{2}\sin(\omega t+60°)\,\text{A}$$

$$i_2=10\sqrt{2}\sin(\omega t-30°)\,\text{A}$$

解：根据电流的瞬时表达式，可写出相量表达式

$$\dot{I}_1= 20\angle 60°\,\text{A}$$

$$\dot{I}_2=10\angle -30°\,\text{A}$$

则 $\dot{I}=\dot{I}_1+\dot{I}_2=(20\angle 60°+10\angle -30°)\,\text{A}$

$=[20(\cos60°+\text{j}\sin60°)+10[\cos(-30°)+\text{j}\sin(-30°)]]\,\text{A}$

$=(10+\text{j}17.39+8.66-\text{j}5)\,\text{A}$

$=(18.66+\text{j}12.39)\,\text{A}$

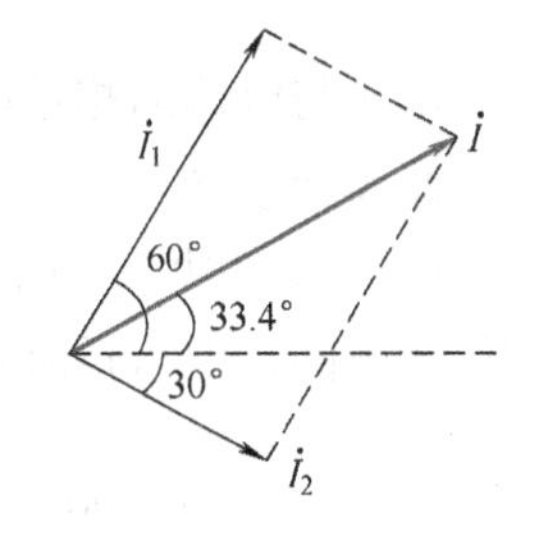

图 4-2-3 例 4-2-1 相量图

因为题目要求出瞬时表达式 i，所以

$$\dot{I}=22.36\angle 33.4°\,\text{A}$$

$$i=22.36\sqrt{2}\sin(\omega t+33.4°)\,\text{A}$$

相量图如图 4-2-3 所示。

第三节 单一理想元件的交流电路

一、电阻电路

1. 电压与电流关系

图 4-3-1a 所示是线性电阻元件的交流电路。

为分析方便，通常设某一电压或电流正弦量的初相位为零，称为参考正弦量。

设正弦电压的初相位为零，即

$$u_R = U_{R\text{m}}\sin\omega t$$

在图示的参考方向下，根据欧姆定律，电路中的电流 i 为

$$i=\frac{u_R}{R}=\frac{U_{Rm}}{R}\sin\omega t=I_m\sin\omega t \tag{4-3-1}$$

也是一个同频率的正弦量。u 和 i 随时间变化的波形如图 4-3-1b 所示。

在式（4-3-1）中，电流最大值为

$$I_m=\frac{U_{Rm}}{R}$$

两边同除以$\sqrt{2}$，可得电压与电流的有效值关系式为

$$I=\frac{U_R}{R} \text{ 或 } U_R=IR \tag{4-3-2}$$

由此可见，在只含电阻元件的交流电路中，电压与电流都是同频率的正弦量。在数值上，电压与电流的最大值或有效值关系符合欧姆定律；在相位上，$\varphi=\psi_u-\psi_i=0$，即电压与电流同相。若用相量表示电压与电流关系，则为

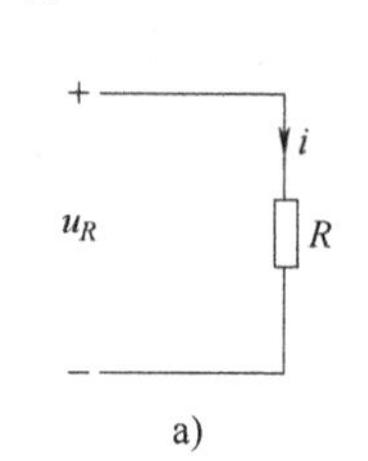

a)

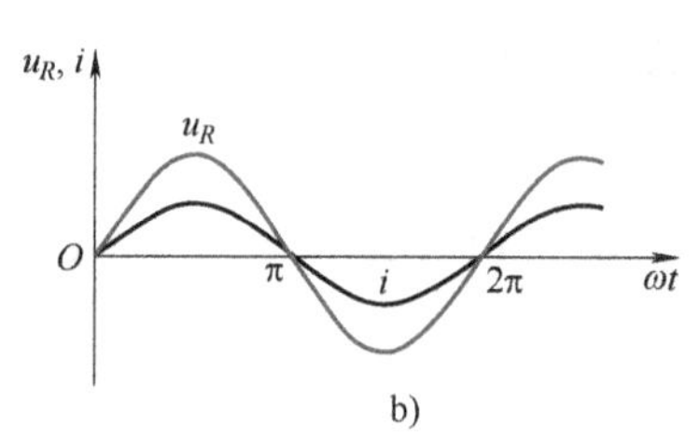

b)

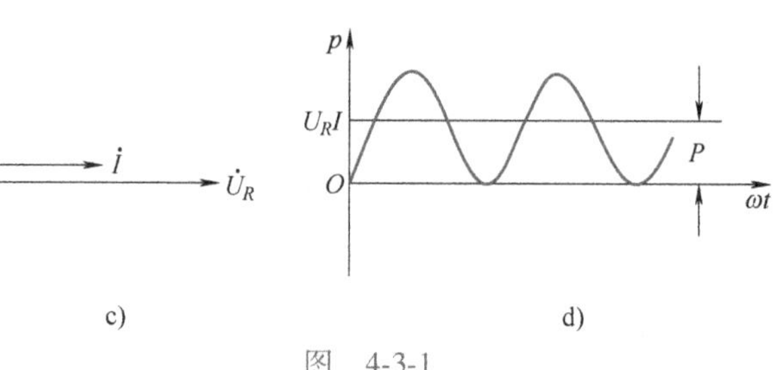

c)　d)

图　4-3-1

$$\dot{U}_{Rm}=\dot{I}_mR \text{ 或 } \dot{U}_R=\dot{I}R \tag{4-3-3}$$

电压与电流的相量图如图 4-3-1c 所示。

2. 功率关系

（1）瞬时功率　因为电压与电流都随时间变化，所以电阻元件中的功率也随时间变化。在任意瞬间，电压瞬时值 u 与电流瞬时值 i 的乘积称为瞬时功率。

$$p=ui=U_{Rm}I_m\sin^2\omega t=\frac{U_{Rm}I_m}{2}(1-\cos2\omega t)=U_RI(1-\cos2\omega t)$$

其变化规律如图 4-3-1d 所示。由于电压与电流同相，所以瞬时功率恒为正值，即 $p>0$，这表明电阻元件在任何时刻都从电源取用电能，将电能转换为热能消耗掉。这是一种不可逆的能量转换过程，所以电阻元件是耗能元件。

（2）平均功率　由于瞬时功率是随时间变化的，工程上通常取它在一个周期内的平均值来表示功率的大小，称为平均功率，又称有功功率，用大写字母 P 表示，即

$$P=\frac{1}{T}\int_0^T p\mathrm{d}t=\frac{1}{T}\int_0^T U_RI(1-\cos2\omega t)\mathrm{d}t=U_RI=\frac{U_R^2}{R}=I^2R \tag{4-3-4}$$

二、电感电路

1. 电压与电流关系

图 4-3-2a 所示是一线性电感元件的交流电路。

设通过电感的正弦电流初相位为零，即

$$i=I_m\sin\omega t$$

在图示的参考方向下，电感两端电压

$$u_L = L\frac{\mathrm{d}i}{\mathrm{d}t} = L\frac{\mathrm{d}}{\mathrm{d}t}I_\mathrm{m}\sin\omega t = \omega LI_\mathrm{m}\cos\omega t = U_{L\mathrm{m}}\sin(\omega t + 90°) \tag{4-3-5}$$

可见，电感电路中 i 与 u_L 是同频率的正弦量，它们随时间变化的波形如图 4-3-2b 所示。

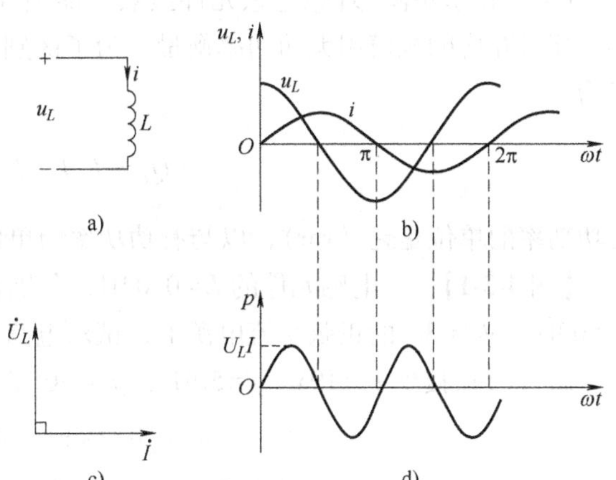

图 4-3-2　电感电路

式（4-3-5）中，电压最大值为

$$U_{L\mathrm{m}} = \omega LI_\mathrm{m}$$

两边同除$\sqrt{2}$，可得电压与电流有效值关系式为

$$U_L = \omega LI \quad 或 \quad I = \frac{U_L}{\omega L} \tag{4-3-6}$$

与电阻元件交流电路比较，ωL 有类似于电阻的作用，当电压一定时，ωL 增大，则电流减小。可见 ωL 具有阻碍电流通过的性质，因此 ωL 称为电感的电抗，简称感抗，用 X_L 表示。即

$$X_L = \omega L = 2\pi fL \tag{4-3-7}$$

其中，L 的单位为亨利（H），f 的单位为赫兹（Hz），则 X_L 的单位是欧姆（Ω）。

感抗 X_L 与电感 L 和频率 f 成正比，对直流电流（其 $f=0$）$X_L=0$，电感相当于短路。

当电压 U 与 L 一定时，X_L 与 f 的关系，及 I 与 f 之间的关系如图 4-3-3 所示。

由此可见，在只含电感元件的交流电路中，电压 u_L 与电流 i 都是同频率的正弦量。在数值上，电压最大值（或有效值）与电流最大值（或有效值）的比值为 X_L；在相位上，$\varphi=\psi_u-\psi_i=90°$，电压超前电流 90°，或电流滞后电压 90°。电压与电流的上述关系若用相量表示，则

$$\dot U_{L\mathrm{m}} = \mathrm{j}X_L\dot I_\mathrm{m} \quad 或 \quad \dot U_L = \mathrm{j}X_L\dot I \tag{4-3-8}$$

其相量图如图 4-3-2c 所示。

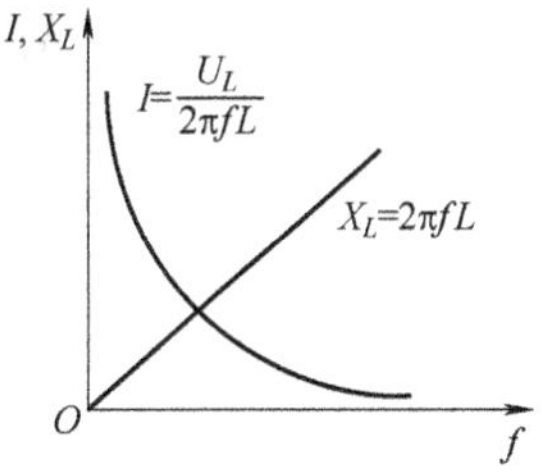

I, X_L　$I=\frac{U_L}{2\pi fL}$　$X_L=2\pi fL$　O　f

图 4-3-3　感抗和电流与频率的关系

2. 功率关系

（1）瞬时功率　电感元件中的瞬时功率为

$$p = u_Li = U_{L\mathrm{m}}I_\mathrm{m}\sin(\omega t + 90°)\sin\omega t = U_{L\mathrm{m}}I_\mathrm{m}\frac{\sin2\omega t}{2} = U_LI\sin2\omega t$$

瞬时功率 p 幅值为 U_LI，并以 2ω 角频率随时间变化，其功率曲线如图 4-3-2d 所示。在第一和第三个 1/4 周期内，u_L 和 i 方向相同，其乘积 $p>0$，表明电感处于用电状态，随着电流值增大，电感储存磁场能量随之增加，电感从电源取用电能并把它转换成磁场能量。在第二和第四个 1/4 周期内，由于 u_L 与 i 的方向相反，其乘积 $p<0$，表明电感处于发电状态，随着电流值减小，电感储存磁场能量随之减小，电感中的磁场能量又被转换成电能送回电源。综上所述，电感时而取用电能储存磁能，时而释放磁能送出电能，这是一种可逆的能量转换过程。

（2）平均功率　电感元件中的平均功率为

$$P = \frac{1}{T}\int_0^T p\mathrm{d}t = \frac{1}{T}\int_0^T U_LI\sin2\omega t\mathrm{d}t = 0$$

可见理想电感元件是不消耗电能的，电感是储能元件。

（3）无功功率　理想电感元件虽然不能消耗电能，但它与电源之间不断地进行能量互换。能量互换的规模用无功功率衡量。为了区别于有功功率，无功功率用 Q_L 表示，其关系式为

$$Q_L = U_L I = I^2 X_L = \frac{U_L^2}{X_L} \tag{4-3-9}$$

无功功率的单位是乏（var），以与有功功率的单位瓦特（W）相区别。

【例 4-3-1】　一电感元件的 $L=0.02\text{H}$，分别接到 $U=10\text{V}$，$f=50\text{Hz}$，$\psi_u=30°$；$U=10\text{V}$，$f=500\text{Hz}$，$\psi_u=30°$的正弦交流电源上，试求电路中的电流 i 及无功功率。

解：（1）接到 $U=10\text{V}$，$f=50\text{Hz}$，$\psi_u=30°$的正弦电源上时

$$u = 10\sqrt{2}\sin(314t + 30°)\text{V}$$

$$X_L = 2\pi fL = 2 \times 3.14 \times 50 \times 0.02\Omega = 6.28\Omega$$

$$\dot{I} = \frac{\dot{U}}{\text{j}X_L} = \frac{10\angle 30°}{6.28\angle 90°}\text{A} = 1.59\angle -60°\text{A}$$

$$i = 1.59\sqrt{2}\sin(314t - 60°)\text{A}$$

$$Q_L = UI = 10 \times 1.59\text{var} = 15.9\text{var}$$

（2）接到 $U=10\text{V}$，$f=500\text{Hz}$，$\psi_u=30°$的正弦电源上时

$$u = 10\sqrt{2}\sin(314t + 30°)\text{V}$$

$$X_L = 2\pi fL = 2 \times 3.14 \times 500 \times 0.02\Omega = 62.8\Omega$$

$$\dot{I} = \frac{\dot{U}}{\text{j}X_L} = \frac{10\angle 30°}{62.8\angle 90°}\text{A} = 0.159\angle -60°\text{A}$$

$$i = 0.159\sqrt{2}\sin(314t - 60°)\text{A}$$

$$Q_L = UI = 10 \times 0.159\text{var} = 1.59\text{var}$$

三、电容电路

1. 电压与电流关系

图 4-3-4a 是只含电容元件的交流电路。设正弦电压

$$u_C = U_{Cm}\sin\omega t$$

在图示的参考方向下，电容中电流为

$$i = C\frac{\text{d}u_C}{\text{d}t} = C\frac{\text{d}}{\text{d}t}U_{Cm}\sin\omega t = \omega CU_{Cm}\cos\omega t$$

$$= I_m\sin(\omega t + 90°) \tag{4-3-10}$$

可见电容电路中的电流 i 与电压 u 是同频率的正弦量，随时间变化的波形如图 4-3-4b 所示。

式（4-3-10）中的电流最大值为

$$I_m = \omega CU_{Cm} = \frac{U_{Cm}}{1/(\omega C)}$$

两边同除$\sqrt{2}$，则得电流与电压有效值关系式为

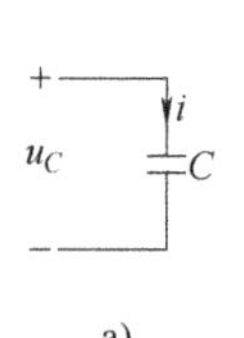

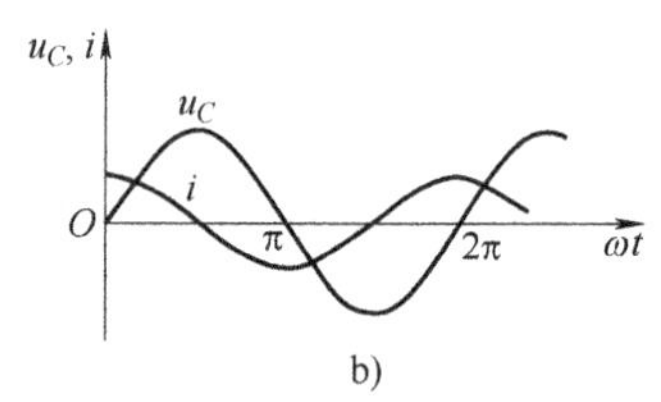

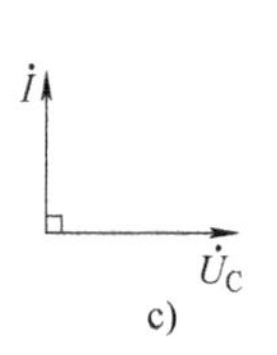

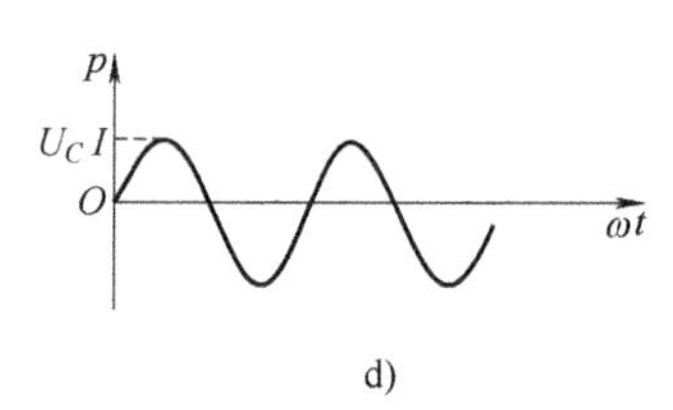

图 4-3-4　电容电路

$$I = \frac{U_C}{1/(\omega C)} \text{ 或 } U_C = \frac{1}{\omega C}I \tag{4-3-11}$$

与电阻元件交流电路比较，$1/(\omega C)$ 有类似于电阻的作用，当电压一定时，$1/(\omega C)$ 增大，则电流减小。$1/(\omega C)$ 具有阻碍电流通过的作用，因此称 $1/(\omega C)$ 为电容的电抗，简称容抗，用 X_C 表示，即

$$X_C = \frac{1}{\omega C} = \frac{1}{2\pi fC} \tag{4-3-12}$$

式中，C 的单位为法拉（F），f 的单位为赫兹（Hz），则 X_C 的单位是欧姆（Ω）。

容抗 X_C 与电容 C 和频率 f 成反比。所以电容器对高频电流的容抗较小，而对低频电流容抗较大，对直流电流（$f=0$），电容器的容抗趋于无穷大，可视为开路。因此，电容器具有“通交流，隔直流”的作用。

当电压 U 与电容 C 一定时，X_C 与 f 及 I 与 f 之间的关系如图 4-3-5 所示。

由此可见，在电容电路中，电压 u_C 与电流 i 都是同频率的正弦量。在数值上，电压最大值（或有效值）与电流最大值（或有效值）的比值为 X_C。在相位上，$\varphi=\psi_u-\psi_i=-90°$，电压滞后电流 90°，或电流超前电压 90°。电压与电流的这种关系用相量表示为

$$\dot{I} = \mathrm{j}\frac{\dot{U}_C}{X_C} = \mathrm{j}\omega C\dot{U}_C \quad \text{或} \quad \dot{U}_C = -\mathrm{j}X_C\dot{I} \tag{4-3-13}$$

其相量图如图 4-3-4c 所示。

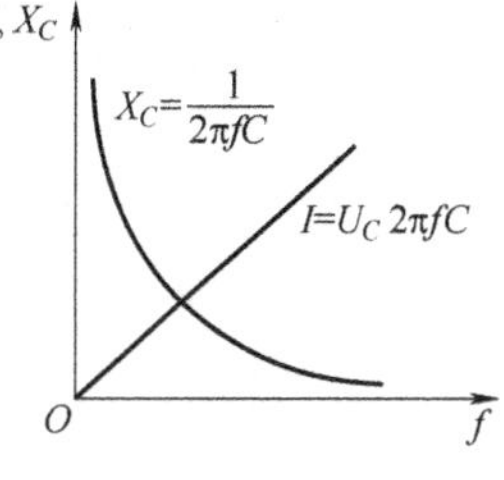

图 4-3-5 容抗和电流与频率的关系

2. 功率关系

（1）瞬时功率

$$p = u_C i = U_{Cm}I_m \sin\omega t \sin(\omega t + 90°) = U_{Cm}I_m \frac{\sin 2\omega t}{2} = U_C I \sin 2\omega t$$

瞬时功率 p 的幅值为 $U_C I$，并以 2ω 角频率随时间变化，其功率曲线如图 4-3-4d 所示。在第一和第三个 1/4 周期内，u_C 与 i 方向相同，其乘积 $p>0$，表明电容器处于用电状态，随着电压值增大，电容器充电，此时电容器从电源取用电能而储存在它的电场中。在第二和第四个 1/4 周期内，由于 u_C 与 i 的方向相反，其乘积 $p<0$，表明电容处于发电状态，随着电压值的降低，电容器放电，把充电时储存的电场能量转换为电能送还给电源，这是一种可逆的能量转换过程。

（2）有功功率

$$P = \frac{1}{T}\int_0^T p\mathrm{d}t = \frac{1}{T}\int_0^T U_C I \sin 2\omega t \mathrm{d}t = 0$$

可见电路中的电容元件不消耗电能，也是储能元件。

（3）无功功率

电容与电源之间的能量互换规模用无功功率 Q_C 衡量，其单位也是乏（var）。

$$Q_C = U_C I = I^2 X_C = \frac{U_C^2}{X_C} \tag{4-3-14}$$

【例 4-3-2】 把一个 40μF 的电容器接在 240V 的工频交流电源上，试求容抗、电流和无功功率。

解： 工频电源的频率 $f=50\text{Hz}$，故

$$X_C = \frac{1}{2\pi fC} = \frac{1}{2 \times 3.14 \times 50 \times 40 \times 10^{-6}}\Omega = 79.6\Omega$$

$$I = \frac{U}{X_C} = \frac{240}{79.6}\text{A} = 3.01\text{A}$$

$$Q_C = UI = 240 \times 3.01\text{var} = 722.4\text{var}$$

第四节　*RLC*串联的交流电路

工程上，很多元件不能只用一种理想元件来表示，如电感，一般用*RL*串联的电路模型表示，下面分析一下串联交流电路。

一、电压与电流之间的关系

由电阻、电感和电容元件组成的串联电路如图4-4-1a所示。

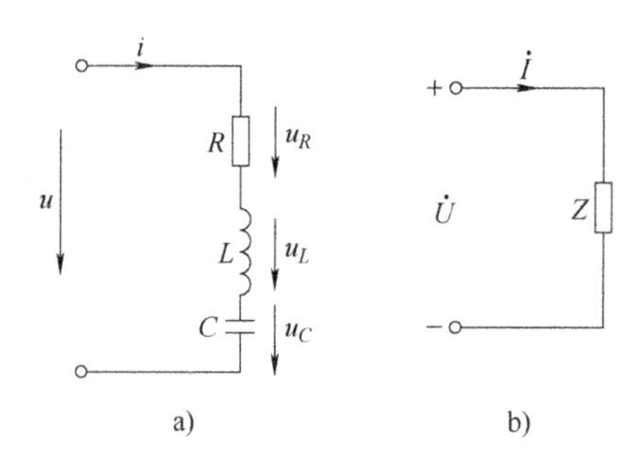

图4-4-1　*RLC*串联交流电路
a）电路图　b）复阻抗

设串联电路中通过的正弦电流为

$$i = I_{\mathrm{m}}\sin\omega t$$

根据基尔霍夫电压定律，电路的电源电压瞬时值等于各部分电压瞬时值之和，即

$$u = u_R + u_L + u_C \tag{4-4-1}$$

1. 分析方法一——相量图解法

串联电路中，电流相同，所以选择电流为参考正弦量。

即　　$\dot{I} = I\angle 0°$

根据 $\dot{U} = \dot{U}_R + \dot{U}_L + \dot{U}_C$，可画出*RLC*串联电路的相量图，如图4-4-2所示。

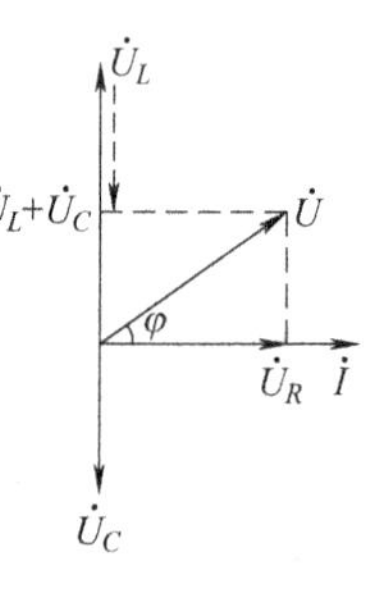

图4-4-2　相量图

在相量图中，电压相量$\dot{U}$、$\dot{U}_R$和（$\dot{U}_L+\dot{U}_C$）构成了直角三角形，称为电压三角形。利用这个电压三角形，可以求得总电压有效值

$$U = \sqrt{U_R^2 + (U_L - U_C)^2} \tag{4-4-2}$$

因为 $U_R = IR$，$U_L = IX_L$，$U_C = IX_C$，则

$$U = I\sqrt{R^2 + (X_L - X_C)^2}$$

也可以写为

$$\frac{U}{I}=\sqrt{R^2+(X_L-X_C)^2}=|Z| \tag{4-4-3}$$

在 RLC 串联电路中，电压与电流的有效值之比为 $|Z|$，具有阻碍电流通过的性质，它是由电阻与电抗（感抗与容抗之差）综合限流作用而导出的参数，因此称它为电路的阻抗，用字母 $|Z|$ 表示，单位是欧姆。$|Z|$、R 和 $X=X_L-X_C$ 三者之间的关系，也可以用一直角三角形来表示，即用阻抗三角形表示，如图 4-4-3 所示，它与电压三角形是相似的，不同的是阻抗三角形的各边不能用带箭头的有向线段表示。

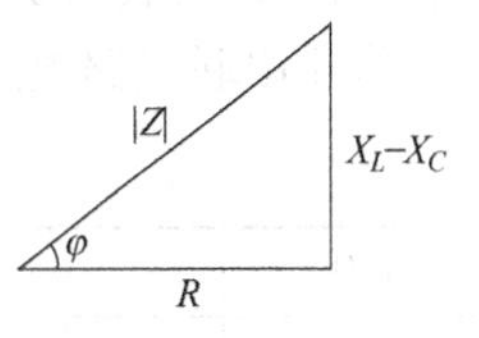

图 4-4-3 阻抗三角形

电源电压与电流之间的相位差，可以由电压三角形或阻抗三角得出

$$\varphi=\arctan\frac{U_L-U_C}{U_R}=\arctan\frac{X_L-X_C}{R}=\arctan\frac{\omega L-1/(\omega C)}{R} \tag{4-4-4}$$

可见在 RLC 串联电路中，电源电压与电流之间的相位差仅由电路参数 R、L、C 和电源角频率 ω 决定。

当 $X_L>X_C$，$90°>\varphi>0°$，电压超前电流，电路呈电感性质。

当 $X_L<X_C$，$-90°<\varphi<0°$，电流超前电压，电路呈电容性质。

当 $X_L=X_C$，$\varphi=0°$，电压与电流同相，电路呈纯阻性，称为谐振，将在本章第八节中讨论。

2. 分析方法二——相量解析法

由于各电压与电流都是同频率的正弦量，因此可以用相量来表示它们，即

$$\begin{cases}\dot{U}_R=R\dot{I}\\ \dot{U}_L=\mathrm{j}X_L\dot{I}\\ \dot{U}_C=-\mathrm{j}X_C\dot{I}\end{cases} \tag{4-4-5}$$

RLC 串联电路中，基尔霍夫电压定律的相量形式为

$$\dot{U}=\dot{U}_R+\dot{U}_L+\dot{U}_C=U\angle\varphi \tag{4-4-6}$$

将式（4-4-5）代入上式，则得电源电压相量为

$$\dot{U}=\dot{I}[R+\mathrm{j}(X_L-X_C)]$$

将上式写为

$$\frac{\dot{U}}{\dot{I}}=R+\mathrm{j}(X_L-X_C)=Z \tag{4-4-7}$$

复数 Z 与电压相量及电流相量之间的关系，形式上与直流电路的欧姆定律相似，故称

$$\frac{\dot{U}}{\dot{I}}=Z \quad 或 \quad \dot{U}=\dot{I}Z$$

为相量形式的欧姆定律。这里，复数 Z 的实部是电阻，虚部是感抗与容抗之差，即 $X_L-X_C=X$，称为电抗，$Z=R+\mathrm{j}X$，因此 Z 称为复阻抗，用大写字母 Z 表示。复阻抗的图形符号如图 4-4-1b 所示，表达式为

$$Z=R+\mathrm{j}(X_L-X_C)=\sqrt{R^2+(X_L-X_C)^2}\angle\arctan\frac{X_L-X_C}{R}=|Z|\angle\varphi \tag{4-4-8}$$

复阻抗表示了电路中电压与电流之间的关系，它既表示了数值关系（反映在复阻抗的模$|Z|$上），又表示了相位关系（反映在辐角φ上）。

常见串联电路电压电流关系见表4-4-1。

表4-4-1　常见串联电路电压电流关系表

元件	相位关系	幅值关系	相量关系
RL	$\varphi>0°$	$U=I\sqrt{R^2+X_L^2}$	$\dot{U}=\dot{I}(R+jX_L)$
RC	$\varphi<0°$	$U=I\sqrt{R^2+X_C^2}$	$\dot{U}=\dot{I}(R-jX_C)$
RLC	$\varphi>0°$ $\varphi=0°$ $\varphi<0°$	$U=I\sqrt{R^2+(X_L-X_C)^2}$	$\dot{U}=\dot{I}[R+j(X_L-X_C)]$

二、功率关系

1. 瞬时功率

$$p=ui=U_mI_m\sin(\omega t+\varphi)\sin\omega t$$

因为

$$\sin(\omega t+\varphi)\sin\omega t=\frac{1}{2}\cos\varphi-\frac{1}{2}\cos(2\omega t+\varphi)$$

$$\frac{U_mI_m}{2}=UI$$

所以

$$p=UI\cos\varphi-UI\cos(2\omega t+\varphi)$$

可以看出平均功率的大小除了与电压电流的有效值有关，还与电压电流的相位差有关，所以$\cos\varphi$也称为电路的功率因数。

2. 有功功率（平均功率）

$$P=\frac{1}{T}\int_0^T p\mathrm{d}t=\frac{1}{T}\int_0^T[UI\cos\varphi-UI\cos(2\omega t+\varphi)]\mathrm{d}t=UI\cos\varphi$$

从电压三角形图4-4-2可得出

$$U_R=U\cos\varphi=IR$$

即

$$P=U_RI=I^2R=UI\cos\varphi$$

3. 无功功率

电感和电容元件要储存和释放能量，它们与电源之间要进行能量互换。从图4-4-2可知，电感在储存能量的时候，电容在放出能量，反之亦然，所以RLC串联电路总的无功功率是两者之差，即

$$Q=Q_L-Q_C=U_LI-U_CI=I(U_L-U_C)=I^2(X_L-X_C)=UI\sin\varphi$$

若电路呈感性，则$\varphi>0°$，$Q>0$；若电路呈容性，则$\varphi<0°$，$Q<0$。

4. 视在功率

电路总电压与电流有效值的乘积定义为电路的视在功率，用S表示，即

$$S = UI$$

视在功率的单位是伏安(V·A)或千伏安(kV·A)。

不难发现，有功功率、无功功率和视在功率之间的关系为

$$S = \sqrt{P^2 + Q^2}$$

显然，P、Q、S 也满足直角三角形的关系。

阻抗三角形、电压三角形和功率三角形是三个相似三角形。把电压三角形中的每边除以 I 可得到阻抗三角形，每边乘以 I 得到功率三角形。为了便于记忆，重新画出，如图 4-4-4 所示。其中 $X = X_L - X_C$，$U_X = U_L - U_C$。

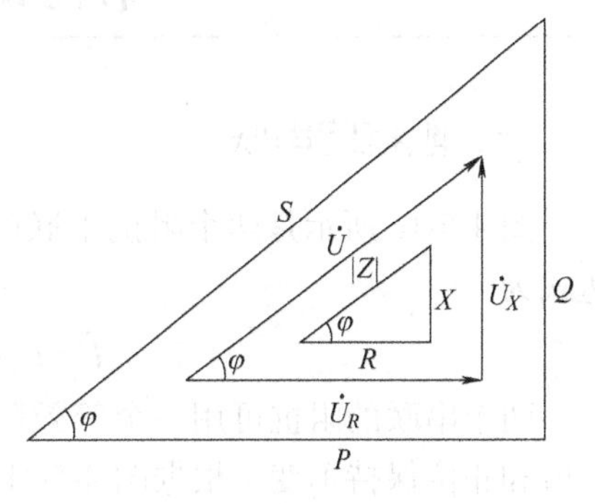

图 4-4-4 功率、电压及阻抗三角形

从图中可以看出，φ 是总电压与电流的相位差角，也是复阻抗的阻抗角，还是总电路功率因数的角度。

【例 4-4-1】 在 RLC 串联交流电路中，电源电压 $u = 100\sqrt{2}\sin 5000t\text{V}$，$R = 15\Omega$，$L = 12\text{mH}$，$C=5\mu\text{F}$，试求：

（1）电路中的电流 i 和各部分电压 u_R、u_L、u_C。

（2）画相量图。

解：（1）已知 $R=15\Omega$

$$X_L = \omega L = 5000 \times 12 \times 10^{-3}\Omega = 60\Omega$$

$$X_C = \frac{1}{\omega C} = \frac{1}{5000 \times 5 \times 10^{-6}}\Omega = 40\Omega$$

电路的复阻抗为

$$\begin{aligned} Z &= R + \text{j}(X_L - X_C) = 15\Omega + \text{j}(60 - 40)\Omega \\ &= \sqrt{15^2 + 20^2}\angle \arctan\frac{20}{15}\Omega = 25\angle 53.13°\Omega \end{aligned}$$

因为 $\dot{U}=100\angle 0°\text{V}$，则

拓展例题

$$\dot{I} = \frac{\dot{U}}{Z} = \frac{100\angle 0°}{25\angle 53.13°}\Omega = 4\angle -53.13°\Omega$$

$$\dot{U}_R = R\dot{I} = 15\times 4\angle -53.13°\text{A} = 60\angle -53.13°\text{A}$$

$$\dot{U}_L = \text{j}X_L\dot{I} = \angle 90°\times 60\times 4\angle -53.13°\text{V} = 240\angle 36.87°\text{V}$$

$$\begin{aligned} \dot{U}_C &= -\text{j}X_C\dot{I} = \angle -90°\times 40\times 4\angle -53.13°\text{V} \\ &= 160\angle -143.13°\text{V} \end{aligned}$$

电流 i 和各部分电压 u_R、u_L、u_C 分别为

$$i = 4\sqrt{2}\sin(5000t - 53.13°)\text{A}$$

$$u_R = 60\sqrt{2}\sin(5000t - 53.13°)\text{V}$$

$$u_L = 240\sqrt{2}\sin(5000t + 36.87°)\text{V}$$

$$u_C = 160\sqrt{2}\sin(5000t - 143.13°)\text{V}$$

（2）相量图如图 4-4-5 所示。

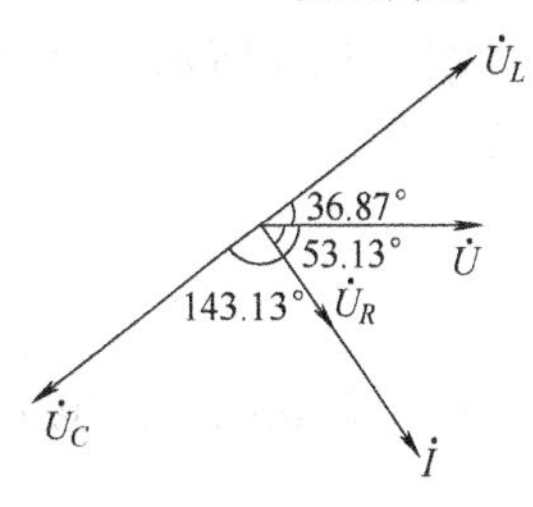

图 4-4-5 例 4-4-1 相量图

第五节　阻抗的串联与并联

一、阻抗的串联

图4-5-1a所示是两个阻抗串联的交流电路，根据基尔霍夫电压定律可写出它的相量表达式为

$$\dot{U}=\dot{U}_1+\dot{U}_2=Z_1\dot{I}+Z_2\dot{I}=(Z_1+Z_2)\dot{I}$$

两个串联的阻抗可用一个等效阻抗 Z 来代替，在同样电压的作用下，电路中电流的有效值和相位保持不变。根据图4-5-1b所示的等效电路可写出

$$\dot{U}=Z\dot{I}$$

$$Z=Z_1+Z_2$$

一般

$$|Z|\neq|Z_1|+|Z_2|$$

分压公式为

$$\dot{U}_1=\frac{Z_1}{Z_1+Z_2}\dot{U}\qquad \dot{U}_2=\frac{Z_2}{Z_1+Z_2}\dot{U}$$

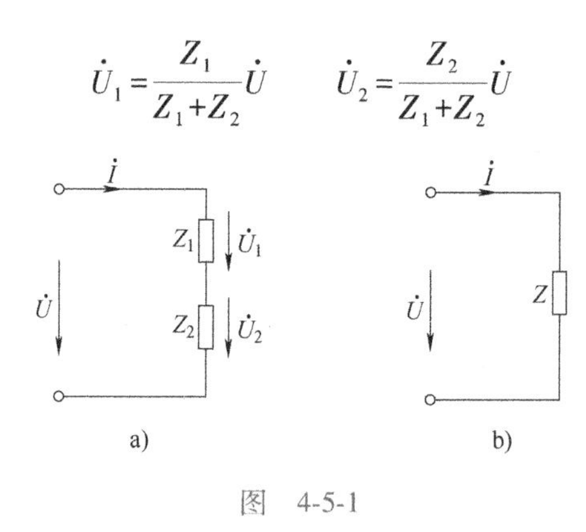

图　4-5-1

【例4-5-1】　已知 $Z_1=(10+\mathrm{j}10)\Omega$，$Z_2=(20+\mathrm{j}50)\Omega$，$Z_3=(10-\mathrm{j}30)\Omega$，求三者串联的等值复阻抗。

解：

$$\begin{aligned}Z&=Z_1+Z_2+Z_3\\&=(10+\mathrm{j}10+20+\mathrm{j}50+10-\mathrm{j}30)\Omega\\&=(40+\mathrm{j}30)\Omega=50\angle 36.9°\Omega\end{aligned}$$

二、阻抗的并联

图4-5-2a所示是两个阻抗并联的交流电路，根据基尔霍夫电流定律可写出它的相量表达式为

$$\dot{I}=\dot{I}_1+\dot{I}_2=\frac{\dot{U}}{Z_1}+\frac{\dot{U}}{Z_2}=\dot{U}\left(\frac{1}{Z_1}+\frac{1}{Z_2}\right)$$

两个并联的阻抗也可以用一个等效阻抗 Z 来代替，根据图4-5-2b所示的电路可写出

$$\dot{I}=\frac{\dot{U}}{Z}$$

$$\frac{1}{Z}=\frac{1}{Z_1}+\frac{1}{Z_2}\quad 或 \quad Z=\frac{Z_1Z_2}{Z_1+Z_2}$$

一般

$$|Z|\neq\frac{|Z_1||Z_2|}{|Z_1|+|Z_2|}$$

分流公式为

$$\dot{I}_1=\frac{Z_2}{Z_1+Z_2}\dot{I}\quad \dot{I}_2=\frac{Z_1}{Z_1+Z_2}\dot{I}$$

【例 4-5-2】　有一 RC 并联电路，已知 $R=1\text{k}\Omega$，$C=1\mu\text{F}$，$\omega=1000\text{rad/s}$，求其等值复阻抗。

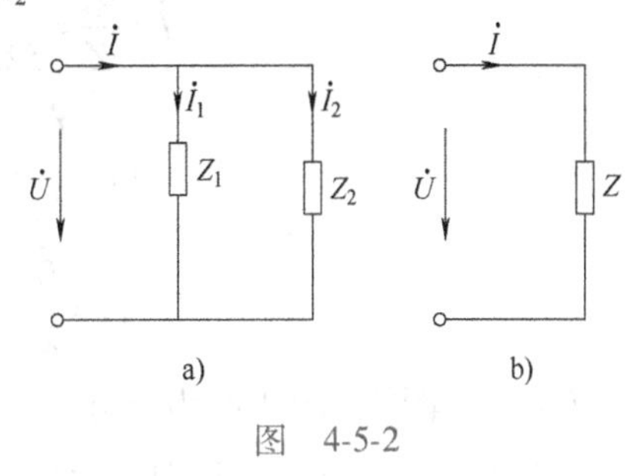

图　4-5-2

解：

$$X_C=\frac{1}{\omega C}=\frac{1}{1000\times10^{-6}}\Omega=1\text{k}\Omega$$

$$Z=\frac{Z_1Z_2}{Z_1+Z_2}=\frac{R(-\text{j}X_C)}{R-\text{j}X_C}$$

$$=\frac{-\text{j}}{1-\text{j}}=0.707\angle-45^\circ\text{k}\Omega$$

第六节　正弦交流电路的分析方法

正弦交流电路的分析方法通常有两种，一是相量解析法，二是相量图法。在分析电路时，要根据要求或计算电路的难易来选择具体方法。

一、正弦交流电路的分析

1. 相量解析法

从前面几节的分析发现，表示基尔霍夫定律和欧姆定律的相量形式与直流电阻电路中所用的同一公式在形式上完全相同，因此，分析计算电阻电路的各种方法、原理和定理完全可以移到线性正弦交流电路中，所不同的是应将电阻改为复阻抗，将电压、电流的直流量改为相量。

【例 4-6-1】　图 4-6-1 所示电路中，已知 $\dot{U}_s=100\angle0^\circ\text{V}$，$\omega=314\text{rad/s}$，$R_1=30\Omega$，$R_2=40\Omega$，$L=0.127\text{H}$，$C=46\mu\text{F}$，试求：

（1）等效复阻抗 Z。

（2）各支路电流 $\dot{I}$、$\dot{I}_1$ 和 $\dot{I}_2$。

（3）画相量图。

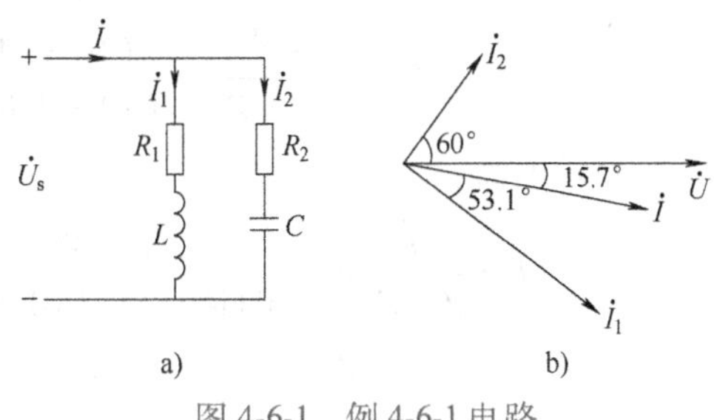

图 4-6-1　例 4-6-1 电路

a）电路　b）相量图

解：R_1 与 L 串联的复阻抗为

$$Z_1=R_1+\text{j}\omega L=(30+\text{j}314\times0.127)\Omega$$
$$=(30+\text{j}40)\Omega=50\angle53.1^\circ\Omega$$

R_2 与 C 串联的复阻抗为

$$Z_2=R_2-\text{j}\frac{1}{\omega C}=\left(40-\text{j}\frac{1}{314\times46\times10^{-6}}\right)\Omega$$
$$=(40-\text{j}69.2)\Omega=80\angle-60^\circ\Omega$$

（1）等效复阻抗为

$$Z=\frac{Z_1Z_2}{Z_1+Z_2}=\frac{50\angle 53.1^\circ\times 80\angle -60^\circ}{30+\mathrm{j}40+40-\mathrm{j}69.2}\Omega$$

$$=\frac{4000\angle -6.9^\circ}{75.8\angle -22.6^\circ}\Omega=52.8\angle 15.7^\circ\Omega$$

（2）各支路电流为

$$\dot{I}=\frac{\dot{U}_s}{Z}=\frac{100\angle 0^\circ}{52.8\angle 15.7^\circ}\mathrm{A}=1.9\angle -15.7^\circ\mathrm{A}$$

$$\dot{I}_1=\frac{\dot{U}_s}{Z_1}=\frac{100\angle 0^\circ}{50\angle 53.1^\circ}\mathrm{A}=2\angle -53.1^\circ\mathrm{A}$$

$$\dot{I}_2=\frac{\dot{U}_s}{Z_2}=\frac{100\angle 0^\circ}{80\angle -60^\circ}\mathrm{A}=1.25\angle 60^\circ\mathrm{A}$$

（3）相量图如图4-6-1b所示。

【例4-6-2】 有一阻抗混联电路，其电路参数如图4-6-2a所示，已知$\dot{U}=220\angle 0^\circ$，试求各支路中的电流$\dot{I}_1$、$\dot{I}_2$、$\dot{I}_3$和电压$\dot{U}_1$、$\dot{U}_2$。

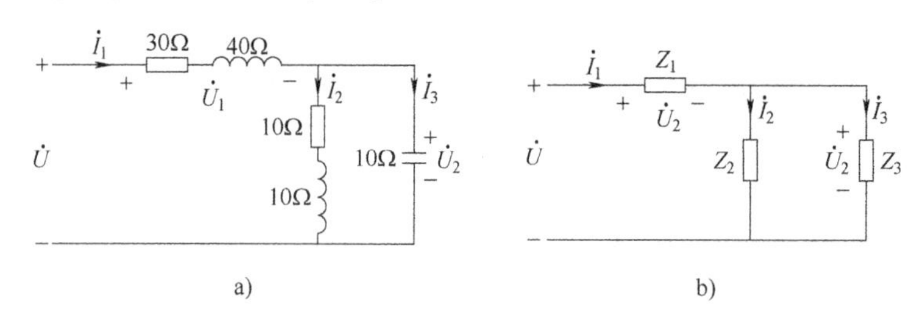

图4-6-2　例4-6-2电路

a）电路　b）等效电路

解： 先求各支路的复阻抗和电路的等效复阻抗。

$$Z_1=(30+\mathrm{j}40)\Omega=50\angle 53.1^\circ\Omega$$

$$Z_2=(10+\mathrm{j}10)\Omega=10\sqrt{2}\angle 45^\circ\Omega$$

$$Z_3=-\mathrm{j}10\Omega=10\angle -90^\circ\Omega$$

$$Z_{23}=\frac{Z_2Z_3}{Z_2+Z_3}=\frac{(10+\mathrm{j}10)(-\mathrm{j}10)}{(10+\mathrm{j}10)+(-\mathrm{j}10)}\Omega=(10-\mathrm{j}10)\Omega$$

（1）求电流。

$$\dot{I}_1=\frac{\dot{U}}{Z_1+Z_{23}}=\frac{220\angle 0^\circ}{(30+\mathrm{j}40)+(10-\mathrm{j}10)}\mathrm{A}=\frac{220\angle 0^\circ}{50\angle 36.9^\circ}\mathrm{A}=4.4\angle -36.9^\circ\mathrm{A}$$

$$\dot{I}_2=\frac{Z_3}{Z_2+Z_3}\dot{I}_1=\frac{-\mathrm{j}10}{10+\mathrm{j}10-\mathrm{j}10}\times 4.4\angle -36.9^\circ\mathrm{A}=4.4\angle -126.9^\circ\mathrm{A}$$

$$\dot{I}_3=\dot{I}_1-\dot{I}_2=4.4\angle -36.9^\circ\mathrm{A}-4.4\angle -126.9^\circ\mathrm{A}=4.4\sqrt{2}\angle 8.1^\circ\mathrm{A}$$

（2）求电压。

$$\dot{U}_1=\dot{I}_1Z_1=4.4\angle -36.9^\circ\times 50\angle 53.1^\circ\mathrm{V}=220\angle 16.2^\circ\mathrm{V}$$

$$\dot{U}_2=\dot{I}_2Z_2=4.4\angle-126.9°\times10\sqrt{2}\angle45°\text{V}=44\sqrt{2}\angle-81.9°\text{V}$$

从以上两例可见，对正弦交流电路进行相量解析法的分析计算，实际就是进行复数运算。那么，在具体运算中到底采用复数的哪种形式呢？这要根据实际情况“因地制宜”。当进行加减运算时，宜采用复数的代数式；当进行乘除运算时，宜采用复数的极坐标式，这样既方便又快捷。

2. 相量图法

相量图法是分析正弦交流电路的另一种很重要的方法，借助于相量图，可使电路运算简化。画相量图时应注意以下两点：

1）选取电路中的一个量（电压或电流）作为参考相量，使其初相位为零，并画在水平实轴上。参考相量的选择可以是任意的，但为了方便，通常对于串联电路选电流为参考相量，而对于并联电路选电压为参考相量，对于串、并混联电路，可选取并联支路的电压或电流作为参考相量。

2）以参考相量为基准，由所在支路向外逐步延伸，把各个相关的物理量全部画出，作图时要与电路图中所规定的正方向、电路中各元件的基本性质以及电路的基本方程式一致。在相量图中各量之间要满足 KCL、KVL 定律。

【例 4-6-3】 在图 4-6-3a 所示电路中，$I_1=I_2=10\text{A}$，$U=100\text{V}$，U 与 I 同相，试求 I、R、X_L 和 X_C。

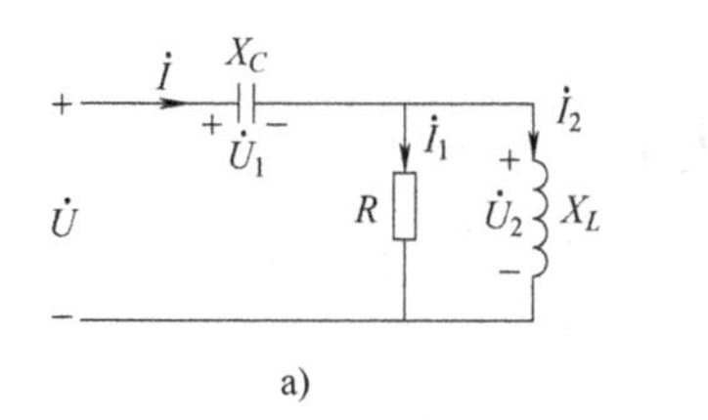

a)

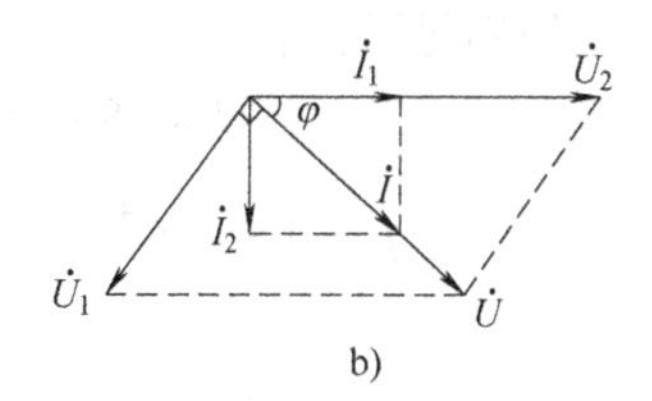

b)

图 4-6-3　例 4-6-3 电路

a）电路　b）相量图

解：（1）选$\dot{U}_2$为参考相量，如图 4-6-3b 所示。

（2）电阻中的电流 $\dot{I}_1$与$\dot{U}_2$同相位，电感中的电流$\dot{I}_2$滞后$\dot{U}_2$ 90°，画出其相量，应用平行四边形法则作$\dot{I}_1+\dot{I}_2=\dot{I}$。在这个电流三角形中，因为$\dot{I}_1=\dot{I}_2$，所以总电流$\dot{I}$与$\dot{U}_2$相位差 $\varphi=45°$，其有效值为

$$I=\sqrt{I_1^2+I_2^2}=\sqrt{10^2+10^2}\text{A}=10\sqrt{2}\text{A}$$

（3）电容电压$\dot{U}_1$滞后电流$\dot{I}$ 90°，画出其相量，应用平行四边形作$\dot{U}_1+\dot{U}_2=\dot{U}$，在$\dot{U}_1$、$\dot{U}_2$和$\dot{U}$的电压三角形中，因为$\dot{U}$与$\dot{I}$同相，所以$\dot{U}_2$与$\dot{U}$的相位差为 45°，又因为$\dot{U}_1$与$\dot{U}$的相位差是 90°，所以电压三角形是等腰直角三角形。根据上述几何关系，得

$$U_1=U=100\text{V}$$

$$U_2=\sqrt{U_1^2+U^2}=\sqrt{100^2+100^2}\text{V}=100\sqrt{2}\text{V}$$

最后

$$R=\frac{U_2}{I_1}=\frac{100\sqrt{2}}{10}\Omega=10\sqrt{2}\Omega$$

$$X_L = \frac{U_2}{I_2} = \frac{100\sqrt{2}}{10}\Omega = 10\sqrt{2}\Omega$$

$$X_C = \frac{U_1}{I} = \frac{100}{10\sqrt{2}}\Omega = 5\sqrt{2}\Omega$$

【例 4-6-4】 在图 4-6-4 所示电路中，已知：$i_1 = 2\sqrt{2}\sin(\omega t - 60°)$A，$i_2 = 1.82\sqrt{2}\sin(\omega t - 30°)$A，电源电压 $u = 220\sqrt{2}\sin\omega t$V，欲使 i 与 u 同相位，求 $X_C = ?$

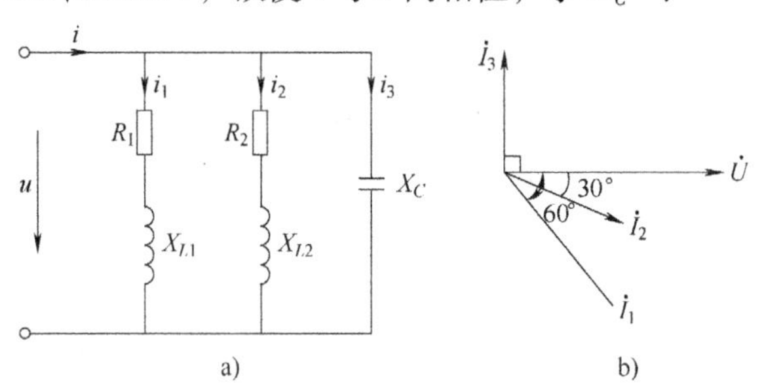

图 4-6-4 例 4-6-4 电路

a）电路 b）相量图

解：以$\dot{U}$作为参考相量，将$\dot{U}$、$\dot{I}_1$、$\dot{I}_2$及$\dot{I}_3$的相量关系画于图 4-6-4b 中，从图中可知，要使 u 与 i 同相位，必须满足下式：

$$I_1\sin60° + I_2\sin30° = I_3$$

即

$$I_3 = \left(2 \times \frac{\sqrt{3}}{2} + 1.82 \times \frac{1}{2}\right)\text{A} = 2.64\text{A}$$

$$X_C = \frac{U}{I_3} = \frac{220}{2.64}\Omega = 83.3\Omega$$

二、正弦交流电路的功率

在分析电路时，主要讨论两个问题，一是电压与电流的关系；二是能量转换与功率问题。图 4-6-5 所示为一无源二端网络，设端口电压、电流分别为

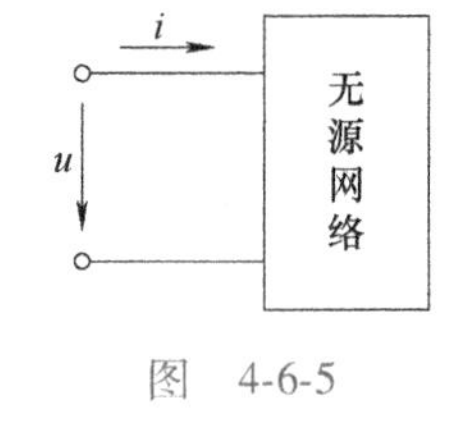

图 4-6-5

$$u = U_m\sin\omega t$$

$$i = I_m\sin(\omega t - \varphi)$$

则

$$p = ui = UI[\cos\varphi - \cos(2\omega t + \varphi)]$$

1. 平均功率（又称有功功率）P

$$P = \frac{1}{T}\int_0^T p\text{d}t = \frac{1}{T}\int_0^T UI[\cos\varphi - \cos(2\omega t + \varphi)]\text{d}t = UI\cos\varphi$$

上式说明，平均功率 P 就是瞬时功率中的恒定分量，其中 φ 角为电压 u 与电流 i 的相位差，$\cos\varphi$ 称为该网络的功率因数。

电阻是消耗功率的，若二端网络内部有 n 个电阻，每个电阻消耗的有功功率已经求出，则有功功率等于各电阻消耗的有功功率之和，即

$$P = P_1 + P_2 + \cdots + P_n = \sum_{k=1}^{n} P_k$$

2. 无功功率 Q

$$Q = UI\sin\varphi$$

电感元件、电容元件是不消耗电能的，但它们与电源之间有能量交换，即有无功功率。若二端网络内有多个（n 个）电感元件和电容元件，每个元件的无功功率已经求出，则

$$Q_L = Q_{L1} + Q_{L2} + \cdots + Q_{Ln} = \sum_{K=1}^{n} Q_{LK}$$

$$Q_C = Q_{C1} + Q_{C2} + \cdots + Q_{Cn} = \sum_{K=1}^{n} Q_{CK}$$

注意：由于电感电压越前电流 90°，电容电压滞后电流 90°，计算总的无功功率时，电感的无功功率 Q_L 取正号，电容的无功功率 Q_C 取负号，即

$$Q = Q_L - Q_C$$

3. 视在功率 S

$$S = UI$$

视在功率即为二端网络的电压有效值与电流有效值的乘积，如变压器的容量就是由额定电压和额定电流决定的，其容量用视在功率表示。

有功功率 P、无功功率 Q 与视在功率 S 之间的关系为

$$S = \sqrt{P^2 + Q^2}$$

第七节 功率因数的提高

交流电路所消耗的有功功率为

$$P = UI\cos\varphi$$

在一定的电压和电流下，电路所消耗的有功功率取决于功率因数 $\cos\varphi$ 的大小，对 RLC 串联交流电路而言，$\cos\varphi=\dfrac{R}{\sqrt{R^2+X^2}}$，它取决于负载本身的参数。

一、负载的功率因数低带来的问题

1. 发电设备的容量不能充分利用

发电设备的容量是按额定电压与额定电流的乘积——视在功率规定的，即 $S_N=U_N I_N$。视在功率表示电源能够输出的最大功率，但是它所带的负载能否得到这样大的有功功率，将取决于负载的功率因数。例如，容量为 1000kV · A 的变压器，当它所带的负载的功率因数 $\cos\varphi=0.9$ 时，变压器输出的有功功率为

$$P = U_N I_N \cos\varphi = S_N \cos\varphi = 1000 \times 0.9\text{kW} = 900\text{kW}$$

当负载的功率因数 $\cos\varphi=0.6$ 时，变压器输出的有功功率为

$$P = S_N \cos\varphi = 1000 \times 0.6\text{kW} = 600\text{kW}$$

可见负载的功率因数降低，则电源发出的有功功率就减小，因此发电设备的容量得不到充分利用。

2. 供电效率降低

在供电方面，由于发电机（或变压器）绕组和供电线都有一定的电阻，设其等效电阻为 r，当电流通过时，其功率损耗为

$$\Delta P = I^2 r = \left(\frac{P}{U\cos\varphi}\right)^2 r = \left(\frac{P^2}{U^2}r\right)\frac{1}{\cos^2\varphi}$$

若发电机（或变压器）的输出电压 U 和功率 P 一定，则功率损失 ΔP 与功率因数 $\cos\varphi$ 的二次方成反比，即负载的功率因数降低，功率损耗就增大。这是因为要在同一电压下输送同样大小的有功功率，若负载的功率因数降低，必须供给较大的电流，从而增大了线路和电源设备内阻的功率损耗，降低了供电效率。

总之，提高负载的功率因数是一项有效的节能措施，具有重要的经济意义。

二、提高功率因数的方法

在实际中，功率因数 $\cos\varphi$ 低的主要原因是有大量的电感性负载存在，例如，拖动机械负载工作的交流异步电动机，在正常工作时的 $\cos\varphi$ 为 0.7～0.9；照明用的日光灯电路，其 $\cos\varphi$ 为 0.5 左右。在不改变感性负载工作状态下，又要提高功率因数，就要想办法减小线路的无功功率。常用的方法是在电感两端并联一个适当的电容器，其电路图和相量图如图 4-7-1 所示。

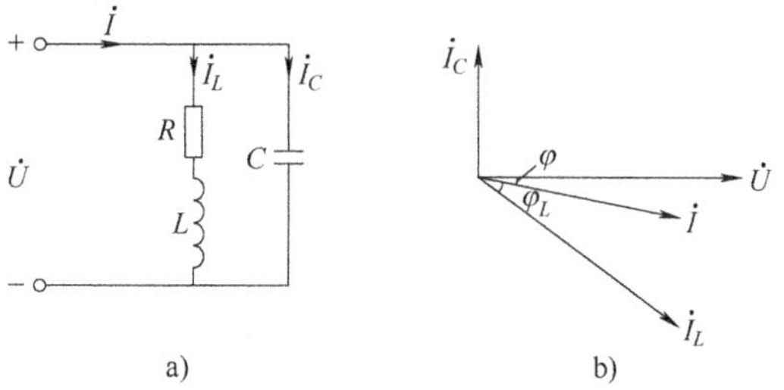

图 4-7-1 $\cos\varphi$ 的提高

a）电路 b）相量图

在并联电容器之前，电源供给的电流 I 就是电感性负载电流 I_L，这时的功率因数是 $\cos\varphi_L$。在并联电容器之后，电源供给的电流就不是$\dot{I}_L$了，而是$\dot{I}_C$与$\dot{I}_L$的相量和$\dot{I}$。从相量图可见，并联电容后，电源供给的电流减小了（$I<I_L$），电流$\dot{I}$与电压$\dot{U}$的相位差减小了（$\varphi<\varphi_L$），电路的功率因数提高了（$\cos\varphi>\cos\varphi_L$）。但是对于电感性负载来说，其端电压$\dot{U}$和电流$\dot{I}_L$仍然不变，其取用的有功功率 $P=UI_L\cos\varphi_L$ 和无功功率 $Q_L=UI_L\sin\varphi_L$ 也不变。这时所不同的是，电容与电感之间进行部分能量交换，因而减少了电源供给的无功功率，提高了整个供电线路或总负载的功率因数。

如果电容选择适当，还可以使 $\varphi=0°$，即 $\cos\varphi=1$。若电容量过大，其容抗 $X_C=1/(\omega C)$ 过小，电容电流 $I_C=U/X_C$ 过大，使电源供给的总电流会超前电压，φ 角反而增大。因此，必须合理地选择电容器的电容量。由相量图可知

$$\begin{aligned} I_C &= I_L\sin\varphi_L - I\sin\varphi \\ &= \left(\frac{P}{U\cos\varphi_L}\right)\sin\varphi_L - \left(\frac{P}{U\cos\varphi}\right)\sin\varphi \\ &= \frac{P}{U}(\tan\varphi_L - \tan\varphi) \end{aligned}$$

因为

$$I_C = \frac{U}{X_C} = \frac{U}{1/\omega C} = U\omega C$$

$$U\omega C = \frac{P}{U}(\tan\varphi_L - \tan\varphi)$$

所以

$$C = \frac{P}{\omega U^2}(\tan\varphi_L - \tan\varphi)$$

式中，ω 为电源角频率；φ_L 为并联电容器之前的功率因数角；φ 为并联电容器之后的功率因数角。

第八节　正弦交流电路中的谐振

在同时含有电感和电容元件的正弦交流电路中，如果出现电源电压与电流同相，则整个电路呈现电阻性。此时电路的工作状态就称为谐振工作状态。

谐振电路在无线电和电工技术中应用广泛。但在另一方面，谐振的发生可能破坏某些系统的正常工作，因此对谐振的研究很有意义。本节重点研究串联谐振和并联谐振的频率响应。

一、串联谐振

图 4-8-1 所示 RLC 串联电路在正弦电压 U 作用下，电路中的电流有效值为

$$I=\frac{U}{|Z|}=\frac{U}{\sqrt{R^2+(X_L-X_C)^2}}=\frac{U}{\sqrt{R^2+\left(\omega L-\dfrac{1}{\omega C}\right)^2}}$$

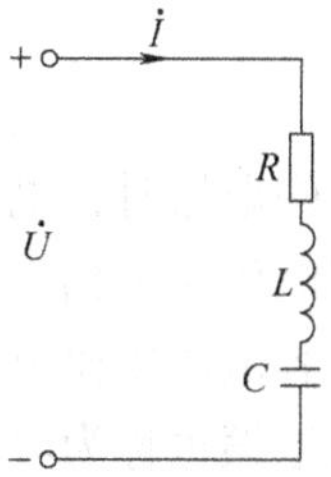

电压与电流之间的相位差为

$$\varphi=\arctan\frac{X_L-X_C}{R}=\arctan\frac{\omega L-\dfrac{1}{\omega C}}{R}$$

图 4-8-1　RLC 串联谐振电路

1. 谐振条件与谐振频率

（1）谐振条件　若

$$X_L=X_C\quad 或\quad \omega_0 L=\frac{1}{\omega_0 C}$$

电路就产生谐振。发生谐振时的角频率和频率分别称为谐振角频率和谐振频率，用 ω_0 和 f_0 表示。

（2）谐振频率　根据谐振条件，得到谐振频率

$$\omega_0=\frac{1}{\sqrt{LC}},\quad f_0=\frac{1}{2\pi\sqrt{LC}}$$

谐振角频率 ω_0 和谐振频率 f_0 只由电路本身的电感电容参数决定，改变电源频率 $\omega(f)$ 或调节电路中的 L 和 C 参数，使之符合谐振条件，都可使电路发生谐振。

2. 串联谐振的基本特征

（1）阻抗　画出 R=常数，$X_L=2\pi fL$，$X_C=\dfrac{1}{2\pi fC}$，$|Z|=\sqrt{R^2+(X_L-X_C)^2}$，$\varphi=\arctan\dfrac{X_L-X_C}{R}$ 和 $I=\dfrac{U}{|Z|}$ 随频率变化的曲线，如图 4-8-2 所示。从图示各曲线可看到：当 $f<f_0$ 时，$2\pi fL<\dfrac{1}{2\pi fC}$，则 $\varphi<0$，电压滞后电流，电路呈电容性；而当 $f>f_0$ 时，$2\pi fL>\dfrac{1}{2\pi fC}$，则 $\varphi>0$，电压超

前电流，电路呈电感性；当$f=f_0$时，$2\pi fL=\dfrac{1}{2\pi fC}$，则$\varphi=0$，此时电压与电流同相，电路发生谐振，即

$$\left|Z_0\right|=\sqrt{R^2+(X_L-X_C)^2}=R$$

串联谐振时，阻抗最小，等于电路中的电阻。

（2）电流　串联谐振时电流最大，为

$$I_0=\frac{U}{\left|Z_0\right|}=\frac{U}{R}$$

（3）电压　串联谐振时各元件电压为

$$U_R=RI_0=R\frac{U}{R}=U$$

$$U_L=X_LI_0=\frac{X_L}{R}U=\frac{\omega_0L}{R}U$$

$$U_C=X_CI_0=\frac{X_C}{R}U=\frac{1}{\omega_0CR}U$$

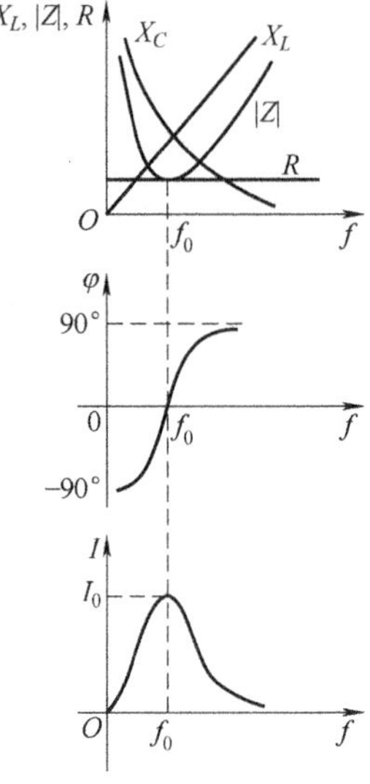

图4-8-2　频率特性

串联谐振时，电阻上的电压等于电源电压；电感电压和电容电压大小相等，极性相反，若$X_L=X_C\gg R$，则电感电压、电容电压要比电源电压高得多，如图4-8-3所示。因此，串联谐振也称为电压谐振。

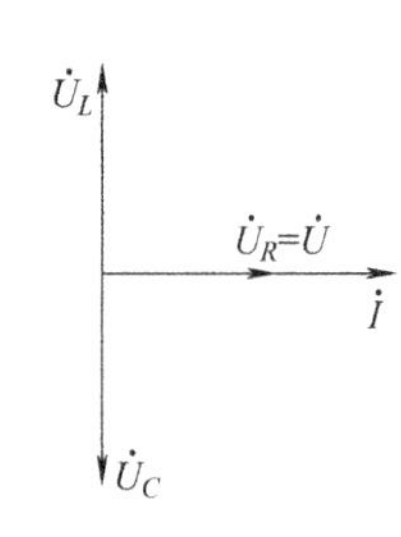

图4-8-3　串联谐振电路相量图

（4）功率　谐振时，电路中的功率为

$$P=UI_0\cos\varphi=UI_0=\frac{U^2}{R}$$

$$Q=0$$

$$S=UI_0=\frac{U^2}{R}$$

上式说明，谐振时，电源提供的视在功率全部转换为有功功率，被电阻消耗。总的无功功率为零，RLC电路与电源之间没有能量互换。但因为$Q_L=I_0^2X_L$，$Q_C=-I_0^2X_C$，说明在电路谐振时，能量互换只发生在电感与电容之间，电感放出能量时，电容恰好吸收能量；而电容放出能量时，电感正吸收能量，电感与电容的能量可以彼此交换，而电源与电路之间就没有能量交换了，电源供给的能量全部为电阻所消耗。

3. 串联谐振电路的品质因数

工程上将谐振时电感电压U_L或电容电压U_C与电源电压U的比值定义为谐振电路的品质因数，即

$$Q=\frac{U_L}{U}=\frac{U_C}{U}=\frac{\omega_0L}{R}=\frac{1}{\omega_0CR}$$

品质因数Q值是一个无量纲的参数，由上式可知

$$U_L=QU$$

$$U_C=QU$$

即Q值越高，电感和电容上的电压越高。在无线电技术中，常常利用串联谐振以获得良好

的选择性。而在电力系统中，谐振时出现的高电压，可能击穿线圈和电容器的绝缘，因此要避免发生串联谐振。

4. 电流的频率特性

在线性电路中，当电源频率变化时，电流是频率的函数，即

$$I(\omega)=\frac{U}{\sqrt{R^2+\left(\omega L-\frac{1}{\omega C}\right)^2}}=\frac{U}{R\sqrt{1+\left(\frac{\omega L}{R}-\frac{1}{\omega CR}\right)^2}}$$

$$=\frac{I_0}{\sqrt{1+\left(\frac{\omega L}{R}-\frac{1}{\omega CR}\right)^2}}$$

电流随着频率变化的曲线如图 4-8-2c 所示，由于

$$\frac{\omega L}{R}=\frac{\omega_0 L}{R}\frac{\omega}{\omega_0}=Q\frac{\omega}{\omega_0}=Q\frac{f}{f_0}$$

$$\frac{1}{\omega CR}=\frac{1}{\omega_0 CR}\frac{\omega_0}{\omega}=Q\frac{\omega_0}{\omega}=Q\frac{f_0}{f}$$

将有

$$I(\omega)=\frac{I_0}{\sqrt{1+Q^2\left(\frac{f}{f_0}-\frac{f_0}{f}\right)^2}}$$

由此看出，电流谐振曲线的形状与品质因数 Q 值有关，取不同的 Q 值画出的电流谐振曲线如图 4-8-4 所示。从图中可以看出，Q 值大的谐振曲线尖锐，Q 值小的谐振曲线平缓。

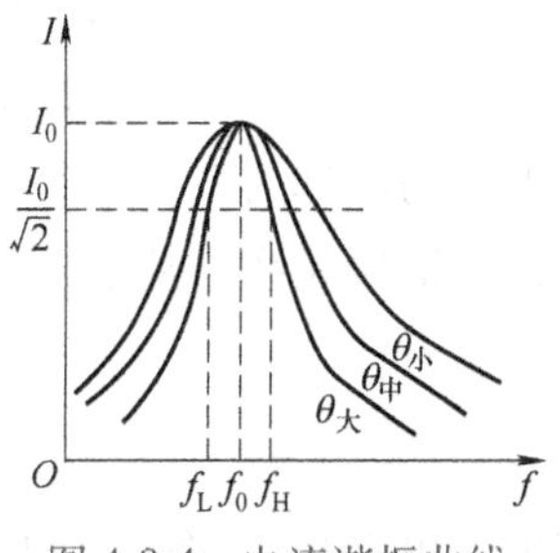

图 4-8-4 电流谐振曲线

当谐振曲线比较尖锐时，等于谐振频率 f 的信号最大，而偏离谐振频率 f_0 的信号大大减小。因此可以这样说：谐振曲线越尖锐，选择性越好。为了定量衡量选择性的好坏，通常用通频带表示，其规定如下：

当频率由 f_0 向两侧偏离时，电流 I 随之减少，当减小到谐振电流 I_0 的 $1/\sqrt{2}$，即 $I=\frac{I_0}{\sqrt{2}}$时所对应的上下限频率之间的宽度，称为通频带 Δf，即

$$\Delta f=f_H-f_L$$

由此可见，通频带 Δf 越小，表明谐振曲线越尖锐，选择性越好。

影响谐振曲线尖锐程度的是品质因数 Q。如图 4-8-4 所示，Q 值越大，则谐振曲线越尖锐，通频带越窄，选择性越好。

二、并联谐振

图 4-8-5 所示电路是电感线圈和电容器并联的电路。

在正弦电压的作用下，各支路电流分别为

$$\dot{I}_L=\frac{\dot{U}}{R+jX_L}=U\left(\frac{R}{R^2+X_L^2}-j\frac{X_L}{R^2+X_L^2}\right)$$

$$\dot{I}_C = \mathrm{j}\,\frac{\dot{U}}{X_C}$$

总电流为

$$\dot{I} = \dot{I}_L + \dot{I}_C = \dot{U}\left[\frac{R}{R^2 + X_L^2} - \mathrm{j}\left(\frac{X_L}{R^2 + X_L^2} - \frac{1}{X_C}\right)\right] = \frac{\dot{U}}{Z}$$

式中

$$\frac{1}{Z} = \frac{R}{R^2 + X_L^2} - \mathrm{j}\left(\frac{X_L}{R^2 + X_L^2} - \frac{1}{X_C}\right)$$

其相量图如图 4-8-6 所示。

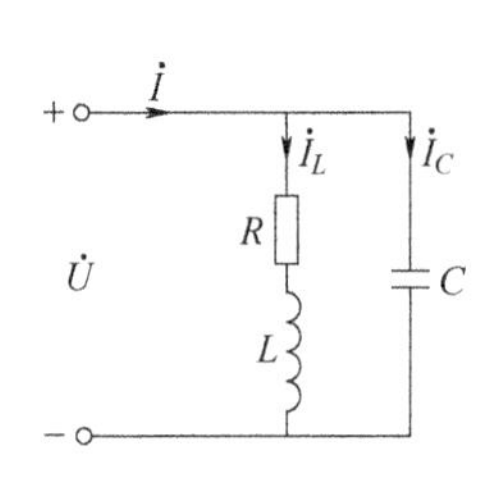

图 4-8-5　线圈与电容器并联电路

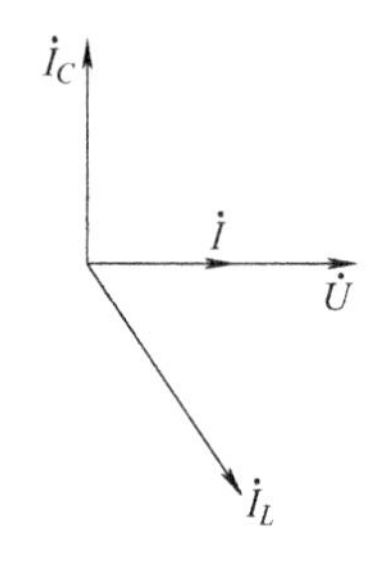

图 4-8-6　相量图

1. 并联谐振条件与谐振频率

（1）谐振条件　若有

$$\frac{X_L}{R^2 + X_L^2} = \frac{1}{X_C} \quad 或 \quad \frac{2\pi fL}{R^2 + (2\pi fL)^2} = 2\pi fC$$

则总电流的虚部为零，并联电路电压与总电流同相，电路呈现电阻性，电路发生谐振。

（2）谐振频率　从谐振条件可解出谐振频率

$$f_0 = \frac{1}{2\pi}\sqrt{\frac{1}{LC} - \frac{R^2}{L^2}}$$

并联谐振电路的 f_0 不仅与 L 和 C 有关，还与 R 有关，但是一般情况下，电感线圈中 $R \ll 2\pi f_0 L$ 或 $\frac{R^2}{L^2} \ll \frac{1}{LC}$，那么

$$f_0 \approx \frac{1}{2\pi\sqrt{LC}}$$

2. 并联谐振的基本特征

（1）阻抗　谐振时，阻抗的模为

$$|Z_0| = \frac{L}{RC}$$

其值最大，此时整个电路相当于一个电阻，阻值等于 $L/(RC)$。

（2）电流　并联谐振时，阻抗 $|Z_0|$ 最大，在电源电压一定时，有

$$I_0 = \frac{U}{|Z_0|} = \frac{R}{R^2 + X_L^2}U = \frac{U}{L/(RC)}$$

电路中总电流 I_0 最小。阻抗 $|Z|$ 及电流 I 随频率变化的曲线如图 4-8-7 所示。各支路电流为

$$I_L = \frac{U}{\sqrt{R^2 + X_L^2}} = \frac{\sqrt{R^2 + X_L^2}}{R^2 + X_L^2}U$$

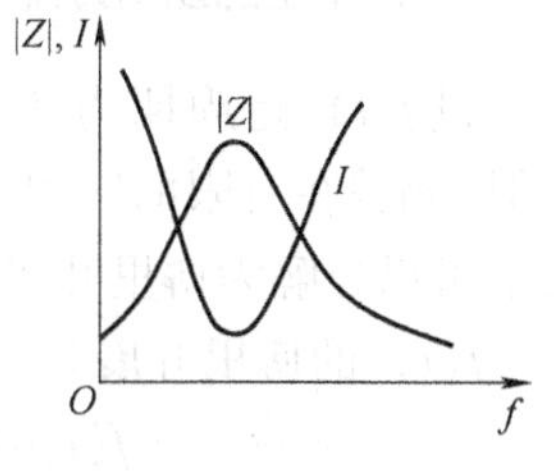

图 4-8-7　谐振曲线

由于实际线圈的感抗 $X_L \gg R$，故上式可写为

$$I_L \approx \frac{X_L}{R^2 + X_L^2}U$$

所以

$$I_C \approx I_L \gg I_0$$

谐振时，各支路电流在数值上比电源供给的总电流大得多，因此，并联谐振也称为电流谐振。

（3）电压　当电压源供电时，并联谐振电路两端电压就是电源电压。

当电流源供电时，由于谐振时，并联电路阻抗 $|Z_0|$ 最大，要比非谐振状态的阻抗大的多，因此谐振时，并联谐振电路将产生很高的电压，而且各支路电流将比电流源电流 I_s 大得多。

3. 品质因数

并联谐振电路的品质因数定义为谐振时各支路电流与总电流的比值，即

$$Q = \frac{I_L}{I_0} = \frac{I_C}{I_0} = \frac{\omega_0 L}{R} = \frac{1}{\omega_0 CR}$$

这与串联谐振电路的品质因数的计算公式是相同的。

第九节　非正弦交流电路

除了正弦交流电流和电压外，在电工和电子电路中常会遇到非正弦周期电流和电压。例如，整流电路中的全波整流波形、数字电路中的方波、扫描电路中的锯齿波等，都是常见的非正弦周期波形，如图 4-9-1 所示。

周期性非正弦信号有着各种不同的变化规律，计算这种信号激励下线性电路的响应，一般可用傅里叶级数将周期性非正弦信号分解为一系列不同频率的正弦量之和，然后分别计算在各种频率正弦量单独作用下电路中产生的正弦电流分量和电压分量，根据线性电路的叠加原理，把所得各个分量叠加，就可以得到电路中实际的电流和电压。这种方法称为谐波分析法。

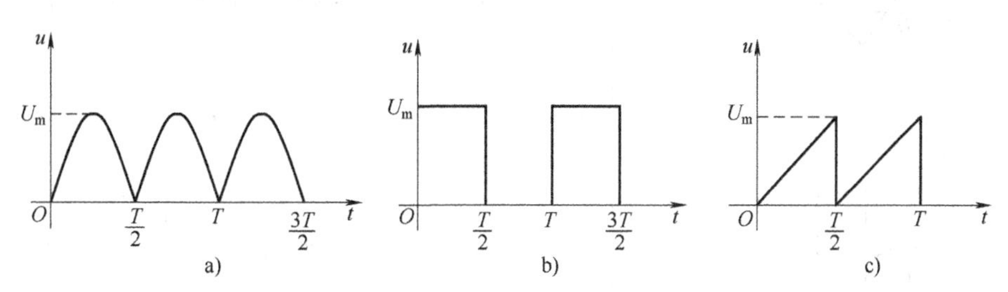

图 4-9-1　几种非正弦电压的波形

一、非正弦周期信号的分解

设$f(t)$是周期为T的任一函数，由高等数学知识可知，当$f(t)$满足狄里赫利条件（周期函数在有限的区间内，只有有限个第一类间断点和有限个极大值、极小值）时，该函数就可以分解为傅里叶级数。电工技术中常用的非正弦周期函数都满足狄里赫利条件。

$f(t)$的傅里叶展开式为

$$\begin{aligned} f(t) &= a_0 + A_{1\mathrm{m}}\sin(\omega t + \varphi_1) + A_{2\mathrm{m}}\sin(2\omega t + \varphi_2) + \cdots \\ &= a_0 + \sum_{k=1}^{\infty} A_{k\mathrm{m}}\sin(k\omega t + \varphi_k) \end{aligned} \tag{4-9-1}$$

式中，a_0称为直流分量或恒定分量；$A_{1\mathrm{m}}\sin(\omega t+\varphi_1)$称为一次谐波或基波；$k=2$，3，4，…的项分别称为二、三、四、…次谐波。除直流分量和一次谐波外，其余的统称为高次谐波。式（4-9-1）中的系数$A_{k\mathrm{m}}$和φ_k的计算公式为

$$A_{k\mathrm{m}} = \sqrt{a_k^2 + b_k^2},\quad \varphi_k = \arctan\frac{a_k}{b_k} \tag{4-9-2}$$

一些典型的周期性非正弦函数的傅里叶级数展开式见表4-9-1。大多数电工、电子中的非正弦周期信号，其展开式均可通过查表得到。

表4-9-1　一些典型周期函数的傅里叶级数展开式

序号	$f(t)$的波形图	$f(t)$的傅里叶级数展开式
1	$f(t)$, O, $T/2$, T, t	$f(t)=\dfrac{A_\mathrm{m}}{\pi}\left(1+\dfrac{\pi}{2}\sin\omega t-\dfrac{2}{3}\cos2\omega t-\dfrac{4}{15}\cos4\omega t-\cdots\right)$
2	$f(t)$, O, $T/2$, T, t	$f(t)=\dfrac{2}{\pi}A_\mathrm{m}\left(1-\dfrac{2}{3}\cos2\omega t-\dfrac{2}{15}\cos4\omega t-\cdots\right)$
3	$f(t)$, A_m, O, $T/2$, T, t	$f(t)=\dfrac{8}{\pi^2}A_\mathrm{m}\left(\sin\omega t-\dfrac{1}{9}\sin3\omega t+\dfrac{1}{25}\sin5\omega t-\cdots\right)$
4	$f(t)$, A_m, O, $T/2$, T, t	$f(t)=\dfrac{4}{\pi}A_\mathrm{m}\left(\cos\omega t-\dfrac{1}{3}\cos3\omega t+\dfrac{1}{5}\cos5\omega t-\cdots\right)$

二、非正弦周期量的有效值、平均值和平均功率

1. 有效值

周期性非正弦量的有效值与正弦信号有效值定义一样，为周期性非正弦信号的瞬时值的方均根值。例如，周期电流 $i(t)$ 的有效值为

$$I=\sqrt{\frac{1}{T}\int_0^T[i(t)]^2\mathrm{d}t}$$

经计算可以求得 i 的有效值为

$$I=\sqrt{I_0^2+I_1^2+I_2^2+I_3^2+\cdots} \tag{4-9-3}$$

式中，I_0 为直流分量；I_1、I_2、I_3、…为一、二、三、…次谐波分量的有效值。

同理，非正弦周期电压 u 的有效值为

$$U=\sqrt{U_0^2+U_1^2+U_2^2+U_3^2+\cdots} \tag{4-9-4}$$

可见非正弦周期电流或电压的有效值，等于它的直流分量和各次谐波分量有效值二次方和的二次方根。

第 n 次谐波分量，其有效值 A_k 与最大值 A_{km}之间的关系仍然是

$$A_{km}=\sqrt{2}A_k$$

而与谐波的频率无关。

2. 平均值

非正弦周期变量在一个周期内的平均值可由下式求出。如周期交变电压 u 的平均值 $\overline{U}$ 为

$$\overline{U}=\frac{1}{T}\int_0^T u(t)\mathrm{d}t \tag{4-9-5}$$

即非正弦周期量的平均值等于它的直流分量。

对于对称于时间轴的周期量，它的平均值为零。例如，正弦周期电压 $u(t)$，由于正负半周对称，所以其平均值为零，亦即直流分量为零。表 4-9-1 中的第 3、4 个波形图其展开式中无直流分量，平均值为零。

但是上下对称的周期信号，经过全波整流后（即将负半周的各值变成对应的正值），如图 4-9-2 所示，其平均值不再为零。

对称于时间轴的周期信号，整流后可取半个周期计算平均值。图 4-9-2 所示电压的平均值应为

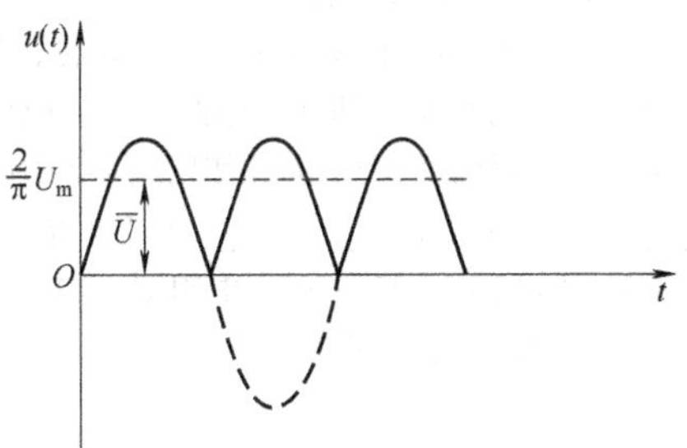

图 4-9-2　全波整流后的正弦电压波形

$$\begin{aligned}\overline{U}&=\frac{2}{T}\int_0^{\frac{T}{2}}u(t)\mathrm{d}t=\frac{2}{T}\int_0^{\frac{T}{2}}U_\mathrm{m}\sin\omega t\mathrm{d}t\\&=\frac{2}{T\omega}U_\mathrm{m}(-\cos\omega t)_0^{\frac{T}{2}}\\&=\frac{2}{\pi}U_\mathrm{m}=0.898U\end{aligned} \tag{4-9-6}$$

其结果正是表 4-9-1 中第 2 个波形信号展开式中的恒定分量。

对于同一非正弦周期电流（或电压），当用不同类型的仪表进行测量时，就会得出不同的结果。例如，用磁电系仪表（测直流信号用）测量时，其指示值将是电流（电压）的平均值，即电流（电压）的恒定分量；用电磁系或电动系仪表测量时，结果将是电流（电压）

的有效值；用全波整流磁电系仪表测量时，结果将是电流（或电压）经全波整流后的平均值。因此在测量非正弦周期电流（电压）时，要注意选择合适的仪表，并注意各种不同类型仪表读数表示的含意。

3. 平均功率

在非正弦周期信号激励下的平均功率为

$$\begin{aligned} P &= I_0U_0 + \sum_{k=1}^{\infty} U_kI_k\cos\varphi_k \\ &= I_0U_0 + U_1I_1\cos(\varphi_{1u} - \varphi_{1i}) + U_2I_2\cos(\varphi_{2u} - \varphi_{2i}) + \cdots \\ &= P_0 + P_1 + P_2 + \cdots \end{aligned} \tag{4-9-7}$$

即非正弦周期电路中的平均功率等于各次谐波（包括直流分量）平均功率之和。

本章小结

具体内容请扫描二维码观看。

第四章小结

习　题

4-1　在某电路中，已知 $u = 311\sin314t\text{V}$，$i = 5.6\sin(314t - 37°)\text{A}$，试求：

（1）电压与电流的最大值、有效值、角频率、频率、周期、初相位。

（2）画出电压和电流的波形，指出它们的相位差，并说明它们之间的超前或滞后关系。

（3）画出电压与电流相量图。

（4）写出电压与电流的复数式。

4-2　实际的电气设备大多为感性设备，功率因数往往____。若要提高电感性电路的功率因数，常采用人工补偿法进行调整，即在电感性电路（或设备）两端________。

4-3　感性负载的功率因数使用题4-2中的方法被提高后，电路中总电流________，流过感性负载的电流________，有功功率________。（请选择“变大”“变小”或“不变”填写）

4-4　将电感 $L=25.5\text{mH}$，电阻 $R=6\Omega$ 的线圈接到 $f=50\text{Hz}$，$U=220\text{V}$ 的电源上，试求：

（1）线圈的 X_L 和 Z。

（2）$\dot{U}_R$、$\dot{U}_L$和 $\dot{I}$。

（3）画相量图。

4-5　在图4-T-1中，输入信号 u_1 的频率 $f=500\text{Hz}$，$R=100\Omega$，要求输出信号 u_2 比输入信号 u_1 超前60°，电容 $C=?$

4-6　无源二端网络如图4-T-2所示，其输入电压和电流为

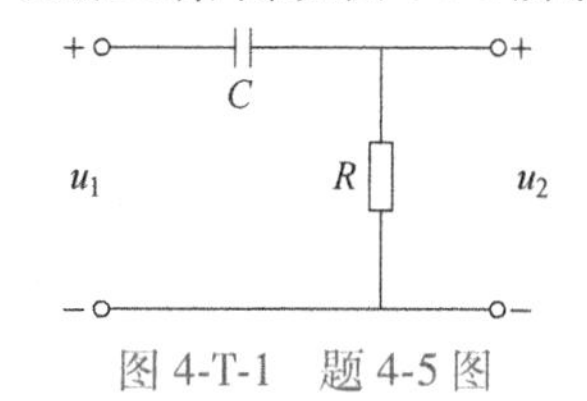

图4-T-1　题4-5图

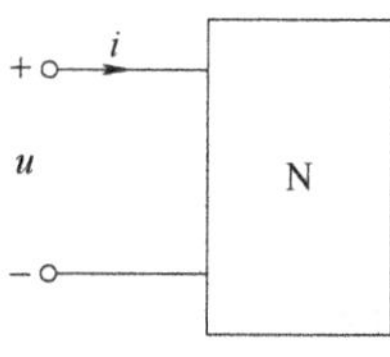

图4-T-2　题4-6图

$$u = 314\sin(314t + 20°)\text{V}$$
$$i = 5.6\sin(314t - 17°)\text{A}$$

试求此二端网络的：

（1）串联等效电路。

（2）并联等效电路。

4-7　图 4-T-3 所示电路中，$\dot{I}_s = 2\angle 0°\text{A}$，$Z_1 = -\text{j}5\Omega$，$Z_2 = (2+\text{j})\Omega$，$Z_3 = (3+\text{j}4)\Omega$，求：

（1）各支路电流。

（2）各阻抗及电流源电压。

4-8　图 4-T-4 所示电路中，已知 $U_s = 100\text{V}$，$\omega = 314\text{rad/s}$，$I_1 = 10\text{A}$，$I_2 = 10\sqrt{2}\text{A}$，$R_1 = 5\Omega$，$R_2 = X_L$，试求 I、R_L、L 和 C。

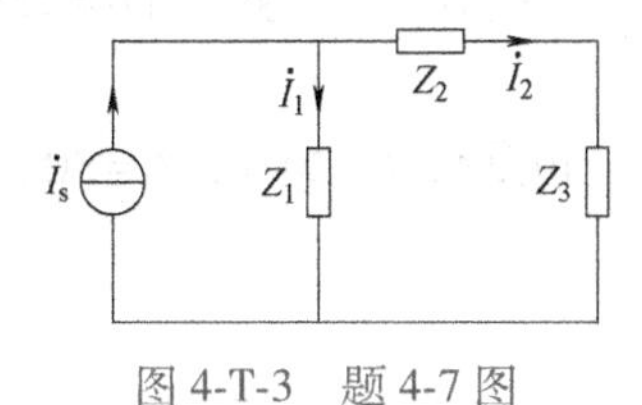

图 4-T-3　题 4-7 图

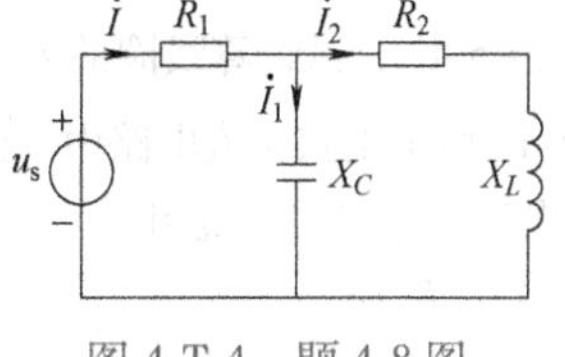

图 4-T-4　题 4-8 图

4-9　在图 4-T-5 所示电路中，求未标出测量值的电流表或电压表的读数。

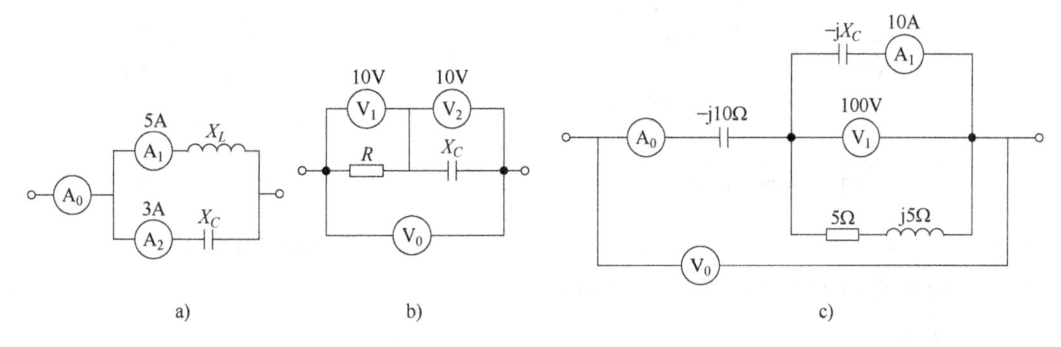

图 4-T-5　题 4-9 图

4-10　在图 4-T-6 所示电路中，已知 $R = X_L = 5\Omega$，$X_C = 10\Omega$，电压表 V_1 的读数为 10V，求其余各电压表的读数为多少？

4-11　在图 4-T-7 所示电路中，$U = 220\text{V}$，$U_1 = 120\text{V}$，$U_2 = 130\text{V}$，$f = 50\text{Hz}$，$R_1 = 50\Omega$，求 R_L 和 L。

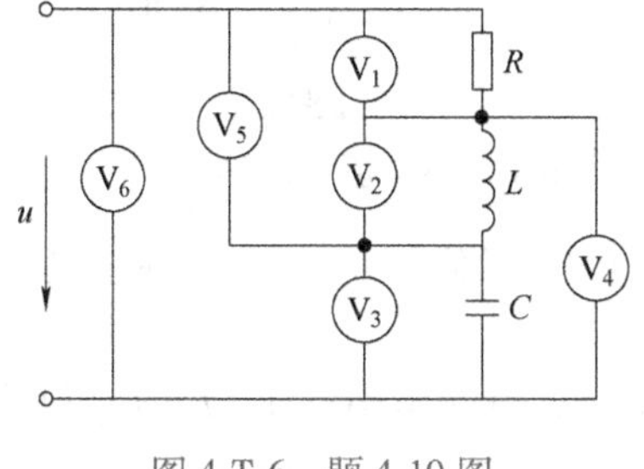

图 4-T-6　题 4-10 图

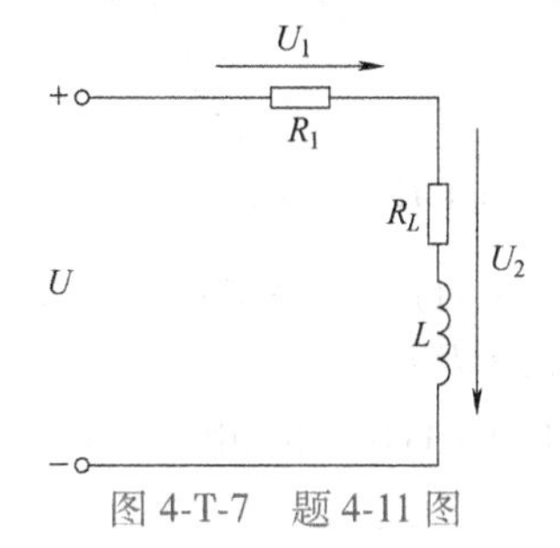

图 4-T-7　题 4-11 图

4-12　在图 4-T-8 所示电路中，已知 $\dot{U} = 12\angle 0°\text{V}$，$Z = (\sqrt{3} + \text{j})\Omega$，$Z_1 = (3 + \text{j}4)\Omega$，$Z_2 = (4 - \text{j}4)\Omega$，求各支路电流及各阻抗电压。

4-13　图 4-T-9 所示电路中，已知 $u = 220\sqrt{2}\sin 314t\text{V}$，$R_1 = 3\Omega$，$R_2 = 8\Omega$，$L = 12.7\text{mH}$，$C = 531\mu\text{F}$，求

（1）i_1、i_2 和 i。

（2）电路的功率因数、有功功率、无功功率和视在功率。

（3）画相量图。

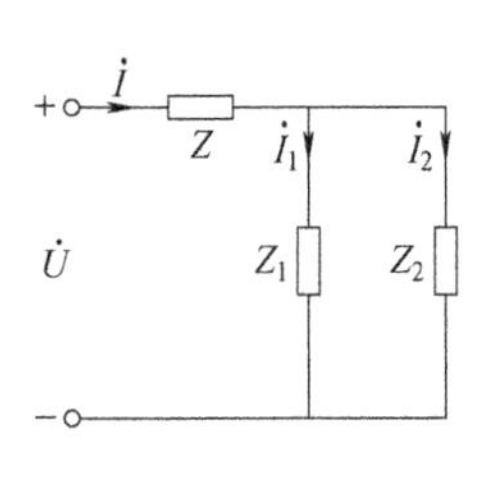

图 4-T-8 题 4-12 图

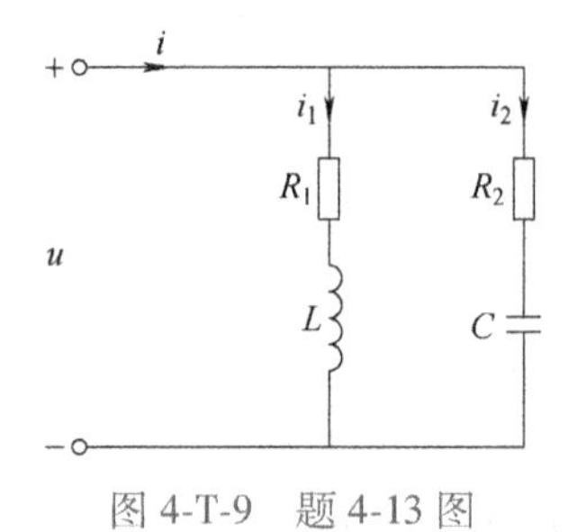

图 4-T-9 题 4-13 图

4-14 图 4-T-10 所示的实验电路是测量线圈参数 R 和 L 的一种方法，由实验得知 $U=220\text{V}$，$I=4\text{A}$，$P=160\text{W}$，电源频率 $f=50\text{Hz}$，试计算线圈的 R 和 L。

4-15 图 4-T-11 所示正弦交流电路中，已知 $I_1=10\text{A}$，$I_2=10\sqrt{2}\text{A}$，$U=200\text{V}$，$R_1=5\Omega$，$X_L=R_2$。

（1）画出各电压、电流的相量图。

（2）试求 I、X_C、R_2 及 X_L。

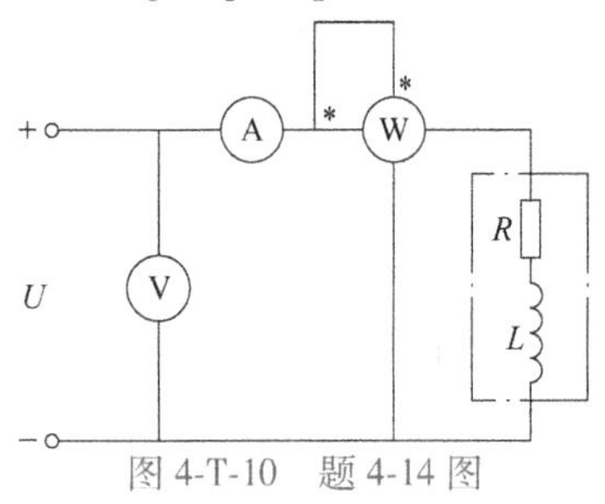

图 4-T-10 题 4-14 图

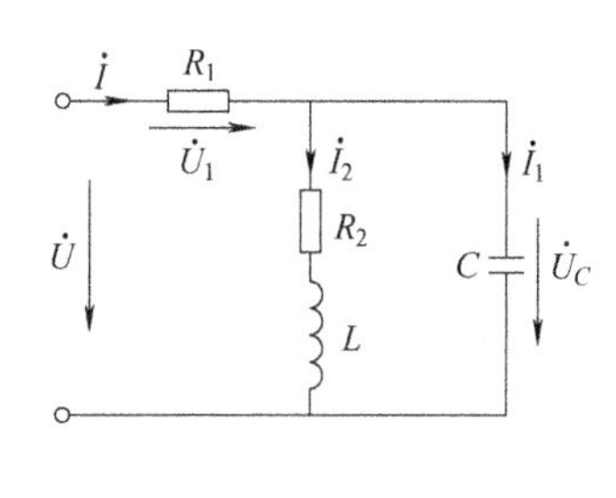

图 4-T-11 题 4-15 图

4-16 在图 4-T-12 所示电路中，已知 $R=X_C$，$U=220\text{V}$，总电压 $\dot{U}$ 与总电流 $\dot{I}$ 同相位，求 $\dot{U}_L$ 和 $\dot{U}_C$。

4-17 电路如图 4-T-13 所示，已知 $i=10\sqrt{2}\sin\omega t\ \text{A}$，求：

（1）$\dot{I}_1$、$\dot{I}_2$ 及 $\dot{U}$。

（2）电路总的有功功率。

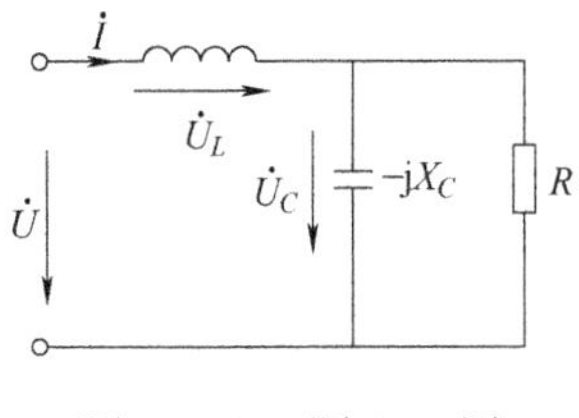

图 4-T-12 题 4-16 图

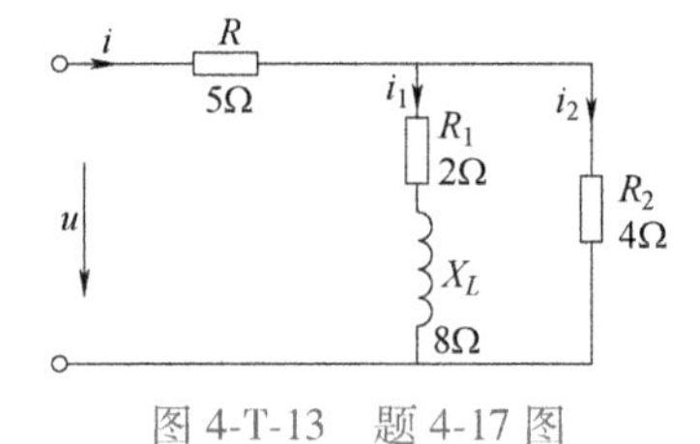

图 4-T-13 题 4-17 图

4-18 图 4-T-14 所示正弦交流电路中，$u=100\sqrt{2}\sin314t\ \text{V}$，电流有效值 $I=I_C=I_L$，电路消耗的功率 $P=866\text{W}$，求：i_L、i_C 及 i。

4-19 在图 4-T-15 所示电路中，已知 $\dot{U}=120\angle0°\text{V}$，$R_1=R_2=30\Omega$，$X_L=X_C=30\sqrt{3}\Omega$，求：$\dot{I}_1$、$\dot{I}_2$、$\dot{I}$ 及 $\dot{U}_{ab}$。

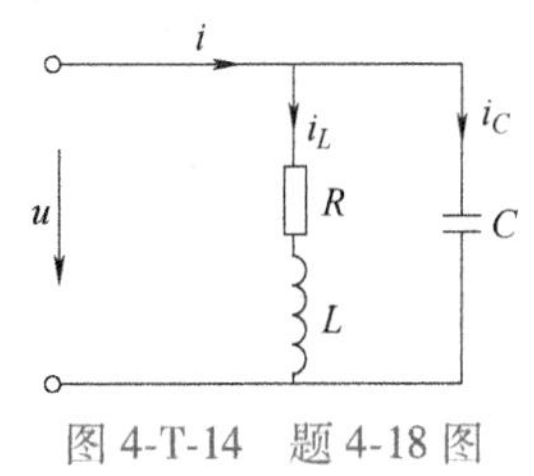

图 4-T-14 题 4-18 图

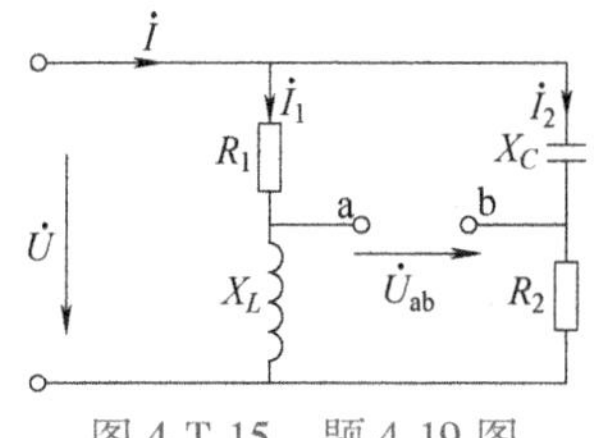

图 4-T-15 题 4-19 图

4-20　在图 4-T-16 所示电路中，已知 $u=220\sqrt{2}\sin314t$V，总负载为 5kV · A，阻抗 Z_1 的功率因数 $\cos\varphi_1=1$，阻抗 Z_2 的功率因数 $\cos\varphi=0.5$，电路总的功率因数 $\cos\varphi=0.8$，求阻抗 Z_1 和 Z_2 的有功功率 P_1 和 P_2。

4-21　电路如图 4-T-17 所示，已知 $R=200\Omega$，$C=2.5\mu F$，$L=0.1H$，$i_R=\sqrt{2}\sin2000t$A，求 u_R、i_C、i_1、$\dot{U}_L$、$\dot{U}_s$ 及整个电路的功率因数、有功功率、无功功率及视在功率，画出相量图。

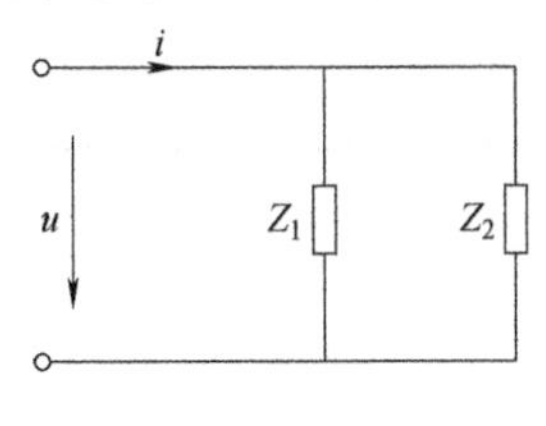

图 4-T-16　题 4-20 图

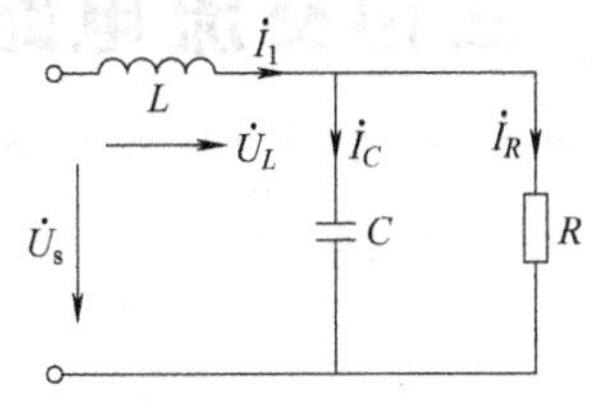

图 4-T-17　题 4-21 图

4-22　在图 4-T-18 所示电路中，电压有效值 $U=120$V，$R+jX=(11+j8)\Omega$，$R_1+jX_1=(30+j50)\Omega$，若要使 $\dot{I}_1$ 超前于 $\dot{I}$ 90°，试求 X_C。

4-23　在图 4-T-19 所示串联电路中，$R=10\Omega$，$L=0.12$mH，$C=600$pF，外加电压 10mV，试求：

（1）谐振频率、品质因数。

（2）谐振时电路的阻抗、电流以及各元件上的电压。

（3）电路的功率。

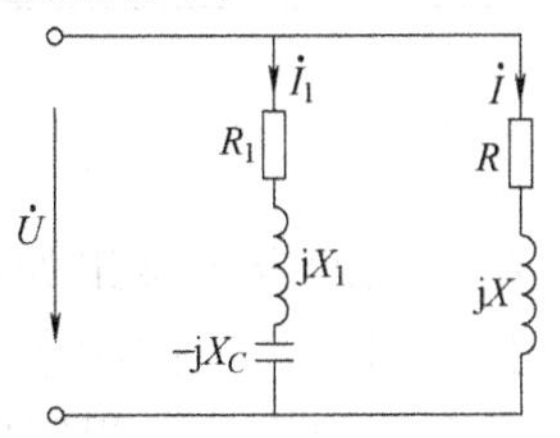

图 4-T-18　题 4-22 图

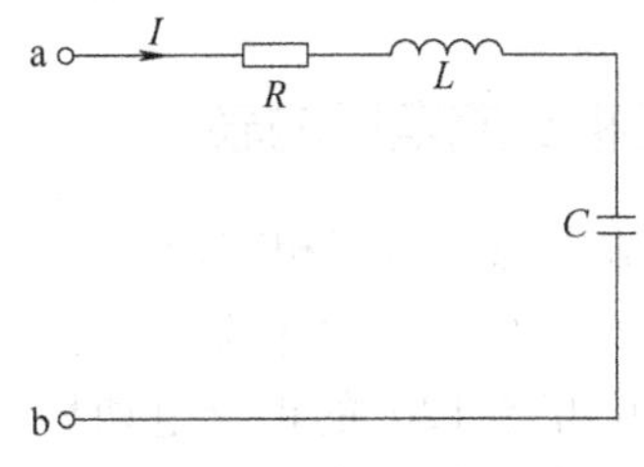

图 4-T-19　题 4-23 图

第五章　三相交流电路

电力系统起源于19世纪后期，是从直流供电开始的。随着生产的发展，要求增大输送功率和输电距离，直流供电慢慢被交流供电所取代。在现代供电系统中，绝大多数采用三相制系统。随着能源需求的发展，高压直流供电技术飞速发展，我国一跃成为了少数几个掌握独立设计、建设高压直流输电技术的国家。目前我国电网已发展成为规模庞大、结构复杂、运行方式多样的交直流混联大电网。

第一节　三相交流电源

一、三相交流电压的表示

三相交流电源是由三相交流发电机产生的，三相交流发电机的定子绕组如图5-1-1a所示，规定A、B、C端为首端，X、Y、Z端为尾端，在三相绕组中产生的频率相同、幅值相等、相位互差120°的正弦电动势 e_A、e_B 和 e_C，称为三相对称电动势，规定电动势的参考方向为尾端指向首端。三相绕组的各首端与对应尾端之间的正弦电压 u_A、u_B 和 u_C，称为三相电源的相电压，其参考方向为首端指向尾端。它们是频率相同，幅值（或有效值）相等、相位互差120°，称为三相对称相电压。以A相电压为参考正弦量，其瞬时值表达式为

$$\begin{cases} u_A = U_m \sin\omega t \\ u_B = U_m \sin(\omega t - 120^\circ) \\ u_C = U_m \sin(\omega t + 120^\circ) \end{cases} \tag{5-1-1}$$

若用有效值相量表示则为

$$\begin{cases} \dot{U}_A = U\angle 0^\circ \\ \dot{U}_B = U\angle -120^\circ = U\left(-\dfrac{1}{2} - j\dfrac{\sqrt{3}}{2}\right) \\ \dot{U}_C = U\angle +120^\circ = U\left(-\dfrac{1}{2} + j\dfrac{\sqrt{3}}{2}\right) \end{cases} \tag{5-1-2}$$

三相电动势和电压的参考方向、波形图以及相量图如图5-1-1所示。

三相交流电压出现正幅值（或相位零值）的先后顺序称为相序。上面讨论的三相电压相序为A、B、C。

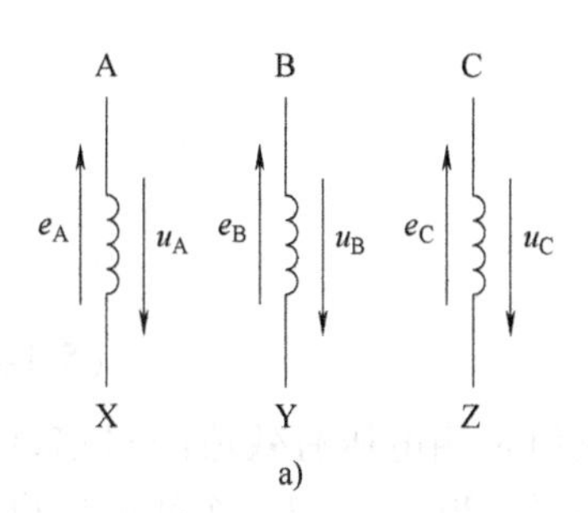

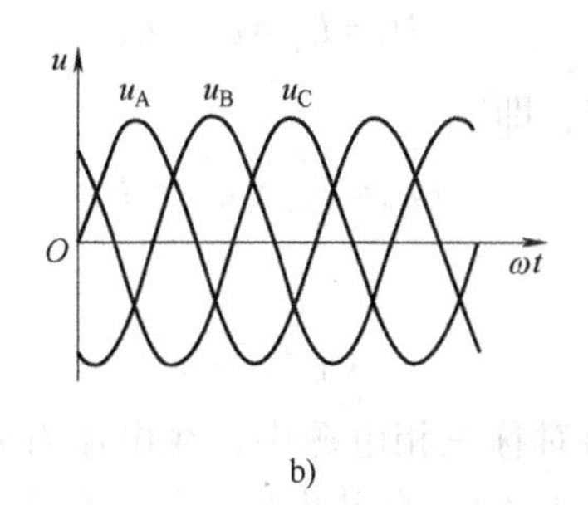

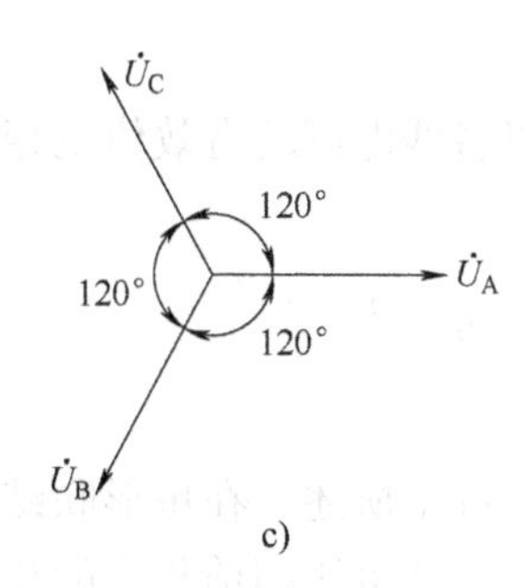

图 5-1-1　对称三相电压

二、三相交流发电机绕组的星形联结

三相电源（发电机或变压器）绕组的星形联结如图 5-1-2 所示，三相绕组的尾端 X、Y、Z 接在一起，这个连接点称为中性点，用 N 表示。从中性点引出的导线，称为中性线（俗称零线）。从首端 A、B、C 分别引出三根导线，称为端线（俗称火线）。这种星形（Y）联结的具有中性线的三相供电电路，也称为三相四线制电路。不引中性线的称为三相三线制电路。

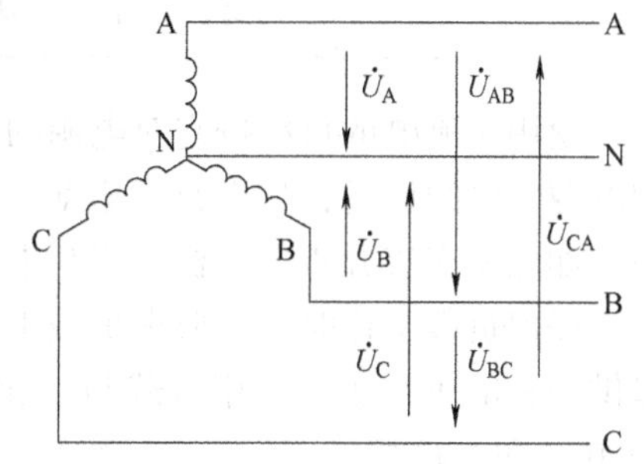

图 5-1-2　三相发电机绕组的星形联结

各端线与中性线之间的电压就是相电压。各相电压的有效值用 U_A、U_B、U_C 表示，一般用 U_P 表示。在三相电路中相电压的参考方向是从端线指向中性线。三相电路各端线之间的电压，称为线电压。线电压的有效值用 U_{AB}、U_{BC}、U_{CA} 表示，一般用 U_L 表示。线电压的参考方向用下标字母的顺序来表示，如 U_{AB} 表示该线电压的参考方向是从 A 线指向 B 线。

下面分析三相电源星形联结时线电压与相电压之间的关系。根据基尔霍夫电压定律，线电压有效值相量与其对应的相电压有效值相量的关系式为

$$\begin{cases}\dot{U}_{AB}=\dot{U}_A-\dot{U}_B\\ \dot{U}_{BC}=\dot{U}_B-\dot{U}_C\\ \dot{U}_{CA}=\dot{U}_C-\dot{U}_A\end{cases} \tag{5-1-3}$$

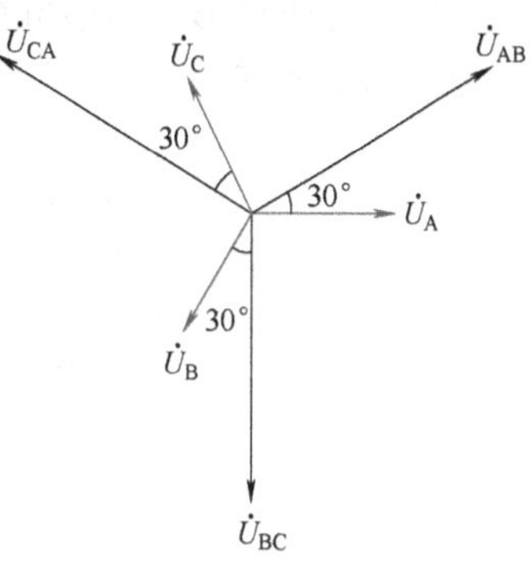

图 5-1-3　三相发电机绕组星形联结时的相电压和线电压的相量图

三相电源的相电压都是对称的，若以 $\dot{U}_A$ 为参考相量，根据式（5-1-2）作出相电压和线电压的相量图，如图 5-1-3 所示。

将式（5-1-2）代入式（5-1-3）得

$$\dot{U}_{AB}=U\angle 0°-U\angle-120°=\sqrt{3}\dot{U}_A\angle 30°$$

$$\dot{U}_{BC}=U\angle-120°-U\angle 120°=\sqrt{3}\dot{U}_B\angle 30°$$

$$\dot{U}_{CA}=U\angle 120°-U\angle 0°=\sqrt{3}\dot{U}_C\angle 30°$$

因为各相电压的有效值相等，即

$$U_A = U_B = U_C = U_P$$

所以各线电压的有效值也相等，即

$$U_{AB} = U_{BC} = U_{CA} = U_L$$

一般可写为

$$U_L = \sqrt{3} U_P \tag{5-1-4}$$

综上所述，在星形联结的对称三相电源中，线电压有效值是相电压有效值的$\sqrt{3}$倍，相位上，线电压超前相应的相电压30°。各线电压之间相位上互差120°，所以三个线电压也是对称的。由此可见，这个三相四线制供电系统，可以给负载提供两种电压，其一是三相对称的相电压，其二是三相对称的线电压。我国规定相电压220V、线电压为380V是三相四线制低压供电系统的标准电压值。前面所讲的单相交流电路中的电源其实就是三相电源中的一相。

第二节　负载星形联结的三相电路

使用交流电的负载按它对电源的要求可分为单相负载和三相负载。单相负载是指需要单相电源供电的设备，如电灯、电炉、单相电动机等。三相负载是指需要三相电源供电的设备，如三相交流异步电动机、三相电炉等。

任何负载工作时，都要求负载本身的额定电压等于电源电压。由于三相四线制电源能够提供两种电压，所以三相负载与三相电源连接时，其方式有两种：星形联结和三角形联结（Y联结和△联结）。

图5-2-1所示是三相四线制电路，电源线电压为380V，相电压为220V，负载如何连接，应视其额定电压而定。通常单相负载的额定电压为220V，因此要接在端线与中性线之间。因为单相负载（如电灯）是大量使用的，不能集中在一相电路中，应把它们尽量平均地分配到各相电路中，使电源的各相负载大致平衡。单相负载的这种接法称为负载的星形联结。三相负载中的三相异步电动机有三相绕组，当每相绕组的额定电压为220V时，电动机三相绕组也应连接成星形。如果负载的额定电压不等于电源电压，则需要变压器将电源电压变到所需要的额定电压。

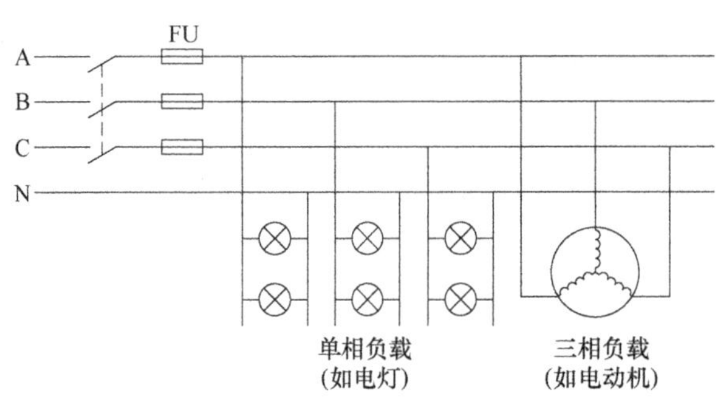

图5-2-1　负载的星形联结

负载星形联结的三相四线制电源可以用图5-2-2所示的电路模型来表示。每相负载复阻抗分别为Z_A、Z_B和Z_C，其中A′、B′、C′分别接到三相电源的端线A、B、C上，其尾端

X′、Y′、Z′连在一起，即 N′接到三相电源中性线 N 上。显然，如果忽略导线的阻抗时，每相负载的相电压就等于电源相应的各相电压。负载的相线电压关系与电源的一致。

在对称三相电压作用下，三相电路中将流过电流，各相负载中的电流称为相电流，分别用 I_A、I_B、I_C 表示，相电流一般用 I_P 表示。每条端线中的电流称为线电流。一般用 I_L 表示，它的参考方向是从电源到负载。此外，流过中性线的电流称为中性线电流，用 I_N 表示，它的参考方向是从负载中性点 N′到电源中性点 N。所有电压和电流的参考方向如图 5-2-2所示。

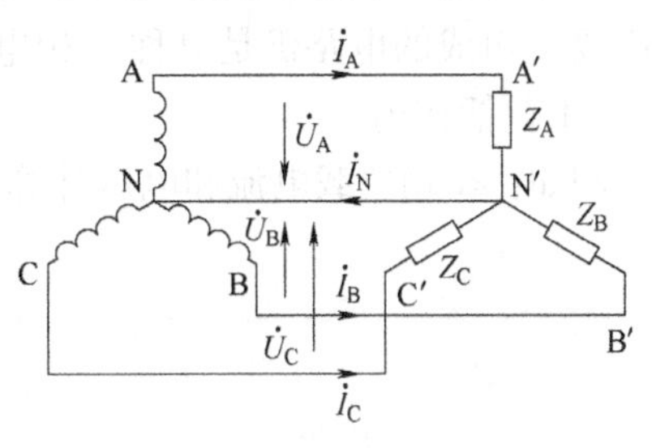

图 5-2-2　负载星形联结的三相四线制电路

在负载为星形联结的三相四线制的电路中，线电流等于相电流，即

$$I_L = I_P$$

在这里，每相负载中电流的计算方法与单相电路的计算方法相同。设每相负载的复阻抗为

$$Z_A = R_A + jX_A = |Z_A| \angle \varphi_A$$
$$Z_B = R_B + jX_B = |Z_B| \angle \varphi_B$$
$$Z_C = R_C + jX_C = |Z_C| \angle \varphi_C$$

如果负载是对称的，即

$$R_A = R_B = R_C = R$$
$$X_A = X_B = X_C = X$$

则阻抗为

$$\begin{cases} |Z| = |Z_A| = |Z_B| = |Z_C| \\ \varphi = \varphi_A = \varphi_B = \varphi_C = \arctan \dfrac{X}{R} \end{cases} \tag{5-2-1}$$

在对称三相电源作用下，三相负载电流

$$\begin{cases} \dot{I}_A = \dfrac{\dot{U}_A}{Z_A} = \dfrac{U_P \angle 0°}{|Z| \angle \varphi} = I_P \angle -\varphi \\ \dot{I}_B = \dfrac{\dot{U}_B}{Z_B} = \dfrac{U_P \angle -120°}{|Z| \angle \varphi} = I_P \angle (-120° - \varphi) \\ \dot{I}_C = \dfrac{\dot{U}_C}{Z_C} = \dfrac{U_P \angle 120°}{|Z| \angle \varphi} = I_P \angle (120° - \varphi) \end{cases} \tag{5-2-2}$$

也是对称的，其相量图如图 5-2-3 所示。因此，计算三相对称负载电路时，只要计算出一相电压和电流，就可以根据对称关系，直接得到其他两相电压和电流。由于三相电流对称，因此中性线电流

$$\dot{I}_N = \dot{I}_A + \dot{I}_B + \dot{I}_C = 0 \tag{5-2-3}$$

这表明三相负载对称时中性线里没有电流通过，中性线可以省去，图 5-2-2 所示的三相四线制的供电系统就会变成图 5-2-4 所示的三相三线制的供电系统。

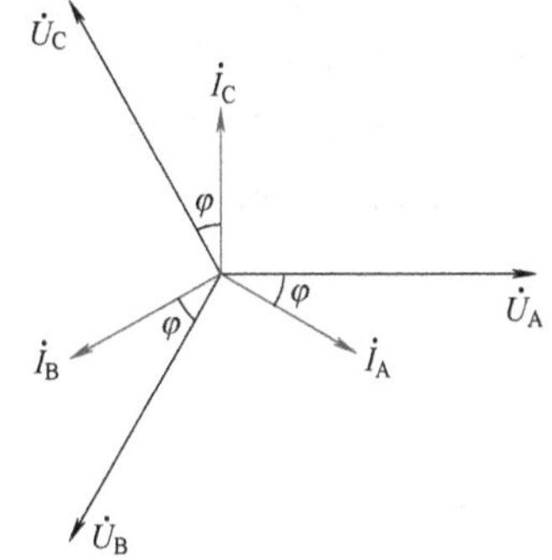

图 5-2-3　对称负载星形联结时各相电压和电流的相量

上述电路分析没有考虑输电线的影响。

当输电线的阻抗不能忽略时，端线阻抗用 Z_L 表示，中性线阻抗用 Z_N 表示，与三相对称负载 Z 组成的电路仍是对称三相电路，计算方法仍归结为一相电路计算，注意中性线阻抗 Z_N 不包括在内。

例如：A 相负载电流和电压计算为

$$\dot{I}_A = \frac{\dot{U}_A}{Z_L + Z}$$

$$\dot{U}_{A'N'} = \dot{I}_A Z$$

另外两相负载电流和电压可按对称关系直接写出

$$\dot{I}_B = \frac{\dot{U}_B}{Z_L + Z} = \dot{I}_A \angle -120° \qquad \dot{I}_C = \frac{\dot{U}_C}{Z_L + Z} = \dot{I}_A \angle 120°$$

$$\dot{U}_{B'N'} = Z\dot{I}_B = \dot{U}_{A'N'} \angle -120° \qquad \dot{U}_{C'N'} = Z\dot{I}_C = \dot{U}_{A'N'} \angle 120°$$

中性线电流
$$\dot{I}_N = \dot{I}_A + \dot{I}_B + \dot{I}_C = 0$$

在三相四线制电路中，不管负载是否对称，电源的相电压和线电压总是对称的，所以负载各相电压对称。由于负载不对称，各相电流不对称，中性线电流不为零。计算时需要三相分别计算。在无中性线且负载不对称的三相三线制电路中，三相电压相差很大，有效值不等，需要具体计算。

实际的三相供电系统中，负载大多数是不对称的，因此，多采用三相四线制供电方式。所以，中性线上不能开路，也不能装开关和熔断器。

【例 5-2-1】　有一对称三相负载星形联结的电路，三相电源电压对称，设 $u_{AB} = 380\sqrt{2}\sin(314t+30°)$V，每相负载中 $R=6\Omega$，$L=25.5$mH，试求各相电流。

解：因为电源电压及负载对称，只需计算一相（例如 A 相）即可。

$$U_A = \frac{U_{AB}}{\sqrt{3}} = \frac{380}{\sqrt{3}}\text{V} = 220\text{V}$$

U_A 比 U_{AB} 滞后 30°，所以

$$u_A = 220\sqrt{2}\sin 314t\text{V}$$

$$\dot{U}_A = 220\angle 0°\text{V}$$

$$Z_A = R + jX_L = (6 + j314 \times 25.5 \times 10^{-3})\Omega$$
$$= (6 + j8)\Omega$$
$$= 10\angle 53.1°\Omega$$

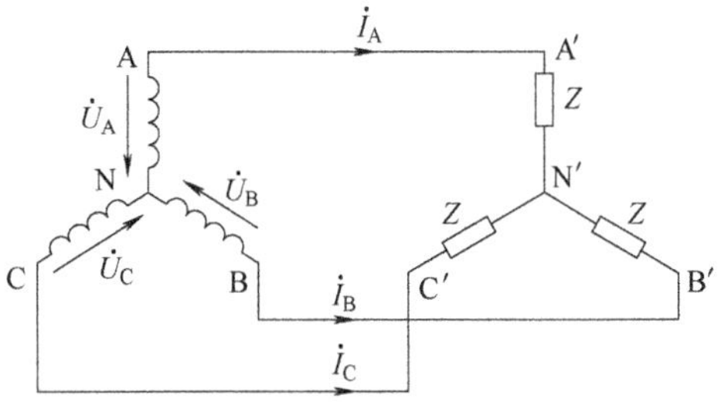

图 5-2-4　对称负载星形联结时的三相三线制电路

A 相电流为

$$\dot{I}_A = \frac{\dot{U}_A}{Z_A} = \frac{220\angle 0°}{10\angle 53.1°}\text{A} = 22\angle -53.1°\text{A}$$

所以
$$i_A = 22\sqrt{2}\sin(314t - 53.1°)\text{A}$$

根据对称关系有
$$i_B = 22\sqrt{2}\sin(314t - 173.1°)\text{A}$$

$$i_C = 22\sqrt{2}\sin(314t + 66.9°)\text{A}$$

第三节　负载三角形联结的三相电路

负载的三角形联结如图 5-3-1 所示。三角形联结中各相负载直接接在电源的两端线之间，所以负载的相电压与相应的电源线电压相等。而且不管负载对称与否，其相电压总是对称的。

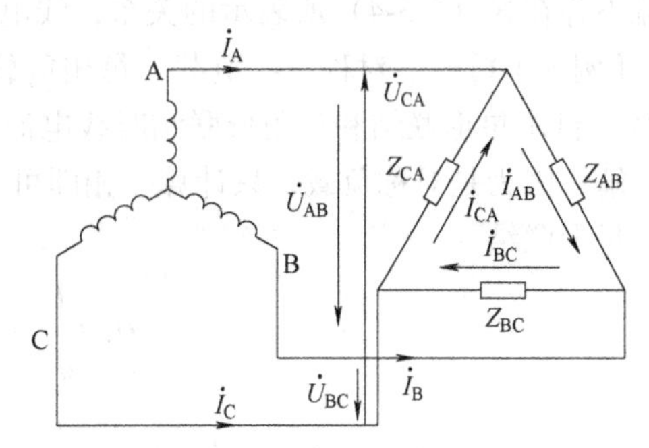

图 5-3-1　负载三角形联结的三相电路

从图 5-3-1 中可以看到，负载三角形联结时，每相负载中的相电流与端线中的线电流是不相等的。每相负载中的相电流的计算方法与单相交流电路的计算方法相同。

在对称三相负载情况下

$$\begin{cases} |Z| = |Z_{AB}| = |Z_{BC}| = |Z_{CA}| = \sqrt{R^2+X^2} \\ \varphi = \varphi_{AB} = \varphi_{BC} = \varphi_{CA} = \arctan\dfrac{X}{R} \end{cases} \tag{5-3-1}$$

根据欧姆定律，各相负载中的相电流为

$$\begin{cases} \dot{I}_{AB} = \dfrac{\dot{U}_{AB}}{Z_{AB}} = \dfrac{U_L\angle 0^\circ}{|Z|\angle\varphi} = I_P\angle -\varphi \\ \dot{I}_{BC} = \dfrac{\dot{U}_{BC}}{Z_{BC}} = \dfrac{U_L\angle -120^\circ}{|Z|\angle\varphi} = I_P\angle(-120^\circ-\varphi) \\ \dot{I}_{CA} = \dfrac{\dot{U}_{CA}}{Z_{CA}} = \dfrac{U_L\angle 120^\circ}{|Z|\angle\varphi} = I_P\angle(120^\circ-\varphi) \end{cases} \tag{5-3-2}$$

根据基尔霍夫电流定律，端线中的线电流为

$$\begin{cases} \dot{I}_A = \dot{I}_{AB} - \dot{I}_{CA} \\ \dot{I}_B = \dot{I}_{BC} - \dot{I}_{AB} \\ \dot{I}_C = \dot{I}_{CA} - \dot{I}_{BC} \end{cases} \tag{5-3-3}$$

由于电源线电压是对称的，则负载的相电压也是对称的。负载对称使各相电流大小相等、与各相电压的相位差 φ 相同，因此各相电流之间的相位互差 120°。也就是说，对称负载三角形联结时，三个相电流也是对称的。根据式（5-3-3）作出线电流与相电流的相量图如图 5-3-2 所示，可见线电流也是对称的。在 $\dot{I}_{AB}$、$-\dot{I}_{CA}$ 和 $\dot{I}_A$ 组成的等腰三角形中，线电流与相电流的数值关系为

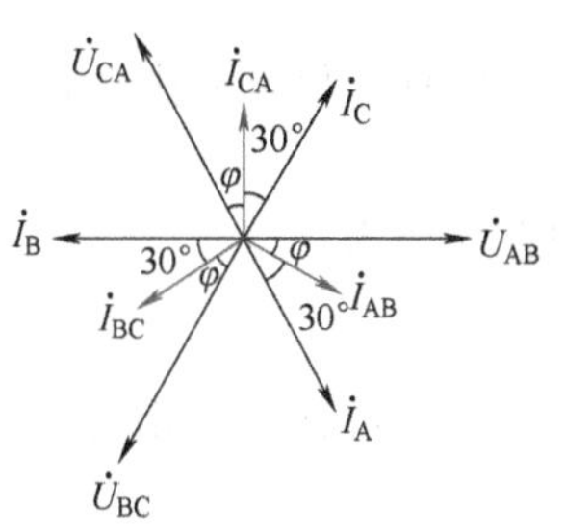

$$\frac{1}{2}I_A = I_{AB}\cos 30^\circ = \frac{\sqrt{3}}{2}I_{AB}$$

$$I_A = \sqrt{3}I_{AB}$$

图 5-3-2　对称负载三角形联结的电压和电流的相量图

一般地，有

$$I_L = \sqrt{3}I_P \tag{5-3-4}$$

由此可知，在对称负载三角形联结的电路中，线电流的有效值是相电流有效值的$\sqrt{3}$倍。在相位上，线电流滞后于相应的相电流30°。而在不对称负载的三角形联结时，线电流与相电流不存在式（5-3-4）所表示的关系，线电流与相电流的相位差也不一定是30°。

【例5-3-1】 一对称三相负载，每相负载的电阻$R=8\Omega$，$X_L=6\Omega$，电源电压对称，$U_L=380V$，试求星形联结和三角形联结时线电流各为多少。

解：因为是对称负载，只计算一相即可。

星形联结

$$U_P=\frac{U_L}{\sqrt{3}}=\frac{380}{\sqrt{3}}V=220V$$

$$I_L=I_P=\frac{U_P}{\sqrt{R^2+X^2}}=\frac{220}{\sqrt{8^2+6^2}}A=22A$$

三角形联结

$$U_P=U_L=380V$$

$$I_P=\frac{U_P}{\sqrt{R^2+X^2}}=\frac{380}{\sqrt{8^2+6^2}}A=38A$$

$$I_L=\sqrt{3}I_P=38\sqrt{3}A$$

第四节　三相电路的功率

三相负载无论是星形联结还是三角形联结，三相电路的有功功率为各相有功功率之和，即

$$P=P_A+P_B+P_C$$

对于不对称三相负载，需要分别计算每相负载的电压、电流和功率因数，才能计算三相总的有功功率，即

$$P=U_AI_A\cos\varphi_A+U_BI_B\cos\varphi_B+U_CI_C\cos\varphi_C \tag{5-4-1}$$

在三相对称电路中，由于三个相电压、相电流以及它们之间的相位差都是相等的，即

$$U_A=U_B=U_C=U_P$$

$$I_A=I_B=I_C=I_P$$

$$\varphi_A=\varphi_B=\varphi_C=\varphi$$

故三相对称电路的有功功率为

$$P=3U_PI_P\cos\varphi \tag{5-4-2}$$

同理，可推导出三相对称电路的无功功率为

$$Q=3U_PI_P\sin\varphi \tag{5-4-3}$$

视在功率为

$$S=3U_PI_P=\sqrt{P^2+Q^2} \tag{5-4-4}$$

对称负载的三相电路功率通常用线电压和线电流表示，因为对星形联结有

$$U_P=\frac{U_L}{\sqrt{3}}\qquad I_P=I_L$$

对三角形联结，有

$$U_P = U_L \qquad I_P = \frac{I_L}{\sqrt{3}}$$

不论将哪种联结的上述关系代入式（5-4-2）~式（5-4-4），都可以得到

$$\begin{cases} P = \sqrt{3}\,U_L I_L \cos\varphi \\ Q = \sqrt{3}\,U_L I_L \sin\varphi \\ S = \sqrt{3}\,U_L I_L \end{cases} \tag{5-4-5}$$

值得注意的是：无论是用线电压、线电流，还是用相电压、相电流求三相功率，φ 角都是相电压与相电流的夹角，也是对称负载的阻抗角。

【例 5-4-1】 三相交流电动机有三个绕组，每个绕组作为一相负载，它是一个三相对称负载。电动机额定运行时，每相绕组阻抗 $R = 19.05\Omega$，$X_L = 11\Omega$。每个绕组额定电压为 220V，欲使电动机接到线电压为 380V 或 220V 的电源上，均输出额定的机械功率，问电动机的三相绕组应为何种联结？并求两种联结下的额定相电流、线电流及由电源输入的功率各是多少。

解：（1）若电动机接于线电压为 380V 的电源上，则三相绕组应为星形联结，各相绕组承受的电压为 220V，线电流等于相电流。每相阻抗和功率因数分别为

$$|Z| = \sqrt{R^2 + X_L^2} = \sqrt{19.05^2 + 11^2}\,\Omega = 22\Omega$$

$$\cos\varphi = \frac{R}{|Z|} = \frac{19.05}{22} = 0.866$$

$$I_L = I_P = \frac{U_P}{|Z|} = \frac{220}{22}\text{A} = 10\text{A}$$

输入功率为

$$P = \sqrt{3}\,U_L I_L \cos\varphi = \sqrt{3} \times 380 \times 10 \times 0.866\text{W} = 5.7\text{kW}$$

（2）若电动机接于线电压为 220V 的电源上，则三相绕组应为三角形联结，此时每相绕组的电压仍为 220V，相电流为

$$I_P = \frac{U_P}{|Z|} = \frac{220}{22}\text{A} = 10\text{A}$$

线电流为

$$I_L = \sqrt{3}\,I_P = \sqrt{3} \times 10\text{A} = 17.32\text{A}$$

输入功率为

$$P = \sqrt{3}\,U_L I_L \cos\varphi = \sqrt{3} \times 220 \times 17.32 \times 0.866\text{W} = 5.7\text{kW}$$

拓展例题

由上可见，在两种联结下电动机的输入功率相同，因此都能输出额定的机械功率。

第五节　安全用电

一、触电形式和触电的预防

（一）触电形式

所谓触电，就是指人的身体接触到带电物体，有电流流过人体，产生了各种伤害人体的现象，如不良感觉、伤亡事故。触电事故可分为直接接触触电事故和间接接触触电事故。

直接接触触电事故是指人体直接接触到电气设备正常带电部分引起的触电事故。按照人体接触带电体的方式，触电可以分为以下几种情况。

（1）单相触电　现在广泛采用的三相四线制供电系统的中性点一般都是接地的。当人体与任何一条端线接触时，就有电流流过人体，这时人体承受的电压是电源的相电压，通过人体的电流主要由人体电阻（包括人体与地面的绝缘情况）决定。因此，当人穿着绝缘防护靴，与地面构成良好绝缘时，通过人体的电流就很小；反之，赤脚触地是很危险的，如图 5-5-1a 所示。

（2）双相触电　双相触电的示意图如图 5-5-1b 所示。这种触电形式是指人的身体有两部分同时触及三相电源的两条端线，这时人体承受电源的线电压。显然，双相触电比单相触电更危险，后果也更严重。

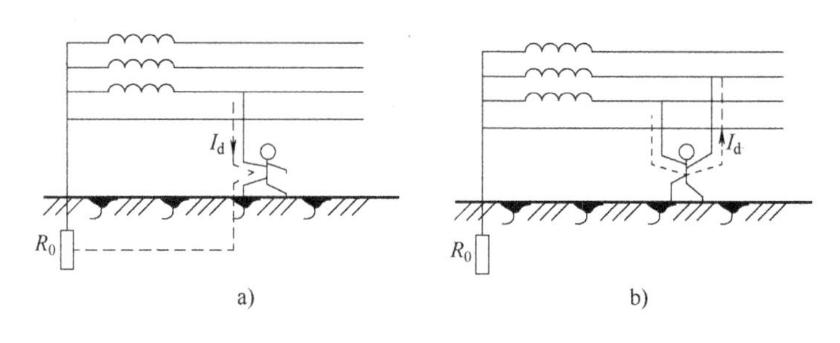

图 5-5-1　两种触电形式

a）单相触电　b）双相触电

间接接触触电事故是指人体接触到正常情况下不带电、仅在事故情况下才会带电的部分而发生的触电事故。例如，电气设备外露金属部分，在正常情况下是不带电的，但是当设备内部绝缘老化、破损时，内部带电部分会向外部本来不带电的金属部分“漏电”，在这种情况下，人体触及外露金属部分便有可能触电。近年来，随着家用电器使用的日趋增多，间接接触触电事故所占比例正在上升。

按人体所受伤害方式的不同，触电又可分为电击和电伤两种。电击主要是指电流通过人体内部，影响呼吸系统、心脏和神经系统，造成人体内部组织破坏，乃致死亡。电伤主要是指电流的热效应、化学效应、机械效应等对人体表面或外部造成的局部伤害。当然，这两种伤害也可能同时发生。调查表明，绝大部分触电事故都是电击造成的，通常所说的触电事故基本上都是指电击而言。

电击伤害的程度取决于通过人体电流的大小、电流通过人体的持续时间、电流通过人体的途径、电流的频率以及人体的健康状况等。一般情况下，工频 1mA 交流电流通过人体时就会使人产生麻电感觉，当电流为 20~50mA 时，会使人心脏停止跳动而导致死亡。7mA 以下的电流为安全电流。

（二）安全电压

选用安全电压是防止直接接触触电和间接接触触电的安全措施。根据欧姆定律，作用于人体的电压越高，通过人体的电流越大，因此，如果能限制可能施加于人体上的电压值，就能使通过人体的电流限制在允许的范围内。这种为防止触电事故而采用的由特定电源供电的电压系列称为安全电压。

安全电压值取决于人体的阻抗值和人体允许通过的电流值。人体对交流电是呈电容性的，在常规环境下，人体的平均阻抗在 1MΩ 以上。当人体处于潮湿环境，出汗、承受的电压增加以及皮肤破损时，人体的阻抗值都会急剧下降。国际电工委员会（IEC）规定了人体允许长期承受的电压极限值，称为通用接触电压极限。在常规环境下，交流（15~100Hz）电压为 50V，直流（非脉动波）电压为 120V；在潮湿环境下，交流电压为 25V，直流电压为 60V。这就是说，在正常和故障情况下，交流安全电压的极限值为 50V。我国规定工频有效值 42V、36V、24V、12V 和 6V 为安全电压的额定值。电气设备安全电压值的选择应根据使用环境、使用方式和工作人员状况等因素选用不同等级的安全电压。例如，手提照明灯、携带式电动工具可采用 42V 或 36V 的额定工作电压；若在工作环境潮湿又狭窄的隧道和矿井内，周围又有大面积接地导体时，应采用额定电压为 24V 或 12V 的电气设备。

安全电压的供电电源除采用独立电源外，供电电源的输入电路与输出电路之间必须实行电路上的隔离。工作在安全电压下的电路必须与其他电气系统和任何无关的可导电部分实行电气上的隔离。

（三）触电的预防

发生触电事故的主要原因有：电气设备安装不合理，维修不及时，电气设备受潮或绝缘受到损坏，供电线路布置不合理，用电时无视安全或违反操作规程等。

针对上述情况，为了防止触电事故的发生，应采取必要的预防措施。主要应注意以下几点：

1）加强安全教育，普及安全用电常识，严格遵守安全用电管理制度及电气设备安全操作规程。

2）正确安装电气设备，加装保护接零、保护接地装置。凡裸露的带电部分，尤其是高压设备，均应设立明显标志，并加防护罩或防护遮拦。还可以采用联锁装置，在出现危险情况时能自动切断电源。

3）不要带电操作。在危险场合（如潮湿或狭窄工作场地等）严禁带电操作，必须带电操作时，应使用安全工具，穿绝缘靴及采取其他必要的安全措施。

4）各种电气设备应定期检查，如发现漏电和其他故障时，应及时修理排除。

5）在易受潮或露天使用场合，可为电气设备加装漏电保护开关等。

（四）触电急救

一旦发生触电事故，要分秒必争，立即采取紧急措施，并强调就地急救，千万不能延误时间。

1. 迅速而正确地解脱电源

首先应使触电者迅速脱离电源。如不能立即断开电源，救护人员可以用绝缘物体作为工具（如木棍、竹杆、塑料器材等）使触电者与电源分开。千万不能用金属或潮湿物体作为救护工具。

2. 现场救治

触电者脱离电源后，应立即对其进行人工呼吸及心脏跳动情况的诊断。如发现呼吸、脉搏及心脏跳动均已停止，则必须立即进行人工呼吸和心脏按摩等急救措施。即使在送往医院就诊途中也不得中断人工呼吸和心脏按摩。

人工呼吸及心脏按摩方法请参阅电工手册或其他有关的参考书。

二、保护接地和保护接零

在电气设备中，保护接地或保护接零是一种技术上的安全措施。当人体接触因漏电或绝缘损坏而带电的金属外壳时，能可靠地避免触电事故的发生。同时还可以避免电气设备在遭受雷击时产生损坏。

（一）保护接地

所谓保护接地，就是电气设备在正常运行时，将不带电的金属外壳或框架等用接地装置与大地可靠地连接起来。接地装置包括接地体和接地线两部分。其中直接埋入地下与大地相接的金属导体叫接地体，连接电气设备与接地体的金属导体叫接地线。

在中性点不接地的低压配电系统中（如三相三线制），若某一电气设备未装有接地装置，当它的绝缘发生损坏产生漏电时，如果人体接触该设备外壳，就会发生触电事故。这是因为在输电线路与大地之间存在一定的绝缘电阻和分布电容，当人接触带电设备的外壳时，就有电流通过人体和绝缘电阻、分布电容构成的回路，使人触电，如图5-5-2a所示。

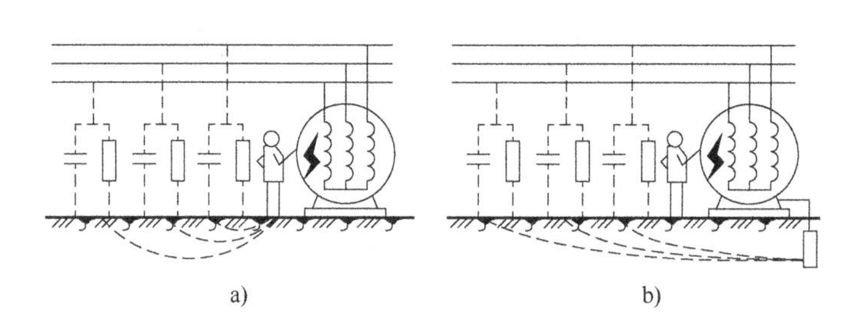

图5-5-2　保护接地示意图

如果电气设备外壳通过接地装置与大地有良好的接触，当人体触及机壳时，人体相当于接地装置的一条并联支路，如图5-5-2b所示。在并联电路中，通过每个支路的电流与其电阻的阻值成反比。而人体的电阻（一般大于1000Ω）要比接地装置的电阻（一般是4~10Ω）高几百倍。因此通过人体的电流几乎是零，从而避免了触电事故的发生。

（二）保护接零

在中性点良好接地的低压供电系统中，例如，中性点接地的380V/220V三相四线制供电系统中，一般均采用接零保护措施。接零保护就是将电气设备在正常情况下不带电的金属外壳与零线相连接。

当电气设备一旦发生绝缘损坏时，使电源中的一相碰到设备外壳。如果采用了保护接零，则可通过外壳形成对零线的单相短路，产生很大的短路电流，使电路中的熔断器或其他保护电器迅速断开，切断电源，从而防止了人身触电的可能性。即使在电源线断开之前，人体触及外壳，由于人身体的电阻远大于线路电阻，通过人体电流也微乎其微，如图5-5-3a所示。若电气设备未采用保护接零，人体接触电气设备外壳，则将通过人体形成电流通路使人触电，如图5-5-3b所示。

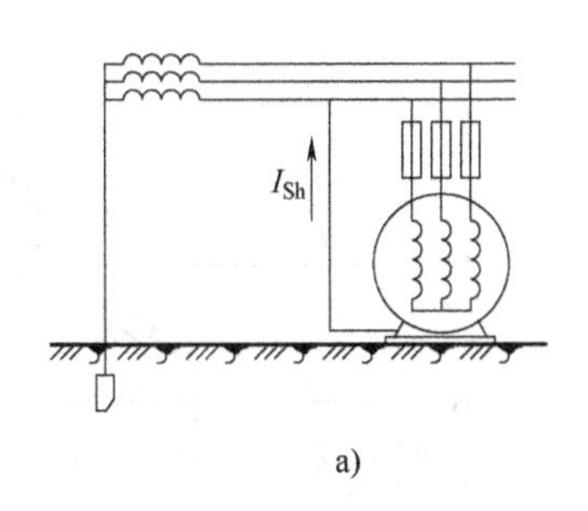

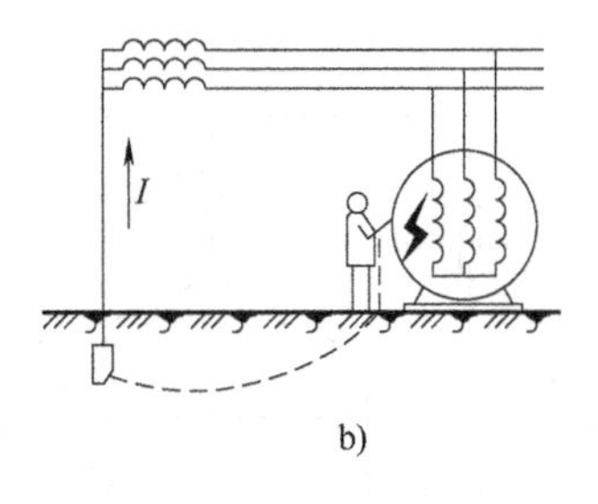

图 5-5-3　保护接地示意图

a）有保护接零　b）未采用保护接零

本章小结

具体内容请扫描二维码观看。

第五章小结

习　题

5-1　对称三相负载 $Z=(17.32+\mathrm{j}10)\Omega$，额定电压 $U_N=220\mathrm{V}$，三相四线制电源线电压 $u_{AB}=380\sqrt{2}\sin\times(\omega t+30°)\mathrm{V}$。

（1）该三相负载应如何接入三相电源？

（2）计算线电流。

（3）画相量图。

5-2　有荧光灯 120 只，每只功率 $P_N=40\mathrm{W}$，额定电压 $U_N=220\mathrm{V}$，$\cos\varphi_N=0.5$。电源是三相四线制，电压 380V/220V。问荧光灯应如何连接？当荧光灯全部点亮时，相电流、线电流各是多少？

5-3　三相对称负载的额定电压 $U_N=380\mathrm{V}$，每相负载的复阻抗 $Z=(26.87+\mathrm{j}26.8)\Omega$，三相四线制电源，相电压 $u_A=220\sqrt{2}\sin(\omega t-30°)\mathrm{V}$。

（1）三相负载应采用何种联结？

（2）计算负载的相电流和线电流。

（3）画相量图。

5-4　三相交流电动机的三相绕组为三角形联结，其线电压 $U_L=380\mathrm{V}$，线电流 $I_L=84.2\mathrm{A}$，三相负载的总功率 $P=48.75\mathrm{kW}$，计算电动机每相绕组的等效复阻抗 Z。

5-5　三相交流电路如图 5-T-1 所示，对称三相电源线电压 $U_L=380\mathrm{V}$。对称三相负载的复阻抗 $Z=(38.1+\mathrm{j}22)\Omega$，一单相负载 $Z_{AB}=(9.8+\mathrm{j}36.7)\Omega$，试计算线电流 $\dot{I}_A$、$\dot{I}_B$、$\dot{I}_C$，并画相量图。

5-6　三相交流电路如图 5-T-2 所示，电源线电压 $u_{AB}=380\sqrt{2}\sin(\omega t+30°)\mathrm{V}$，三相负载 $Z_A=10\Omega$，$Z_B=(6-\mathrm{j}8)\Omega$，$Z_C=(8.66-\mathrm{j}5)\Omega$。计算线电流 $\dot{I}_A$、$\dot{I}_B$、$\dot{I}_C$ 及中性线电流 $\dot{I}_N$ 并画相量图。

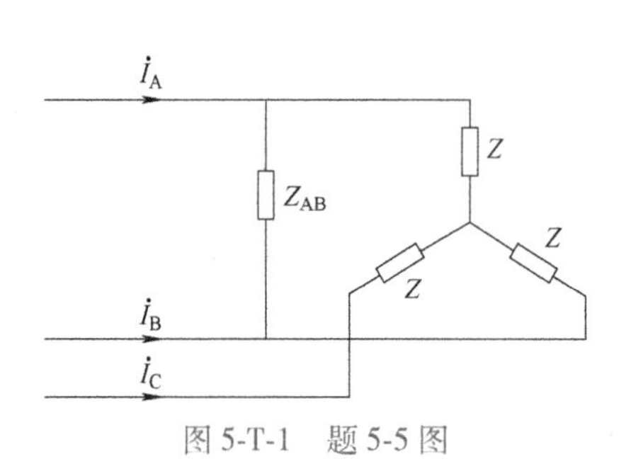

图5-T-1　题5-5图

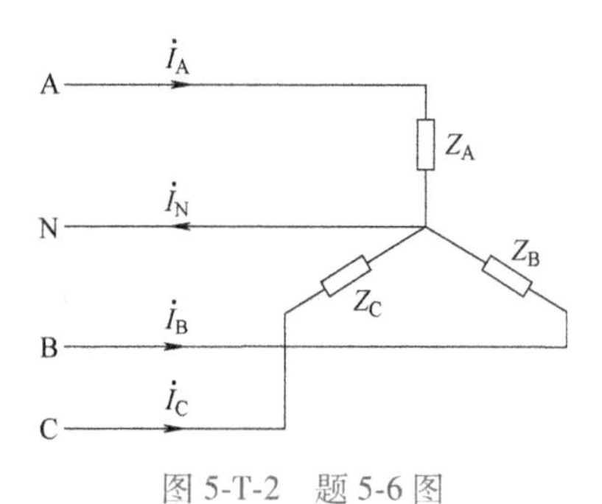

图5-T-2　题5-6图

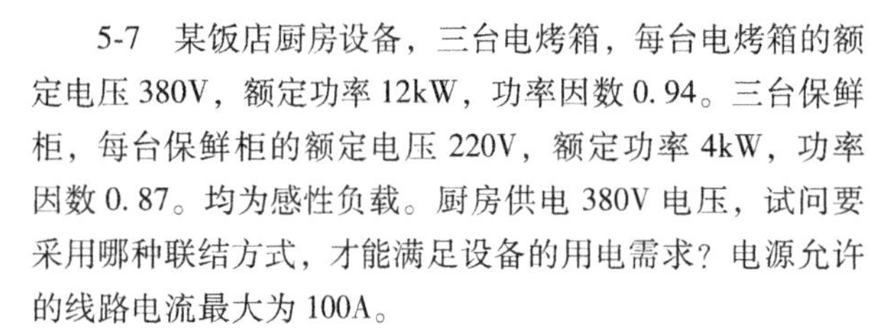

5-7　某饭店厨房设备，三台电烤箱，每台电烤箱的额定电压380V，额定功率12kW，功率因数0.94。三台保鲜柜，每台保鲜柜的额定电压220V，额定功率4kW，功率因数0.87。均为感性负载。厨房供电380V电压，试问要采用哪种联结方式，才能满足设备的用电需求？电源允许的线路电流最大为100A。

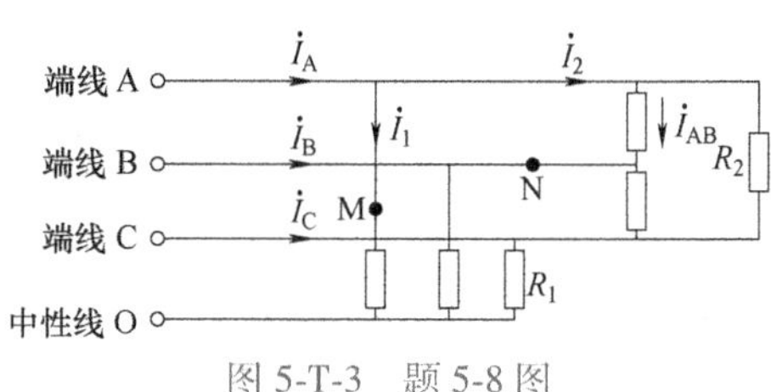

图5-T-3　题5-8图

5-8　电路如图5-T-3所示，在380V/220V的三相四线制电网上接有两组对称负载，均为灯泡。已知$R_1=11\Omega$，$R_2=19\Omega$，设$u_{AB}=380\sqrt{2}\sin(314t+30°)$V，则$\dot{I}_1=$________A，$\dot{I}_{AB}=$________A，$\dot{I}_2=$________A，$\dot{I}_A=$________A，$\dot{I}_B=$________A，$\dot{I}_C=$________A，两组负载的总功率分别为$P_{R_1}=$________W，$P_{R_2}=$________W；若M点处开路，B、C两相的灯泡亮度将________，若N点处开路，AB间、BC间的灯泡亮度将________。

5-9　在图5-T-4中，电压表的读数是220V，每相负载阻抗$Z=(8+j6)\Omega$，试求：

（1）电流表的读数。

（2）功率因数$\cos\varphi$。

（3）有功功率P。

5-10　在图5-T-5中，已知$Z_1=(19.1+j11)\Omega$，$Z_2=(32.9+j19)\Omega$，电源电压$U_L=380$V，试求电流$\dot{I}_1$、$\dot{I}_2$和$\dot{I}$。

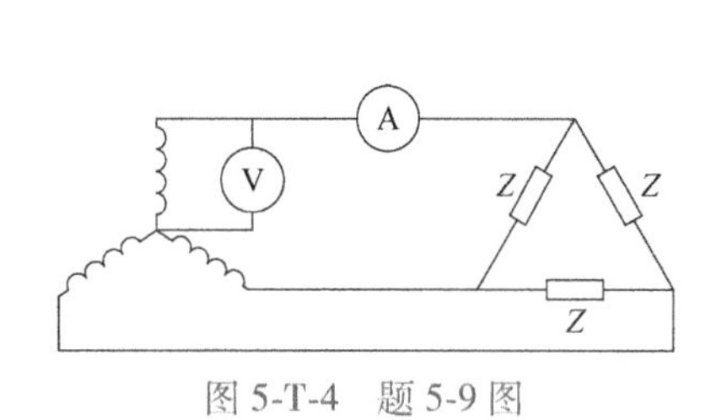

图5-T-4　题5-9图

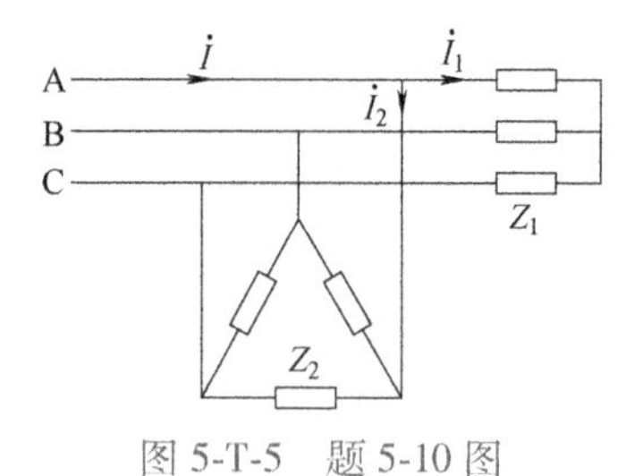

图5-T-5　题5-10图

5-11　某三相负载每相的额定电压为220V，现有两种电源：①线电压为380V；②线电压为220V。试问：

（1）在上述两种电压下，负载各应作何种联结？

（2）设负载对称，且$R=24\Omega$，$X_L=8\Omega$，两种情况下的相电流和线电流各是多少？

（3）作出当电源电压为380V时，电路相量图（应包括全部线电压、相电压、线电流和相电流）。

5-12　一台三相交流电动机，定子绕组星形联结，额定电压380V，额定电流2.2A，功率因数$\cos\varphi=0.8$，试求该电动机每相绕组的阻抗。

5-13　某三相对称电路如图5-T-6所示，已知$Z=(12+j16)\Omega$，电流表的读数为32.9A，求电压表的读数。

5-14　某对称三相负载星形联结，已知每相阻抗 $Z=(30.8+j23.1)\Omega$，电源的线电压为380V，求三相功率 S、P、Q 及功率因数 $\cos\varphi$。

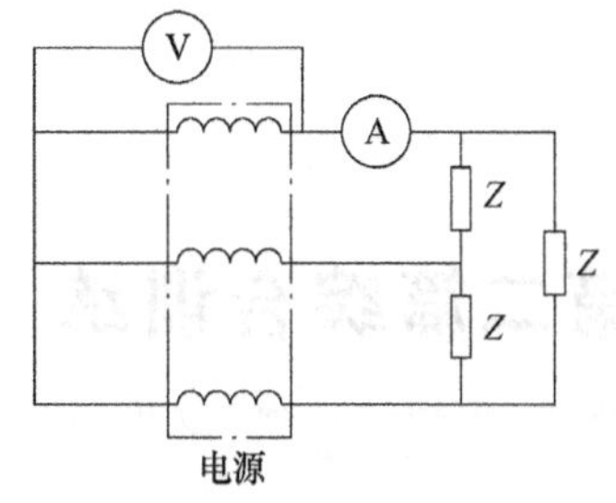

图 5-T-6　题 5-13 图

5-15　三相对称负载，每相的 $R=4\Omega$，$X_L=3\Omega$，把它们连接成星形联结接到线电压为220V的三相对称电源上，如图5-T-7所示。求线电流、功率因数、总的有功功率、无功功率及视在功率，并绘出各相电压、线电压及电流的相量图。

5-16　三角形联结的三相感性负载接于星形联结的三相电源上，如图5-T-8所示，已测得线电流为25.4A，负载的有功功率为7750W，功率因数为0.8。求电源的线电压、相电压和视在功率，以及负载的电阻和感抗。

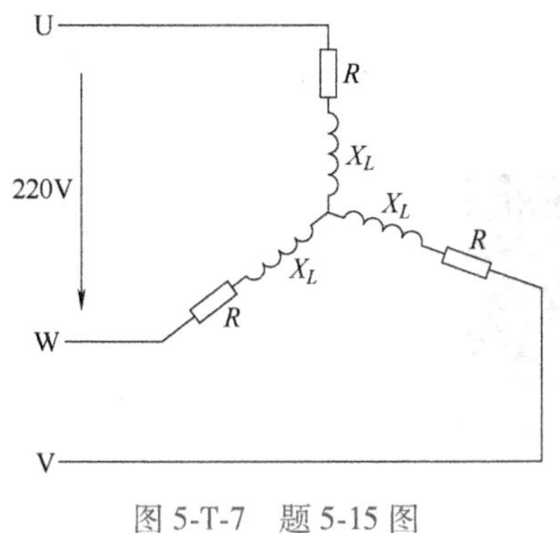

图 5-T-7　题 5-15 图

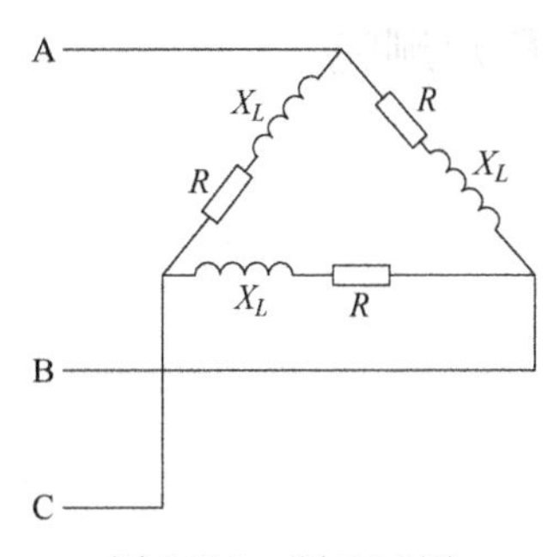

图 5-T-8　题 5-16 图

第二篇综合训练

一、阶段小测验

交流电路阶段小测验

二、趣味阅读

1. 电能表（又称电度表）

电能表可分为单相和三相两种，单相电能表主要用于民用，三相电能表主要用于工业。它们用于计量用电的有功电能数值，也就是用来记录用户使用了多少电的一种仪表。单相电能表的原理如图 2-Z-1 所示，它内部有一个转盘，转盘的转动速度与所用的电量成正比，转盘转动时带动计数器，计数器上显示的数字就是所用的电量，电力公司就根据这个数值来计算用户的电费。

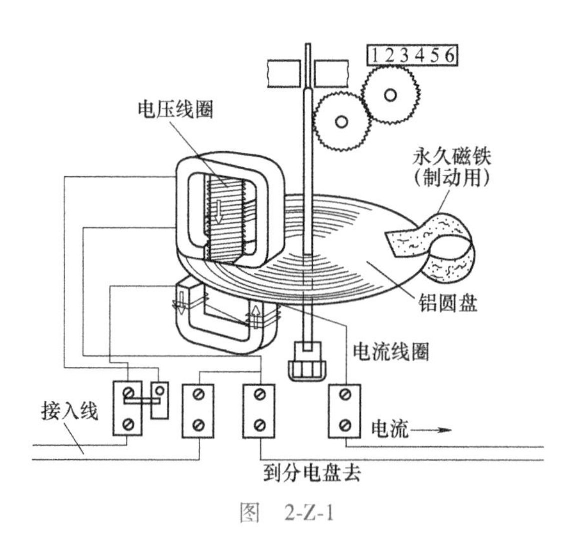

图 2-Z-1

电能表显示的用电单位为千瓦小时，用符号表示为“kW · h”，俗称“度”，即功率为

1kW 的用电设备通电工作 1h 所耗费的电能。

单相电能表的接线方法如图 2-Z-2 所示。

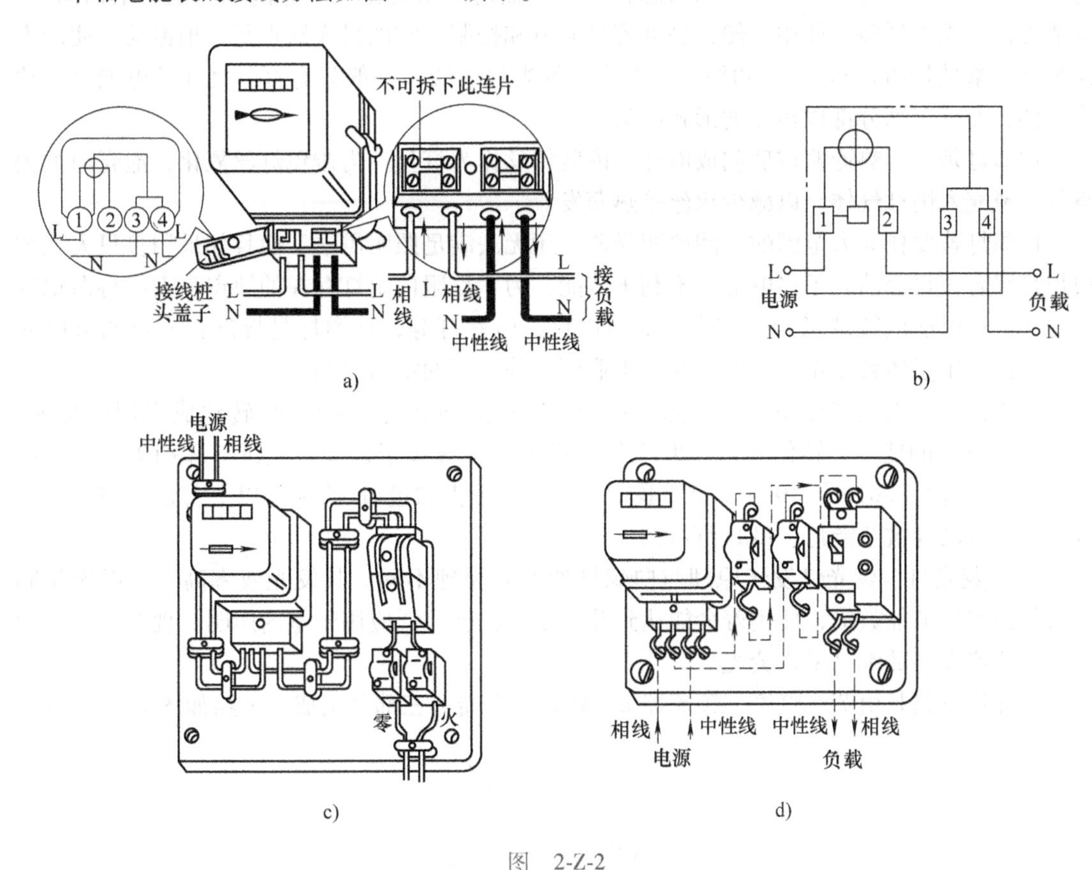

a) b) c) d)

图 2-Z-2

a）接线方法 b）接线原理图 c）接线实例图 d）接线实例图

2. 照明光源

人类一直在不断地尝试用各种方法获得光源。人类社会进入电灯照明时代已经有一百多年的历史，但对于照明影响最大的光源莫过于白炽灯的使用。白炽灯是最早被普遍使用的人工电光源。随着时代的发展，人们又发明了更多形式的照明光源。目前使用最普遍的照明光源有白炽灯、荧光灯、节能灯、LED 灯等。其中，荧光灯和节能灯是属于相同类型的一种荧光灯。图 2-Z-3 所示为几种目前最常用的照明光源。

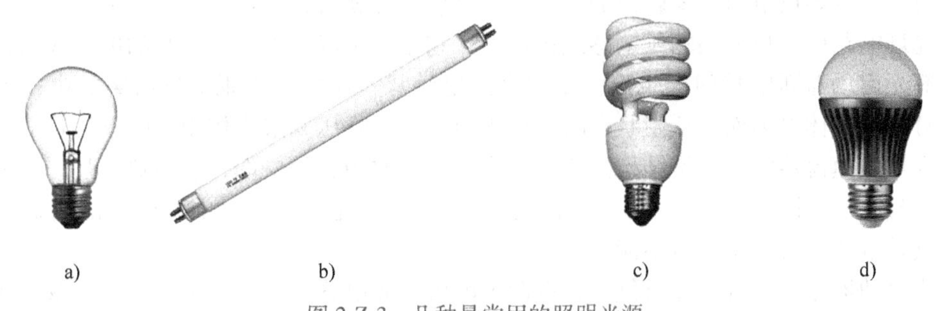

a) b) c) d)

图 2-Z-3 几种最常用的照明光源

a）白炽灯 b）荧光灯 c）节能灯 d）LED 灯

（1）白炽灯　白炽灯的发明对人类的文明和进步产生了巨大的影响。白炽灯的原理很简单，它是将灯丝通电加热到白炽状态，利用热辐射发出可见光。它的优点是，结构简单、制造方便、成本低廉、使用方便，亮度容易调节和控制。它的最大缺点是，怕振动、使用寿命短（一般使用寿命是几百小时）、能耗大、发光效率低（一般只有百分之几的电能可转化为光能，而其余部分都以热能的形式散失）。

白炽灯是用耐热透明玻璃制成泡壳，内装钨丝作为灯丝。为避免灯丝氧化，泡壳内抽去空气，或充入惰性气体，以减少钨丝受热蒸发。

白炽灯若要作为大范围的空间照明光源，还无法满足照明需求，而且如果用多只大瓦数白炽灯组合，将会消耗很多电能，不利于节能。为了克服白炽灯存在的缺点，人们将白炽灯进行了改良以适应特殊场所的需求。如金卤灯、卤素灯等，这类灯是接近日光色的节能光源，广泛应用于体育场馆、大型商场、工业厂房等场所的室内照明。

由于白炽灯光电转化率低，大部分白炽灯会把消耗能量中的90%转化成无用的热能，只有少于10%的能量会转化成光。2011年，我国发布《关于逐步禁止进口和销售普通照明白炽灯的公告》。2016年10月1日起我国开始禁止销售和进口15瓦及以上普通照明用白炽灯。白炽灯已经被节能灯、LED灯取代。

（2）荧光灯　荧光灯发光原理与白炽灯的发光原理不同。其发光效率高，可以比相同瓦数的白炽灯节能数倍，使用寿命能达到几千小时，被广泛应用于室内照明。现在全世界的室内照明绝大多数都是采用荧光灯。

荧光灯电路是由荧光灯管、镇流器 L、辉光启动器等三部分组成，电路如图2-Z-4所示。

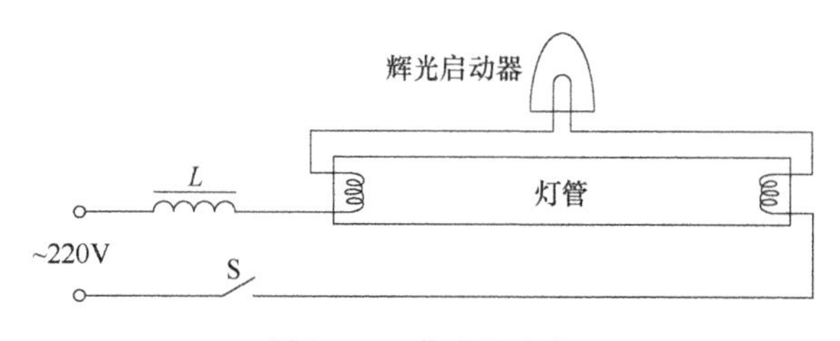

图2-Z-4　荧光灯电路

荧光灯管通常是一个长形的玻璃管，如图2-Z-3b所示。灯管内壁涂有荧光粉，两端有灯丝、里面充有极微量的汞和少量的惰性气体（氩气或氖气）。它实际上是一种放电管，通电后在镇流器的作用下，灯管两端的电极引发高压放电，游离管中的惰性气体产生电弧，激发汞蒸气发射波长较短的紫外光；涂在管壁上的荧光粉受到紫外光的激发而发出柔和的可见光。其特点是开始放电时需要较高的电压，一旦放电后就可在较低电压下维持发光。

荧光灯电路中最早使用的是电感式镇流器，它是一个以硅钢片为铁心的电感线圈，其作用是在辉光启动器断电瞬间产生出一个很高的电动势，使灯管内汞蒸气游离放电；另一方面，在灯管内气体电离而呈低阻状态时，由于镇流器的降压和限流作用而限制灯管电流，防止灯管损坏。镇流器的特点是结构简单、工作可靠、耐用、价格低；它的缺点是，容易产生噪声，自身发热，因此耗能较大。使用电感镇流器的荧光灯电路对电源电压的高低要求较高，尤其是电压低且气温低时不能起动。

辉光启动器是一个内部充有氖气，有两个电极的放电管。其中一个电极是由双金属片制成，在常温下两个电极间有缝隙，当两个电极间加有启辉电压时，辉光启动器放电，双金属片电极被加热随之伸张可与另一电极接触。冷却后又可恢复原来状态。

荧光灯电路的工作原理：当荧光灯电路接上电源后，电源电压便通过镇流器、灯丝加到辉光启动器的两个电极上，使其发生辉光放电，放电所产生的热量加热了辉光启动器的电极，于是双金属片的电极伸张与另一电极接触；两个电极接触后把荧光灯的灯丝电路接通，使灯丝灼热，同时辉光启动器内两个电极接触后辉光放电停止，双金属片冷却并在短时间内恢复原状，两电极分开，在此瞬间，镇流器因为断电，感应出一个很高的电动势，使荧光灯管内的汞蒸气放电，灯管发光。此时的电路变成荧光灯管和镇流器相串联，荧光灯管上的电压较低。由于辉光启动器与荧光灯管并联，此电压不足以再使辉光启动器发生辉光放电，因此双金属片的电极也不再接触。

荧光灯管与传统的灯泡相比，具有使用寿命长、发光效率较高、照明面积大等优点。荧光灯的使用，满足了人类绝大多数场合的需求。它虽然有许多的优点，但最大的缺点就是灯管中的汞对于环境的污染影响很大。

（3）节能灯（荧光灯） 节能灯也是荧光灯的一种，它可以比相同瓦数的白炽灯节能数倍，十几瓦的节能灯的照度能够到达几十瓦的白炽灯的照度。节能灯的优点是：省电、无任何噪声、起动性能好、使用电压范围宽（这一点对电压不稳定的地区特别重要）。

节能灯的结构是灯管和电子镇流器为一体，电子镇流器安装在灯体内部，能把 50Hz 的市电变为几十千赫兹的高频交流电，在灯管起动之初让这一高频交流电升压起动灯管，其后再给灯管提供一个适当的工作电流，使其维持正常的发光状态。这也是现在电子镇流器的基本工作原理。

节能灯有和白炽灯一样的螺口，如图 2-Z-3c 所示。它可以直接代替白炽灯使用。节能灯使用寿命一般可以达到几千小时。近些年，节能灯被用来大量的取代白炽灯，节能效果十分明显。

目前，废弃的节能灯中的有毒有害物质和荧光灯管一样，回收和处理依然是一个没有得到很好解决的大问题。

（4）LED 灯 LED（Light Emitting Dlode）发光二极管，是一种能够将电能转化为可见光的固态半导体器件，它可以直接把电转化为光。它具有体积小、重量轻、可承受高强度的机械冲击和振动、不易破碎、平均寿命可达几万小时的特点。最初 LED 只是用作仪器仪表的指示光源，近些年来，各种光色的 LED 得到了广泛应用，如标识与指示性照明、室内空间展示照明、娱乐场所及舞台照明、建筑物外观照明等。近几年，我国的城市交通信号灯已经基本全部采用 LED 作为指示灯。

LED 照明灯是未来发展的主要光源，原因是它耗电量低（能耗仅为白炽灯的 1/10），环保（由无毒材料制成，不会造成环境污染）。人们希望未来的照明光源不但更加节能，还应该更加环保。

对于一般照明而言，人们更需要白色的光源。白光 LED 的出现，是 LED 从标识功能向照明功能跨出的实质性一步。白光 LED 最接近日光，更能较好地反映照射物体的真实颜色，所以从技术角度看，白光 LED 无疑是 LED 最尖端的技术。目前白光 LED 已经进入一些应用领域，如应急灯、手电筒等便携式产品，液晶屏幕背光板也已经广泛采用白光 LED。白光 LED 普及的前提是价格下降，而价格下降必须在白色 LED 形成一定市场规模后才有可能，两者的融合最终有赖于技术的进步。

LED 灯实际上是依靠多只 LED 发光二极管组合成的光源，是由 LED 发光板和 LED 驱动电路组成。如果 LED 灯制作成如图 2-Z-3d 所示的形式，则螺口可与白炽灯互换使用，而且壳体是用铝材料制成，还可起到散热的作用。LED 灯散热不佳会大幅缩短使用寿命。

图 2-Z-5 是一种采用电容器降压的 LED 灯电路。220V 交流电由电容 C_1 降压，经二极管组成的桥式整流电路，再经 C_2 电容器滤波变成直流电，若干只 LED 串联接到直流电上，就可组成一只简单的 LED 灯。

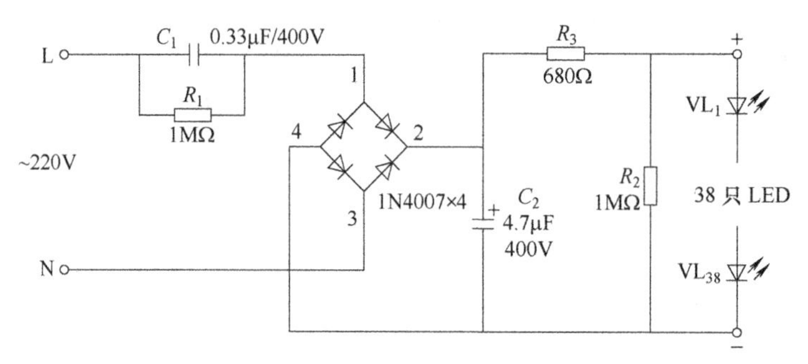

图 2-Z-5　采用电容器降压的 LED 灯电路

目前，普通照明用的白炽灯虽价格便宜，但光效低（灯的热效应白白耗电），寿命短，维护工作量大。若用白光 LED 作照明，不仅光效高，而且寿命长，维护成本低。

此外，LED 光源还有多种变换，例如，LED 光源可利用红、绿、蓝三基色原理，在计算机控制下使三种颜色具有 256 级灰度并任意混合，形成不同光色的组合，实现丰富多彩的动态变化效果及各种图像，这也就是人们经常看到的大面积显示屏。

LED 作为一种新型的光源，其光谱中没有紫外线和红外线，也没有辐射，这一点将是未来照明发展的趋势。可以说，21 世纪人类将进入以 LED 为代表的新型照明光源时代。

3. 变频器

现在有许多电器产品使用了变频器或者变频技术，那么何为变频器呢？

变频器就是把供电电源的频率进行改变后再供给用电设备使用的装置。近几年许多电器产品中都使用了变频技术，它是先把电源的交流电经过整流变成直流电，然后再用电子技术把直流电按照所需的时间间隔加以切换，得到另一种波形和频率的交流电。电器产品使用变频技术后产生了一些特殊的好处，例如：

（1）变频式空调机　没有使用变频技术的空调机在调节室内温度时，是靠反复开关空调机电源来控制的。而使用变频技术的空调机在调节室内温度时，是对空调机的电动机转速进行调节，从而使空调机对温度的调节更加平稳，人们的感觉更加舒适。

（2）变频式荧光灯　普通荧光灯因为使用的电源频率是 50Hz，因此在使用时荧光灯实际上是在以与电源频率相同的频率闪烁的。近些年的研究表明，频率低的荧光灯容易使眼睛产生疲劳。利用变频的原理可以把电源的频率提高几百倍或上千倍，从而减小荧光灯闪烁对人眼的影响。

三、能力开发与创新

1）你能根据第一篇中直流电流表和直流电压表的原理，设计出可以测量交流电的交流电流表和交流电压表吗？

2）电桥电路是工程中非常实用的电路，只要把第一篇中的直流电桥中的电阻 R 换成 $|Z|$，直流电源换成交流电源，就形成了交流电桥。你能设计一个测量交流参数 C 或 L 的交流电桥电路吗？

第三篇
电机与控制

第六章　铁心线圈与变压器

第一节　磁　　路

一、磁路的基本概念

1. 磁路

在变压器、电机和许多电器中，为了用较小的电流产生足够大的集中的磁场，通常在通电线圈中放入具有高磁导率的铁磁材料（称为铁心），铁心被做成一定的形状，使之形成一个磁通的路径，这种磁通通过的路径称为磁路，如图 6-1-1 所示。

2. 磁场的基本物理量

（1）磁感应强度 B　磁感应强度 B 是表示磁场中某点磁场强弱和方向的物理量，单位是特［斯拉］（T）。

如果磁场内各点的磁感应强度大小相等、方向相同，这样的磁场称为均匀磁场。在均匀磁场中，磁感应强度的大小可以用通过垂直于磁场方向的单位面积的磁力线条数表示；磁感应强度的方向与电流的方向符合右手螺旋定则。

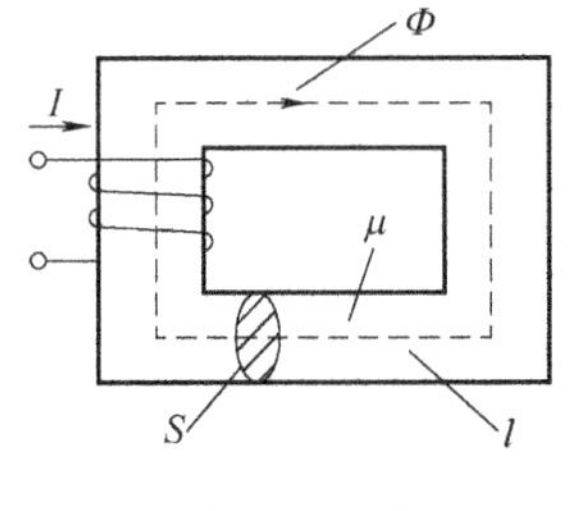

图 6-1-1　磁路

（2）磁通 Φ　磁感应强度 B 与垂直于磁场方向的面积 S 的乘积，称为通过该面积的磁通量，简称磁通，单位为韦伯（Wb），用 Φ 表示，即

$$\Phi = BS \tag{6-1-1}$$

（3）磁导率 μ　它是表征磁介质磁性的物理量，单位是亨利/米（H/m），用 μ 表示。不同的介质其磁导率不同。由实验测得真空中的磁导率为一常数，即 $\mu_0 = 4\pi \times 10^{-7}$ H/m。

为了便于比较各种物质的导磁性能，通常将任意一种物质的磁导率 μ 与真空中的磁导率 μ_0 的比值称为该物质的相对磁导率，用 μ_r 来表示，即

$$\mu_r = \frac{\mu}{\mu_0} \tag{6-1-2}$$

μ_r 无量纲。有些物质，如空气、水、木材、金、银、铜、铝、汞等，导磁能力很差，$\mu \approx \mu_0$，其相对导磁系数 $\mu_r \approx 1$，这些物质称为非磁性物质或非磁性材料；另一些物质，如铁、硅钢、铸钢、钴、镍及其合金、铁氧体等，导磁能力很强，$\mu >> \mu_0$，其相对磁导率 $\mu_r >> 1$，这些能对磁场做出某种反应的物质称为磁性物质或铁磁材料。例如，铁氧体的相对磁导率为

10000，铸铁为 300~400，常用硅钢片为 7000~10000。

（4）磁场强度 H　表示磁场中与铁磁材料无关的磁场大小和方向的物理量，单位为安培每米（A/m）。它定义为磁场中某点的磁感应强度 B 与铁磁材料磁导率 μ 之比，即

$$H=\frac{B}{\mu} \tag{6-1-3}$$

二、铁磁材料的磁性能

1. 高导磁性

铁磁材料具有强烈的磁化（呈现磁性）特性。电流产生磁场，在物质的分子中，由于电子环绕原子核运动和本身自转而形成分子电流，分子电流也要产生磁场，每个分子相当于一个基本小磁铁。同时在铁磁材料内部还分成许多小区域，每个区域内的分子间相互作用使其分子磁铁整齐排列，显示出磁性，这些小区域称为磁畴。在没有外磁场作用时，磁畴排列混乱，磁场互相抵消，对外不显示磁性，如图 6-1-2a 所示。但在外磁场（如在铁心线圈中的电流所产生的磁场）作用下，磁畴就顺着外磁场方向转向，显示出磁性来。随着外磁场增强（线圈电流增大），磁畴逐渐转到与外磁场相同的方向上，如图 6-1-2b 所示。这样便产生了一个很强的与外磁场同方向的附加磁场，使铁磁材料内的磁感应强度大大增强，所以铁磁材料具有高导磁性。

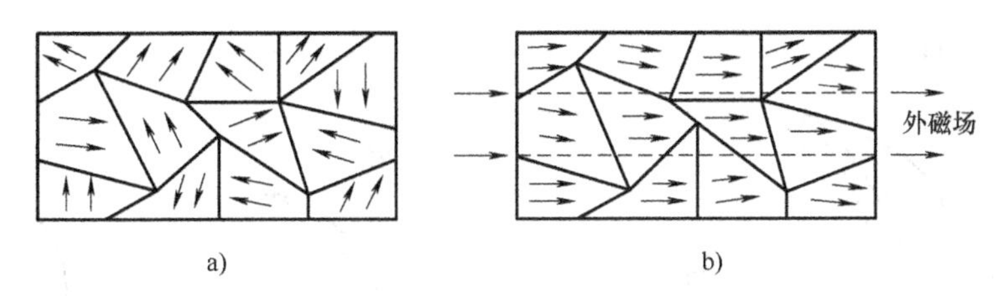

图 6-1-2　铁磁材料的磁化

a）无外磁场作用时　b）有外磁场作用时

非铁磁材料的内部没有磁畴结构，所以不具有磁化的特性。同时，铁磁材料的磁化过程具有磁饱和性和磁滞性。

2. 磁饱和性

通过实验可以测出铁磁材料的磁感应强度 B 与磁场强度 H 变化的曲线，称 $B=f(H)$ 为磁化曲线，如图 6-1-3 中的曲线 B 所示。从图中看出，曲线可以分为四段：Oa 段的曲线变化缓慢，这是由于磁畴有惯性，H 增加时 B 不能很快上升；ab 段上升曲线较陡，近似成直线，表明磁畴在不太大的外磁场作用下，就能转向外磁场方向，所以 B 随 H 增加很多；bc 段曲线变化缓慢，说明大部分磁畴都已转向外磁场方向，B 的增加缓慢；c 点以后的曲线变得几乎平坦，表明磁畴已全部转向外磁场方向，即使外磁场 H 再增加，附加磁场的磁感应强度 B 增加的也很少，达到饱和状态，这种现象称为磁饱和现象。

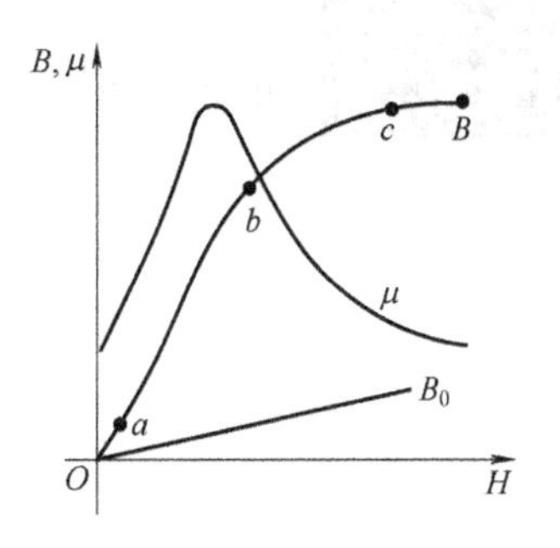

图 6-1-3　铁磁材料的磁化曲线

由于磁场内含有铁磁材料，B 与 H 不成正比，所以铁磁材料的磁导率 μ 不是常数，它随着 H 的变化而变化，如图 6-1-3 中的 μ 曲线所示。图 6-1-3 中的 B_0 曲线是磁场内

不存在铁磁材料的磁化曲线，B_0 与 H 成正比，所以非铁磁材料的磁导率 μ 是常数，有 $\mu \approx \mu_0$。

3. 磁滞性

铁磁材料在交变磁场 H 的作用下，将受到交变磁化，在电流交变的一个周期中，其磁化曲线如图6-1-4所示。

由图可见，B 的变化滞后于 H 的变化，这就是铁磁材料的磁滞性。当 H 增加到 H_m 时，使 B 沿着磁化曲线增加到 B_m，H 减小，B 随之减小，当 $H=0$ 时，B 并不等于零，而是等于 B_r，还保留一定的磁性，B_r 称为剩磁。人造永久磁铁的磁性就是剩磁产生的。在生产中，有时剩磁是不需要的，为了消除剩磁，必须外加反向磁场 $H=H_c$，使 $B=0$，H_c 称为矫顽磁力。铁磁材料在反复交变磁化下，所得到的闭合磁化曲线，称为磁滞回线。

铁磁材料按其磁滞回线形状不同，可以分为两种基本类型：

（1）软磁材料　它具有较小的剩磁和矫顽磁力，磁滞回线较窄，磁导率很高，一般用来制造变压器、电机和电器等的铁心。属于软磁材料的有硅钢、铸钢、坡莫合金及软磁铁氧体等。软磁材料的磁滞回线如图6-1-5a所示。

（2）硬磁材料　与软磁材料相反，硬磁材料具有较大的剩磁和矫顽磁力，磁滞回线较宽，一般用来制造永久磁铁，应用于磁电式仪表、永磁扬声器、耳机和小型直流电机等。属于硬磁材料的有钢、钴钢及镍铝钴合金等。硬磁材料的磁滞回线如图6-1-5b所示。

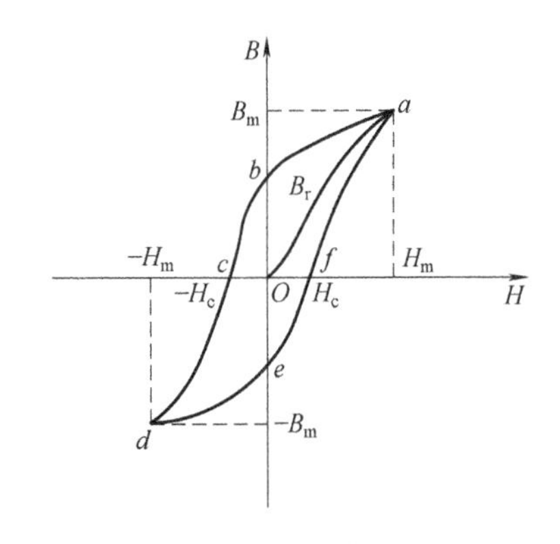

图6-1-4　磁滞回线

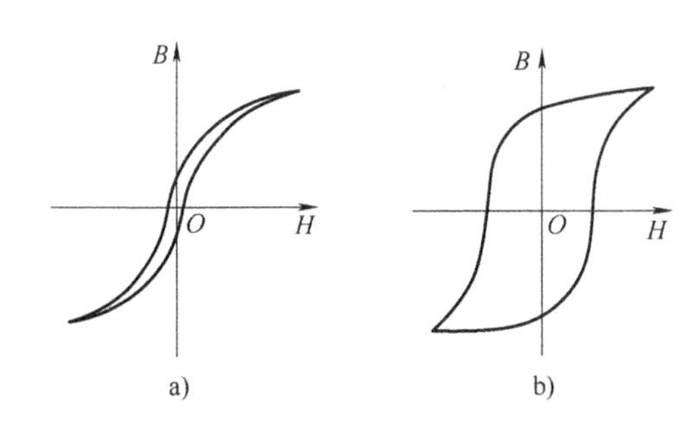

图6-1-5　不同材料的磁滞回线
a）软磁材料　b）硬磁材料

全电流定律

三、磁路的欧姆定律

为了便于分析磁路，可以将磁路情况模拟成电路分析，并且利用电路欧姆定律，找出与它对应的磁路欧姆定律，使磁路分析更加简便。

以图6-1-6所示的环形铁心线圈为例，由安培环路定律

$$\oint \vec{H} \mathrm{d}\vec{l} = \Sigma I \tag{6-1-4}$$

得出

$$IN = Hl = \frac{B}{\mu}l = \frac{\Phi}{\mu S}l$$

或

$$\Phi = \frac{IN}{\frac{l}{\mu S}} = \frac{F}{R_m} \tag{6-1-5}$$

式中，$F=IN$ 为磁动势，它产生磁通，单位是安培（A）；R_m 称为磁阻，它是表示物质对磁通具有阻碍作用的物理量；l 为磁路的平均长度；S 为磁路的截面积。式（6-1-5）与电路的欧姆定律在形式上相似，称为磁路的欧姆定律。

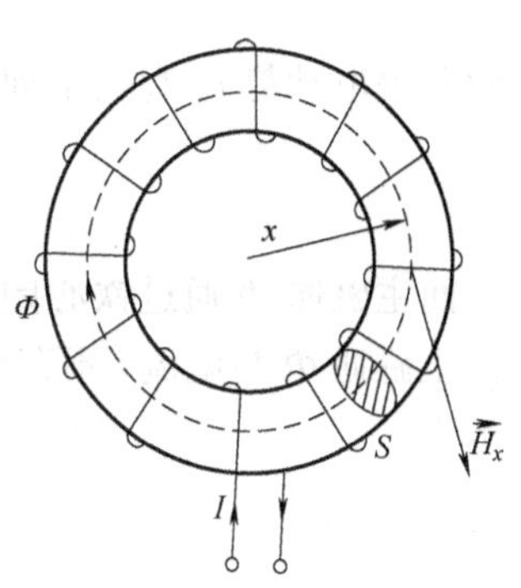

图 6-1-6 环形铁心线圈

由于铁磁材料的磁导率 μ 不是常数，所以其磁阻 R_m 也不是常数，不能直接用磁路欧姆定律来计算磁路，但对磁路进行定性分析时，磁路的欧姆定律还是能提供一些方便的。例如，通过公式可以看出，磁导率 μ 大的材料磁阻 R_m 小；截面积 S 小的材料磁阻 R_m 大；在一定的磁动势 F_m 下磁通 Φ 与磁阻 R_m 成反比等定性关系。

第二节 铁心线圈电路

一、直流铁心线圈电路

直流铁心线圈电路中的励磁电流是直流，如直流电机的励磁绕组、电磁吸盘、各种直流电器的线圈等。由磁动势 F 产生的磁通，绝大部分通过铁心闭合，这部分磁通称为主磁通；有少部分磁通是通过空气闭合的，称为漏磁通。在通常情况下，漏磁通数值很小，分析或计算时可以忽略不计。

在直流铁心线圈电路中，因为励磁电流是直流，产生的磁通是恒定的，在线圈和铁心中不会感应出电动势来，所以当外加电压 U 一定时，线圈中的电流 I 仅和线圈本身的电阻 R 有关（因为 $I=U/R$）。功率损耗（称为铜耗）也只有 I^2R。

二、交流铁心线圈电路

具有铁心的电感线圈接交流电源励磁，就构成了交流铁心线圈电路。它在电压电流和磁通的关系及功率损耗等几个方面比直流铁心线圈电路要复杂得多。

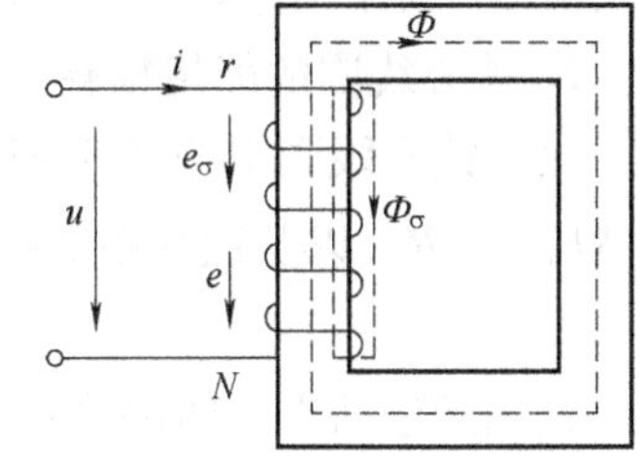

图 6-2-1 交流铁心线圈

1. 电压、电流和磁通的关系

如图 6-2-1 所示交流铁心线圈原理图，外加交流电压 u，则交流电流 i（或磁动势 iN）产生的主磁通 Φ 和漏磁通 Φ_σ 也是交变的，它们将分别在线圈中感应产生主磁电动势 e 和漏磁电动势 e_σ。上述的电磁关系表示如下：

$$\Phi \rightarrow e = -N\frac{d\Phi}{dt}$$

$$u \rightarrow i(iN)$$

$$\Phi_\sigma \rightarrow e_\sigma = -N\frac{d\Phi_\sigma}{dt} = -L_\sigma\frac{di}{dt}$$

因为漏磁通 Φ_σ 通过空气闭合，而空气的磁导率 $\mu \approx \mu_0$ = 常数。所以漏磁通 Φ_σ 与电流 i

之间呈线性关系，铁心线圈的漏磁电感为

$$L_{\sigma}=\frac{N\Phi_{\sigma}}{i}=\text{常数}$$

因此漏磁电动势 e_{σ} 写成下列形式

$$e_{\sigma}=-N\frac{\mathrm{d}\Phi_{\sigma}}{\mathrm{d}t}=-L_{\sigma}\frac{\mathrm{d}i}{\mathrm{d}t}$$

而主磁通 Φ 通过铁心闭合。由于铁磁材料的磁导率 μ 不是常数，随着励磁电流变化，所以主磁通 Φ 与电流 i 不存在线性关系，铁心线圈的主磁电感是非线性的，因此主磁电动势表示为

$$e=-N\frac{\mathrm{d}\Phi}{\mathrm{d}t}$$

在图 6-2-1 所示的参考方向下，可由基尔霍夫电压定律列出铁心线圈的电压方程为

$$u=-e-e_{\sigma}+iR=N\frac{\mathrm{d}\Phi}{\mathrm{d}t}+L_{\sigma}\frac{\mathrm{d}i}{\mathrm{d}t}+iR \tag{6-2-1}$$

通常由于线圈的电阻 R 和漏磁通 Φ_{σ} 都很小，因此它们的电压降也很小，与主磁电动势相比，可以忽略不计。于是式（6-2-1）可以近似表示为

$$u\approx-e=N\frac{\mathrm{d}\Phi}{\mathrm{d}t} \tag{6-2-2}$$

设主磁通 $\Phi=\Phi_{\mathrm{m}}\sin\omega t$（因为励磁电压通常为正弦交流电），则

$$e=-N\frac{\mathrm{d}\Phi}{\mathrm{d}t}=-N\omega\Phi_{\mathrm{m}}\cos\omega t=2\pi fN\Phi_{\mathrm{m}}\sin(\omega t-90^{\circ})=E_{\mathrm{m}}\sin(\omega t-90^{\circ}) \tag{6-2-3}$$

式中，$E_{\mathrm{m}}=2\pi fN\Phi_{\mathrm{m}}$ 是主磁电动势的最大值，其有效值

$$U\approx E=\frac{E_{\mathrm{m}}}{\sqrt{2}}=4.44fN\Phi_{\mathrm{m}} \tag{6-2-4}$$

式（6-2-4）说明：当线圈的匝数 N 和电源频率 f 一定时，主磁通 Φ_{m} 的大小仅取决于外加电压有效值 U。这个结论对分析交流电磁铁、变压器、交流电机等交流电器与设备是十分重要的。

2. 铁心线圈的能量损耗

交流铁心线圈中的功率损耗 ΔP 包括两部分：线圈电阻 R 上的损耗，称为铜耗 ΔP_{Cu}，即 $\Delta P_{\mathrm{Cu}}=I^2R$；以及铁心中的损耗，称为铁耗 ΔP_{Fe}，即

$$\Delta P=\Delta P_{\mathrm{Cu}}+\Delta P_{\mathrm{Fe}}=I^2R+\Delta P_{\mathrm{Fe}} \tag{6-2-5}$$

铁耗又包括以下两部分：

涡流原理在工业上的应用

（1）磁滞损耗 ΔP_{h}　铁心在交变磁场作用下反复磁化，需要克服磁畴间的阻碍而消耗能量，这就是磁滞损耗。可以证明，交变磁化一周在铁心的单位体积中所产生的磁滞损耗能量与磁滞回线所包围的面积成正比。

为了减小磁滞损耗，应选用磁滞回线窄小的软磁材料制造铁心，通常多采用硅钢。

（2）涡流损耗 ΔP_{e}　铁磁材料不仅是导磁材料又是导电材料。因此交变磁通在铁心中也会产生感应电动势，从而在垂直交变磁通方向的平面产生图 6-2-2 所示的旋涡式的感应电流，称为涡流。涡流在铁心中所产生的能量损耗称为涡流损耗。

为了减小涡流损耗，在顺磁场方向铁心可由彼此绝缘的钢片叠成图 6-2-2 所示形式，这样就可以限制涡流只能在较小的截面内流通。此外，硅钢片中还有少量的硅，因而电阻率较大，这也可以致使涡流减小。

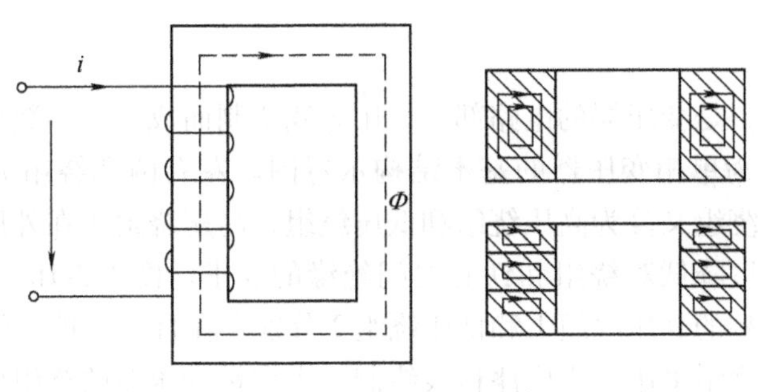

图 6-2-2 铁心中的涡流

铜耗和铁耗都要消耗电能，并转化为热能而使铁心发热。因此大容量的交流电工设备（如发电机、电力变压器等）要采取相应的冷却措施，如风冷、油冷等。在运行过程中，要注意监测铁心温度，以防过热。

三、电磁铁

电磁铁属于铁心线圈范畴。它是由电磁线圈（又称为励磁线圈）、铁心（又称静铁心）、衔铁（又称动铁心）三部分组成。线圈通以励磁电流后，产生磁场，衔铁被铁心吸引，从而带动某一机构（机械触点的开合，电磁阀的开闭、工件的松开与夹紧）产生相应的动作，执行一定的任务，并由此制成各类型的电磁继电器。

电磁铁按电磁线圈的励磁电流种类的不同，分为交流电磁铁和直流电磁铁。它们的特征对比见表 6-2-1。

表 6-2-1 交流电磁铁和直流电磁铁的区别

	直流电磁铁	交流电磁铁
供电电源	直流电	交流电
结构	铁心是整块软磁材料，电磁线圈导线较粗	铁心用硅钢片叠成，电磁线圈导线较细，极靴上有分磁环
吸力	$F=\frac{10^7}{8\pi}B_0^2S_0$	$F=\frac{1}{T}\int_0^T f\mathrm{d}t=\frac{10^7}{16\pi}B_m^2S_0$
吸合进程	吸合前后励磁电流 $I=\frac{U}{R}$ 不变 吸合前后随空气隙的减小，电磁吸力 F 增加	吸合前后由于 Φ_m 不变，因此电磁吸力 F 不变 吸合前后随空气隙的减小，励磁电流下降

第三节 变 压 器

变压器是一种常见的电器设备。它是利用电磁感应原理，从一个电路向另一个电路传递电能和信号的。它具有变换电压、电流和阻抗的作用，在电力系统和电子线路中应用十分广泛。

一、变压器的基本结构

各种变压器，尽管用途不同，但是它们的基本结构是相同的，主要由绕组和闭合铁心两大部分组成。

1. 绕组

绕组又称为线圈，是变压器的电路部分，用导线绕制而成。大多数变压器都采用互感双线圈结构，图 6-3-1a 为单相变压器的基本结构示意图。左右两套绕组分别套在口子形铁心的两个心柱上。每套绕组又分为高压绕组和低压绕组，高压绕组 1 在外层，低压绕组 2 在里层。这种排列方式可以降低对绕组和铁心之间绝缘的要求。图 6-3-1b 所示为三相变压器的基本结构示意图，三相的高压绕组 1 和低压绕组 2 分别套在日字形铁心的三个心柱 A、B、C 上。小容量变压器的绕组多用高强度漆包线绕制，大容量变压器的绕组可用绝缘铜线或铝线绕制。

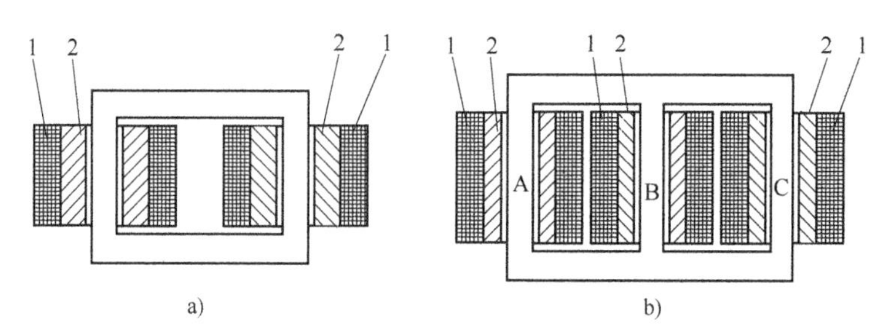

图 6-3-1　变压器的基本结构

2. 铁心

铁心是变压器的磁路部分，为了提高磁路的导磁能力，铁心采用低磁滞的磁性材料硅钢片叠成。变压器根据铁心结构可分为壳式和心式两种。图 6-3-2a 所示为心式变压器，其特点是绕组包围铁心。图 6-3-2b 所示是壳式变压器，其特点是铁心包围绕组。

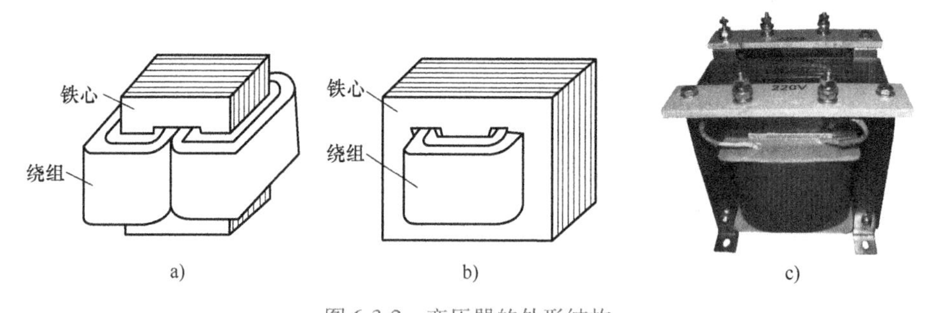

图 6-3-2　变压器的外形结构

a）单相心式变压器　b）单相壳式变压器　c）变压器实物

由于变压器在工作时铁心和绕组都要发热，为了不使变压器因过热而损坏绝缘材料，故需考虑散热问题。通常小容量的变压器采用空气自冷式；大中容量的变压器采用油冷式，把铁心和绕组装入有散热管的油箱中，以增大散热面积。油既有散热作用，又起绝缘作用。

二、变压器的工作原理

图 6-3-3 所示为单相变压器的工作原理。为了分析问题清晰起见，将绕组分别画在铁心

的左右两边，各自组成闭合电路。与电源相连的绕组称为一次绕组，与负载相连的绕组称为二次绕组。与一次绕组有关的物理量的下脚标为 1，与二次绕组有关的物理量的下脚标为 2；一、二次绕组的匝数分别为 N_1 和 N_2。

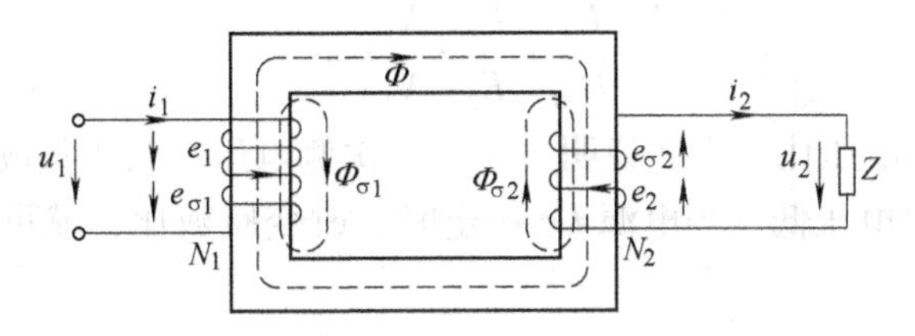

图 6-3-3　变压器的工作原理图

当一次绕组接到交流电压 u_1 时，便有电流 i_1 通过，一次绕组的磁动势 i_1N_1 产生的磁通绝大部分通过铁心而闭合，从而在一、二次绕组中感应出电动势。如果二次绕组接有负载，则在二次绕组与负载回路有电流 i_2 通过，二次绕组的磁动势 i_2N_2 也要产生磁通，其绝大部分也是通过铁心闭合。因此，铁心中的磁通是一、二次绕组的磁动势共同产生的合成磁通，称为主磁通，用 Φ 表示。主磁通穿过一、二次绕组而在其中感应出的电动势分别为 e_1 和 e_2。同时，一、二次绕组的磁动势还分别产生仅与本绕组交链的很小的漏磁通 $\Phi_{\sigma1}$ 和 $\Phi_{\sigma2}$，从而在各自绕组中分别产生漏磁电动势 $e_{\sigma1}$ 和 $e_{\sigma2}$。上述的电磁关系可表示如下：

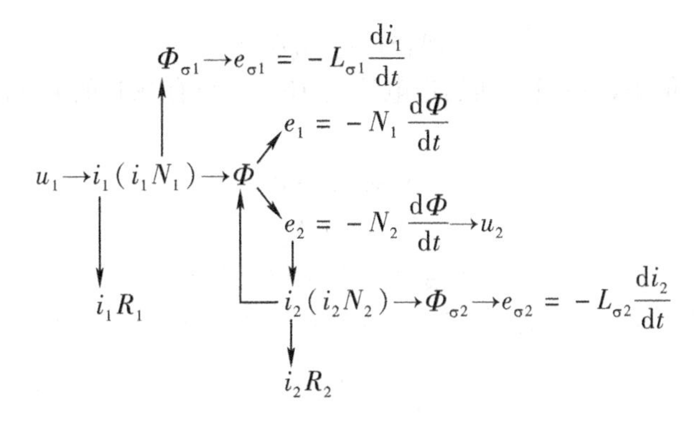

下面分别讨论变压器的各种运行和变换作用。

1. 变压器的空载运行和变换电压

空载运行是指变压器的二次侧不接负载的开路情况。当一次绕组接上交流电压 u_1 时，一次绕组中便有电流通过，而二次侧开路，其电流 $i_2=0$，此时一次绕组中的电流为空载电流，用 i_0 表示。

根据上述的电磁关系，一次绕组中的各物理量以及它们之间的相互关系与交流铁心线圈相同，一次绕组电路的基尔霍夫电压方程为

$$u_1=-e_1+L_{\sigma1}\frac{\mathrm{d}i_0}{\mathrm{d}t}+R_1i_0$$

由于一次绕组的电阻 R_1 和漏电感 $L_{\sigma1}$（或 $\Phi_{\sigma1}$）很小，它们各自的电压也很小，与主磁通电动势相比，可以忽略不计，于是

$$u_1\approx-e_1$$

即

$$U_1\approx E_1=4.44fN_1\Phi_{\mathrm{m}}$$

而二次侧开路，其输出电压就等于二次绕组的感应电动势，即

$$u_{20}=e_2$$

即
$$U_{20}\approx E_2=4.44fN_2\Phi_m$$

比较一、二次侧电压关系，得出

$$\frac{U_1}{U_{20}}\approx\frac{E_1}{E_2}=\frac{N_1}{N_2}=K \tag{6-3-1}$$

式中，K 称为变压器的电压比。上式说明，一、二次侧电压与其匝数成正比，匝数多的绕组电压高，匝数少的绕组电压低。当电源 U_1 一定时，改变匝数比，就可以得到不同的输出电压 U_2。

2. 变压器的负载运行和变换电流

变压器二次绕组接上负载后，二次绕组中就有电流 i_2 通过，这时一次绕组中的电流就不再是空载电流 i_0，而是一个与二次电流 i_2 有关的电流。这里用 i_1 表示负载运行时的一次电流。

二次电流 i_2 也要产生磁动势 i_2N_2，它作用在磁路上将使主磁通 Φ 发生变化。根据 $U_1\approx E_1=4.44fN_1\Phi_m$ 可见，当电源电压 U_1 和频率 f 不变时，E_1 和 Φ_m 都近似不变，说明铁心中主磁通的最大值在变压器空载或有载时基本上保持不变。所以，有载时产生主磁通 Φ_m 的一、二次绕组的合成磁动势（$i_1N_1+i_2N_2$）应该和空载时产生主磁通 Φ_m 的磁动势 i_0N_1 相等，即

$$i_1N_1+i_2N_2=i_0N_1 \tag{6-3-2}$$

由于空载电流 i_0 很小，一般不到额定电流的 10%，与有载时的 i_1 和 i_2 相比，可以忽略不计，因此有

$$i_1N_1+i_2N_2\approx 0$$
$$i_1N_1\approx -i_2N_2$$

上式说明，负号表示一、二次绕组磁动势在相位上差不多相反，即二次绕组的磁动势对一次绕组的磁动势有去磁作用，而一、二次电流有效值之间的关系为

$$\frac{I_1}{I_2}\approx\frac{N_2}{N_1}=\frac{1}{K} \tag{6-3-3}$$

上式表明，变压器一、二次电流之比近似地与它们的匝数成反比，匝数多的电流小，匝数少的电流大，也就是说，变压器具有变换电流的功能。

3. 变压器的阻抗变换

在图 6-3-4 中，负载阻抗 Z_L 接到变压器的二次侧，在保证电源电压、电流不变的条件下，图中点画线框内的变压器和负载阻抗 Z_L 可以用一个阻抗 Z 来等效代替。因为

$$|Z_L|=\frac{U_2}{I_2} \tag{6-3-4}$$

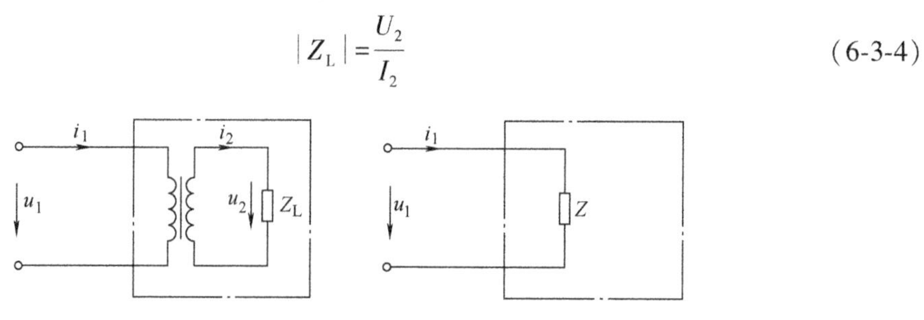

图 6-3-4　变压器的阻抗变换

$$|Z|=\frac{U_1}{I_1}=\frac{U_2K}{I_2/K}=K^2|Z_L|$$

式中，$|Z|$称为负载阻抗在变压器一次侧的等效阻抗。改变变压器一、二次绕组的匝数比，就可以将二次侧的负载阻抗变换为一次侧所需要的阻抗。变压器的这一功能，在电子技术中常用来实现阻抗匹配。从这一点看，前面介绍的受控源可以用变压器构成硬件连接。

【例 6-3-1】 有一变压器，$U_1=380\text{V}$，$U_2=220\text{V}$，如果接入一个 220V、60W 的灯泡，求：

（1）一、二次电流各是多少？

（2）相当于一次侧接上一个多大的电阻？

解：灯泡属纯电阻负载，功率因数为 1，因此二次电流为

$$I_2=\frac{P}{U_2}=\frac{60}{220}\text{A}=0.27\text{A}$$

一次电流为

$$I_1=\frac{N_2}{N_1}I_2=\frac{U_2}{U_1}I_2=\frac{220}{380}\times0.27\text{A}=0.158\text{A}$$

灯泡的电阻

$$R=\frac{U_2^2}{P}=\frac{220^2}{60}\Omega=806.7\Omega$$

一次侧等效电阻

$$R'=\left(\frac{N_1}{N_2}\right)^2R=\left(\frac{U_1}{U_2}\right)^2R=\left(\frac{380}{220}\right)^2\times806.7\Omega=2407\Omega$$

三、变压器的外特性和效率

1. 外特性和电压调整率

在电源电压不变的情况下，变压器的二次电压 U_2 与电流 I_2 的关系 $U_2=f(I_2)$，称为变压器的外特性。一般情况下，外特性近似一条稍微向下倾斜的直线，如图 6-3-5 所示。它可由实验测得。下倾的程度与负载的功率因数有关。下倾是由一、二次绕组的内阻抗电压降和对主磁通的去磁作用造成的。图 6-3-5 中，U_{20}为空载时的二次电压，I_{2N}为额定运行时的二次电流。

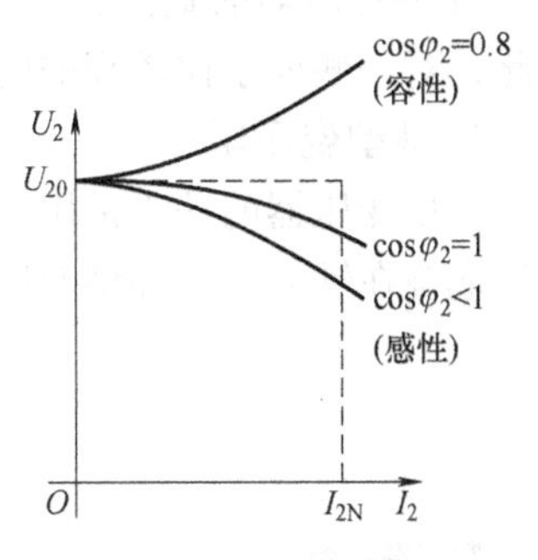

图 6-3-5　变压器的外特性曲线

二次电压的变化情况，除了用外特性曲线表示外，还可以用电压调整率 $\Delta U\%$ 表示。当 I_2 从零增加到额定值 I_{2N}时，若输出电压从 U_{20}降低到 U_2，则电压调整率 $\Delta U\%$为

$$\Delta U\%=\frac{U_{20}-U_2}{U_2}\times100\%=\frac{\Delta U}{U_2}\times100\%$$

在电力变压器中，电压调整率约为 5%。

2. 损耗与效率

变压器在输送能量的过程中，由于本身内部存在功率损耗，因此不可能把电源供给的全部能量都输送给负载。与铁心线圈相同，变压器的功率损耗 ΔP 有两部分：铜耗和铁耗。铜耗是变压器绕组电阻上消耗的功率，即

$$\Delta P_{\text{Cu}} = I_1^2 r_1 + I_2^2 r_2 \tag{6-3-5}$$

式（6-3-5）中，I_1、I_2 分别为一、二次电流，r_1、r_2 分别为一、二次绕组电阻。当负载变化时，铜耗也随之变化，因此铜耗又称作可变损耗。变压器的铁耗 ΔP_{Fe} 是由交变的主磁通在铁心中引起的，它包括涡流损耗和磁滞损耗两部分。电源电压不变时，变压器的主磁通最大值 Φ_{m} 基本上是不变的，只与主磁通最大值有关的铁耗也是不变的，而且近似地等于变压器空载损耗，因为空载电流很小，空载时铜耗很小。因此也把铁耗称作不变损耗。由 $U_1 \approx E_1 = 4.44 f N_1 \Phi_{\text{m}}$ 可知，在频率一定时，当变压器一次绕组电源电压 U_1 越高，主磁通最大值 Φ_{m} 也越大，铁耗也越大。

可见，变压器一、二次绕组的功率平衡关系为

$$P_1 = P_2 + \Delta P = P_2 + \Delta P_{\text{Cu}} + \Delta P_{\text{Fe}} \tag{6-3-6}$$

变压器绕组的极性与连接

即变压器从电源获得的功率减去变压器内部的损耗，就是供给负载的功率。

变压器的效率可表示为

$$\eta = \frac{P_2}{P_1} = \frac{P_2}{P_2 + \Delta P_{\text{Cu}} + \Delta P_{\text{Fe}}} \times 100\% \tag{6-3-7}$$

即变压器的效率随输出功率 P_2 而变化。变压器的最大效率一般为额定负载的50%～75%。

四、小型变压器

1. EI 型变压器

EI 型变压器是最早使用的变压器，应用也最普遍，几乎所有需要改变电压的电路中都可以使用 EI 型变压器。EI 型变压器如图 6-3-6 所示。

EI 型变压器是按照铁心形状来定义的，因为 EI 型变压器的铁心是由“E”型和“I”型硅钢片以叠片形式拼接而成的，因此叫作 EI 型变压器。

EI 型变压器的优点是，安装方便，工作可靠，制造工艺简单，成本相对较低。

EI 型变压器的缺点是，有漏磁，体积相对较大，工作时发热量较多，容易产生噪声。因此，对一些要求比较高的电子设备会有一定的影响。

2. 环型变压器

环型变压器的铁心是用低铁耗高磁导率的冷轧优质硅钢材料无缝地卷制而成。它的线圈均匀地绕在铁心上。环型变压器如图 6-3-7 所示。

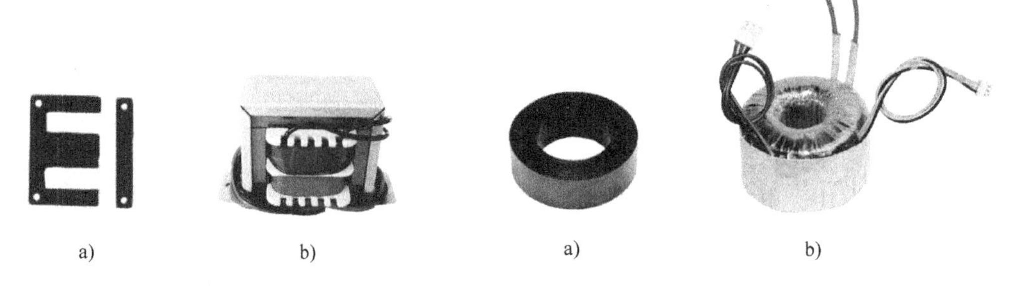

图 6-3-6　EI 型变压器
a）EI 型变压器铁心　b）EI 型变压器

图 6-3-7　环型变压器
a）环型变压器铁心　b）环型变压器

环型变压器绕组产生的磁力线与铁心磁路几乎完全重合，这种结构可以减小漏磁，电磁

辐射也小，无须另加屏蔽就可以用到有特殊要求的电子设备上。与叠片式相比，铁耗将减小25%，其重量比叠片式变压器可以减轻一半。

环型变压器在设计时，只要保持铁心截面积相等，改变铁心的长、宽、高比例，就可以设计出符合要求的外形尺寸。

3. R 型变压器

R 型变压器具有体积小、重量轻和漏磁小等特点，与 EI 型和环型变压器相比有着更高的性能，其初级与次级的骨架分开的独特结构使它还具有优良的绝缘性能。目前，R 型变压器主要应用于医疗器械、办公设备、工业自动化设备、通信设备、高保真音响设备等。R 型变压器如图 6-3-8 所示。

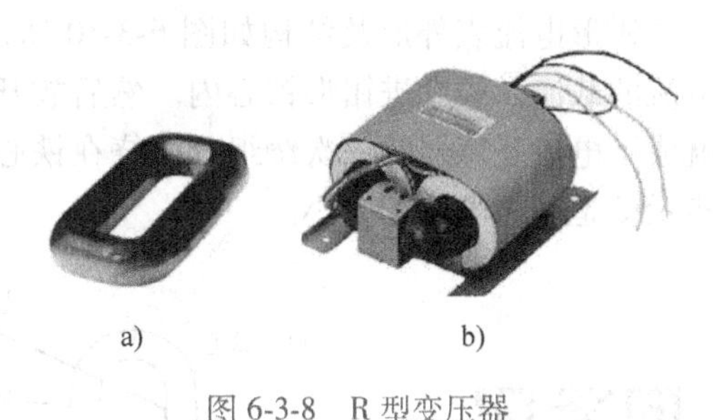

a)　　b)

图 6-3-8　R 型变压器

a）R 型变压器铁心　b）R 型变压器

R 型铁心特点：铁心材料采用铁耗极小的高磁通密度的冷轧晶粒取向硅钢带卷绕制成。铁心经特殊工艺处理后，材料导磁性能极佳，具有漏磁小、损耗低、温升低、噪声低、承受过载波动性能好的特点。R 型变压器可比相同功率的 EI 型变压器体积小 30%，重量轻 40%。

五、特殊变压器

1. 自耦变压器

在普通变压器中，一、二次绕组之间没有电的直接联系，绕组之间传递能量仅靠磁的耦合。而自耦变压器的二次绕组是一次绕组的一部分，如图 6-3-9 所示。这种变压器的工作原理与普通双绕组变压器相同，即

$$\frac{U_1}{U_2}=\frac{I_2}{I_1}=\frac{N_1}{N_2}=K$$

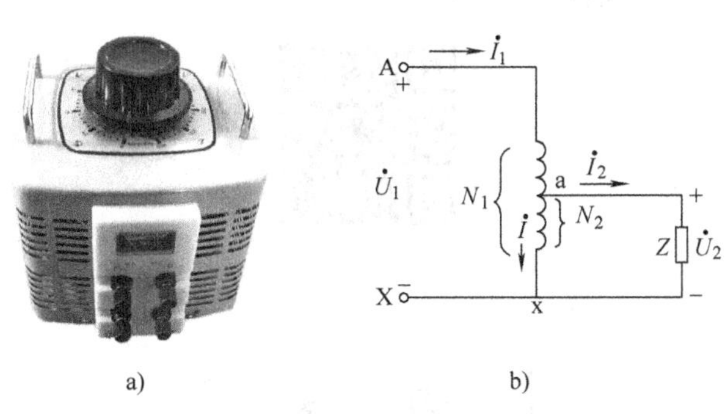

a)　　b)

图 6-3-9　自耦变压器

a）外形　b）工作原理

在实验室中，把这种自耦变压器的二次绕组的一端制成通过手柄可以滑动的触点 a，改变触点的位置，就可以改变二次绕组的匝数 N_2，从而实现在很大范围内调节输出电压，故其也称为调压器。

2. 钳形电流表

钳形电流表是电流互感器和电流表组合而成的交流电流测量仪表。其中，电流互感器是

一个一次绕组匝数很少、二次绕组匝数很多的变压器。利用变压器的变换电流作用，被测电流

$$I_1 = \frac{N_2}{N_1} I_2$$

钳形电流表外形及结构如图6-3-10所示，测量时，先按下压块使动铁心张开，把被测电流的载流导线套进钳形铁心内。然后放开压块使铁心闭合。这样，被套进铁心的载流导线就成了电流互感器的一次绕组，而绕在铁心上的二次绕组与电流表构成闭合回路，电流表的指示就是被测电流的大小。

隔离变压器

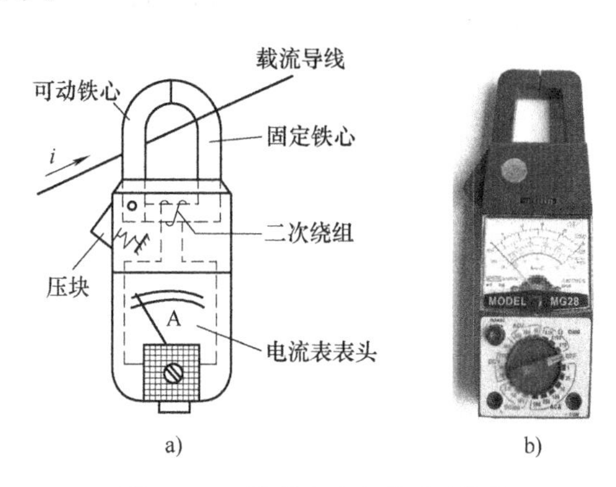

图6-3-10　钳形电流表外形及结构
a）结构图　b）外形

本章小结

具体内容请扫描二维码观看。

第六章小结

习　题

6-1　变压器的铁心为什么要用涂有绝缘漆的薄硅钢片叠成？若在铁心磁回路中出现较大的间隙，对变压器有何影响？

6-2　变压器的主要额定值有哪些？一台单相变压器的额定电压为220V/110V，额定频率为50Hz，试说明其意义，若这台变压器的额定电流为4.55A/9.1A，问在什么情况下称其运行在额定状态？

6-3　有一单相照明变压器，额定容量为10kV·A，电压为3300V/220V，试求：（1）变压器的电压比。（2）若要变压器在额定情况下运行，可在二次侧接上40W、220V的白炽灯多少只？并求一、二次绕组的额定电流。

6-4　晶体管功率放大器对输出信号来说相当于一个交流电源，其电动势 $E_s = 8.5\mathrm{V}$，内阻 $R_s = 72\Omega$，另有一扬声器电阻 $R = 80\Omega$。现采用两种方法把扬声器接入放大器电路作负载，一种是直接接入，另一种是经过电压比 $k = 3$ 的变压器接入，分别如图 6-T-1a 和图 6-T-1b 所示，忽略变压器的漏阻抗和励磁电流，求：两种接法时扬声器获得的功率；

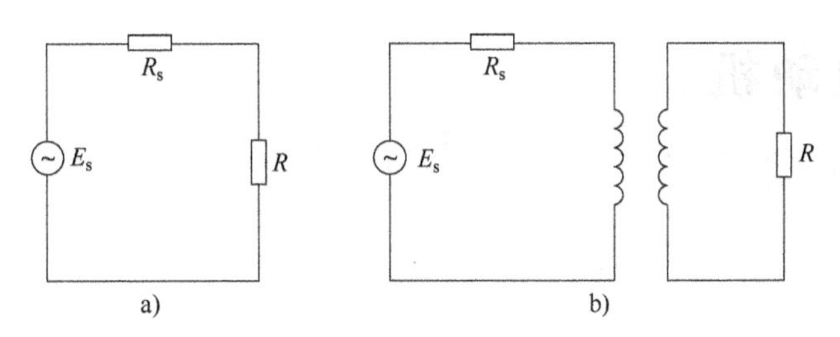

图 6-T-1　题 6-4 图

6-5　一台变压器一次侧额定电压为 220V，二次侧有两个绕组，额定电压和额定电流分别为 440V、0.5A 和 110V、2A，试求一次侧的额定电流和容量。

6-6　变压器的容量为 500V·A，电压为 220V/36V，每匝线圈的感应电动势为 0.2V，变压器工作在额定状态，试求：(1) 一、二次绕组的匝数各为多少？(2) 电压比为多少？(3) 一、二次电流各为多少？

6-7　某电源变压器各绕组的极性以及额定电压和额定电流如图 6-T-2 所示，要想得到以下各种输出，请分别画出接线图：

(1) 24V、1A　(2) 12V、2A　(3) 32V、0.5A　(4) 8V、0.5A

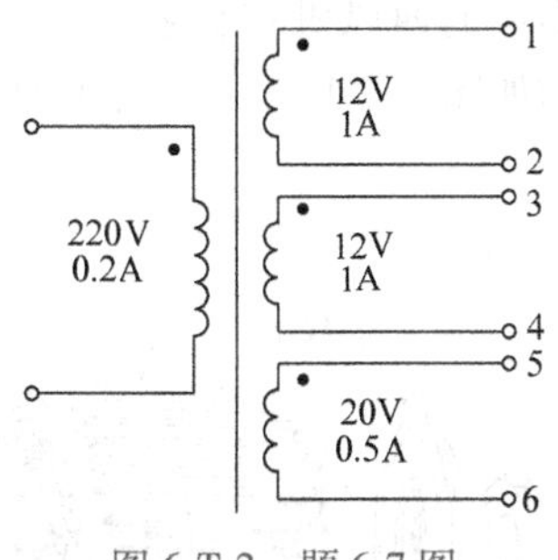

图 6-T-2　题 6-7 图

6-8　图 6-T-3 所示是一电源变压器，一次绕组有 550 匝，接 220V 电压。二次绕组有两个：一个电压 36V、负载 36W；另一个电压 12V、负载 24W。两个都是纯电阻负载，试求一次电流 I_1 和两个二次绕组的匝数。

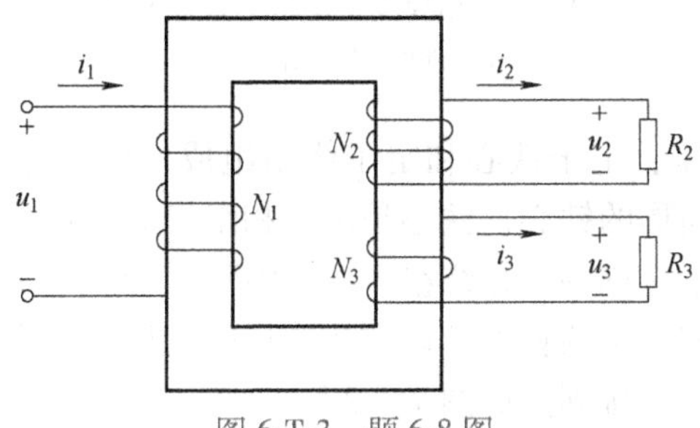

图 6-T-3　题 6-8 图

第七章　电动机

第一节　三相异步电动机的基本结构

电动机是一种把电能转换为机械能的电力拖动装置，它通过转动部分驱动生产机械工作。根据使用的电能不同，可分为交流电动机和直流电动机两大类。交流电动机分为异步电动机和同步电动机两种。异步电动机也称为感应电动机，分为三相和单相两种。

在生产上主要用的是交流电动机，特别是三相异步电动机。它具有结构简单、价格便宜、运算可靠和使用方便等优点，广泛地用来驱动各种机床、锻压与铸造机械、食品机械、交通运输机械、传送带以及功率不大的通风机和水泵等。

三相异步电动机的外形和结构如图 7-1-1 所示，其主要由两个部分组成：固定部分——定子，旋转部分——转子。

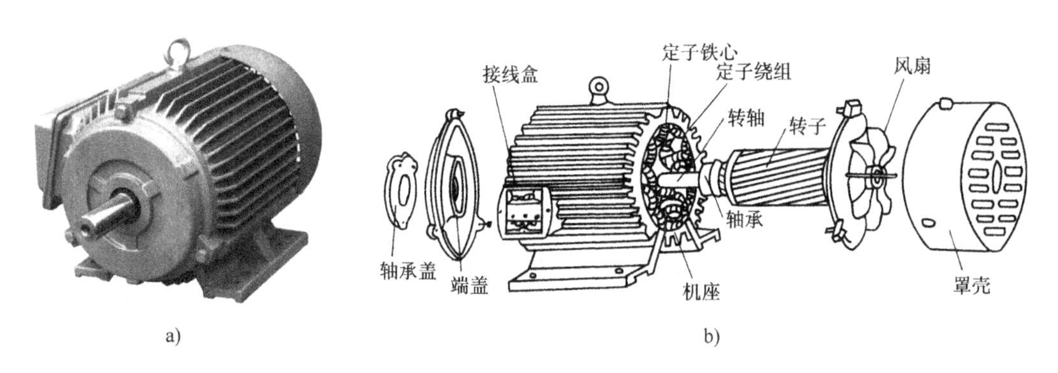

图 7-1-1　三相异步电动机的外形和结构

a）外形　b）结构图

（1）定子　主要由机座、定子铁心和定子绕组组成。机座是用铸铁或铸钢制造的，用来固定电动机，其内是圆筒形的铁心，铁心是由互相绝缘的硅钢片叠成的。铁心的内圆周表面冲有均匀的槽，用以放置对称的三相绕组 A-X、B-Y、C-Z（组成定子绕组）。定子绕组由绝缘铜导线绕制而成，每相绕组的首末端通常接到机座的接线盒内的接线柱上，可接成星形或三角形。定子及其三相绕组排列图如图 7-1-2 所示。

（2）转子　主要由转轴、转子铁心和转子绕组等构成。转子铁心也是用硅钢片叠成圆柱状，装在转轴上。转子铁心的外圆周表面冲有槽，槽内嵌放着转子绕组。

转子绕组根据构造分成两种形式：笼型转子和绕线转子。

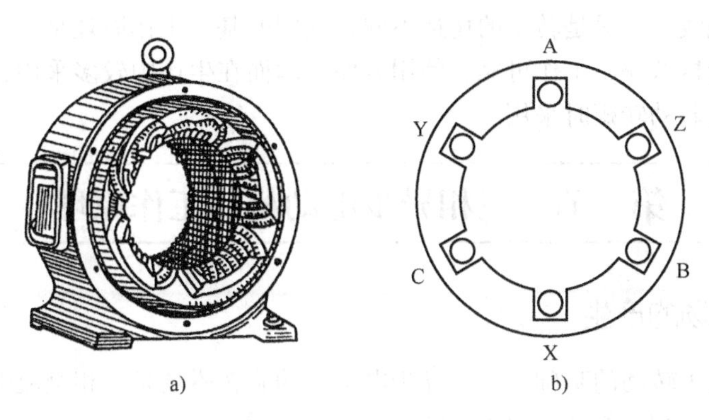

图 7-1-2　定子及其三相绕组排列图

笼型转子是在转子铁心槽内嵌放铜条，两端分别用铜环焊接起来，自成闭合回路。中小功率的笼型异步电动机的转子导体，一般采用铸铝与冷却用的风扇叶片一次浇铸成形，如图 7-1-3 所示。如果去掉铁心，整个绕组的外形就像一个圆形的笼子，故称为笼型转子。

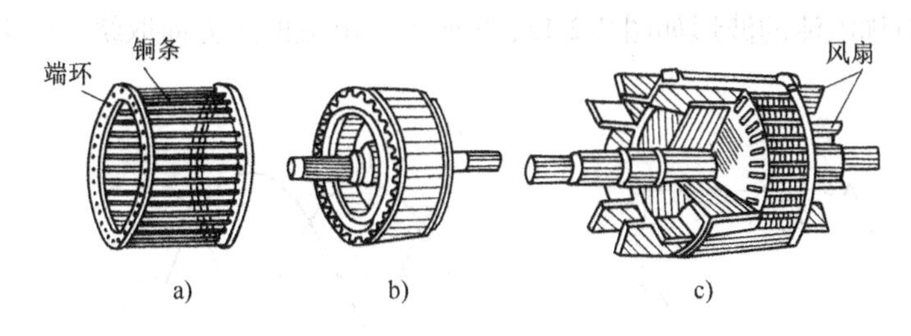

图 7-1-3　笼型转子

a）笼型绕组　b）铜条转子　c）铸铝转子

绕线转子的转子绕组与定子一样，也是三相绕组，只是将其连成星形。它的三个首端分别固定在转轴上的三个彼此绝缘的铜质集电环上，在每个集电环上用弹簧压着碳质电刷，以便与外部的三相变阻器连接，如图 7-1-4 所示。转子的转轴是用圆钢制成，用于传送机械功率。为了保证转子能可靠地自由旋转，定子铁心与转子铁心之间留有尽可能小的空气隙。中小型电动机的空气隙约为 0.2～1mm。

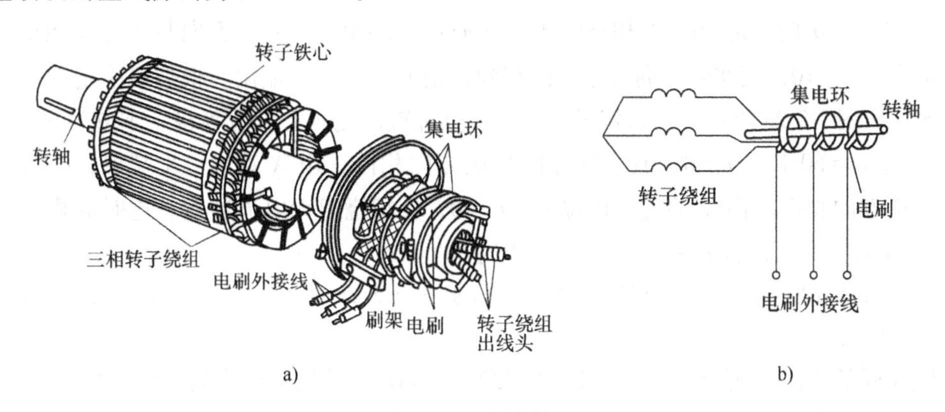

图 7-1-4　绕线转子

a）外形结构　b）接线

笼型转子与绕线转子只是转子的构造不同，它们的基本工作原理是一样的。由于笼型电动机构造简单、价格低廉、工作可靠、使用方便，因而在生产中较多采用，而绕线转子电动机通常只在要求大起动转矩时采用。

第二节　三相异步电动机的工作原理

一、旋转磁场的产生

旋转磁场是转子转动的基础。三相异步电动机的旋转磁场是三相交流电流通入三相定子绕组产生的。定子三相绕组 AX、BY、CZ 放置在铁心槽中，位置如图 7-1-2b 所示，每相绕组两端相差 180°，三相绕组在空间上彼此互差 120°。

设定子绕组接成星形，接在三相电源上，绕组中便通过三相对称电流，即

$$i_A = I_m \sin\omega t$$
$$i_B = I_m \sin(\omega t - 120°)$$
$$i_C = I_m \sin(\omega t + 120°)$$

定子绕组与三相对称电流的波形如图 7-2-1a、b 所示。电流的正方向取绕组始端到末端的方向。

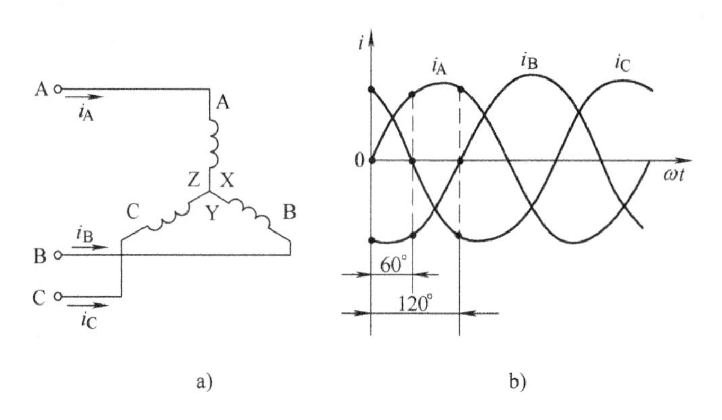

图 7-2-1　定子绕组与三相对称电流波形

下面分析几个不同时刻产生的磁场情况：

（1）当 $\omega t=0°$时　$i_A=0$，A 相绕组无电流通过；$i_B<0$，其实际方向与正方向相反，由 Y 端进、B 端出；$i_C>0$，其实际方向与正方向相同，由 C 端进、Z 端出。根据右手定则可以判定其合成磁场如图 7-2-2a 所示。若将定子看作一个电磁铁，此时上方为 N 极，下方为 S 极。

（2）当 $\omega t=60°$时　$i_A>0$，其实际方向与正方向相同，由 A 端进、X 端出；$i_B<0$，其实际方向与正方向相反，由 Y 端进、B 端出；$i_C=0$，C 相绕组无电流通过。这时的合成磁场如图 7-2-2b 所示。可见，合成磁场在空间已转过 60°。

（3）当 $\omega t=120°$时　同理可知其合成磁场如图 7-2-2c 所示，并且可知合成磁场在空间上已转过 120°。

按照同样的方法，可以分析 $\omega t=180°$、270°、360°等时刻所形成的合成磁场。

由上可见，当定子绕组中通入三相对称电流后，它们共同产生的合成磁场随着电流的变化在空间不断旋转，这就是旋转磁场。

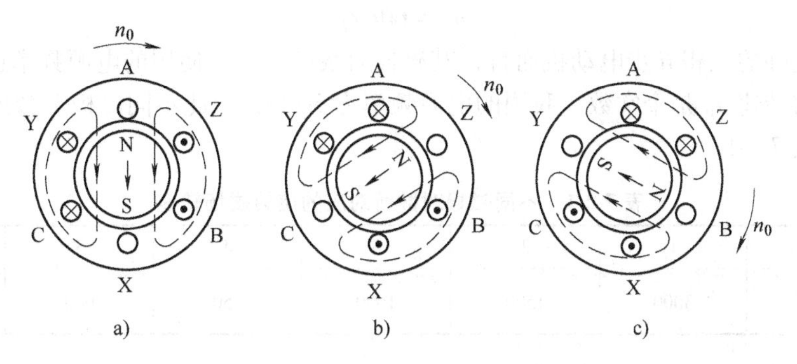

图 7-2-2 三相电流产生的旋转磁场（$p=1$）

a）$\omega t=0°$ b）$\omega t=60°$ c）$\omega t=120°$

旋转磁场的旋转方向与定子绕组通入的三相电流的相序有关。从图 7-2-2 中可以看出，当三相定子绕组按 A-B-C 的相序通入电流时，旋转磁场也是沿着 A-B-C 的顺时针方向旋转的。若将定子绕组接到电源上的三根引出线的任意两根对调一下，用上述同样方法可以分析得出旋转磁场变为逆时针方向。

二、旋转磁场的磁极对数和转速

旋转磁场的磁极对数 p 就是三相异步电动机的磁极对数。它与定子三相绕组的安排有关。在图 7-2-2 中，产生旋转磁场的 N、S 两个磁极成为一对，即 $p=1$。如果定子每相绕组中有两个线圈串联，则产生的旋转磁场具有两对磁极，即 $p=2$，如图 7-2-3 所示。

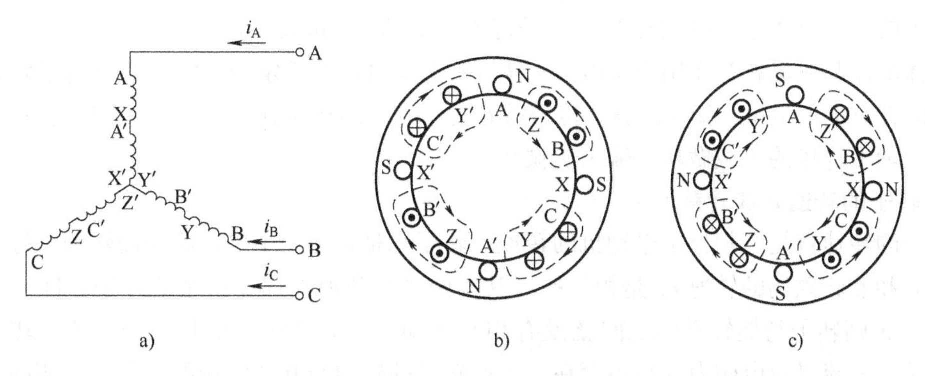

图 7-2-3 四极旋转磁场的产生（$p=2$）

旋转磁场转速 n_0 决定于电流频率 f_1 和磁场的磁极对数 p。当 $p=1$（见图 7-2-2），电流从 $\omega t=0°$到 $\omega t=60°$时，磁场在空间转过 60°；电流交变一周时，磁场在空间转过一圈；若定子电流每秒交变 f_1 次时，磁场在空间转过 f_1 圈；若表示每分钟旋转磁场的转速（r/min），则可得

$$n_0 = 60f_1$$

当 $p=2$（见图 7-2-3），电流从 $\omega t=0°$到 $\omega t=60°$时，磁场在空间转过 30°，比 $p=1$ 时的转速慢了一半，即

$$n_0 = 60f_1/2$$

由此可以推至具有 p 对磁极的异步电动机，其转速为

$$n_0 = 60f_1/p \tag{7-2-1}$$

对已制造好的三相异步电动机而言，其磁极对数已确定，使用的电源频率也已确定，因此旋转磁场的转速 n_0 是个常数。我国的电源频率为 50Hz，因此不同磁极对数所对应的旋转磁场转速见表 7-2-1。

表 7-2-1 不同磁极对数所对应的旋转磁场转速

p（磁极对数）	1	2	3	4	5	6
n_0/(r/min)	3000	1500	1000	750	600	500

三、工作原理

1. 转子转动原理

三相异步电动机接通三相电源后，定子绕组就会通入三相电流，产生转速为 n_0 的旋转磁场，转子跟着转动起来。现用图 7-2-4 所示的原理图来形象地说明转子的转动原理。图中，用一对磁极替代旋转磁场，转子上的绕组用两根导体表示。

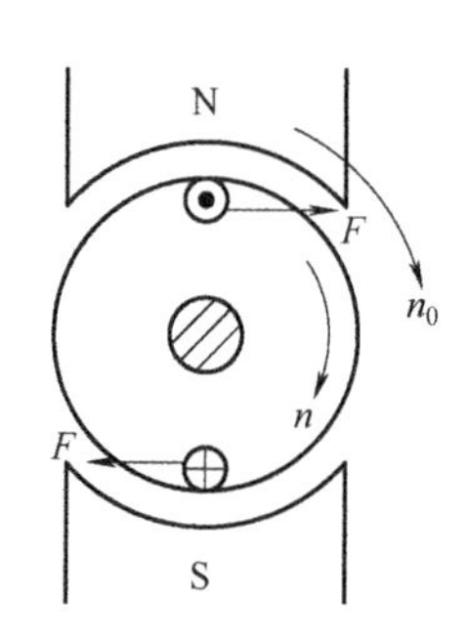

图 7-2-4 转子转动的原理图

假定磁极按顺时针方向以 n_0 速度旋转（逆时针方向原理相同），转子导体与旋转磁极有相对运动而产生感应电动势 e_2，因转子导体闭合，所以转子导体中有电流 i_2 通过。转子导体中的感应电动势方向由右手定则确定，这里可认为转子导体沿逆时针方向切割磁场，在 N 极下的转子导体感应电动势和电流是穿出纸面的（用⊙表示）；在 S 极下的转子导体感应电动势和电流是进入纸面的（用⊗表示）。转子导体电流与磁场相互作用产生电磁力 F，其方向可用左手定则确定。它对转子转轴产生一个顺时针方向的电磁转矩 T，驱动转子沿着旋转磁场的转向旋转，其转速用 n 表示，由此带动电机轴上连接的负载做功，输出机械能。

2. 转子的转速 n 和转差率 s

转子的转速就是三相异步电动机的转速。转子总是跟随定子旋转磁场而转动。好像转子的转速 n 和旋转磁场的转速 n_0 是相等的。其实两者在数值上存在微小的差别，即 n 总是略小于 n_0，否则转子与旋转磁场之间就没有相对运动，磁力线就不切割转子导体，转子的电动势、转子电流以及电磁力等均不存在。因此转子的转向与旋转磁场的方向虽然相同，但是转子的转速 n 与旋转磁场转速 n_0 之间必有差异，二者不能同步，而只能异步，这就是异步电动机名称的由来。通常把旋转磁场的转速 n_0 又叫作同步转速，把转子的转速 n 叫作异步转速。又因为转子导体的电流是由旋转磁场感应而来，所以又称为感应电动机。

通常把同步转速 n_0 与异步转速 n 的差值称为相对转速 Δn，两者之差 Δn 与同步转速 n_0 的比值叫作转差率 s，即滑差（slip）

$$s = \frac{\Delta n}{n_0} = \frac{n_0 - n}{n_0} \text{或} s = \frac{n_0 - n}{n_0} \times 100\% \tag{7-2-2}$$

转差率 s 是描绘异步电动机运行情况的一个重要物理量。电动机起动瞬间，$n=0$，$s=1$，转差率最大；空载运行时，转子转速最高，转差率 s 最小；额定负载运行时，转子转速较空载要低，故转差率较空载时大。一般情况下，额定转差率 $s_N=0.01\sim0.06$，用百分数表示则为 $s_N=1\%\sim6\%$。

式（7-2-2）也常表示为

$$n=(1-s)n_0 \tag{7-2-3}$$

式（7-2-3）表明，转子转速 n 比同步转速 n_0 小。

【例 7-2-1】 一台三相异步电动机，定子绕组接到频率 $f_1=50\text{Hz}$ 的三相对称电源上，已知它运行在额定转速 $n_N=960\text{r/min}$，求：

（1）该电动机的极对数 p 是多少？

（2）额定转差率 s_N 是多少？

解：（1）求极对数 p。

异步电动机额定运行时，转差率 s 较小，一般不超过 0.05。现根据电动机的额定转速 $n_N=960\text{r/min}$，便可判断出它的旋转磁场的转速为 $n_0=1000\text{r/min}$，于是

$$p=\frac{60f_1}{n_0}=\frac{60\times50}{1000}=3$$

（2）额定转差率为

$$s_N=\frac{n_0-n_N}{n_0}=\frac{1000-960}{1000}=0.04$$

第三节　三相异步电动机的电磁转矩与机械特性

电动机作为动力机械，其转轴上只输出两个物理量：电磁转矩（简称转矩）T 和转速 n。转矩 T 是三相异步电动机的最重要的物理量之一，T 与 n 之间的关系曲线叫作电动机的机械特性，它是电动机运行的重要特性。

一、电磁转矩

由异步电动机的物理过程可知，其电磁转矩的表达式为

$$T=k\Phi_m I_2\cos\varphi_2 \tag{7-3-1}$$

式中，k 是与电动机的结构有关的常数；Φ_m 是磁通的最大值；$I_2\cos\varphi_2$ 是转子的有功分量。把它们的参数代入可得电磁转矩的参数表达式为

$$T=k\frac{sR_2U_1^2}{R_2^2+(sX_{20})^2} \tag{7-3-2}$$

式中，T 为转矩（N·m）；U_1 为电源相电压（V）；R_2 为转子电路一相的电阻（Ω）；X_{20} 为转子静止时转子电路一相的感抗（Ω）；s 为转差率。

由上式可知，由于转矩 T 与相电压 U_1 的二次方成正比，所以电源电压是影响转矩的重要因素。例如，当电压降低到额定电压的 70%时，则转矩下降到原来的 49%。这是电动机的缺点之一。通常，当电源电压低于额定值的 85%时，就不允许异步电动机投入运行。

二、三相异步电动机的机械特性

在一定的电源电压 U_1、频率 f 和转子电阻 R_2 的条件下，转矩 T 和转差率 s 之间的关系 $T=f(s)$ 称为三相异步电动机的转矩特性。由式（7-3-2）可画出 $T=f(s)$ 曲线，如图 7-3-1 所

示。在电力拖动中，异步电动机的机械特性具有更为实际的意义。由 $n=(1-s)n_0$ 可知，转差率 s 与转速 n 之间存在确定的关系，可把 $T=f(s)$ 曲线变换成机械特性曲线 $n=f(T)$，如图 7-3-2 所示。

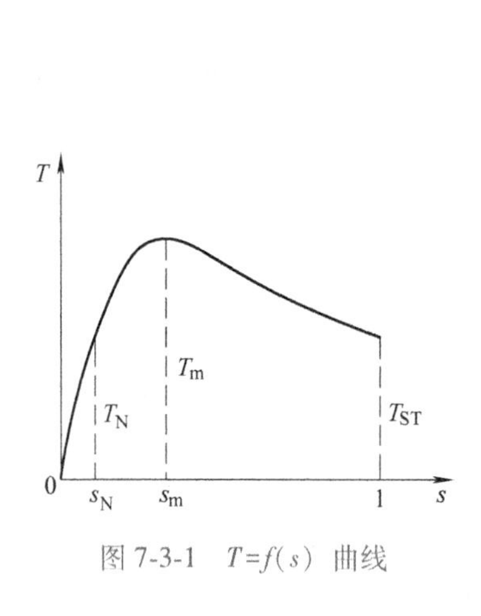

图 7-3-1　$T=f(s)$ 曲线

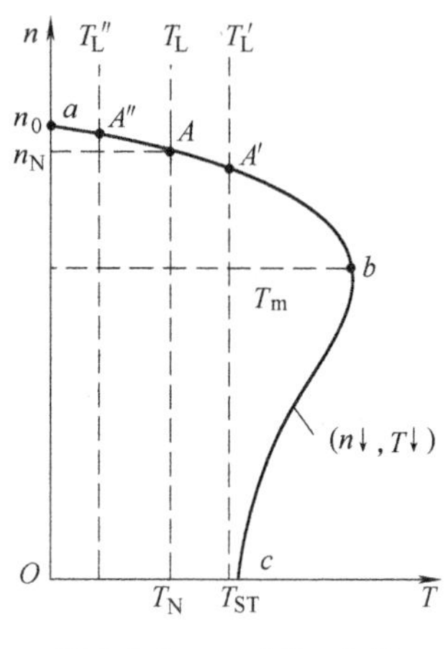

图 7-3-2　$n=f(T)$ 曲线

为了分析三相异步电动机的运行性能，在机械特性曲线上，通常要注意三种主要的运行状态。

1. 起动状态

起动状态是指电动机刚与电源接通，转子还未转动时的状态。此时对应于机械特性曲线上 $n=0$，$T=T_{ST}$ 点，转矩 T_{ST} 称为起动转矩。将 $s=1$ 代入式（7-3-2）可得

$$T_{ST}=k\frac{R_2U_1^2}{R_2^2+X_{20}^2} \tag{7-3-3}$$

可见起动转矩 T_{ST} 与 U_1 的二次方成正比。当电源电压因波动而使 U_1 降低时，起动转矩 T_{ST} 会显著减小，因而有可能使带负载的电动机不能起动。

在产品目录中，通常给出起动转矩 T_{ST} 与额定转矩 T_N 的比值 T_{ST}/T_N 来衡量电动机的起动能力。一般三相异步电动机的起动转矩不大，Y 系列异步电动机 $T_{ST}/T_N=1.4\sim2.2$。

2. 临界状态

最大转矩是电动机转矩的最大值。对应于最大转矩的转差率为 s_m，叫作临界转差率。

为求得最大转矩 T_m，可以把式（7-3-2）对 s 求导，并令 $\frac{dT}{ds}=0$，得

$$s_m=\frac{R_2}{X_{20}} \tag{7-3-4}$$

将式（7-3-4）代入式（7-3-2），即得最大转矩

$$T_m=k\frac{U_1^2}{2X_{20}} \tag{7-3-5}$$

由式（7-3-5）可见，电动机的最大转矩 T_m 与电源电压 U_1 二次方成正比，与转子电阻 R_2 无关。最大转矩 T_m 又称为临界转矩。因为在机械特性曲线上，点 b 是电动机稳定工作区 ab 和不稳定区 bc 的临界点。工作在 ab 段的电动机（见图 7-3-2），当负载转矩超过电动机的最大转矩 T_m 时，将沿 ab 段曲线减速，以增大 T，到达 b 点时，转矩达到 T_m，但仍小于负载

转矩，便沿 bc 段曲线继续减速。由于 bc 段是不稳定区，随着转速的下降，电动机的转矩也在减小，结果导致电动机的转速急剧下降而停止转动，发生所谓的堵转现象。此时电动机的电流就相当于起动时的电流（额定电流的 5~7 倍），电动机绕组将因过热而烧毁。

最大转矩也表示电动机短时容许过载能力。在产品目录中，过载能力是以最大转矩与额定转矩比值 T_m/T_N 的形式给出的，其比值叫作电动机的过载系数。对于 Y 系列异步电动机 $T_m/T_N = 2.0 \sim 2.2$。使用三相异步电动机时，应使负载转矩小于最大转矩，给电动机留有余地。

3. 额定工作状态

电动机轴上带动额定负载时的状态，称为额定工作状态，如图 7-3-2 的 A 点所示。此时 $n = n_N$，$s = s_N$，$T = T_N$，$T_N = T_L$，轴上输出额定功率 P_N。其中，s_N 称为额定转差率，n_N 称为额定转速，T_N 称为额定电磁转矩。

在电动机的名牌和产品目录中，通常给出电动机的额定输出功率 P_N 和额定转速 n_N，则由 $T_N = T_L$ 可得电动机的额定转矩为

$$T_N = \frac{P_N}{\omega} = \frac{P_N}{\frac{2\pi n_N}{60}} = \frac{60 \times 10^3}{2\pi} \times \frac{P_N}{n_N} = 9550 \frac{P_N}{n_N} \tag{7-3-6}$$

式（7-3-6）中，P_N 的单位是 kW，n_N 的单位是 r/min。注意，使用该式时单位不需再换算。

三相异步电动机一般都工作在机械特性曲线的 ab 段，而且能自动适应负载的变动。如图 7-3-2 中，设电动机工作在稳定状态下的点 A，此时有 $T_N = T_L$。下面讨论两种情况：

1）负载转矩增大时，负载转矩由 T_L 变为 T_L'，电动机的转矩小于负载转矩，即 $T_N < T_L'$ 于是电动机的转速 n 沿 Ab 段曲线下降。由这段曲线可见，随着转速 n 的下降，电动机的转矩 T 却在增大，当增大到与负载转矩相等，即 $T = T_L'$时，电动机就在新的稳定状态点 A'下运行，此时的转速比点 A 时低。

2）负载转矩减小时，负载转矩由 T_L 变为 T_L''，电动机的转矩大于负载转矩，即有 $T_N > T_L''$。于是电动机的转速沿 Aa 段曲线上升。随着转速 n 的上升，电动机的转矩 T 却在减小，当减小到与负载转矩相等，即 $T = T_L''$时，电动机又在新的稳定状态点 A''下运行，此时的转速比点 A 时高。

一般三相异步电动机的机械特性曲线上 ab 段的大部分均较平坦，虽然转矩 T 的范围很大，但转速的变化不大。这种特性叫作硬机械特性，简称硬特性，特别适用于一般金属切削机床等生产机械。

第四节 三相异步电动机的使用

一、起动

电动机从接通电源开始转动，转速逐渐上升直到稳定运转状态，这一过程为起动过程。起动过程所需时间很短，一般在几秒钟以内。电动机功率越大或带的负载越重，起动时间就越长。电动机能够起动的条件是起动转矩 T_{ST}必须大于负载转矩 T_L。

（一）起动性能

下面从起动时的电流和转矩两个方面来分析三相异步电动机的起动性能。

1. 起动电流

在起动开始瞬间（$n=0$，$s=1$），此时旋转磁场与静止的转子之间有着最大的相对转速（$\Delta n=n_0$），因而转子绕组感应出来的电动势和电流都很大。和变压器的道理一样，转子电流很大，定子电流也必然相应很大。这时定子绕组中的电流称为起动电流，其值约为额定电流的5~7倍。

电动机若不是频繁起动时，起动电流对电动机本身影响不大。因为起动时间很短（几秒钟），而且一经起动后转速很快升高上去，电流便很快减小了。若起动频繁，由于热量的积累对电动机有影响。因此在实际操作中尽可能不让电动机频繁起动（如用离合器将主轴与电动机轴相脱离）。但是起动电流对线路是有影响的。过大的起动电流将导致供电线路的电压在电动机起动瞬间突然降落，以至影响到同一线路上的其他电气设备的正常工作，如灯光的明显闪烁，正常运转的电动机的转速下降，某些电磁控制元件产生误动作等。

2. 起动转矩

电动机在起动时，尽管起动电流较大，但由于转子的功率因数很低，因此电动机的起动转矩实际上是不大的。一般异步电动机的起动转矩是额定转矩的1.4~2.2倍。

由上述可知，三相异步电动机起动性能是较差的——起动电流大，起动转矩小。

（二）起动方法

三相笼型异步电动机常用的有直接起动和减压起动两种方法。

1. 直接起动（全压起动）

电动机用额定电压起动时称为全压起动或直接起动。一台三相异步电动机能否直接起动，有相应的规定。其主要原则是：电动机的起动电流在供电线路上引起的电压损失是在允许的范围内。这样才不会明显影响同一线路上其他电气设备和照明负载的工作。一般20~30kW以下的异步电动机可以采用直接起动方法。

2. 减压起动

对于较大容量的三相异步电动机来说，其起动电流较大，且起动时间长，因此常用减压起动。

减压起动的主要目的就是减少起动电流，以解决其对电网电压的影响和频繁起动的电动机过热问题。但它同时又降低了起动转矩，所以只适用于空载或轻载起动。起动时降低定子电压，起动后再恢复到额定电压运行。笼型三相异步电动机的减压起动常采用以下两种方法：

（1）星形-三角形（Y-△）换接减压起动　Y-△换接减压起动方法只适用于电动机的定子绕组在正常工作时连接成三角形的情况。起动时，把定子三相绕组先连接成星形，待起动后转速接近额定转速时，再将定子绕组换接成三角形。

设定子每相绕组的等效阻抗为$|Z|$，电源线电压为U_1。当绕组连接成Y起动时，如图7-4-1a所示，其起动电流为

$$I_{STY}=\frac{U_{PY}}{|Z|}=\frac{U_1/\sqrt{3}}{|Z|}$$

当绕组连接成△起动时，如图7-4-1b所示，其起动电流为

$$I_{ST\triangle}=\sqrt{3}I_{P\triangle}=\sqrt{3}\ \frac{U_1}{|Z|}$$

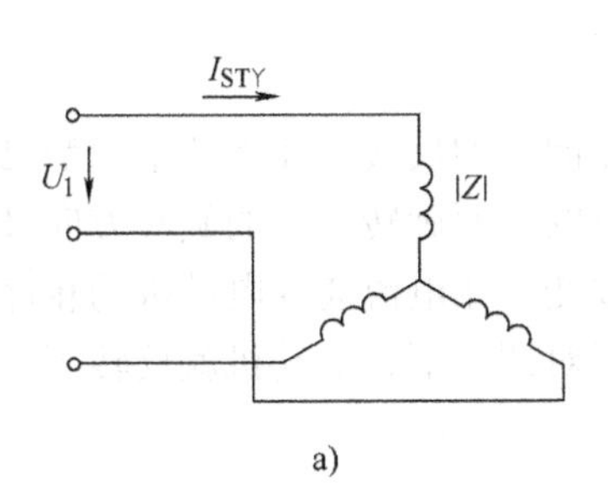

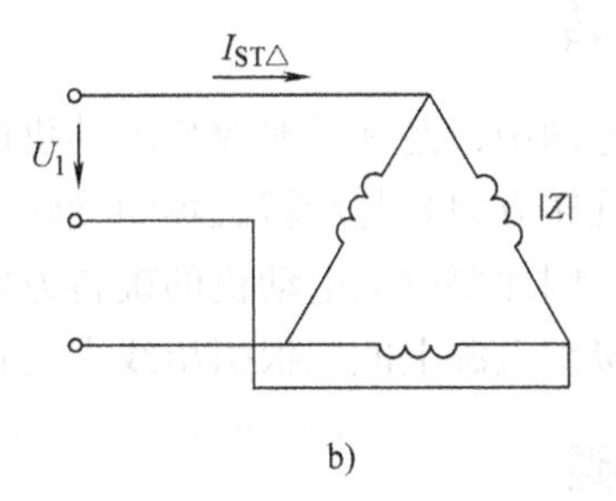

图 7-4-1 Y-△换接减压起动时的起动电流

a）Y接起动 b）△接起动

两种接法的起动电流之比为

$$\frac{I_{STY}}{I_{ST\triangle}}=\frac{U_1/\sqrt{3}\,|Z|}{\sqrt{3}\,U_1/|Z|}=\frac{1}{3} \tag{7-4-1}$$

可见定子绕组连接成Y联结时，每相绕组上的电压降低到正常工作电压的 $1/\sqrt{3}$，而起动电流只有连接成△形直接起动时的 1/3。

由于电动机转矩与电源电压的二次方成正比，连接成Y起动时，定子绕组相电压只有△形联结时的 $1/\sqrt{3}$，所以起动转矩也降低，只有直接起动时的 1/3，即有

$$T_{STY}=\frac{1}{3}T_{ST\triangle} \tag{7-4-2}$$

由上述可知：电动机采用Y-△换接减压起动时，应当空载或轻载起动，然后再加上负载，电动机进入正常工作状态。

Y-△换接减压起动具有设备简单、维护方便、动作可靠等优点，应用较广泛，目前 Y 系列 4~100kW 的笼型三相异步电动机都为 380V、△联结，以便使用Y-△起动器减压起动。

（2）自耦变压器减压起动　电路如图 7-4-2 所示。自耦变压器减压起动适用于容量较大的或者正常运行时定子绕组连接成星形不能采用Y-△换接起动的笼型三相异步电动机。起动前把开关 Q_1 接通电源。起动时，把开关 Q_2 扳到起动位置，电动机定子绕组便接到自耦变压器的二次侧，于是电动机就在低于电源电压的条件下起动。当其转速接近额定转速时，再把开关 Q_2 扳到工作位置上，使电动机的定子绕组在额定电压下运行。

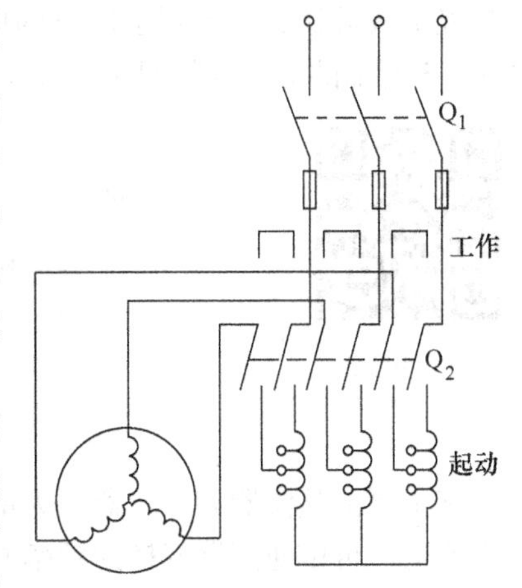

图 7-4-2 自耦变压器减压起动

自耦减压变压器上常备有 2~3 组抽头，输出不同的电压（如为电源电压的 80%、60%、40%），供用户选用。这种方法的优点是使用灵活，不受定子绕组接线方式的限制，缺点是设备笨重、投资大。减压起动的专用设备称为起动补偿器。

设自耦变压器的减压比为 $k=U_2/U_1<1$，其中 U_2 表示自耦变压器的输出电压。则可以得出起动电流和起动转矩都是直接起动时的 k^2 倍。同样必须强调，只有在满足 k^2T_{ST}的条件下，才可采用这种方法。

二、反转

在电力拖动中，经常需要改变电动机的旋转方向，即反转。在本章第二节已经指出，异步电动机的旋转方向是与旋转磁场的旋转方向一致的，而旋转磁场的旋转方向又决定于三相电流的相序，因此要改变电动机的旋转方向只需改变三相电流通入电动机的相序。实际上只要把电动机接到电源上的三根引出线中的任意两根对调一下，电动机就反转了。

三、调速

电动机的调速，就是指电动机在一定负载下，用人为的方法改变它的转速，以满足生产过程的需要。

异步电动机的转速公式为

$$n=(1-s)n_0=(1-s)\frac{60f_1}{p}$$

可见，改变异步电动机转速的方法有：改变磁极对数 p、改变电源频率 f_1 和改变转差率 s。

1. 变极调速

改变磁极对数进行调速，在前面已经讨论过，它取决于定子绕组的布置和连接方式。但是普通电动机的极对数已经固定，不能再用改变极对数的方法进行调速。为了调速只能选用多速电动机。常见的多速电动机有双速、三速、四速几种。由于磁极数只能成对改变，所以这种方法是有级调速。

2. 变频调速

变频调速是通过改变笼型异步电动机定子绕组的供电频率 f_1 来改变同步转速 n_0 而实现调速的。如能均匀地改变供电频率 f_1，则电动机的同步转速 n_0 及电动机的转速 n 均可以平滑地改变。在交流异步电动机的诸多调速方法中，变频调速的性能最好，其特点是调速范围大、稳定性好、运行效率高。目前已有多种系列的通用变频器问世，由于使用方便，可靠性高且经济效益显著，得到了广泛的应用。近年来变频调速技术发展很快，目前主要采用如图 7-4-3 所示的通用变频调速装置。

逆变电路

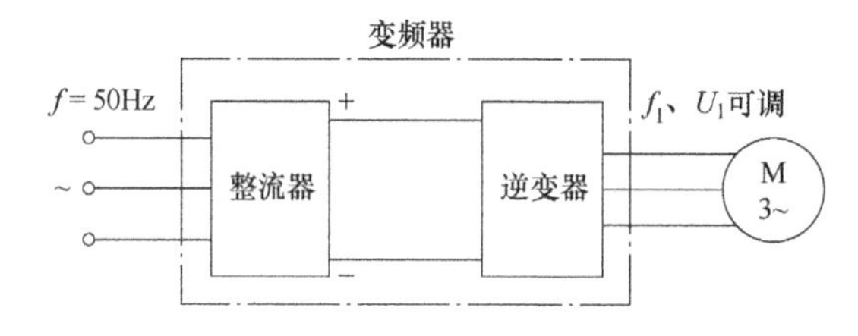

图 7-4-3　变频调速装置原理图

它主要由整流器和逆变器两大部分组成。整流器先将频率 f 为 50Hz 的三相交流电变换为直流电，再由逆变器变换为频率 f_1 可调、电压有效值 U_1 也可调的三相交流电，供给三相笼型电动机。由此可使电动机达到无级调速，并具有较好的机械特性。

四、制动

阻止电动机转动，使之减速或停车的措施称为制动。因为电动机的转动部分具有惯性，所以把电源切断后，电动机还会继续转动一定时间然后停止。因此在要求电动机迅速停转或准确停在某一位置，以满足工艺要求，缩短辅助工作，提高生产机械的生产率时，都需要采取制动措施。制动措施有机械制动和电气制动两种。电气制动有以下几种方式：

1. 能耗制动

当电动机与交流电源断开后，立即给定子绕组通入直流电流，如图 7-4-4 所示，将开关由运行位置转换到制动位置，这样将建立一个静止的磁场（$n_0=0$），而电动机由于惯性作用继续沿原方向转动。由右手定则和左手定则不难确定这时的转子电流与固定磁场相互作用产生的转矩的方向和电动机转动的方向相反，因而起制动的作用，使电动机迅速停车。这种制动过程，是将转子的动能转换为电能，再消耗在转子绕组电阻上，所以称为能耗制动。

2. 反接制动

反接制动是在电动机停车时，将其所接的三根电源中任意两根对调，如图 7-4-5 所示，开关由上方（运行状态）合到下方（制动状态），使加在电动机定子绕组中的电源相序改变，旋转磁场反向旋转，产生与原来方向相反的电磁转矩，这对由于惯性作用仍沿原方向旋转的电动机起到制动作用。当电动机转速接近零时，利用测速装置及时将电源自动切断，否则电动机将反转。由于反接制动时，转子以（$n+n_0$）的速度切割旋转磁场，因而定子及转子绕组中的电流较正常运行时大十几倍，为保护电动机不致过热而烧毁，反接制动时应在定子电路中串入电阻限流。

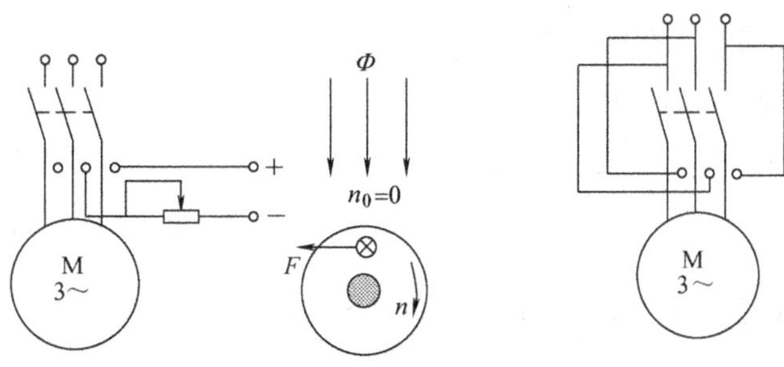

图 7-4-4 能耗制动

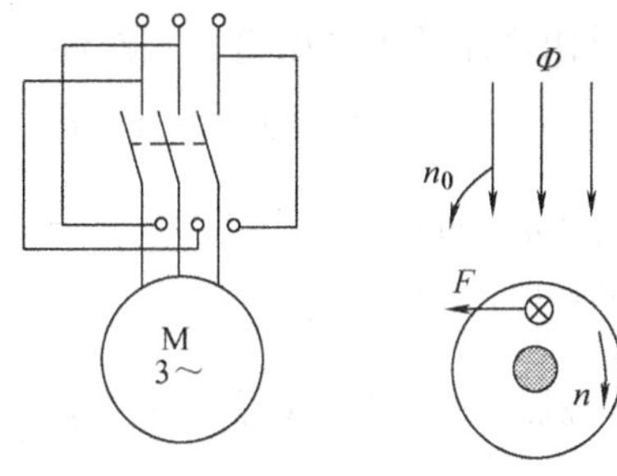

图 7-4-5 反接制动

3. 发电反馈制动

当转子的实际转速 n 超过旋转磁场的转速 n_0 时，电磁转矩会和原方向相反，也是制动的。

当起重机载物下降时，由于物体的重力加速度作用，会导致电动机的转速 n 大于旋转磁场的转速 n_0，电动机产生的电磁转矩是与转向相反的制动转矩。实际上这时电机已进入发电机运行状态，将重物的势能转换为电能而反馈到电网里去，所以称为发电反馈制动。另外，将多速电动机从高速调到低速的过程中，也会发生这种制动。因为刚将极对数 p 加倍时，磁场转速立即减半（由 $n_0=\dfrac{60f_1}{P}$ 可知），但由于惯性，转子的转速只能逐渐下降，因此就会出现 $n>n_0$ 的情况。

第五节 三相异步电动机的铭牌和技术数据

电动机制造厂按照国家标准，根据电动机的设计和试验数据而规定的每台电动机的正常运行状态和条件，称为电动机的额定运行情况。表征电动机额定运行情况的各种数值称为电动机的额定值。额定值一般标记在电动机的铭牌和产品说明书上。要正确使用电动机，就应当掌握电动机的铭牌和其他的一些主要数据。

一、铭牌

电动机的外壳上都有一块铭牌，以便用户按照这些数据使用电动机。现以 Y90L-4 型三相异步电动机的铭牌为例，说明各项内容的意义。其铭牌如下：

三相异步电动机		
型号 Y90L-4	功率 1.5kW	频率 50Hz
电压 380V	电流 3.65A	接法△
转速 1400r/min	温升 75℃	绝缘等级 B 级
防护等级 IP44	重量 24kg	工作方式 S_1
		××电机厂

1. 型号

按规定，电动机产品的型号，一律采用大写印刷体汉语拼音字母和阿拉伯数字表示。根据型号可以看出产品的不同用途、工作环境等。例如，

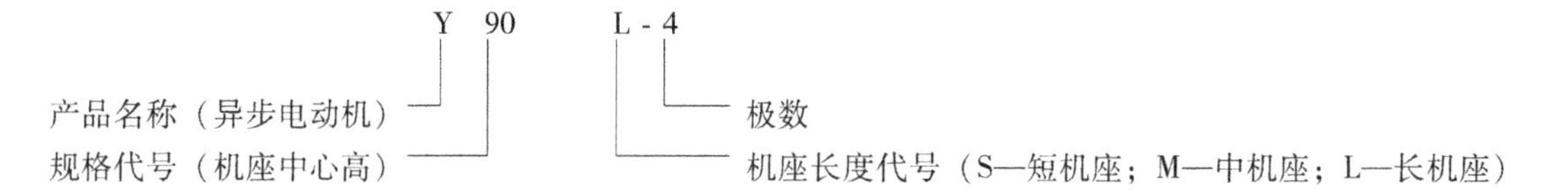

异步电动机的产品名称代号及其汉字意义摘录于表 7-5-1 中。

表 7-5-1　异步电动机产品名称代号及其汉字意义

产品名称	新代号	汉字意义	老代号
异步电动机	Y	异	J、JO
绕线转子异步电动机	YR	异绕	JR、JRO
防爆型异步电动机	YB	异爆	JB、JBS
高起动转矩异步电动机	YQ	异起	JQ、JQO

2. 功率

铭牌上的功率值是指电动机在额定情况下运行时轴上输出的机械功率，又称为额定容量，用 P_N 表示，单位为千瓦（kW）。

3. 电压和连接法

电动机铭牌上的电压值是指电动机额定运行时定子绕组应加的线电压。连接法是指定子绕组的连接方式。我国生产的 Y 系列中，小型异步电动机的额定功率大于 3kW 的，额定电压为 380V，绕组为△联结；额定功率在 3kW 及以下的，额定电压为 380V/220V，绕组为 Y-△联结（即电源线电压为 380V 时，电动机绕组为星形联结；电源线电压为 220V 时，电动机绕组为三角形联结）。

一般三相异步电动机的接线盒中有6根引出线，若标有 A_1、B_1、C_1 标号的为三相绕组的始端，则 A_2、B_2、C_2 为绕组的末端。这6根引出线在接电源之前，相互间必须正确连接。接线盒中星形联结或三角形联结如图7-5-1所示。

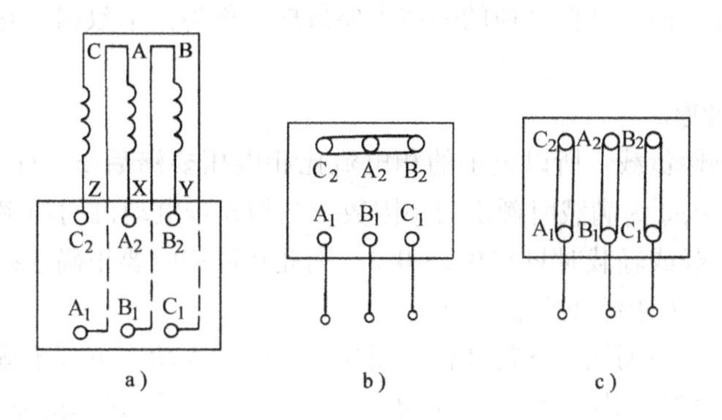

图7-5-1 定子绕组的星形联结和三角形联结

4. 电流

铭牌上的电流值是指电动机运行于额定状态时定子绕组的线电流。对上面列出的Y90L-4型三相异步电动机来说，就是在额定电压380V、△联结、频率为50Hz、输出额定功率1.5kW时，定子绕组的线电流为3.65A。

5. 转速

铭牌上给出的转速值是指电动机运行额定状态时的转速，又称额定转速。由于生产机械对转速的要求不同，需要生产不同磁极数的异步电动机，因此有不同的转速等级。最常用的是具有四个极的异步电动机（$n_0 = 1500$r/min）。

6. 温升

电动机的温升是指它的绕组在运行过程中因功率损耗引起发热而升高的容许温度。温升过高将加速绝缘材料的老化，缩短电动机的使用寿命。Y90L-4型电动机的温升75℃就是比环境温度高出的容许值。这样，该电动机运行时绕组的容许温度就是40℃+75℃=115℃。

7. 绝缘等级

绝缘等级是按电动机绕组所用的绝缘材料容许的极限温度来分级的。所谓的极限温度是指电动机绝缘结构中最热点的最高容许温度。超过极限温度时绝缘材料就会加速老化变质，缩短寿命，甚至烧毁电动机。其技术数据见表7-5-2。

表7-5-2 绝缘材料的绝缘等级和极限温度

绝缘等级	A	E	B	F	H
极限温度/℃	105	120	130	155	180

8. 防护等级

防护等级是电动机外壳防护形式的分级。当电动机工作时，需要防护，以免灰尘、固体物和水滴进入电动机。Y90L-4型电动机铭牌上的IP44表示该电动机的机壳防护为封闭式。封闭式电动机应用极广，用于无特殊要求的生产机械上。

9. 工作方式

工作方式反映异步电动机的运行情况，可分为三种基本方式：连续运行（代号 S_1）、短时运行（S_2）和断续运行（S_3）。

二、技术数据

除了铭牌数据外，还要掌握其他的一些主要数据，称为技术数据。它可以从产品目录或电工手册上查到。

1. 功率因数和效率

因为电动机是感性负载，所以定子的相电流比相电压要滞后 φ。称 $\cos\varphi$ 为定子电路的功率因数，其中称 $\cos\varphi_N$ 为满载时额定功率因数。三相异步电动机的功率因数很低，额定负载时为 0.7~0.9，空载或轻载时只有 0.2~0.3。因此在使用时要正确选择电动机的容量，防止“大马拉小车”，并力求缩短空载的时间。

由于电动机本身存在铜耗、铁耗及机械损耗，所以输入功率不等于输出功率。电动机的效率 η_N 是电动机满载时输出功率与输入功率之比。电动机铭牌标的是额定输出机械功率 P_N，设输入功率为 P_1，则

$$\eta_N = \frac{P_N}{P_1} \tag{7-5-1}$$

$$P_1 = \sqrt{3} U_{1N} I_{1N} \cos\varphi_N \tag{7-5-2}$$

2. 堵转电流

三相异步电动机的定子电路与电源接通，旋转磁场形成，而转子卡住没有转动起来的状态叫作堵转，此时定子电路从电网取用的线电流称为堵转电流。由于堵转状态与电动机起动状态相同，所以堵转电流等于起动电流 I_{ST}。技术数据中给出的是电动机在额定电压时，堵转电流与额定电流 I_N 的比值 I_{ST}/I_N。由此比值可算出电动机的堵转电流（即起动电流）。

3. 堵转转矩与最大转矩

在堵转状态下电动机轴上的输出转矩称为堵转转矩，此时堵转转矩与起动转矩 T_{ST} 相等。技术数据中给出的是电动机在额定电压时，堵转转矩和最大转矩分别对额定转矩的比值。由此可算出起动转矩和最大转矩。

【例 7-5-1】 已知 Y132S-4 型三相异步电动机的额定技术数据如下：

功率/kW	转速/(r/min)	电压/V	效率	功率因数	I_{st}/I_N	T_{st}/T_N	T_{max}/T_N
5.5	1440	380	85.5%	0.84	7	2.2	2.2

电源频率为 50Hz。试求额定状态下的转差率 s_N，电流 I_N 和转矩 T_N，以及起动电流 I_{st}，起动转矩 T_{st}，最大转矩 T_{max}。（电动机为三角形联结）

解：（1）因为 $n_N = 1440\text{r/min}$

可判定同步转速

$$n_0 = 1500\text{r/min}$$

则磁极对数为

$$p = \frac{60f_1}{n_0} = \frac{60\times 50}{1500} = 2$$

额定转差率

$$s_N=\frac{n_0-n}{n_0}=\frac{1500-1440}{1500}=0.04$$

（2）额定电流指定子线电流，即

$$I_N=\frac{P_N}{\sqrt{3}U_N\eta\cos\varphi}=\frac{5.5\times10^3}{1.73\times380\times0.84\times0.855}A=11.6A$$

（3）额定转矩

$$T_N=9550\frac{P_N}{n_N}=9550\times\frac{5.5}{1440}N\cdot m=36.5N\cdot m$$

式中，P_N 的单位为 kW。

（4）起动电流

$$I_{st}=7\times11.6A=81.2A$$

（5）起动转矩

$$T_{st}=2.2\times36.5N\cdot m=80.3N\cdot m$$

（6）最大转矩

$$T_{max}=2.2\times36.5N\cdot m=80.3N\cdot m$$

【例 7-5-2】　某四极三相异步电动机的额定功率为 30kW，额定电压为 380V，三角形联结，频率为 50Hz。在额定负载下运行时，其转差率为 0.02，效率为 90%，线电流为 57.5A，并已知 $T_{st}/T_N=1.2$，$I_{st}/I_N=7$。如果采用自耦变压器减压起动，而使电动机的起动转矩为额定转矩的 85%，试求：（1）自耦变压器的变比；（2）电动机的起动电流和线路上的起动电流各为多少？

解：电动机的额定转速

$$n_N=(1-s)n_0=(1-0.02)\times1500r/min=1470r/min$$

额定转矩

$$T_N=9550\times\frac{30}{1470}N\cdot m=194.9N\cdot m$$

（1）采用自耦变压器减压起动，而使起动转矩为额定转矩的 85%，即

$$T'_{st}=194.9\times85\%N\cdot m=165.7N\cdot m$$

而直接起动时

$$T_{st}=1.2T_N=1.2\times194.9N\cdot m=233.9N\cdot m$$

因起动转矩与电压的二次方成正比，故变压器的电压比为

$$K=\sqrt{\frac{T_{st}}{T'_{st}}}=\sqrt{\frac{233.9}{165.7}}=1.19$$

（2）电动机的起动电流即为起动时自耦变压器二次侧的电流

$$I'_{st}=\frac{I_{st}}{K}=\frac{7\times57.5}{1.19}A=338.2A$$

线路上的起动电流即为起动时自耦变压器一次侧的电流

$$I''_{st}=\frac{I'_{st}}{K}=\frac{338.2}{1.19}A=284.2A$$

第六节　单相异步电动机

由单相交流电源供电的异步电动机就是单相异步电动机。单相异步电动机的构造与三相异步电动机的相似，转子也是笼型，定子绕组也放置在定子槽内，只是其定子绕组是单相的。单相异步电动机在小型工业装置和家用电器中的应用十分广泛，如小型鼓风机、空气压缩机、医疗器械、自动化仪表设备、电动工具、洗衣机、电冰箱等。它的功率一般在1kW以下。

一、起动方法

由于单相异步电动机本身没有起动转矩，所以必须增加起动装置。常用的起动方法有电容式起动和罩极式起动。

1. 电容式起动

电容式起动的原理如图7-6-1所示。

单相异步电动机的实际应用

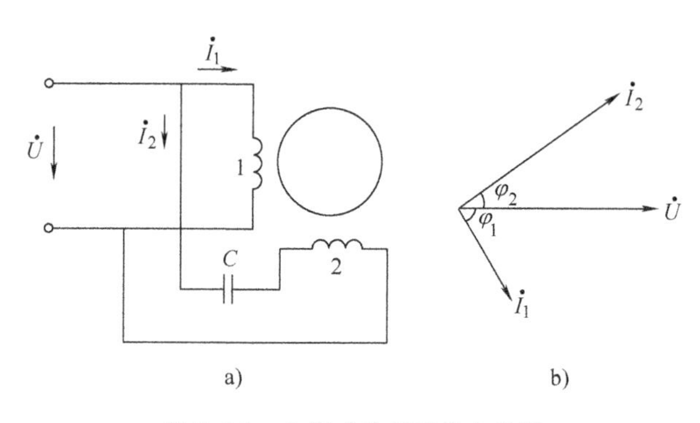

图7-6-1　电容式单相异步电动机
1—工作绕组　2—起动绕组

在单相异步电动机的定子内，除原来的绕组（称为工作绕组或主绕组）外，再加一个起动绕组（副绕组），两者在空间相差90°。接线时，起动绕组串联一个电容器，然后与工作绕组并联接于交流电源上。选择适当的电容量，可使两绕组电流的相位差为90°。这样，在相位上相差90°的电流通入在空间上也相差90°的两个绕组后，产生的磁场也是旋转的（分析方法与三相异步电动机旋转磁场的分析方法相同）。于是，电动机便转动起来。电动机转动起来之后，起动绕组可以留在电路中，也可以利用离心式开关或电压、电流型继电器把起动绕组从电路中切断。按前者设计制造的叫作电容运转电动机，适用于各种空载起动的机械，如电风扇和医疗器械等；按后者设计制造的叫作电容起动电动机，适用于各种满载起动的机械，如空气压缩机、电冰箱等。

图7-6-2所示为家用洗衣机原理电路图。目前国产洗衣机一般采用电容起动电动机，额定功率为80~120W。图中的A与B为电动机的主、副绕组（它们互为起动绕组，结构与参数完全一致）；S_1与S_2为定时开关。定时后，S_1闭合与电源接通，S_2则分别与A、B两个绕组定时轮流接通，以实现

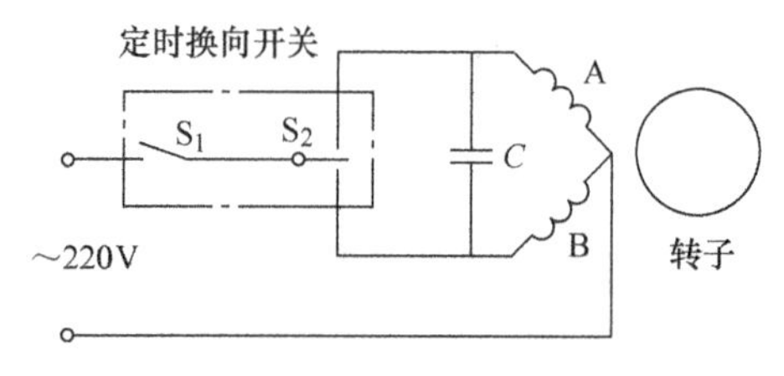

图7-6-2　家用洗衣机原理图

电动机的正转和反转。

2. 罩极式起动

罩极式单相异步电动机的结构如图 7-6-3 所示。单相工作绕组绕在磁极上，磁极的 1/3~1/4 处套着一个短路铜环。这个短路铜环相当于起动绕组，其工作原理如图 7-6-4 所示。

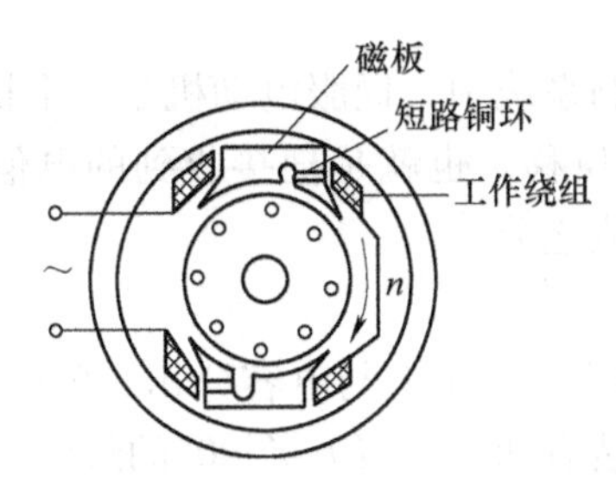

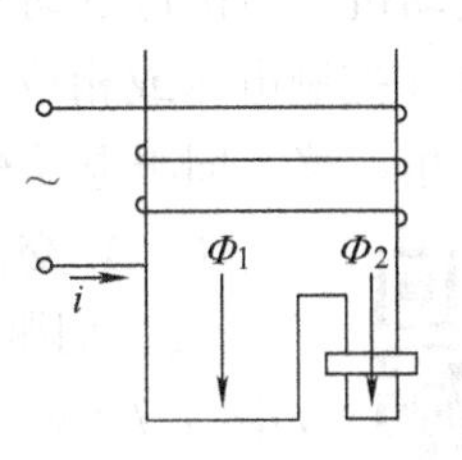

图 7-6-3 罩极式单相异步电动机结构示意图　　图 7-6-4 工作原理图

在图 7-6-4 中，Φ_1 是励磁电流 i 产生的磁通，Φ_2 是 i 产生的另一部分磁通（穿过短路铜环）和短路铜环中的感应电流所产生的磁通的合成磁通。由于短路环中的感应电流阻碍穿过短路环磁通的变化，使 Φ_1 和 Φ_2 之间产生相位差，Φ_2 滞后于 Φ_1。当 Φ_1 达到最大值时，Φ_2 尚小；而当 Φ_1 减小时，Φ_2 才增大到最大值。这相当于在电动机内形成一个由未罩部分向被罩部分移动的磁场，它便使笼型电动机转子产生转矩而起动。

罩极式电动机结构简单，工作可靠，但起动转矩较小，常用于对起动转矩要求不高的设备中，如风扇、吹风机等电器中。

二、三相异步电动机的单相状态

三相异步电动机定子电路的三根电源线，如果断了一根（如该相电源的熔断器熔断），就相当于单相异步电动机运行。有两种情况：

（1）起动时断了一线　此时三相异步电动机为单相起动。转子不能转动，致使转子电流和定子电流很大。

（2）工作时断了一线　此时三相异步电动机为单相运行。电动机虽仍能转动，但电流将超过额定值。

这两种情况下，电动机均会因过热而遭致损坏。为避免发生单相起动和单相运行，最好给三相异步电动机配备“断相保护”装置。电源线一旦断路（即断相），保护装置可以立即将电源切断，并发出断相信号。

第七节　控 制 电 机

随着自动控制系统和计算装置发展的需要，在一般旋转电动机的基础上，研制开发了多种直径小于 160mm 或额定功率小于 750W 或具有特殊性能、特殊用途的电动机，统称为控制电动机或微特电动机。在基本原理上，它们和一般旋转电动机没有什么根本区别，但是主要作用却有很大的差异。一般电动机主要任务是能量的转换。而对控制电动机来说，能量的转换是次要的，其主要任务是转换和传递控制信号。由于控制电动机具有转动惯量小、响应快、精度高、可靠性高等特点，因此在国民经济和国防现代化建设中应用十分广泛。

控制电动机的类型很多，主要有直流伺服电动机、交流伺服电动机、步进电动机、直线电动机、直接驱动力矩电动机、非电磁原理的电动机和位置、速度传感器等。本节介绍常用的两种。

一、伺服电动机

伺服电动机又叫执行电动机，在自动控制系统中，伺服电动机是一个执行元件，它的作用是把信号（控制电压或相位）变换成机械位移，也就是把接收到的电信号变为电动机的一定转速或角位移。伺服电动机有直流和交流之分。

永磁同步电机

（一）交流伺服电动机

交流伺服电动机定子的构造基本上与电容分相式单相异步电动机相似，如图7-7-1所示。其定子上装有两个位置互差90°的绕组，一个是励磁绕组 W_E，它始终接在交流电压 U_f 上；另一个是控制绕组 W_C，连接控制信号电压 U_c。所以交流伺服电动机又是一种特殊的两相异步电动机。

目前应用较多的转子结构有两种形式：一种是采用高电阻率的导电材料做成的高电阻率导条的笼型转子，为了减小转子的转动惯量，转子做得细长；另一种是采用铝合金制成的空心杯形转子，杯壁很薄，仅0.2~0.3mm，为了减小磁路的磁阻，要在空心杯形转子内放置固定的内定子，如图7-7-2所示。

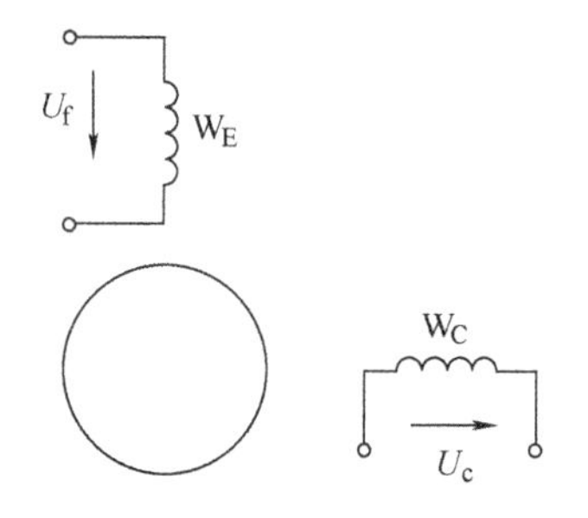

图7-7-1　交流伺服电动机原理图

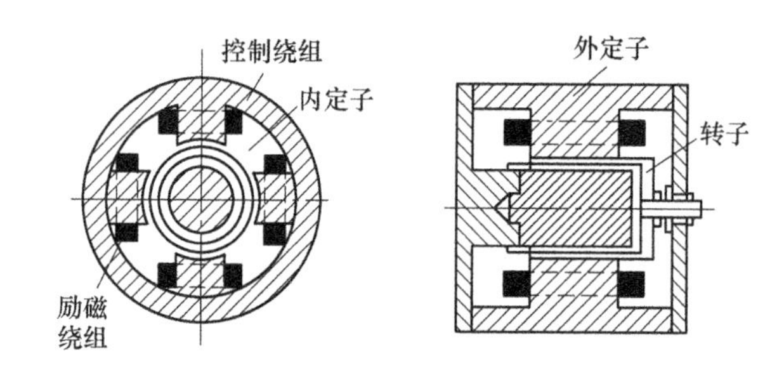

图7-7-2　空心杯形转子伺服电动机结构图

交流伺服电动机在没有控制电压时，定子内只有励磁绕组产生的脉动磁场，转子静止不动。当有控制电压时，定子内便产生一个旋转磁场，转子沿旋转磁场的方向旋转，在负载恒定的情况下，电动机的转速随控制电压的大小而变化，当控制电压的相位相反时，伺服电动机将反转。交流伺服电动机的工作原理与分相式单相异步电动机虽然相似，但前者的转子电阻比后者大得多，所以伺服电动机与单机异步电动机相比，有三个显著特点：

1. 起动转矩大

由于转子电阻大，其转矩特性曲线如图7-7-3中曲线1所示，与普通异步电动机的转矩特性曲线2相比，有明显的区别。它可使临界转差率 $s_0>1$，这样不仅使转矩特性（机械特性）更接近于线性，而且具有较大的起动转矩。因此，当定子一有控制电压，转子立即转动，即具有起动快、灵敏度高的特点。

图7-7-3　伺服电动机的转矩特性

2. 运行范围较宽

如图7-7-3所示，转差率 s 在0~1的范围内伺服电动机都能稳定运转。

3. 无自转现象

正常运转的伺服电动机，只要失去控制电压，电动机立即停止运转。当伺服电动机失去控制电压后，它处于单相运行状态，由于转子电阻大，定子中两个相反方向旋转的旋转磁场与转子作用所产生的两个转矩特性（T_1-s_1、T_2-s_2 曲线）以及合成转矩特性（T-s 曲线）如图 7-7-4 所示，与普通的单相异步电动机的转矩特性（图中 T'-s 曲线）不同。这时的合成转矩 T 是制动转矩，从而使电动机迅速停止运转。

图 7-7-5 所示是伺服电动机单相运行时的机械特性曲线。负载一定时，控制电压 U_c 越高，转速也越高。在控制电压一定时，负载增加，转速下降。

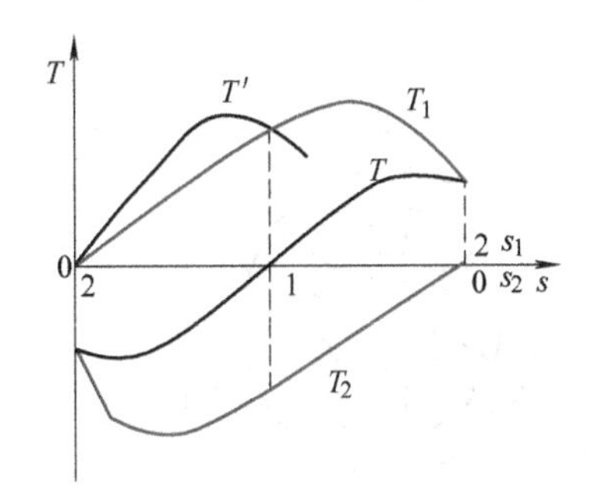

图 7-7-4 伺服电动机单相运行时的转矩特性

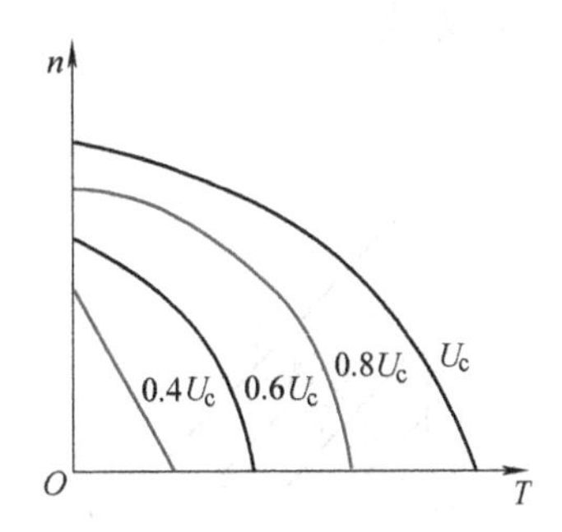

图 7-7-5 伺服电动机单相运行时的机械特性

交流伺服电动机的输出功率一般是 0. 1～100W。当电源频率为 50Hz 时，电压有 36V、110V、220V、380V；当电源频率为 400Hz 时，电压有 20V、26V、36V、115V 等多种。

交流伺服电动机运行平稳、噪声小。但控制特性是非线性的，并且由于转子电阻大，损耗大，效率低，因此与同容量直流伺服电动机相比，体积大、重量重，所以只适用于 0. 5～100W 的小功率控制系统。

（二）直流伺服电动机

直流伺服电动机的结构和一般直流电动机一样，只是为了减小转动惯量而做得细长一些。它的励磁绕组和电枢分别由两个独立电源供电。也有永磁式的，即磁极是永久磁铁。通常采用电枢控制，就是励磁电压 U_f 一定，建立的磁通量 Φ 也是定值，而将控制电压 U_c 加在电枢上，其接线图如图 7-7-6 所示。

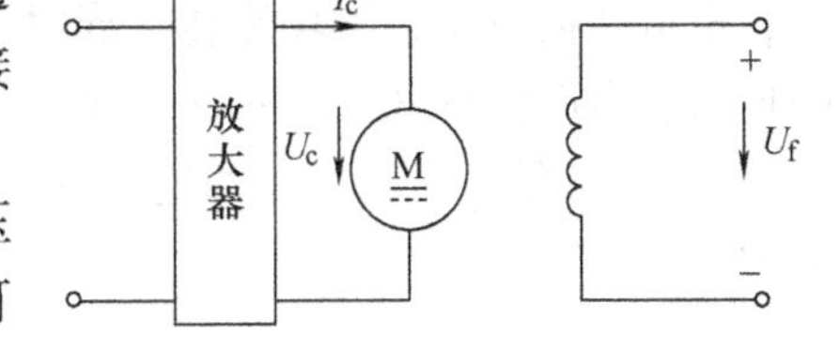

图 7-7-6 直流伺服电动机接线图

图 7-7-7 所示是直流伺服电动机在不同控制电压下（U_c 为额定控制电压）的机械特性曲线。由图可见：在一定负载转矩下，当磁通不变时，如果升高电枢电压，电动机的转速就升高；反之，降低电枢电压，转速就下降；当 $U_c=0$ 时，电动机立即停转。要电动机反转，可改变电枢电压的极性。

直流伺服电动机通常应用于功率稍大的系统中，其输出功率一般为 1～600W。

二、步进电动机

步进电动机是一种将电脉冲转化为角位移的执行机构。当步进驱动器接收到一个脉冲信号，它就驱动步进电动机按设定的方向转动一个固定的角度（称为“步距角”），它的旋转是以固定的角度一步一步运行的。可以通过控制脉冲个数来控制角位移量，从而达到准确定位的目的；同时可以通过控制脉冲频率来控制电动机转动的速度和加速度，从而达到调速的目的。步进电动机可以作为一种控制用的特种电动机，利用其没有积累误差（精度为100%）的特点，在数控技术、自动记录设备、电子计时设备中应用甚广。

步进电动机按其工作原理有反应式、永磁式和永磁感应式等。下面以反应式为例，介绍其工作原理。

图7-7-8所示为三相反应式步进电动机，定子和转子都是由硅钢片叠成的。定子有六个磁极，每个磁极上都有励磁绕组，每两个相对磁极组成一相。转子有四个极，没有绕组。根据绕组的通电方式不同，步进电动机每接收一个脉冲时旋转的角度也不同。以下介绍单三拍和六拍通电方式。

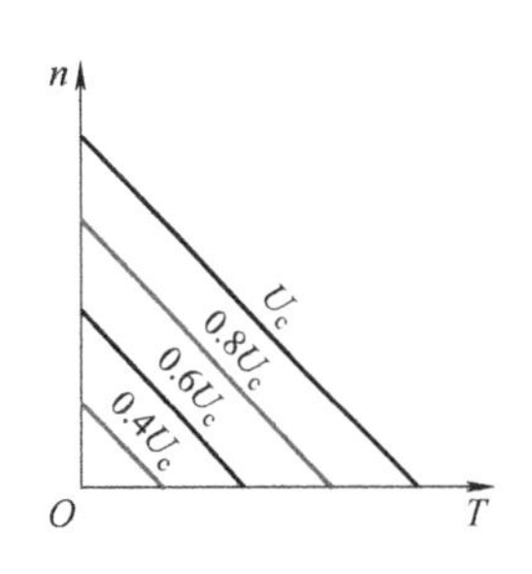

图7-7-7　直流伺服电动机的机械特性

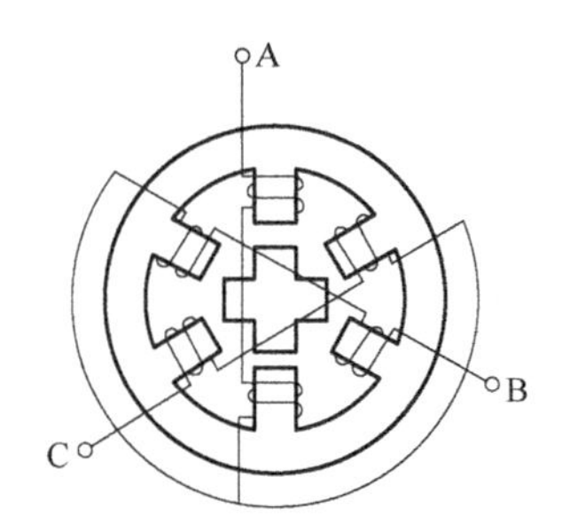

图7-7-8　反应式步进电动机的结构示意图

（一）单三拍

步进电动机单三拍工作时，定子的三相绕组依次通电，每次只一相通电，另两相不通电。设A相先通电，产生A-A′轴线方向的磁通，并通过转子形成闭合磁路，此时A、A′就成为电磁铁的N、S极。在定子磁场的作用下，转子的一对齿便会转到与A、A′对齐的位置，如图7-7-9a所示，这样可以使磁路的磁阻最小。当B相通电时，转子顺时针方向转过30°。它的齿便会与B、B′对齐，如图7-7-9b。当C相通电时，转子又顺转30°，如图7-7-9c，它的一对齿与C、C′对齐。若控制脉冲信号一个接一个地发来，定子绕组按A—B—C—A…的顺序轮流通电，则转子按顺时针方向一步一步地转动。每一步的转角（称为步距角）为30°，电流转换三次，磁场旋转一周时，转子前进的角度（称为齿距角）为90°。若定子绕组通电的顺序为A—C—B—A…，则电动机按逆时针方向转动。从定子一相绕组到另一相绕组通电称为一拍。所以上述的通电方式称为“单三拍”，所谓“单”指的是每次只有一个绕组单独通电。

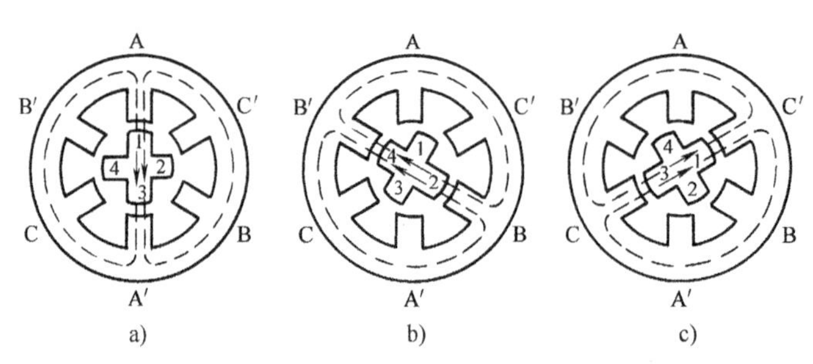

图7-7-9　单三拍通电方式时转子的位置

a）A相通电　b）B相通电　c）C相通电

（二）六拍

若定子绕组按 A—(A、B)—B—(B、C)—C—(C、A)—A…的顺序通电时，则转子便顺时针方向一步一步地转动，步距角为 15°。电流转换六次，磁场旋转一周，转子前进了一个齿距角。如果改变定子绕组的通电顺序，则转子可逆时针方向转动。这种通电方式称为步进电动机的六拍方式。

本章小结

具体内容请扫描二维码观看。

第七章小结

习 题

7-1 异步电动机定子绕组通电产生的旋转磁场转速与电动机的极对数有何关系？为什么异步电动机工作时的转子转速总是小于同步转速？

7-2 异步电动机在运行时，如果电源电压下降到 85%，最大转矩下降到多少？

7-3 三相异步电动机的最大转矩与转子电阻有没有关系？

7-4 单相异步电动机为何不能自行起动？一般采用哪些起动方法？

7-5 三相异步电动机的额定电流 I_N =(　　)。

(1) $\dfrac{P_N}{\sqrt{3}U_N\cos\varphi_N}$　　(2) $\dfrac{P_N}{\sqrt{3}U_N\eta_N\cos\varphi_N}$

(3) $\dfrac{P_1}{\sqrt{3}U_N\eta_N\cos\varphi_N}$　　(4) $\dfrac{P_1}{\sqrt{3}U_N\eta_N}$

7-6 一台三相 4 极异步电动机，接到 50Hz 的交流电源上，已知转子的转速为下列三种情况，求各种情况下的转差率 s。

(1) 1550r/min。

(2) 1350r/min。

(3) 0r/min。

7-7 一台三角形联结三相异步电动机在额定电压下起动时的起动电流为 300A，现采用星-三角换接减压起动，求起动电流 I_{st}。

7-8 三相异步电动机在额定电压下运行，若所带的负载转矩减小，稳定运行后电动机的输出转矩、转速、电流将如何变化？

7-9 异步电动机铭牌值为 U_N = 220V/380V，△/Y联结，I_N = 18.9A/10.9A，当额定运行时，每相绕组的电压和电流为多少？

7-10 Y180—4 型三相异步电动机，已知其 U_N = 380V，P_N = 22kW，η_N = 0.915，n_N = 1470r/min，$\cos\varphi$ = 0.86，求在额定状态下电动机的转差率、额定转矩、额定电流。

7-11 绕线形异步电动机和笼形异步电动机相比，哪个起动性能好？

7-12　三相异步电动机在运行中，转子突然被卡住而不能转动，则电动机的电流将如何变化？

7-13　有一台Y225M—4型三相异步电动机，其技术数据如下：

功率/kW	转速/(r/min)	电压/V	频率/Hz	功率因数	T_{max}/T_N	T_{st}/T_N	效率	I_{st}/I_N
45	1480	380	50	0.88	2.2	1.9	93.2%	7.0

求：(1) 额定电流、额定转差率、额定转矩、起动转矩、最大转矩。

(2) 如果负载转矩为510.2N·m，在$U=0.9U_N$时电动机能否起动？

(3) 采用Y-△换接起动时，起动电流和起动转矩各为多少？

7-14　一台Y112M—4型三相异步电动机，△联结，$P_N=4kW$，$U_N=380V$，$I_N=8.8A$，$n_N=1440r/min$，$\eta_N=0.845$，在额定状态下，试求：

(1) 转差率、功率因数、额定转矩。

(2) 若$T_{st}/T_N=2.2$，电动机Y-△换接起动时的起动转矩。

7-15　用Y160L-8型三相异步电动机拖动某设备。起动时要带负载60N·m，并且电网要求起动电流不得超过90A。电动机的技术数据如下：

额定功率/kW	额定电流/A	效率	功率因数	额定转速/(r/min)	I_{st}/I_N	T_{st}/T_N	T_m/T_N
7.5	17.7	0.86	0.75	720	5.5	2	2

问：(1) 可否直接起动？(2) 可否采用Y-△起动？

7-16　已知Y225M-4型三相异步电动机的部分数据如下：

额定功率/kW	额定电流/A	额定电压/V	额定转速/(r/min)	I_{st}/I_N	T_{st}/T_N
45	84.2	380	1480	7.0	1.9

求：(1) 该电动机的起动电流I_{st}、额定转矩T_N和起动转矩T_{st}。

(2) 为了降低起动电流，该电动机若采用Y-△换接减压起动法，试计算起动电流和起动转矩。

(3) 当负载转矩分别为额定转矩的70%和50%时，采用Y-△换接减压起动法，该电动机能否起动？

7-17　已知Y100L1-4型异步电动机的某些额定技术数据如下：

2.2kW，380V，星形联结，$\eta=81\%$，$n=1420r/min$，$\cos\varphi=0.82$。

试计算：相电流和线电流的额定值及额定负载时的转矩及额定转差率。

7-18　已知Y132S-4型三相异步电动机的额定技术数据如下：

功率/kW	转速/(r/min)	电压/V	频率	功率因数	I_{st}/I_N	T_{st}/T_N	T_{max}/T_N
5.5	1440	380	85.5%	0.84	7	2.2	2.2

电源频率为50Hz。试求额定状态下的转差率s_N，电流I_N和转矩T_N，以及起动电流I_{st}，起动转矩T_{st}，最大转矩T_{max}。

第八章　电动机的控制

第一节　常用低压控制电器

在现代工业、农业生产中，或是家用电器中，采用电动机拖动生产机械或其他工作机构，按照生产工艺要求进行工作的拖动方式称为电机拖动或电力拖动。电机拖动系统常采用计算机、可编程控制器（PLC）、继电器—接触器等电器控制电动机的运动。应用继电接触器对电动机和生产设备实现控制和保护称为继电器—接触器控制。继电器—接触器控制在可靠性、灵活性方面比计算机和可编程控制器差，但其控制原理简明、逻辑清晰、价格低廉，且具有一定的可靠性，因此，被广泛应用到各种电动机控制系统中。

控制电动机运动的电器种类繁多，按照电压，可分为低压控制电器和高压控制电器；按照操作方式，可分为手动控制电器和自动控制电器。低压控制电器一般是指在交流 1200V、直流 1500V 电压以下工作的电器，它主要用来切换、控制、调节和保护电动机等电器。手动控制电器是指由操作人员手动操纵的电器。自动控制电器是指按指令、信号或借助电磁力及其他物理量（如电压、电流以及生产机械运动部件的速度、行程、时间等）的变化自动进行操作的电器。本节主要介绍几种常用的低压控制电器。

一、按钮和行程开关

按钮和行程开关属于主令电器，用来在电动机控制系统中发送指令。

1. 按钮

按钮是一种结构简单的手动控制电器，通常用来接通或断开控制电路，从而控制电动机或其他电气设备的运行。其外形和结构如图 8-1-1 所示。当将按钮帽按下时，下面一对原来断开的静触点被动触点接触，以接通某一控制电路；而上面一对静触点则被断开，以切断另一控制电路。松开按钮帽时，动触点在弹簧的作用下自动恢复到原来位置（称为复位）。原来就接通的触点，称为常闭触点或动断触点；原来就断开的触点，称为常开触点或动合触点。按钮的常开触点和常闭触点的图形符号如图 8-1-1c 所示。由于按钮的触点容量较小，其工作电流通常不宜超过 5A。

为了满足不同的操作与控制要求，按钮可以有多对触点，也可以把多个按钮装在一起，构成双联、三联等多联按钮。

2. 行程开关

行程开关又称为限位开关，是根据工作机械的行程或位置进行动作的电器。行程开关广

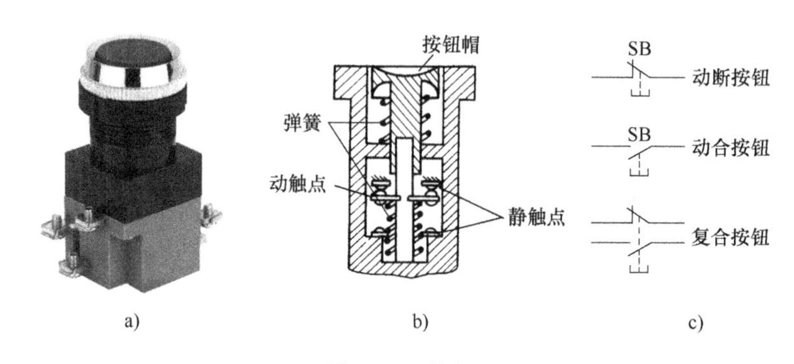

图 8-1-1　按钮

a）外形图　b）结构图　c）图形符号

泛应用于各类机床、生产机械或家用电器中，实现行程控制、限位保护、速度控制、自动循环、制动等功能。根据其工作原理可分为接触式（如机械式和微动式行程开关）和非接触式行程开关（如接近开关和光电开关）。如图 8-1-2 所示为一种微动式行程开关。

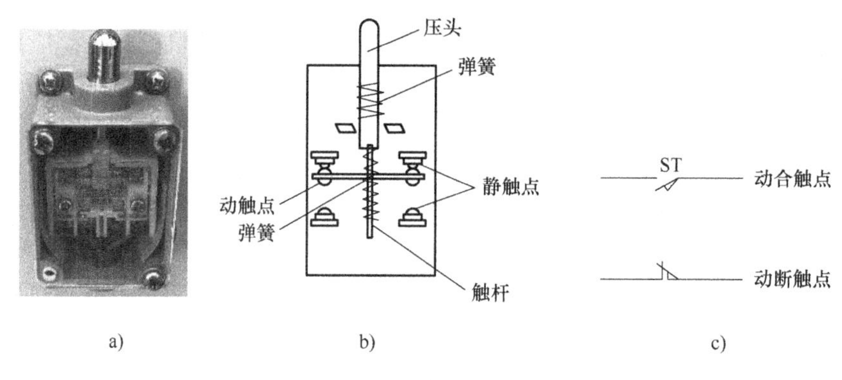

图 8-1-2　微动式行程开关

a）外形图　b）结构示意图　c）图形符号

行程开关有一对常开触点和常闭触点，一个凸出触杆。它一般安装在某一固定位置，被其控制的运动部件上装有撞块。当撞块撞到压头，和压头相连的触杆带动动触点运动起来，使常闭触点断开、常开触点闭合；当撞块随运动部件离开，触杆在弹簧的作用下带动动触点恢复到初始位置。微动式行程开关由于开关电流会损耗触点，使触点间隔变大，灵敏度下降，所以要保持较小的开关电流，减小触点损耗。

二、刀开关和熔断器

1. 刀开关

刀开关也叫刀闸开关，是一种最简单最常见的手动控制开关电器，用于直接起动小容量（7.5kW 以下）的电动机和作为生产机械的电源引入或隔离之用。刀开关分为单刀、双刀、三刀，具有三极刀开关的结构如图 8-1-3b 所示，主要由刀片（动触点）、刀夹（静触点）、瓷质底座和胶木盖组成。刀片与刀夹组成常开触点。胶木盖可防止切断电路时产生的电弧。刀开关的图形符号如图 8-1-3c 所示。

安装刀开关时要注意：电源线应接在开关的静触点上，负载应接在动触点的出线端上。

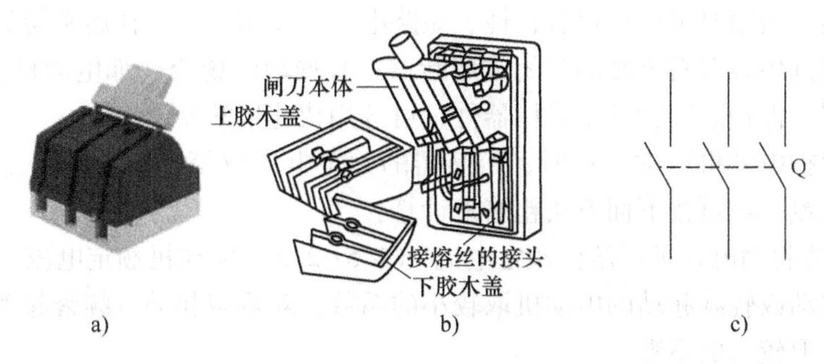

图 8-1-3 刀开关结构与符号

a）外形图 b）内部结构 c）图形符号

垂直安装刀开关时，应使向上推为接通电源，向下拉为断开电源，不得倒装或平装。在拉开开关时，电源被切断，开关产生明显断点。这样，既便于更换熔丝，也有利于设备的安全检修。在继电器—接触器控制系统中，刀开关一般作为隔离电源用，而用接触器接通和断开负载。

刀开关的额定电压通常是250V 和 500V 两种，额定电流为 10~500A。选择刀开关控制电动机时，要考虑到电动机的起动电流，一般刀开关的额定电流应选择为电动机额定电流的3~5 倍。

2. 熔断器

熔断器是一种最简便、有效的短路保护自动控制电器。如图 8-1-4 所示，它主要由熔体、外壳、支座等部分组成。熔断器串联在被保护电路中，其作用是：当电路发生过载或短路时，流过熔体的电流大于等于某一额定电流，短时间内，熔体因过热迅速熔断，切断故障电路，保护电路和电气设备。

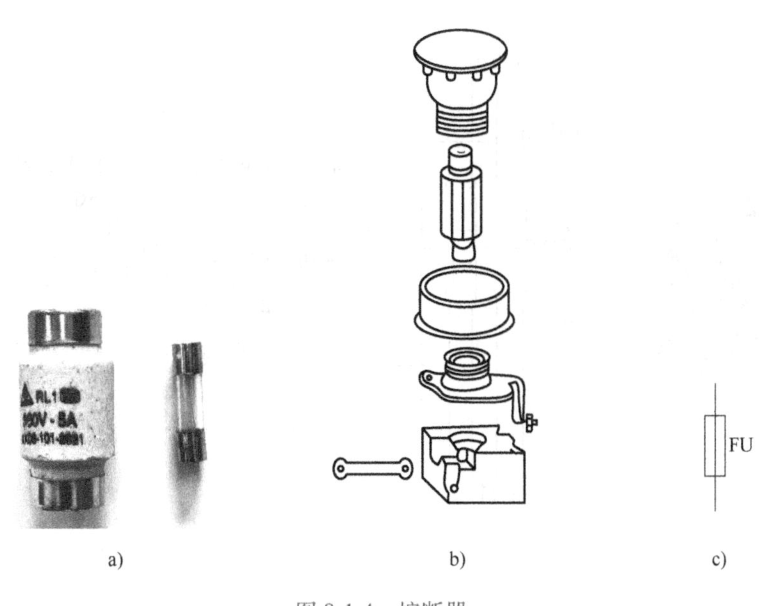

图 8-1-4 熔断器

a）外形图 b）结构图 c）图形符号

常用的熔断器有插入式熔断器、自复熔断器、快速熔断器、封闭熔断器、螺旋式熔断器、管式熔断器，使用时可根据负载特性、短路电流、使用场合选择熔断器类型。灭电弧能力强的场合，可选用装有石英砂的封闭式熔断器；有振动的场合（如电动机主电路），可选用螺旋式熔断器；保护晶闸管等半导体器件，可选用快速熔断器。

用熔断器保护电动机正常起动时，熔断器的额定电压应等于或大于所在电路的额定电压，熔体额定电流一般可按下面方法粗略地计算：

1）单台直接起动电动机：熔体额定电流=(1.5~2.5)×电动机额定电流。

对不频繁起动或轻载起动的电动机取较小的系数，对重载起动、频繁起动、起动时间长或直接起动者，取较大的系数。

2）降压起动电动机：熔体额定电流=(1.5~2)×电动机额定电流。

3）绕线式电动机：熔体额定电流=(1.2~1.5)×电动机额定电流。

4）多台小容量电动机共用线路：熔体额定电流=(1.5~2.5)×最大容量的电动机额定电流+所有电动机额定电流之和。

三、低压断路器

断路器，俗称自动开关，也是常用的电源开关。与刀开关相比，它不仅有引入电源和隔离电源的作用，还具有过载、断路、欠电压和失电压保护的作用。断路器的结构原理如图8-1-5所示。它的主触点由操作者通过手动机构闭合，并被连杆装置上的锁钩锁住使负载与电源接通。若电路严重过载或发生断路故障，过电流脱扣器（电磁铁2）的电流线圈（图中仅画出一相）就产生足够强的电磁吸力把衔铁1往下吸，顶开锁钩，在释放弹簧的作用下，主触点迅速断开，切断电源，实现了过载或短路保护。若电源电压严重下降（欠电压）或发生断电（失电压）故障，欠电压脱扣器（电磁铁4）的电压线圈因电磁力不足或消失，吸不住衔铁3，衔铁被松开，向上顶开锁钩，释放弹簧将主触点迅速拉断，切断电源，实现了欠电压或失电压保护。

a)

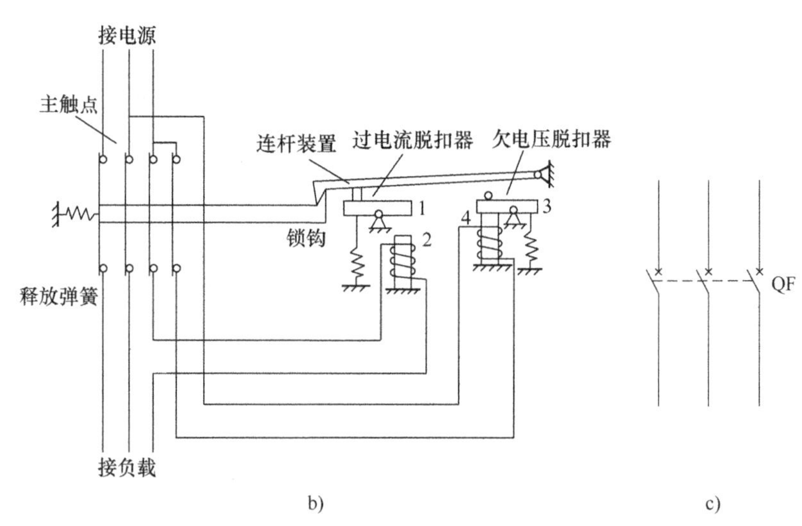

b)　　c)

图8-1-5　空气断路器

a）外形图　b）结构图　c）图形符号

目前，应用比较广泛的一种低压断路器是漏电断路器，漏电断路器一般设有试验按钮和复位按钮。当电路中漏电电流超过预定值时，漏电断路器能自动动作切断电源，同时复位按钮弹起。电路漏电问题解决后，漏电断路器合闸前要按下复位按钮。试验按钮是用来测试漏电断路器功能是否正常。常用的漏电断路器分为电压型和电流型两类，电流型又分为电磁型和电子型两种。

四、交流接触器

交流接触器是利用电磁力来接通和断开主电路的执行电器，常用于电动机、电炉等负载的自动控制。接触器的工作频率可达每小时几百甚至上千次，并可方便地实现远距离控制。

交流接触器如图 8-1-6 所示。其主要由电磁机构和触点系统组成。电磁系统包括山字形的静铁心、动铁心和吸引线圈。铁心由硅钢片叠成。为了消除铁心的颤动和噪声，铁心端面的一部分套有短路环。静铁心固定在外壳上，动铁心靠弹簧保持与静铁心的一段距离。吸引线圈套在静铁心上。触点系统包括静触点和动触点。吸引线圈和静铁心固定不动，当吸引线圈 2 通电时，产生电磁力，将动铁心 3 吸合于静铁心 1，于是使常闭触点断开，使常开触点都闭合；当线圈断电时，电磁力消失，拉力弹簧使动铁心恢复原位，各对触点也恢复原来的状态。

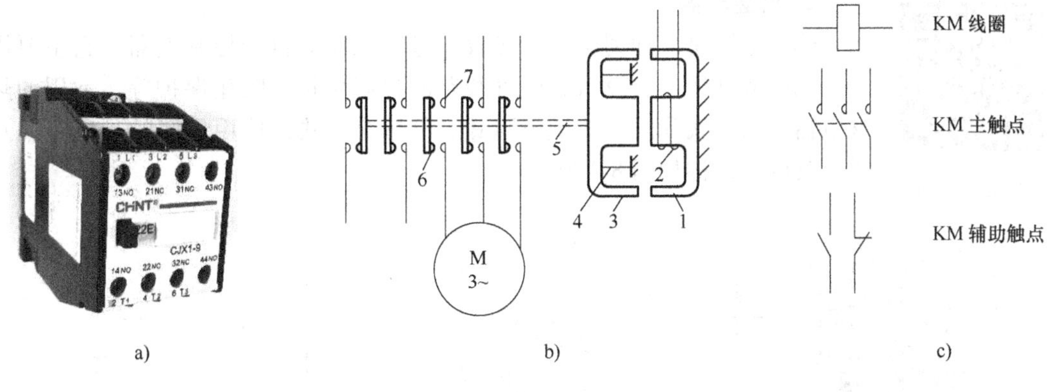

图 8-1-6　交流接触器

a）外形图　b）结构原理图　c）图形符号

1—静铁心　2—线圈　3—动铁心　4—弹簧　5—绝缘杆　6—动触点　7—静触点

根据用途不同，接触器的触点分主触点和辅助触点两种，主触点一般有三个，触点接触面积大，允许通过的电流也大，接在电动机工作的主电路中，控制着电动机的起动与停止。辅助触点一般有两个常开、两个常闭，触点接触面小，允许通过的电流也小，接在控制电路中。

选用交流接触器时，除了必须按负载要求选择主触点组的额定电压、额定电流外，还必须考虑吸引线圈的额定电压及辅助触点的数量和类型。

五、继电器

1. 中间继电器

中间继电器是一种自动控制电器。它的结构和交流接触器的结构基本相同，电磁系统比交流接触器的小一些，触点多一些。中间继电器一是用来传递信号或同时控制多个电器，二是用来控制小容量的电动机或其他电气执行元件。

继电器的工作原理是当某一输入量（如电压、电流、温度、速度、压力等）达到预定数值时，使它动作，以改变控制电路的工作状态，从而实现既定的控制或保护的目的。在此过程中，继电器主要起了传递信号的作用。中间继电器如图 8-1-7 所示。

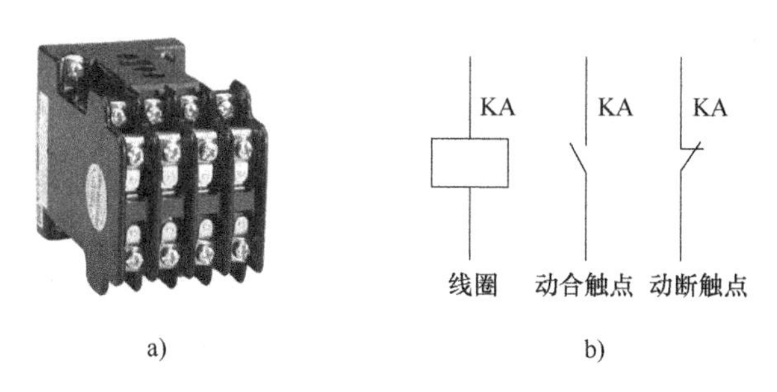

图 8-1-7　中间继电器

a）外形图　b）图形符号

常用的中间继电器主要有 JZ7 系列和 JZ8 系列两种，后者是交直流两用的。在选用中间继电器时，主要是考虑电压等级以及常开和常闭触点的数量。

速度继电器

2. 热继电器

热继电器是一种利用电流热效应进行工作的自动控制电器。它主要用于电动机或其他电气设备、电气线路的过载保护、断相保护等。常用的热继电器有双金属片式、热敏电阻式、易熔合金式，使用最多的是双金属片式，其内部结构如图 8-1-8b 所示。

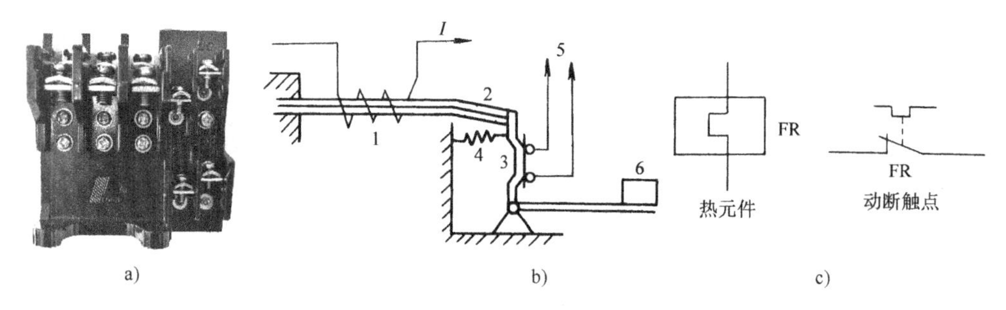

图 8-1-8　热继电器

a）外形图　b）结构图　c）图形符号

1—热元件　2—双金属片　3—扣板　4—弹簧　5—触点　6—复拉按钮

热元件 1 由电阻丝做成，电阻丝围绕在双金属片 2 上（电阻丝和双金属片之间绝缘），其电阻值较小，工作时将它串接在电动机的主电路中。双金属片由两片线膨胀系数不同的金属片压合而成，左端与外壳固定。当热元件中通过的电流超过其整定值而过热时，由于双金属片的上面一层热膨胀系数小，而下面的大，使双金属片受热后向上弯曲，导致扣板 3 脱扣，扣板在弹簧 4 的拉力下将常闭触点 5 断开，使得控制电路中的接触器的动作线圈断电，从而切断了电动机的主电路。

由于双金属片的受热过程需要一定时间，因而在电动机起动或短时过载时，热继电器不会立即动作，从而可避免不必要的停车。因此，热继电器不能用作短路保护。

如果要热继电器复位，则按下复位按钮 6 即可恢复工作。新型的热继电器既可手动复位也可自动复位。

热继电器主要技术参数有额定电压（正常工作时的最高电压）、额定电流（流过热继电器的最高电流）、额定功率、整定电流。整定电流是指当热元件中通过的电流超过整定值的20%时，热继电器应在20min内动作。选用时，应根据电动机的额定电流选择具有相应整定电流值的热元件。

目前，包括ABB、Schneider Electric、Eaton、Siemens和General Electric等全球范围内的热继电器核心厂商已生产出多种智能型电子式热继电器，用其替代传统的热继电器。智能型电子式热继电器应用微处理器对电动机进行智能监控与管理，实现了断相保护、温度保护、智能保护等多功能保护。它具有动作灵敏、准确度高和耗能小等优点。

3. 时间继电器

在生产过程中，有时需要按时间要求对电动机进行控制，即按照所需的时间间隔来接通、断开或换接被控制的电路，以协调和控制生产机械的各种动作，这就是时间控制。时间控制可以利用时间继电器来实现。

时间继电器是指加入（或撤掉）输入信号后，其输出电路经过规定的时间才产生跳跃式变化（或触点动作）的一种继电器。它经常使用在低电压或小电流的电路中，用来控制高电压、大电流电路的接通或断开。按照动作原理，可分为机械式（可分为阻尼式、水银式、钟表式、双金属片式）和电气式（可分为电动式、计数器式、热敏电阻式、阻容式）。按延时方式，可分为通电延时型和断电延时型。无论何种类型，其组成的主要环节包含延时、比较、执行三部分。这里主要介绍在交流电路中广泛使用的、通电延时的空气阻尼式时间继电器。

图8-1-9所示是通电延时的空气阻尼式时间继电器的结构原理图。它主要由电磁系统、延时机构和触点系统三部分组成。电磁机构为直动式双E型；触点系统借用微动开关；延时机构是利用空气通过小孔时产生阻尼作用的气囊式阻尼器。

通电延时时间继电器的动作原理如下：当线圈1通电时，动铁心2和固定在其上的托板被吸引而下移。活塞杆3在弹簧4的作用下开始向下运动。与活塞5相连的橡皮膜6向下运动时受到空气的阻尼作用，所以活塞不能很快下移。与活塞杆相连的杠杆8，运动也是缓慢的。随着外界空气不断由进气孔7进入，活塞逐渐下移。当下移到最下端时，杠杆8使微动开关9动作，其常开触点闭合，常闭触点断开。通电延时时间继电器的常开触点和常闭触点的图形符号如图8-1-9b所示。时间继电器的延时时间为从线圈通电时起到微动开关动作止的这段时间。延时时间的长短可通过螺钉10改变进气孔的大小来调节（它的延时范围有0.4~60s和0.4~180s两种）。吸引线圈断电后，依靠复位弹簧11的作用，空气室上部的空气经排气孔12迅速排出，各感受元件迅速恢复常态，各触点也立即恢复常态，即时间继电器的触点在线圈断电时是瞬间动作的。

从图8-1-9a还可以看到，时间继电器上还备有两对瞬动触点，即微动开关13的常闭、常开触点。它们是由固定于动铁心上的托板瞬时触动的。

空气阻尼式时间继电器价格低廉、原理简单、控制精度不高。

在交流电路中广泛应用的另一种时间继电器是电子式时间继电器，又叫半导体时间继电器或晶体管时间继电器。和空气阻尼式时间继电器相比，它具有延时范围宽、精度高、调节方便、可靠性高等优点。阻容式电子式时间继电器是利用RC电路的充放电原理构成的延时电路，控制继电器线圈的通电电流，进而控制其相应触点的动作时间。它适用于中等延时时

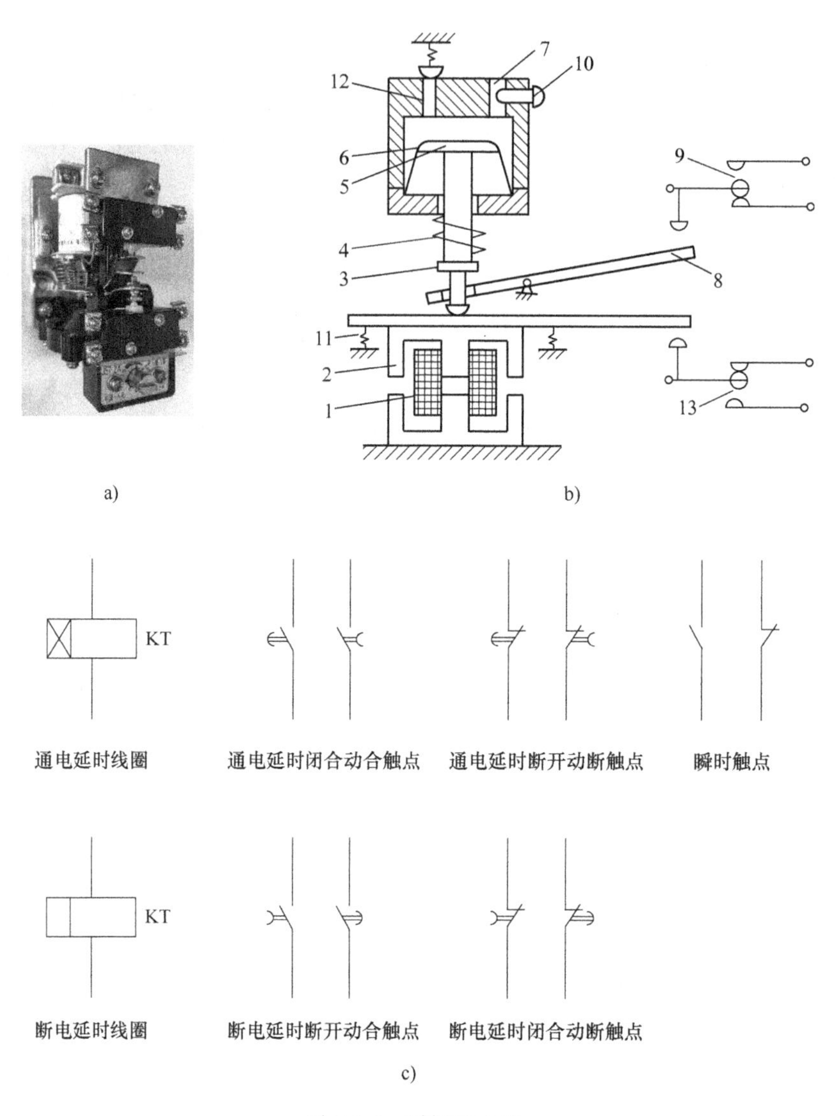

图 8-1-9　时间继电器

a）外形图　b）结构图　c）图形符号

间继电器大约在 0.5~1h 范围内。

目前，很多时间继电器生产厂商以单片机为时间继电器的核心器件，实现了软件调节延时时间和控制，由于无须人工微调电位器，减小了阻容元件的离散性对延时精度和一致性的影响，进一步提高了时间继电器的延时精度。

4. 固态继电器

固态继电器（Solid State Relay，SSR）是由分立电子元器件、集成电路（或芯片）及混合微电路组成的一种具有继电特性的无触点电子开关，又称为无触点开关。固态继电器具有抗干扰能力强、耐冲击、耐振荡、寿命长、体积小、开关速度快、电磁干扰小、无噪声、无火花等优点。还存在触点组数少、交直流不能通用，有断态漏电流、通态压降（需相应散热措施）等缺点。它被广泛应用于计算机、通信、家电、机床、航天、航海、军事等领域，另外在化工、煤矿等需防爆、防潮、防腐蚀场合中也有大量使用。

（1）固态继电器类型

固态继电器的种类繁多，若按照输出负载电源，可分为直流固态继电器和交流固态继电器。直流固态继电器按照输出电路可分为大功率晶体管型和功率场效应晶体管型。交流固态继电器按照输出电路可分为双向可控硅输出型和单向可控硅反并联型；按照触发方式可分为过零导通型和随机导通型。按照控制方式，可分直流输入—交流输出型、交流输入—交流输出型、直流输入—直流输出型、交流输入—直流输出型四种类型。它们分别在交流或直流电源上作负载的开关，不能用错。使用固态继电器时，如何选择其电器操作参数并确保固态继电器适用于应用系统至关重要。

固态继电器的外形图、原理图和图形符号如图 8-1-10 所示。

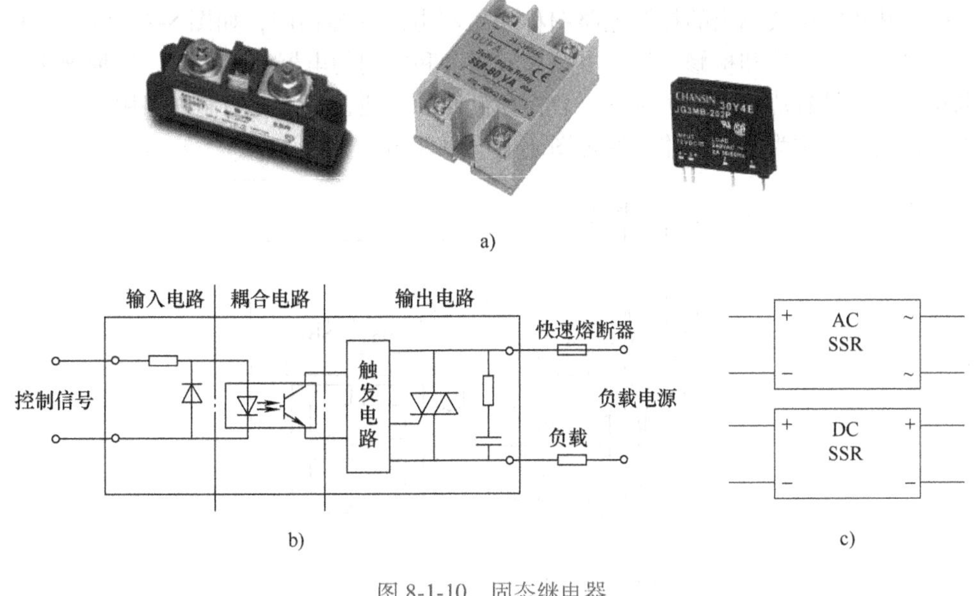

图 8-1-10　固态继电器

a）外形图　b）交流固态继电器原理图　c）图形符号

（2）固态继电器的基本工作原理

固态继电器主要由输入电路、隔离电路和输出电路三部分组成，用环氧树脂封装为一体。虽然种类繁多，但其工作原理相似，这里以图 8-1-10b 所示的交流固态继电器原理图为例说明固态继电器基本工作原理。图 8-1-10b 所示，两个是输入控制端，两个是输出端。输入端和输出端之间为光隔离或变压器隔离方式，输入端加上适当的控制信号后，输出端就能从断态转变成通态，实现以微小的控制信号达到直接驱动大电流负载的目的。

1）输入电路。固态继电器的输入电路的作用是为输入控制信号提供一个触发信号源。若输入端加控制信号，电流流经光耦合器的 LED，使输入信号以光的形式传播出去。输入信号可以来自于逻辑电路或计算机。固态继电器的输入电路可与 TTL、DTL、HTL、CMOS 等多种逻辑电路兼容。

2）隔离（耦合电路）。固态继电器的隔离电路可以使输入电路和输出电路之间没有直接的电路连接，完全隔离开。光电隔离通常使用光电二极管—光电晶体管、光电二极管—双向光控晶闸管和光电二极管—光伏电池等，用光的形式把控制信号传递到负载侧，实现隔离。

3）输出电路。固态继电器的输出电路直接接入电源与负载端，在触发信号的控制下，实现对负载电源的通断切换。输出电路主要由输出功率器件和起瞬态抑制作用的吸收回路组成。交流固态继电器完成“开关”功能的功率器件是单向晶闸管或双向晶闸管；直流固态继电器完成“开关”功能的功率器件是大功率晶体管、功率MOS场效应晶体管、绝缘栅双极型晶体管（IGBT）等。

第二节　电动机的继电接触器控制

一、电气原理图

继电接触器控制电路是由按钮、继电器、接触器等电器元件和用电设备组成的。各个电器元件按照其实际位置画出的控制电路图称为控制电路的结构图，如图8-2-1所示。其优点是比较直观、便于安装和检修。但当电路比较复杂和使用的电器比较多时，这种画法过于繁琐，电路便不容易看清楚。为了读图、分析和设计的方便，常常把控制电路用电路图形符号表示出来，这种图称为控制电路的原理图或电气原理图。

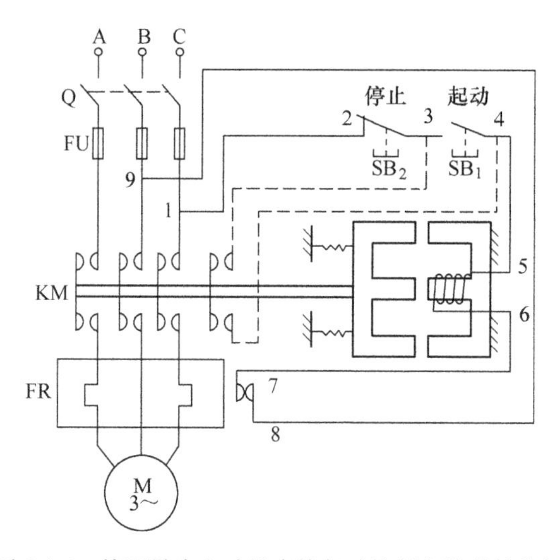

图8-2-1　笼型异步电动机直接起动控制电路的结构图

电气原理图可分为主电路和控制电路。主电路是指直接给电动机供电和提供保护的电路部分，如图8-2-2左半部分所示，这部分电路流过的电流较大。控制电路是指控制电动机起动、停止等工作状态的电路部分，如图8-2-2右半部分所示，这部分电路流过的电流较小。绘制电气原理图一般遵循以下规则：

1）主电路和控制电路分开画，主电路用粗实线画在左侧或上方，一般从上往下竖直画；控制电路用细线画在右侧或下方。

2）同一电器元件的不同部分可以画在不同电路，但必须要用统一的文字符号标注，如图8-2-3中的交流接触器KM，其主触点KM画在主电路中，辅助触点KM画在控制电路中。

3）表示机械联动关系的机械部分用虚线画，与电路无关的机械部分省略不画。

4）所有电气元件的图形符号均以未动作、未受外力、未通电的原始状态画出，如动合触点的原始状态是断开。

5）各个电器要按照国家标准或国际标准规定的图形符号和文字符号绘制。

二、电动机基本控制电路

1. 点动控制

电动机点动控制电路如图 8-2-2 所示，主电路由三相电源、刀开关、熔断器、热继电器发热元件、交流接触器主触点、三相异步电动机定子绕组串联组成。控制电路由交流接触器线圈、按钮、熔断器、热继电器动断触点串联组成。

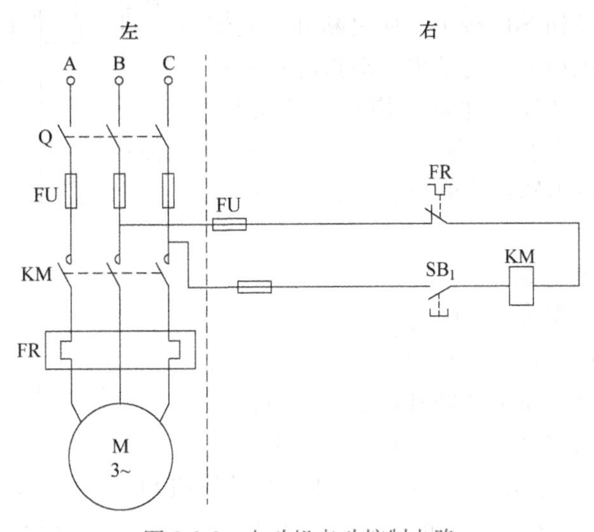

图 8-2-2　电动机点动控制电路

先将刀开关 Q 闭合，接通电源，再按下起动按钮 SB_1，交流接触器线圈 KM 得电，使其主电路中主触点 KM 闭合，电动机 M 转动。松开按钮 SB_1，交流接触器线圈 KM 失电，主电路中主触点 KM 断开，电动机 M 停止转动。

上面的控制电路除具有对电动机的点动控制功能外，还具有短路保护、过载保护、失电压和欠电压保护作用。

起短路保护作用的元件是熔断器 FU。当发生短路时，熔体立即熔断，主电路、控制电路同时断电，电动机停机。

起过载保护作用的元件是热继电器 FR。当过载时，它的发热元件发热促使其常闭触点断开，因而接触器线圈断电，主触点断开，电动机停转。为了可靠地保护电动机，常用两个发热元件分别串联在任意两相电源线中，当三相电源线中的任意一相断开时，电动机处于单相运行状态，定子电流也会显著增大，这样就能保证至少有一个发热元件起作用，电动机可得到保护。

起欠电压或失电压保护作用的元件是交流接触器 KM。因为当失电压或欠电压时，接触器线圈电流将消失或减小，失去电磁力或电磁力不足以吸住动铁心，因而能断开主触点，切断电源。如果把上述控制电路中的接触器、热继电器以及熔断器等组装在一个防护外壳中，则这个组合整体常称为电磁起动器。目前，它是应用很广的一种自动组合电器。

点动控制常用于起重机、机床立柱、横梁的位置移位，刀架、刀具的调整等场合。

2. 直接起停连续运转控制

如图 8-2-3 所示，起动时，先将刀开关 Q 闭合，接通电源，为电动机 M 的起动做好准备。再按下起动按钮 SB_1 使之闭合，则交流接触器 KM 的线圈得电，它产生的电磁力将动铁心吸合，使主电路中的三对主触点闭合，电动机 M 开始起动。与此同时，与起动按钮 SB_1 并联的交流接触器的一对常开辅助触点 KM 也闭合，此时，即使松开 SB_1 使之恢复常态（断开），交流接触器的线圈仍然通电，电动机可以连续运转。这种利用接触器本身的辅助常开触点使自身线圈保持通电的作用称为自锁或自保（持）。这一对起自锁作用的辅助常开触点 KM 称为自锁触点。

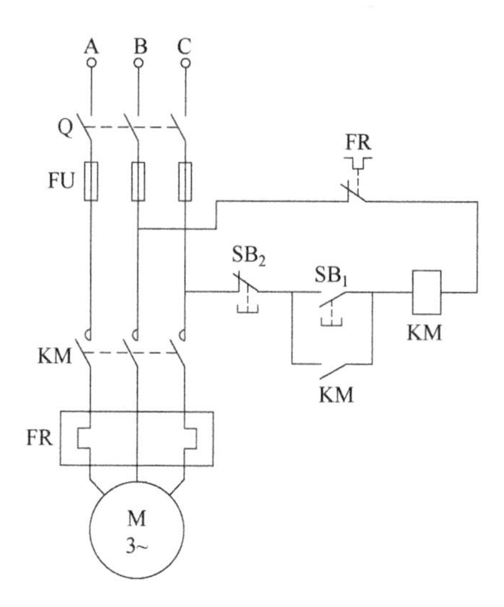

图 8-2-3　电动机直接起停连续运转控制电路

停车时，将停止按钮 SB_2 按下，使之断开，交流接触器的线圈失电，电磁力随之消失，动铁心和各动触点恢复到常态位置。KM 的主触点恢复常开状态，电动机 M 断电停机。同时自锁触点也断开，除去自锁。松开 SB_2 后，控制电路仍为断电状态，M 保持停止状态。

3. 多处起动、停止控制

在大型生产设备工作时，有时需要在生产车间的多个地方进行电动机的起动、停止的控制。多处起动控制的实现采取在起动按钮上并联其他起动按钮，无论按下哪一个起动按钮均可使交流接触器线圈 KM 得电，如图 8-2-4 所示，在起动按钮 SB_1 两端并联起动按钮 SB_2。多处停止控制的实现采取在停止按钮上串联其他停止按钮，无论按下哪一个停止按钮均可使交流接触器线圈 KM 失电，如图 8-2-4 所示，在停止按钮 SB_3 右侧串联停止按钮 SB_4。

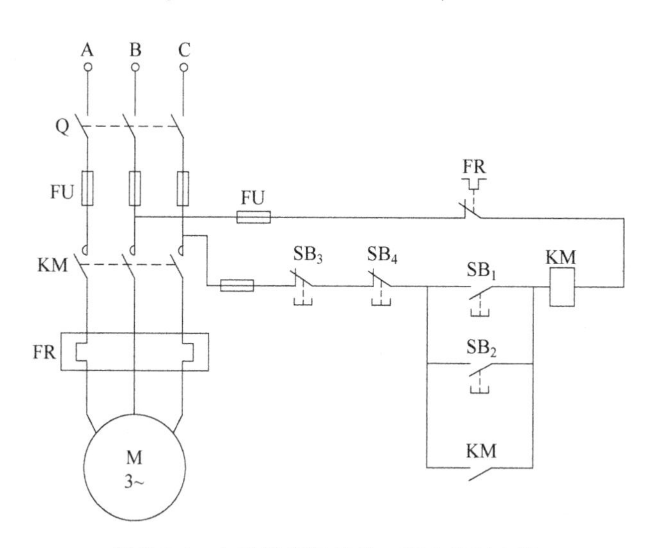

图 8-2-4　电动机多处起动、停止控制电路

4. 正转、反转控制

有些生产机械的运动部件有两个相反方向的运动，可以通过改变控制运动部件的电动机的旋转方向，实现两个反向运动。要改变三相异步电动机的转向，只需将电源接到电动机的三根线中的任意两根对调即可。为此要用两个交流接触器来实现这一目的。如图 8-2-5a 所示，当接触器 KM_1 的主触点闭合时，电动机正转；当接触器 KM_2 的主触点闭合时，由于调换了两根接线，改变了电动机供电相序，电动机就反转。值得注意的是，如果两个接触器的

主触点同时闭合，就会造成电源的相间短路。因此必须保证两个接触器的线圈在任何情况下都不得同时通电。这种在同一时间里两个接触器只允许一个工作的控制作用称为互锁或联锁。下面分析两种有联锁保护的正反转控制电路。

在图 8-2-5b 中，正转接触器线圈 KM_1 与反转接触器的常闭触点 KM_2 串联，反转接触器线圈 KM_2 与正转接触器的常闭触点 KM_1 串联。这样，当按下正转起动按钮 SB_1 时，正转接触器的线圈 KM_1 通电，其主触点闭合，电动机正转。同时，与反转接触器串联的常闭触点 KM_1 断开。此时即使按下反转起动按钮 SB_2，也不能使反转接触器线圈 KM_2 通电。同理，当电动机反转时，反转接触器 KM_2 的常闭触点 KM_2 断开，使正转接触器线圈 KM_1 也不能通电，按钮 SB_1 失去作用。控制电路中起互锁作用的常闭触点 KM_1 和常闭触点 KM_2 称为联锁触点（或互锁触点）。

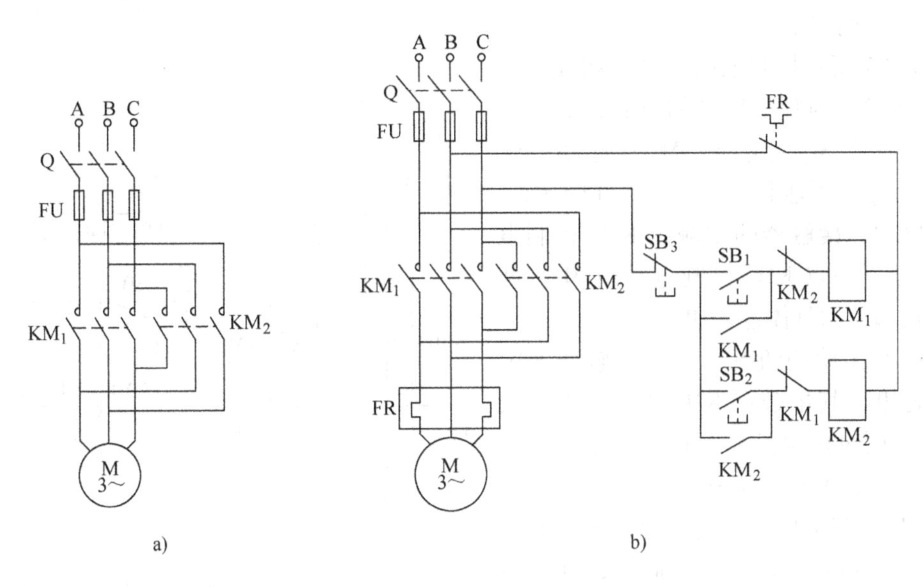

图 8-2-5　电动机正转、反转控制电路

a）正转、反转控制主电路　b）正转、反转控制电路

如果正转或反转时，需要反方向旋转，必须先按下停止按钮 SB_3，使两个接触器都断电，然后再按按钮 SB_2 或 SB_1，使电动机反向旋转。所以这个控制电路称为“正—停—反”控制电路。

对具有直接反转条件的小容量电动机来说，“正—停—反”控制电路就显得不方便。图 8-2-6 所示的控制电路可以解决这个问题。主电路不变，但控制电路中采用复式按钮。复式按钮的动作次序：常闭触点先断开，常开触点后闭合。因此，当电动机由正转变为反转时，可以直接按下反转起动按钮 SB_2，由于联动作用，复式按钮 SB_2 的常闭触点先断开，切断正转接触器 KM_1 的线圈电路，电动机停止正转。与此同时，KM_1 的常闭触点闭合，等到复式按钮 SB_2 的常开触点闭合，反转接触器 KM_2 的线圈通电，电动机立即反

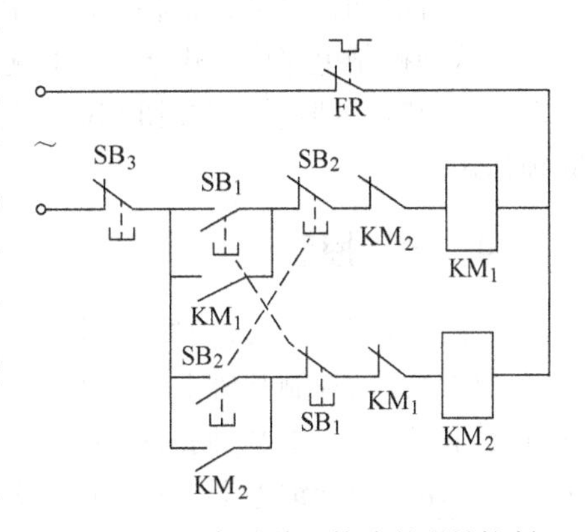

图 8-2-6　用复式按钮构成的联锁控制

转。同时串接在正转控制电路中的常闭辅助触点 KM_2 断开，作为联锁保护。可见，这种控制电路既具有复式按钮的机械联锁控制，又具有交流接触器的常闭触点的电气联锁控制。从操作顺序上，这种电路又称为“正—反—停”控制电路。该电路工作可靠，操作方便，应用比较广泛。

三、多台电动机顺序控制

在生产实践中，一些装有多台电动机的生产机械设备在工作时，会要求多台电动机按照一定的顺序起动或停止。例如，车床主轴转动前要求润滑油泵电动机首先起动，提供足够的润滑油后，才能起动主轴电动机；而停机时顺序则要相反，必须先停止主轴电动机后停止油泵电动机。这些要求反映了几台电动机或几个动作之间的顺序关系。按照上述要求实现的控制，称为顺序控制。

图 8-2-7 所示控制电路就是三相异步电动机 M_1 和 M_2 的顺序控制的电路，此电路实现了电动机 M_1 先起动，M_2 后起动；M_1 不起动，M_2 也不能起动的功能。在图 8-2-7 的主电路中，接触器的主触点 KM_1 控制电动机 M_1，主触点 KM_2 控制电动机 M_2。两台电动机起动的具体过程如下：

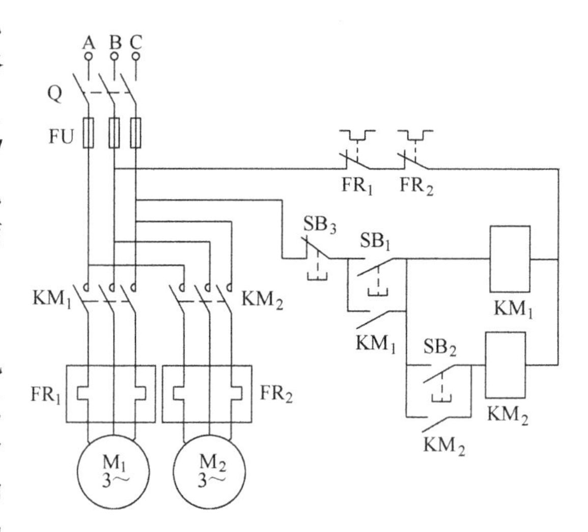

图 8-2-7　两台电动机的顺序起动控制电路

当按下起动按钮 SB_1 时，接触器 KM_1 的线圈通电，其主触点 KM_1 闭合，电动机 M_1 起动。同时接触器 KM_1 的常开辅助触点闭合，它一方面起自锁作用，另一方面为电动机 M_2 的起动做好准备。此时按下起动按钮 SB_2，接触器线圈 KM_2 通电，其主触点闭合，电动机 M_2 起动。同时，其常开辅助触点 KM_2 闭合，实现自锁。

当需要停车时，按下停止按钮 SB_3，使之断开，两个接触器的线圈同时失电，它们的主触点恢复常态，两台电动机同时停车。

在控制电路中，由于两个热继电器 FR_1 和 FR_2 的常闭触点是串联的，所以两台电动机中任何一台电动机过载，都将切断控制电路，两台电动机均脱离电源，停止运转。

在这种控制电路中，由于 M_2 的起动控制电路接在接触器自锁触点 KM_1 之后，当 KM_1 触点不闭合时，即使按下按钮 SB_2，M_2 也不起动。所以，接触器的辅助常开触点 KM_1 起了联锁作用。

四、时间控制

在生产过程中，可以对多台电动机按时间要求进行控制，例如，在图 8-2-7 所示的两台电动机顺序起动控制基础上，增加时间控制，即要求 M_1 起动后，经过一定的时间（8s）后 M_2 自行起动，M_1 和 M_2 同时停车。主电路仍如图 8-2-7 中的主电路，控制电路如图 8-2-8 所示，需要用到时间继电器进行延时，延时时间整定为 8s。工作过程如下：

先闭合电源开关 Q，按下电动机 M_1 的起动按钮 SB_1，接触器线圈 KM_1 得电，其辅助动

合触点 KM_1 闭合形成自锁，主触点 KM_1 闭合，电动机 M_1 先起动运行；同时辅助触点 KM_2 保持原始闭合状态，使通电延时时间继电器线圈 KT 得电，开始延时；延时 8s 后，时间继电器的延时闭合动合触点 KT 闭合，接触器线圈 KM_2 得电，其辅助动合触点 KM_2 闭合形成自锁，主触点 KM_2 闭合，电动机 M_2 起动；辅助动断触点 KM_2 断开，通电延时时间继电器线圈 KT 失电，其延时闭合动合触点 KT 断开，通电延时时间继电器恢复到初始状态。按下停止按钮 SB_2，接触器线圈 KM_1 和 KM_2 同时失电，辅助动合触点 KM_1 和 KM_2 断开，辅助动断触点 KM_2 闭合，电动机 M_1 和 M_2 同时停止转动。

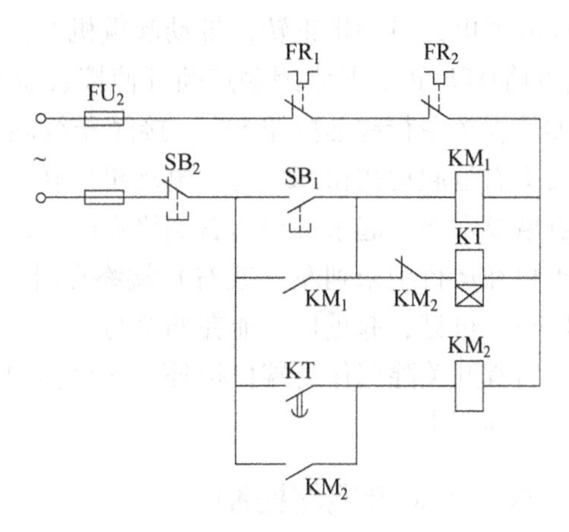

图 8-2-8 具有时间控制的电动机顺序起动控制电路

时间继电器还可用于Y-△换接起动、能耗制动等电动机控制电路中。

五、行程控制

在自动控制电路中，由于工艺和安全的要求，常常需要控制某些生产机械的行程和位置。这就需要采用行程控制。所谓的行程控制，就是以运动部件到达一定行程位置为信号，自动切换电路，控制电动机的运行。例如，龙门刨床的工作台要求进行往复运动加工产品，在工作台达到极限位置时，必须自动停下来。像这一类的行程控制可以利用行程开关来实现。

由行程开关控制的起重机限位控制电路如图 8-2-9 所示，从图 8-2-9a 起重机行程示意图可以看到，在起重机行程的左端终点安装行程开关 ST_1，在右端终点安装行程开关 ST_2，用于起重机的限位。其具体工作过程如下：

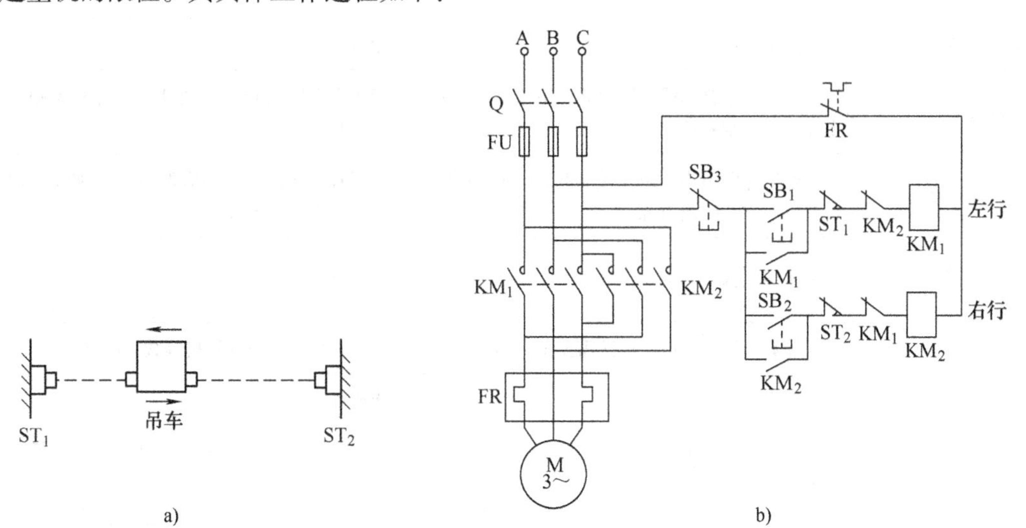

图 8-2-9 起重机的限位控制电路

a）起重机行程示意图（ST_1 和 ST_2 是限位开关） b）起重机的控制电路

闭合刀开关 Q，引入电源，为起重机的起动做好准备。按下左行起动按钮 SB_1 时，接触器线圈通电，电动机正转，带动起重机左行，到达左端终点时，起重机上的撞块将行程开关 ST_1 的触杆压进，其常闭触点断开使接触器 KM_1 的线圈断电，电动机停转，起重机停止。此时即使误按左行起动按钮 SB_1，接触器线圈 KM_1 也不会通电，从而保证起重机限位于 ST_1。当按下右行起动按钮 SB_2 时，电动机反转，起重机右行，撞块离开行程开关 ST_1，使之常闭触点恢复常态。起重机到达右端终点时，同样受到行程开关 SB_2 的控制，起重机停止。如果起重机在运行中未到左（或右）端终点时，若按下停止按钮 SB_3，通电的接触器断电，起重机停车。可见，起重机只能在两个行程开关所限定的行程范围内运行。

行程开关除用作终端保护外，还可实现机床工作台的前进与后退、自动循环、制动和变速等各项要求。

六、固态继电器控制

在控制系统设计时，既可以选用固态继电器，又可以选用电磁继电器实现相同的控制功能，究竟选择哪一种继电器应用在电路中更合适？我们先将固态继电器和电磁继电器做个比较。

1. 固态继电器和电磁继电器的比较

表 8-2-1 从通断速度、触点、控制方式等方面将固态继电器和电磁继电器进行了全面的比较。

表 8-2-1 固态继电器和电磁继电器的比较

	电磁继电器	固态继电器
工作方式	使线圈通过直流或交流电，产生磁场，吸合或断开机械触点，达到开关的目的	输入小信号通过光耦合器隔离或变压器隔离驱动功率半导体器件，达到开关的目的
电器特点	有触点燃弧和回跳，有电磁干扰，使用寿命较短，有机械噪声，电磁线圈电压固定，驱动功率大	无触点燃弧和回跳，无电磁干扰，使用寿命长，无机械噪声，输入电压范围宽，驱动功率小
触点特点	触点组数多	触点组数少
通断速度	不能实现电路高频快速通断，不适合开关频率较高的控制系统	能实现电路高频快速通断，适合开关频率较高的控制系统
物理阻断功能	导通接触电阻小，断开无漏电流，被控制的负载可以完全脱离电源	导通有管压降，断开有漏电流，被控制的负载不能完全脱离电源
耐受过电压，过电流能力	远比固态继电器大	不如电磁继电器
控制方式	与计算机等数字电路连接需要接口驱动电路	可以直接受控于计算机等数字电路
自身能耗	能耗大	能耗小
应用环境	对环境湿度非常敏感，长期高湿度会使电磁继电器产生腐蚀	湿度对其几乎没有影响，只是稍微降低它的绝缘性，抗腐蚀性能强
价格	低	高

从表 8-2-1 中可以看到，固态继电器有一些电磁继电器不具备的特点。固态继电器还存

在一些弱点，如易发热损坏；灵敏度高，易产生误动作，若不采取有效措施，则工作可靠性低；在需要联锁、互锁的控制电路中，使得成本上升等。因此，对于固态继电器具有的独特性能，必须正确地理解和谨慎地使用，才能发挥其特性。

2. 固态继电器使用

固态继电器主要的技术参数有额定输入电压（指在给定条件下能承受的稳态阻性负载的最大允许电压有效值）、额定输出电流（指在给定环境温度、额定电压、功率因素、有无散热器等条件下所能承受的最大电流有效值）、浪涌电流（指在给定条件下不会造成永久性损坏所允许的最大非重复性峰值电流）、接通时间、工作温度、过零电压等。使用时，可以根据负载类型选择合适的固态继电器。阻性负载、感性负载和容性负载在刚起动时瞬时电流较大，如电炉刚接通时电流为稳定时的1.3~1.4倍、异步电动机起动电流为额定值的5~7倍，因此，固态继电器在使用时应该留有足够的电压和电流余量，并采用合适的保护措施。在负载回路中使用快速熔断器，是保护固态继电器的有效办法，应该正确选择与固态继电器标称电流相适应的快速熔断器。固态继电器内部通常设计有 *RC* 吸收回路，在输出端并联压敏电阻也能有效地防止过电压损坏固态继电器。

固态继电器带负载能力受环境温度和自身温升的影响较大，在正常工作时，由于起“开关”作用的功率器件存在管压降，因此固态继电器必定存在功率损耗，这个功率损耗主要由固态继电器输出电压降与负载电流乘积决定，以发热的形式消耗掉。当功率器件的工作温度升高时，其所能承受的负载电流将急剧下降。图8-2-10所示为负载电流与固态继电器工作温度关系曲线。

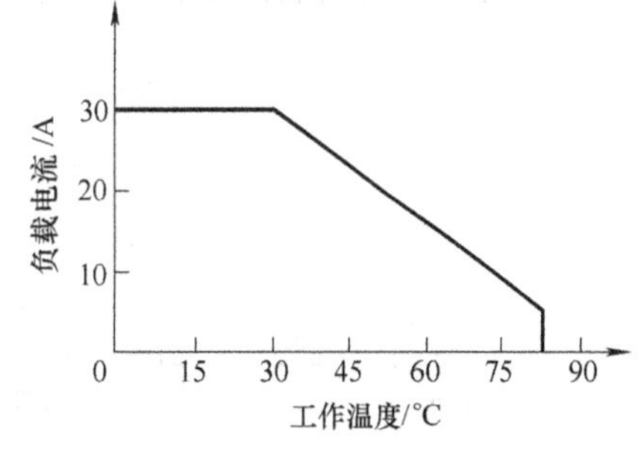

图8-2-10　负载电流与固态继电器工作温度关系曲线

不同的制造商生产的产品，其工作温度特性曲线略有不同，但随着使用温度的升高，其承受负载电流呈现下降趋势的特性都不例外，因此在使用固态继电器时应把器件温度控制在要求范围之内。

在实际工作环境下，应保证其有良好的散热条件，尤其是大功率的固态继电器，更应该谨慎地考虑器件散热的问题，否则将因过热引起失控，甚至造成器件损坏。环境温度较高时，可根据产品提供的最大输出电流与环境温度曲线数据降额使用。长时间工作在额定电流状态时，给固态继电器安装散热器是一种最有效的办法。大功率的固态继电器还可以加风扇冷却，以确保其不被损坏。

3. 固态继电器控制电动机

三相电动机常用的固态继电器控制有：

1）三相电动机起动控制电路。在三相电动机控制电路中，只需要每一相使用一个固态继电器就可以实现电路的控制，如图8-2-11所示。

图8-2-11中，固态继电器SSR1、SSR2和SSR3的输出端分别控制三相电源的通断，其输入端可以直接受控于计算机发出的控制信号。

2）计算机控制固态继电器实现的电动机正反转控制电路，如图8-2-12所示。

固态继电器为直流输入-交流输出型，电动机的状态受控于电路中“U_1”和“U_2”两点的控制信号，改变“U_1”和“U_2”的电平状态为“0”或“1”就可以实现电动机的起动或停止以及电动机的正反转。当电路的U_1点为“1”时，使固态继电器SSR1~SSR5的输出端都不导通。当 U_1 点为“0”时，SSR1 的输出端导通，此时若 U_2 点为“0”，则 SSR2、SSR3 导通，SSR4、SSR5 关断，电动机得到的三相电的相序是 A、B、C，使电动机正转；若 U_2 点为“1”，则 SSR2、SSR3 关断，SSR4、SSR5 导通，电动机得到的三相电的相序是 B、A、C，此时电动机反转。

换方向时应注意，由于电动机的运动惯性，必须在电动机停稳后才能换方向，以避免引起较大的冲击电压和电流。在计算机的程序设计上给出的控制指令顺序应是“停止—正转—起动”或“停止—反转—起动”，要注意，任何时刻都不应存在换相序的固态继电器同时导通的可能性。因为固态继电器的速度很快，为了防止固态继电器在切换三相电源时，一组固态继电器未关断，而另一组固态继电器导通引起的相间短路事故，输入逻辑电路应设有几十毫秒的延时，确保相间不发生短路。

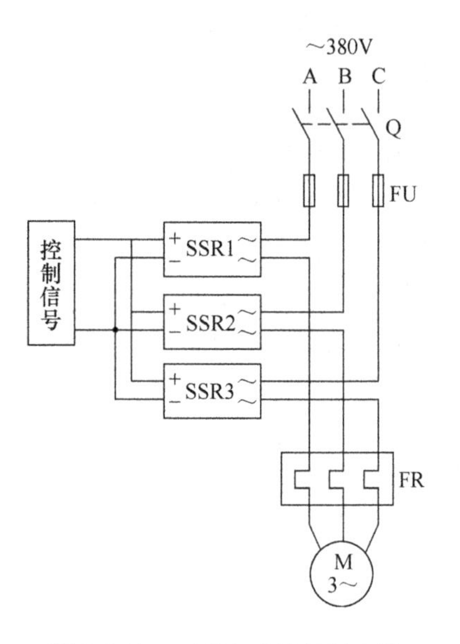

图 8-2-11　三相电动机控制电路

3）为满足各种复杂控制的需求，固态继电器也出现了许多新的产品，以使其适合不同场合的控制要求。图 8-2-13 所示就是一种一体的三相固态继电器，它可以通过控制端直接实现电动机的正反转，而不用在其控制端再加逻辑电路。

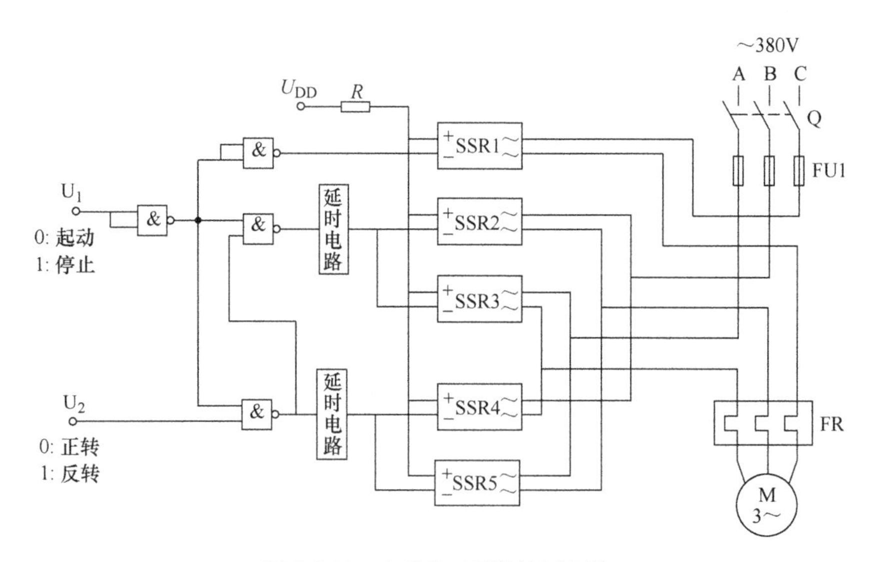

图 8-2-12　电动机正反转控制电路

三相固态继电器电动机控制电路的工作原理：主电路输入端应安装开关 Q，并且串联快速熔断器 FU。内部主电路中的四组功率器件分为两组受控于光电隔离电路，分组通断，并且为互锁设计。控制 A 相和 B 相的换相，实现电动机的正反转，C 相直接通过固态继电器，不受控于固态继电器内部。输入端和输出端采用光电隔离形式，输入端 U_1 路和 U_2 路也有正反互锁设计，当两路均无输入或均有输入信号时，固态继电器关断主电路输出。当仅有 U_1 路信号输入时，即 U_1+、U_1-有控制信号，主电路输出为 A-B-C 相序，使电动机正转；当仅

有 U_2 路信号输入时，即 U_2+、U_2−有控制信号，主电路输出为 B-A-C 相序，使电动机反转。

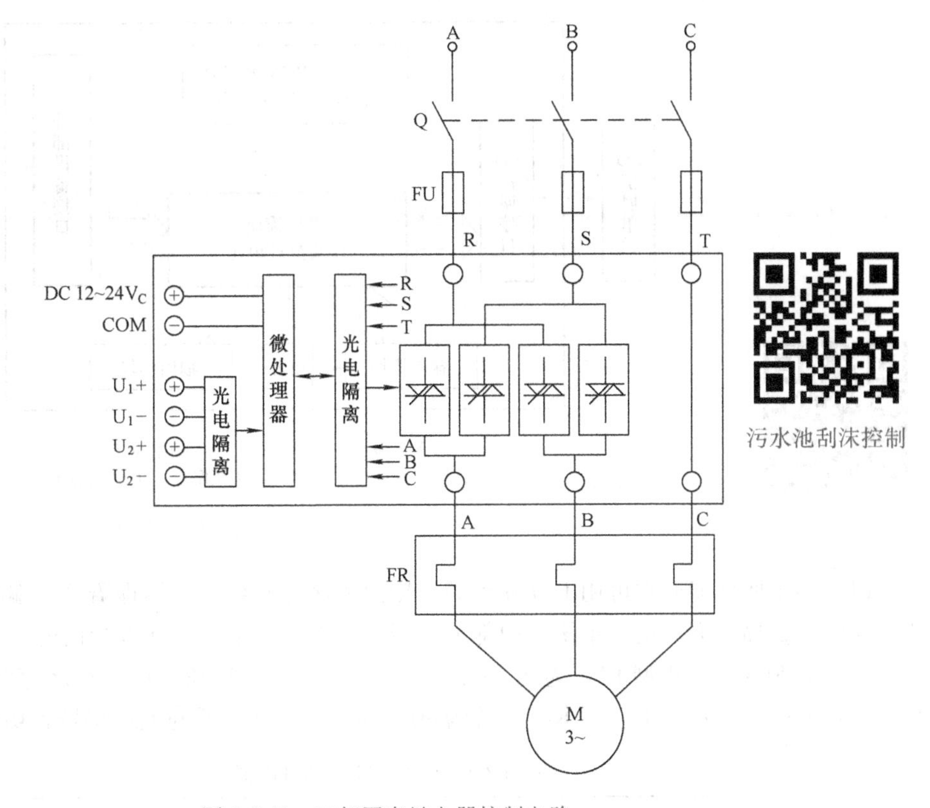

图 8-2-13　三相固态继电器控制电路

图 8-2-13 与图 8-2-12 相比有许多优点。其一，器件体积减小了许多；其二，外围控制电路简单，其内部电路由专业化设计，能在很大程度上提高系统的可靠性，也给使用带来方便。

关于固态继电器方面的内容还有许多的细节问题，本书不做更多的介绍。在选择和使用固态继电器时，应该认真对控制系统进行分析，参考固态继电器的产品说明来选择。

第三节　PLC 的控制

可编程序控制器诞生于 20 世纪 60 年代末期，20 世纪 70 年代中期被正式命名为可编程序控制器（Programmable Logic Controller，PLC）。PLC 是在传统的继电器—接触器控制系统的基础上结合先进的微机技术发展起来的一种工业控制器。

一、PLC 的组成

PLC 的基本组成框图如图 8-3-1 所示，其主要由 CPU 模块、输入/输出模块（简称 I/O 模块）、存储器、编程器和电源等组成。

CPU 模块是 PLC 的大脑和心脏，它采用扫描方式工作。输入模块用来接收和采集来自开关、传感器等装置的输入信号，输出模块把 CPU 发出的处理信号转换成被控设备所能接收的电压或电流值来控制阀门、继电器等输出装置。PLC 内部的存储器包括两类：一类是系统程序存储器，用户不能更改；另一类是用户存储器，可通过编程器读出并更改。编程器用来输入和编辑用户程序，监视PLC运行时梯形图中各种编程元件的工作状态。

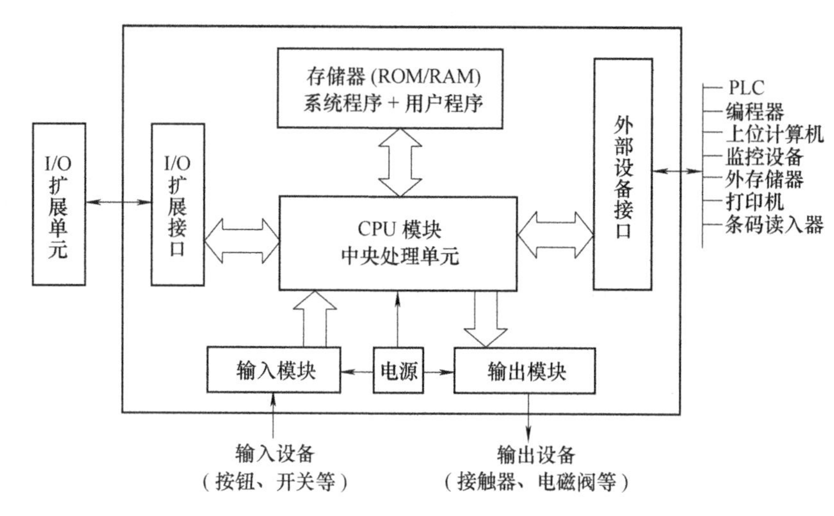

PLC人机界面

图8-3-1 PLC基本组成框图

PLC的主要性能通常可用I/O总点数、用户程序存储容量、编程语言、编程手段、指令执行时间、扫描速度、指令系统、内部继电器的种类和数量等指标进行描述。

以松下FP1-C24小型PLC为例，C24的I/O总点数为12/8，用户程序存储容量为2720步、扫描速度为1.6ms/K、基本指令数为80、部分内部继电器的地址编号和功能见表8-3-1。

表8-3-1 FP1-C24内部继电器

名　　称	符号	地址编号	功　　能
输入继电器	X	X0～XF（16点）	接收外部设备信息
输出继电器	Y	Y0～Y7（8点）	向输出端子传递信息
内部通用继电器	R	R0～R62F	只能在PLC内部使用，不能提供外部输出
特殊内部通用继电器	R	R9000～R903F	具有特殊的专用内部继电器，例如，R9000自诊断错误时为ON，R9010为常闭继电器，R901C为1s时钟继电器等
定时器	T	T0～T99	延时定时器
计数器	C	C100～C143	减法计数器
通用数据寄存器	DT	DT0～DT1659	存储PLC内部处理数据
常数	K、H		K代表十进制数，H代表十六进制数

二、PLC的工作原理

继电器采用的是并行的工作方式，例如，一个继电器线圈得电，其相应的所有触点同时动作。而PLC采用的串行的工作方式，即循环扫描的工作方式。在没有跳转或中断指令时，PLC从第一条指令开始顺序执行用户程序，直到遇到程序结束符再返回第一条指令，周而复始，循环执行用户程序。当有跳转或中断指令时，允许中断正在运行的程序，处理其他任务。

如图8-3-2所示，PLC一个循环扫描工作过程可分为三个基本阶段：输入采样、程序执行、输出刷新。

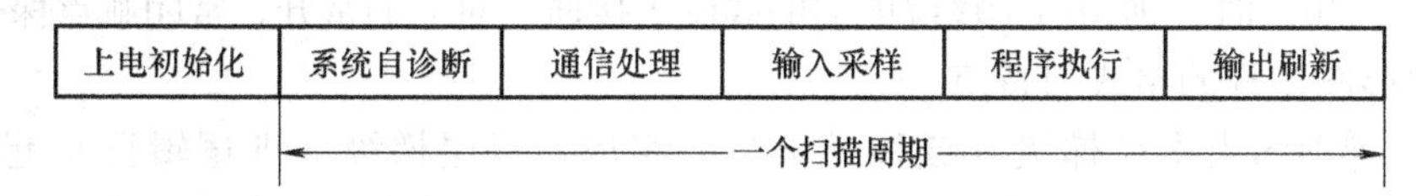

图 8-3-2　PLC 工作流程示意图

1. 输入采样

PLC 顺序扫描每一个输入端口，将输入端口的信号状态（通断或数据）存入对应的输入状态寄存器中，即刷新寄存器中上一个扫描周期存入的输入信号，然后进入程序执行阶段。在程序执行阶段，即使输入端口的信号发生变化，输入状态寄存器中数据也不会被刷新，只有到下一个扫描周期的输入采样阶段，变化的输入信号才会被存入输入状态寄存器。

2. 程序执行

根据输入状态寄存器中存储的信号，顺序执行每一条用户程序指令，将产生的结果存入对应的输出状态寄存器，即刷新输出寄存器。

3. 输出刷新

执行完所有的用户程序，输出寄存器存储的输出状态通过输出接口送入输出端，驱动外部输出设备。

在一个扫描周期中，除了完成上述三个基本操作外，还有故障诊断、通信等操作。

三、PLC 的编程语言

1994 年，国际电工委员会（IEC）颁布了 PLC 编程软件标准 IEC6 1131-3，制定了五种标准编程语言：

1）梯形图（Ladder Diagram，LD），适用于逻辑控制程序设计。

2）指令表（Instruction List，IL），适用于简单文本的程序设计。

3）顺序功能图（Sequential Function Chart，SFC），适用于时序混合型的多进程复杂控制。

4）功能块图（Function Block Diagram，FBD），适用于典型固定复杂算法控制，如 PID。

5）结构化文本（Structured Text，ST），适用于自编专用的复杂程序设计。

在实际应用中，梯形图和助记符指令表是最常用的两种语言。一些高档 PLC 还具有 BASIC 语言、布尔逻辑语言、汇编语言、C 语言、专用高级语言等，由于 PLC 的设计和生产尚无统一的国际标准，因而各厂家产品使用的编程语言及编程语言中所采用的符号也不尽相同。

1. 梯形图语言

梯形图语言是在继电接触器控制系统原理图上的基础上演变而来的一种图形语言，它将 PLC 内部的各种编程元件（如输入继电器、输出继电器、内部继电器、定时器、计数器等）和命令用特定的图形符号和标注加以描述，并赋以一定的意义。梯形图就是按照控制逻辑的要求和连接规则将这些图形符号进行组合或排列所构成的表示 PLC 输入、输出之间逻辑关系的图形，它具有清晰直观、可读性强的特点。

（1）梯形图中的符号　在梯形图中，—| |—、—|/|—分别表示 PLC 各种编程元件（或称软继电器）的常开和常闭触点，—[ ]—则表示其线圈。但应该注意，它们并非物理实体，只有概念上的意义。每一个软继电器实际上仅对应于 PLC 工作数据存储区中的一个存储单元

（位）。当该单元的状态为“1”时，相当于该继电器的线圈接通，对应的常开触点闭合、常闭触点断开；为“0”时，则相当于该继电器的线圈未接通，对应的常开、常闭触点保持常态。

（2）梯形图编程的格式与特点

1）每个梯形图由多层梯级（或称逻辑行）组成，每层梯级（即逻辑行）起始于左母线，经过触点的各种连接，最后通过一个继电器线圈终止于右母线。每一逻辑行实际上代表一个逻辑方程。

2）梯形图中左右两边的竖线（称为左右母线）表示假想的逻辑电源，当某一梯级的逻辑运算结果为“1”时，表示“概念”电流自左向右流动。

3）梯形图中某一编号的继电器线圈一般情况下只能出现一次（除了有跳转指令和步进指令等的程序段以外），而同一编号的继电器常开、常闭触点则可被无限次使用（即重复读取与该继电器对应的存储单元状态）。

4）梯形图中每一梯级的运算结果，可立即被其后面的梯级所利用。

5）输入继电器仅受外部输入信号控制，不能由各种内部触点驱动，因此梯形图只出现输入继电器的触点，而不出现输入继电器的线圈。

6）梯形图中的输入触点和输出继电器线圈对应的不是物理触点和线圈。现场执行元件只能通过受控于输出继电器状态的接口器件（继电器、晶闸管、晶体管）所驱动。

7）PLC 的内部辅助继电器、定时器、计数器等的线圈不能用于输出控制。

2. 指令表

指令表语言也叫语句表语言，它是一种与微机的汇编语言中的指令相似的助记符表达式，指令表程序较难阅读，其中的逻辑关系远不如梯形图语言直观。同梯形图语言一样，不同厂家的 PLC 指令表使用的助记符并不相同。

指令表是由若干条指令组成的程序，每条指令由操作码和操作数两部分组成。操作码用助记符表示，告诉 CPU 要进行什么操作，如逻辑运算的与、或、非，条件控制中的计数、移位等功能，以执行某种操作；操作数一般是编程元件的标识符（字母数字串）或设定常数，表示指令操作的对象，个别语句没有操作数，只有操作码。

四、PLC 的基本指令

PLC 的指令可分为基本指令和高级指令。基本指令按照功能又可分为基本顺序指令、基本功能指令、比较指令、控制指令，这里仅介绍最常用的基本指令。

（1）初始加载（ST）、初始加载非（ST/）及输出（OT）指令

ST：从母线开始以动合触点开始逻辑运算，见表 8-3-2 中的梯形图。

ST/：从母线开始以动断触点开始逻辑运算，见表 8-3-2 中梯形图。

OT：将运算结果输出到指定触点，见表 8-3-2 中的 Y0 和 Y1。

表 8-3-2 ST、ST/、OT 指令表

指 令	梯形图	指令表
ST、OT	 X0 —| |—[ ]— Y0	0 ST X1 1 OT Y0
ST/、OT	 X1 —|/|—[ ]— Y1	0 ST/ X1 1 OT Y1

使用 OT 指令时应注意以下几点：

1）该指令不能直接从母线开始（应用步进指令时除外）。

2）该指令不能串联使用，在梯形图中位于一个逻辑行的末尾，紧靠右母线。

3）该指令连续使用，相当于继电器线圈并联。

4）PLC 如未进行输出重复使用的特别设置，对于某个输出继电器只能用一次 OT 指令，否则，PLC 按出错对待。

ST、ST/指令可用于 X、Y、R、T、C 的操作，OUT 指令可用于 Y、R 的操作。

【例 8-3-1】 写出图 8-3-3 所示梯形图指令的指令表。

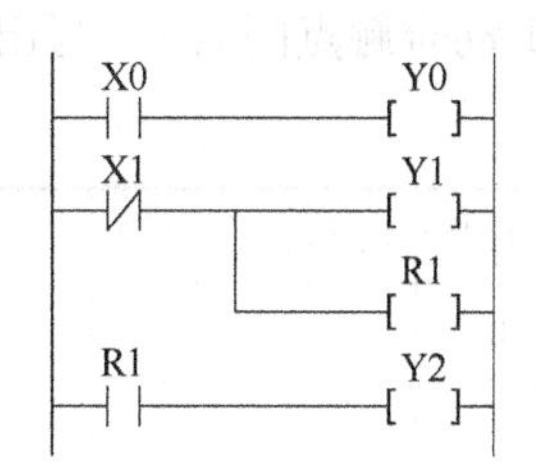

图 8-3-3 例 8-3-1 梯形图

解：梯形图两侧的垂直公共线称为“公共母线”。在分析梯形图逻辑关系时，为了借用继电器电路图的分析方法，可以想象左右两侧母线之间有一个左正右负的直流电源电压，当图中的触点接通时，有一个假想的“电流”或“能流”从左向右流动，这一方向与执行用户程序时的逻辑运算顺序是一致的。

根据梯形图中各触点的状态和逻辑关系，求出与图中各线圈对应的编程元件的状态，称为梯形图的逻辑运算。逻辑运算是按梯形图从上到下、从左至右的顺序进行的。

由上述分析梯形图指令的原则，写出与之对应的指令表，见表 8-3-3。

表 8-3-3 例 8-3-1 指令表

步序号	操作码	操作数	注 释	步序号	操作码	操作数	注 释
0	ST	X0	动合触点母线开始	4	OT	R1	驱动内部继电器线圈
1	OT	Y0	驱动输出继电器线圈	5	ST	R1	动合触点从母线开始
2	ST/	X1	动断触点从母线开始	6	OT	Y2	驱动输出继电器线圈
3	OT	Y1	驱动输出继电器线圈				

例 8-3-1 的程序功能：当 X0 接通时，Y0 接通；当 X1 闭合时，Y1 线圈接通、R1 线圈接通，且 Y2 线圈接通（因 R1 线圈接通时，R1 动合触点闭合）。

指令表与梯形图是相互对应的，是表示相同逻辑关系的不同表现形式，应熟练掌握它们之间的相互转换。书写指令表时，可省略步序号和注释部分。

（2）非（/）、与（AN）、与非（AN/）指令

/：将该指令的运算结果求反。

AN：串联动合触点时的连接指令，见表 8-3-4 中梯形图。

AN/：串联动断触点时的连接指令，见表 8-3-4 中梯形图。

在编程中，AN、AN/指令能够连续使用，即几个触点串联在一起。

表 8-3-4 AN、AN/指令表

指 令	梯形图	指令表
AN AN/	X0 X2 Y3 Y3 X1 R1	0 ST X0 1 AN X2 2 OT Y3 3 ST Y3 4 AN/ X1 5 OT R1

AN、AN/指令可用于 X、Y、R、T、C 的操作。

【例 8-3-2】　写出图 8-3-4 所示梯形图对应的指令表。

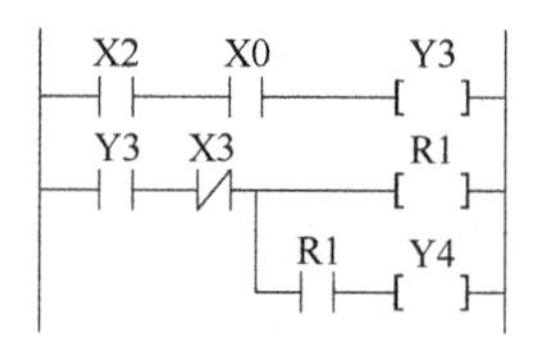

图 8-3-4　例 8-3-2 图

解：例 8-3-2 程序功能：当 X2 和 X0 都接通时，Y3 接通；当 X2、X0 都接通且 X3 闭合时，R1 线圈接通；R1 线圈接通，Y4 线圈接通（因 R1 线圈接通时，R1 动合触点闭合）。写出指令表，见表 8-3-5。

表 8-3-5　例 8-3-2 指令表

步序号	操作码	操作数	注　　释	步序号	操作码	操作数	注　　释
0	ST	X2		4	AN/	X3	串联动断触点
1	AN	X0	串联动合触点	5	OT	R1	
2	OT	Y3		6	AN	R1	串联动合触点
3	ST	Y3		7	OT	Y4	连续输出

说明：触点与左边的电路串联时，使用 AN 或 AN/指令，串联触点的个数原则上没有限制，即该指令可以多次重复使用。在图 8-3-4 中，"OT R1" 指令之后通过 R1 的触点去驱动 Y4，称为连续输出。只要按正确的顺序设计电路，可连续多次使用连续输出。应该注意，图中 R1 和 Y4 线圈所在的并联支路，其上、下位置不可颠倒。

【例 8-3-3】　画出以下指令表所对应的梯形图。

ST　X1

OT　Y1

/

OT　Y2

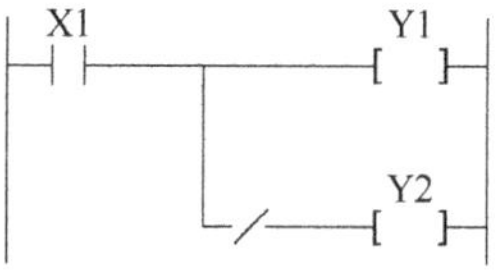

图 8-3-5　例 8-3-3 图

解：指令表对应功能：当 X1 闭合时，只有线圈 Y1 接通；当 X1 断开时，只有线圈 Y2 接通。指令表对应的梯形图如图 8-3-5 所示。

（3）或（OR）、或非（OR/）指令

OR：并联动合触点的连接指令，见表 8-3-6 中梯形图。

OR/：并联动断触点时的连接指令，见表 8-3-6 中梯形图。

表 8-3-6　OR、OR/指令表

指　　令	梯形图	指令表
OR	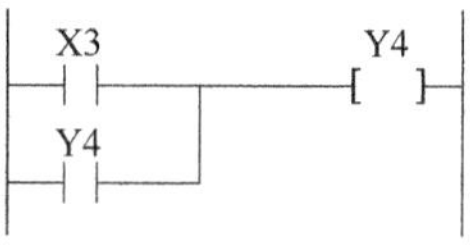	0　ST　X3 1　OR　Y4 2　OT　Y4
OR/	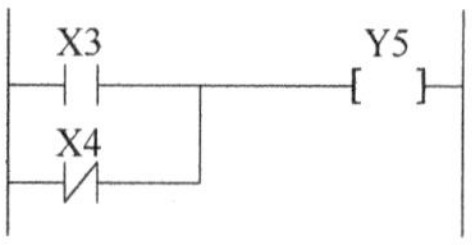	0　ST　X3 1　OR/　X4 2　OT　Y5

OR、OR/用于单个触点与前面电路的并联，并联点的左端从母线（或 ST、ST/点）开

始，右端与前面一条指令对应触点的右端相连。OR、OR/指令可以连续使用多次，它们的操作数同 AN、AN/指令的操作数一样。

【例 8-3-4】 写出图 8-3-6 所示梯形图对应的指令表。

解：指令表如下：

ST/　　X1
OR　　X2
OT　　Y1
ST　　Y1
AN/　　X3
OR/　　R2
OT　　Y2

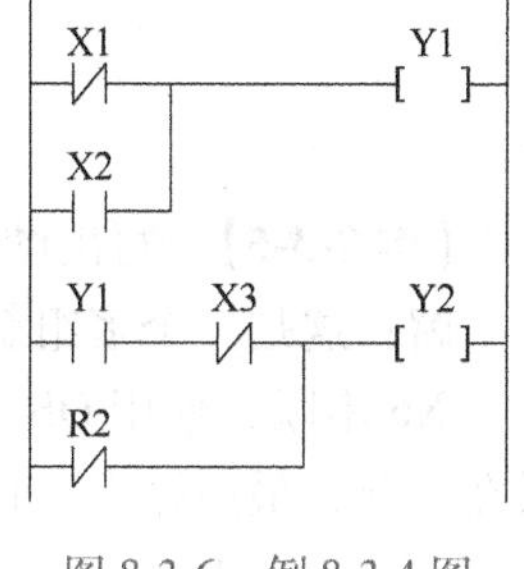

图 8-3-6 例 8-3-4 图

（4）组与（ANS）指令、组或（ORS）指令

ANS：实现多个电路块串联连接指令。

ORS：实现多个电路块并联连接指令。

两个或两个以上触点并联连接的电路称为“并联电路块”，并联电路块与前面电路串联连接时，用 ST 或 ST/作分支电路的起点，并联电路块完成后，可使用 ANS 指令与前面电路串联，见表 8-3-7。

两个或两个以上触点串联连接的电路称为“串联电路块”，串联电路块并联连接时，分支的开始用 ST 或 ST/指令，分支的结束用 ORS 指令，见表 8-3-7。ORS 指令同 ANS 指令一样，后边不用跟元件号。如果对每一个电路块使用 ORS 指令，则并联电路块次数无限制。

从表 8-3-7 中可以看出，ANS 指令编程顺序是将 X0、X2 或在一起，再将 X1、X3 或在一起，最后使用 ANS 指令将这两组触点块与起来；同 ANS 类似，ORS 指令编程顺序是将 X0、X1 与在一起，再将 X2、X3 与在一起，最后使用 ORS 指令将这两组触点块并联起来。

表 8-3-7 ANS、ORS 指令表

指　令	梯形图	指令表
ANS	X0 X1 Y0 X2 X3	0 ST X0 1 OR X2 2 ST X1 3 OR/ X3 4 ANS 5 OT Y0
ORS	X0 X1 Y6 X2 X3	0 ST X0 1 AN X1 2 ST X2 3 AN/ X3 4 ORS 5 OT Y0

在一些逻辑关系复杂的梯形图中，用前面所述的指令来编程是难以完成的，因为在这样的梯形图中，触点间的连接并不是简单的串联关系，要完成这样复杂逻辑关系的编程，必须使用 ANS 和 ORS 指令。

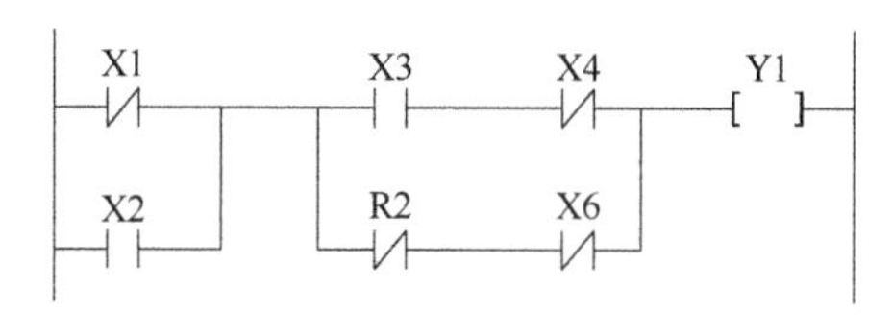

图 8-3-7　例 8-3-5 图

【例 8-3-5】 写出图 8-3-7 所示梯形图对应的指令表。

解：这是一个多组触点并联再串联的梯形图。先将 X1、X2 并联，再将 X3、X4 串联，R2、X6 串联，使用 ORS 指令形成新的并联电路块，再使用 ANS 指令将两个并联电路块串联在一起，最后输出。指令表如下：

ST/　X1
OR　X2
ST　X3
AN/　X4
ST/　R2
OR/　X6
ORS
ANS
OT　Y1

（5）0.01s 定时器（TMR）、0.1s 定时器（TMX）、1s 定时器（TMY）指令

TMR：以 0.01s 为单位设置延时接通定时器。

TMX：以 0.1s 为单位设置延时接通定时器。

TMY：以 1s 为单位设置延时接通定时器。

定时器指令见表 8-3-8，指令由三部分组成：①指令操作码，即 TMR、TMX 和 TMY；②第一操作数，指定定时器编号；③第二操作数 K，十进制时间常数，指定定时器预置值。

定时器的预置时间（也是延时时间）为：预置时间单位×预置值。

预置时间单位分别为：R=0.01s，X=0.1s，Y=1s。预置值只能用十进制数给出，编程格式是在十进制数的前面加大写英文字母“K”，取值范围为 0~32767。

定时器为减 1 计数，每来一个时钟脉冲，定时器由设定值逐次减 1，减到 0 时，其动合触点闭合，动断触点断开。定时必须有输入触点，其接通时，定时器工作，其断开时，定时器复位，并重新装载预置值。

表 8-3-8　定时器指令表

指　　令	梯形图	指令表
TMR TMX TMY	X1　TYK 15 2 T2　Y7	0　ST　X1 1　TMY　2 　K　15 2　ST　T2 3　OT　Y7

当输入触点 X1 接通后，定时器 2 开始定时，15s 后，定时器动合触点 T2 闭合，线圈 Y7 接通。当输入触点 X1 断开，定时器复位，重新装载预置值 15，定时器动合触点 T2 断

开，线圈 Y7 断开。

【例 8-3-6】 已知梯形图和输入信号 X1 如图 8-3-8 所示，写出对应指令表，并画出输出信号 Y0 和 Y1 的时序图。

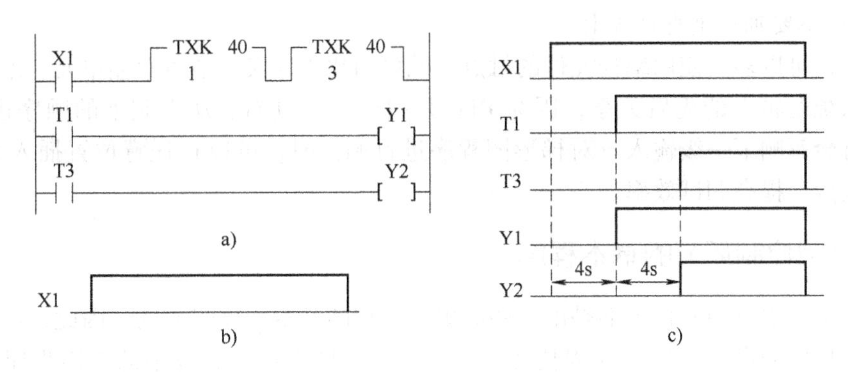

图 8-3-8　例 8-3-6 图

a）梯形图　b）输入信号　c）时序图

解：定时器可以串联使用，也可以并联使用。串联使用时，第二个定时器在第一个定时器计到 0 时开始定时。

ST　　X1

TMX　1

K　　 40

TMX　3

K　　 40

ST　　T1

OT　　Y1

ST　　T3

OT　　Y2

（6）结束（ED）指令

ED：表示主程序结束。本条指令只能使用非键盘指令代码输入，代码为“10”。ED 指令是使主程序执行结束了，子程序和中断程序必须放在 ED 指令之后。注意：ED 只能用于主程序区。

PLC 的工作方式的循环扫描方式。程序从第一步到 ED 之间（即 1 个扫描周期）反复执行，而不执行 ED 后面的步序。在调试程序时，如果在每个程序块的末尾写入 ED 指令，则可依次地检查每一块的运行情况。这时，在检查了前面电路块的工作后，要依次删去中间的各 ED 指令。

除以上十几条基本指令以外，还有其他基本控制指令、比较指令及 100 多条高级指令，本书不再叙述。有需要者，请查阅专业书籍。

五、编程规则和编程技巧

1）各种元件对应的线圈应接于右母线，不能接左母线；触点不能接于线圈和右母线之间。

2）编程元件的触点在编程时使用次数无限制，但受编程器屏幕尺寸限制。

3）编梯形图时，应体现“左沉右轻、上沉下轻”的原则，即串联电路块尽量放上部，并联电路块尽量靠近左母线。

4）在一个梯形图中，同一编号的线圈应避免重复输出，容易引起误操作。

5）触点不要画在垂直直线上。

编程时，可以多次使用编程元件的触点，既可简化程序又可节省存储单元。编程时必须考虑控制系统逻辑上的先后关系，因为 PLC 是按照从左到右、从上到下的顺序进行扫描，上一梯形行会影响下一级输入。对梯形图程序进行调试时，可以在任意位置插入 ED 指令，分段进行调试，提高调试效率。

六、常用控制环节的基本程序

许多在工程中应用的程序都是由一些简单、典型的基本程序组成的，因此，如果能够掌握这些基本程序的设计原理和编程技巧，对于编写一些大型的、复杂的应用程序是十分有利的。

1. 起动、保持、停止控制（自锁控制）

使输入信号保持时间超过一个扫描周期的自我维持电路（自锁），是构成有记忆功能元件控制回路最基本环节。它经常用于内部继电器、输出继电器的控制回路。其基本形式有以下两种：

（1）停止优先式　图 8-3-9a 所示是停止优先式起动、保持、停止控制程序。

当控制停止的 X0 断开（X0＝1）时，无论起动信号 X1 状态如何，输出继电器 Y0 断开（实现停止）。

当控制停止的 X0 闭合（X0＝0）时，若使起动信号 X1 接通，则输出继电器 Y0 接通（实现起动），并通过动合触点 Y0 自锁，即此时起动信号 X1 由“1”变为“0”后，Y0 仍保持接通状态（实现保持）。

因为当 X0 与 X1 同时为“1”时，停止信号 X0 有效，所以此形式控制程序为停止优先式。

（2）起动优先式　图 8-3-9b 所示是起动优先式起动、保持、停止控制程序。

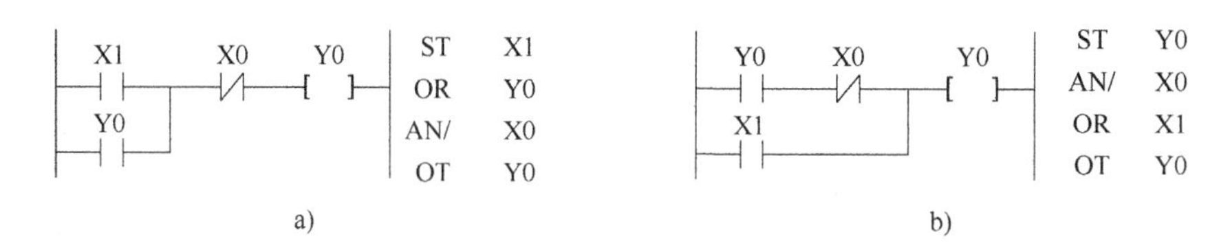

图 8-3-9　起动、保持、停止控制程序

a）停止优先式　b）起动优先式

当起动信号 X1 接通（X1＝1）时，无论停止信号 X0 状态如何，输出继电器 Y0 接通（实现起动），并且当 X0＝0 时，通过动合触点 Y0 自锁（实现保持）。

当起动信号 X1 未接通（X1＝0）时，使停止信号 X0 接通（X0＝1），则输出继电器 Y0 断开（实现停止）。

因为当 X0 与 X1 同时为“1”时，起动信号 X1 有效，所以此形式控制程序称为起动优先式。

2. 多地点起动、停止控制

在图 8-3-9 中，只有一对起动（X1）、停止（X0）触点。如果要求在多个地点都能对 Y0 进行起动、停止控制，程序应如何设计？假定三个地点能分别控制 Y0，A 地的起停按钮为 X0、X1；B 地的起停按钮为 X2、X3；C 地的起停按钮为 X4、X5。

起停按钮取用动合触点，梯形图如图 8-3-10 所示。可以看出，任何一个起动按钮都能使 Y0 接通，而任何一个停止按钮都能使 Y0 断电。

3. 联锁控制

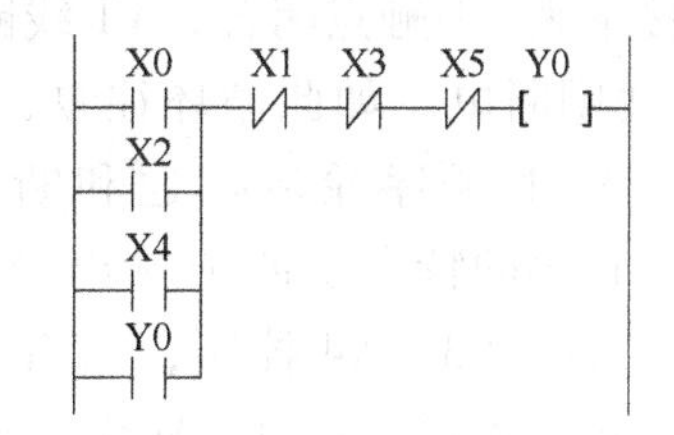

图 8-3-10　三地起动、停止控制

在生产机械的各种运动之间，往往存在着某种相互制约关系，一般采用联锁控制技术来实现。联锁控制的关键是正确地选择和使用联锁信号。下面是两种常见的联锁控制。

（1）不能同时进行的联锁控制　在图 8-3-11 所示梯形图中，为了使 Y1 和 Y2 不能同时被接通（如驱动电动机正反转接触器的输出继电器），选择联锁信号为 Y1 的动断触点和 Y2 的动断触点，分别串入 Y2 线圈和 Y1 线圈的控制回路中。无论先接通哪一个继电器，另一个继电器都不能通电，换句话说，要想起动某个继电器，必须首先断开另外一个继电器回路。

这种联锁控制用得最多的场合是：同一台电动机的正转和反转之间，机床的刀架进给与快速移动之间，刨床的横梁升降与工作台运动之间，它们都不能同时进行。

（2）互为发生条件的联锁控制　在图 8-3-12 所示的梯形图中，要使 Y2 接通，必须先使 Y1 接通，选择联锁信号为 Y1 的动合触点，串入 Y2 线圈的控制回路中。这样，只有 Y1 接通才允许 Y2 接通，Y1 断电后 Y2 也断电停止，而且在 Y1 接通的条件下，Y2 可以自行起动和停止。

X1　X0　Y2　Y1
Y1
X2　X0　Y1　Y2
Y2

图 8-3-11　不能同时进行的联锁控制

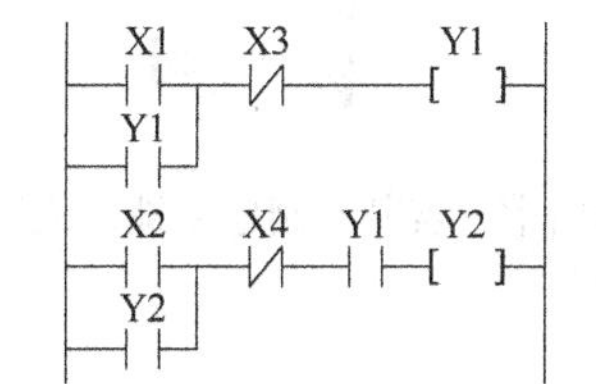

图 8-3-12　互为发生条件的联锁控制

PLC 控制电动机

互为发生条件的联锁控制的应用场合有：车床、钻床的进给运动必须在主轴旋转运动发生后才能发生；车床润滑油泵工作后主轴才能工作，润滑油泵停止时主轴也必须停止。

4. 顺序步进控制

顺序步进控制是指，只有前一个运动发生了，后一个运动才可以发生，而一旦后一个运动发生，就立刻使前一个运动停止，从而实现各个运动严格地按预定的顺序发生和转换，不会发生顺序的错乱。用 PLC 实现顺序步进控制有多种方法，可根据具体情况选用。

联锁式顺序步进控制：为了实现顺序方式，选择代表前一个运动的动合触点串联在后一个运动的起动电路中；选择后一个运动的动断触点串入前一个运动的断开电路中，如图 8-3-13 所示。

在图8-3-13中，R9013是初始闭合继电器，只在程序运行的第一次扫描时闭合，从第二次扫描开始断开并保持打开状态。程序最初R9013使Y1线圈接通并保持，直到X2闭合时，Y2线圈接通并保持，同时Y1线圈断电；按顺序直到X3闭合时，Y3线圈接通并保持，同时Y2线圈断电；接下来直到X4闭合时，Y4线圈接通并保持，同时Y3线圈断电；再接下来X1触点闭合，Y1线圈再次接通并保持，同时Y4线圈断电。如此循环往复，使输出继电器Y1、Y2、Y3、Y4按顺序轮流接通和断开，实现了顺序步进控制。程序的特点是四个输出分别由四个输入按钮触点X1、X2、X3、X4控制，只有PLC停止运行时输出才能停止，也可以在每个输出线圈支路串入同一个动断触点，对应外部的停止按钮。

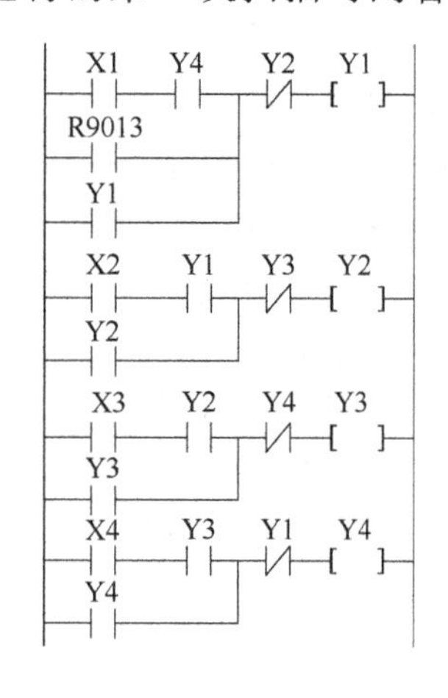

图8-3-13　联锁式顺序步进控制

本章小结

具体内容请扫描二维码观看。

第八章小结

习　题

8-1　在直接起动控制电路中，若其控制电路被接成图8-T-1中的三种情况，问电动机能否正常起动和停车？为什么？存在什么问题？

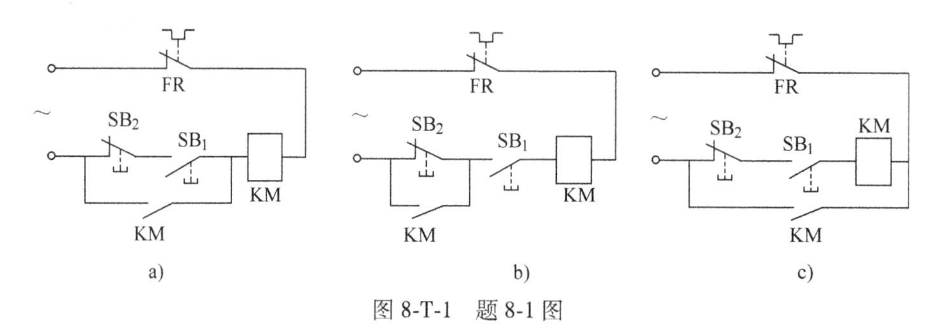

图8-T-1　题8-1图

8-2　试画出一台三相笼型异步电动机既能点动工作又能连续运转的直接起动控制电路。

8-3　试画出能在两地用按钮控制同一台笼型电动机直接起动与停车的控制电路。

8-4　什么是自锁和电气联锁，举例说明用低压电器和PLC如何实现。

8-5　有两台可直接起动、停车的三相异步电动机M_1和M_2，根据下列要求，请分别画出其控制电路：

(1) M_1 起动后，M_2 才能起动；M_2 并能单独停车。(2) M_1 起动后，M_2 才能起动；M_2 并能点动。(3) M_1 先起动，经过一定延时后，M_2 能自行起动。(4) M_1 先起动，经过一定延时后，M_2 能自行起动；M_2 起动后，M_1 立即停车。(5) 起动时，M_1 起动后，M_2 才能起动；停止时，M_2 停止后，M_1 才能停止。

8-6 现有三台电动机。要求按 M_1、M_2、M_3 的顺序起动，但每两台电动机的起动时间应顺序相差一段时间，试画出控制电路。

8-7 图 8-2-9b 所示起重机限位控制电路中，假设起重机正在左行，若要求直接按下右行起动按钮 SB_2 时，起重机能实现右行，控制电路应当如何变动？

8-8 有一机床工作台由电动机带动，在工作台的 A、B 两点上各装有行程开关一个，当工作台行至 A 点时，要求停留 20s 后，自动返回至 B 点停车。试画出控制电路。

8-9 图 8-T-2 所示是用于升降和搬运货物的电动起重机控制电路。M_1 是升降控制的电动机，M_2 是前后控制的电动机。试分析上述控制电路的工作原理。

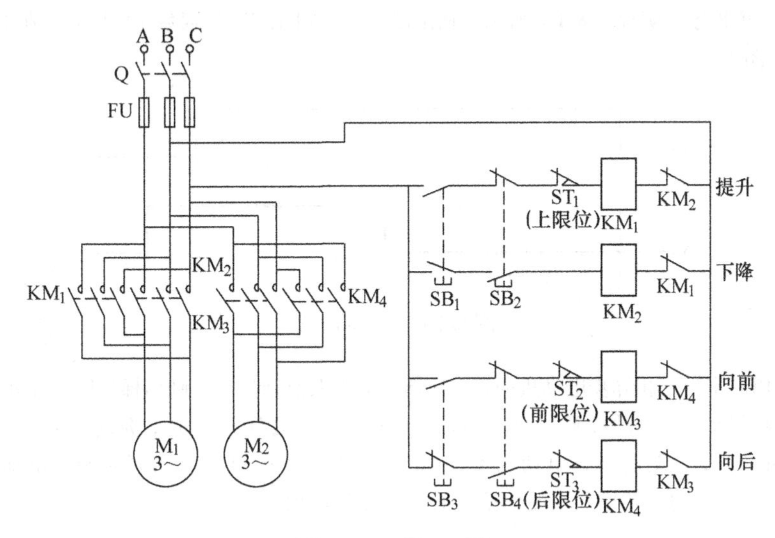

图 8-T-2 题 8-9 图

8-10 写出图 8-T-3 所示梯形图对应的指令表，并画出 R10 的波形图。

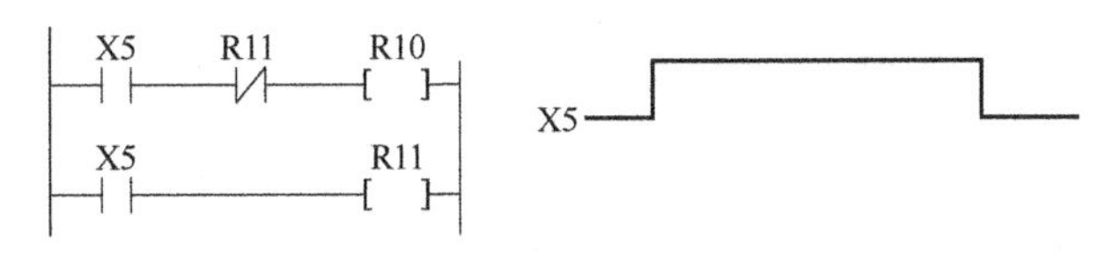

图 8-T-3 题 8-10 图

8-11 写出图 8-T-4 所示梯形图对应的指令表，并画出 R0 的波形图。

8-12 写出图 8-T-5 所示梯形图对应的指令表。

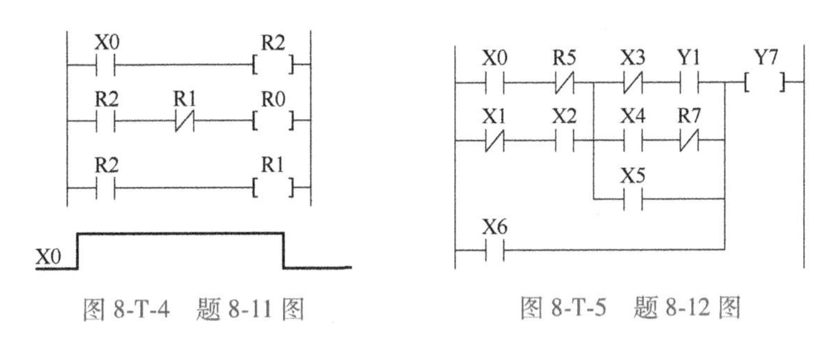

图 8-T-4 题 8-11 图　　图 8-T-5 题 8-12 图

8-13　画出与下面指令表对应的梯形图：

ST　X0

OR　X1

AN/　X2

OR　R0

ST　X3

AN　X4

OR　R3

ANS

OR/　R1

OT　Y2

8-14　设计一个程序，实现图 8-T-6 所示的输出波形图，Y1 在 X1 接通后 10s 接通，在 X1 断开 2s 后自动断开，画出梯形图。

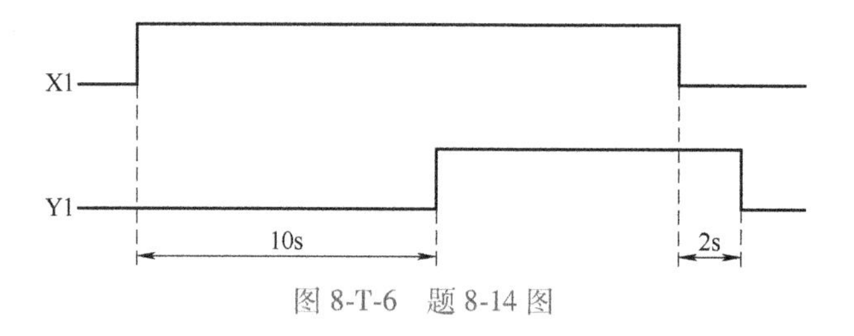

图 8-T-6　题 8-14 图

8-15　试用 PLC 实现三相异步电动机的正、反转控制以及点动控制，画出梯形图，并列出指令表。

8-16　用 PLC 控制三台电动机 M_1、M_2 和 M_3 的工作，电动机 M_1 起动后，延时 10s，电动机 M_2 开始起动，同时 M_1 停止工作，再延时 6s，电动机 M_3 起动，同时 M_2 停止工作，再延时 8s，电动机 M_1 又起动，同时 M_3 停止工作，三台电动机周而复始，循环工作，画出梯形图。

第三篇综合训练

一、阶段小测验

电机篇阶段小测验

二、趣味阅读

1. 电动机的控制一般都是采用带有机械触点的继电器或接触器构成的控制电路

所谓继电器或接触器都是由电流通过电器线圈产生磁场而使电器发生机械动作，从而带动机械触点动作，使电器的触点断开或者接通；当无电流通过电器线圈时，触点恢复原来状态。

此种控制方式的优点是：

1）开闭控制的负荷容量大。

2）超负荷的能力大。

3）电气噪声相对稳定。

4）动作状态容易确定。

5）输入与输出能够分离。

其缺点是：

1）消耗电量大。

2）响应速度慢。

3）因触点接触处有损耗，故有一定的使用寿命。

4）抵抗机械振动、冲击能力较弱。

5）较难实现外形小型化。

2. 磁簧管（又称干簧管）

磁簧管是一种靠N极与S极之间吸引力来通断触点的开关，如图3-Z-1所示。其结构是在一细小玻璃管两端封入两个易导磁的金属簧片，当作开关的两个极。为了使电极耐用并提高电气特性，通常小玻璃管内要充有惰性气体，接点部分

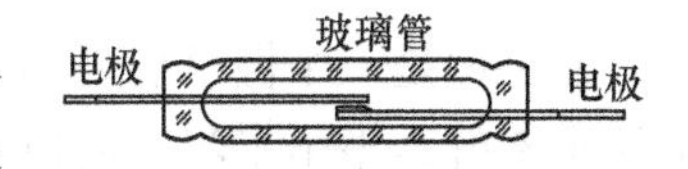

图 3-Z-1

要使用金或铑等金属和镍铁等高导磁金属的合金。当外部有磁场产生时，两个金属簧片被磁化成N极和S极，彼此之间将相互吸引，若相互吸引力大于金属簧片的弹力，两个金属簧片就接通；当外部磁场撤消时，两个金属簧片又断开，从而起到开关的作用。其外部磁场可以用绕制的线圈产生，也可以用永久磁铁产生。

三、能力开发与创新

1. 水箱的自动控制

如图3-Z-2所示，将磁簧管固定在底部密封的塑料管内，当浮子随水面下降到下水位时，浮子内的磁铁使下水位的磁簧管接通，如图3-Z-3所示，这时接触器KM吸合，水泵电动机起动开始向水箱注水。当水位上升到上水位时，浮子也随水面上升到上水位，浮子内的磁铁使上水位的磁簧管接通，这时继电器KA吸合，同时继电器KA的常闭触点断开，使水泵电动机停止向水箱注水。水箱是否注水也可用按钮SB_1和SB_2来控制。

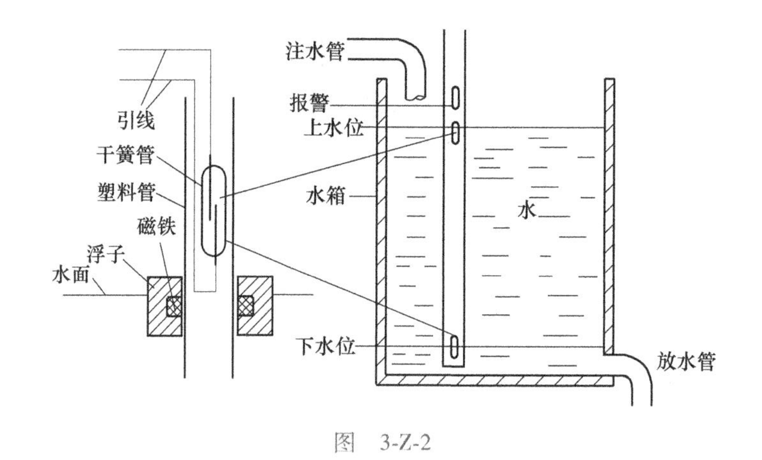

图　3-Z-2

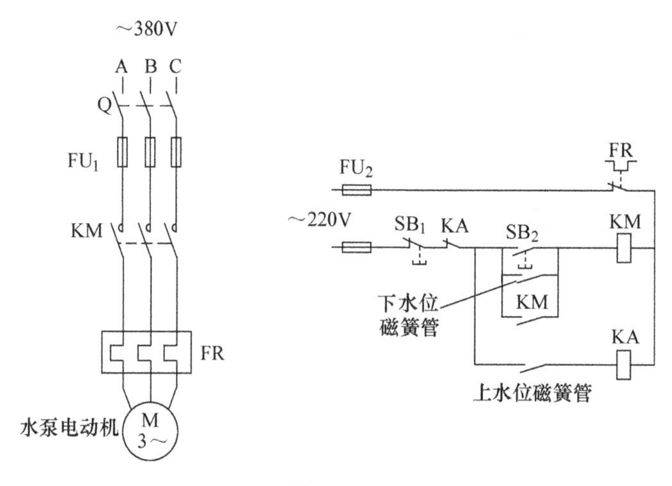

图　3-Z-3

如果你是一个做事稳妥的人，你一定还会想到万一水箱上水位的磁簧管被损坏了，水箱里的水不就会溢出了吗。所以，还应该在水箱上水位上面一点的位置再安装一个磁簧管起报警作用，以确保水面超过上水位时由它来控制停止注水，此磁簧管可称得上是“养兵千日，用在一时”。如果由它来停止注水，同时还应伴随有报警声或红灯警告，此时你应该及时修理已经失效的上水位磁簧管。把报警电路连接到图 3-Z-3 的控制电路中，你会吗？

2. 传送带的自动控制

对于图 3-Z-4 所示的三条带式运输机的电气要求是：

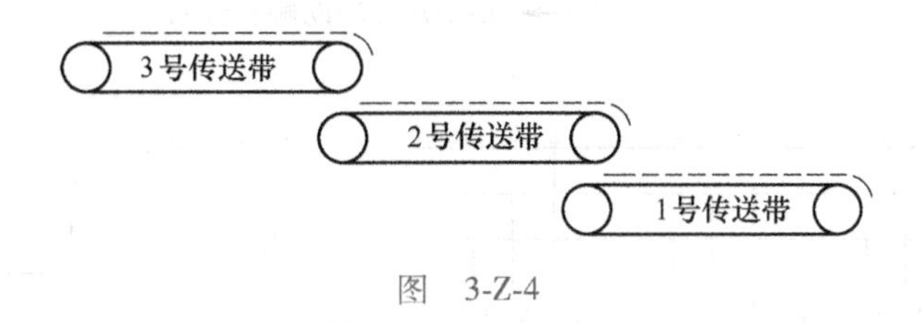

图 3-Z-4

（1）为防止货物在带式运输机上产生堆积，应设计成顺序起动控制电路，其顺序为 1 号、2 号、3 号。

（2）停车顺序为 3 号、2 号、1 号，以使停车后带式运输机上不残存货物。

（3）当 1 号、2 号出现故障停车时，3 号能随即停车，以免继续进料。

工作原理：

如图 3-Z-5 所示，按三条带式运输机的电气要求 1 号、2 号、3 号顺序起动。

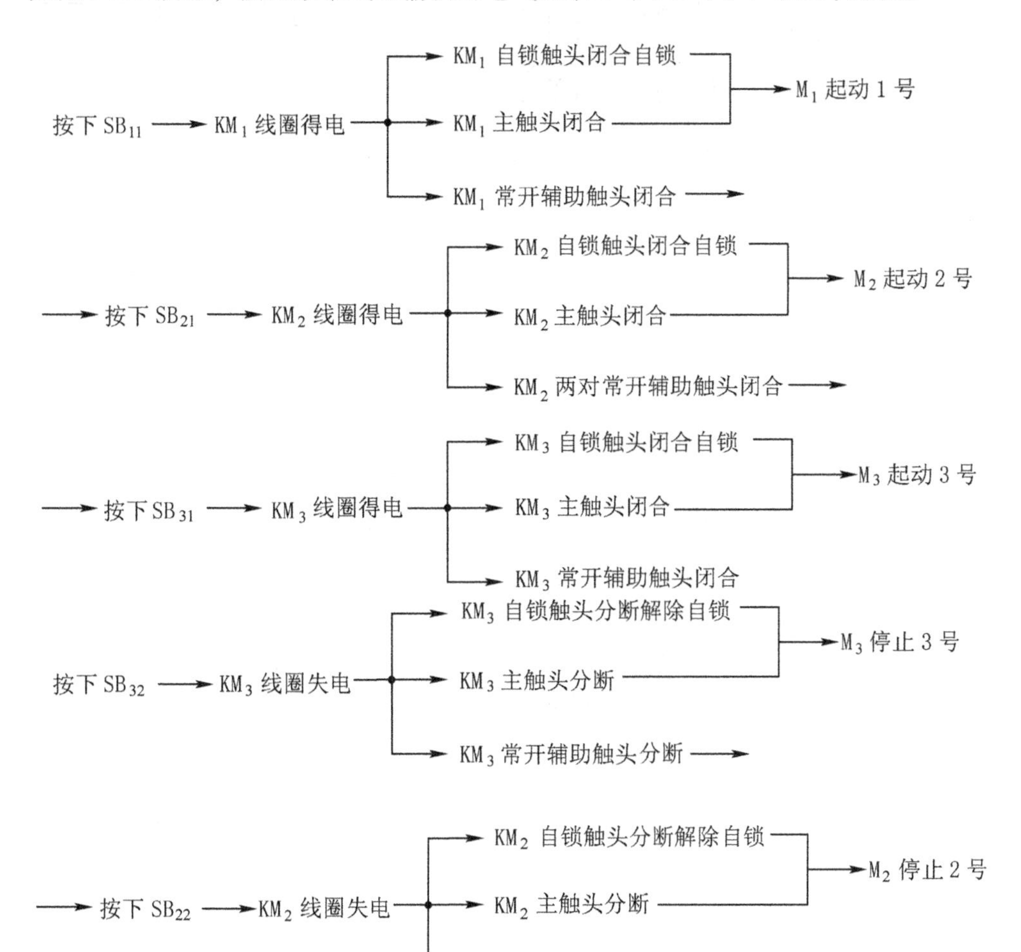

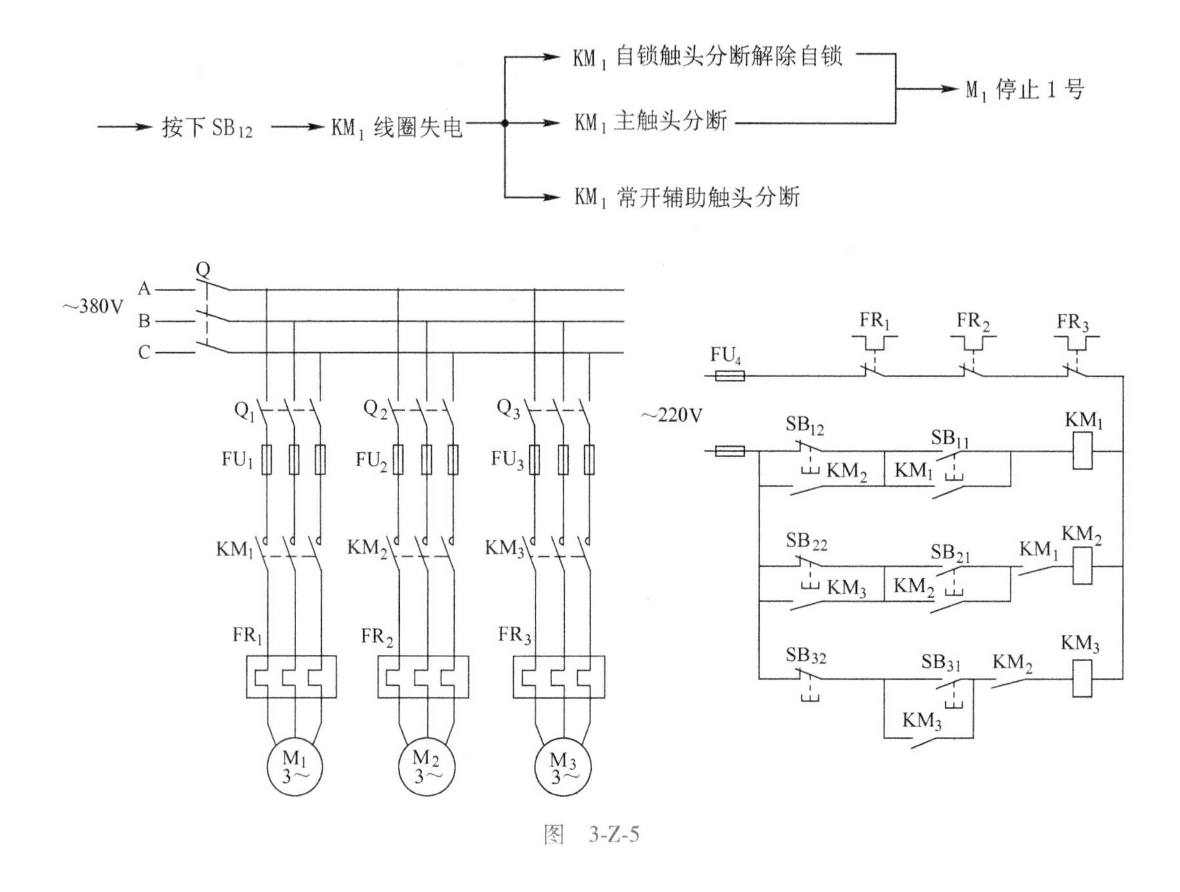
按下 SB12
KM1 线圈失电
KM1 自锁触头分断解除自锁
KM1 主触头分断
KM1 常开辅助触头分断
M1 停止 1 号
~380V
A
B
C
Q
Q1
Q2
Q3
FU1
FU2
FU3
KM1
KM2
KM3
FR1
FR2
FR3
M1 3~
M2 3~
M3 3~
~220V
FU4
FR1
FR2
FR3
SB12
SB11
KM2
KM1
KM1
SB22
SB21
KM3
KM2
KM1
KM2
SB32
SB31
KM2
KM3
KM3

图　3-Z-5

第四篇
模拟电子电路

第九章　常用半导体器件

第一节　PN结及其单向导电性

一、本征半导体

宏观世界的物质之所以体现了千差万别的不同特性，往往与其微观世界的分子排列形式或者其内部原子结构有关。半导体恰恰由于其内部原子结构最外层轨道上的电子数目介于导体与绝缘体之间，从而形成了独有的导电特性。

提纯以后的半导体称为本征半导体，它具有晶体结构，其原子之间排列整齐，以共价键结构相互联系，如图9-1-1所示。

在共价键结构中，原子最外层虽然具有八个电子而处于较为稳定的状态，但是共价键中的电子还不像在绝缘体中的价电子被束缚得那么紧，在热量、光照等能量激发下，有少量的电子获得能量即可挣脱原子核的束缚成为自由电子（这种现象称为本征激发）。同时在原来的共价键中留下一个空位，称为空穴。本征半导体中的自由电子和空穴是成对出现的。晶体中某处出现一个空穴，附近具有较高能量的价电子就可以很容易地填补这个空穴，这样就在邻近原子处留下一个新的空穴，它也可以由相邻原子的价电子来递补。如此继续下去，就好像空穴在移动。

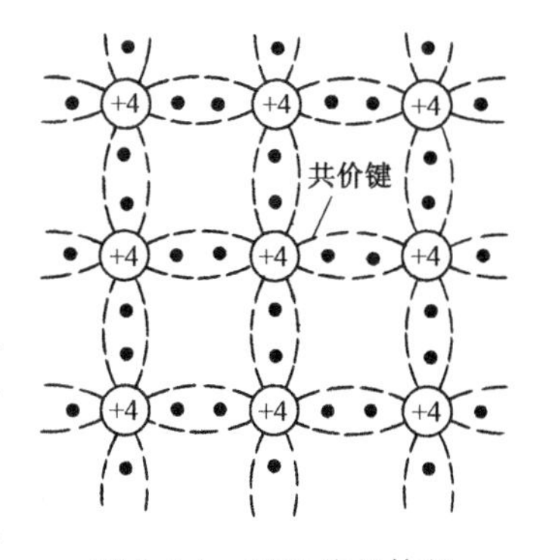

图9-1-1　硅和锗晶体的共价键结构

半导体中的自由电子带负电，空穴带正电，它们定向移动都形成电流，它们是运载电流的粒子，简称载流子。在电场的作用下，自由电子和空穴分别形成电子流和空穴流，二者的代数和即为半导体中的电流。

在纯净的半导体中，电子与空穴是成对出现的，在运动过程中，如果自由电子填补了空穴，则电子与空穴就成对消失，这种现象称为复合。

本征半导体的特点：

1）本征半导体具有一定的导电能力，但因常温下自由电子和空穴的数量很少，因此它的导电能力比较微弱。

2）本征半导体中载流子的浓度，除与半导体本身的性质有关外，还与温度密切相关。

在一定的温度下，载流子的产生和复合达到动态平衡，于是半导体中的载流子（自由电子和空穴）便维持一定数目。温度越高，载流子数目越多，导电性能也就越好。本征半导体的这个特性要一分为二来看，对于由本征半导体为基础而制造出来的二极管、三极管等电子元器件，其电路性能往往由于温度的变化而存在工作不稳定因素。但是，利用本征半导体的热敏、光敏特性可以制成各种各样的热敏、光敏元件，它们在生产、生活等许多领域得到广泛应用。

二、杂质半导体

本征半导体的导电能力在室温情况下不但很低，更重要的是靠温度控制导电能力很不方便。在本征半导体中掺入有用的微量杂质（简称掺杂），就可以形成导电能力强而又控制方便的杂质半导体。根据掺入的杂质不同，分为N型半导体和P型半导体两类。

1. N型半导体

如果在四价硅（或锗）的晶体中掺入少量的五价杂质元素磷（或其他的五价元素），那么整个晶体结构基本上不变，只是某些位置上的硅原子将被杂质原子代替。由于杂质原子的外层有5个价电子，因此它与周围4个硅原子组成共价键时，多余一个电子，如图9-1-2a所示，该电子不受共价键的束缚，很容易挣脱原子核的束缚而成为自由电子。于是半导体中的自由电子数目大量增加，自由电子导电成为这种半导体导电的主要方式，故称其为电子半导体或N型半导体。这种半导体中磷原子因失去电子而成为带正电荷的离子。N型半导体具有如下特点：

1）自由电子（主要由掺杂形成）为其多数载流子（简称多子）。

2）空穴（本征激发而形成）为其少数载流子（简称少子）。

2. P型半导体

在硅（或锗）的晶体中掺入少量三价杂质元素硼（或其他三价元素），此时杂质原子的最外层只有3个价电子，它和周围的硅原子组成共价键时，将因缺少一个电子而产生一个空位。当其相邻的硅原子的价电子获得能量时，就很容易填补这个空位，于是就产生了一个空穴，如图9-1-2b所示。这种半导体中将形成大量空穴，空穴的浓度比自由电子的浓度高得多。这种以空穴导电作为主要导电方式的半导体为空穴半导体或P型半导体。这种半导体中硼原子因得到一个电子而成为带负电的离子。P型半导体具有如下特点：

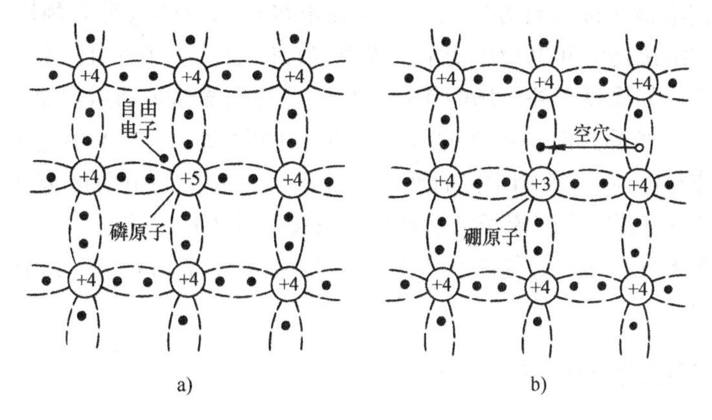

图9-1-2 杂质半导体

a）N型半导体 b）P型半导体

1）空穴（主要由掺杂形成）为其多子。

2）自由电子（本征激发而形成）为其少子。

PN结的形成

三、PN结的形成

用特殊的工艺在一块半导体晶片上可制成两边分别为N型和P型的半导体，则在这两种半导体的界面附近将形成一个PN结。PN结是构成各种半导体器件的基础。

由于P型半导体一侧有大量空穴（浓度高），N型半导体一侧空穴极少（浓度低），在交界面处就出现了空穴的浓度差别。这样，空穴都要从浓度高的P区向浓度低的N区扩散，且与N区的自由电子复合，在P区一侧留下不能移动的负离子空间电荷区，⊖表示P型半导体中的三价杂质原子因接受了一个价电子而变成不能移动的负离子。同样N区的自由电子扩散到P区，且与P区的空穴复合，在N区一侧留下不能移动的正离子空间电荷区，⊕表示N型半导体中的五价杂质原子因失去一个电子而变成了不能移动的正离子。如图9-1-3所示，在两种半导体交界面的两侧形成了一个空间电荷区，这个空间电荷区就是PN结。

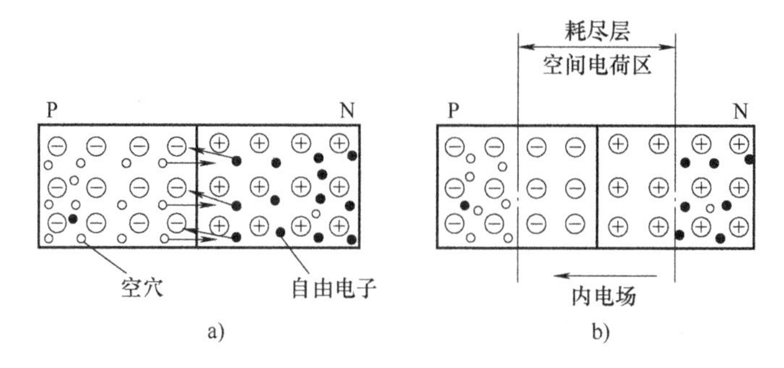

图9-1-3 PN结的形成

a）多数载流子的扩散运动 b）形成空间电荷区

空间电荷区形成了一个方向由N区指向P区的内电场。内电场对多子的扩散起阻碍作用，所以空间电荷区又称为阻挡层。但另一方面，内电场可推动少子（P区自由电子和N区空穴）越过空间电荷区进入对方区内，少子在电场作用下的这种有规则的运动称为漂移运动。漂移运动的结果使空间电荷区变窄，内电场被削弱，这又将引起多子扩散并增强内电场。在一定温度下，如果没有外电场的作用，扩散运动和漂移运动达到动态平衡。在平衡状态下，P区的空穴（多子）向右扩散的数量与N区的空穴（少子）向左漂移的数量相等，即扩散电流等于漂移电流，PN结中没有净电流流动。这时空间电荷区宽度基本稳定，即形成PN结。由于空间电荷区内载流子已消耗尽，故又称其为耗尽层。

综上所述，在无外电场或其他因素激发下，PN结处于平衡状态，没有电流通过，空间电荷区宽度是恒定值。

四、PN结的单向导电性

没有外电场作用时，PN结处于动态平衡状态，载流子的扩散与漂移相同，宏观上无电流流过。

1）PN 结外加正向电压——电源正极接 P 区，负极接 N 区时，这种连接方式称为正向接法或正向偏置（简称正偏），如图 9-1-4 所示。

PN 结的单向导电性

正偏时，外电场与内电场方向相反，因而削弱了内电场，使耗尽层宽度减小，N 区的电子和 P 区的空穴都能顺利地通过 PN 结，形成较大的扩散电流。至于漂移电流，本来就是少子运动形成的，而少子的数量又很少，故对总电流的影响可忽略。因此，回路中的扩散电流将大大超过漂移电流，最后形成一个较大的正向电流 I_F，其方向在 PN 结中是从 P 区流向 N 区。如图 9-1-4 所示。这时 PN 结处于低阻状态，又称导通状态。

正偏时，只要在 PN 结两端加上一个很小的正向电压，即可得到较大的正向电流。为了防止回路电流过大，一般接入一个限流电阻 R。

2）当 PN 结外加反向电压——电源正极接 N 区，负极接 P 区时，这种连接方式称为反向接法或反向偏置（简称反偏），如图 9-1-5 所示。反向偏置时，外电场与内电场方向一致，耗尽层大大加宽，因此扩散难以进行，但有利于少子的漂移，在回路中产生了由少子漂移所形成的反向电流 I_R。因少子浓度很低，并在温度一定时浓度不变，所以反向电流很小，此时 PN 结处于高阻状态，又称截止状态。当温度升高时，少子数量增加，故反向电流 I_R 增大。

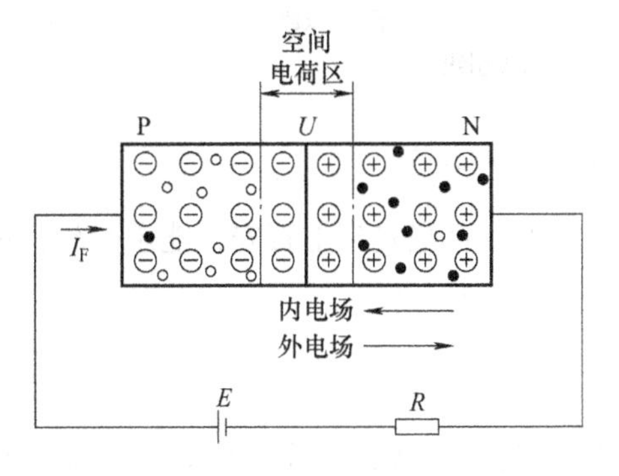

图 9-1-4　正向偏置的 PN 结

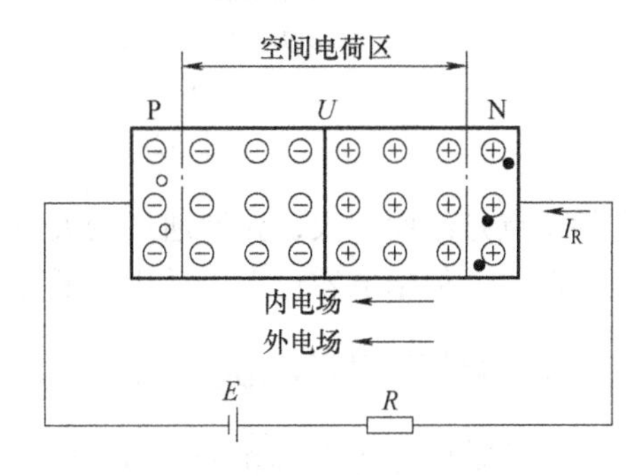

图 9-1-5　反向偏置的 PN 结

综上所述，PN 结正偏时，将会通过较大的正向电流 I_F，电流的方向是从 P 区流向 N 区，PN 结的等效电阻很小，PN 结导通；PN 结反偏时，只有很小的反向电流 I_R，电流的方向是从 N 区流向 P 区，PN 结的等效电阻很大，可认为 PN 结是截止的。这就是 PN 结具有的单向导电性。

第二节　半导体二极管

一、半导体二极管的结构

将 PN 结封装并接出两个引出端，就是一个半导体二极管。从 P 区引出的端称为阳极（正极），从 N 区引出的端称为阴极（负极）。二极管的图形符号如图 9-2-1 所示。

二极管的种类很多，按使用的材料不同，可分成硅管和锗管两类；按其结构的不同可分为点接触型和面接触型两类。

1. 点接触型二极管

点接触型二极管多为锗管，结构如图 9-2-2a 所示。它由一根含三价元素镓的金属丝压在 N 型锗晶片上，然后通过瞬时大电流产生大量的热，使触丝尖端镓原子掺入 N 型锗晶片中，触丝尖端的 N 型半导体变成 P 型半导体，从而形成 PN 结。

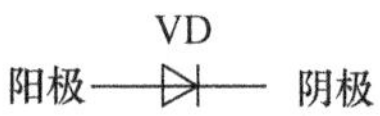

VD
阳极 —▷|— 阴极

图 9-2-1　半导体二极管的图形符号

它的特点是结面积很小，结电容较小。这类管子的工作频率较高，可达到 100MHz 以上。但不能承受较高的反向电压和通过较大的电流，一般电流在十几毫安或几十毫安以下，常用于高频检波和数字脉冲电路里的开关元件。

2. 面接触型二极管

面接触型二极管多为硅管，结构如图 9-2-2b 所示。它是将三价元素铝球置于 N 型硅片上，加热使铝球与硅片接触部分熔化，形成合金。由于重新结晶的硅中含有大量的铝元素，所以与铝球接触的那部分硅片变成 P 型，从而形成 PN 结。

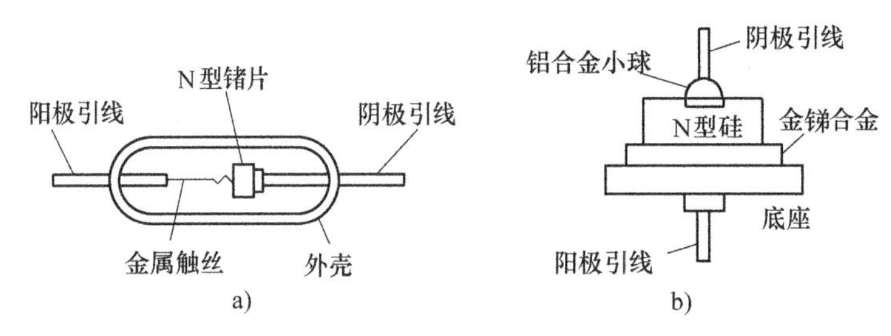

图 9-2-2　点接触型和面接触型二极管

它的特点是结面积大，允许通过较大电流，一般为几百毫安到上百安，能承受较大的反向电压和功率，但结电容也大，适用于低频电路及整流电路。

二、半导体二极管的伏安特性

二极管两端的电压 U 与流过管子的电流 I 之间的关系曲线，叫作二极管的伏安特性曲线。二极管的性能常用伏安特性来反映。可以用实验方法获取伏安特性曲线，实际的二极管伏安特性曲线如图 9-2-3 所示，是非线性的。其主要特点有：

1. 正向特性

正向特性如图 9-2-3 的第①段所示。当二极管外加较小的正向电压时，正向电流几乎为零，可以认为二极管是不导通的。只有电压达到一定值时，才有电流出现。这个电压称为二极管的死区电压（门限电压）。一般硅管的死区电压约为 0. 5V，锗管约为 0. 1V。二极管存在死区电压的原因在于：当外加正向电压很小时，外电场不足以克服内电场的影响，正向电流几乎为零。

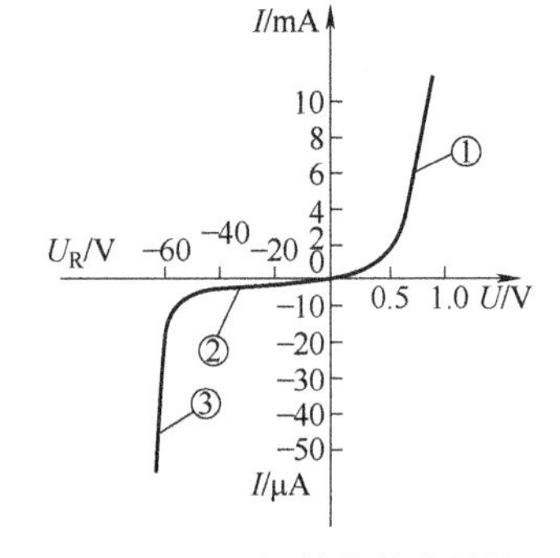

图 9-2-3　二极管的伏安特性

当正向电压大于死区电压时，PN 结内电场被大大削弱，二极管导通。二极管正向导通后，外加电压稍有上升，电流即有很大增加。因此，二极管的正向电压变化很小。在正常使用的电流范围内，硅管导通时的正向压降为 0. 6~0. 8V，典型值可取 0. 7V；锗管导通电压为 0. 2~0. 4V，典型值可取 0. 3V。

2. 反向特性

外加反向电压不高时（见图 9-2-3 中的第②段），由于少子的漂移运动，形成很小的反向电流，二极管处于截止状态。由于在反向电压不超过一定范围时，反向电流的大小基本恒定，故又称反向电流为反向饱和电流。当温度升高时，由于少子增多，该电流将明显增大。

当反向电压超过一定数值时（见图 9-2-3 中的第③段），反向电流急剧增大，这时二极管被“反向击穿”，对应的电压称为反向击穿电压。二极管被反向击穿时，失去了单向导电性，原来的性能不能再恢复，二极管就损坏了。因而使用二极管时，应避免外加反向电压超过击穿电压。

三、半导体二极管的主要参数

1. 最大整流电流 I_{OM}

是指二极管长期使用时允许通过的最大正向平均电流，使用时二极管的平均电流不能超过此值，防止因 PN 结过热而使管子损坏。

2. 最高反向工作电压 U_{RM}

指保证二极管不被击穿所允许施加的最高反向电压值，一般规定为反向击穿电压的一半左右。

3. 反向电流 I_R

二极管未被击穿时，流过二极管的反向电流。此值越小，管子的单向导电性能越好，并且受温度的影响小。通常，硅二极管优于锗二极管。

四、半导体二极管的应用

二极管在实际中的应用十分广泛。不论是应用于整流、限幅，还是应用于钳位、隔离或检波、保护等，都是利用二极管的单向导电性。因此在分析二极管的应用时，其等效电路就显得很重要。

在相当多场合下，把二极管理想化。理想化的二极管正向导通时电压降为零，相当于开关闭合；反向截止时电流为零，相当于开关打开。还有一些场合，当二极管本身的正向导通电压不能忽略时，则相当于一个 0. 7V 或 0. 3V 的电压源。

1. 整流

整流就是将交流电变为单向脉动（方向不变，大小变化）的直流电，完成这一转换的电路称为整流电路。图 9-2-4a 所示是最简单的单相半波整流电路。由整流变压器 TR、二极管 VD、负载电阻 R_L 组成。整流变压器 TR 将 50Hz、220V 的交流电压变换为所需要的交流电压。

当 u_2 为正半周时，a 点电位高于 b 点电位，二极管因正向偏置而导通，若忽略二极管的正向电压，负载电压 $u_o = u_2$。

当 u_2 为负半周时，a 点电位低于 b 点电位，二极管截止，若忽略二极管的反向饱和电流，负载没有电流流过，负载电压 $u_o = 0$。

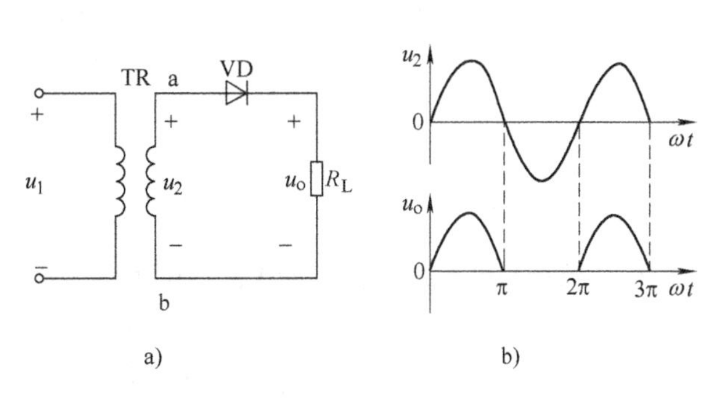

图 9-2-4　单相半波整流电路

于是在一个周期内负载 R_L 上得到半波整流电压 u_o（见图 9-2-4b），它是方向不变，大小变化的单相脉动直流电压。

2. 钳位

把某点的电位钳制在某一数值称为钳位。在图9-2-5中，VD_1、VD_2为同型号硅二极管，输入端A的电位$V_A=+3V$，B的电位$V_B=0V$，两个二极管的阴极通过电阻R接在$-12V$的电源上。

由于A端电位比B端电位高，所以VD_1优先导通。设二极管的正向压降为0.7V，则$V_F=2.3V$。当VD_1导通后，VD_2上加的是反向电压，因而截止。在这里VD_1起钳位作用，把F端的电位钳制在+2.3V。

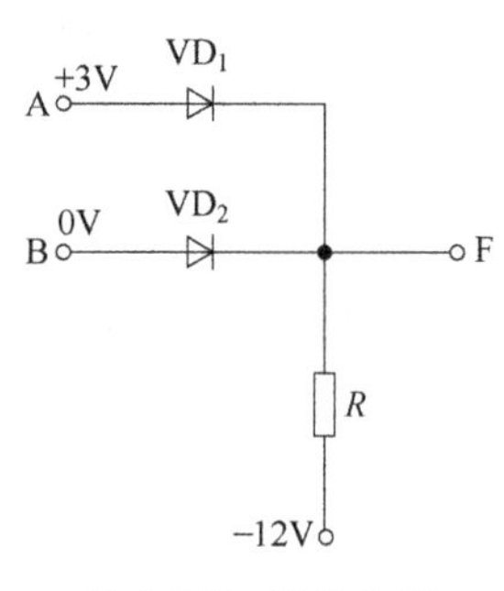

图9-2-5　钳位电路

3. 隔离

当二极管反偏时，处于截止状态，相当于开路，割断了电路与信号的联系，故称为隔离。图9-2-5中，当VD_1导通后，VD_2上加的是反向电压，因而截止。VD_2起隔离作用，把输入端B和输出端F隔离开来。

4. 限幅

将输出电压的幅值限制在某一数值就称为限幅。在图9-2-6a中，设输入电压$u_i=20\sin\omega t V$，$E=10V$，$R_1=R_2=10k\Omega$，VD_1、VD_2为理想二极管（它们的正向压降及反向电流均可忽略不计）。

当$u_i>0$时，VD_1导通，$u_{ab}=u_i$；当$u_i<0$时，VD_1截止，$u_{ab}=0$。u_{ab}为常见的单相半波整流电路的波形，如图9-2-6b所示。

当$0\leqslant u_{ab}\leqslant E$时，$VD_2$截止，$R_2$中无电流流过，$u_o=u_{ab}=u_i$；当$u_{ab}>E$时，$VD_2$导通，$u_o=E$。最后求得$u_o$的波形如图9-2-6c所示。

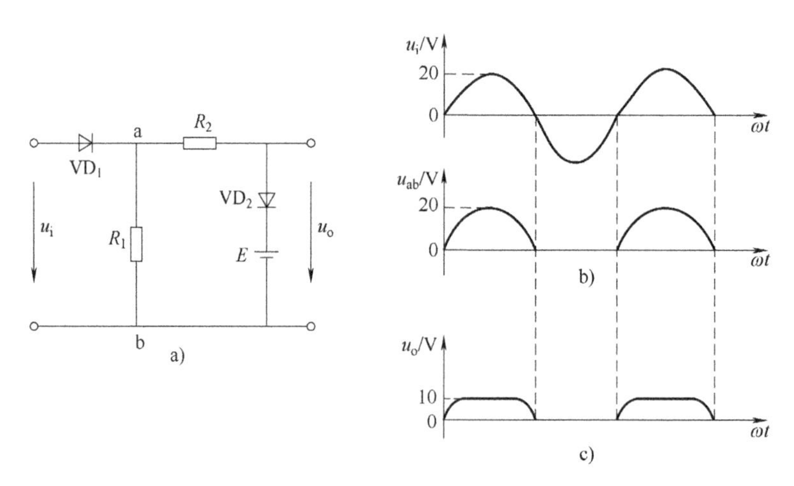

图9-2-6　限幅电路

VD_1是单相半波整流器件，而VD_2起限幅作用，将u_{ab}的大小限制在10V范围内。

第三节　特殊二极管

除上节讨论的普通二极管外，还有几种常见的特殊二极管，在这里介绍一下。

一、稳压二极管

稳压二极管是一种特殊的硅二极管。利用其反向击穿特性，在电路中与适当数值的电阻配合使用能起稳定电压的作用，故称为稳压管。稳压管的图形符号如图 9-3-1a 所示。

稳压管的伏安特性曲线与普通二极管的相似（见图 9-3-1b），它的伏安特性曲线也是由正向导通、反向截止和反向击穿三个部分组成，不同的是反向击穿的特性曲线比较陡。也就是说，稳压管反向击穿后，电流虽然在很大范围内变化，但电压几乎不变。正是由于稳压管工作于反向击穿区时具有这样的特性，所以它在电路中起稳压作用。

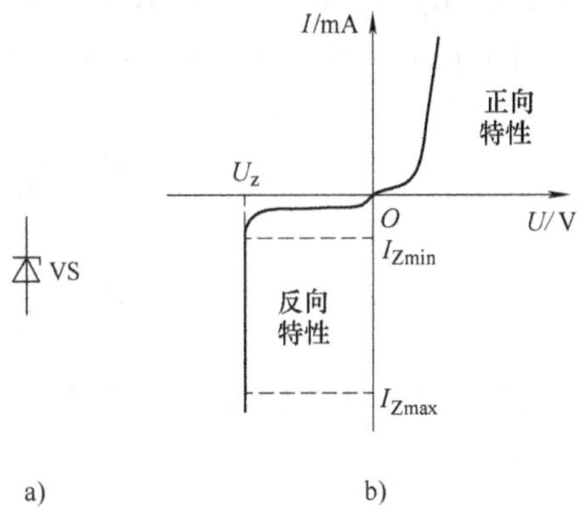

普通二极管反向击穿后不能恢复，而稳压管的反向击穿是可逆的。当电击穿后，去掉反向电压，稳压管能恢复正常。但是，如果反向电流和功率损耗超过允许范围，造成热击穿，稳压管就损坏了。

a)　　b)

图 9-3-1　稳压管的图形符号和伏安特性曲线

稳压管的主要参数有：

1. 稳定电压 U_Z

是指稳压管通过的反向电流为额定电流时的端电压，也就是稳压管的反向击穿电压。U_Z 有较大的分散性，即使同一型号的管子，它们的稳定电压也有差异。例如，2CW7C 型稳压管在测试电流为 10mA 时，稳定电压 U_Z 在 6. 1～6. 5V 之间。

2. 稳定电流 I_Z

是指稳压管正常工作时的电流参考值。只要 $I_{Zmin}<I_Z<I_{Zmax}$，稳压二极管都起稳压作用，而且一般来说，工作电流较大时，稳压效果较好。

3. 电压温度系数 α_u

稳压管的稳定电压 U_Z 可能随温度变化而有微小变化，电压温度系数 α_u 表示环境温度每变化 1℃所引起的稳定电压 U_Z 变化的百分比。一般来说，稳定电压值低于 6V 的稳压管，具有负温度系数；稳定电压值高于 6V 的稳压管，具有正温度系数；而稳定电压在 6V 左右时，稳定电压受温度影响比较小。

4. 动态电阻 r_Z

是指稳压管两端电压的变化量与相应的电流变化量之比（$r_Z=\Delta U_Z/\Delta I_Z$）。动态电阻 r_Z 的值一般为几欧至几十欧。其值越小，说明稳压管的反向击穿特性曲线越陡，稳压性能越好。

5. 最大允许耗散功率 P_{ZM}

管子不至于产生热损坏时的最大功率损耗值叫作最大耗散功率，即 $P_{ZM}=I_{ZM}U_Z$。稳压管工作时，若功耗超过 P_{ZM}，管子将会因热击穿而损坏。

由于反向电流必须满足 $I_{Zmin}<I_Z<I_{Zmax}$ 的条件，稳压管才能正常工作，所以在稳压管电路中必须串联一个限流电阻。只有 R 取值合适时，稳压管才能安全地工作在稳压状态。

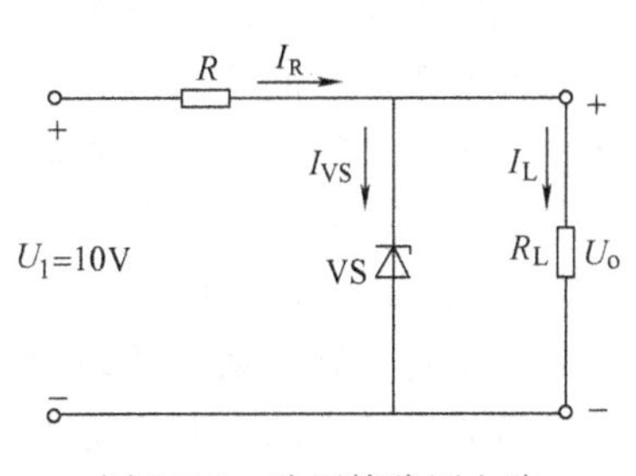

图 9-3-2　稳压管稳压电路

【例 9-3-1】　在图 9-3-2 所示的稳压管稳压电路中。

已知稳压管的稳定电压 $U_Z=6V$，最小稳定电流 $I_{Zmin}=5mA$，最大稳定电流 $I_{Zmax}=25mA$，负载电阻 $R_L=600\Omega$，求限流电阻 R 的取值范围。

解：电阻 R 上电流等于稳压管中的电流和负载电流之和，即

$$I_R=I_{VS}+I_L$$

其中，$I_L=U_Z/R_L=6V/600\Omega=10mA$，$I_{VS}=5\sim25mA$，所以 $I_R=15\sim35mA$。

由于 $U_R=U_I-U_Z=10V-6V=4V$，因此

$$R_{max}=\frac{U_R}{I_{Rmin}}=\frac{4}{15\times10^{-3}}\Omega\approx227\Omega$$

$$R_{min}=\frac{U_R}{I_{Rmax}}=\frac{4}{35\times10^{-3}}\Omega\approx114\Omega$$

限流电阻 R 的取值范围为 114～227Ω。

二、发光二极管

发光二极管（LED），是一种常见的发光半导体器件，可以直接把电转化为光，它多用镓（Ga）、砷（As）、磷（P）的化合物制成，分别发红色、绿色和黄色的光。

发光二极管与普通的二极管一样，是由一个 PN 结组成的，有单向导电性。给发光二极管加正向电压后，从 P 区注入到 N 区的空穴和由 N 区注入到 P 区的电子，在 PN 结附近数微米内分别与 N 区的电子和 P 区的空穴复合，从而产生自发辐射的荧光，如图 9-3-3。

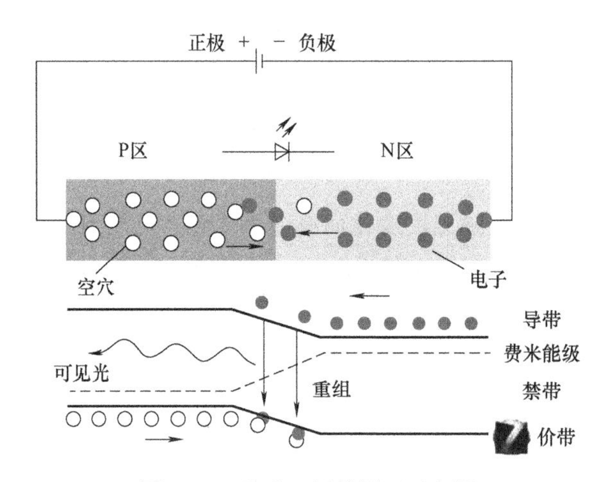

图 9-3-3　发光二极管原理示意图

目前生活中广泛使用白光 LED，其形成方法一般有两种：一个是通过“蓝光技术”与荧光粉两者配合，混合成白光；另一个是将不同发光颜色的芯片集成到一起，通过各色光混合来产生想要的白光，比较常见的就是 RGB-LED。白光 LED 的出现和广泛应用极大地推动了可见光通信的发展，图 9-3-4 为可见光通信系统示意图，包括上行链路和下行链路两部分，除了使用的光源不同之外（上行链路采用发射角较小、面积较小的白光 LED），其他基本一致。下行链路包括白光 LED 发送阵列和终端发送接收机的接收部分。白光 LED 阵列发出的已调光以较大的发射角度往空间的各个方向传播，接收机部分采用光电器件检测接收到的光信号，然后转换为电信号，对电信号进行放大和处理，恢复发送的信号。

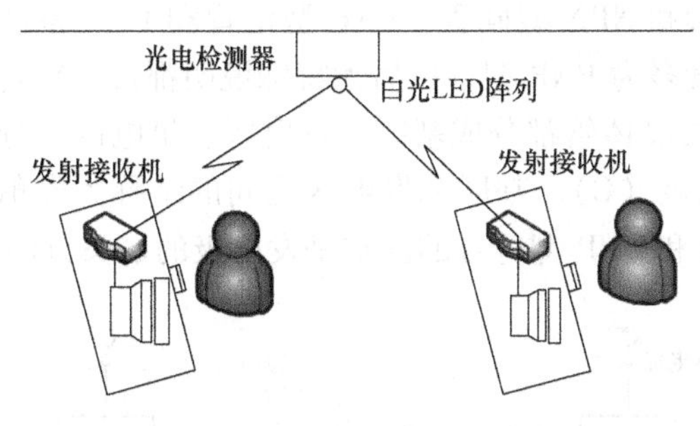

图 9-3-4　可见光通信系统示意图

三、光电二极管

光电二极管是根据具体使用方式，能够将光转换成电流或电压信号的光探测器，其核心是一个具有光敏特征的 PN 结，对光的变化非常敏感，具有单向导电性。其图形符号如图 9-3-5a 所示，图 9-3-5b 是其伏安特性曲线。

光电二极管会根据光强的不同改变电学特性，无光照时，反向电流极其微弱，即暗电流，光电二极管处于截止状态。有光照时，可以使 PN 结中产生电子-空穴对，使少数的载流子密度增加，这些载流子在反向电压下漂移，使反向电流增加，因此，可以利用光照强弱来改变电路中的电流。

光电二极管常用于遥控、报警和光电传感器。图 9-3-6 所示为光电感烟火灾探测器，其工作原理是光电二极管处于激光照射下发生电信号，当火灾烟雾遮蔽激光时，不产生电信号，发出报警信号。

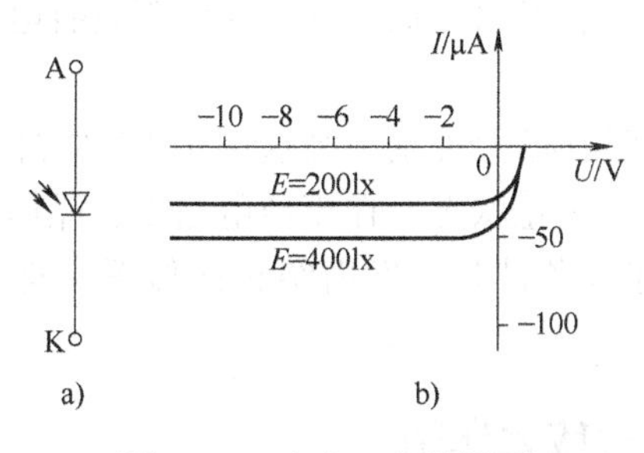

图 9-3-5　光电二极管图形符号和伏安特性曲线

图 9-3-6　光电感烟火灾探测器

第四节　晶体管（双极型三极管）

晶体管是双极型半导体三极管，因其电流由两种极性的载流子——电子和空穴导电而形成，故称为双极型半导体，一般简称为晶体管。

一、晶体管的结构和分类

晶体管由两个 PN 结构成，分成三层，按照 P 型和 N 型排列的顺序不同，可分为 NPN 型和 PNP 型两类，结构示意图和电路图形符号如图 9-4-1 所示。根据所使用的材料不同，晶体管又可分为NPN型锗管和NPN型硅管，PNP型锗管和PNP型硅管。目前国内生产的硅晶体管多为NPN型，锗管多为PNP型，以后无特殊说明都按此约定。

由图9-4-1可知，两类晶体管都分成基区、发射区、集电区，分别引出的电极称为基极(B)、发射极（E)、集电极（C)。基区和发射区之间的结称为发射结；基区和集电区之间的结称为集电结。NPN型和PNP型符号的区别是发射极的箭头方向不同。

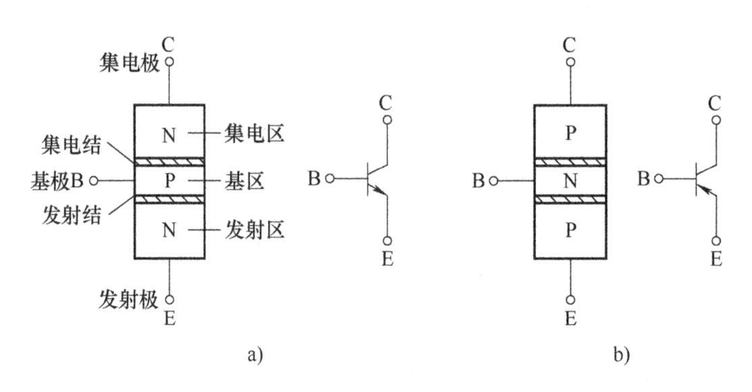

图9-4-1　晶体管的结构示意图和电路图形符号

a）NPN型　b）PNP型

晶体管的种类很多，按频率分，有高频管、低频管；按功率分，有大、中、小功率管；按材料分，有硅管、锗管；按结构分，有PNP型和NPN型两类。

二、晶体管的内部结构特点和外部连接条件

晶体管内部结构上的特点是：发射区杂质浓度最高，即多子浓度最高，体积较大；基区很薄且杂质浓度极低；集电区体积最大，杂质浓度较发射区低。这是晶体管具有电流放大作用的内部条件。

晶体管的工作状态与其两个PN结上外加电压有很大关系。当这两个PN结外加电压的偏置情况不同时，晶体管可能工作于放大、饱和或截止状态。在模拟电路中，晶体管主要工作在放大状态。晶体管工作在放大状态的外部连接条件是：发射结正向偏置（即加上正向电压)，集电结反向偏置（即加上反向电压)。

晶体管的电流放大作用

三、晶体管的电流分配及放大作用

1. 晶体管内部载流子的运动规律

现以NPN型管为例，在满足上述内部和外部条件（把NPN型管接成图9-4-2所示电路）的情况下，晶体管内部载流子的运动分为三个过程：

(1）发射区向基区注入电子——形成发射极电流I_E　发射结正偏时发射区的多数载流子不断通过发射结扩散到基区，形成电子电流；与此同时，基区的空穴也扩散到发射区，形成空穴电流。上述电子电流和空穴电流的总和就是发射极电流I_E。由于基区中空穴的浓度比发射区中电子的浓度低得多，因此与电子电流相比，空穴电流可以忽略，可以认为I_E主要由发射区发射的电子电流所产生。电流方向与电子流方向相反。

(2）电子在基区的扩散与复合——形成基极电流I_B　发射极的电子注入基区后，因为基区空穴的浓度很低而且基区很薄，集电极又加了反向电压，所以到达基区的电子只有一小

部分与基区的空穴复合，而绝大多数扩散到集电结的一侧。又由于外电源 E_B 不断地补充基区被复合掉的空穴，使电子与空穴的复合运动不断地进行，从而形成基极电流 I_B。

（3）集电极收集发射区过来的电子——形成集电极电流 I_C　由于集电结反向偏置（$U_C>U_B$），外电场的方向将阻碍集电结两侧多子的扩散，促进了少子的漂移。这样，基区中的大量少子（电子）将向集电区漂移，被集电极收集而形成集电极电流 I_C。

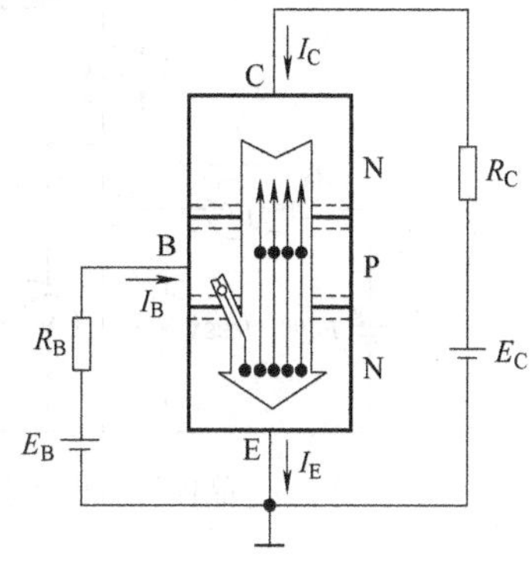

图 9-4-2　NPN 型晶体管内部电流分配

2. 晶体管的电流分配关系

在图 9-4-2 中，电子按箭头方向运动。发射区发射的电子大部分越过基区流向集电极，仅有一小部分流向基极。电流与电子流方向相反，故电流方向如图中所示。由基尔霍夫电流定律可得

$$I_E=I_B+I_C \quad 且 \quad I_C \gg I_B$$

对于一只晶体管，它的基区厚度及掺杂浓度已定，所以发射区所发射的电子在基区复合的百分数和被集电极收集的百分数大体上是确定的，因此晶体管内部的电流 I_C 与 I_B 分别占 I_E 的一定比例，I_C 接近 I_E，I_C 远大于 I_B。而且 I_C 和 I_B 之间也保持一定比例关系，两者之比称为共发射极电流放大系数，用 $\bar{\beta}$ 表示。所以，当基极电路由于外加电压或电阻改变而引起 I_B 的微小变化时，就会引起 I_C 的很大变化，这就是晶体管的电流放大作用。

晶体管的电流放大作用，从内因来看，取决于电子在基区中扩散与复合的比例。基区中复合的电子数越少，穿过集电结被集电区收集的电子数就越多，电流放大作用就越强，显然这与晶体管的内部结构有关。从外因来看，电子在发射区要发射，发射结要正向偏置，电子在集电区被收集，集电结要反向偏置，显然对于不同管型的晶体管都要保证这种合理的外部供电。

四、特性曲线和主要参数

晶体管和二极管一样，也是非线性元件，通常用特性曲线来反映其性能。晶体管特性曲线是指极间电压和各极电流间的关系曲线。图 9-4-3 所示是测试晶体管特性曲线的实验电路。晶体管接成两个回路：基极回路（输入回路）和集电极回路（输出回路）。该电路由于发射极是输入回路和输出回路的公共接地端，所以这种接法称为共发射极接法。

1. 输入特性曲线

输入特性曲线是指集电极与发射极之间的电压 U_{CE} 保持为某一恒定值时，加在晶体管的基极和发射极间的电压 U_{BE} 与它所产生的基极电流 I_B 间的关系曲线，即

$$I_B=f(U_{BE})\big|_{U_{CE}=常数}$$

图 9-4-4 所示是小功率硅晶体管的输入特性曲线。

1）当 $U_{CE}=0$ 时，相当于集电极与发射极两端短接，这时晶体管的发射结和集电结就是两个正向偏置的二极管并联。所以曲线的变化规律和二极管的正向伏安特性一样。

2）当 $U_{CE}>0$ 时，曲线形状基本不变，曲线位置随着 U_{CE} 的增加向右平移。

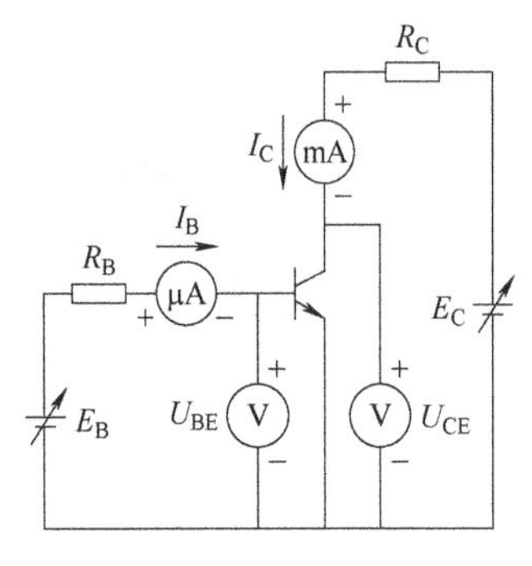

图 9-4-3　晶体管特性实验电路

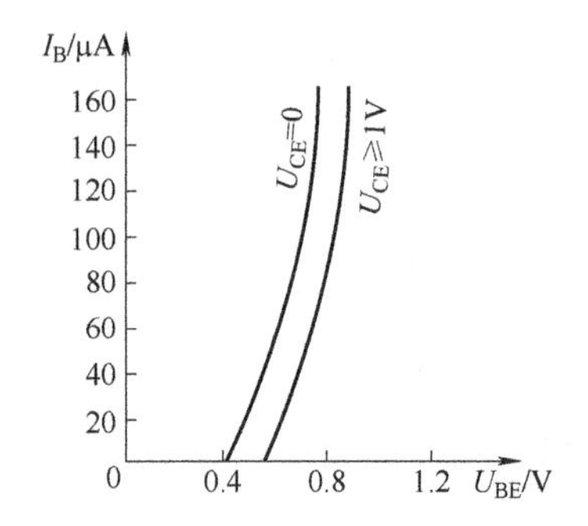

图 9-4-4　晶体管的输入特性曲线

3）当 $U_{CE} \geqslant 1V$ 时，集电结已反偏，且内电场已足够大，可以把从发射区注入到基区的电子中绝大多数吸引到集电区，从而形成 I_C。即使 U_{CE} 继续增大，I_B 的变化也很小。当 $U_{CE} \geqslant 1V$ 后，可认为曲线是重合的。晶体管工作在放大状态时，一般情况下，U_{CE} 总是大于 1V 的，所以可以只画出 $U_{CE} \geqslant 1V$ 的一条输入特性曲线。

2. 输出特性曲线

输出特性曲线指的是当基极电流 I_B 为某一固定值时，输出电路中集电极电流 I_C 与集-射极之间的电压 U_{CE} 之间的关系曲线，即

$$I_C = f(U_{CE})\big|_{I_B = \text{常数}}$$

图 9-4-5 所示为输出特性曲线，在不同的 I_B 下，可得出不同的曲线，所以晶体管的输出特性曲线是一族曲线。它可以划分为三个区域，对应于晶体管的三种工作状态。

（1）截止区　一般把 $I_B = 0$ 的曲线以下的区域称为截止区。当 U_{BE} 小于死区电压时，$I_B = 0$，相应地 $I_C = I_{CEO}$（称为穿透电流，数值很小，见主要参数），说明集电极仍有一微小的漏电流。如果使发射结反偏，则集电极电流就接近于零，这时的晶体管呈高阻状态。若把集电极到发射极看成一个开关，此时相当于开关断开。在需要管子可靠截止时，常使发射结反偏。通常可以说发射结反向偏置时，晶体管截止，此时 $I_B = 0$，$I_C \approx 0$。

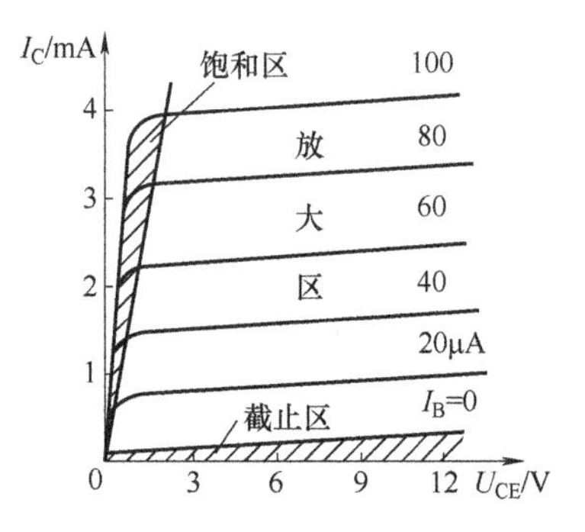

图 9-4-5　共射极输出特性曲线族

（2）放大区　输出特性曲线接近于水平线的区域称为放大区。此时发射结为正向偏置，集电结为反向偏置，集电极电流 I_C 与集-射极电压 U_{CE} 几乎无关。这是因为（对硅管而言），当 $U_{BE} > 0.5V$，而集电结又加有一定的反向电压时，发射区扩散到基区的电子大部分被集电极所收集，$I_C \approx I_E$，I_B 很小。I_B 改变时，I_C 也随之改变，而与 U_{CE} 的大小基本无关。放大区的特点是 I_C 的大小受 I_B 的控制，即 $\Delta I_C = \beta \Delta I_B$。放大区通常也称为线性区，晶体管在线性区具有很强的电流放大作用。

（3）饱和区　曲线靠近纵轴的区域是饱和区。当 $U_{BE} > U_{CE}$ 时，集电结处于正向偏置，这就不利于集电结收集从发射区到达基区的电子，使得在相同的 I_B 时，I_C 比放大状态时小，即晶体管失去放大作用。$U_{CE} = U_{BE}$ 时，$U_{CB} = 0$，即集电结未加反向电压，这种状态称为临界饱和。U_{CES}、I_{CS}、I_{BS} 分别称为临界饱和时管子两端的电压和集电极、基极电流，则有

$$I_{CS}=\beta I_{BS}=\frac{E_C-U_{CES}}{R_C}\approx\frac{E_C}{R_C}$$

而 $U_{CE}<U_{BE}$时的状态称为深饱和。深饱和时，小功率硅管的 U_{CE}约为 0.3V，锗管约为 0.1V，此时 $I_{CS}<\beta I_B$。由于深饱和时 $U_{CB}\approx 0$，晶体管在电路中其集电极与发射极之间犹如一个闭合的开关。由前面的分析知，晶体管饱和时的特点是：发射结和集电结均处于正向偏置，晶体管失去电流放大作用。

关于输出特性曲线，以下几点是必须要理解的：

第一，当 $U_{CE}=0$ 时，$I_C=0$，即曲线通过坐标原点。随着 U_{CE}增大（不超过 1V），集电结内电场对基区中扩散电子的收集能力加强，所以集电极电流 I_C 迅速增加。但当 U_{CE}超过某个数值（一般为 1V）后，集电结的内电场足以把基区中扩散电子的绝大多数拉向集电区，再增大 U_{CE}，集电极电流也不明显增加，表明此时 I_C 受 U_{CE}变化的影响极小，这时管子的 I_C 呈现恒流特性，相当于特性曲线的平坦部分。

第二，基极电流 I_B 不同，则曲线的平坦部分上下移动所对应的 I_C 也不同。因此要增大集电极电流 I_C，唯一的途径是增大基极电流 I_B，这正体现了 I_B 对 I_C 的控制作用。

第三，特性曲线平坦部分的间隔大小，反映了晶体管电流放大作用的强弱。若间隔大，表示在一定的 ΔI_B 下，引起的 ΔI_C 大。

【例 9-4-1】　在图 9-4-6a 所示电路中，设 $U_{CC}=6V$，$I_B=20\mu A$ 时晶体管的输出特性曲线如图 9-4-6b 所示，试求：（1）工作点为曲线上 Q_1 时的 R_C 值。（2）工作点为 Q_2 时的 R_C 值。

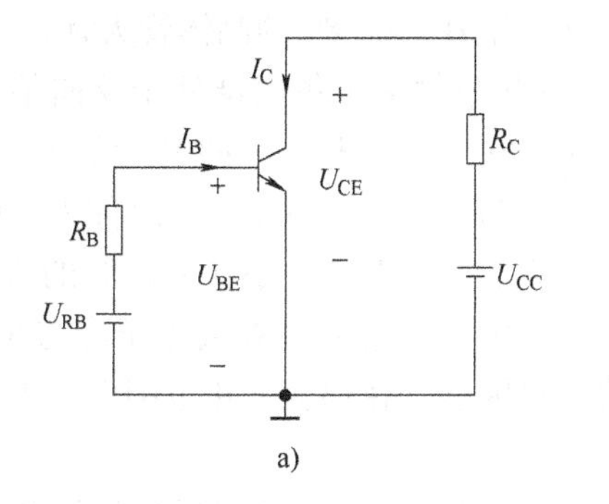

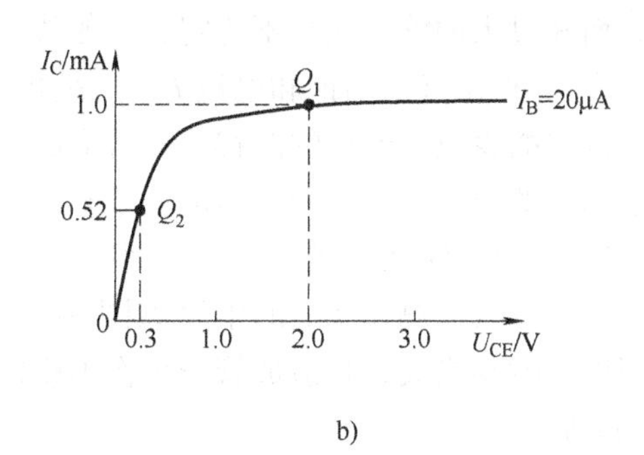

图 9-4-6　例 9-4-1 图

解：（1）由图可知，Q_1 点的 $I_C=1mA$，$U_{CE}=2V$，晶体管处于放大状态。根据闭合电路的欧姆定律有

$$U_{CC}=R_CI_C+U_{CE}$$

故

$$R_C=\frac{U_{CC}-U_{CE}}{I_C}=\left(\frac{6-2}{1\times10^{-3}}\right)\Omega=4\times10^3\Omega=4k\Omega$$

（2）Q_2 点的 $I_C=0.52mA$，$U_{CE}=0.3V$，晶体管处于饱和状态。此时的 R_C 值为

$$R_C=\frac{U_{CC}-U_{CE}}{I_C}=\left(\frac{6-0.3}{0.52\times10^{-3}}\right)\Omega=11\times10^3\Omega=11k\Omega$$

由以上计算可知，当 U_{CC}、I_B 为一定值时，增大 R_C 能使晶体管的工作点沿曲线向左移动，从放大状态进入饱和状态；反之，若原来处于饱和状态，则减少 R_C 能脱离饱和进入放大状态。

3. 晶体管的主要参数

晶体管的参数是用来表示晶体管性能和适用范围的数据，是设计电路、选用晶体管的依据。

（1）电流放大系数$\bar{\beta}$，β　当晶体管接成共发射极电路时，在静态（无输入信号）时集电极电流I_C与基极电流I_B的比值，称为共发射极静态电流放大系数，又称直流放大倍数，用$\bar{\beta}$表示，即

$$\bar{\beta}=\frac{I_C}{I_B}$$

当晶体管工作在动态（有输入信号）时，基极电流的变化量为ΔI_B，它引起的集电极电流的变化量为ΔI_C。集电极电流的变化量ΔI_C与基极电流的变化量ΔI_B的比值，称为动态（交流）电流放大系数，用β表示，即

$$\beta=\frac{\Delta I_C}{\Delta I_B}$$

β与$\bar{\beta}$相差不大，在晶体管的输出特性曲线间距基本相等并忽略I_{CEO}的情况下，$\beta=\bar{\beta}$。在一般工程估算中，当工作电流不十分大时，可以认为$\beta=\bar{\beta}$，故常混用。

由于制造工艺的分散性，即使同一型号的管子，它的β值也有差别。普通晶体管的β值约在几十到几百之间。在实际应用中，应选β为几十到一百的管子。因为β太小的管子放大作用差，而β过大的管子往往不稳定，一般放大电路采用$\beta=30\sim80$的晶体管为宜。

（2）集电极-基极反向饱和电流I_{CBO}　是指发射极开路时由于集电结处于反向偏置，集电区和基区中的少数载流子的漂移运动所形成的电流。它实际上和单一的PN结的反向电流一样。在确定的温度下，这个反向电流基本上是常数，与U_{CE}的大小无关，故称为反向饱和电流。一般I_{CBO}的值很小，在室温下，小功率硅管的I_{CBO}小于1μA，小功率锗管的I_{CBO}约为几微安到几十微安。测试I_{CBO}的电路如图9-4-7所示。由于I_{CBO}是少数载流子漂移形成的，因此受温度影响相当大，是造成管子工作不稳定的主要因素。在温度变化范围大的工作环境中应选用硅管。

（3）集电极-发射极间穿透电流I_{CEO}　是指基极开路时，集电极处于反向偏置和发射结处于正向偏置时的集电极电流。由于它好像是从集电极直接穿透管子而到达发射极的，故称为穿透电流。测试I_{CEO}的电路如图9-4-8所示。可以证明其值约为$I_{CEO}=(1+\beta)I_{CBO}$，在输出特性曲线上为$I_B=0$时的集电极电流。

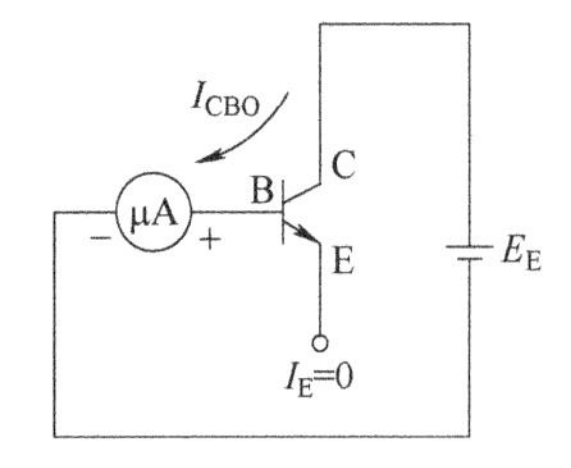

图9-4-7　测试I_{CBO}的电路

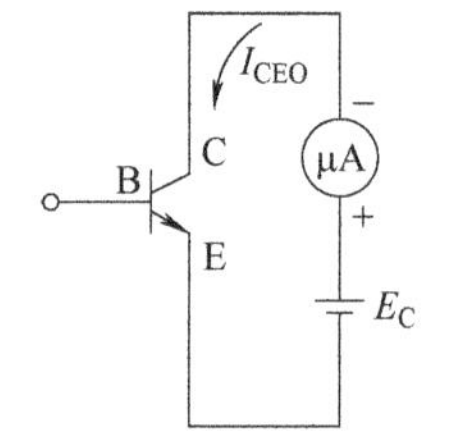

图9-4-8　测试I_{CEO}的电路

晶体管工作在放大区时，集电极电流$I_C=\beta I_B+I_{CEO}$，当温度升高时，I_{CBO}增加很快，I_{CEO}增加更快，致使I_C也相应增加，造成晶体管的温度稳定性差。由于I_{CEO}比I_{CBO}大得多，测量

比较方便，所以常常把测量 I_{CEO} 作为判断管子质量的重要依据。因此在选用管子时，应选 I_{CEO} 尽可能小的，而 β 也以不超过 100 为宜。

（4）极限参数

1）集电极最大允许电流 I_{CM}。当集电极电流 I_C 超过一定值时，β 将下降，通常取 β 值下降到正常值的 2/3 时，所对应的集电极电流为集电极最大允许电流 I_{CM}。当 $I_C>I_{CM}$ 时，管子性能将显著下降，甚至可能烧坏管子。

2）集电极最大允许功耗 P_{CM}。集电极功耗等于极电极电流 I_C 与管压降 U_{CE} 的乘积。集电结温度的高低反映出管子功耗的大小，而管子的最大结温是有一定限制的，因此管子的功耗有一最大允许值，即 P_{CM}。

根据管子的 P_{CM} 值，则由 $P_{CM}=I_C U_{CE}$，可在输出特性曲线上作出 P_{CM} 曲线，如图 9-4-9 所示。晶体管工作时，不允许同时达到 I_{CM} 和 $U_{CEO(BR)}$，否则集电极损耗功率将大大超过 P_{CM}，而使晶体管损坏。必须注意 $P_{CM} \neq U_{CEO(BR)} I_{CM}$。

3）集电极-发射极反向击穿电压 $U_{CEO(BR)}$。$U_{CEO(BR)}$ 是指当基极开路时，加在集电极和发射极间的最大允许工作电压。如图 9-4-9 中的输出特性曲线所示，当管子所加的 U_{CE} 超过 $U_{CEO(BR)}$ 时就会引起 I_C 急剧增加，从而造成管子击穿损坏。因此管子工作时 $U_{CE}<U_{CEO(BR)}$ 才安全。另外，晶体管在高温下，$U_{CEO(BR)}$ 还会降低，这在使用时应特别注意。

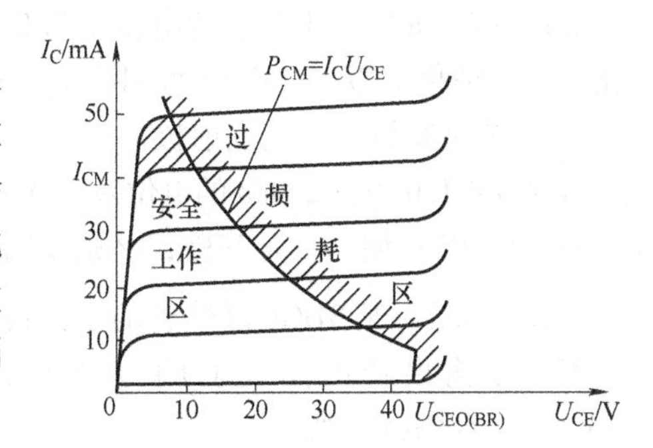

图 9-4-9　晶体管的安全工作区

（5）温度对晶体管特性和参数的影响　半导体的导电性能与温度有密切关系，因此晶体管的参数受温度影响很大。主要表现在以下三个方面：

1）温度对 I_{CBO} 和 I_{CEO} 的影响。I_{CBO} 是由少数载流子的漂移运动形成的，所以当温度升高时，I_{CBO} 随温度上升会急剧增加。温度每升高 10℃，I_{CBO} 约增加一倍，而 $I_{CEO}=(1+\beta)I_{CBO}$，因此 I_{CEO} 随温度升高而增加的幅度更大。由于硅管的 I_{CBO} 比锗管小得多，因而温度对硅管的 I_{CBO} 影响不大，而对锗管的影响比较严重。

2）温度对 β 的影响。晶体管的 β 随温度的升高而增加，由实验结果知：温度每升高 1℃，β 值约增加 0.5%~1%。其结果是在相同 I_B 的情况下，集电极电流 I_C 随温度上升而增大。

3）温度对 U_{BE} 的影响。随着温度上升，输入特性左移，反之则右移，如图 9-4-10 所示。发射结压降 U_{BE} 具有负的温度系数，即对于同样的 I_B，当温度升高后，U_{BE} 将减小，对于大多数管子来说，温度每升高 1℃，U_{BE} 的值将下降 2~2.5mV。

综上所述，随着温度上升，β 增大，使输出特性曲线的间隔增大；$|U_{BE}|$ 下降，使输入特性左移，在同样的发射结电压下，意味着 I_B 值增大；I_{CBO} 增大，使 I_{CEO} 增大，而

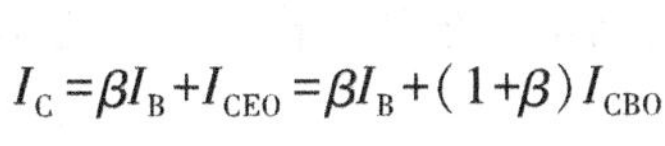

$$I_C=\beta I_B+I_{CEO}=\beta I_B+(1+\beta)I_{CBO}$$

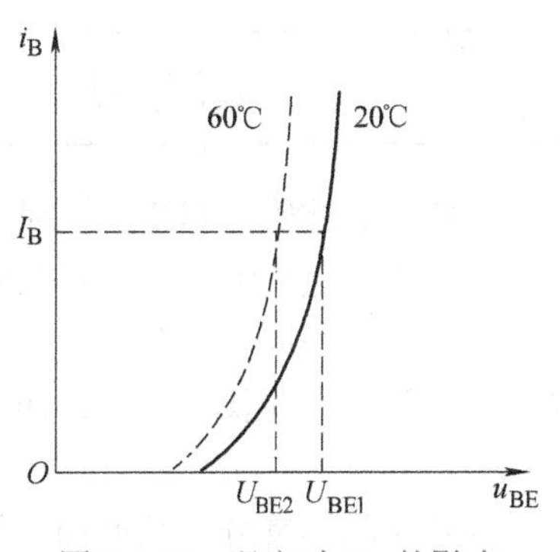

图 9-4-10　温度对 U_{BE} 的影响

因此从以上分析可知，温度升高时，I_{CEO}、β、U_{BE}均随之改变，最终都使集电极电流 I_C 升高，也就是集电极电流 I_C 随温度变化而变化。

【例 9-4-2】 测得工作在放大电路中的两个晶体管各管脚对地的电压如图 9-4-11 所示。试分别确定两个晶体管各管脚，并判断它们是 NPN 型还是 PNP 型，是硅管还是锗管。

解：因为晶体管工作在放大状态时，锗管 $|U_{BE}|$ 约为 0.2V，硅管约为 0.7V。根据电位差就可以找到发射结，从而先确定集电极。并可判断是锗管还是硅管。

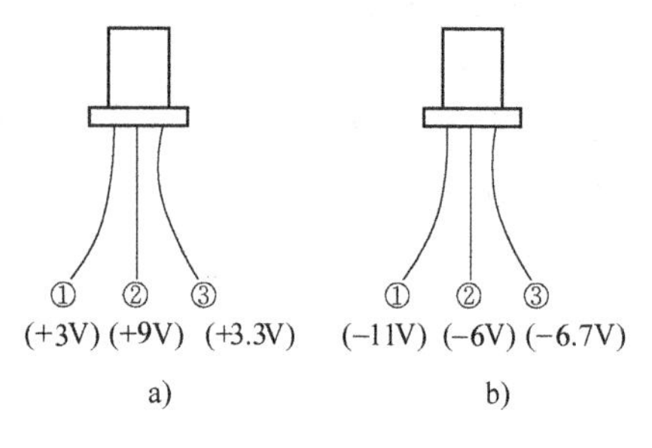

图 9-4-11　例 9-4-2 图

PNP 管工作在放大状态时，$V_E>V_B>V_C$，NPN 管工作在放大状态时，$V_C>V_B>V_E$。从而可以根据发射结两电极电位的高低判断发射极和基极。

在图 9-4-11a 中，①和③的电位差为 0.3V，则该管为锗管，②是集电极。又由于 $V_2>V_3>V_1$，所以该管为 NPN 型，③是基极，①是发射极。

在图 9-4-11b 中，②和③的电位差为 0.7V，则该管为硅管，①是集电极。又由于 $V_2>V_3>V_1$，所以该管为 PNP 型，③是基极，②是发射极。

【例 9-4-3】 某 3DG6 晶体管的输出特性曲线如图 9-4-12 所示，试求 Q 点处的 β 和 $\bar{\beta}$ 值。

解：在输出特性曲线上的 Q 点处，可看出 $I_C=1.5\text{mA}$，$I_B=40\mu\text{A}$，则

$$\bar{\beta}=\frac{1.5\text{mA}}{40\mu\text{A}}=37.5$$

过 Q 点作一条垂线，则当 I_B 从 40μA 增至 60μA 时，$\Delta I_B=20\mu\text{A}$，相应的 I_C 由 1.5mA 增至 2.3mA，即 $\Delta I_C=0.8\text{mA}$，因此

$$\beta=\frac{\Delta I_C}{\Delta I_B}=\frac{0.8\text{mA}}{20\mu\text{A}}=40$$

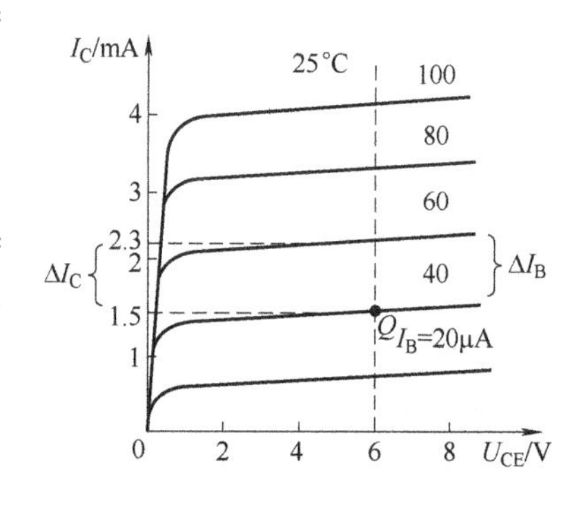

图 9-4-12　例 9-4-3 图

由于晶体管的输出特性曲线是非线性的，只有在特性曲线近于水平的部分，I_C 与 I_B 成正比，β 值方可认为是恒定的。

第五节　场效应晶体管（单极型三极管）

场效应晶体管（FET）是利用输入回路的电场效应来控制半导体中的多数载流子，使流过半导体内的电流大小随电场强弱而变化，形成电压，控制其导电的一种半导体器件。由于它仅靠半导体中的多数载流子导电，又称单极型晶体管。它不但有一般晶体管体积小、重量轻、耗电省、寿命长等优点，而且还有噪声低、热稳定性好、抗辐射能力强、易于集成化等优点。

场效应晶体管分为结型和绝缘栅型两种不同的结构，按其工作方式分为增强型和耗尽型两类，每类又有 N 沟道和 P 沟道之分。

本节主要介绍绝缘栅场效应晶体管的结构、工作原理、特性、主要参数等。目前在绝缘栅场效应晶体管中，应用较广泛的是以二氧化硅（SiO_2）作为金属（铝）栅极和半导体之间的绝缘层结构的场效应晶体管，简称 MOS 管。绝缘栅场效应晶体管电阻最高可达 $10^{15}\Omega$，信号源基本不提供电流，这些优点使场效应晶体管被广泛应用于各种电子电路中，尤其在大规模、超大规模数字集成电路中，由 MOS 管组成的 MOS 集成电路使用更为广泛。

一、N 沟道增强型 MOS 管

1. 结构

图 9-5-1 为 N 沟道增强型 MOS 管的结构示意图（图 a）和图形符号（图 b）。它是以一块低掺杂浓度的 P 型硅为衬底（B），在其上制作出两个高掺杂浓度的 N^+ 区并引出两个电极，分别称为源极（S）和漏极（D）。P 型硅表面上覆盖 SiO_2 绝缘层，在漏源两极间的绝缘层上再制作一层金属铝，称为栅极（G），衬底 B 通常与源极 S 相连接。这样，栅极和衬底各相当于一个极板，中间是绝缘层，形成电容。

2. 工作原理

此处主要讨论栅源电压对漏极电流 I_D 的控制作用。

当栅源之间不加电压时，漏源之间是两只背向的 PN 结，不存在导电沟道，因此即使漏源之间加电压，也不会有漏极电流。

图 9-5-2 中，衬底 B 与源极 S 短接，$U_{GS}=0$ 时，由于漏极和源极相连接的两个 N^+ 区被 P 型衬底隔开，形成了两个背靠背的彼此串联的 PN 结。无论 U_{GS} 的电压极性如何，总是使其中的一个 PN 结处于反向偏置，漏极与源极之间不可能建立导电沟道，故无漏极电流，即 $U_{GS}=0$，$I_D=0$。

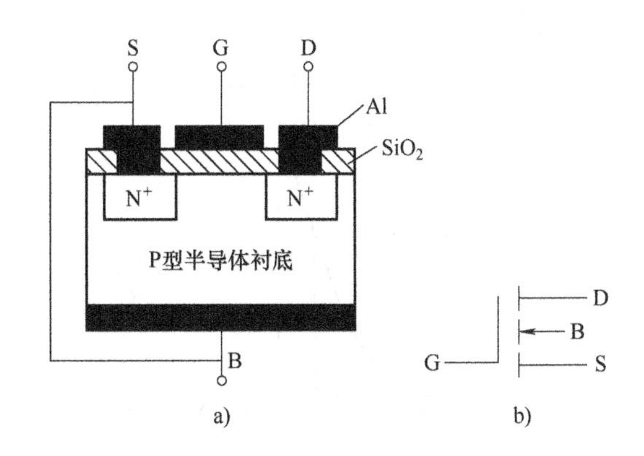

图 9-5-1　N 沟道增强型 MOS 管的结构示意图和图形符号

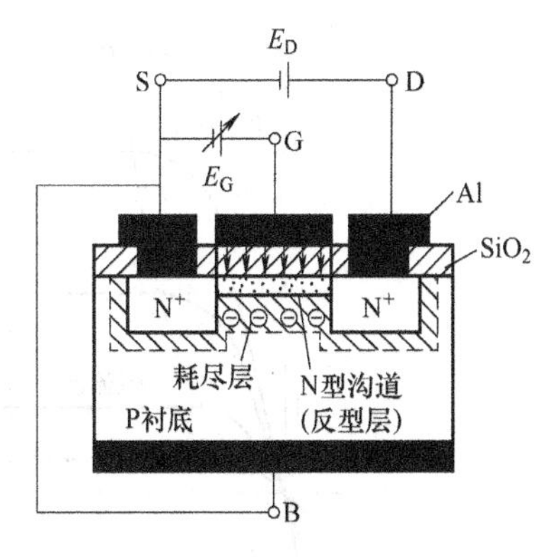

图 9-5-2　N 沟道增强型绝缘栅场效应管的工作原理

栅极与源极之间加入较小的正向电压 U_{GS} 时，由于 SiO_2 绝缘层的存在，故无电流，但是在 SiO_2 的绝缘层中，产生了一个垂直于 P 型衬底的电场，其方向由栅极指向 P 型衬底。该电场将排斥衬底中的空穴而吸引电子到衬底与 SiO_2 交界的表面，形成了耗尽层。这个耗尽层的宽度，将随 U_{GS} 的增大而加宽。当 U_{GS} 增加到一定的数值时，则衬底中的电子在 P 型材料中形成了 N 型层，称为反型层。反型层构成了漏极与源极之间的导电沟道，随

着 U_{GS}的增大，电场强度也增强，反型层中电子增多，反型层加宽，导电沟道电阻将减小。

漏极与源极之间形成导电沟道后，漏极源极间加正向电压 U_{DS}，电子便从源区经N型沟道（反型层）向漏区漂移，形成了漏极电流 I_D。这里，在漏源电压 U_{DS}作用下，开始形成漏极电流 I_D 的栅源电压 U_{GS}，称为开启电压 $U_{GS(th)}$。在正向电压 U_{DS}为一定值时，逐渐增加正向电压 U_{GS}，导电沟道随之加宽，则漏极电流 I_D 增加。由于该类MOS管在 $U_{GS}=0$ 时，$I_D=0$，只有在 $U_{GS}\geqslant U_{GS(th)}$时，方能形成导电沟道，而且 I_D 随 U_{GS}的增加而增大，故称为增强型MOS管。

3. 特性曲线

图9-5-3所示为N沟道增强型MOS管的输出特性曲线和转移特性曲线。它的输出特性曲线，也可根据不同的工作条件分为三个区域：可变电阻区、恒流区（放大区）和夹断区。可变电阻区与恒流区之间是用预夹断来分界的。预夹断轨迹的左边区域称为可变电阻区，即当 U_{DS}较小时，U_{DS}的增大使 I_D 线性增大，在此区域中，直线斜率的倒数为漏-源间等效电阻，可以通过改变 U_{GS}的大小（即正控方式）来改变漏-源电阻的阻值，故称为可变电阻区。预夹断轨迹的右边区域称为恒流区，在此区域内 I_D 几乎不因 U_{DS}的增大而变化，因而可将 I_D 近似为电压 U_{GS}控制的电流源，故称为恒流区。漏极电流 $I_D\approx 0$ 称为夹断区，此时管子处于夹断状态。转移特性曲线可由输出特性曲线绘出，它反映管子工作在恒流区时，栅源电压 U_{GS}对漏极电流 I_D 的控制规律。该类管子只有在 $U_{GS}\geqslant U_{GS(th)}$时，才能形成漏极电流 I_D，此时，I_D 可以近似表示为

$$I_D = I_{DO}\left(\frac{U_{GS}}{U_{GS(th)}} - 1\right)^2 \qquad U_{GS} > U_{GS(th)} \tag{9-5-1}$$

式中，I_{DO}是 $U_{GS}=2U_{GS(th)}$时 I_D 的值。

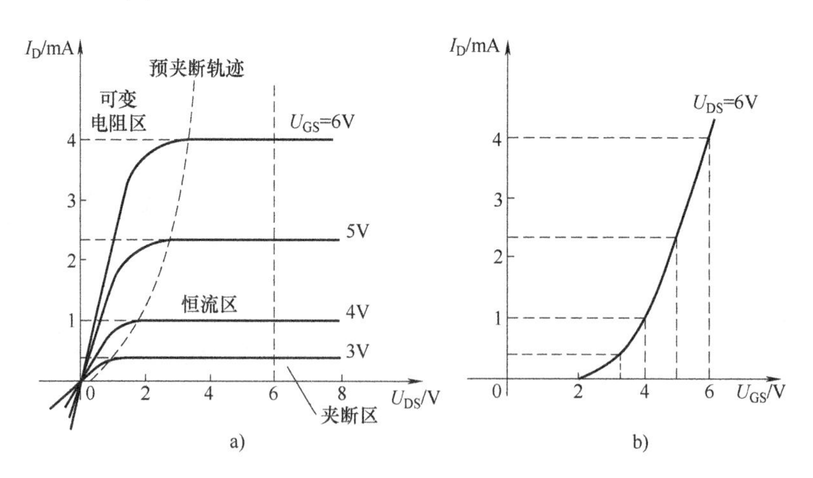

图9-5-3　N沟道增强型MOS管的特性曲线

a）输出特性　b）转移特性

P沟道增强型MOS管，它的基本结构是以低掺杂浓度的N型硅为衬底，两个高掺杂度的为P⁺区。工作原理及特性曲线与N沟道增强型MOS管类似，但在使用时应注意，P沟道增强型MOS管的外加电压 U_{DS}、U_{GS}的极性和漏极电流 I_D 的方向与N沟道增强型MOS管是完全相反的。

二、N 沟道耗尽型 MOS 管

图 9-5-4 所示为 N 沟道耗尽型 MOS 管的结构示意图和图形符号，它与增强型 MOS 管的结构基本相同，只是在制造过程中，在 SiO_2 绝缘层中掺入大量的正离子。当 $U_{GS}=0$ 时，在这些正离子所建立的电场作用下，漏区和源区之间的 P 型衬底表面已经出现反型层（N 型导电沟道）。当 $U_{GS}>0$ 时，导电沟道加宽，I_D 增大；反之，$U_{GS}<0$，导电沟道变窄，I_D 将减小。当 U_{GS}减小到一定的负值时，反型层消失，漏极与源极之间失去导电沟道，即使原来的导电沟道"耗尽"，使 $I_D=0$，此时的 U_{GS} 称为夹断电压 $U_{GS(off)}$。该类管子的栅源电压 U_{GS}，在一定范围内正、负值均可控制漏极电流 I_D 的大小，而且在 U_{GS}为正值时，也不会有栅极电流出现。这使它的应用更加灵活。耗尽型 MOS 管的特性曲线如图 9-5-5 所示。

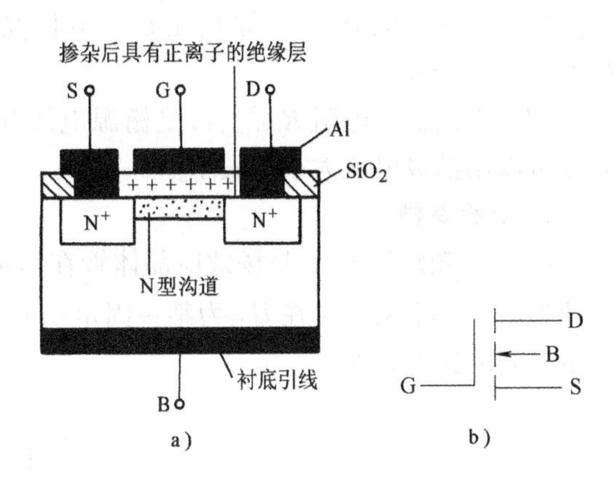

图 9-5-4　N 沟道耗尽型 MOS 管的结构示意图和图形符号
a）结构示意图　b）图形符号

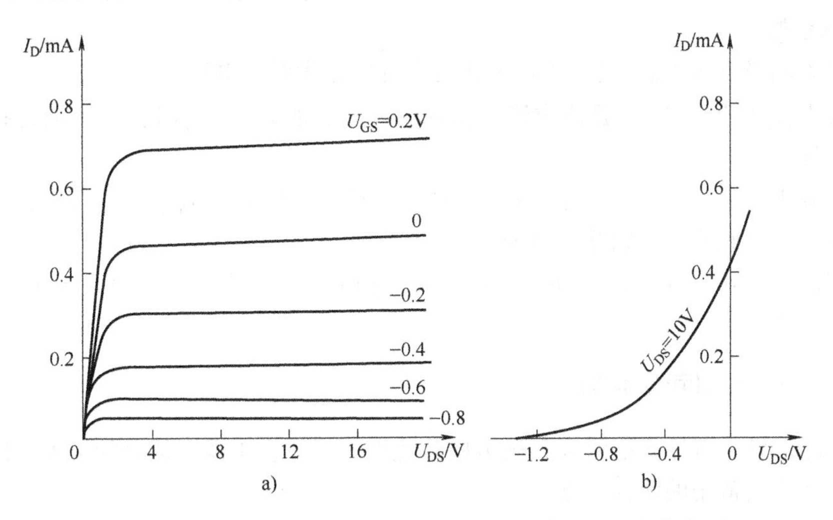

图 9-5-5　N 沟道耗尽型绝缘栅场效应晶体管的特性曲线
a）输出特性　b）转移特性

综上所述，有四种类型的 MOS 管，即 N 沟道耗尽型、N 沟道增强型、P 沟道耗尽型、P 沟道增强型。在电子技术中将 N 沟道的 MOS 管简写为 NMOS 管，P 沟道的 MOS 管简写为 PMOS 管。

三、MOS 管的主要参数及使用注意事项

场效应晶体管的参数是反映它性能的指标，也是选用场效应晶体管的依据。场效应晶体管的主要参数归纳如下：

1. 直流参数

（1）开启电压 $U_{GS(th)}$　是在 U_{DS}为某一固定值时，形成 I_D 所需要的最小 $|U_{GS}|$ 值。它是

增强型 MOS 管的参数。

（2）夹断电压 $U_{GS(off)}$　是在 U_{DS} 为某一固定值时，使 I_D 为某一微小电流（便于测量）所需要的 U_{GS} 值，一般为 $|U_{GS(off)}|=(0.5\sim5)V$。它是耗尽型管子的参数。

（3）饱和漏电流 I_{DSS}　是指在 $U_{GS}=0$ 情况下，使管子出现预夹断时的漏极电流。这是耗尽型管子的参数。

（4）直流输入电阻 $R_{GS(DC)}$　是栅源电压和栅极电流的比值，一般大于 $10^9\Omega$。该参数有时也可以用栅极电流大小来表示。

2. 交流参数

（1）低频跨导 g_m　是场效应晶体管在恒流区工作时，栅源电压对漏极电流控制能力大小的参数。其定义为：在 U_{GS} 为某一固定值时，i_D 的微小变化量和引起它变化的 U_{GS} 微小变化量之间的比值，即

$$g_m=\left.\frac{di_D}{dU_{GS}}\right|_{U_{DS}=常数} \tag{9-5-2}$$

g_m 的单位是西门子（S）。在转移特性曲线上，g_m 则是曲线在某点的切线斜率。

（2）极间电容　场效应晶体管的三个极之间均存在电容。通常栅源电容 C_{GS} 和栅漏电容 C_{GD} 为 1~3pF，而漏源电容 C_{DS} 为 0.1~1pF。在高频电路中，应考虑极间电容的影响。管子的最高工作频率 f_m 是综合考虑了三个电容的影响而确定的工作频率的上限值。

3. 极限参数

（1）最大漏极电流 I_{DM}　是管子在工作时允许的最大漏极电流。

（2）最大耗散功率 P_{DM}　是决定管子温升的参数。如超过 P_{DM} 时，管子因过热而损坏或引起性能变坏。

（3）漏源击穿电压 $U_{DS(BR)}$　是指在 U_{DS} 增大过程中，使 I_D 出现急剧增加的电压。管子使用时，不允许超过此值，否则管子将损坏。

（4）栅源击穿电压 $U_{GS(BR)}$　是指绝缘层击穿电压。管子击穿后将出现短路，使管子损坏。

四、MOS 管的使用举例

场效应晶体管具有输入电阻大和噪声低等优点，很适合于微弱信号的放大，因此多用在输入级，下面介绍常用的两种电路。

1. 共源极放大电路

图 9-5-6 所示是 N 沟道耗尽型绝缘栅场效应晶体管放大电路。电路结构和晶体管共射极放大电路类似，其中源极对应发射极、漏极对应集电极、基极与控制栅极相对应。

放大电路采用分压器式自偏压电路，R_{G1} 和 R_{G2} 为分压电阻，R_S 为源极电阻，作用是稳定静态工作点，C_S 为交流旁路电容。R_G 远小于场效应晶体管的输入电阻，它与静态工作点无关，却提高了放大电路的输入电阻。C_1 和 C_2 为耦合电容。

2. 共漏极放大电路——源极输出器

图 9-5-7 所示是由场效应晶体管组成的共漏极放大电路，也叫源极输出器或源极跟随器。

共漏极放大电路具有电压放大倍数小于 1，但接近 1，输出电压与输入电压同相，输入电阻高，输出电阻低等特点。由于它与晶体管共集电极放大电路的特点相同，所以可用作多

级放大电路的输入级、输出级和中间阻抗变换级。

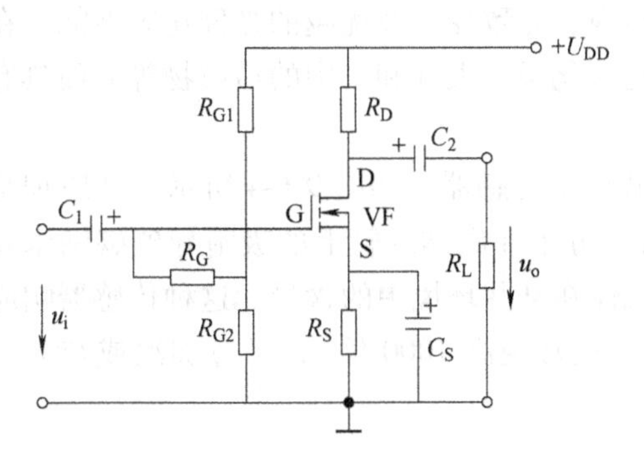

图 9-5-6　MOS 场效应管共源放大电路

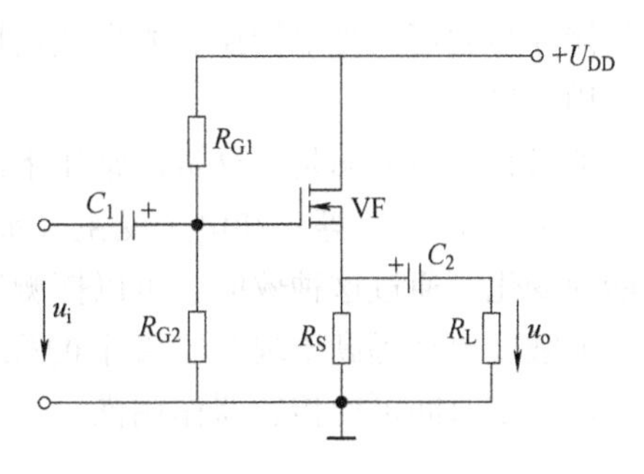

图 9-5-7　源极输出器

MOS 管在使用时，除了注意不要超过它的额定漏源电压 U_{DS}、栅源电压 U_{GS}、最大耗散功率 P_{CM}、最大漏极电流 I_{DM}之外，还应注意感应电压过高而造成的击穿问题。

MOS 管输入电阻很大，使得栅极的感应电荷不易泄漏，且 SiO_2 绝缘层很薄，栅极和衬底间的电容量很小，栅极只要有少量电荷，即可产生高压，虽然 $U_{GS(BR)}$ 可达几十伏，但在管子保存和使用不当时，极易造成管子击穿。为避免上述现象，关键在于避免栅极悬空，因此在栅、源之间必须绝对保持直流通路。为此，在存放时，应使三个电极短接；在焊接时，烙铁要有良好接地，最好焊接时拔下电源的插头。在电路中，栅、源间要有直流通路，取管子时，手腕上最好用一个接大地的金属箍。

MOS 管的漏极和源极可以互换使用，但有些产品源极与衬底已连接在一起，这时漏极与源极不能对调，使用时必须注意。

第六节　纳米晶体管

纳米晶体管，是在大小上以纳米计量的晶体管，如图 9-6-1 是基于碳纳米管点电机的柱状纳米晶体管结构示意图，纳米管比人的头发丝还要细 1 万倍，硬度高，耐高温，并且具有卓越的导热性能，低温下可实现超导，导电性能好，是用作制造电脑芯片所必须的半导体。

纳米晶体管按照材料和结构分为多种，其中碳纳米管，如图 9-6-2 所示，又名巴基管，主要是由单层或多层石墨片绕中心按一定角度卷曲而成的同轴中空无缝管状结构，其管壁大都是由六边形碳原子网格组成。碳纳米管具有良好的力学性能，硬度与金刚石相当，却拥有良好的柔韧性，可以拉伸，形变之后可以恢复形状，具有良好的韧性和传热性能。

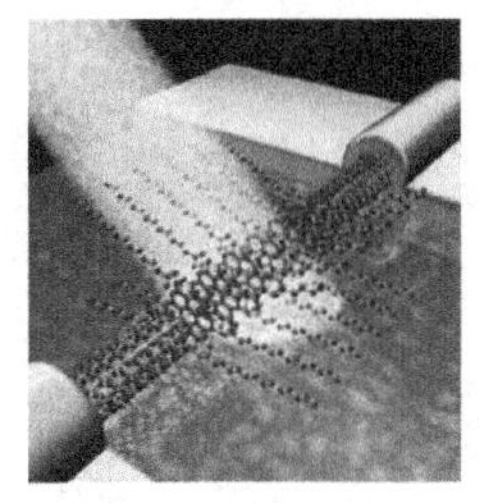

图 9-6-1　基于碳纳米管点电机的柱状纳米晶体管结构图

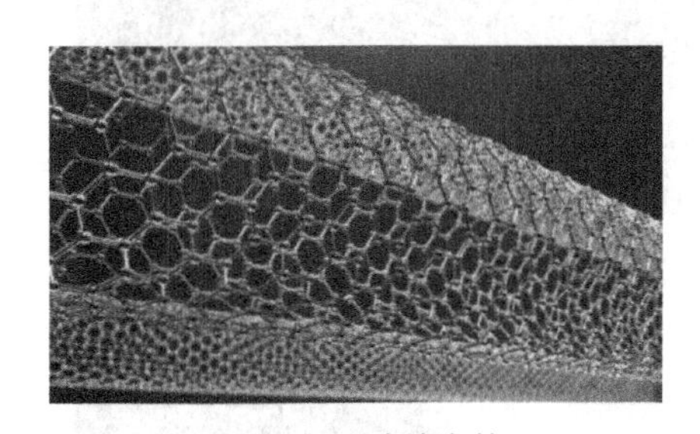

图 9-6-2　碳纳米管

与碳纳米管结构不同，二氧化钛纳米管就是属于定向排列的管状纳米管之一，如图 9-6-3 所示。由于具有湿敏、气敏、介电效应、光电转换、光致变色及优越的光催化等性能，在太阳能的储存与利用、光电转换、光致变色以及光催化降解大气和水中的污染物等方面具有广阔的应用前景。

碳纳米管已被证明是一种常温常压下的新型化学传感器，如图 9-6-4 所示。其原理是电子施主（如 NO_2、O_2 等）和电子受主（如 NH_3）分子在碳纳米管上的吸附导致碳纳米管导电性能的变化。通过这种效应，可以探测这些气体在某些环境中的含量。这种传感器响应速度快，灵敏度要远远高于现有室温下的探测器（较常规高 1000 倍），经过加温或在大气气氛中存放一定时间可使传感器作用恢复。

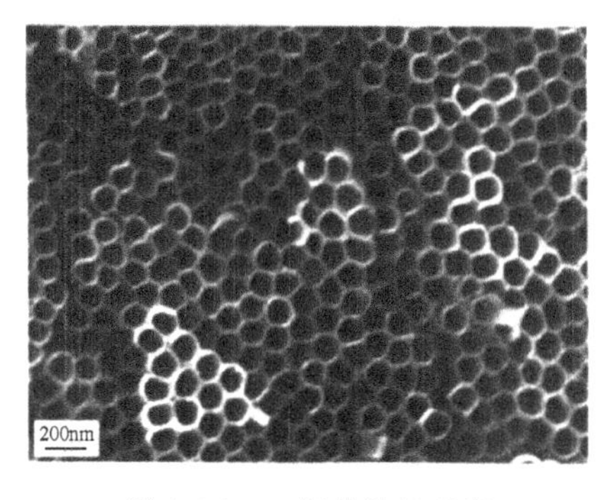

图 9-6-3　二氧化钛纳米管

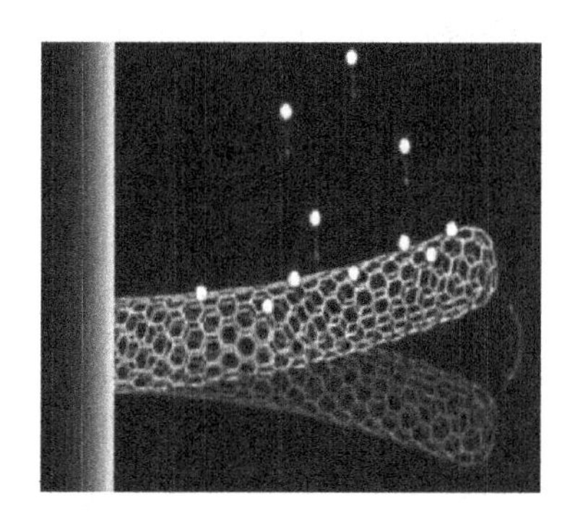

图 9-6-4　气体分子吸附于碳纳米管上

碳纳米管薄层在受到拉伸或压缩时，可以表现出一种超乎想象的力学性质。这一性质有望为碳纳米管带来巨大的应用前景，如制造人工肌肉、传感器等。如图 9-6-5 所示，这种人造肌肉纤维由“成捆”的碳纳米管组成，在电流的刺激下即可在水平方向上快速伸缩。而在垂直方向上，却极为坚韧。它在单位面积上能够产生的拉力是人体肌肉的 30 倍，伸缩速度也要快得多。人体肌肉纤维每秒钟可收缩 10%，而这种人造肌肉则可收缩 40000%。当被大幅度拉伸之后，它甚至轻到可以在空气中漂浮起来。

利用碳纳米管优异的场发射性能，在硅片上镀上催化剂，在特定条件下使碳纳米管在硅片上垂直生长，形成阵列式结构，用于制造超高清晰度平板显示器，清晰度可达数万线。同时也可使碳纳米管在镍、玻璃、钛、铬、石墨、钨等材料上形成阵列式结构，制造各种用途的场发射管，如图 9-6-6 所示。

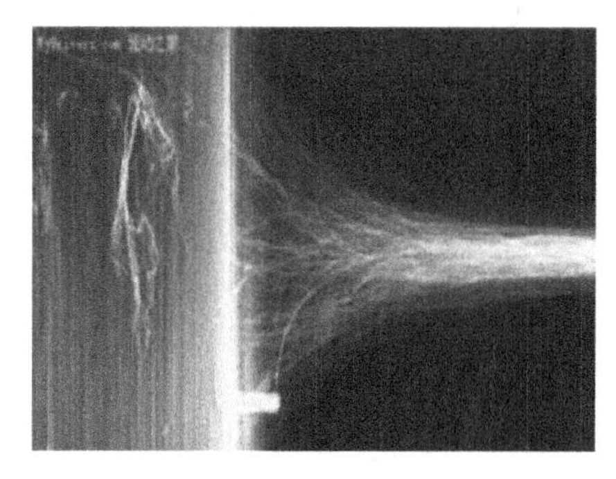

图 9-6-5　人造肌肉纤维

图 9-6-6　基于碳纳米管的显示器

本章小结

具体内容请扫描二维码观看。

第九章小结

习　题

9-1　分析图 9-T-1 电路中，各二极管是导通还是截止？并求出 A、O 两端的电压 V_{AO}（设二极管导通电压 $U_D = 0.7V$）。

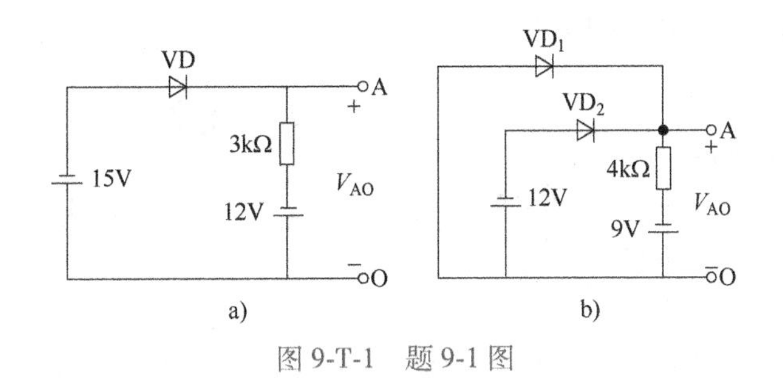

图 9-T-1　题 9-1 图

9-2　若在不加限流电阻的情况下，直接将二极管接于 1.5V 的干电池上，估计会出现什么问题？

9-3　在图 9-T-2 所示电路中，试分别求出下列情况下输出端 F 的电位及流过各个元件（R、VD_A、VD_B）的电流：(1) $V_A = V_B = 0$；(2) $V_A = +3V$，$V_B = 0$；(3) $V_A = V_B = +3V$。二极管的正向压降忽略不计。

9-4　在图 9-T-3 所示电路中，VD_1、VD_2 为理想二极管，求电压 U_o

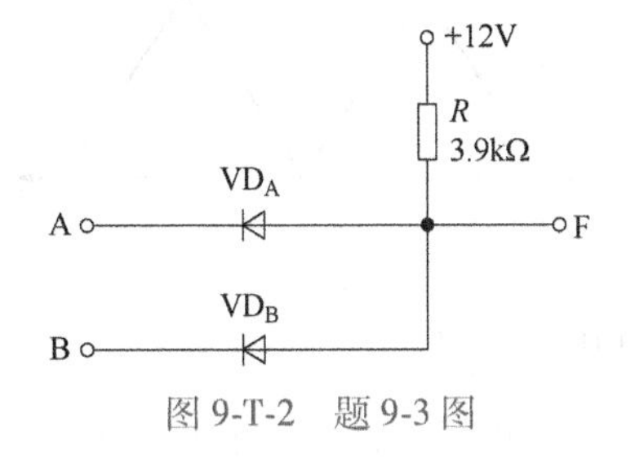

图 9-T-2　题 9-3 图

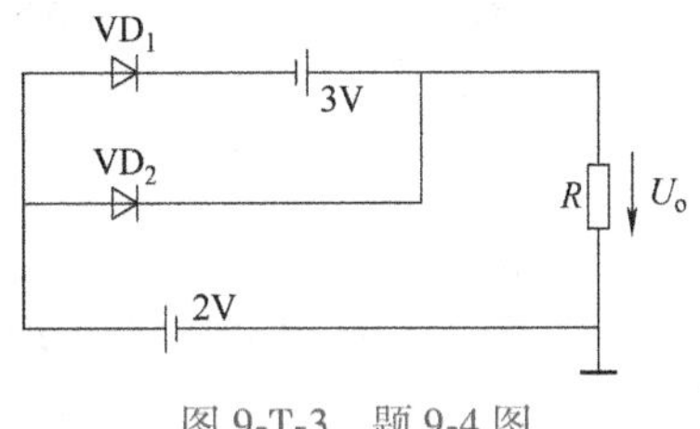

图 9-T-3　题 9-4 图

9-5　假设一个二极管在 50℃时的反向电流为 10μA，试问它在 20℃时和 80℃时反向电流大约分别为多大？已知温度每升高 10℃反向电流大约增加一倍。

9-6　在图 9-T-4 所示电路中，已知 $u_i = 10\sin\omega t$，二极管的正向压降及反向电流均忽略不计，请分别画出电压 u_o 的波形。

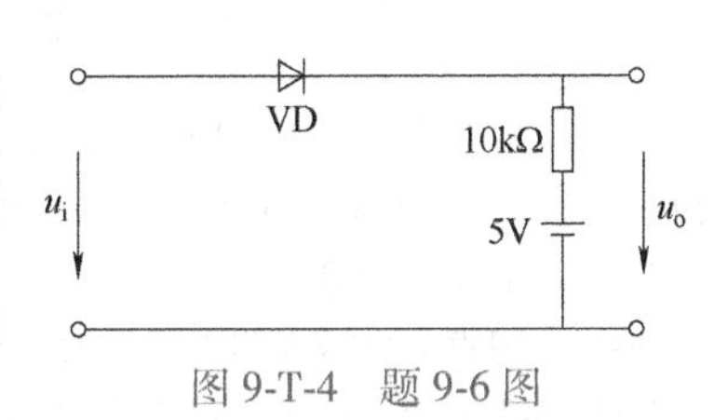

图 9-T-4　题 9-6 图

9-7　在图 9-T-5 所示各电路中，已知 $E=3\text{V}$，$u_i=6\sin\omega t\text{V}$，二极管正向压降和反向电流忽略不计，试分别画出输出电压 u_o 的波形。

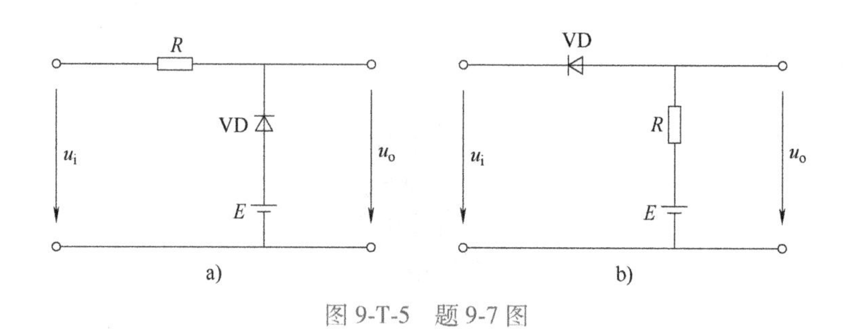

图 9-T-5　题 9-7 图

9-8　在图 9-T-6 所示电路中，VS_1、VS_2 的稳压值分别为 9V 和 6V，求输出电压 U_o 的大小。

9-9　现有两支稳压管，它们的稳定电压分别为 6V 和 8V，正向导通电压为 0.7V。试问：（1）若将它们串联相接，则可以得到几种稳压值？各为多少？（2）若将它们并联相接，则又可以得到几种稳压值？各为多少？

9-10　在图 9-T-7 所示电路中，已知稳压管的稳压值 $U_Z=6\text{V}$，稳定电流的最小值 $I_{Z\min}=5\text{mA}$，稳定电流的最大值 $I_{Z\max}=25\text{mA}$。（1）分别计算 u_i 为 10V、15V、25V 三种情况下输出电压 u_o 的值。（2）若 $u_i=35\text{V}$ 时负载开路，则会出现什么现象？为什么？

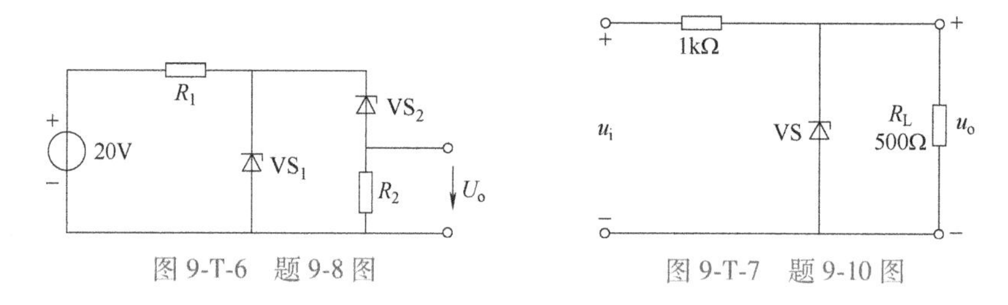

图 9-T-6　题 9-8 图　　　　图 9-T-7　题 9-10 图

9-11　在图 9-T-8a、b 所示电路中，已知稳压管的稳压值 $U_Z=3\text{V}$，R 的取值合适，u_i 的波形如图 c 所示，试分别画出 u_{o1} 和 u_{o2} 的波形。

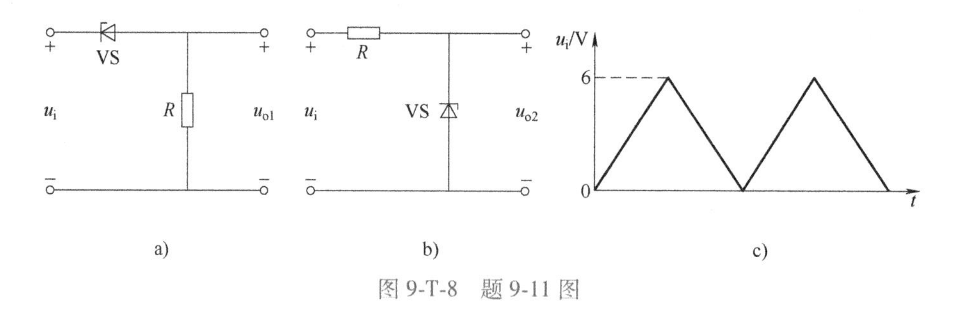

图 9-T-8　题 9-11 图

9-12　在图 9-T-9 所示电路中，已知稳压管的稳压值 $U_Z=6\text{V}$，稳定电流的最小值 $I_{Z\min}=5\text{mA}$，求电路中 U_{o1} 和 U_{o2} 各为多少？

9-13　有两个稳压管，VS_1 的稳定电压是 6.5V，VS_2 的稳定电压是 9.5V，正向压降都是 0.5V，如果要得到 0.5V、3V、10V 和 16V 几种稳定电压，两个稳压管和限流电阻应该如何连接？试画出电路。（设 VS_1、VS_2 的稳定电流都相等）。

9-14　用直流电压表测得某放大电路中三只晶体管 VT_1、VT_2、VT_3 的三个电极①、②、③对地的电压分别如图 9-T-10 所示，试判断它们是 NPN 型还是 PNP 型？是硅管还是锗管？并确定 E、B、C 三个电极。

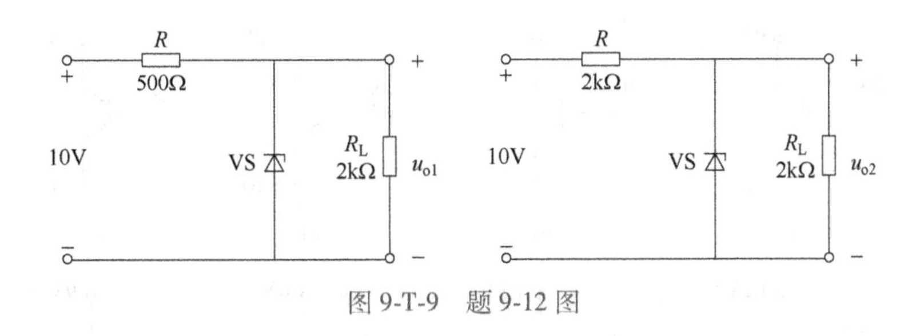

图 9-T-9　题 9-12 图

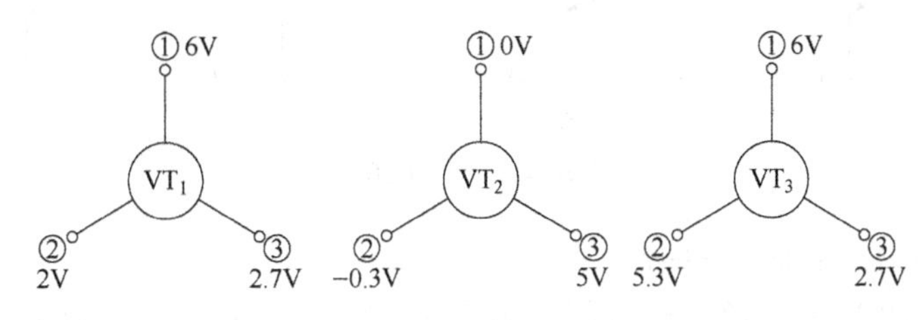

图 9-T-10　题 9-14 图

9-15　有一只晶体管的极限参数 $I_{CM}=100\text{mW}$，$U_{CEO(BR)}=30\text{V}$，若它的工作电压 $U_{CE}=10\text{V}$，则工作电流 I_C 不得超过多大？若工作电流 $I_C=1\text{mA}$，则工作电压的极限值应为多少？

9-16　有两只晶体管的电流放大倍数分别为 50 和 100，现测得放大电路中这两只管子两个电极的电流如图 9-T-11 所示。分别求另一个电极的电流，标出其实际方向，并在圆圈中画出管子。

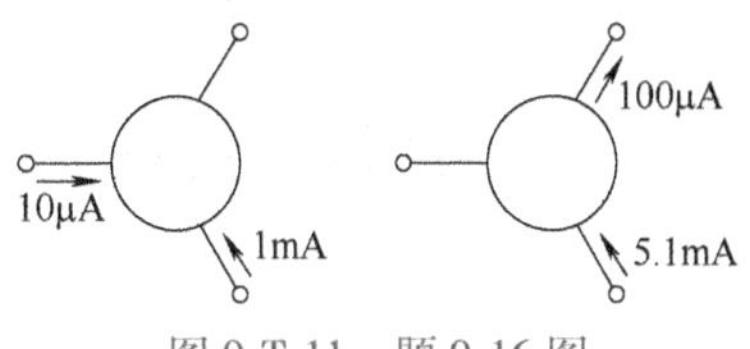

图 9-T-11　题 9-16 图

9-17　某晶体管的输出特性曲线如图 9-T-12 所示，试由图确定该管的主要参数：I_{CEO}、$U_{CEO(BR)}$、P_{CM}、β（在 $U_{CE}=10\text{V}$，$I_C=2\text{mA}$ 附近）。

9-18　有一只 NPN 型晶体管接在共发射极电路中，若测得 $U_{CE}\approx U_{CC}$，该管工作在什么状态？若 $U_{CE}\approx 0$ 时，管子又工作在什么状态？

9-19　图 9-T-13 所示电路中，当开关 S 分别接到 A、B、C 三个触点时，试判断晶体管工作状态。($\beta=50$)。

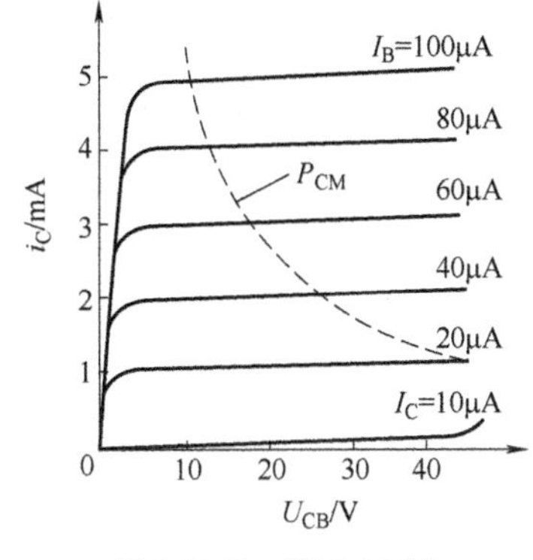

图 9-T-12　题 9-17 图

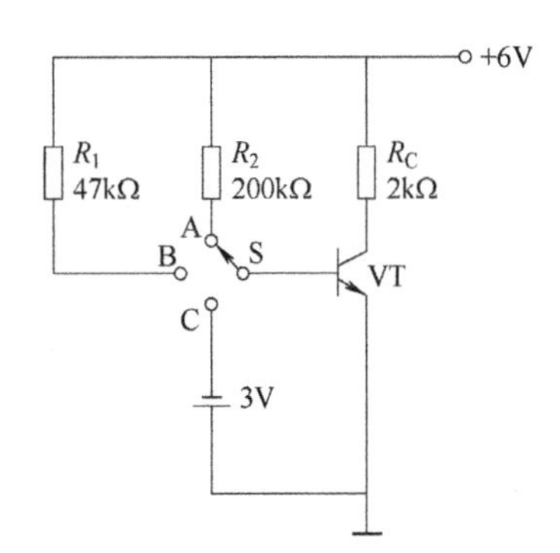

图 9-T-13　题 9-19 图

9-20　测得某电路中八个晶体管的各极电位如图 9-T-14 所示，试判断这些晶体管是否处于正常工作状态。如果不正常，是短路还是烧坏？如果正常，是工作于截止区、放大区还是饱和区？

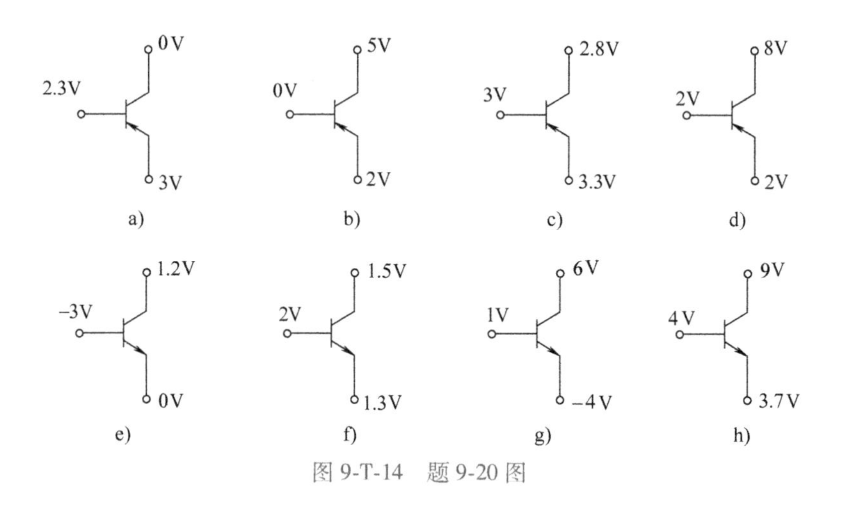

图 9-T-14　题 9-20 图

9-21　为什么 MOS 管的栅极不能开路?

9-22　分析判断图 9-T-15 所示各电路中的晶体管是否有可能工作在线性区，场效应晶体管是否有可能工作在恒流区。选择答案“能”或“不能”填在对应图下面的括号中。

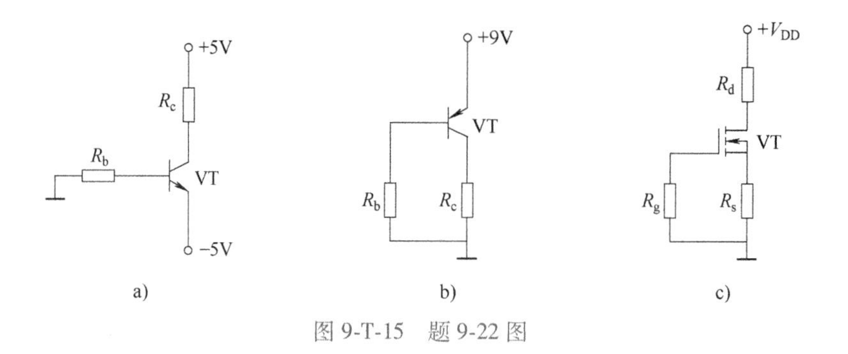

图 9-T-15　题 9-22 图

第十章　基本放大电路

第一节　基本交流放大电路的组成

一、放大电路的基本概念

放大电路又称放大器，它的应用十分广泛，无论日常使用的收音机、扩音机或精密仪器和复杂的自动控制系统，其中都有这样或那样的放大电路。在电子设备中，放大电路的作用是将电信号（电压电流或功率）不失真的加以放大，以便进行有效的观察、测量和利用。放大作用表面上是将信号的幅度由小增大，但本质是实现能量的控制，这种控制是使直流电源的能量按输入信号的变化规律向外传递。

放大器一般由两部分组成：第一部分为电压放大电路，通常工作在小信号状态下，它的任务是把微弱的信号电压加以放大；第二部分为功率放大电路，它输出足够大的功率去推动执行元件。

按放大目的的不同，放大器又可以分为交流放大器、直流放大器、脉冲放大器等。

二、基本交流放大电路的组成

在图 10-1-1a 所示的基本交流放大电路中，E_C 在电路中一方面为放大电路的输出信号提供能量，另一方面保证集电结处于反向偏置，以使晶体管起到放大作用。E_C 一般为几伏到几十伏。E_B 的作用是使晶体管的发射结正偏，向晶体管提供基极电流。如果把 E_B 用 E_C 通过电阻的降压来代替，并采用单电源和点电位的画法就成了图 10-1-1b 所示的基本放大电路。

u_i 为输入交流信号，u_o 为输出交流信号，u_i、C_1、晶体管的基极 B 和发射极 E 组成输入回路；u_o、C_2、晶体管的集电极 C 和发射极 E 组成输出回路。因为发射极是输出回路和输入回路的公共端，所以称这种电路为共射极电路。

晶体管是放大电路的核心。它具有能量控制作用，起放大作用。不同的晶体管具有不同的放大性能。

基极电阻 R_B 又称偏置电阻，U_{CC}通过 R_B 向晶体管提供基极电流，通过调整 R_B 可以使晶体管基极获得一个合适的电流 I_B。R_B 的值一般为几十千欧到几百千欧。

集电极负载电阻简称集电极电阻 R_C，它将集电极电流的变化转化为电压的变化，以实现电压放大。R_C 的阻值一般为几千欧到几十千欧。

电容 C_1 和 C_2 又称耦合电容。它们在电路中的作用有两个：一方面起到隔直作用，C_1

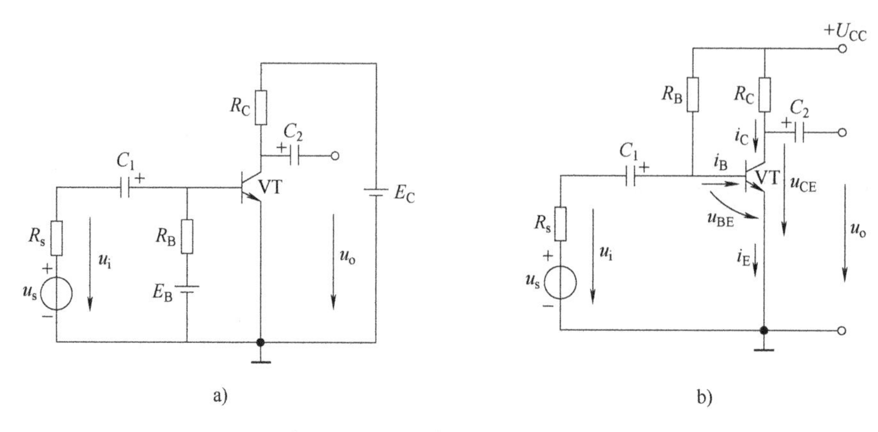

图 10-1-1　基本交流放大电路

和 C_2 对直流量相当于开路，使放大器的直流工作状态不受信号源和负载影响；另一方面又起到交流耦合作用，保证交流信号畅通无阻地经过放大电路，沟通信号源、放大电路和负载三者之间的交流通路。C_1 和 C_2 一般取值为几十微法到几百微法，因此需要采用有极性的电解电容。

通过以上的分析可以看到，放大电路需具备以下两点：

一是要有极性连接正确的直流电源、合理的元件参数，以保证晶体管工作在放大区域。

二是有信号的输入、输出回路，也就是输入信号能从放大电路的输入端加到晶体管上，经放大后又能传递给放大电路的下一级或负载。

第二节　放大电路的图解法

一、放大电路的静态分析

放大电路在交流输入信号 $u_i=0$ 时的工作状态，称为静态。这时电路的电流和电压都是直流，其值称为静态值，由电路中的 I_B、I_C 和 U_{CE} 这一组数据来表示。这组数据是晶体管输入、输出特性曲线上的某个工作点，习惯上叫它静态工作点，用 Q 表示。放大电路要正常工作必须具备合适的静态工作点。

1. 用估算法求放大电路的静态工作点

静态值既然是直流，故可用交流放大电路的直流通路来分析计算。直流通路就是只考虑直流电源 U_{CC} 单独作用时的放大电路。在图 10-1-1a 所示的共射极放大电路中，耦合电容 C_1 和 C_2 因有隔直作用，作直流通路时可视为开路。图 10-2-1 就是图 10-1-1a 所示的放大电路的直流通路。

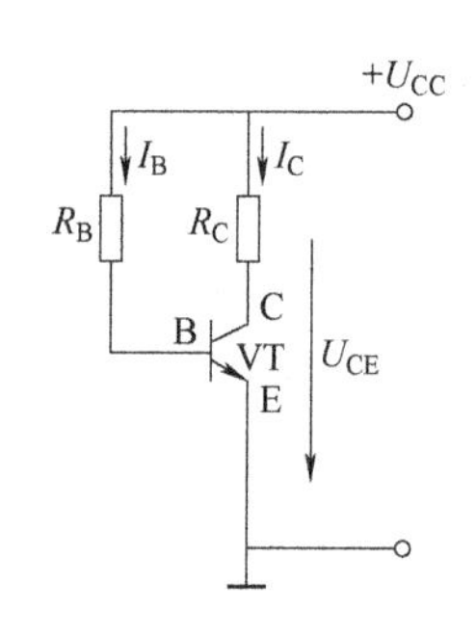

图 10-2-1　直流通路

在图 10-2-1 中，依 KVL，可得出静态时的基极电流

$$I_B=\frac{U_{CC}-U_{BE}}{R_B}\approx\frac{U_{CC}}{R_B} \tag{10-2-1}$$

上式忽略了 U_{BE}，因为一般情况下，$U_{CC} \gg U_{BE}$。根据晶体管的电流放大原理，可得出静态时的集电极电流

$$I_C = \bar{\beta} I_B + I_{CEO} \approx \bar{\beta} I_B \approx \beta I_B \tag{10-2-2}$$

由 KVL 可得出静态时集-射极电压

$$U_{CE} = U_{CC} - I_C R_C \tag{10-2-3}$$

由式（10-2-1）~式（10-2-3）所得的 I_B、I_C 及 U_{CE} 就是交流放大电路的静态工作点 Q。

2. 用图解法求静态工作点

静态值可以通过放大电路的直流通路估算，也可以用图解法来确定。估算法的优点是简单，图解法的优点是能直观地分析和了解静态值的变化对放大电路工作的影响。

晶体管的输出特性曲线，即集电极电流 I_C 与集-射极电压 U_{CE} 的关系，如图 10-2-2 所示。在图 10-2-1 中的输出直流通路中，晶体管与集电极负载电阻 R_C 串联后接于电源 U_{CC}，于是可以列出

$$U_{CE} = U_{CC} - I_C R_C$$

它就是电路线性部分的外特性。上式也可以写成

$$I_C = -\frac{1}{R_C} U_{CE} + \frac{U_{CC}}{R_C} \tag{10-2-4}$$

这是一个直线方程，其斜率 $\tan\alpha = -\frac{1}{R_C}$，在横轴上的截距为 U_{CC}，在纵轴上的截距为$\frac{U_{CC}}{R_C}$。这条直线很容易在图 10-2-2 上作出。因为它是由直流通路得出的，且与集电极负载电阻 R_C 有关，故称之为直流负载线。负载线与晶体管的某条输出特性曲线（由估算法中求出的 I_B 确定）的交点 Q，称为放大电路的静态工作点，由它确定放大电路的电压和电流的静态值。

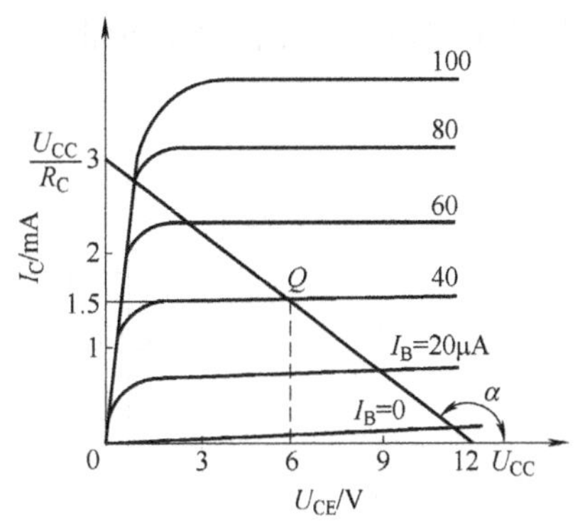

图 10-2-2　图解法确定静态工作点

由图 10-2-2 可见，基极电流 I_B 的大小不同，静态工作点在负载线上的位置也就不同。根据对晶体管工作状态的要求不同，要有一个相应的合适的工作点，这可以通过改变 I_B 的大小来获得。因此，I_B 很重要，它决定了晶体管的工作状态，通常称它为偏置电流，简称偏流。产生偏流的电路称为偏置电路。在图 10-2-1 中，其路径为 U_{CC}—R_B—发射结—“地”。R_B 也就是偏置电阻。由 $U_{CE}=U_{CC}-I_C R_C$ 可知，改变 U_{CC} 及 R_C 都可以改变静态工作点，但通常是用改变 R_B 的阻值来调整偏流 I_B 的大小，即调整静态工作点的位置。

二、用图解法对放大电路进行动态分析

所谓动态，就是放大电路有交流输入时的状态。在动态时，放大电路在输入电压 u_i 和直流电源 U_{CC} 共同作用下工作。这时电路中既有直流分量，又有交流分量，形成了交、直流共存于同一电路之中的情况，各极的电流和各极间的电压都在静态值的基础上叠加一个随输入信号变化的交流分量。用大写字母加大写下标表示直流分量（如 I_B、I_C），用小写字母加小写下标表示交流分量（如 i_b、i_c），用小写字母加大写下标表示混合分量（如 i_B、i_C）。

由图 10-2-3 可见，集-射极电压的混合量 u_{CE} 和集电极电流的混合量 i_C 之间的关系仍然是线性的，即

$$u_{CE} = U_{CC} - i_C R_C$$

由该式在输出特性曲线上画出的直线称为交流负载线，当输出端接有负载 R_L 时，交流负载线的斜率由$\frac{1}{R_C}$变为$\frac{1}{R_C /\!/ R_L}$，是一条通过静态工作点 Q、比直流负载线陡一些的直线。当负载开路时，交流负载线与直流负载线是重合的。

一般用放大电路的交流通路（交流电流流通的路径）来分析放大电路中各个交流量的变化规律及动态性能。由放大电路画其交流通路的原则是：

1）由于在交流通路中只考虑交流电压的作用，直流电源 U_{CC} 内阻很小，将它作短路处理。

2）由于电容 C_1 和 C_2 足够大，对交流量可视为短路。

据此，可画出图 10-2-3 所示共射极放大电路的交流通路如图 10-2-4 所示。注意，交流通路中的电流、电压都是交流量。

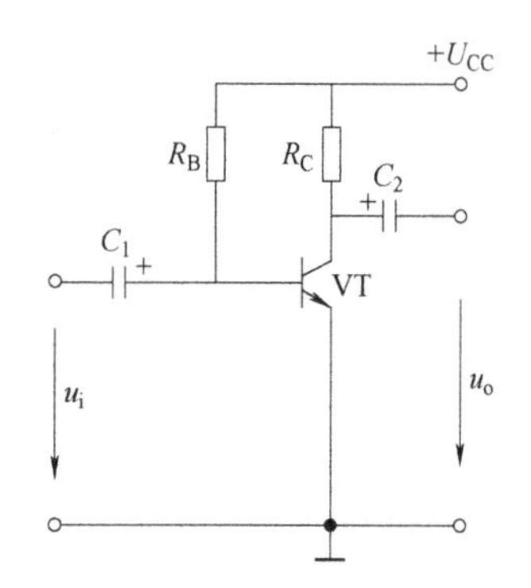

图 10-2-3　共射极交流放大电路

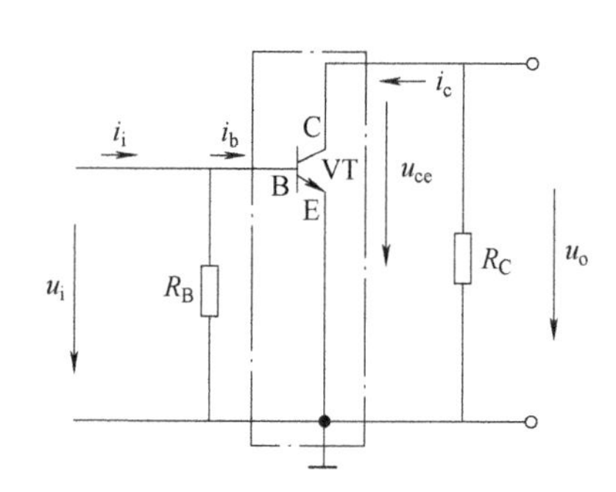

图 10-2-4　交流通路

以图 10-2-3 为例，设输入信号为正弦电压

$$u_i = u_{be} = U_m \sin\omega t$$

u_i 经电容 C_1 加到晶体管的基极上，则晶体管基极-发射极之间的电压为直流电压 U_{BE} 与交流电压 u_i 的叠加，即

$$u_{BE} = U_{BE} + u_i$$

u_{BE} 以 U_{BE} 为基准随 u_i 上下波动，其波形如图 10-2-5 所示。

若 u_i 的幅值足够小，使晶体管工作在输入特性的直线段，则基极电流 i_B 在 I_B 的基础上也按正弦规律变化，即

$$i_B = I_B + i_b$$

当 i_B 在 I_{B1} 和 I_{B2} 之间变化时，交流负载线与输出特性曲线的交点 Q 也会在 Q_1 与 Q_2 之间沿着交流负载线变动，相应的可以得到 i_C 和 u_{CE} 的变化规律，如图 10-2-5 所示。可见，i_C 与 u_{CE} 都可以看作是直流分量和交流分量的叠加，即

$$i_C = I_C + i_C$$

$$u_{CE} = U_{CE} + u_{ce}$$

由于电容 C_2 的隔直作用，u_{CE} 的直流分量 U_{CE} 不能到达输出端，只有交流分量 u_{ce} 能通过 C_2 构成输出电压 u_o。

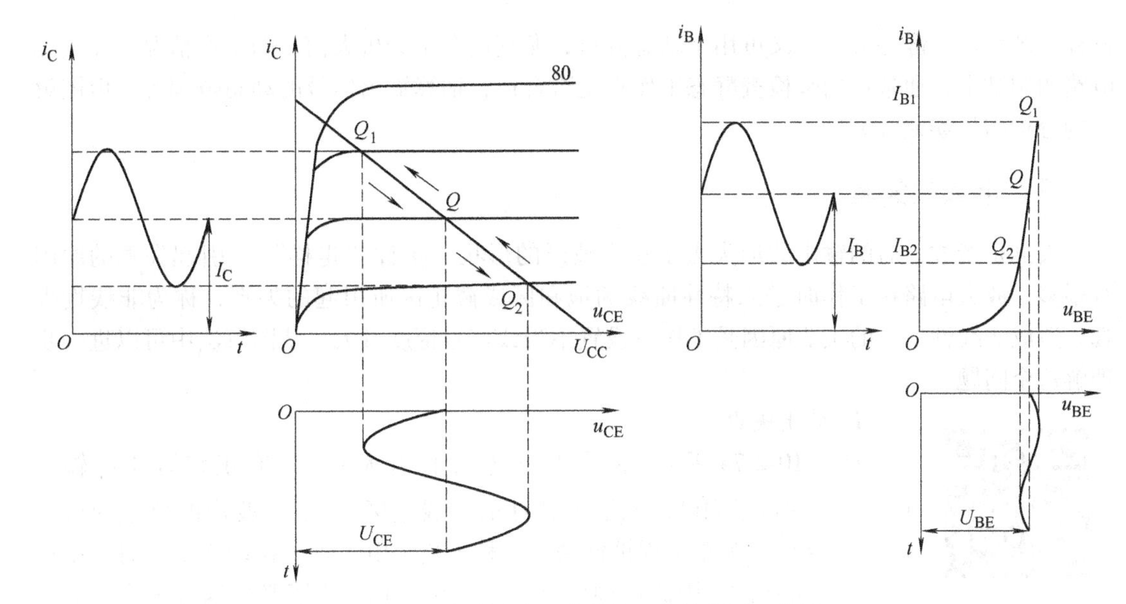

图 10-2-5　交流放大电路有输入信号的图解分析

从图解分析，可以得出如下几点：

1）当放大电路有交流信号输入时，u_{BE}、i_B、i_C 和 u_{CE}都含有两个分量。一个是直流分量 U_{BE}、I_B、I_C 和 U_{CE}；还有一个是交流分量 $u_{be}(=u_i)$、i_b、i_c 和 u_{ce}，其中 i_b、i_c 和 u_{ce}是由输入电压 u_i 引起的。

根据图 10-2-5 可以整理得到加上正弦波输入电压 u_i 时，放大电路中相应的 u_{BE}、i_B、i_C、u_{CE}及 u_o 的波形，如图 10-2-6 所示，图中的变化部分即为交流分量，而坐标原点至虚线的高度为相应的电压、电流的静态值。

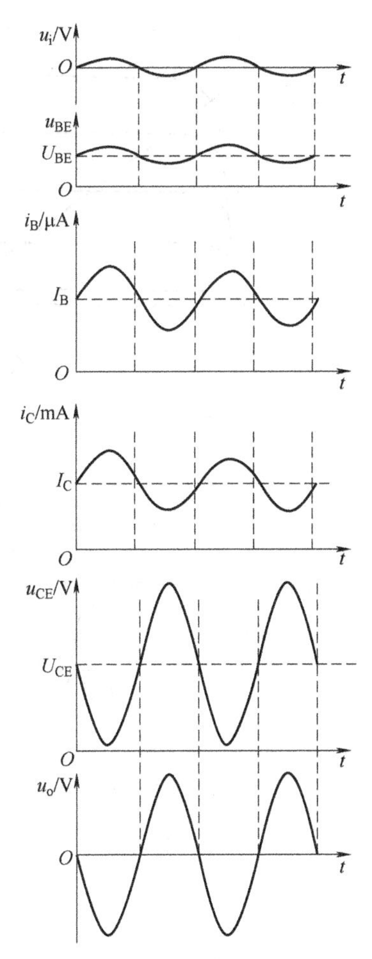

图 10-2-6　单管共射极放大电路的电压电流波形

2）当输入信号 u_i 是正弦波时，电路中各交流分量都是与输入信号 u_i 同频率的正弦波，其中 u_{be}、i_b、i_c 与 u_i 同相，而 u_{ce}、u_o 与 u_i 反相。输出电压与输入电压相位相反，这种现象称“倒相”，是共射极放大电路的一个重要特性。

3）输出电压 u_o 和输入电压 u_i 不但是同频率的正弦波，而且 u_o 的幅度比 u_i 的幅度大得多，这说明，u_i 经过电路被线性放大了。还可以看出，只有输出信号的交流分量才是反映输入信号变化的。所以我们说的放大作用，只能是输出的交流分量和输入信号的关系，而绝对不能把直流分量也包含在内，故电压放大倍数为

$$A_u=\frac{U_{om}}{U_{im}}$$

4）图解法可以直观、全面地了解放大电路的工作

过程，既可用于静态分析，又可用于动态分析，尤其适合于分析大信号的工作情况。在实际电路的调试中，通常被用来检查静态工作点是否合适，估算输出信号的动态范围等。但图解法的分析结果误差较大。

三、非线性失真

失真是指放大后的输出波形失去了输入波形的形状（俗称“走样”）。引起失真的原因有很多。放大电路在工作时进入特性曲线的饱和区或截止区所引起的失真，称为非线性失真。造成非线性失真的主要原因是工作点设置不当或信号幅度过大。从图解法中可以进一步理解这个问题。

截止失真

1. 截止失真

如图10-2-7a所示，静态工作点 Q_1 位置太低，当有正弦信号 u_i 输入时，信号的负半周已进入输入特性的非线性区，i_b、i_c 波形的负半周被截去，$u_{ce}(=u_o)$ 为正半周被截去。这种失真是由于管子在动态工作时一度进入截止区造成的，因此这种失真叫作截止失真。为了避免这种失真，应设法提高静态工作点，即减小 R_B，使 I_B、I_C 增加，U_{CE}减小。

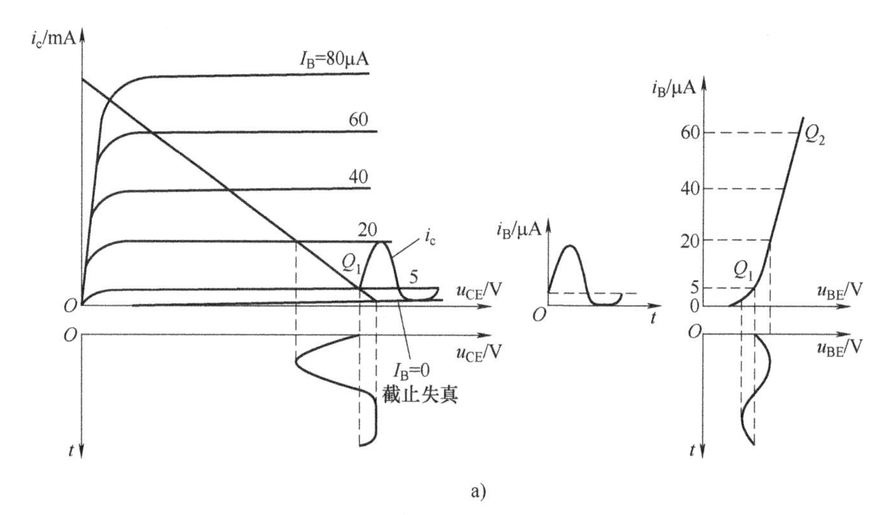

a)

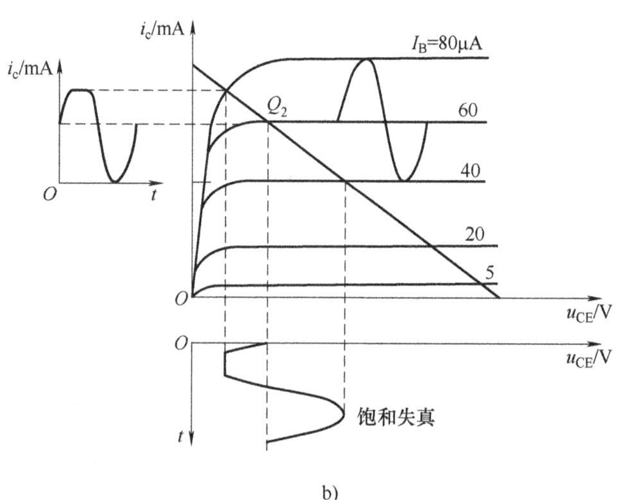

b)

图10-2-7　工作点不合适引起输出电压波形失真

2. 饱和失真

如图 10-2-7b 所示，静态工作点 Q_2 位置太高。当有正弦信号 u_i 输入时，i_b 不失真，但在输入信号的正半周，由于管子已饱和，i_c 不能再增加，因而 i_c 正半周被截去，对应的 u_{ce} 负半周被截去。这种失真是由于管子在动态时进入了饱和区造成的，因此把它叫作饱和失真。为了避免这种失真，应设法降低工作点，即增加 R_B，使 I_B、I_C 减小，U_{CE}增加。

总之，设置合适的工作点，可避免放大电路产生非线性失真。一般可选在交流负载线的中点。必须看到，即使 Q 点设置合适，若输入信号过大，将有可能既发生饱和失真又发生截止失真。当然在小信号放大电路中，一般不会出现这种情况。

第三节　静态工作点的稳定

前面说过，合理设置静态工作点是保证放大电路正常工作的先决条件，但是晶体管放大电路的静态工作点常常因外界条件的变化而发生变动，因此，还必须采取措施保证工作点的稳定。本节要研究和解决有关静态工作点稳定的问题，首先分析放大电路工作点变动的原因和影响，然后介绍一种实用的工作点稳定的放大电路。

一、温度对静态工作点的影响

对于图 10-2-3 所示的放大电路，其静态工作点决定于偏置电流 I_B 的大小，就是说，当 R_B 一经选定后，I_B 也就固定不变了，故这种放大电路称为固定式偏置放大电路。

固定式偏置放大电路虽然具有元器件少、电路简单的优点，但有一个很大的缺点，这就是它的静态工作点不稳定。不论是环境温度、电路元器件参数和电源电压的变化，还是换管子时参数不一致都会引起静态工作点变动。在影响静态工作点稳定的诸多因素中，温度变化带来的影响是比较突出的。

在第九章第四节中已经叙及，当温度升高时，I_{CEO}、β 增加，U_{BE}下降，它们最终体现在 I_C 的增加上。由图 10-2-2 可知，$U_{CE}=U_{CC}-I_CR_C$，当 I_C 增加时，U_{CE}减少，结果导致静态工作点偏离原来的位置，甚至移到不合适的饱和区，使放大器不能正常工作，见图 10-3-1 中的 Q'点。因此，设置合适的静态工作点的同时，还应设法使静态工作点得到稳定。

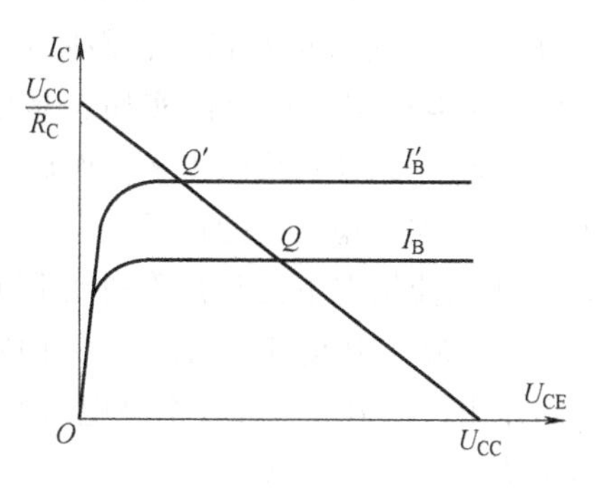

图 10-3-1　温度对静态工作的影响

当温度变化时，要使 I_C 近似维持不变以稳定静态工作点，可以采用能自动稳定工作点的电路，这样的电路有多种，这里介绍其中一种。

二、分压式偏置电路

工作原理

图 10-3-2 所示的放大电路为分压式偏置放大电路，也称为典型的静态工作点稳定电路，其中 R_{B1}、R_{B2}构成偏置电路。下面首先分析它稳定静态工作点的原理。

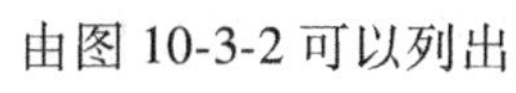
由图 10-3-2 可以列出

$$I_1 = I_2 + I_B$$

若使

$$I_1 \gg I_B \tag{10-3-1}$$

则

$$I_1 \approx I_2 \approx \frac{U_{CC}}{R_{B1} + R_{B2}}$$

基极电位

$$V_B \approx I_2 R_{B2} \approx \frac{R_{B2}}{R_{B1} + R_{B2}} U_{CC} \tag{10-3-2}$$

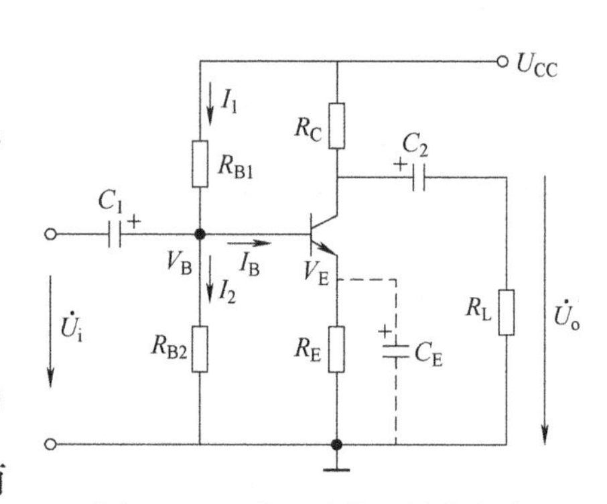

图 10-3-2　分压式偏置放大电路

可认为 V_B 与晶体管的参数无关，不受温度影响，而仅为 R_{B1} 和 R_{B2} 的分压电路所固定。

若使

$$V_B \gg U_{BE} \tag{10-3-3}$$

则

$$I_C \approx I_E = \frac{V_B - U_{BE}}{R_E} \approx \frac{V_B}{R_E} \tag{10-3-4}$$

可认为 I_C 也与管子参数无关，不仅不受温度的影响，而且在换用不同 β 值的晶体管时，工作点也可以保持不变。这对电子设备的批量生产和维修是很有利的。

因此，只要满足式（10-3-1）和式（10-3-3）两个条件，V_B 和 I_E 或 I_C 就与晶体管的参数（I_{CEO}、$\bar{\beta}$、U_{BE}）几乎无关，不受温度变化的影响，从而静态工作点得以基本稳定。

分压式偏置电路能稳定静态工作点的物理过程可表示如下：

温度升高→$I_C\uparrow$→$V_E\uparrow$（$\approx I_C R_E$）→$U_{BE}\downarrow$

$I_C\downarrow$←——$I_B\downarrow$←——┘

即当温度升高使 I_C 和 I_E 增大时，$V_E = I_C R_E$ 也增大。由于 V_B 为 R_{B1} 和 R_{B2} 的分压电路所固定，U_{BE} 减小，从而引起 I_B 减小，而使 I_C 自动下降，静态工作点大致恢复到原来的位置。可见，这种电路能稳定工作点的实质，是由于输出电流 I_C 的变化通过发射极电阻 R_E 上电压降（$V_E = I_C R_E$）的变化反映出来，而后引回到输入电路和 V_B 比较，使 U_{BE} 发生变化来牵制 I_C 变化。R_E 越大，稳定性能越好。但若 R_E 太大，将使 V_E 增高，因而减小放大电路的工作范围。R_E 在小电流情况下为几百欧到几千欧，在大电流情况下为几欧到几十欧。

发射极电阻 R_E 接入后，一方面发射极电流的直流分量 I_E 通过它，起自动稳定静态工作点的作用，但另一方面发射极电流的交流分量 i_e 通过它也会产生交流压降使 u_{be} 减小，i_b、i_c 和 u_{ce} 均减小。由于 u_i 没变，这样就会降低放大电路的电压放大倍数（将在本章第四节中讨论）。为此，可在 R_E 两端并联电容 C_E（如图 10-3-2 中虚线所示）。只要 C_E 的容量足够大，对交流信号的容抗就很小，对交流可视作短路，而对直流分量并无影响，故 C_E 称为发射极交流旁路电容，其容量一般为几十微法到几百微法。

为了达到稳定静态工作点的目的，在设计电路时必须满足 $I_1 \gg I_B$，$V_B \gg U_{BE}$ 这两个条件。但 I_1 和 V_B 也不能取得太大，因 I_1 太大时，电阻 R_{B1}、R_{B2} 的值必然会减小，这会增加电路的功率损耗并使输入电阻（在本章下一节中介绍）减小；V_B 取得过大时，V_E 也大，在电源电压 U_{CC} 一定的情况下，管压降 U_{CE} 会变小，使放大电路的动态范围变小，输出信号的幅度下降。

第四节　微变等效电路法

微变等效电路法同图解法一样，是分析交流放大电路的一种方法，不同于图解法的是它仅用于对放大电路进行动态分析，不能计算直流静态工作点。

微变等效电路的实质是将由非线性元件晶体管组成的交流放大电路等效成一个线性元件进行分析。“等效”是指要保证电压、电流关系不变，“微变”是指输入信号的幅值要足够小，即要使晶体管始终工作在特性曲线的线性区，就可以用线性电路来代替非线性电路。

一、晶体管的微变等效电路

放大电路的微变等效电路，其核心是晶体管的微变等效电路。下面从共发射极接法时晶体管的输入、输出特性入手，引出晶体管的微变等效电路。

1. 输入回路的微变等效电路

图 10-4-1a 所示是晶体管的输入特性曲线。在小信号输入作用下（见图中 ΔU_{BE}），引起了 ΔI_B，由于 ΔU_{BE}和相应的 ΔI_B 为微变量，则可认为在静态工作点 Q 邻近的工作范围内的曲线为直线段（见图中 AB 段）。因此，U_{CE}为常数时，ΔI_B 做线性变化。用 r_{be}作为两者的比值，它就是晶体管的输入电阻，即

$$r_{be}=\left.\frac{\Delta U_{BE}}{\Delta I_B}\right|_{U_{CE}=\text{常数}}=\left.\frac{u_{be}}{i_b}\right|_{U_{CE}=\text{常数}} \qquad (10\text{-}4\text{-}1)$$

式（10-4-1）表示共射极接法的晶体管（见图 10-4-2a）的输入回路可用管子的输入电阻 r_{be}来等效代替。其输入回路的等效电路如图 10-4-2b 左半部所示。

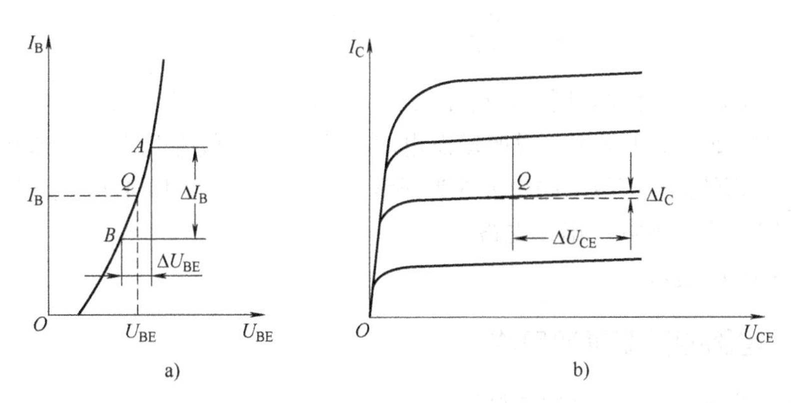

图 10-4-1　晶体管的输入、输出特性曲线

a）输入特性曲线　b）输出特性曲线

根据文献资料，工程中 r_{be}用下式估算：

$$r_{be}=200\Omega+(1+\beta)\frac{26\text{mV}}{I_E} \qquad (10\text{-}4\text{-}2)$$

式中，I_E 是发射极静态电流，$I_E=(1+\beta)I_B$，单位为 mA。因此，r_{be}的大小与静态工作点有关。选择不同的静态工作点，晶体管的输入电阻就要相应改变。

r_{be}是对交流而言的动态电阻，在晶体管手册中可查到共射极接法时晶体管的输入电阻值，手册中用 h_{ie}表示。

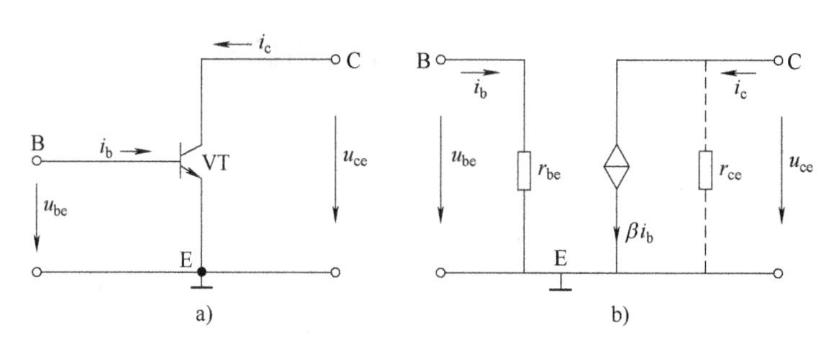

图 10-4-2　晶体管的微变等效电路

低频小信号工作时晶体管的 r_{be}一般为几百欧到几千欧。

2. 输出回路的微变等效电路

图 10-4-1b 所示是晶体管的输出特性曲线族。在放大区是一组近似等距的水平线，它反映了集电极电流只受基极电流的控制而与管子两端电压 U_{CE}无关，即

$$\beta = \frac{\Delta I_C}{\Delta I_B}\bigg|_{U_{CE}=常数} = \frac{i_c}{i_b}\bigg|_{U_{CE}=常数} \tag{10-4-3}$$

也就是 $i_c=\beta i_b$，因而晶体管输出回路可以等效为一个受控的恒流源，如图 10-4-2b 右半部分所示。

实际晶体管的输出特性并非与横轴绝对平行，在 i_b 一定时，随着 u_{ce}增加，i_c 稍有增加，且在放大区 ΔI_C 和 ΔU_{CE}也是按线性规律变化的，即 ΔI_C 和 ΔU_{CE}成正比。其比例常数可用 r_{ce}来表示，即

$$r_{be} = \frac{\Delta U_{CE}}{\Delta I_C}\bigg|_{I_B=常数} = \frac{u_{ce}}{i_c}\bigg|_{I_B=常数} \tag{10-4-4}$$

r_{ce}和受控恒流源 βi_b 并联。同样，r_{ce}是对交流而言的动态电阻。由图 10-4-1b 可见，在 ΔU_{CE}变化较大时，ΔI_C 变化很小，说明动态电阻 r_{ce}很大，一般为几十千欧到几百千欧。由于 r_{ce}很大，在后面的微变等效电路中可视为开路，不予考虑。图 10-4-2b 就是简化了的晶体管微变等效电路（除去图中 r_{ce}虚线支路）。

β 在手册中用 h_{fe}表示。

二、放大电路的微变等效电路

画放大电路的微变等效电路的步骤是：

1）画出晶体管的微变等效电路，标定基极 B、集电极 C、发射极 E 和公共地的位置。

2）将直流电源 U_{CC}及所有的电容短路（将放大电路转换成交流通路），再将其他元器件对号入座。

以图 10-4-3a 为例，按上述步骤，就可得到整个放大器的微变等效电路，如图 10-4-3b 所示。

图中的电压和电流都是交流变量，用小写字母表示。当输入为正弦交流量时，也可以用相量 $\dot{U}$ 及 $\dot{I}$ 表示。图中箭头表示它们的参考方向。

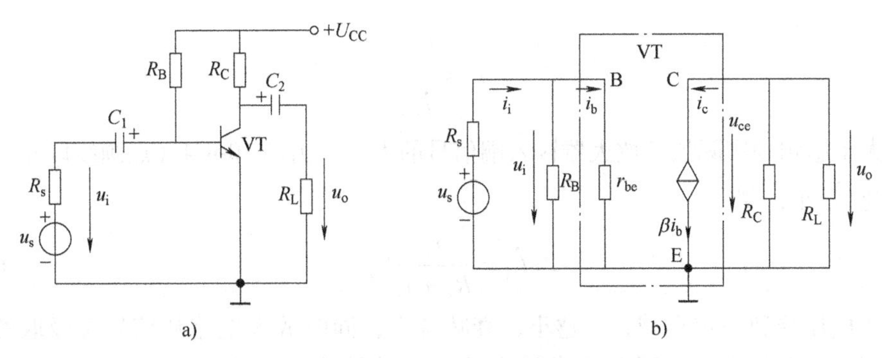

图 10-4-3　共射极放大电路的微变等效电路

三、放大器的性能分析

画出微变等效电路以后，就可以用求解线性电路的方法计算放大器的主要性能指标：电压放大倍数 $\dot{A}_u$、输入电阻 r_i 和输出电阻 r_o。

1. 电压放大倍数 $\dot{A}_u$

以图 10-4-3 所示共射极单管放大电路的微变等效电路来分析计算电压放大倍数是非常容易的。设输入为正弦信号，因此，微变等效电路中的电压和电流都用相量表示，由此可以列出

$$\dot{U}_i = \dot{I}_b r_{be} \tag{10-4-5}$$

$$\dot{U}_o = -\dot{I}_c R'_L = -\beta \dot{I}_b R'_L \tag{10-4-6}$$

式中，$R'_L = R_L /\!/ R_C$，称为放大电路的等效负载电阻。

由式（10-4-5）和式（10-4-6）可得电压放大倍数 $\dot{A}_u$ 为

$$\dot{A}_u = \frac{\dot{U}_o}{\dot{U}_i} = \frac{-\beta \dot{I}_b R'_L}{\dot{I}_b r_{be}} = -\beta \frac{R'_L}{r_{be}} \tag{10-4-7}$$

$\dot{A}_u$ 为复数，它反映了输出与输入间的大小和相位关系。式中的负号表示共射极放大电路的输出电压和输入电压的相位反相（图解法中已有详细分析）。

当放大电路的输出端开路时（未接负载电阻 R_L），可求得空载时的电压放大倍数 A_{uo}，即

$$A_{uo} = \frac{\beta R_C}{r_{be}} \tag{10-4-8}$$

比较式（10-4-7）和式（10-4-8）可见，放大电路接有负载 R_L 时的电压放大倍数比空载时降低了，R_L 越小，电压放大倍数越低。另外，A_u 的大小除与 R'_L有关外，还和 β 和 r_{be} 有关。但由式（10-4-2）可知，当静态工作点确定后（一定的 I_E 条件下），β 值大的管子，其输入电阻 r_{be} 的值也大，因此 A_u 并不随 β 按比例地增大。当 β 足够大时，电压放大倍数 A_u 的大小几乎与 β 无关。一般在管子的 β 值取定后，适当提高 I_E 数值，能使电压放大倍数有明显的提高，但 I_E 的增大受到管子参数及工作点的合适与否等因素的制约。

2. 输入电阻

图 10-4-4 所示的放大电路对信号源来说是一个负载，可以用一个电阻等效代替，这个电阻既是信号源的负载，又是放大电路的输入电阻。输入电阻定义为放大电路的输入电压与输入电流之比值，即

$$r_i = \frac{\dot{U}_i}{\dot{I}_i}$$

r_i 的大小影响到实际加于放大器输入端信号的大小，由图 10-4-4（点画线以左部分）可见，$\dot{U}_i$ 要比 $\dot{U}_s$ 小，即

$$\dot{U}_i = \frac{r_i}{R_s + r_i}\dot{U}_s \tag{10-4-9}$$

这说明输入电压受到一定衰减，r_i 越小，衰减越大；同时放大电路从信号源吸取的电流越大，加重了信号源的负担。因此通常要求放大器的输入电阻高一些。r_i 可以用如下方法求得。

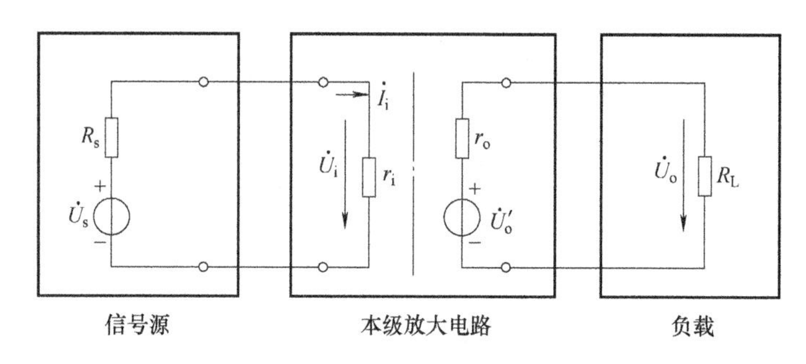

图 10-4-4　放大器与信号源及负载的联系

由微变等效电路可知

$$\dot{I}_i = \frac{\dot{U}_i}{R_B} + \frac{\dot{U}_i}{r_{be}} = \dot{U}_i\left(\frac{1}{R_B} + \frac{1}{r_{be}}\right)$$

所以

$$r_i = R_B \,//\, r_{be} \approx r_{be} \tag{10-4-10}$$

通常 R_B 的阻值比 r_{be} 大得多，因此，这一类放大电路的输入电阻基本上等于晶体管的输入电阻。但要注意的是：r_{be} 与 r_i 具有不同的物理意义，不能混淆。

3. 放大电路的输出电阻 r_o

对负载（或后一级放大电路）来说，放大电路相当于一个具有内阻 r_o 和恒压源 U'_o 的信号源，如图 10-4-4（点画线以右部分）所示。这个等效电源的内阻 r_o 就是放大电路的输出电阻。

可见，r_o 越小，负载变化时，输出电压的变化也越小，说明放大电路带负载能力越强。

放大电路的输出电阻 r_o，可以在信号源短路（$U_s=0$）和负载开路的条件下求得（根据戴维宁定理）。现以图 10-4-4 的放大电路为例，从它的微变等效电路看，当 $\dot{U}_s=0$ 时，$\dot{I}_b$ 和$\beta\dot{I}_b$ 也为零。如图 10-4-5 所示，在放大电路的输出端将负载开路后，从余下电路的开路端口看进去的等效电阻，即为输出电阻 r_o。因为晶体管的输出电阻 r_{ce} 很大，可略去，所以

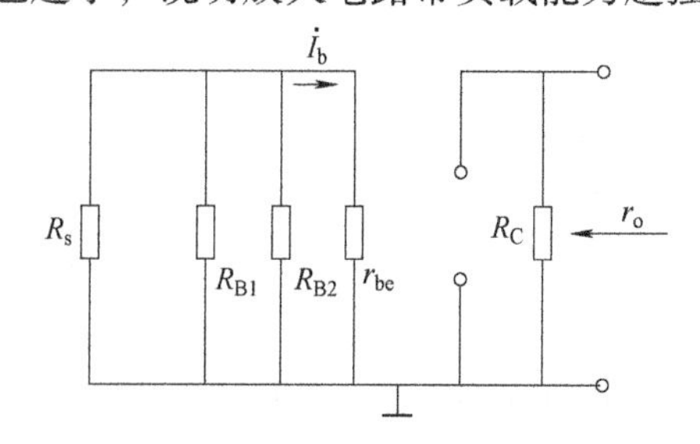

图 10-4-5　求共射电路输出电阻

$$r_o \approx R_C \tag{10-4-11}$$

R_C 一般为几千欧。因此，共发射极放大电路的输出电阻 r_o 较高。

【例 10-4-1】 在图 10-4-6a 所示电路中，若晶体管为 3DG100，已知在工作点处 $\beta=40$，设 $U_{BE}=0.7V$。

（1）计算静态工作点。

（2）求 r_{be}。

（3）计算电压放大倍数 $\dot{A}_u$。

（4）若 C_E 开路，再计算电压放大倍数 $\dot{A}'_u$。

（5）C_E 未断开时，求放大电路的输入电阻 r_i、输出电阻 r_o。

（6）如果 $R_s=500\Omega$，求含信号源内阻的电压放大倍数 $\dot{A}_{us}=\dfrac{\dot{U}_o}{\dot{U}_s}$。

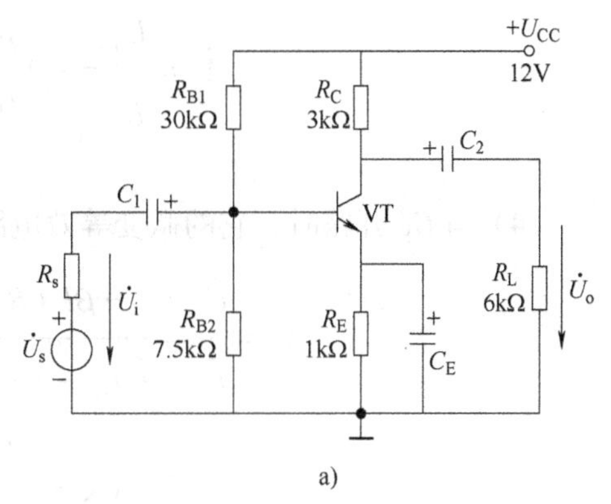

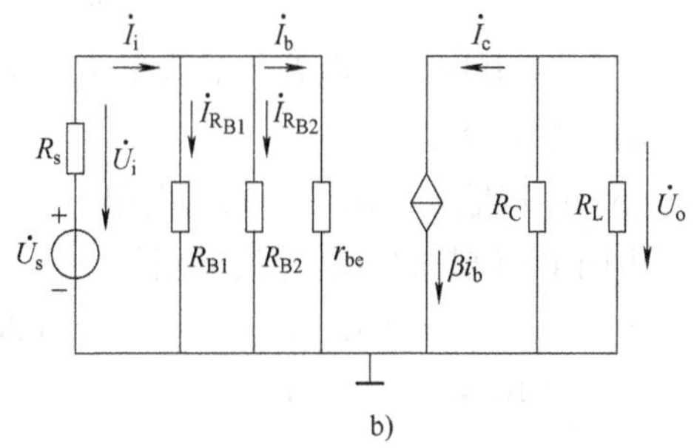

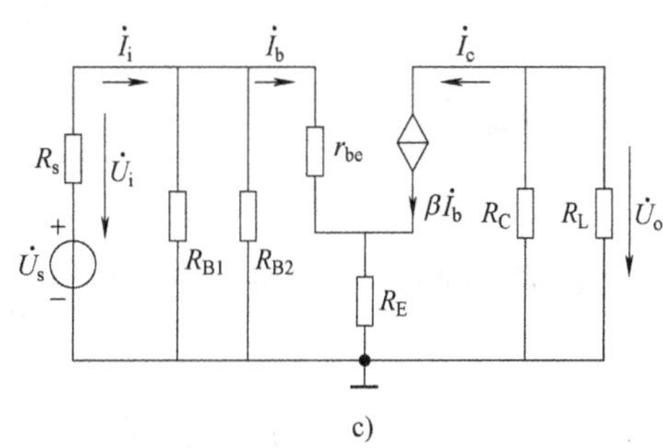

图 10-4-6　例 10-4-1 图

解：（1）确定静态工作点。

$$V_B \approx \frac{R_{B2}}{R_{B1}+R_{B2}}U_{CC} = \frac{7.5k\Omega}{(30+7.5)k\Omega}\times 12V = 2.4V$$

$$I_C \approx I_E \approx \frac{V_B-U_{BE}}{R_E} = \frac{(2.4-0.7)V}{1k\Omega} = 1.7mA$$

$$I_B \approx \frac{I_C}{\beta} = \frac{1.7mA}{40} = 42.5\mu A$$

$$U_{CE} \approx U_{CC} - I_C(R_C+R_E) = 12V - 1.7\times(1+3)V = 5.2V$$

（2）求 r_{be}。

$$r_{be} = 200\Omega + (1+\beta)\frac{26mV}{I_E} \approx 200\Omega + (1+\beta)\frac{26mV}{I_C} = 200\Omega + (1+40)\times\frac{26mV}{1.7mA} = 827\Omega = 0.827k\Omega$$

(3) 求 $\dot{A}_u$。

它的微变等效电路如图 10-4-6b 所示。

$$\dot{A}_u=\frac{\dot{U}_o}{\dot{U}_i}=-\beta\frac{R'_L}{r_{be}}=-40\times\frac{(3\ /\!/\ 6)\text{k}\Omega}{0.827\text{k}\Omega}$$

$$=-96.7$$

(4) 当 C_E 开路时，它的微变等效电路如图 10-4-6c 所示。

$$\dot{A}_u=\frac{\dot{U}_o}{\dot{U}_i}=\frac{-\beta\dot{I}_b(R_C\ /\!/\ R_L)}{\dot{I}_b r_{be}+(1+\beta)\dot{I}_b R_E}=\frac{-\beta(R_C\ /\!/\ R_L)}{r_{be}+(1+\beta)R_E}$$

$$=\frac{-40(3\ /\!/\ 6)\text{k}\Omega}{[0.827+(1+40)\times 1]\text{k}\Omega}=-1.95$$

可见，在 C_E 开路时，电路的放大能力大大减小，因而在分压式静态工作点稳定电路中，通常需加旁路电容 C_E。

(5) 计算输入电阻 r_i、输出电阻 r_o。

由图 10-4-6b 的微变等效电路得

$$r_i=R_{B1}\ /\!/\ R_{B2}\ /\!/\ r_{be}=(30\ /\!/\ 7.5\ /\!/\ 0.827)\text{k}\Omega=0.727\text{k}\Omega$$

由式 (10-4-11) 可知

$$r_o\approx R_C=3\text{k}\Omega$$

(6) 计算 $\dot{A}_{us}=\dfrac{\dot{U}_o}{\dot{U}_s}$。

考虑信号源内阻时，有 $$\dot{U}_i=\frac{r_i}{R_s+r_i}\dot{U}_s$$

$$\dot{A}_{us}=\frac{\dot{U}_o}{\dot{U}_s}=\frac{\dot{U}_o}{\dot{U}_i}\frac{\dot{U}_i}{\dot{U}_s}=-\beta\frac{R'_L}{r_{be}}\frac{\dfrac{r_i}{R_s+r_i}\dot{U}_s}{\dot{U}_s}=\frac{r_i}{R_s+r_i}\left(-\beta\frac{R'_L}{r_{be}}\right)$$

$$=\frac{0.727\text{k}\Omega}{(0.5+0.727)\text{k}\Omega}\times(-96.7)=-57.3$$

第五节　共集电极放大电路（射极输出器）

一、共集电极放大电路的组成

共集电极放大电路如图 10-5-1 所示，图 10-5-2 是其交流通路。可见输入信号 $\dot{U}_i$ 加到基极、集电极之间，输出信号 $\dot{U}_o$ 取自发射极、集电极之间。因此集电极是输入回路和输出回路的公共端，故得名共集电极放大电路。由于输出信号从发射极取出，所以又叫“射极输出器”。

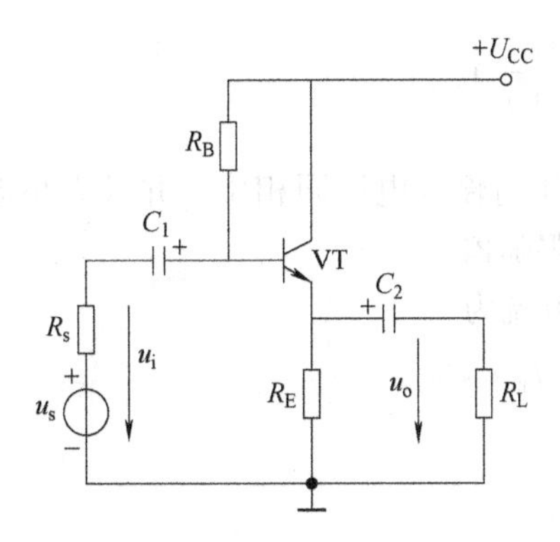

图 10-5-1　射极输出器

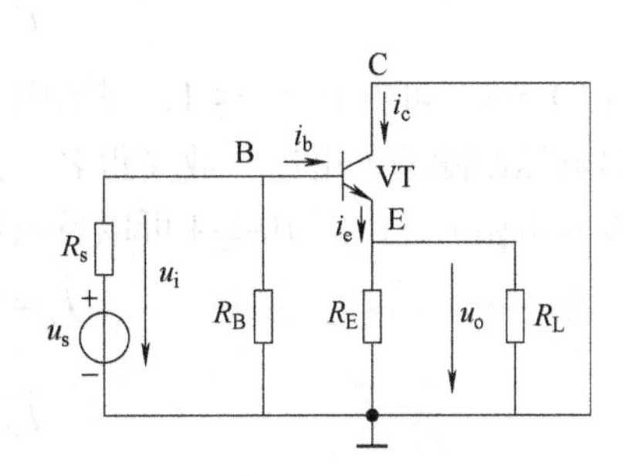

图 10-5-2　射极输出器的交流通路

二、共集电极放大电路的分析

1. 静态工作点的计算

当没有输入信号时，射极输出器可用图 10-5-3 所示的直流通路来分析。

$$
\begin{aligned}
I_B &= \frac{U_{CC} - U_{BE}}{R_B + (1+\beta)R_E} \\
I_C &= \beta I_B \approx I_E \\
U_{CE} &= U_{CC} - I_E R_E
\end{aligned}
\tag{10-5-1}
$$

2. 动态分析与计算

由交流通路画出的微变等效电路如图 10-5-4 所示。

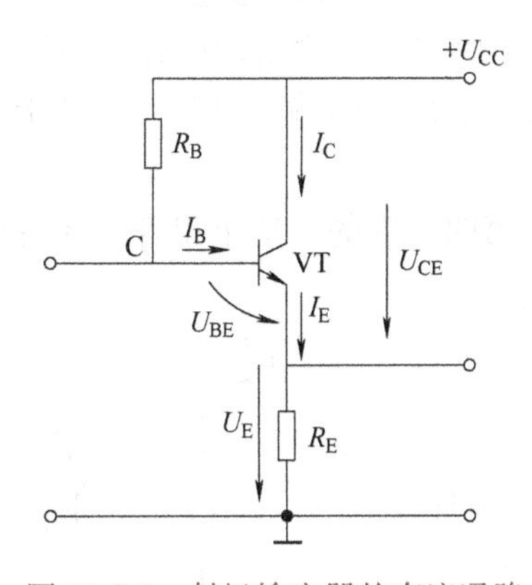

图 10-5-3　射极输出器的直流通路

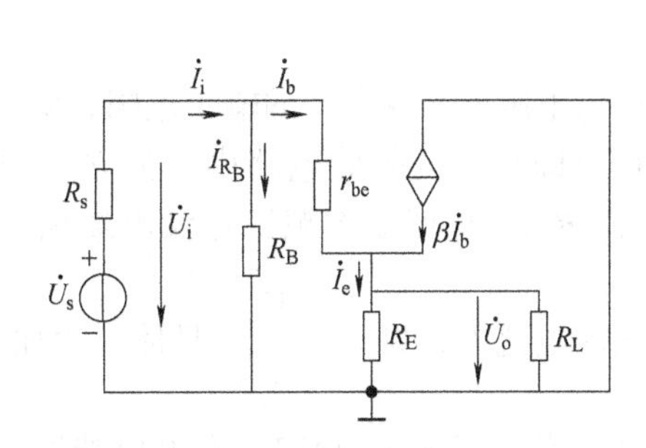

图 10-5-4　射极输出器的微变等效电路

（1）电压放大倍数 $\dot{A}_u$　由图得

$$\dot{U}_i = \dot{I}_b r_{be} + \dot{I}_e(R_E /\!/ R_L) = \dot{I}_b[r_{be} + (1+\beta)(R_E /\!/ R_L)]$$

$$\dot{U}_o = \dot{I}_e(R_E /\!/ R_L) = (1+\beta)\dot{I}_b(R_E /\!/ R_L)$$

$$\dot{A}_u = \frac{\dot{U}_o}{\dot{U}_i} = \frac{(1+\beta)R_L'}{r_{be} + (1+\beta)R_L'} \tag{10-5-2}$$

$$R_L' = R_E /\!/ R_L$$

式中

同理有
$$\dot{A}_{us}=\frac{\dot{U}_o}{\dot{U}_s}=\frac{r_i}{R_s+r_i}\dot{A}_u \tag{10-5-3}$$

由式（10-5-2）可看到$\dot{A}_u \leqslant 1$，表明输出电压与输入电压同相位，并且大小近似相等。因此，输出电压跟随输入电压，故又得名“射极跟随器”。

（2）输入电阻r_i　由图10-5-4可以看出输入电流为
$$\dot{I}_i=\dot{I}_{R_B}+\dot{I}_b$$

式中
$$\dot{I}_{R_B}=\frac{\dot{U}_i}{R_B}$$

而
$$\dot{U}_i=\dot{I}_b[r_{be}+(1+\beta)R_L']$$

即
$$\dot{I}_b=\frac{\dot{U}_i}{r_{be}+(1+\beta)R_L'}$$

所以
$$\dot{I}_i=\frac{\dot{U}_i}{R_B}+\frac{\dot{U}_i}{r_{be}+(1+\beta)R_L'}=\dot{U}_i\left(\frac{1}{R_B}+\frac{1}{r_{be}+(1+\beta)R_L'}\right)$$

射极输出器的输入电阻为
$$r_i=\frac{\dot{U}_i}{\dot{I}_i}=\frac{1}{\dfrac{1}{R_B}+\dfrac{1}{r_{be}+(1+\beta)R_L'}}=R_B\ /\!/\ [r_{be}+(1+\beta)R_L'] \tag{10-5-4}$$

可见，射极输出器的输入电阻r_i由两部分并联而成，一个是偏置电阻R_B，另一个是基极回路电阻$[r_{be}+(1+\beta)R_L']$。通常R_B的阻值很大，射极输出器基极回路电阻$[r_{be}+(1+\beta)R_L']$要比共发射极放大电路的输入电阻（$r_i \approx r_{be}$）大得多，所以射极输出器的输入电阻要比共发射极放大电路的输入电阻提高几十到几百倍。一般射极输出器的输入电阻可达几十千欧到几百千欧。

（3）输出电阻r_o　放大器的输出电阻，除用本章第四节中的方法求得外，还可以用加压求流法求得，即令微变等效电路中，独立电源为零（保留其内阻R_s），保留受控源，在输出端加一电压$\dot{U}_o$，产生交流电流$\dot{I}_o$，则$r_o=\dfrac{\dot{U}_o}{\dot{I}_o}$。具体求法如下：

断开R_L，将信号源U_s短路，在输出端加一交流电压$\dot{U}_o$，如图10-5-5所示。应指出，此时由输出端外加电压$\dot{U}_o$在r_{be}支路中产生的电流与图10-5-4相比，其参考方向相反，所以受控源$\beta\dot{I}_b$的参考方向也得反过来，这样，如果求出输出端送入的电流$\dot{I}_o$，即可求得输出电阻r_o。

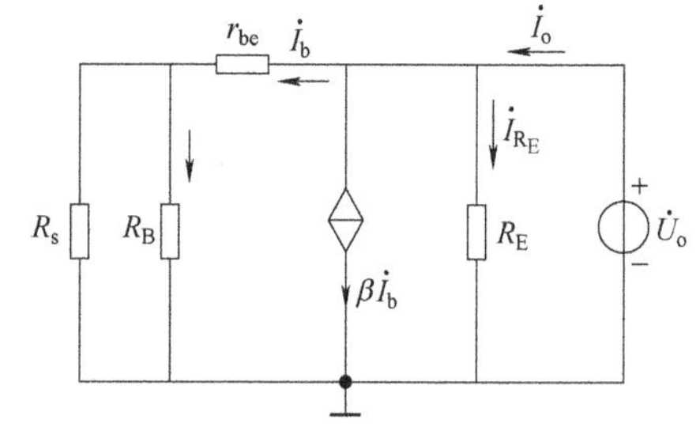

图10-5-5　求射极输出器的输出电阻

由图10-5-5可得
$$\dot{I}_o=\dot{I}_{R_E}+\beta\dot{I}_b+\dot{I}_b$$
$$=\frac{\dot{U}_o}{R_E}+(1+\beta)\frac{\dot{U}_o}{r_{be}+R_s'}\quad (R_s'=R_B\ /\!/\ R_s)$$

因此，输出电阻为

$$r_o = \frac{\dot{U}_o}{\dot{I}_o} = \frac{1}{\dfrac{1}{R_E} + \dfrac{1}{\dfrac{r_{be} + R'_s}{1 + \beta}}} = R_E \mathbin{/\!/} \frac{r_{be} + R'_s}{1 + \beta} \tag{10-5-5}$$

式（10-5-5）说明，射极输出器的输出电阻是 R_E 和$\dfrac{r_{be}+R'_s}{1+\beta}$两部分电阻并联的结果。在一般情况下，由于（$r_{be}+R'_s$）较小，$\beta \gg 1$，而 R_E 通常为几千欧，因此射极输出器的输出电阻近似为

$$r_o \approx \frac{R'_s + r_{be}}{1 + \beta} \approx \frac{R'_s + r_{be}}{\beta}$$

r_o 阻值很低，一般在几十到几百欧。

三、共集电极放大电路的特点及应用

综上所述，射极输出器的主要特点是：①输入电阻高；②输出电阻低；③电压放大倍数小于 1，且近似等于 1，即没有电压放大能力，但有电压跟随作用，有一定的电流和功率放大能力。

射极输出器的上述特点在电子电路中应用非常广泛。

（1）用作输入级　由于共集电极电路的输入电阻很高，将其用作多级放大电路的输入级时，可以提高整个放大电路的输入电阻。因此，输入电流很小，减轻了信号源的负担，在测量仪器中，提高其测量准确度。

（2）用作输出级　其输出电阻很小，近似于一个恒压源，因此用作多级放大器的输出级时，可以大大提高多级放大电路的带负载能力。

（3）用作中间级　在多级放大电路中，有时前后两级间的阻抗匹配不当，影响了放大倍数的提高。如在两级之间加入一级共集电极电路，它能够起到阻抗变换作用，即前一级放大电路的外接负载正是共集电极电路的输入电阻，这样前级的等效负载的阻值提高了，从而使前一级电压放大倍数提高；它的输出却是后级的信号源，由于输出电阻很小，使后一级接收信号的能力提高，即源电压放大倍数增加，从而整个放大电路的电压放大倍数提高。

第六节　阻容耦合多级放大电路与功率放大电路

以上各节讨论的是单级放大电路的工作原理及分析方法，它的电压放大倍数往往是有限的。为了满足放大倍数和其他方面性能的要求，一般要采用多级放大电路。在多级放大电路中，级间连接称为级间耦合。多级电压放大电路的耦合方式有阻容耦合、直接耦合、变压器耦合、光电耦合等。下面介绍阻容耦合方式。

一、两级阻容耦合放大电路

图 10-6-1 所示为一典型的两级阻容耦合放大电路，它的每一级就是前面讨论过的分压式偏置放大电路。

由图可见，由于前、后级之间是通过耦合电容 C_2 相连的，故 C_2 的隔直流作用使各级的静态工作点是彼此独立的。而放大倍数为各级电压放大倍数的乘积，即

$$\dot{A}_u = \dot{A}_{u1}\dot{A}_{u2}$$

由此推广，n 级放大电路的电压放大倍数为

$$\dot{A}_u = \dot{A}_{u1}\dot{A}_{u2}\dot{A}_{u3}\cdots\dot{A}_{un}$$

但计算多级放大电路的电压放大倍数，必须考虑级间的相互影响。此时可把前级等效为一个具有内阻的信号源，把后级的输入电阻看成是前级的负载。

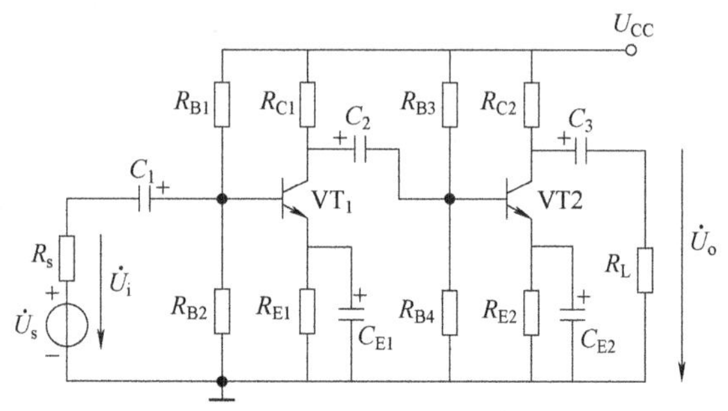

图 10-6-1　两级阻容耦合放大电路

多级放大电路的输入电阻就是第一级的输入电阻，输出电阻就是最末一级的输出电阻。

二、功率放大电路

多级放大电路的输出级往往为功率放大级，以将前置电压放大级送来的信号进行功率放大，去驱动执行机构。例如，使扬声器的音圈振动发出声音；推动自动控制系统中的电动机旋转；接通或断开继电器等。电压放大电路和功率放大电路就其本质来说，都是能量变换器，都是通过晶体管的电流控制作用，把直流电源供给的能量按输入信号的变化规律传送给负载。所不同的是：电压放大是小信号放大，其任务是在不失真的前提下放大微弱的信号电压，放大器工作在微变状态；而功率放大则要求在允许失真度的条件下输出足够大的功率，是工作在大信号状态下。两者对放大电路的要求有各自的侧重面。

对功率放大电路的基本要求主要体现在以下几个方面：

（1）输出功率尽可能大　为了获得大的输出功率，要求功率放大管的电压和电流都有足够大的输出幅度，因此管子往往工作在接近极限运用状态下。

（2）转换效率尽可能高　功率放大器在信号作用下向负载提供的输出功率是由直流电源转换而来的。在转换时，管子和电路中的耗能元件都要消耗功率，用 P_o 表示负载所得功率，P_E 表示直流电源提供的总功率，其转换效率为

$$\eta = \frac{P_o}{P_E}$$

（3）非线性失真要小　功率放大电路是在大信号下工作，所以不可避免地会产生非线性失真，而且同一功放管输出功率越大，非线性失真越严重，这将使输出功率和非线性失真成为一对矛盾。

（4）功放管的散热要好　在功率放大电路中，有相当大的功率消耗在功放管的集电结上，使结温升高。因此，管子散热问题解决得好，不仅可以防止功放管损坏，还可充分利用允许的管耗而使管子输出足够大的功率。

功率放大器的输出功率、转换效率及非线性失真等性能均与功放管的工作状态有关。根据放大管静态工作点 Q 在特性曲线中位置的不同可分为三种工作状态，如图 10-6-2 所示。

在图 10-6-2a 中，静态工作点 Q 选在交流负载线中部，输入信号的整个周期功放管都处于导通状态，此类为甲类工作状态。工作在甲类状态下的放大器因静态电流 I_C 较大，静态管耗大，效率很低，因此主要用于电压放大。如图 10-6-2b 所示，静态工作点 Q 设在 $I_C \approx 0$。而 $I_C \neq 0$ 处，静态集电极电流 I_C 很小，静态管耗也很小，功放管在一个周期内有半个周期以上导通。此类为甲乙类工作状态。如图 10-6-2c 所示，Q 点设在 $I_C = 0$ 处，功放管只在信号的半个周期内处于导通状态，称此为乙类工作状态，乙类工作状态时的静态功耗为 0。

显而易见，功率放大电路采用乙类放大虽然能提高效率，但只能在输入信号的半个周期内工作，失真十分严重。如果将两个乙类放大电路合在一起，其中一个在输入信号的正半周工作，另一个在负半周工作，使它们轮流向负载供电，并在负载上得到完整的信号电流，这样既提高了效率，又减小了失真。互补对称功率放大电路就是基于上述思想而设计出来的。

图 10-6-3 所示为 OCL 互补对称功放电路。放大器由一对特性及参数完全对称、类型却不同（NPN 和 PNP）的两个晶体管组成射极输出器电路。输入信号接于两管基极，负载 R_L 接于两管发射极，由正、负等值双电源供电。

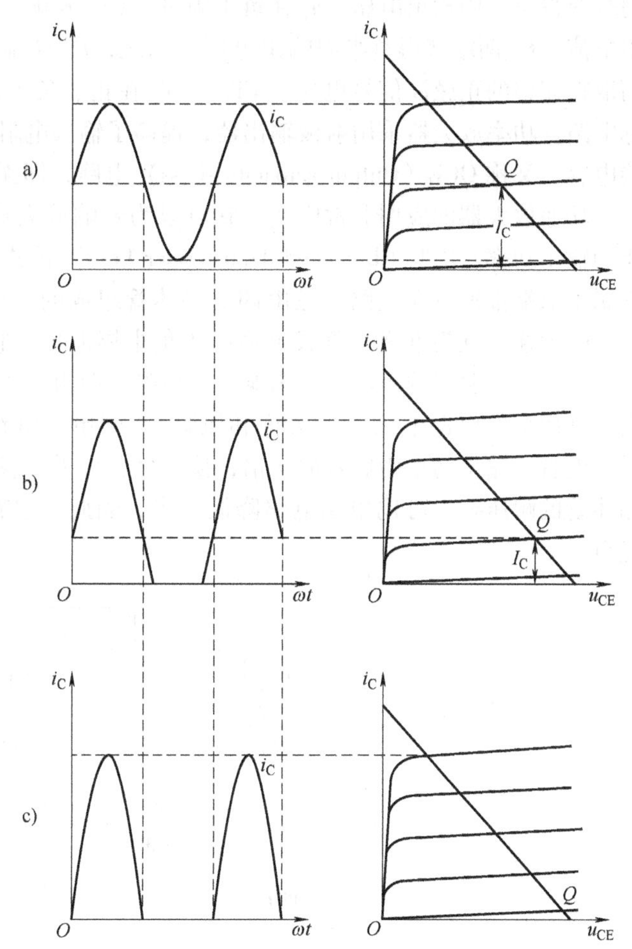

图 10-6-2　Q 点位置不同的三种状态

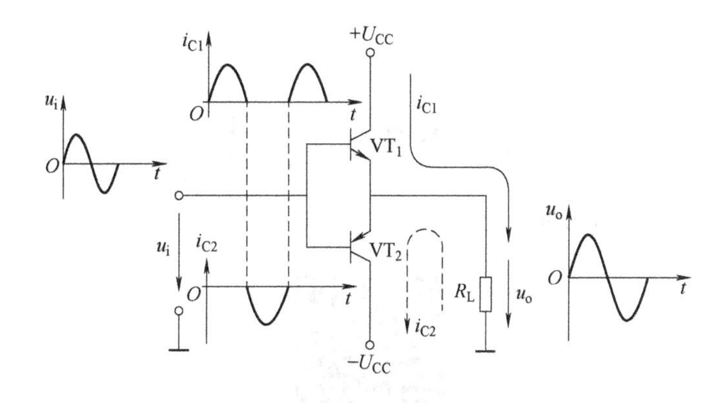

图 10-6-3　OCL 互补对称功放电路

当 $u_i=0$，静态时，因两管均未设直流偏置，因而 $I_B=0$，$I_C=0$，两管都工作在乙类工作状态。

若输入信号为正弦波，u_i 在正半周时，VT_1 因正偏导通，VT_2 则因反偏而截止。负载 R_L 两端获得正半周输出电压。u_i 在负半周时，VT_1 截止，VT_2 导通，R_L 中流过如虚线所示的输出电流，R_L 两端获得负半周输出电压。总之，R_L 两端因 VT_1、VT_2 在正、负半周轮流工作而取得完整的正弦波信号电压。VT_1、VT_2 在正、负半周交替导通、互相补充，故名互补对称电路。功率放大器采用射极输出器，提高了输入电阻和带负载的能力。这种电路输出端不接电容，又称 OCL（Output Capacitor-Less）电路，即无输出电容器电路。

功率放大器的应用非常广泛，它可以为音响放大器的负载（一般是扬声器）提供所需要的输出功率。BTL（Balanced Transformer Less）桥式推挽电路可以作为音响功率放大器，它属于双端推挽放大电路，是由四支晶体管组成的电桥电路，如图 10-6-4 所示，图中对角管同时导通，互为推挽。负载上输出正负半周波形。它采用单电源供电，且不需要输出电容，这不仅克服了输出电容的影响，也免除了两组电压对称性的苛刻要求。在每个信号半周内能利用全部电源电压（除去饱和压降）。同单端电路相比，在相同电源电压和相同负载时，前者的输出功率为后者的 4 倍，换言之，如果负载和输出功率相同，BTL 电路对所用的晶体管的耐压要求可比单端电路降低一半，因此，它有易于输出大功率而不损坏输出管的优点。

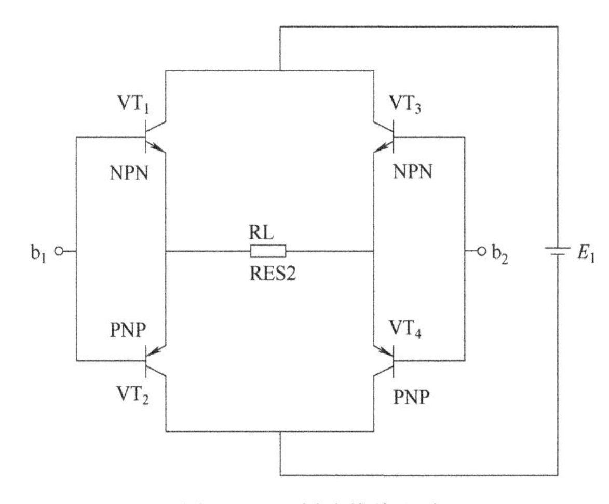

图 10-6-4　桥式推挽电路

本章小结

具体内容请扫描二维码观看。

第十章小结

习　题

10-1　设图 10-T-1 所示电路中的晶体管均为硅管，$V_{CES} \approx 0.3V$，$\beta=50$，试计算标明在各电路中的电压和电流的大小（图 a 的 I_C 和图 b 的 V_{CE}）。

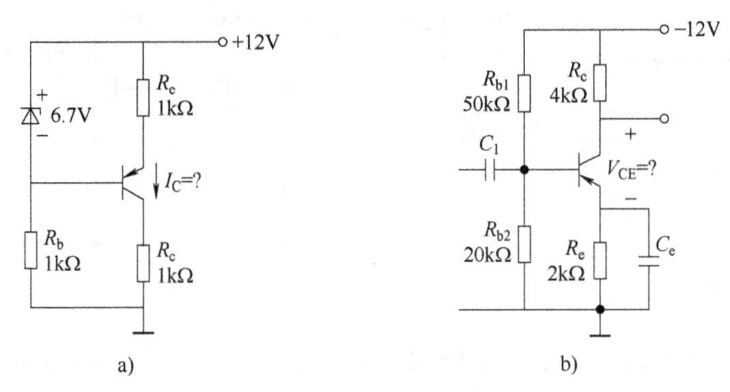

图 10-T-1　题 10-1 图

10-2　在图 10-T-2a 中，已知 $U_{CC}=12V$，$R_C=2.2k\Omega$，管子参数为 $U_{BE}=0.6V$，$\beta=60$。

（1）欲使静态时 $U_{CE}=6V$，R_B 为何值？

（2）欲使 $I_C=1.5mA$，R_B 为何值？

（3）调整静态工作点时，如不慎将 R_B 调到零，对晶体管有无影响？为什么？通常采取什么措施来防止发生这种情况？

（4）若输入为正弦波，而在输出端接示波器后，得到图 10-T-2b 所示的波形，试判断此电路产生何种失真。

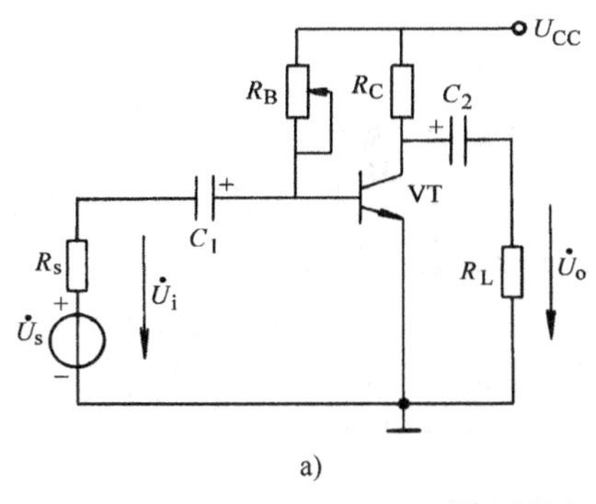

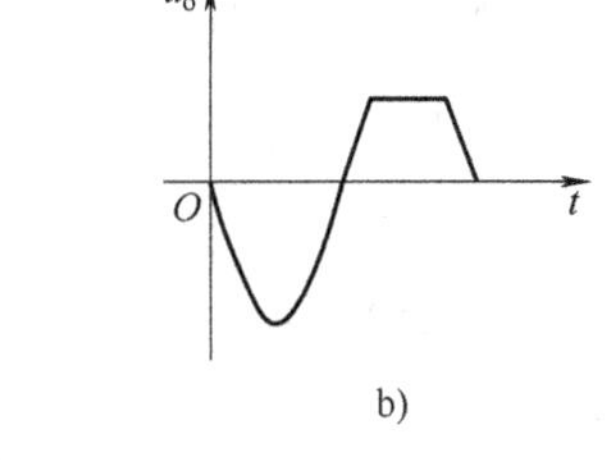

图 10-T-2　题 10-2 图

10-3　图 10-T-3 所示放大电路中，晶体管 $\beta=100$，$r_{be}=3k\Omega$，$U_{BE}=0.7V$，C_1、C_2、C_e 可视为交流短路。

（1）求静态工作点。

（2）用等效电路法求电压放大倍数 $A_u=u_o/u_i$，含内阻的电压放大倍数 $A_{us}=u_o/u_s$。

（3）求输入电阻 R_i、输出电阻 R_o。

10-4　晶体管放大电路如图 10-T-4 所示，$\beta=40$，$U_{BE}=0.7V$。

（1）估算静态工作点。

（2）静态时两个电容上的电压各为多少？

（3）画出微变等效电路并求出电压放大倍数。

（4）若用该电路进行试验，输入正弦信号后，输出电压波形分别在 $U_{CE}\leqslant 1$ 和 $U_{CE}\approx U_{CC}$ 时发生失真，说明这两种情况分别属于什么失真，画出失真波形并提出改善失真的方法。

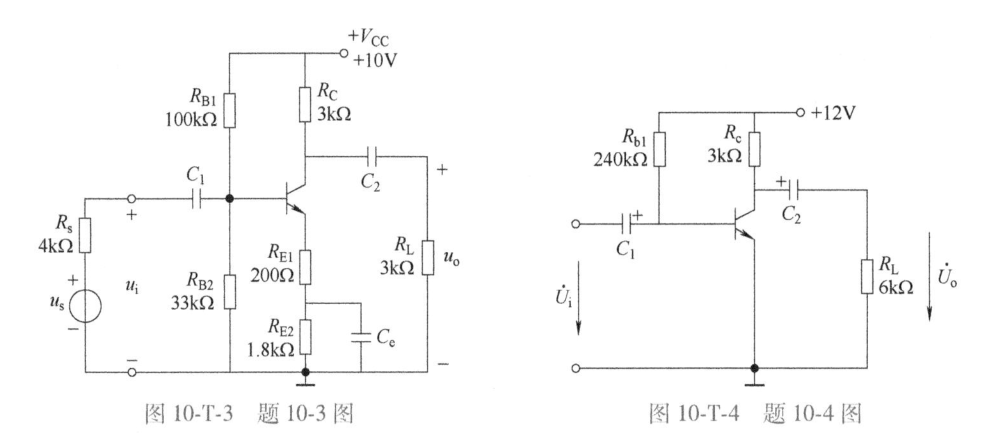

图 10-T-3　题 10-3 图　　　　图 10-T-4　题 10-4 图

10-5　在图 10-T-5 所示电路中，稳压管 VS 用来为晶体管 VT 提供稳定的基极偏压。已知：$U_{CC}=12V$，$R_1=220\Omega$，$R_E=680\Omega$，VS 的稳定电压 $U_Z=7.5\Omega$，$I_{ZM}=50mA$，VT 为硅管，试求：

（1）晶体管的集电极电流 I_C。

（2）VS 所消耗的功率。

（3）若 VT 给定的工作电流 $I_C=2.5mA$，则 R_E 应为多大？

10-6　某分压式偏置放大电路如图 10-T-6 所示，已知晶体管的 $\beta=50$，其他参数见图，试求：

（1）晶体管的静态值。

（2）画出微变等效电路，并求 r_i、r_o 及 $\dot{A}_u$。

（3）如果换上一只 $\beta=30$ 的同类型管子，I_C 是否发生变化？

（4）如果温度由 10℃升至 50℃，说明 V_C（对地）将如何变化（增加、不变、减少）？

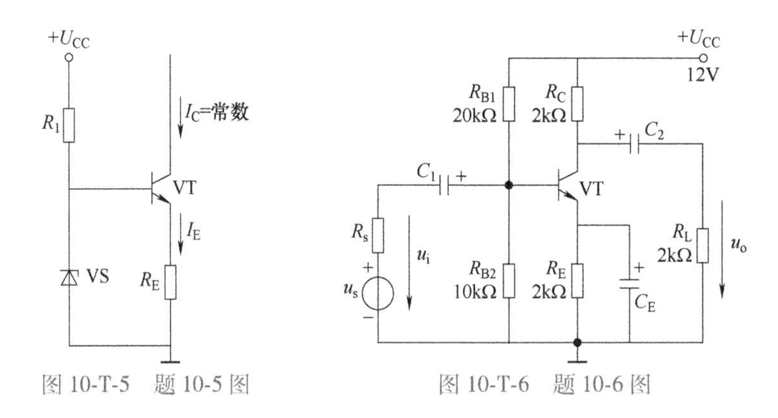

图 10-T-5　题 10-5 图　　　　图 10-T-6　题 10-6 图

10-7　电路如图 10-T-7 所示，已知晶体管的 $\beta=40$，其他参数见图，试求：

（1）$\dot{A}_u$、r_i、r_o。

（2）欲使 $U_o=460mV$，相应的 U_i 为何值？

（3）若信号源内阻 $R_s=1k\Omega$，欲使 $U_o=460mV$ 时，U_s 为何值？

10-8　射极输出器电路如图 10-T-8 所示，已知 $\beta=60$，试求：

（1）静态工作点。

（2）画出微变等效电路。

（3）输入电阻 r_i 及输出电阻 r_o。

（4）电压放大倍数 $\dot{A}_u$ 及 $\dot{A}_{us}$。

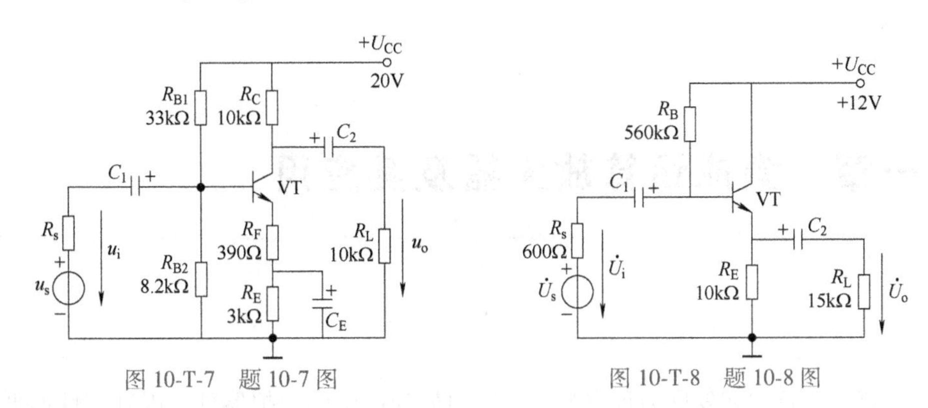

图 10-T-7　题 10-7 图　　　　图 10-T-8　题 10-8 图

10-9　图 10-T-9 所示电路的射极输出器中，已知 $R_s=50\Omega$，$R_{B1}=100k\Omega$，$R_{B2}=30k\Omega$，$R_E=1k\Omega$，晶体管的 $\beta=50$、$r_{be}=1k\Omega$，试求 $\dot{A}_u$、r_i 和 r_o。

10-10　某放大电路不带负载时，测得其开路电压 $U_o'=1.5V$，而带上 5.1kΩ 负载电阻时，测得输出电压 $U_o=1V$，问该放大电路的输出电阻为何值？

10-11　某放大电路若 R_L 从 6kΩ 变为 3kΩ，输出电压 U_o 从 3V 变为 2.4V，求输出电阻；如果 R_L 断开，求输出电压值。

10-12　画出图 10-T-10 所示电路的微变等效电路，写出电压放大倍数 $\dot{A}_{u1}=\dfrac{\dot{U}_{o1}}{\dot{U}_i}$，$\dot{A}_{u2}=\dfrac{\dot{U}_{o2}}{\dot{U}_i}$ 的表达式。当 $R_C=R_E$ 时，输入信号 u_i 是正弦信号，画出对应的输出电压 u_{o1} 和 u_{o2} 的波形。

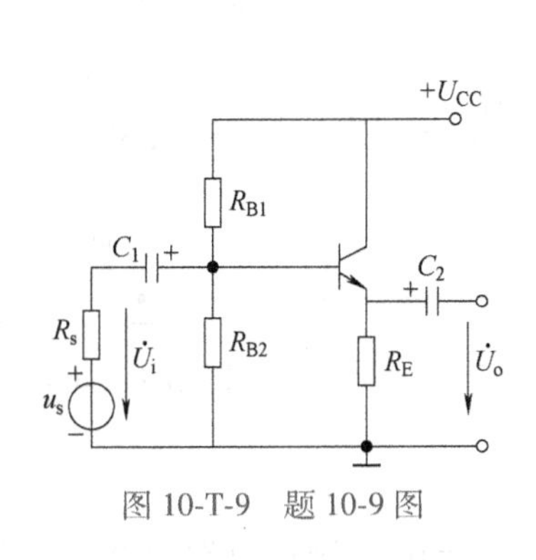

图 10-T-9　题 10-9 图

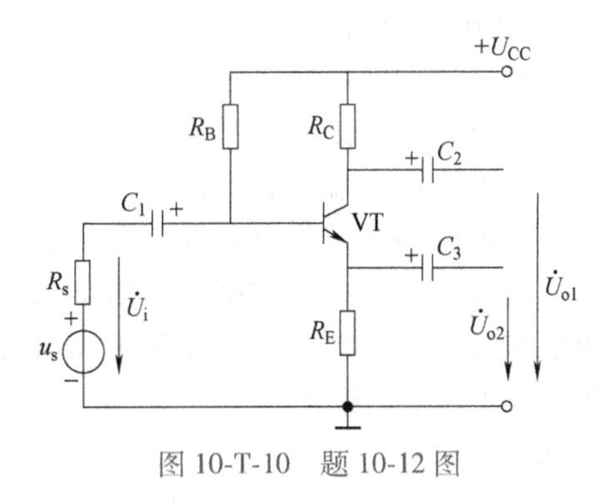

图 10-T-10　题 10-12 图

第十一章　集成运算放大器及其应用

集成运算放大器现在发展为种类繁多、应用最为广泛的模拟器件，因其高性能低价位，在大多数情况下，已经取代了分立元件放大电路。

第一节　直接耦合放大电路

运算放大器是一种高放大倍数的多级直接耦合放大电路。多级直接耦合放大器的级间耦合方式是用导线直接相连，而不采用耦合电容。这样不但可以放大交流信号，而且也可以放大频率很低或缓慢变化的信号。图 11-1-1 是一个直接耦合放大器的电路。

与阻容耦合放大器相比较，直接耦合放大电路存在着两个特殊的问题。

1. 前后级静态工作点相互影响

在阻容耦合放大电路中，由于电容的隔直作用，各级的静态工作点是相互独立的。而直接耦合放大器，前级的输出端与后级的输入端直接相连，因此前后级的静态工作点就相互影响，互相牵制，使电路设计和调试比较困难。图 11-1-1 中的电阻 R 和稳压管 VS 是为了保证前级和后极均有合适的静态工作点而设置的。

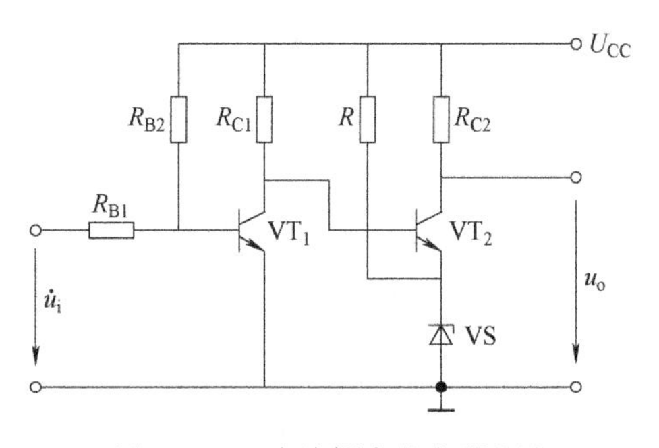

图 11-1-1　直接耦合放大器电路

2. 零点漂移

一个理想的直接耦合放大器，如果输入信号为零（$u_i=0$），则输出端的电压应保持恒定。但实际上，其输出电压可能会按图 11-1-2 所示的波形缓慢、无规则地变化，这种现象称为零点漂移（简称零漂）。它看上去似乎是个直流信号，其实是一个假“信号”。

当放大电路输入信号后，这种漂移就伴随着信号共存于放大电路中，两者都在缓慢地变动着，一真一假，互相纠缠在一起，难于分辨。如果漂移量大到足以和信号量相比时，放大电路就更难工作了。因此，必须查明产生漂移的原因，并采取相应的抑制漂移的措施。

产生零点漂移的原因很多，如晶体管的参数（I_{CEO}、U_{BE}、β）随温度变化，电路元件参数变化，电源电压波动等都会引起放大器静态工作点缓慢变化，使输出端的电压相应地波动。在上述原因中，温度的影响最为严重，由它造成的零点漂移，称为温度漂移。

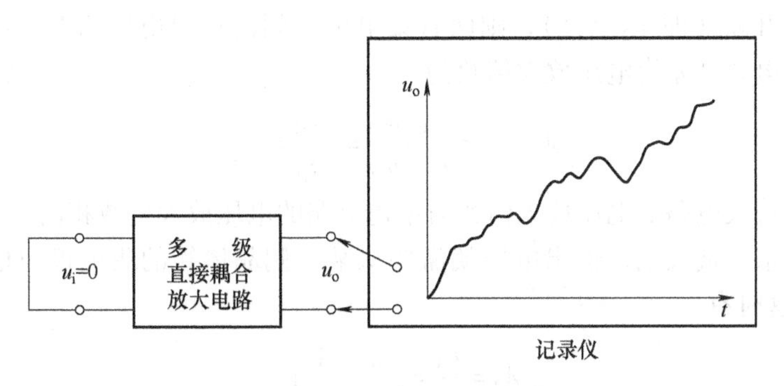

图 11-1-2　零点漂移

在阻容耦合放大器中，虽然各级也存在着零漂，但因有级间耦合电容的隔离作用，使零点漂移只限于本级范围内。而在直接耦合放大器中，前级的漂移将传送到后级并逐级放大，使放大器输出端产生很大的电压漂移。特别是在输入信号比较微弱时，零点漂移所造成的虚假信号会淹没掉有用信号，使放大器丧失作用。显然，在输出端总漂移中，以第一级的零点漂移所产生的影响最大。

那么如何抑制零点漂移呢？采用高质量的稳压电源和使用经过老化实验的元件就可以大大减小因此而产生的漂移，而由温度变化引起的零点漂移则需要在电路中引入直流负反馈或者采用特性相同的管子，使它们的温漂相互抵消。这样一来，差动放大电路就应运而生了。

第二节　差动放大电路

由于差动放大电路是抑制零点漂移的最有效电路，因此在直流放大电路和集成运放中被广泛采用。

一、基本差动放大电路

基本差动放大电路如图 11-2-1 所示，它是由两个晶体管组成一级放大电路。整个电路左右两边对称，即两个晶体管的特性一致，对应元件的参数完全相同。输入信号由两管基极加入（称为双端输入），输出信号取自两管集电极之间（称为双端输出）。静态时，$u_{i1}=u_{i2}=0$。由于左右两边对称。则有 $I_{C1}=I_{C2}$，$U_{C1}=U_{C2}$，故输出端电压 $u_o=U_{C1}-U_{C2}=0$

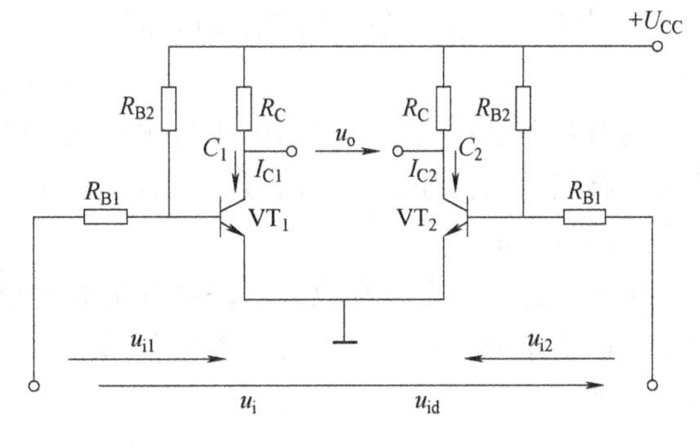

图 11-2-1　基本差动放大电路

当有信号输入时，其工作原理可分下列几种情况讨论。

1. 差模输入

两个输入电压的大小相等，极性相反，即 $u_{i1}=-u_{i2}$，这样的一对信号称为差模信号，其输入称为差模输入。设 u_{i1}增加，u_{i2}减少，则电路中各处电流、电压为：VT_1 管集电极电流增加，VT_2 管集电极电流等量地减少，这使得 VT_1 管集电极电位下降（即 u_{o1}下降），VT_2 管

集电极电位等量升高（即 u_{o2}上升），则两管集电极之间的输出电压为两管各自输出电压的两倍。这时整个电路的差模电压放大倍数为

$$A_d=\frac{u_o}{u_i}=\frac{u_{o1}-u_{o2}}{u_{i1}-u_{i2}}=\frac{2u_{o1}}{2u_{i1}}=A_{d1} \tag{11-2-1}$$

这说明差动放大电路的电压放大倍数与单边电路的电压放大倍数相同。

有时负载要求一端接地，输出电压就需要从某一侧晶体管的集电极与地之间取出（称为单端输出）。这时有

$$A_d=\frac{u_{o1}}{u_i}=\frac{u_{o1}}{2u_{i1}}=\frac{1}{2}A_{d1} \tag{11-2-2}$$

可见单端输出时，电路的差模电压放大倍数，只有双端输出的一半。

综合上述分析可知，无论是双端输出还是单端输出的差动放大电路，对差模信号都有放大作用。

2. 共模输入

两个输入电压的大小相等，极性相同，即 $u_{i1}=u_{i2}$，这样的一对信号称为共模信号，其输入称为共模输入。在共模信号的作用下，两个晶体管的集电极电流变化相同，集电极电位变化也相同，因此输出电压 $u_o=u_{o1}-u_{o2}=0$。这表明双端输出的差动放大电路对共模信号没有放大作用，其共模电压放大倍数 $A_c=\frac{u_o}{u_i}=0$。

这种电路对共模信号的不放大，就是对零点漂移的抑制。因为由温度变化等因素所造成的两边晶体管集电极的单侧漂移是相同的，因而折合到两输入端的等效漂移电压也相同，就相当于给放大电路加了一对共模信号。所以差动放大电路能抑制零点漂移。

3. 差动输入

两个输入端的电压信号既非差模，又非共模。它们的大小和相位是任意的，这种输入称为差动输入。

可以证明，这种情况下的输出电压为

$$u_o=A_d(u_{i1}-u_{i2}) \tag{11-2-3}$$

这就是差动放大电路输出电压与输入电压的一般关系式，也称为差值特性。它表明差动放大电路只放大两任意输入信号的差值，实际就是输入信号中的差模成分。差动放大电路就是由此而得名的。

综上所述，一个差动放大电路对有用的差模信号能放大；对共模信号不放大，能抑制。为了全面衡量差模放大电路放大差模信号和抑制共模信号的能力，引入共模抑制比 K_{CMR}来表征，即

$$K_{CMR}=\frac{\text{差模电压放大倍数 } A_d}{\text{共模电压放大倍数 } A_c} \tag{11-2-4}$$

其值越大，说明差动放大电路的放大差模信号的能力越强，而受共模干扰的影响越小。在理想情况下，$A_c=0$ 时，$K_{CMR}\to\infty$ 。

二、典型差动放大电路

典型的差动放大电路如图 11-2-2 所示，它抑制零点漂移的基本原理与基本差动放大

电路相同，但与前述电路相比，增加了三个新元件。

1. 调零电位器 RP

由于差动放大电路不可能绝对对称，所以当输入电压为零时，输出电压不一定为零。这时可以通过调节 RP，来改变两边晶体管的工作状态，达到使输出电压为零。RP 电阻值不宜过大，一般在几十欧到几百欧之间。

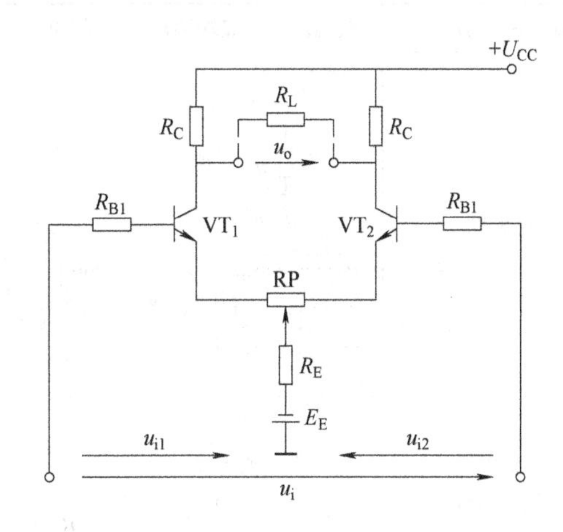

图 11-2-2　典型差动放大电路

2. 共模反馈电阻 R_E

由于完全对称的理想情况并不存在，所以单靠电路的对称性来抑制零点漂移是有限的。再加上如果采用单端输出，这种输出方式的本身就严重地破坏了电路的对称性，漂移则根本无法抑制。为此在电路中加入了一个电阻 R_E。

R_E 对差模信号的放大作用毫无影响。因为差模信号的作用是使两边晶体管中的集电极电流产生等值异向的变化，流经 R_E 时，使其上的电压为零，对差模信号相当于短路，故不影响差模电压放大倍数 A_d。

反之，R_E 对共模信号有强烈的负反馈作用，因而也能进一步抑制零点漂移。因为共模信号的作用，使两边晶体管的集电极电流产生等值同向的变化，将有两倍于单管发射极电流流经 R_E 产生电压降，反过来对每一边晶体管都产生强烈的负反馈作用。若假设温度增高，则 R_E 的抑制漂移过程如下：

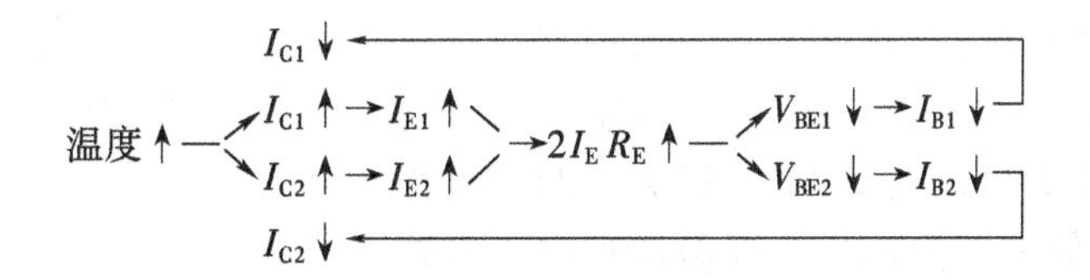

带恒流源的差动放大电路

3. 负电源 U_{EE}（即 E_E）

从上面分析可知：R_E 越大，抑制零点漂移的作用越明显；但 R_E 过大，将影响静态工作点。为此，引入负电源 U_{EE} 来补偿 R_E 上的直流压降，从而保证两管有合适的静态工作点。另外，正、负电源的配合还可使两边晶体管基极电位为零。为了消除 R_E 过大的影响，人们又设计出了用第三只晶体管 VT_3 取代 R_E 的带有恒流源的差动放大电路。

三、差动放大电路的输入、输出方式

差动放大电路有两个输入端和两个输出端，信号的输入可以加在双端之间，也可以加在单端和地之间；信号的输出可以取自双端之间，也可以取自单端和地之间。因此在信号的输入、输出方式上，就有四种形式，即双端输入、双端输出；双端输入、单端输出；单端输入、双端输出；单端输入、单端输出。差动放大电路的四种输入输出方式（见表 11-2-1）在具体应用时，可根据需要灵活选择。

表 11-2-1　差动放大电路四种输入输出方式性能比较

输入输出方式	双端输入、双端输出	单端输入、双端输出	双端输入、单端输出	单端输入、单端输出
电路图				
差模电压放大倍数	$A_d=-\dfrac{\beta R_L'}{R_B+r_{be}}$ $R_L'=R_C//\dfrac{1}{2}R_L$	$A_d=-\dfrac{\beta R_L'}{R_B+r_{be}}$ $R_L'=R_C//\dfrac{1}{2}R_L$	$A_d=-\dfrac{1}{2}\dfrac{\beta R_L'}{R_B+r_{be}}$ $R_L'=R_C//R_L$	$A_d=-\dfrac{1}{2}\dfrac{\beta R_L'}{R_B+r_{be}}$ $R_L'=R_C//R_L$
差模输入电阻	$r_{id}=2(R_B+r_{be})$	$r_{id}=2(R_B+r_{be})$	$r_{id}=2(R_B+r_{be})$	$r_{id}=2(R_B+r_{be})$
输入电阻	$r_o=2R_C$	$r_o=2R_C$	$r_o=2R_C$	$r_o=2R_C$
用途	适用于对称输入、对称输出、输入输出不需要接地的场合	适用于单端输入变为双端输出的场合	适用于双端输入变为单端输出的场合	适用于输入输出都需要接地的场合

从前面的分析可知，对于双端输出的差动放大电路，抑制零点漂移、提高共模抑制比的办法有两种：一个是提高电路的对称性，另一个是尽可能加大共模反馈电阻 R_E。而对于单端输出的差动放大电路，则只能靠共模反馈电阻 R_E 的作用。对于单端输入的差动放大电路（见图 11-2-3），只要 R_E 足够大，两边对称管仍可得到一对近似的差模信号。因而这种输入方式的差模电压放大倍数与双端输入是一样的。即差模电压放大倍数与输出方式有关，而与输入方式无关。在图 11-2-3 中不难判断，以 VT_1 管的集电极为基准，上面的输入端可称为反相输入端，下面的输入端则称为同相输入端。

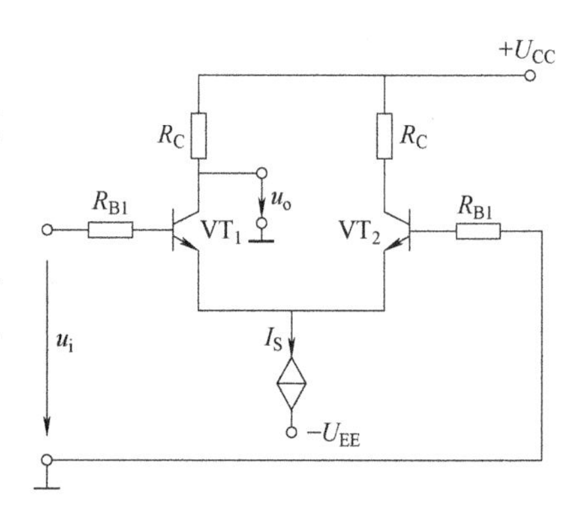

图 11-2-3　单端输入单端输出的差动电路

从前面的论述可见，由直接耦合放大电路的出现，到基本差动电路的产生，再到典型差动放大电路的一步步演变，正是和人们探索未知世界的规律是一样的。

第三节　集成运算放大器简介

利用半导体集成制造技术，把一个由晶体管、二极管、电阻、电容等分立元器件组成的运算放大器集中制造在一个半导体芯片上，并进行封装、引出功能引脚后便形成集成运算放大器，简称集成运放。

一、集成运算放大器的电路构成及简单介绍

集成运放的封装外形通常有三种：扁平式、圆壳式和双列直插式。

图 11-3-1a 所示为常用的 μA741 集成运放的引脚图，图 b 为集成运放的应用电路。

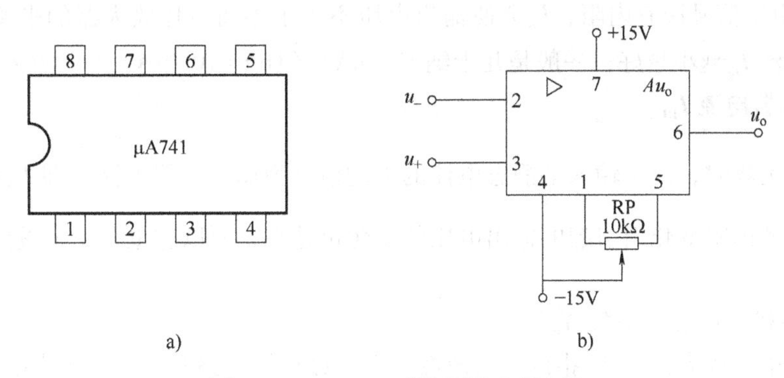

图 11-3-1　μA741 引脚图及应用电路

集成运放的内部电路一般由输入级、中间级、输出级和偏置电路四个基本环节组成。图 11-3-2 所示为电路的结构框图。

为使运放有较高的输入电阻及很强的抑制零点漂移的能力，输入级都采用差动放大电路，由晶体管或场效应晶体管（输入电阻极高）组成。输入级有两个输入端，同相端输入信号时，输出信号与输入信号同相或同极性；反相端输入时，输出信号与其反相或极性相反。

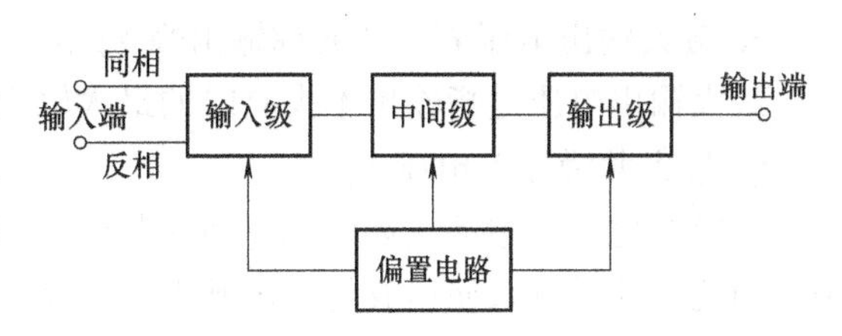

图 11-3-2　集成运放电路的结构框图

运放的高开环电压放大倍数（$A_u \approx 10^4 \sim 10^7$）主要由中间放大级提供，一般由共发射极接法组成多级直接耦合放大电路。

要求输出级有较低的输出电阻，较强的带负载能力，以提供足够大的输出电压和输出电流。一般由互补对称功率放大电路组成信号放大器。

偏置电路为上述各级放大电路提供合适而又稳定的偏置电流，一般都由各种晶体管恒流源电路构成。

下面介绍一下集成运放的引脚和辨认方法。

辨认双列直插式器件的引脚时，应将元件正面放置，即引脚朝下，正面的半圆记号应在左侧，从左下角开始，各引脚按逆时针方向顺序排列。

二、集成运算放大器的主要技术指标

和分立元器件一样，运放的性能也可用一些技术参数表示，因此，若要合理选用和正确使用运算放大器，必须了解各主要技术参数的意义。

1. 输入失调电压 U_{io}（或称输入补偿电压）

理想的运算放大器，当输入为零时（指同相和反相输入端同时接地，即 $u_+=u_-=0$），输

出电压应该为零。由于工艺等原因造成元器件参数不对称，当运放输入为零时，输出并不为零。通常用失调电压来反映这种不对称程度。若输入端加入补偿电压，使输出为零，这个补偿电压就是失调电压，一般为几毫伏。显然，此数值越小越好。

2. 输入失调电流 I_{io}（或称输入补偿电流）

输入电压为零时，流入放大器两个输入端的静态基极电流之差，称为输入失调电流，即 $I_{io}=I_{B_+}-I_{B_-}$。由于信号源有内阻，I_{io} 会使输出电压不等于零而破坏放大器的平衡。因此，希望输入失调电流 I_{io} 越小越好，一般是几十纳安（nA）（$1nA=10^{-3}\mu A$）。

3. 输入偏置电流 I_{iB}

输入电压为零时，两个输入端静态电流的平均值称为输入偏置电流，即 $I_{iB}=\dfrac{I_{B_+}+I_{B_-}}{2}$。$I_{iB}$ 越小，由信号源内阻变化而引起的输出电压的变化也越小，所以它也是一个重要指标。一般在几百纳安。

4. 开环差模电压放大倍数 A_{uo}

开环差模电压放大倍数 A_{uo} 指的是运放在没有外接反馈电路时本身的差模电压放大倍数，即 $A_{uo}=\dfrac{\Delta U_o}{\Delta(U_+-U_-)}$。$A_{uo}$ 越高，所构成的运放电路越稳定，运算准确度也越高。A_{uo} 一般为 $10^4\sim10^7$ 或 80～140dB。

5. 最大输出电压 U_{opp}（或称输出峰-峰电压）

最大输出电压是指输出不失真时的最大输出电压值。

6. 最大共模输入电压 U_{icM}

一般情况下，差动式运放允许加入共模输入电压。由于差动输入级对共模信号有抑制作用，因此，共模输入使运放的输出基本上不受其影响。但是抑制共模信号的作用是在一定的共模电压范围内才具有，如超出此范围，将使运放内部管子工作在不正常状态（处于饱和或截止），抑制能力显著下降，甚至造成器件损坏。

7. 共模抑制比 K_{CMR}

集成运放开环差模电压放大倍数与开环共模电压放大倍数之比就是集成运放的共模抑制比 K_{CMR}，常用分贝表示。

三、运算放大器的电压传输特性

运算放大器的输出电压 u_o 与输入电压 u_i 之间的关系称为运放的电压传输特性，即

$$u_o=f(u_i)$$

曲线如图 11-3-3a 所示。

传输特性曲线分为线性区和非线性区两部分。当运放工作在线性区时，即 $u_i<|U_{im}|$，u_o 与 u_i 之间是线性关系

$$u_o=A_{uo}u_i \tag{11-3-1}$$

由于 A_{uo} 很大，开环的线性范围非常小。要使运放在大信号下也能正常工作，必须在电路中引入深度负反馈（反馈的概念将在本章第五节中介绍）。

当 $u_i>|U_{im}|$ 时，运放工作在饱和区，即非线性区

$u_i>U_{im}$ 时
$$u_o=U_{OM}(=U_{opp}) \tag{11-3-2}$$

$u_i < -U_{im}$时　　　　　　　　　　$u_o = -U_{OM}$　　　　　　　　　　(11-3-3)

式中，$\pm U_{OM}$为输出电压饱和值，略低于正负电源电压（大约低 2V）。

当运放为理想运放时，其电压传输特性如图 11-3-3b 所示。由于开环放大倍数 $A_{uo} \to \infty$，所以输入电压 $u_i = 0$ 时，输出电压 u_o 发生“跃变”。即理想运放不存在线性区，当输入电压过零时，输出电压从$-U_{OM}$跳变至$+U_{OM}$，或从$+U_{OM}$跳变到$-U_{OM}$。

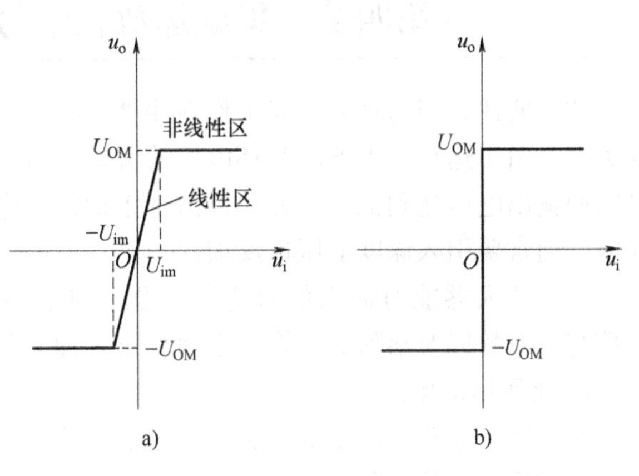

图 11-3-3　运放的电压传输特性

a）实际运放的传输特性　b）理想运放的传输特性

四、运算放大器的理想化模型

在分析运算放大器的应用电路时，如果将实际运放理想化，会使分析和计算大大简化。运放的理想化模型实际上是一组理想化的参数：

开环电压放大倍数 $A_{uo} \to \infty$。

开环差模输入电阻 $i_{id} \to \infty$。

开环输出电阻 $r_o \to 0$。

共模抑制比 $K_{CMR} \to \infty$。

图 11-3-4 表示理想集成运放的简化图形符号，标着“+”的是同相输入端 u_+ 和输出端 u_o，标着“-”的是反相输入端 u_-。“∞”表示开环放大倍数的理想化条件。

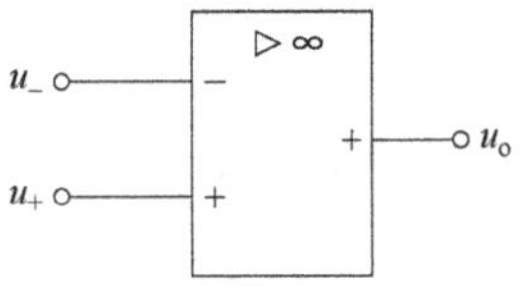

图 11-3-4　集成运放图形符号

实际的运算放大器的技术指标都是有限值，理想化后必然带来误差，但误差并不大，在工程设计和计算时是允许的，故在以后的分析中均采用以上条件。

根据理想运算放大器的上述特性，可得到以下三个基本特点：

1）由于理想运算放大器的差模输入电阻 $r_{id} = \infty$，所以理想运算放大器的输入电流为零，即

$$i_+ = i_- = 0$$

输入电流为零，与断路相类似，但并没真的断路，故称为“虚断路”，简称“虚断”。

2）当理想运算放大器工作在线性区时，由于其开环电压放大倍数 $A_{uo} \to \infty$，而输出电压 u_o 是一个介于（$-U_{opp} \sim +U_{opp}$）之间的有限值，故由式（11-3-1）可知

$$u_+ - u_- = \frac{u_o}{A_{uo}} = 0$$

即得

$$u_+ = u_-$$

两个输入端之间的电位近似相等，可以看成短路，但并未真的短路，故称为“虚短路”，又称“虚短”。特别是当同相输入端接地时，反相输入端可以看成是“虚地”。

3）当 $u_+ \neq u_-$时，理想运算放大器工作在饱和区，又称非线性区，由图 11-3-3b 可见当 $u_+ > u_-$时，$u_o = +U_{opp}$；当 $u_+ < u_-$时，$u_o = -U_{opp}$。

第四节 集成运放在信号运算电路中的应用

如前所述，当运算放大器工作在线性区时，输出电压和输入电压满足式（11-3-1）的线性关系。由于运算放大器的开环电压放大倍数 A_{uo} 非常高，即使输入毫伏级以下的信号，也足以使输出电压达到饱和。另外，由于干扰使工作难于稳定，所以要使运算放大器工作在线性区，通常要引入深度电压负反馈。

运算放大器能对输入信号进行比例、加、减、积分和微分、对数与反对数以及乘除等运算。下面介绍几种简单的运算电路。

1. 比例运算电路

比例运算电路，根据输入方式的不同，分为反相比例运算电路和同相比例运算电路。

（1）反相输入　图 11-4-1 所示是反相比例运算电路。输入信号 u_i 经电阻 R_1 加到反相输入端，同相输入端经 R_2 接地，R_f 为反馈电阻。

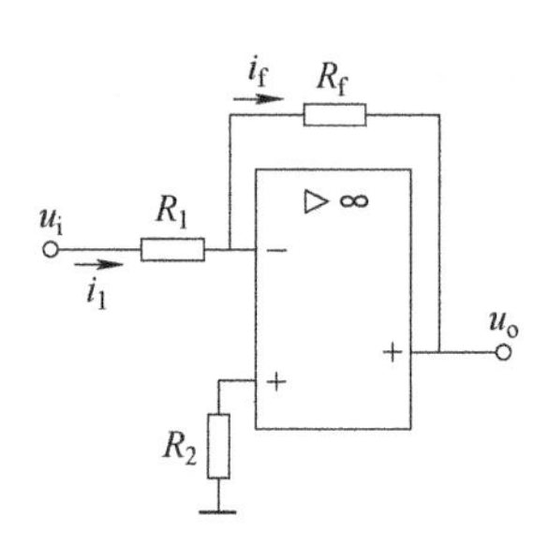

图 11-4-1　反相比例运算电路

下面分析该电路的运算关系。根据虚断，R_2 上无信号压降，$u_+=0$；又根据虚短，则 $u_-=u_+=0$，因此反相端的电位等于地电位，可把它看成与地相接，但又不是真的接地，故称为虚地。

由于反相端虚地，则

$$i_1=\frac{u_i-0}{R_1}=\frac{u_i}{R_1}\qquad i_f=\frac{0-u_o}{R_f}=-\frac{u_o}{R_f}$$

又因为虚断，则 $i_i=i_f$，故有

$$A_{uf}=\frac{u_o}{u_i}=-\frac{R_f}{R_1}\tag{11-4-1}$$

此式表明，当反相输入的运放 A_u 足够大时，整个电路的闭环电压放大倍数 A_{uf} 仅由外接电阻之比 R_f/R_1 来决定，而与运放本身的 A_u 无关，只要阻值 R_f、R_1 足够精确与稳定，输出电压与输入电压的比例关系也就足够精确与稳定。式中的负号表示 u_o 与 u_i 反相。当 $R_1=R_f$ 时，$u_o=-u_i$，该电路就构成了反相器或称反号器。

图 11-4-1 中的 R_2 为平衡电阻。在运放的实际应用中，为了保证其输入级差放的两个输入端的外接电路结构对称，同相端并不直接接地，而是通过平衡电阻接地。图中的 $R_2=R_1/\!/R_f$。

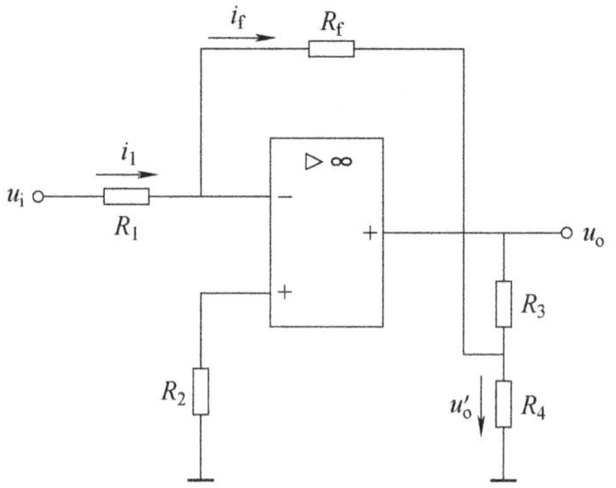

图 11-4-2　例 11-4-1 图

【例 11-4-1】　在图 11-4-2 所示电路中，设 $R_f\gg R_4$，求闭环电压放大倍数 A_{uf}。

解：因为 $R_f\gg R_4$，R_f 在输出回路的分流作用可忽略，即

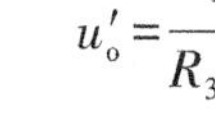

$$u_o'=\frac{R_4}{R_3+R_4}u_o$$

根据虚地，$u_-\approx0$，则

$$i_1=\frac{u_i}{R_1}\quad i_f=-\frac{u_o'}{R_f}=-\frac{1}{R_f}\cdot\frac{R_4}{R_3+R_4}u_o$$

根据虚断有 $i_1=i_f$，所以

$$\frac{u_i}{R_1}=-\frac{u_o}{R_f}\cdot\frac{R_4}{R_3+R_4}$$

则

$$A_{uf}=\frac{u_o}{u_i}=-\frac{R_f}{R_1}\left(1+\frac{R_3}{R_4}\right)$$

若取 $R_1=R_f$，则有

$$A_{uf}=-\left(1+\frac{R_3}{R_4}\right)$$

平衡电阻为

$$R_2\approx R_1/\!/R_f$$

这个电路的特点是：在 R_1 和 R_f 固定不变时，通过调节 R_3 或 R_4，即能方便地调整输出电压 u_o 与输入电压 u_i 的比例，而不必重新变更平衡电阻 R_2 的阻值。

（2）同相输入　图 11-4-3 所示是同相比例运算电路。信号 u_i 由同相端输入，反相输入端通过电阻 R_1 接地，R_f 是反馈电阻。

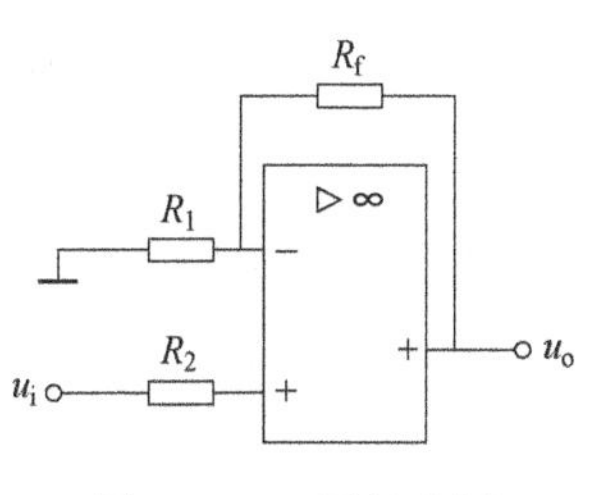

图 11-4-3　同相比例运算电路

根据虚断有

$$u_+=u_i\quad u_-=\frac{R_1}{R_1+R_f}u_o$$

根据虚短，$u_+=u_-$，所以

$$u_i=\frac{R_1}{R_1+R_f}u_o$$

$$A_{uf}=\frac{u_o}{u_i}=\frac{R_1+R_f}{R_1}=1+\frac{R_f}{R_1}\tag{11-4-2}$$

这说明输出电压与输入电压成比例且相位相同，电压放大倍数≥1，这是与反相比例运算电路所不同的。

同前所述，为使之平衡，应使电阻 $R_2=R_1/\!/R_f$。

式（11-4-2）中，当 $R_1=\infty$（开路）或 $R_f=0$（短路）时，$\frac{R_1+R_f}{R_1}=1$，则有

$$A_{uf}=\frac{u_o}{u_i}=1$$

显然，输出电压跟随着输入电压做相同变化，故称其为电压跟随器，或称同号器，如图 11-4-4 所示。电压跟随器的电压放大倍数接近于 1，这与射极跟随器相似，它的输入电阻非常高，输出电阻又非常低，这是普通射极跟随器所难以达到的，其性能更接近于理想的电压跟随器，在电路中常用作隔离电路使用。

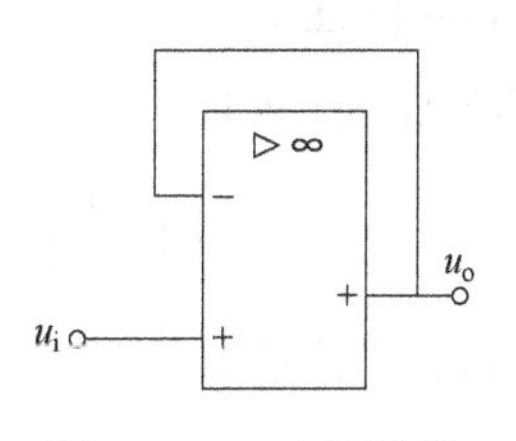

图 11-4-4　电压跟随器原理图

【例 11-4-2】　理想运放组成的电路如图 11-4-5 所示，试

写出 u_o 与 u_i 的关系式。

解：图11-4-5所示电路为两级运算电路，第一级为反相比例电路，其输出电压为

$$u_{o1}=-\frac{100}{10}u_i=-10u_i$$

第二级电路为同相比例电路，其输入信号为第一级电路的输出 u_{o1}。

对 A_2 来说，因为　　$I_+\approx 0$

所以
$$u_+=\frac{20}{30+20}u_{o1}=0.4u_{o1}$$

所以
$$u_o=\left(1+\frac{24}{24}\right)u_+=2\times 0.4u_{o1}=0.8u_{o1}=10u_i$$

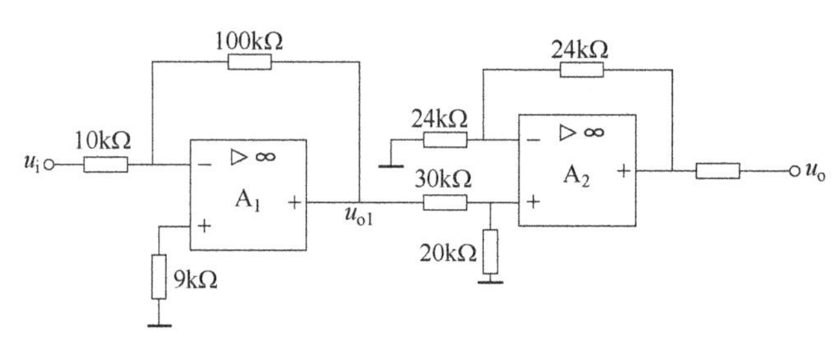

图11-4-5　例11-4-2图

2. 加法运算电路

图11-4-6所示是反相输入方式的加法运算电路。信号电压均通过电阻接在电路的反相输入端。

由于反相端虚地，可得

$$i_1=\frac{u_{i1}}{R_{11}}\quad i_2=\frac{u_{i2}}{R_{12}}\quad i_3=\frac{u_{i3}}{R_{13}}\quad i_f=-\frac{u_o}{R_f}$$

而
$$i_f=i_1+i_2+i_3$$

故有

$$u_o=-\left(\frac{R_f}{R_{11}}u_{i1}+\frac{R_f}{R_{12}}u_{i2}+\frac{R_f}{R_{13}}u_{i3}\right)\qquad(11\text{-}4\text{-}3)$$

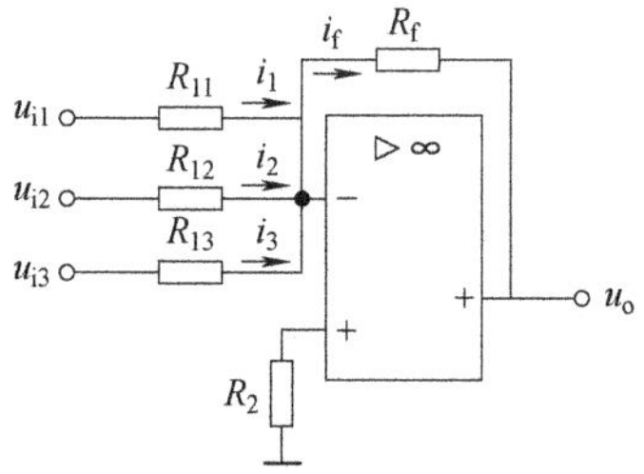

图中的平衡电阻 $R_2=R_{11}/\!/R_{12}/\!/R_{13}/\!/R_f$，当 $R_{11}=R_{12}=R_{13}=R_f$ 时，上式为

图11-4-6　反相输入加法运算电路

$$u_o=-(u_{i1}+u_{i2}+u_{i3})$$

若在后面再接一级反相器，就可消去负号，实现几个信号的代数相加。

【例11-4-3】　图11-4-7所示为同相输入的加法运算电路。试用叠加原理求证该电路的运算关系为

$$u_o=\left(1+\frac{R_f}{R_1}\right)(R_{11}/\!/R_{12})\left(\frac{u_{i1}}{R_{11}}+\frac{u_{i2}}{R_{12}}\right)$$

解：利用叠加原理，设 u_{i1} 单独作用（这时 $u_{i2}=0$），有

$$u_o'=\left(1+\frac{R_f}{R_1}\right)\times\frac{R_{12}}{R_{11}+R_{12}}u_{i1}$$

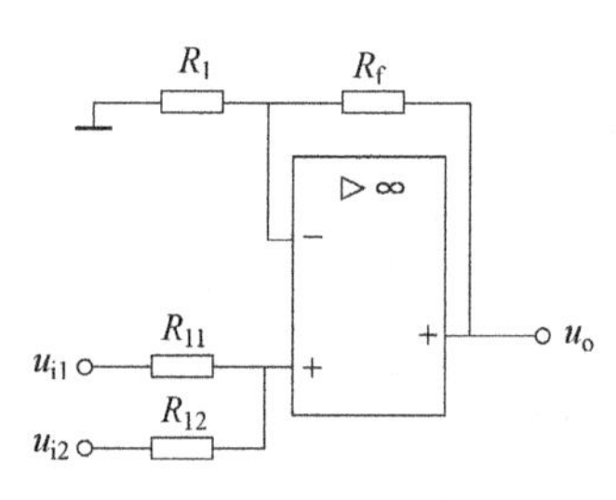

图11-4-7　同相加法运算电路

设 u_{i2} 单独作用（这时 $u_{i1}=0$），有

$$u_o''=\left(1+\frac{R_f}{R_1}\right)\times\frac{R_{11}}{R_{11}+R_{12}}\times u_{i2}$$

所以输出电压 u_o 为

$$\begin{aligned}u_o&=\left(1+\frac{R_f}{R_1}\right)\left(\frac{R_{12}}{R_{11}+R_{12}}u_{i1}+\frac{R_{11}}{R_{11}+R_{12}}u_{i2}\right)\\&=\left(1+\frac{R_f}{R_1}\right)(R_{11}/\!/R_{12})\left(\frac{u_{i1}}{R_{11}}+\frac{u_{i2}}{R_{12}}\right)\end{aligned}$$

若 $R_{11}=R_{12}=R_1=R_f$，则

$$u_o=u_{i1}+u_{i2}$$

实现了加法运算。

为做到电路对称，各电阻应满足 $R_1/\!/R_f=R_{11}/\!/R_{12}$。

3. 减法运算电路（差动运算电路）

前述的运算电路，信号电压都是从运放的单端输入的。如果两个输入端都有信号，则为差动输入。差动输入电路如图 11-4-8 所示。

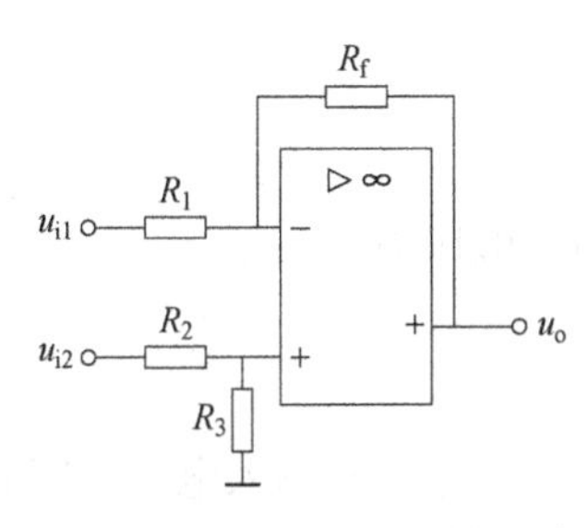

图 11-4-8　差动输入运算电路

差动输入运算电路可以看作是反相输入与同相输入比例运算电路的组合。在线性工作条件下，可以用叠加原理来分析该电路的运算关系。

当 u_{i1} 单独作用（$u_{i2}=0$）时，为反相输入电路，其输出

$$u_o'=-\frac{R_f}{R_1}u_{i1}$$

当 u_{i2} 单独作用（$u_{i1}=0$）时，为同相输入电路，其输出

$$u_o''=\frac{R_3}{R_2+R_3}\left(1+\frac{R_f}{R_1}\right)u_{i2}$$

然后叠加，$u_o=u_o'+u_o''$，故得

$$u_o=\frac{R_3}{R_2+R_3}\left(1+\frac{R_f}{R_1}\right)u_{i2}-\frac{R_f}{R_1}u_{i1} \tag{11-4-4}$$

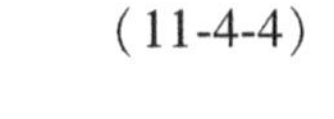

当 $R_1=R_2$，$R_3=R_f$ 时，上式为

$$u_o=\frac{R_f}{R_1}(u_{i2}-u_{i1}) \tag{11-4-5}$$

即输出电压与两输入电压的差值成正比。当 $R_1=R_2=R_3=R_f$ 时，得 $u_o=u_{i2}-u_{i1}$ 即成为减法器。被减数 u_{i2} 接在同相端，而减数 u_{i1} 接在反相端。

【例 11-4-4】　图 11-4-9 所示的电路中，U_s 为恒压源，若 ΔR_f 是压力变化所引起的传感元件的阻值变化量，试写出 u_o 与 ΔR_f 之间的关系式。

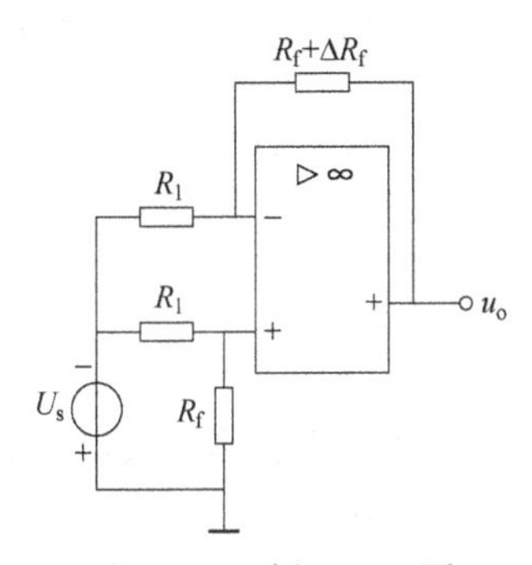

图 11-4-9　例 11-4-4 图

解：观察图 11-4-9 的电路可知，它是一个差动输入运算电路。应用叠加原理，由反相输入端单独作用时产生的输出电压为

$$u_o' = \frac{R_f + \Delta R_f}{R_1} U_s$$

由同相输入端的信号单独作用时产生的输出电压为

$$u_o'' = \left(1 + \frac{R_f + \Delta R_f}{R_1}\right)\left(\frac{R_f}{R_1 + R_f}\right)(-U_s)$$

由两个输入端的信号共同作用时产生的输出电压为

$$u_o = u_o' + u_o'' = \frac{\Delta R_f}{R_1 + R_f} U_s$$

计算结果表明：输出信号电压与传感元件电阻值的变化量是成正比的。

4. 积分运算电路

图 11-4-10 所示是积分运算电路。根据虚断和虚短，$i_f = i_1 = \frac{u_i}{R}$，这个电流对电容 C 进行充电

$$u_C = \frac{1}{C}\int i_f \mathrm{d}t$$

输出电压为

$$u_o = -u_c = -\frac{1}{RC}\int u_i \mathrm{d}t = -\frac{1}{\tau}\int u_i \mathrm{d}t \tag{11-4-6}$$

即输出电压和输入电压之间有积分关系。式中，$\tau = RC$，为积分时间常数。

当信号电压 u_i 为阶跃电压 U_i 时，输出电压 u_o 与时间 t 成线性关系，即

$$u_o = -\frac{U_i}{\tau} t$$

由于积分电路的最大输出电压为$\pm U_{OM}$，故其有效积分时间 t_m 为

$$t_m = \left|\frac{U_{OM}}{U_i}\right| \tau = \left|\frac{U_{OM}}{U_i}\right| RC$$

超过 t_m 时间后，积分不能继续进行，u_o 将达到输出饱和电压（设$\pm U_o = \pm U_{OM}$），如图 11-4-11 所示。如果要使有效积分时间增加，可用改变时间常数的方法来实现。

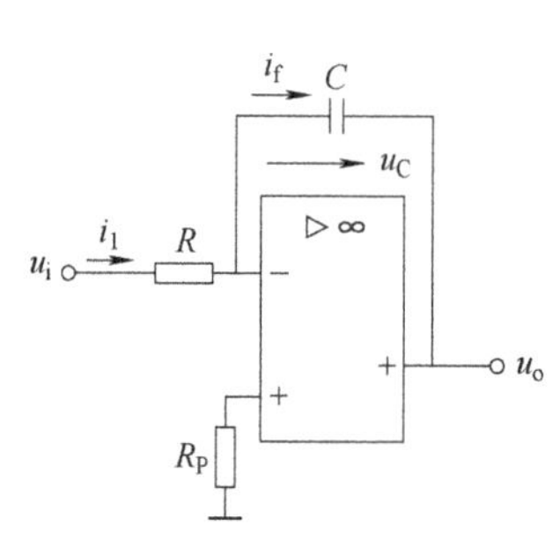

图 11-4-10　积分运算电路

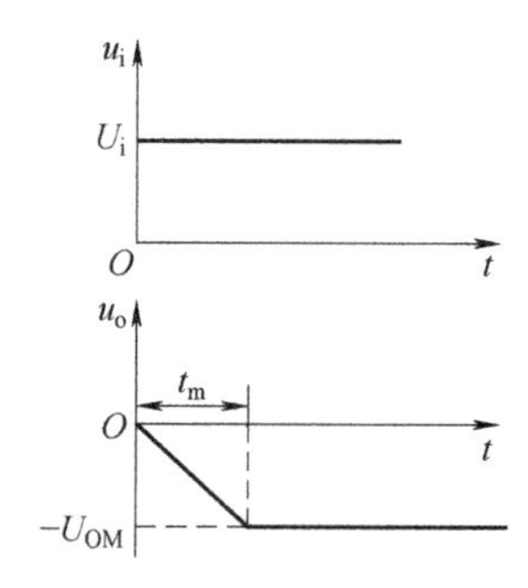

图 11-4-11　积分电路波形

需要指出，当输入信号消失（$u_i = 0$）时，$i_1 = 0$，电容器没有放电回路，u_o 将保持该瞬时电容电压的值。

图 11-4-12 所示电路有多个输入信号，根据叠加原理，该电路的输出电压为

$$u_o=-\left(\frac{1}{R_1C}\int u_{i1}\mathrm{d}t+\frac{1}{R_2C}\int u_{i2}\mathrm{d}t+\frac{1}{R_3C}\int u_{i3}\mathrm{d}t\right)$$

称为求和积分器。

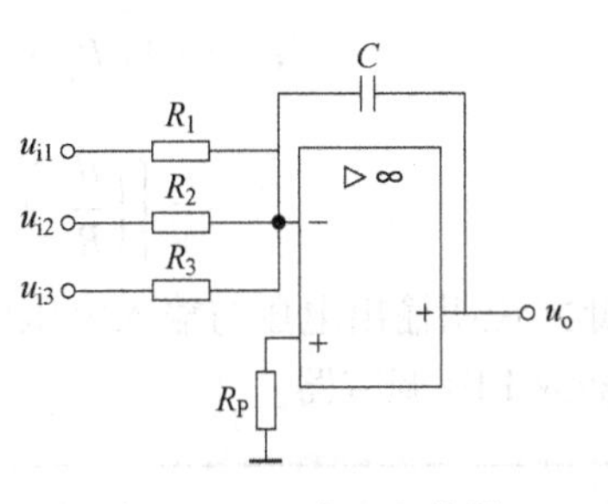

图 11-4-12　求和积分器

5. 微分运算电路

微分是积分的逆运算，将积分运算电路的电容与电阻互换位置，便可构成微分运算电路，如图 11-4-13 所示。

由图可以看出

$$i_1=C\frac{\mathrm{d}u_C}{\mathrm{d}t}=C\frac{\mathrm{d}u_i}{\mathrm{d}t}\quad u_o=-i_fR_f=-i_1R_f$$

故
$$u_o=-R_fC\frac{\mathrm{d}u_i}{\mathrm{d}t}\tag{11-4-7}$$

即输出电压与输入电压对时间的一次微分成正比。

当输入电压为一矩形波时，仅在 u_i 发生跃变时运放才有尖峰电压输出，而当输入电压不变时，运放将无输出。输出尖峰电压幅度不仅与 R_fC 的大小有关，而且还取决于 u_i 的变化率。因为运放的输出为有限值，故尖峰电压的幅度不可能为无穷大，其波形如图 11-4-14 所示。

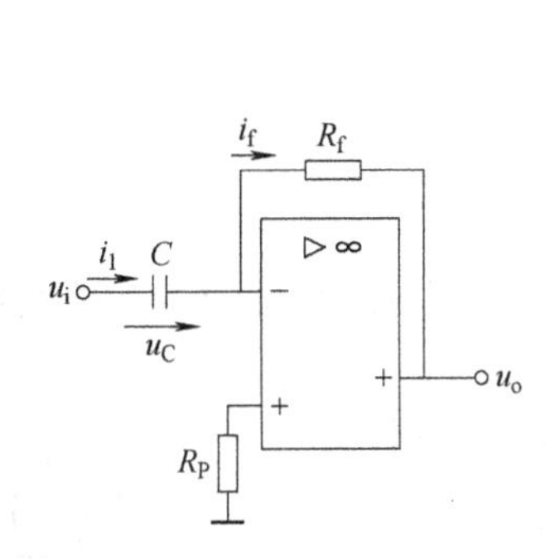

图 11-4-13　微分运算电路

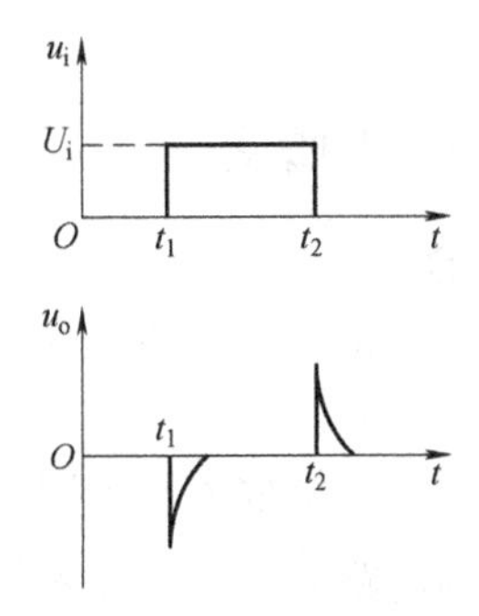

图 11-4-14　微分电路波形

【例 11-4-5】　为了保证自动控制系统的稳定运行，提高控制质量，在一些自动控制系统中常引入比例-积分-微分校正电路，简称 PID 校正电路，如图 11-4-15 所示。

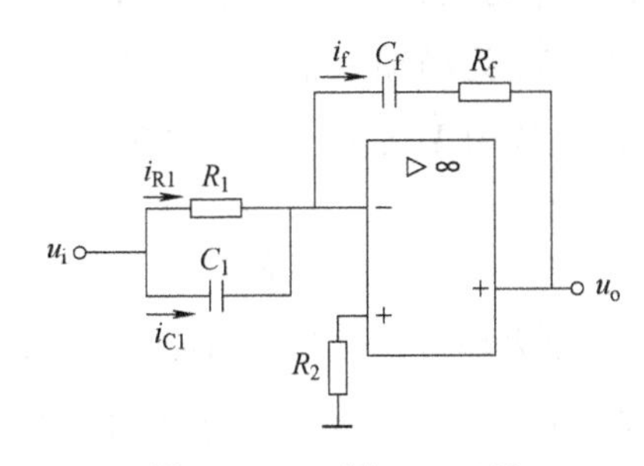

图 11-4-15　例 11-4-5 图

解：根据虚地和虚断，由图可得

$$i_{R1}=\frac{u_i}{R_1}\quad i_{C1}=C_1\frac{\mathrm{d}u_i}{\mathrm{d}t}\quad i_f=i_{R1}+i_{C1}=\frac{u_i}{R_1}+C_1\frac{\mathrm{d}u_i}{\mathrm{d}t}$$

$$u_o = -\left(i_f R_f + \frac{1}{C_f}\int i_f \mathrm{d}t\right) = -\left[\left(\frac{u_i}{R_1} + C_1\frac{\mathrm{d}u_i}{\mathrm{d}t}\right)R_f + \frac{1}{C_f}\int\left(\frac{u_i}{R_1} + C_1\frac{\mathrm{d}u_i}{\mathrm{d}t}\right)\mathrm{d}t\right]$$

$$= -\left[\left(\frac{R_f}{R_1} + \frac{C_1}{C_f}\right)u_i + \frac{1}{C_f R_1}\int u_i \mathrm{d}t + R_f C_1\frac{\mathrm{d}u_i}{\mathrm{d}t}\right]$$

此式说明输出电压与输入电压成比例、积分和微分关系。有时也称它为比例-积分-微分放大器或PID调节器。

第五节　放大电路中的负反馈

大多数控制系统，都利用负反馈构成闭环系统来改善系统的性能。在电子技术中，也经常利用负反馈改善放大电路的性能。

前面讨论过的分压式偏置电路，利用直流负反馈稳定静态工作点；差动放大电路中的射极电阻 R_E 对共模信号有很强的负反馈作用，从而抑制了直流放大器的零点漂移；集成运放的三种基本运算电路，由电阻 R_f 跨接在输出端与反相输入端之间，构成深度负反馈，使运算放大器的线性工作范围得到极大的扩展。

本节仅就反馈的概念、负反馈的类型及其判别、负反馈对放大器性能的影响等几个问题进行讨论。

一、反馈的基本概念

1. 反馈的概念

（1）放大电路中的反馈　将放大器输出信号的一部分或全部通过某种电路（反馈网络）引回到输入端称为反馈。

图11-5-1所示为反馈放大器框图。它由无反馈的基本放大电路 $\dot{A}$ 和反馈电路 $\dot{F}$ 构成。基本放大电路 $\dot{A}$ 是任意组态的单级或多级放大电路，反馈电路可以是电阻、电容、电感、变压器、二极管等单个元器件及其组合，也可以是较为复杂的网络。其作用是将放大器的输出信号传输到输入回路，构成闭环放大器。图中 $\dot{X}_i$ 为放大器的输入信号，$\dot{X}_o$ 为输出信号，$\dot{X}_f$ 为反馈信号，$\dot{X}_d$ 为净输入信号。这些信号既可以是电压也可以是电流，故用 $\dot{X}$ 表示。符号“⊗”为比较环节，负号表示 $\dot{X}_f$ 与 $\dot{X}_i$ 相位相反。

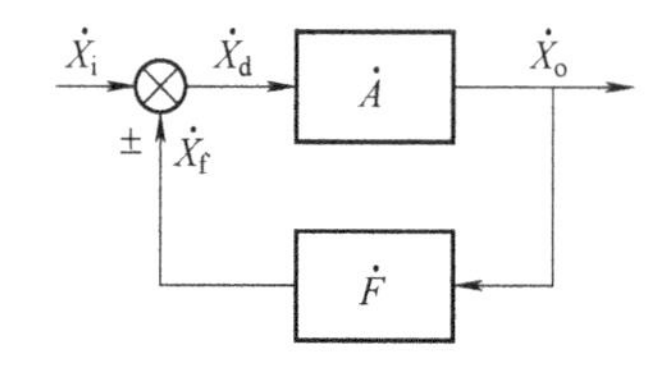

图11-5-1　反馈放大器框图

$$\dot{X}_d = \dot{X}_i - \dot{X}_f \tag{11-5-1}$$

箭头“→”表示信号传递方向，放大环节信号为正向传输，反馈环节信号为反向传输。

正反馈和负反馈

（2）反馈的极性　因反馈信号 $\dot{X}_f$ 与输入信号 $\dot{X}_i$ 的叠加，若净输入信号 $\dot{X}_d$ 比 $\dot{X}_i$ 增强，则称之为正反馈；反之，若净输入信号 $\dot{X}_d$ 比 $\dot{X}_i$ 削弱了，则称之为负反馈。显然，由 $\dot{X}_d = \dot{X}_i - \dot{X}_f$ 的叠加关系可知，若 $\dot{X}_i$ 与 $\dot{X}_f$ 同相，则电路为负反馈，若 $\dot{X}_i$ 与 $\dot{X}_f$ 反相，则为正反馈。

由于电压（电流）相量参考方向的选定不同，人们也可能把输入信号

与反馈信号的叠加关系写为

$$\dot{X}_d=\dot{X}_i+\dot{X}_f \tag{11-5-2}$$

该电路实质上是正反馈还是负反馈也不难从 $\dot{X}_i$ 与 $\dot{X}_f$ 的相位关系判知。

由于负反馈技术可优化成放大电路的若干性能，在线性放大电路中应用较广，故本节主要讨论负反馈放大电路。

2. 反馈放大器的一般分析

（1）闭环放大倍数 $\dot{A}_f$ 的一般表达式　基本放大电路的放大倍数 $\dot{A}$ 称为开环放大倍数，定义为

$$\dot{A}=\frac{\dot{X}_o}{\dot{X}_d} \tag{11-5-3}$$

反馈网络的输出信号与输入信号之比称为反馈系数 $\dot{F}$，它表明反馈的强弱，定义为

$$\dot{F}=\frac{\dot{X}_f}{\dot{X}_o} \tag{11-5-4}$$

负反馈放大器的放大倍数（亦称闭环放大倍数）$\dot{A}_f$ 定义为

$$\dot{A}_f=\frac{\dot{X}_o}{\dot{X}_i}$$

将式（11-5-2）~式（11-5-4）代入上式，得

$$\dot{A}_f=\frac{\dot{X}_o}{\dot{X}_d+\dot{X}_f}=\frac{\dot{X}_o/\dot{X}_d}{(\dot{X}_d/\dot{X}_d)+(\dot{X}_f/\dot{X}_d)}=\frac{\dot{A}}{1+\dot{A}\dot{F}} \tag{11-5-5}$$

式（11-5-5）表明系统的开环放大倍数 $\dot{A}$、闭环放大倍数 $\dot{A}_f$ 和反馈 $\dot{F}$ 之间的关系，是反馈放大器的一般表达式，也是分析各种反馈放大器的基本公式。

（2）反馈深度　从式（11-5-5）看出，闭环放大倍数 $\dot{A}_f$ 与（$1+\dot{A}\dot{F}$）成反比，称 $1+\dot{A}\dot{F}$ 为反馈深度。当 $|1+\dot{A}\dot{F}|>1$ 时，$|\dot{A}_f|<|\dot{A}|$，电路引入负反馈；当 $|1+\dot{A}\dot{F}|<1$ 时，$|\dot{A}_f|>|\dot{A}|$，电路引入正反馈。$1+\dot{A}\dot{F}$ 越大，则 $\dot{A}_f$ 就下降得越多，即引入的负反馈程度越深。

若 $|1+\dot{A}\dot{F}|\gg1$，则称放大器引入深度负反馈，此时，闭环放大倍数为

$$\dot{A}_f=\frac{\dot{A}}{1+\dot{A}\dot{F}}\approx\frac{\dot{A}}{\dot{A}\dot{F}}=\frac{1}{\dot{F}} \tag{11-5-6}$$

所以在深度负反馈的情况下，闭环放大倍数 $\dot{A}_f$ 与开环放大倍数 $\dot{A}$ 几乎无关，仅取决于反馈系数。实际上，开环放大倍数 $\dot{A}$ 越大（$\dot{A}\dot{F}\gg1$），则式（11-5-6）越精确，放大倍数越稳定。运算放大器的开环放大倍数 $\dot{A}$ 一般都大于 10^4，故常用反馈系数 $\dot{F}$ 的倒数估算闭环放大倍数 $\dot{A}_f$。

特别地，当反馈深度 $1+\dot{A}\dot{F}=0$，$\dot{A}_f=\dot{X}_o/\dot{X}_i\to\infty$ 时，意味着对于 $X_i=0$，有 $X_0\neq0$，这种电路工作状态称为自激。振荡器是自激技术应用的典型范例。

二、反馈的类型

反馈放大电路不仅有如上所述正反馈与负反馈的极性区别，而且还因如下三方面的不同形成不同类型的电路组态。分析清楚电路的反馈组态是定性定量分析闭环特性的基础。

直流反馈和交流反馈

电压反馈和电流反馈

串联反馈和并联反馈

1. 直流反馈和交流反馈

若反馈信号中只有交流成分，这种反馈称为交流反馈。反之，若反馈信号中只有直流成分，这种反馈称为直流反馈。多数电路属于交直流反馈，反馈信号中既含有交流成分又含有直流成分。

2. 电压反馈和电流反馈

若反馈信号取自输出电压，且正比于输出电压，这种反馈称为电压反馈。

若反馈信号取自输出电流，且正比于输出电流，这种反馈称为电流负反馈。

3. 串联反馈和并联反馈

若输入信号、反馈信号与净输入信号以回路电压形式叠加，即 $\dot{U}_{d}=\dot{U}_{i}-\dot{U}_{f}$，这种反馈称为串联反馈。若输出信号、反馈信号与净输入信号以节点电流的形式叠加，即 $\dot{I}_{d}=\dot{I}_{i}-\dot{I}_{f}$，这种反馈称为并联反馈。

综上所述，反馈放大电路的四种基本类型是：电压串联反馈、电压并联反馈、电流串联反馈、电流并联反馈，分别如图 11-5-2～图 11-5-5 所示。

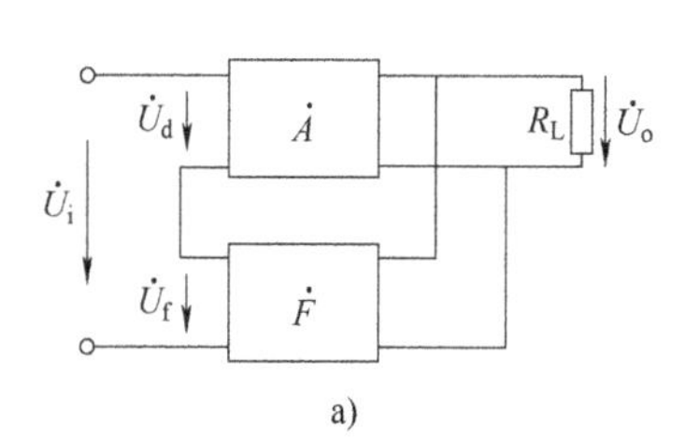

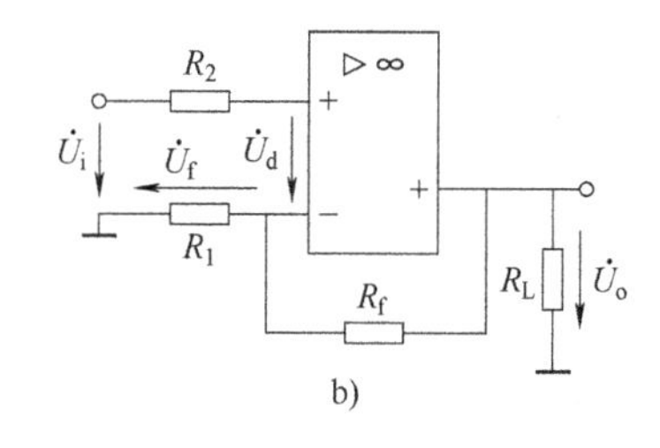

图 11-5-2　电压串联负反馈

a）框图　b）电路举例

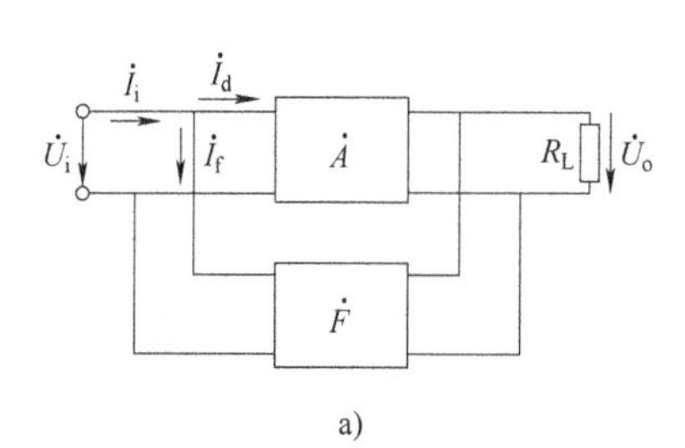

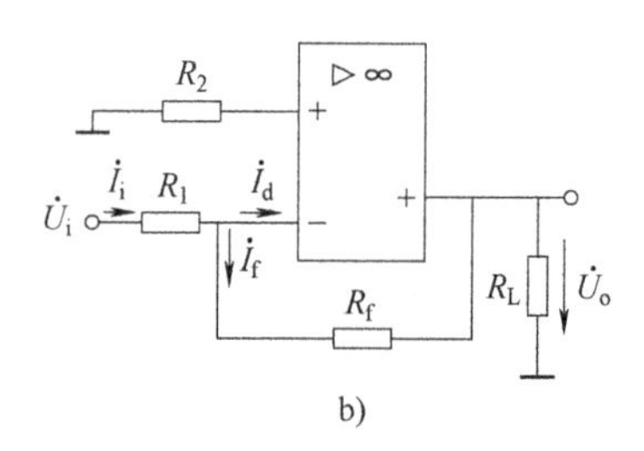

图 11-5-3　电压并联负反馈

a）框图　b）电路举例

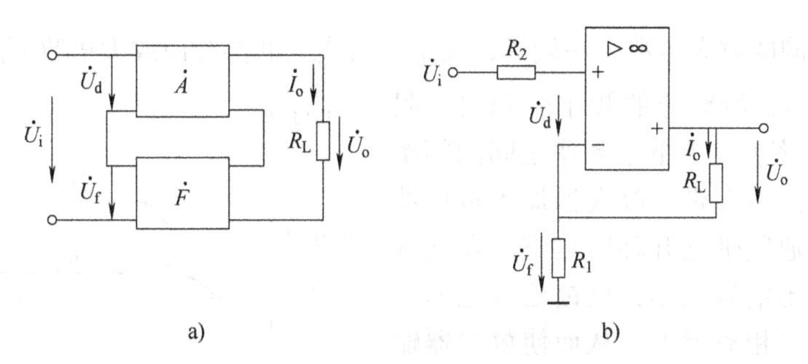

图 11-5-4　电流串联负反馈

a）框图　b）电路举例

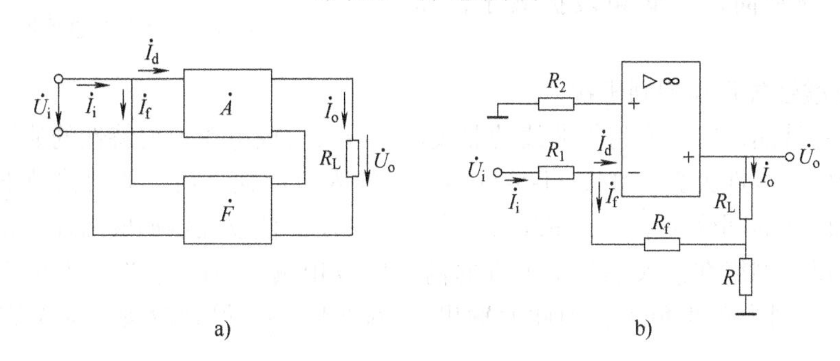

图 11-5-5　电流并联负反馈

a）框图　b）电路举例

三、负反馈对放大器性能的影响

负反馈使放大器的放大倍数 A 降低（见式（11-5-5））但却可以使放大器的许多性能得到改善。而负反馈引起的放大倍数降低的问题，可以通过增加放大器的级数来解决。

1. 提高放大倍数的稳定性

通常放大器的开环放大倍数 A 不是稳定的，它受到温度变化、电源波动、负载变动以及其他干扰因素的影响。负反馈的引入使放大器的输出信号得到了稳定。在输入信号不变的情况下，放大倍数稳定性也得到提高。通常用相对变化量来衡量放大倍数的稳定性。

当放大器工作在中频段，并且反馈网络由电阻构成时，放大器的 $\dot{A}$、$\dot{A}_f$ 和 $\dot{F}$ 均为实数，则式（11-5-5）可以写成 $A_f=\dfrac{A}{1+AF}$，在上式中对 A 求导，有

$$\frac{dA_f}{dA}=\frac{1}{(1+AF)^2}\quad 或\quad dA_f=\frac{dA}{(1+AF)^2}$$

以 A_f 的表达式来除，得

$$\frac{dA_f}{A_f}=\frac{1}{1+AF}\frac{dA}{A}\tag{11-5-7}$$

式（11-5-7）表明，闭环放大倍数 A_f 的相对变化 dA_f/A_f，是开环放大倍数的相对变化 dA/A 的 $1/(1+AF)$ 倍，即放大倍数的稳定性提高了（$1+AF$）倍，使放大器受外界的影响大大减少。

2. 扩展通频带

因为晶体管极间存在着结电容，它们的容抗随频率的变化而变化，所以放大器对不同频

率的交流电有不同的放大倍数。一般的，频率太高或太低都会使放大倍数下降，当放大倍数下降为 $|A|/\sqrt{2}$ 时，所对应的频率分别叫上限频率 f_H 和下限频率 f_L。上下限频率之间的频率范围，叫放大器的通频带。放大器加入负反馈后，将使闭环的通频带比开环时展宽。在低频段和高频段，输出信号减小，反馈信号也随之减小，净输入信号相对增大，从而使放大器输出信号的下降程度减小，放大倍数相应提高。上、下限频率分别向高、低频段扩展了，如图 11-5-6 所示。

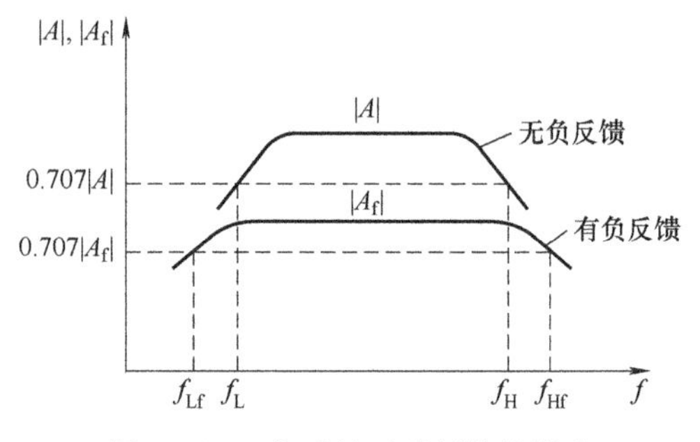

图 11-5-6　负反馈对通频带的影响

3. 减小非线性失真和抑制干扰

由于放大器件晶体管伏安特性曲线的非线性，以及运放电压传输特性的非线性，均会引起输出信号产生非线性失真，如图 11-5-7a 所示。加入负反馈之后，放大倍数下降，使输出电压进入非线性区的部分减小，从而改善了失真。负反馈使放大器形成闭环，正、负半周不对称的波形经反馈网络在输入端与不失真的输入信号相减。假设 x_o 为正大负小，x_f 也为正大负小，差值 x_d 则为正小负大，因此使输出 x_o 的波形失真得到改善，甚至完全消除，如图 11-5-7b 所示。

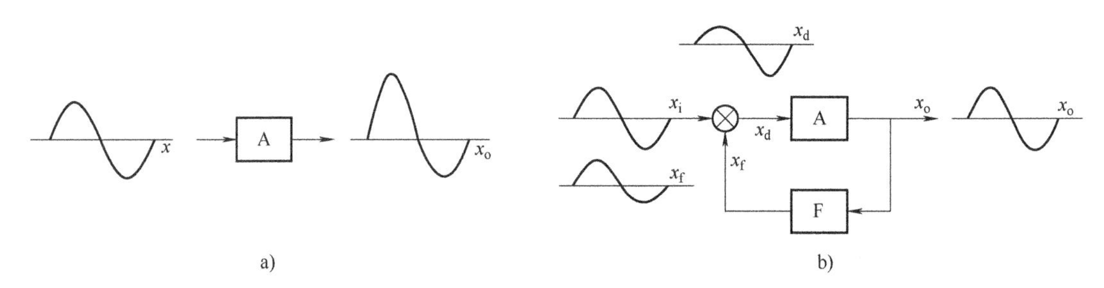

图 11-5-7　负反馈对非线性失真的影响
a）无负反馈　b）有负反馈

同理，负反馈放大器也可以有效地抑制闭环内部的干扰，但如果干扰混于输入信号中，则无法消除。

4. 改变输入电阻和输出电阻

负反馈对放大器的输入电阻和输出电阻的影响与反馈的方式有关。

串联负反馈在保持 $\dot{U}_i$ 一定时，使电路的输入电流 $\dot{I}_i$ 减少，使输入电阻 r_{if}增加。并联负反馈在保持 $\dot{U}_i$ 一定时，会使电路的输入电流 $\dot{I}_i$ 增加，致使输入电阻 r_{if}减小。

电压负反馈使输出电压趋于稳定，使输出电阻 r_{of}减小。

电流负反馈使输出电流趋于稳定，使输出电阻 r_{of}增加。

第六节　集成运放在信号处理方面的应用

自动控制系统中，在信号处理方面常见到的有有源滤波、信号采样保持及信号比较等，下面做简单介绍。

一、有源滤波器

所谓滤波器，就是一种选频电路。它能选出有用的信号，而抑制无用的信号，使一定频率范围内的信号衰减很小，能顺利通过，而在此频率范围以外的信号衰减很大，不易通过。按通过的频率范围的不同，滤波器可分为低通、高通、带通等。利用电感、电容元件对不同频率所呈现的不同阻抗，由 R、L、C 等元件构成的滤波器，称为无源滤波器。本节所讲的是将 RC 电路接到运算放大器的同相输入端，因为运算放大器是有源器件，所以这种滤波器称为有源滤波器。与无源滤波器比较，有源滤波器具有体积小、效率高、频率特性好等一系列优点，因而得到广泛应用。

图 11-6-1a 是有源低通滤波器的电路。先由 RC 电路得出

$$\dot{U}_{+}=\dot{U}_{C}=\frac{\dot{U}_{i}}{R+\frac{1}{j\omega C}}\frac{1}{j\omega C}=\frac{\dot{U}_{i}}{1+j\omega RC}$$

而后根据同相比例运算电路的式（11-4-2）得出 $\dot{U}_{o}=\left(1+\frac{R_{f}}{R_{1}}\right)\dot{U}_{+}$，故

$$\dot{A}_{uf}=\frac{\dot{U}_{o}}{\dot{U}_{i}}=\frac{1+\frac{R_{f}}{R_{1}}}{1+j\omega RC}=\frac{1+\frac{R_{f}}{R_{1}}}{1+j\frac{\omega}{\omega_{0}}} \tag{11-6-1}$$

式中，$\omega_{0}=\frac{1}{RC}$或$f_{0}=\frac{1}{2\pi RC}$。

电压放大倍数 $\dot{A}_{uf}$的绝对值为

$$|A_{uf}|=\frac{1+\frac{R_{f}}{R_{1}}}{\sqrt{1+\left(\frac{\omega}{\omega_{0}}\right)^{2}}} \tag{11-6-2}$$

当 $\omega=0$ 时，$|A_{uf0}|=1+\frac{R_{f}}{R_{1}}$；当 $\omega=\omega_{0}$ 时，$|A_{uf}|=\frac{1+\frac{R_{f}}{R_{1}}}{\sqrt{2}}=\frac{|A_{uf0}|}{\sqrt{2}}$。$\omega_{0}$ 称为截止角频率。幅频特性示于图 11-6-1b 中。

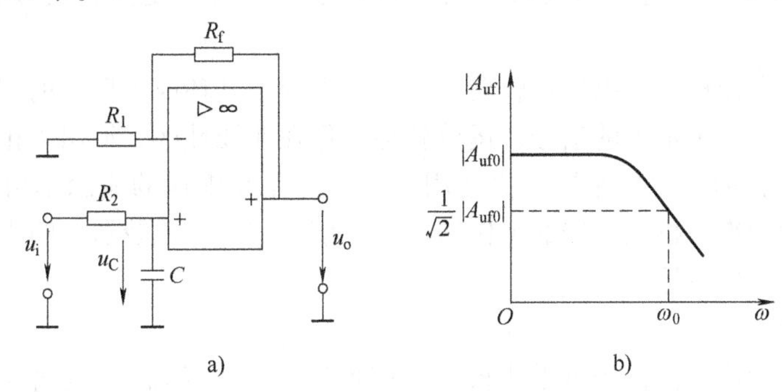

图 11-6-1　有源低通滤波器

a）电路　b）幅频特性

为了改善滤波效果，使 $\omega>\omega_0$ 时信号衰减得快些，常将两节 RC 电路串接起来，成为二阶有源低通滤波器，这里不再详细介绍。

如将有源低通滤波器中 RC 电路的 R 和 C 对调，则成为有源高通滤波器。

二、采样保持电路

当输入信号变化较快时，要求输出信号能快速而准确地跟随输入信号的变化进行间隔采样。在两次采样之间保持上一次采样结束时的状态。图 11-6-2 是它的简单电路和输入输出信号波形。

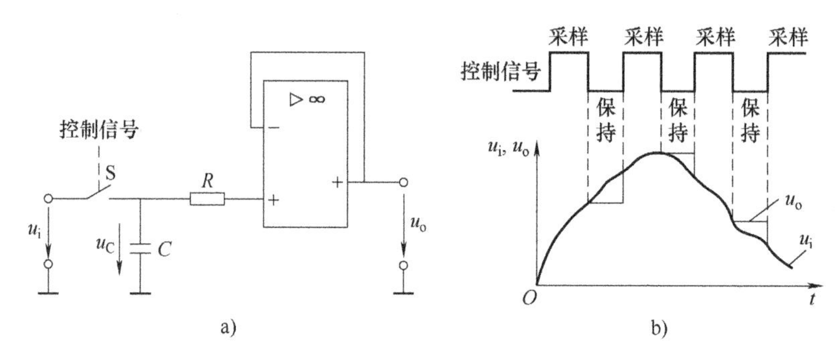

图 11-6-2　采样保持电路

a）电路　b）输入输出信号波形

图中，S 是一模拟开关，一般由场效应晶体管构成。当控制信号为高电平时，开关闭合（即场效应晶体管导通），电路处于采样周期。这时 u_i 对存储电容元件 C 充电，$u_o=u_C=u_i$，即输出电压跟随输入电压的变化（运算放大器接成跟随器）。当控制电压变为低电平时，开关断开（即场效应晶体管截止），电路处于保持周期。因为电容元件无放电电路，故 $u_o=u_C$。这种将采样到的数值保持一定时间的现象，在数字电路、计算机及程序控制等装置中都得到应用。

三、电压比较器

电压比较器的功能是将输入的模拟信号与一个参考电压进行比较。当两者幅度相等时，输出电压产生跃变：由高电平变成低电平，或者从低电平变成高电平，由此可判断输入信号的大小和极性。电压比较器常用于自动控制、波形变换、模数转换及越限报警等场合。

由集成运算放大器构成的电压比较器，运放大多处于开环或正反馈的工作状态，只要在两个输入端之间加上一个很小的信号，运放就会工作在非线性区，输出为正或负饱和值，即 $\pm U_{OM}$。在分析比较器时，虚断路概念仍适用，但虚短路和虚地的概念不再适用。本节用理想运放电压传输特性来分析比较器的工作情况，分别介绍过零比较器、输出限幅比较器、任意电平比较器和窗口比较器。

1. 过零比较器

参考电压为零的比较器称为过零比较器（亦称零电平比较器）。按输入方式的不同可分为反相输入和同相输入两种过零比较器，如图 11-6-3 和图 11-6-4 所示。

以图 11-6-3 所示反相输入过零比较器为例分析其工作原理。当 $u_i<0$ 时，由于同相输入

端接地，且运放处于开环工作状态，净输入信号 $u_i=u_--u_+<0$，因此，只要加入很小的输入信号 u_i，就足以使输出到达正向饱和值，即 $u_o=+U_{OM}$。同理，当 $u_i>0$ 时，使 $u_o=-U_{OM}$。运放的饱和值 $\pm U_{OM}$ 略小于正、负电源电压。

当输入信号 u_i 从小于零向大于零变化时，输出电压从正饱和值 $+U_{OM}$ 经线性区跃变到负饱和值 $-U_{OM}$；反之，当输入从 $u_i>0$ 向 $u_i<0$ 变化时，输出从 $u_o=-U_{OM}$ 跃变到 $u_o=+U_{OM}$，如图 11-6-3b 所示。由于比较器在 $u_i=0$ 时发生跃变，故称之为过零比较器。图 11-6-4 所示同相过零比较器请读者自行分析。

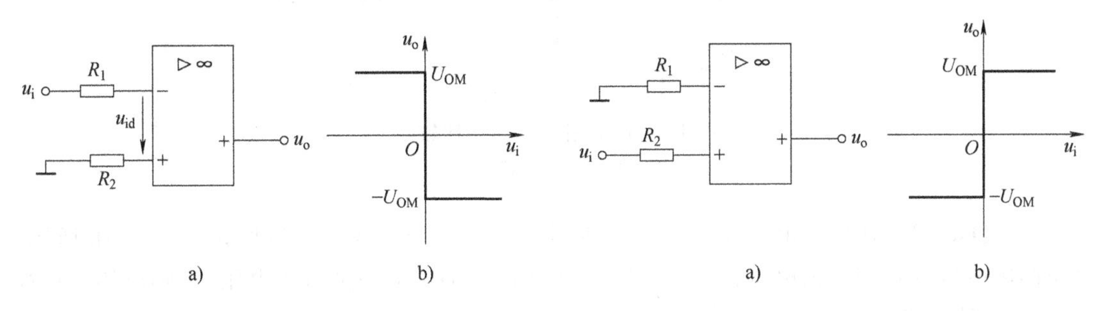

图 11-6-3　反相输入过零比较器
a）电路　b）传输特性

图 11-6-4　同相输入过零比较器
a）电路　b）传输特性

2. 输出限幅比较器

为了限制输出电压的最大值，可用双向稳压管来限幅。稳压管接在运放的输出端，形成过零限幅比较器，如图 11-6-5a 所示。若选择两个稳压值相同的稳压管，则正、反向输出电压 $u_o=\pm(U_Z+U_D)\approx\pm U_Z$，形成的传输特性如图 11-6-5b 所示。

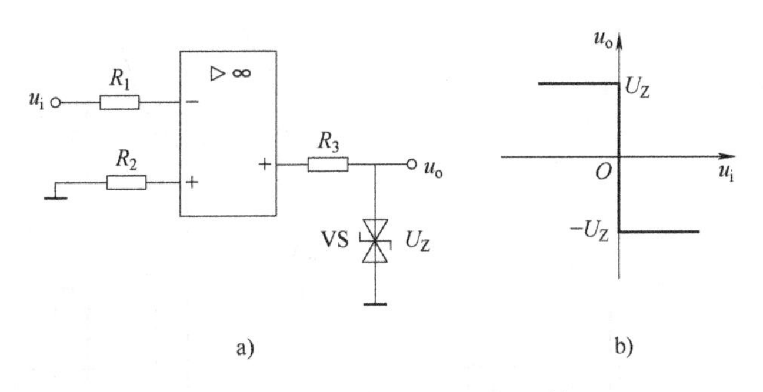

图 11-6-5　反相输入过零限幅比较器
a）电路　b）传输特性

3. 任意电平比较器

在零电平比较器中，将接地端改为接入一个参考电平 U_R（设为直流电压），由于 U_R 的大小和极性均可调整，电路成为任意电平比较器。与过零比较器的工作原理相同，当 $u_+=u_-$，即 $u_i=U_R$ 时，输出发生跃变，所以又称为电平检测器。根据输出电压 u_o 的值，即可判断输入信号 u_i 与参考电压 U_R 之间的关系。例如，在图 11-6-6 所示同相输入电平比较器中，当 $u_i<U_R$ 时，$u_o=-U_Z$；而当 $u_i>U_R$ 时，$u_o=+U_Z$。若 $U_R>0$ 时，则电压传输特性如图 11-6-6b 中实线所示，相当于将过零比较器的特性右移 U_R 的距离；若 $U_R<0$，则为图中虚线所示，相当于将过零比较器的特性左移 $|U_R|$ 的距离。任意电平比较器也可接成反相输入方式，只

要将图 11-6-6a 中 u_i 和 U_R 的位置对调即可。但在两种电路中，运放均工作在差动输入方式，输入端有较大的共模电压。若采用求和型比较器，则可将共模电压降低到接近于零。

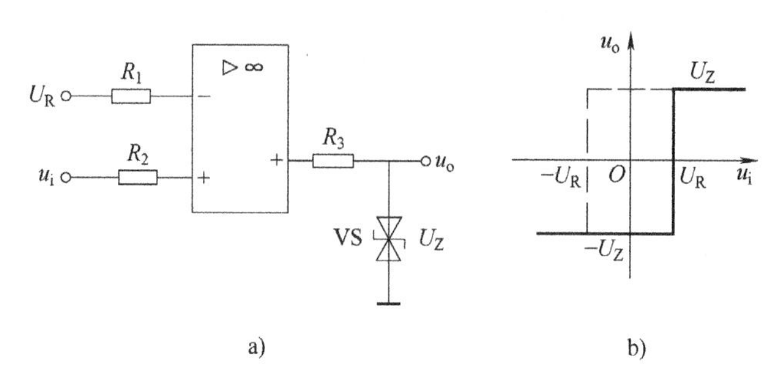

图 11-6-6　同相输入电平比较器

a）电路　b）传输特性

【例 11-6-1】　比较器电路如图 11-6-7a 所示。已知 $U_R=-3V$，u_i 波形如图 11-6-7b 所示，试求门限电压（也叫阈值电压，它是输出 u_o 产生跃变时所对应的输入电压），画出传输特性及输出 u_o 的波形。运放的 $|U_{OM}|=12V$。

解：（1）当 $u_i=U_R=-3V$ 时，$u_+=u_-$，即门限电压 $U_T=U_R=-3V$。

（2）当 $u_i>U_T$ 时，$u_+<u_-$，$u_o=-U_{OM}=-12V$

$u_i<U_T$ 时，$u_+>u_-$，$u_o=U_{OM}=+12V$

根据所得结果，可作出如图 11-6-7c 所示的传输特性。

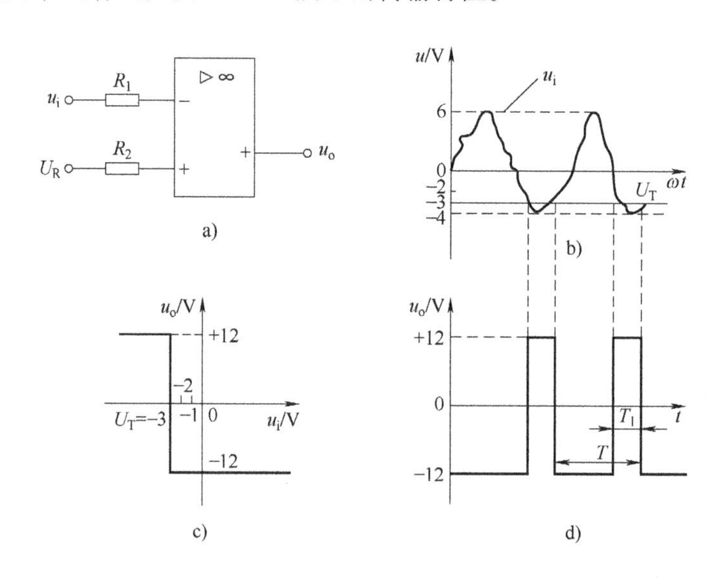

图 11-6-7　例 11-6-1 图

（3）由（1）分析可知，当 $u_i=U_T=-3V$ 时，电路输出处于翻转瞬间，因此在输入 $u_i(t)$ 波形图上先作出 $U_T=-3V$ 的门限电压，然后在该时刻用虚线延长至输出波形图上。根据（2）的分析结果，当 $u_i>U_T$ 时，$u_o=-12V$，$u_i<U_T$ 时，$u_o=+12V$，作出 u_o 的波形如图 11-6-7d 所示。

由此例可见，电压比较器能将连续变化的模拟信号经比较后输出数字信号（不是高电平就是低电平，在数字电路中以“1”或“0”表示)，并具有将输入的任意波形整形成矩形波的作用。改变参考电压 U_R 的大小，还能改变矩形波的占空比$\left(占空比=\frac{T_1}{T}\right)$。

【例 11-6-2】 由理想集成运放组成的电平检测电路如图 11-6-8a 所示。已知运放输出 $\pm U_{OM}=\pm15V$，$R_1=10k\Omega$，$R_2=20k\Omega$，$U_R=+5V$，$\pm U_Z=\pm6V$。

(1) 画出电压传输特性。

(2) 若已知 u_i 为正弦信号，即 $u_i=6\sin\omega tV$，画出 u_o 的波形。

解：(1) 画 $u_o=f(u_i)$ 曲线，即电压传输特性。

由给定电路知，运放 A 处于开环状态，电路的输出 u_o 被稳压管钳位，故

$$\pm u_{omax}=\pm U_Z=\pm6V$$

又由电路知，同相输入端 U_+接地，$U_+=0V$。另根据反相输入端电路的连接可知电流 I_1、I_2 满足

$$I_1+I_2=0$$

即

$$I_1=-I_2$$

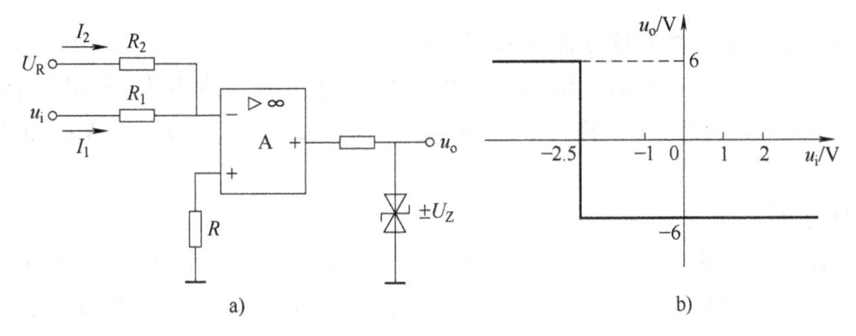

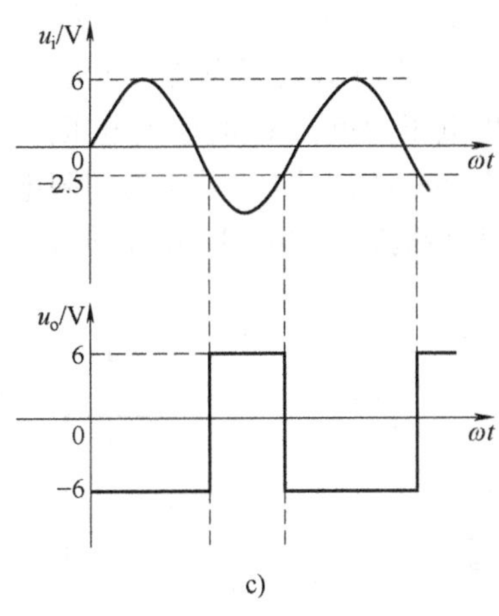

图 11-6-8 例 11-6-2 图

由于

$$I_1=\frac{u_i-U_-}{R_1} \quad I_2=\frac{U_R-U_-}{R_2}$$

代入上式，得

$$\frac{u_i - U_-}{R_1} = -\frac{U_R - U_-}{R_2}$$

经变换，可得 U_- 的表达式为

$$U_- = \frac{R_2 u_i + R_1 U_R}{R_1 + R_2}$$

由图知，U_- 点过零会使输出状态发生转换，故电路满足下述关系：

当 $u_i > -\frac{R_1}{R_2}U_R$ 时　　　　$U_- > 0$　$u_o = -U_Z$

而当 $u_i < -\frac{R_1}{R_2}U_R$ 时　　　　$U_- < 0$　$u_o = +U_Z$

代入本例参数 $R_1 = 10\text{k}\Omega$，$R_2 = 20\text{k}\Omega$，$U_R = +5\text{V}$，可得

$$u_i > -\frac{10}{20} \times 5\text{V} = -2.5\text{V} \text{ 时} \quad u_o = -6\text{V}$$

$$u_i < -\frac{10}{20} \times 5\text{V} = -2.5\text{V} \text{ 时} \quad u_o = +6\text{V}$$

因此，电路的电压传输特性曲线如图 11-6-8b 所示。

（2）画 u_o 相对于 u_i 的波形。根据上面的分析，电路的阈值点为 -2.5V，图 11-6-8c 所示的波形即为 u_i、u_o 的波形。由图知，当 u_i 幅值小于 -2.5V 时，$u_o = +6\text{V}$；而当 $u_i > -2.5\text{V}$ 时，$u_o = -6\text{V}$。

4. 窗口比较器

上述各种比较器只能检测信号电压是否超过某一基准，统属于单门限电压比较器，下面介绍一种双门限电压比较器。双门限电压比较器的原理电路如图 11-6-9a 所示。图中 U_H 和 U_L 是两个大小不同的参考电压，U_H 为高门限电压，U_L 为低门限电压。由于 $U_H > U_L$，故当 $u_i > U_H$ 时，A_1 的输出电压为正，A_2 的输出电压为负，于是 VD_1 导通，VD_2 截止，输出电压 $u_o = U_{OM}$；当 $u_i < U_H$ 时，A_1 的输出电压为负，A_2 的输出电压为正，于是 VD_1 截止，VD_2 导通，输出电压 u_o 仍为 U_{OM}。惟有当 $U_H > u_i > U_L$，即 u_i 处于高门限电压与低门限电压之间时，VD_1、VD_2 均截止，输出电压 $u_o = 0$，其传输特性如图 11-6-9b 所示。

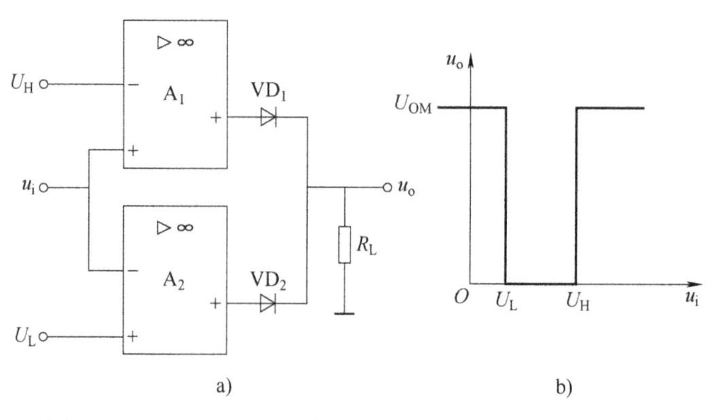

图 11-6-9　双门限电压比较器（即窗口比较器）原理电路

a）双门限电压比较器原理电路　b）波形图

该电路可用来检查输入信号是否介于两个给定电压（U_H 和 U_L）之间。由于其传输特性

曲线形同一敞开的窗口，故又称其为“窗口比较器”。

5. 电压比较器实际应用

图 11-6-10 所示电路是一个电压比较器的典型应用实例。在图中，电压比较器反相输入端的基准电压 U_B 来自蓄电池电源电压经 R_1、R_2 的分压。

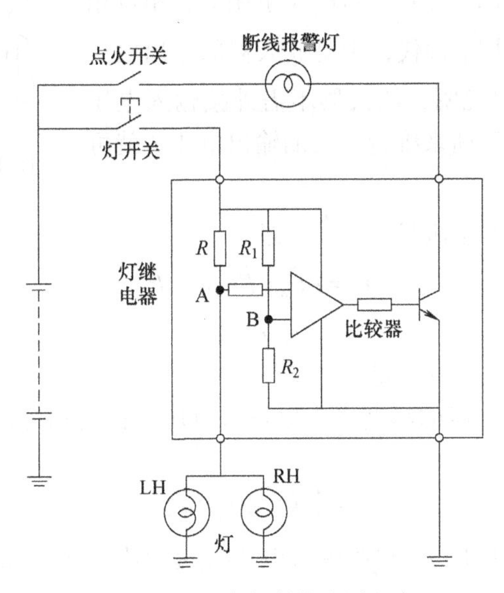

图 11-6-10　车灯断线监测电路

微小的电流检测电阻 R 与被监测灯具相串联，当车灯接通电源形成通路时，电流流过检测电阻 R 形成电压。

当车灯全部点亮时，电流流过检测电阻 R 所形成的电压较大，使 A 点电位低（A 点为电压比较器的同相输入端）。因此 $U_A<U_B$，使比较器输出低电位，晶体管截止。断线报警灯不亮，表示灯具电路无断线，正常工作。

当有一个或几个车灯断线时，流过检测电阻 R 的电流相对减少，电阻 R 上的电压降低，使 A 点电位上升，从而使 $U_A>U_B$，比较器输出高电位，进而使晶体管导通点亮报警灯，表示有断线发生。

第七节　集成运放在信号产生方面的应用

信号发生器是一种不需要外加输入信号，依据自激振荡的原理，产生具有一定幅度的周期性输出信号的装置。它广泛应用于测量、自动控制、通信、广播电视以及金属的熔炼、淬火、焊接等工程技术领域中。

信号发生器按产生波形的不同可分为正弦信号发生器和非正弦信号发生器两类。

一、正弦信号发生器

1. 自激振荡的条件

正弦信号发生器是通过放大器引入合适的正反馈而构成的，图 11-7-1 所示是具有正反馈的放大电路框图。

由图可见，当开关S接在“1”端时，基本放大电路由外部输入正弦信号$\dot{U}_i$，$\dot{U}_i$经放大后，输出电压$\dot{U}_o=\dot{A}_u\dot{U}_i$，然后$\dot{U}_o$再经反馈电路得到反馈电压$\dot{U}_f=\dot{F}\dot{U}_o$。如果此时将开关S换接到“2”端，且调节$\dot{F}$，使$\dot{U}_f$与$\dot{U}_i$大小相等、相位相同，即$\dot{U}_f=\dot{U}_i$，则$\dot{U}_i$可用$\dot{U}_f$替代，于是放大器的输出电压$\dot{U}_o$将保持不变。以上过程说明，放大器不需外接输入电压信号，而是通过合适的正反馈来维持一定的输出电压，就可以形成自激振荡。

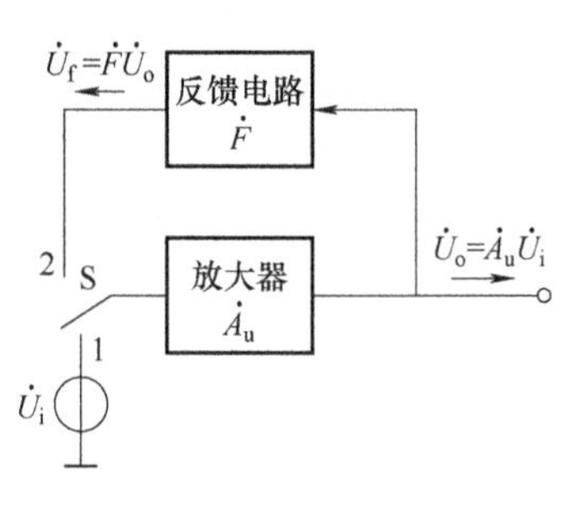

图11-7-1　正弦振荡器框图

可见，形成自激振荡必须满足$\dot{U}_f=\dot{U}_i$，即

$$\dot{U}_f=\dot{F}\dot{U}_o=\dot{F}\dot{A}_u\dot{U}_i=\dot{U}_i \tag{11-7-1}$$

$$\dot{A}_u\dot{F}=1$$

因此，要产生自激振荡必须满足两个条件：

（1）振幅条件　反馈电压的幅度要与原输入电压的幅度相等，就是说要有足够的反馈量，表示式为

$$|\dot{A}_u\dot{F}|=A_uF=1 \tag{11-7-2}$$

（2）相位条件　反馈电压$\dot{U}_f$与原输入电压$\dot{U}_i$必须同相位，就是说必须满足正反馈的要求。

总之，相位条件保证了起振，振幅条件维持了等幅振荡。

当电路中满足$\dot{U}_f=\dot{U}_i$的条件时，振荡电路就有稳定的信号输出。那么最初的原始输入信号是怎么产生的呢？当振荡电路刚接通电源时，输入端必然会产生微小的电压变化量，它一般不是正弦量，但可以分解成许多频率不相同的正弦分量，它包含了从低频到高频的各种频率成分，其中必有一种频率的信号满足振荡器的相位平衡条件，产生正反馈。如果此时放大器的放大倍数足够大，满足$|\dot{A}_u\dot{F}|>1$的条件，则经过电路的不断放大后，输出信号在很短的时间内就由小变大，由弱变强，使电路振荡起来。

随着电路输出信号的增大，晶体管的工作范围进入了截止区和饱和区，电路的放大倍数$|\dot{A}_u|$开始减小，从而限制了振荡幅度的无限增大，最后当$|\dot{A}_u\dot{F}|=1$时，电路就有稳定的信号输出。从电路的起振到形成稳幅振荡所需的时间是极短的（大约经历几个振荡周期的时间）。

若要建立所需单一频率的稳幅振荡，而对其他谐波分量能够尽量抑制，振荡器应具有选择频率的能力，这项任务是由选频网络来完成的。因此，除满足自激振荡的两个条件外，正弦信号发生器还需要一个选频网络。

2. *RC*桥式正弦信号发生器

*RC*桥式正弦信号发生器又称文式电桥（Wienbridge）振荡器，其原理电路如图11-7-2所示。这个电路由两部分组成，即放大器和选频网络。前者为由集成运放和电阻R_f、R_1所组成的电压串联负反馈放大器，取其输入电阻高和输出电阻低的特点。后者由Z_1和Z_2组成，同时构成正反馈连接。由图可见，Z_1、Z_2和R_1、R_f正好形成一个四臂电桥，电桥的对角线顶点接到放大器的两个输入端，桥式振荡器由此而得名。

为便于分析，重将*RC*桥式正弦信号发生器的选频网络绘于图11-7-3。实际上选频网络

就是一个 RC 串并联电路。图中 $\dot{U}_o$ 是 RC 串并联电路的输入电压，它是由放大器的输出端引过来的。$\dot{U}_f$ 是 RC 串并联电路的输出电压，作为放大器同相端的输入电压。

如果正弦电压 $\dot{U}_o$ 的频率较高，则容抗数值很小，有$\frac{1}{\omega C} \ll R$。于是 RC 串联电路中电容 C 的分压作用与 RC 并联电路中电阻 R 的分流作用均可忽略，网络近似等效为图 11-7-4 所示电路。当 ω 越高时，$\frac{1}{\omega C}$越小，$\dot{U}_f$ 幅度越小，$F = |\dot{F}| = \left|\frac{\dot{U}_f}{\dot{U}_o}\right|$亦越小了，$\dot{U}_f$ 滞后于 $\dot{U}_o$ 的角度则越大。当 ω 趋于∞时，$\dot{U}_f$ 的幅值近似为零，滞后角 φ_f 趋近于$-90°$。

如果正弦电压 $\dot{U}_o$ 的频率较低，则容抗值很大，有$\frac{1}{\omega C} \gg R$。同理 RC 串联电路中电阻 R 的分压作用与 RC 并联电路中电容 C 的分流作用均可忽略，网络近似等效为图 11-7-5 所示。当 ω 越低时，$\frac{1}{\omega C}$越大，$\dot{U}_f$ 幅度则越小，F 亦越小，$\dot{U}_f$ 超前于 $\dot{U}_o$ 的角度越大。当 ω 趋于零时，$\dot{U}_f$ 的幅值亦近似为零，超前角 φ_f 趋近于$+90°$。

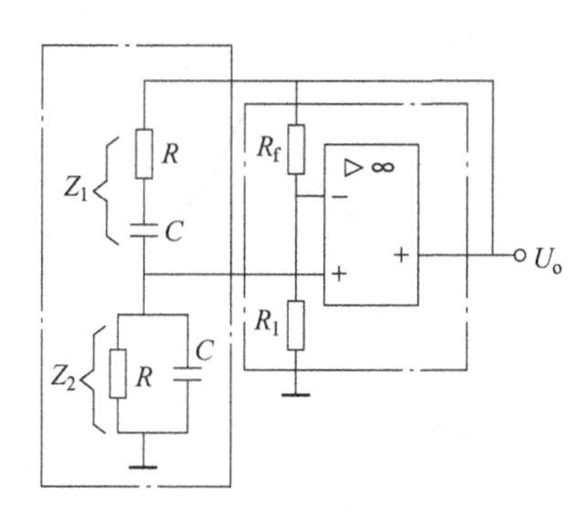

图 11-7-2　RC 桥式正弦信号发生器

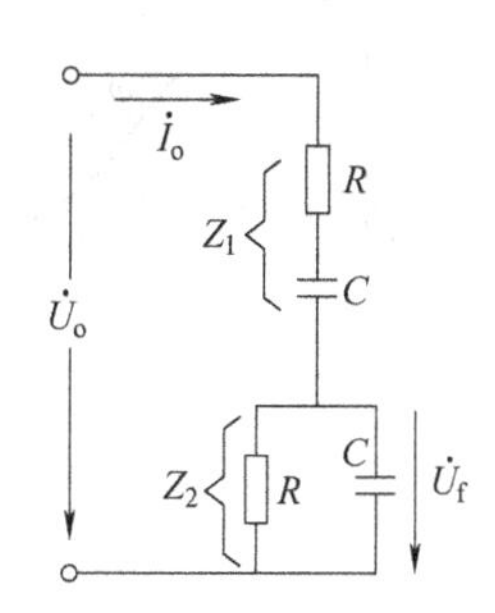

图 11-7-3　RC 串并联电路

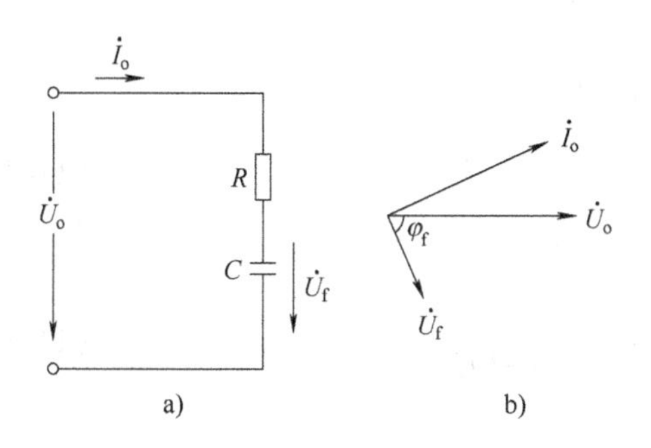

图 11-7-4　高频等效电路及相量图

a）网络近似等效图　b）相量图

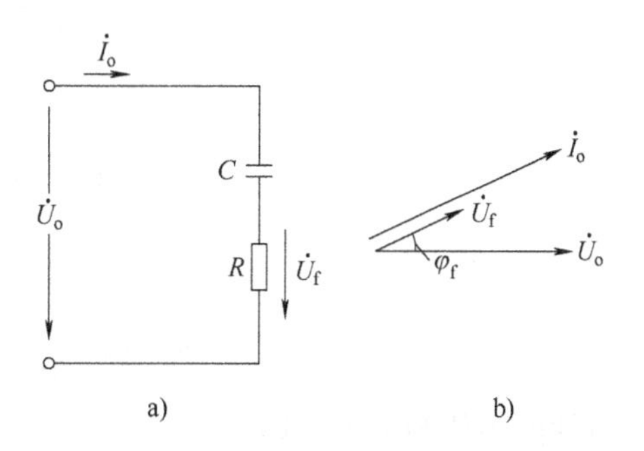

图 11-7-5　低频等效电路及相量图

a）等效电路　b）相量图

综上所述，对于阻容参数固定的 RC 串联电路来说，当 ω 由 $0 \to \infty$ 时，φ_f 由$+90°$变化到$-90°$，其间必定存在 $\varphi_f = 0$ 的一点，它所对应的角频率（ω_0）使输出电压 $\dot{U}_f$ 的幅值为最大。此结论在图 11-7-6 所示的 RC 串并联电路的频率特性中一目了然。

下面通过频率特性的定量分析导出振荡频率及相应的输入与输出的幅值比。

由图 11-7-3 可得

$$\dot{F}=\frac{\dot{U}_\mathrm{f}}{\dot{U}_\mathrm{o}}=\frac{Z_2}{Z_1+Z_2}=\frac{\dfrac{R}{1+\mathrm{j}\omega RC}}{R+\dfrac{1}{\mathrm{j}\omega C}+\dfrac{1}{1+\mathrm{j}\omega RC}}$$

$$=\frac{\mathrm{j}\omega RC}{1+(\mathrm{j}\omega RC)^2+3\mathrm{j}\omega RC}=\frac{1}{3+\mathrm{j}\left(\omega RC-\dfrac{1}{\omega RC}\right)} \tag{11-7-3}$$

令 $\omega_0=\frac{1}{RC}$，则上式可简化为

$$\dot{F}=\frac{1}{3+\mathrm{j}\left(\dfrac{\omega}{\omega_0}-\dfrac{\omega_0}{\omega}\right)} \tag{11-7-4}$$

由此可得 *RC* 串并联电路的相频特性及幅频特性（见图 11-7-6）。

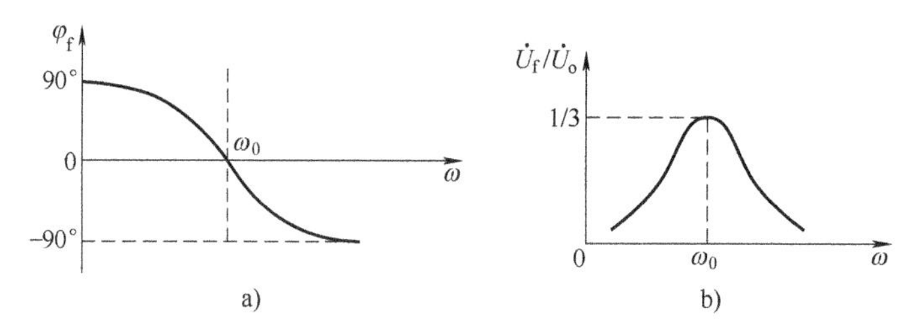

图 11-7-6　*RC* 串并联电路的频率特性

a）相频特性　b）幅频特性

$$F=\frac{1}{\sqrt{3^2+\left(\dfrac{\omega}{\omega_0}-\dfrac{\omega_0}{\omega}\right)^2}} \tag{11-7-5}$$

$$\varphi_\mathrm{f}=-\arctan\frac{\dfrac{\omega}{\omega_0}-\dfrac{\omega_0}{\omega}}{3} \tag{11-7-6}$$

当

$$\omega=\omega_0=\frac{1}{RC}\quad 或\quad f=f_0=\frac{1}{2\pi RC} \tag{11-7-7}$$

幅频特性的幅值为最大，即

$$F=\frac{1}{3} \tag{11-7-8}$$

而相频特性的相位角

$$\varphi_\mathrm{f}=0 \tag{11-7-9}$$

这就是说，此时选频网络的输出电压 $\dot{U}_\mathrm{f}$ 为最大，是放大器的输出电压 $\dot{U}_\mathrm{o}$ 的$\frac{1}{3}$，且 $\dot{U}_\mathrm{f}$ 与$\dot{U}_\mathrm{o}$

同相。因为，只有当 $\varphi_f=0$ 时，才满足自激振荡的相位条件，而振荡频率由式（11-7-7）决定。由式（11-7-2）可知，当 F 确定之后，振幅条件取决于放大器的开环电压放大倍数 A_u，只要 A_u 略大于 3 即可起振。若 A_u 选得过大，虽起振容易，但振荡幅度将受到放大管非线性特性的影响，致使输出波形产生失真。为此在运放的反相输入端加入适量的负反馈（反馈电路由 R_1、R_f 组成），以限制 A_u 值，从而大大减小了波形的失真，提高了电路工作的稳定性。

二、非正弦信号发生器

非正弦信号发生器按其产生的不同信号波形，分为方波发生器、三角波发生器、锯齿波发生器、矩形脉冲发生器以及阶梯波发生器等。本节仅介绍其中的几种。

1. 方波发生器

方波发生器是一种能直接产生方波或矩形波的非正弦信号发生器。由于方波或矩形波包含极丰富的谐波，因此这种电路又称为多谐振荡器。

图 11-7-7 所示为一典型方波发生器的电路。图中 R_1、R_2 组成正反馈电路，为同相端提供一个参考电压 U_R；R_f 和 C 构成负反馈电路，输出电压 u_o 通过 R_f 对 C 充放电，u_c 加在反相输入端；运算放大器作为比较器，对 u_C 和 U_R 进行比较；VS 是双向稳压管，使输出电压 u_o 被限幅在 $\pm U_Z$；R_3 是限流电阻。

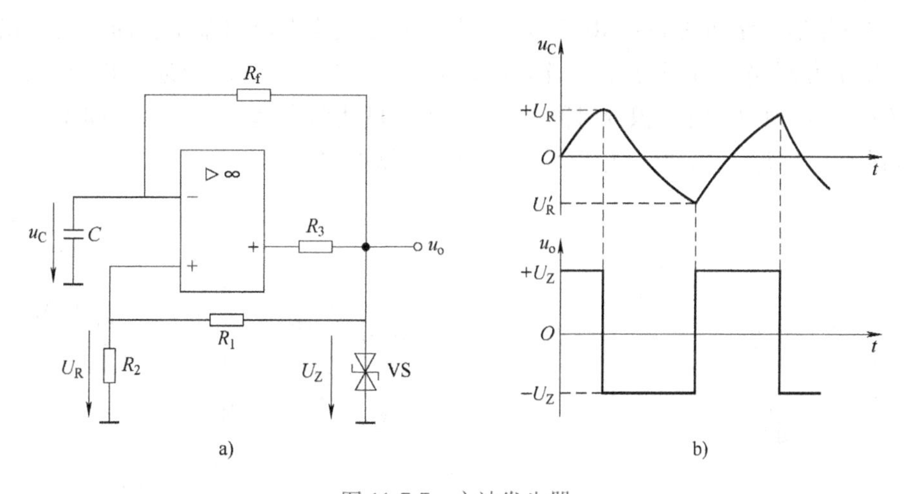

图 11-7-7　方波发生器

a）电路原理图　b）波形图

当接通电源后，如果输出端处于高电平，即 $u_o=\pm U_Z$，这时加到同相端的参考电压为

$$U_R=+U_Z\frac{R_2}{R_1+R_2}$$

此时若反相端的电压 $u_C<U_R$，则 u_o 维持高电平状态，并通过 R_f 对 C 充电。当电容器端电压上升到 $u_C=U_R$ 时，输出转换为低电平，$u_o=-U_Z$。这时同相输入端的参考电压为

$$U'_R=-U_Z\frac{R_2}{R_1+R_2}$$

同时 C 开始通过 R_f 放电，继而反向充电，当充到 $u_C=U'_R$ 时，u_o 即由 $-U_Z$ 跃变为 $+U_Z$。

如此循环下去在输出端得到的是矩形波电压，在电容 C 两端产生的是近似三角波电压，波形图如图 11-7-7b 所示。

2. 占空比可调的方波发生器

图 11-7-8 所示就是占空比可调的矩形波产生电路。由于在 RC 积分电路中串入了 RP（$\mathrm{RP}=\mathrm{RP}_1+\mathrm{RP}_2$）和两个反向并接的二极管，使得 RC 的正向、反向充电时间常数不相等，导致电路输出高、低电平时的稳定时间就不相等。调节 RP 的滑动端子，就可调节矩形波的占空比。

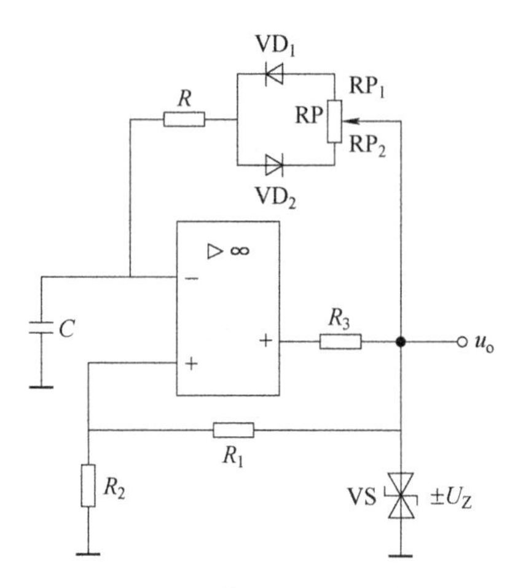

图 11-7-8　占空比可调的矩形波产生电路

3. 三角波发生器

图 11-7-7a 电路中，u_C 波形虽近似三角波，但若被取出应用，一接负载就会影响充放电时间常数 R_fC，从而改变振荡频率。因此，方波发生器只能提供方波或矩形波使用。如果将方波送到另一积分运算电路，即可构成性能良好的三角波发生器。图 11-7-9 所示是三角波发生器的一种。

4. 锯齿波发生器

锯齿波发生器电路如图 11-7-10 所示，它与三角波发生器电路基本相同，只是积分反相输入端电阻分为两路。由图可见，当 u_{o1} 为 $+U_Z$ 时，二极管 VD 导通，积分时间常数为 $(R/\!/R')C$；当 u_{o1} 为 $-U_Z$ 时，积分时间常数为 RC。显然前者远小于后者，即正、负向积分速率相差很大，有 $T_2 \leqslant T_1$，从而电路输出端形成了锯齿波电压。

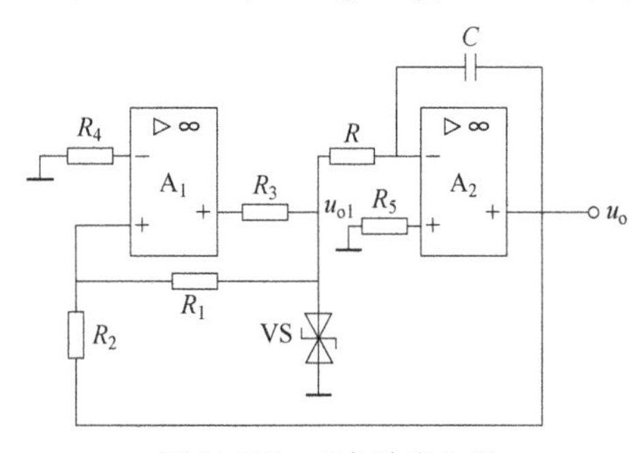

图 11-7-9　三角波发生器

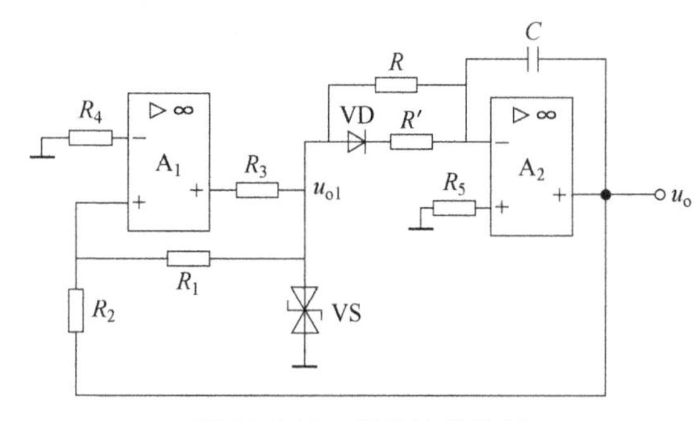

图 11-7-10　锯齿波发生器

本章小结

具体内容请扫描二维码观看。

第十一章小结

习　题

11-1　电路如图 11-T-1 所示，设图中 VT_1 和 VT_2 的电流放大系数 $\beta_1=\beta_2=60$，输入电阻 $r_{be1}=r_{be2}=1k\Omega$，$U_{BE1}=U_{BE2}=0.7V$，$R_{RP}=100\Omega$，其滑动触头在中间位置。试计算：

（1）电路的静态值 U_{CE1} 和 U_{CE2}。

（2）电压放大倍数 A_{ud}。

（3）输入电阻 r_i 和输出电阻 r_o。

11-2　图 11-T-2 所示电路为由运放构成的线性刻度欧姆表电路图，被测电阻 R_x 作为反馈电阻接在输出端与反相输入端之间，信号电压取自稳压管，$U_Z=6V$，输出端接量程为 6V 的直流电压表，用以读取 R_x 值。当开关 SA 合在 R_3 挡时，电压表指示为 3V，试问 R_x 值为多少？

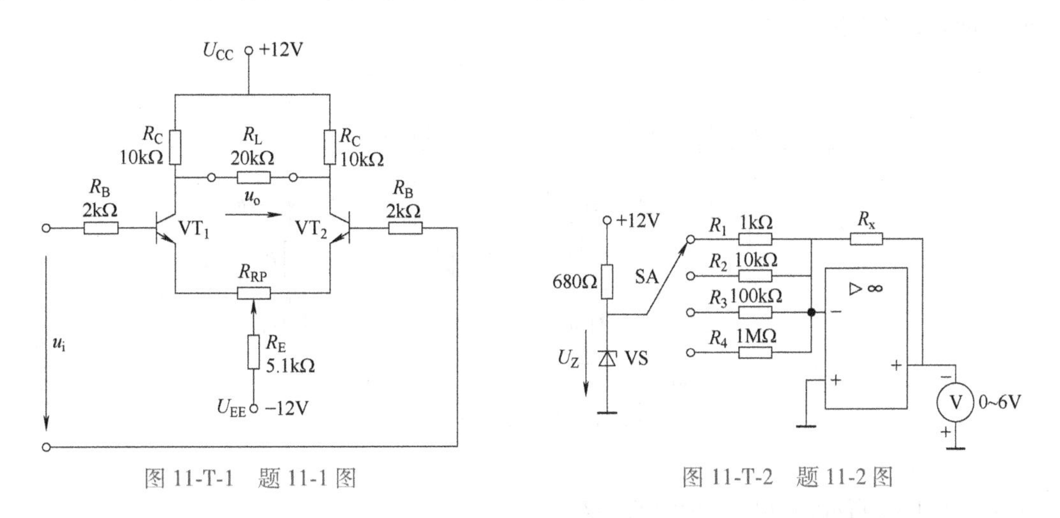

图 11-T-1　题 11-1 图　　　　图 11-T-2　题 11-2 图

11-3　电路如图 11-T-3a 所示，u_{i1} 和 u_{i2} 的波形分别如图 11-T-3b 所示。试画出输出电压 u_o 的波形（注意在时间轴上要对应）。

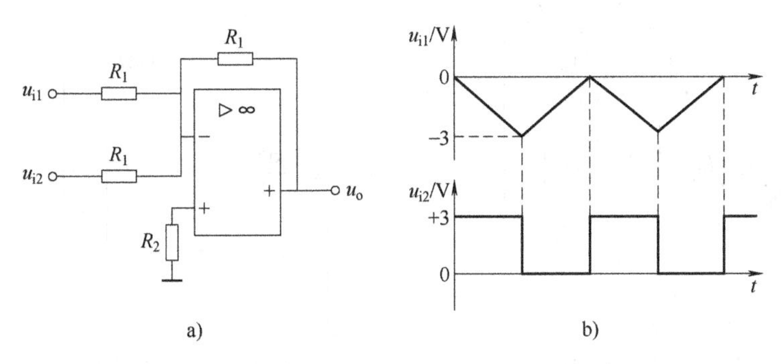

图 11-T-3　题 11-3 图

11-4　电路如图 11-T-4 所示，已知各输入信号分别为 $u_{i1}=0.5V$，$u_{i2}=-2V$，$u_{i3}=1V$，其他参数见图，试回答下列问题：

（1）图中两个运算放大器分别构成何种单元电路？

（2）求电路的输出电压 u_o。

（3）试确定电阻 R_3 值。

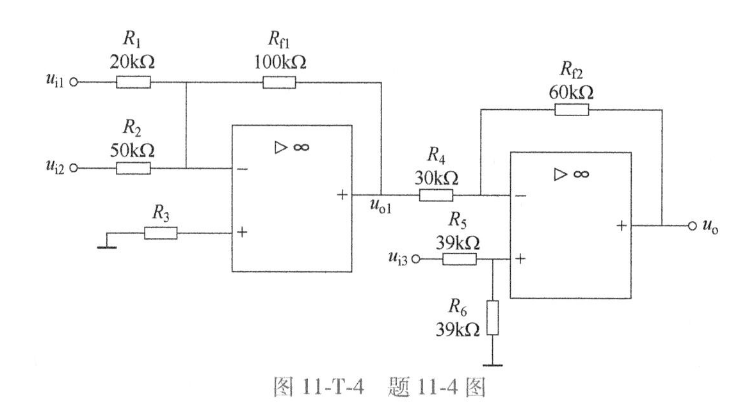

图 11-T-4　题 11-4 图

11-5　图 11-T-5 所示电路 a、b 为由运放构成的电压-电流转换电路，试推导它们的输出电流 $i_L(I_L)$ 与信号电压 $u_i(U_i)$ 的关系式。

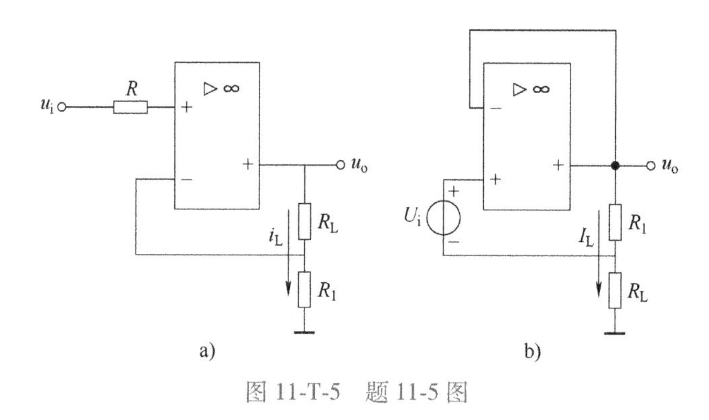

图 11-T-5　题 11-5 图

11-6　图 11-T-6 所示电路中，$R_2=R_3=R_4=4R_1$，求$\frac{u_o}{u_i}$。

11-7　图 11-T-7 所示电路为放大倍数可调的放大器，试求放大倍数的调节范围。

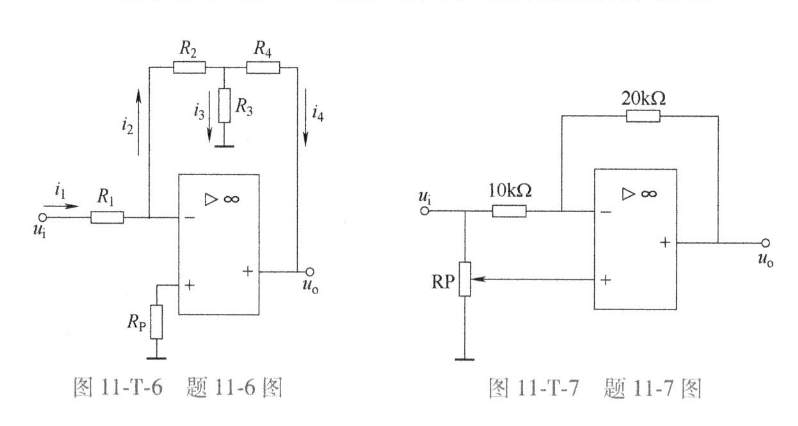

图 11-T-6　题 11-6 图　　　图 11-T-7　题 11-7 图

11-8　电路如图 11-T-8 所示，试求开关 S 打开和闭合两种情况下 u_o 与 u_i 的关系。

11-9　电路如图 11-T-9 所示，求证：

$$u_o=2\left(1+\frac{2R}{R_1}\right)(u_{i2}-u_{i1})$$

11-10　电路如图 11-T-10 所示，已知 $U_{i1}=-1\text{V}$，$U_{i2}=1\text{V}$，$U_{i3}=1\text{V}$，$U_{i4}=4\text{V}$，试求 U_{o1}、U_{o2}、U_{o3}和 U_o 的值。

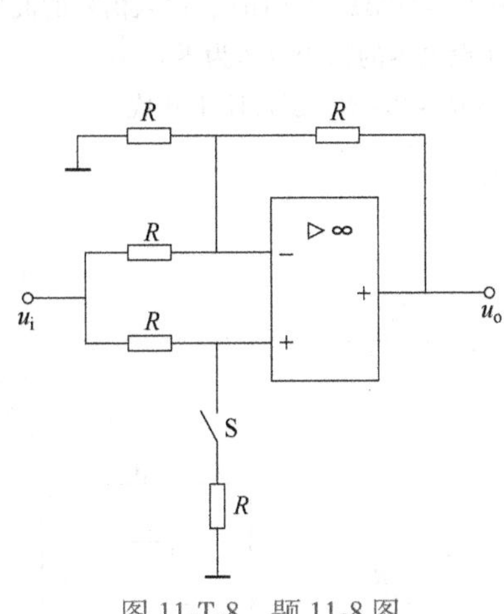

图 11-T-8　题 11-8 图

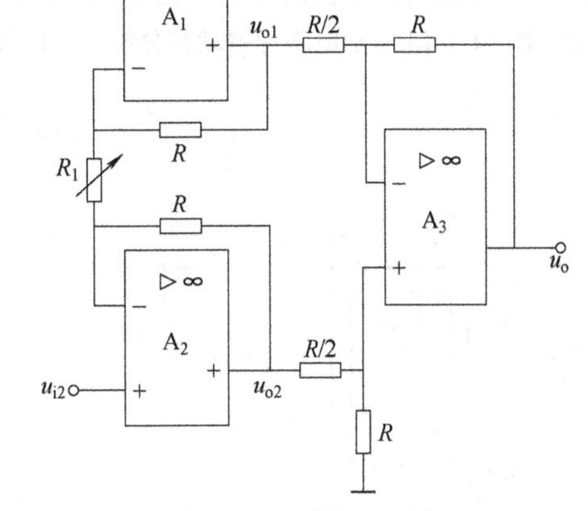

图 11-T-9　题 11-9 图

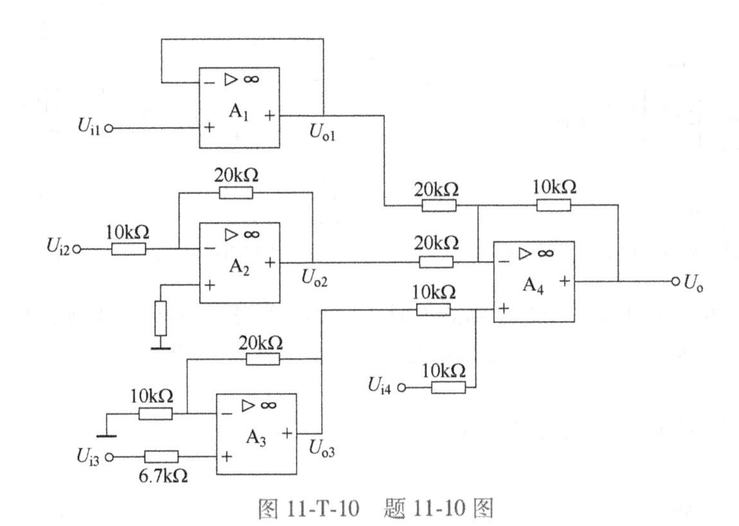

图 11-T-10　题 11-10 图

11-11　计算图 11-T-11 所示电路中的 u_{o1}、u_{o2}、u_{o3}的值。

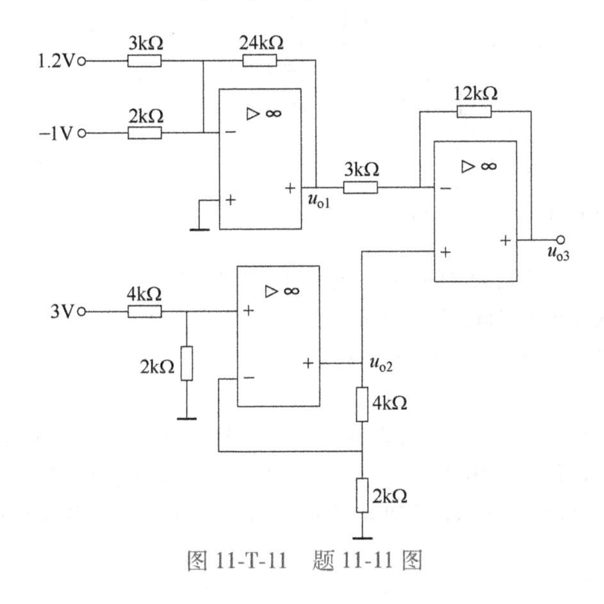

图 11-T-11　题 11-11 图

11-12 图11-T-12所示各电路中，设图a积分运算电路中的$R=50\text{k}\Omega$，$C=1\mu\text{F}$，输入信号的波形如图b所示，试画出与其对应的输出信号u_o的波形，并标出其幅值（设电容的初始电压为零）。

11-13 图11-T-13所示电路为差动积分电路，已知$R_1=R_3=R_4=R_5=R$，试证明下式成立：

$$U_o = \frac{1}{RC}\int(u_{i1} - u_{i2})\mathrm{d}t$$

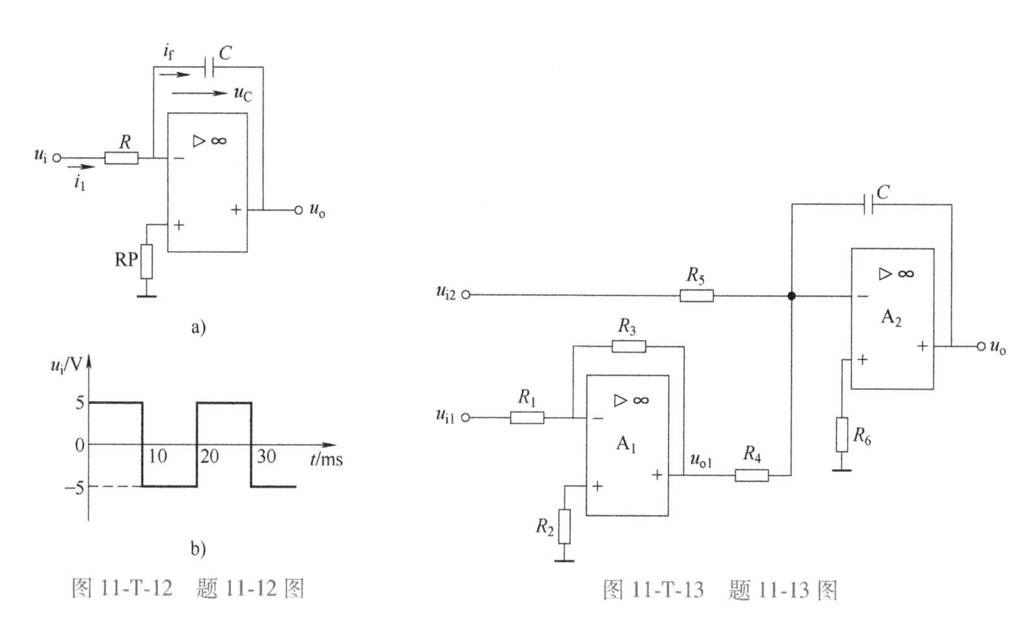

图11-T-12 题11-12图 图11-T-13 题11-13图

11-14 电路如图11-T-14所示，设$u_{i1}=u_{i2}=0$时，$u_C(0)=0$。若将$u_{i1}=-10\text{V}$加入0.2s后，再将$u_{i2}=+15\text{V}$也加入电路中，求再经过多长时间输出端电压达到$u_o=-6\text{V}$？指出运放A_1、A_2分别构成何种单元电路？

11-15 电路如图11-T-15所示，试求输入、输出的关系。

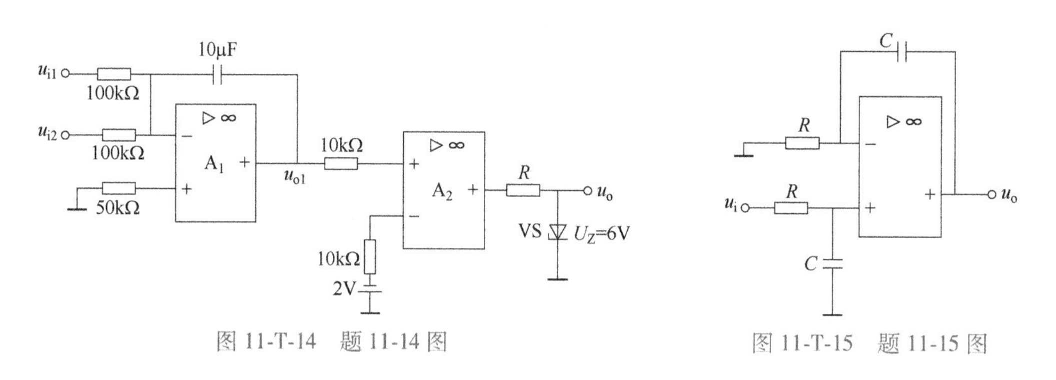

图11-T-14 题11-14图 图11-T-15 题11-15图

11-16 在下列情况下，应在放大电路中引入何种组态的负反馈？

（1）使放大电路的输出电阻降低，输入电阻降低。

（2）使放大电路的输入电阻提高，输出电压稳定。

（3）使放大电路吸取信号源的电流小，带负载能力强。

11-17 为了增大运放的输出功率，通常在它的后面接一功率晶体管或互补对称功率电路，如图11-T-16a、b所示。试分析图中各电路的反馈类型，并指出它们分别稳定哪个输出量。

11-18 振荡电路如图11-T-17所示，已知$R=20\text{k}\Omega$，电容C的可变范围为30~360pF，试求振荡频率范围。

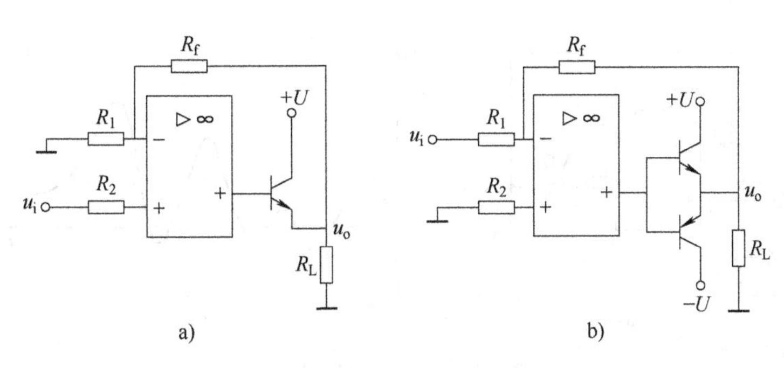

图 11-T-16　题 11-17 图

11-19　画出图 11-T-18 所示电路的电压传输特性。

11-20　图 11-T-19 所示电路中，运放的最大输出电压 $U_{OM}=\pm12V$，稳压管的稳定电压 $U_Z=6V$，正向管压降为 0.7V，$u_i=12\sin\omega tV$。当参考电压 $U_R=+3V$ 和$-3V$ 两种情况时，作出传输特性和输出电压 u_o 的波形。

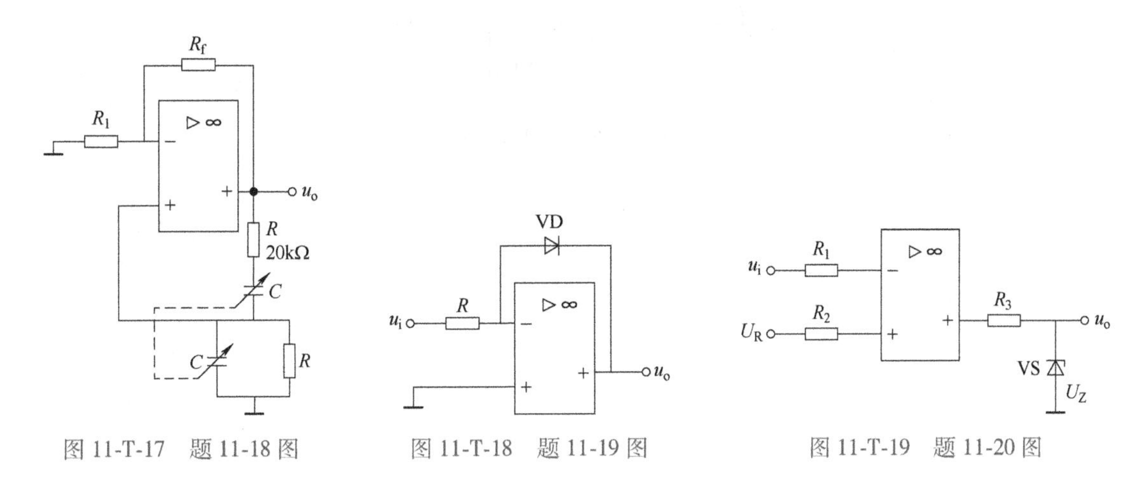

图 11-T-17　题 11-18 图　　图 11-T-18　题 11-19 图　　图 11-T-19　题 11-20 图

11-21　画出图 11-T-20 所示电路的电压传输特性，图中 $U_Z=\pm6V$。

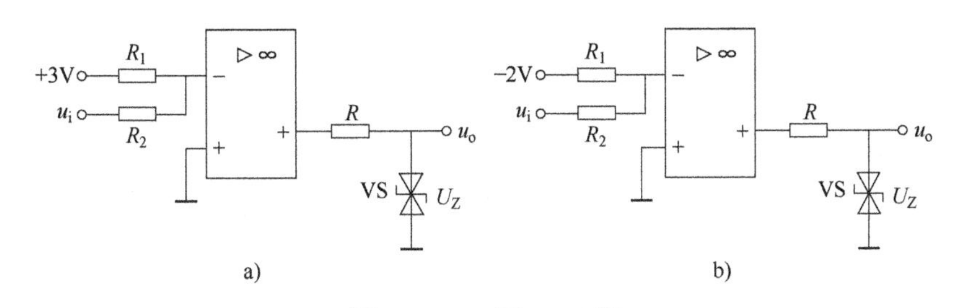

图 11-T-20　题 11-21 图

11-22　图 11-T-21a 所示电路为有源峰值检波电路，当输入信号 u_i 如图 11-T-21b 所示时，试对应画出输出信号 u_o 的波形。

11-23　图 11-T-22 所示电路为监控报警装置原理图。对某一非电量（如温度、压力等）进行监控时，可先由传感器将非电量转换为电量，见图中 u_i（或已经放大后的 u_i）。U_R 为参考电压（对应被监控量的正常值）。当 u_i 超过正常值时，报警灯亮，试说明工作原理，并回答二极管 VD 和电阻 R_3 的作用。

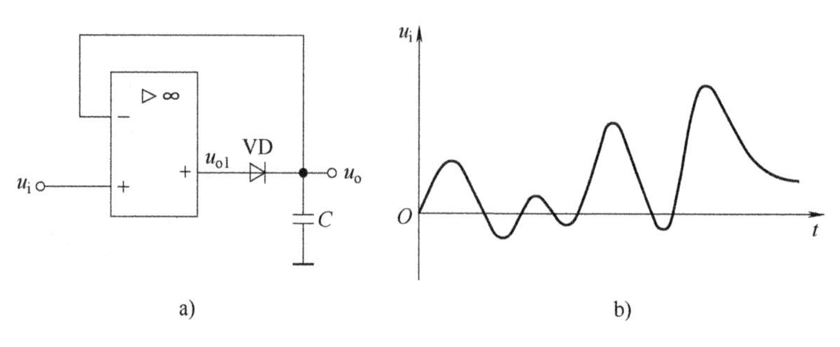

图 11-T-21　题 11-22 图

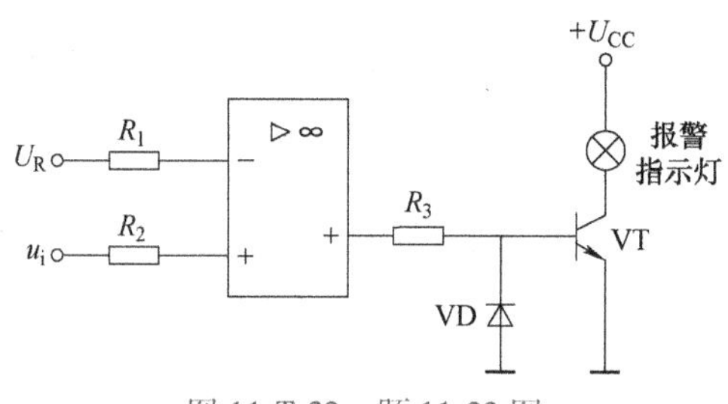

图 11-T-22　题 11-23 图

第十二章　直流稳压电源

在电子技术的应用领域中，很多地方都需要稳定的直流电源，如一些自动控制装置及电子设备。为了得到直流电，除可以采用直流发电机外，还可以采用由交流电变换为直流电的各种半导体直流电源。后者的应用更为广泛。图 12-0-1 所示是半导体直流稳压电源的原理框图，一般由四个部分组成，表示将交流电变换为直流电的过程。其各部分的功能如下：

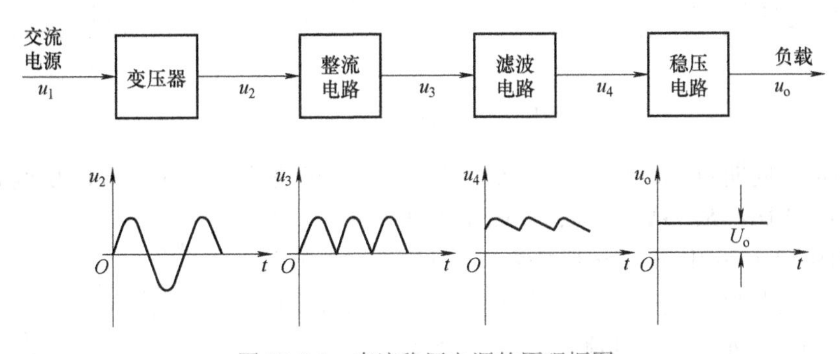

图 12-0-1　直流稳压电源的原理框图

（1）变压器　将交流电源的电压 u_1（一般为 220V 或 380V）变换为符合整流电路所需要的交流电压 u_2。

（2）整流电路　利用具有单向导电性的整流器件（半导体二极管、晶闸管等），将交流电压 u_2 变换为单相脉动的直流电压 u_3。

（3）滤波电路　滤去单向脉动直流电压 u_3 中的交流成分，减小脉动程度，供给负载比较平滑的直流电压 u_4。

（4）稳压电路　在交流电源电压波动或负载变化时，滤波后的直流电压大小还会变化，利用稳压电路使直流输出电压 u_o 成为平滑稳定的直流电压。

第一节　整流电路

将交流电变换为直流电的过程称为整流，它是利用半导体二极管的单向导电特性实现的。通常先由变压器将 50Hz、220V 的交流电压降压到符合整流所需的交流电压值，再经整流电路整流，输出直流电压。在小功率整流电路中（200W 以下），常见的整流电路有单相半波、全波、桥式及倍压整流电路；而对于大功率整流，一般用三相半波或三相桥式整流。本节

单相半波整流电路

介绍常用的单相桥式整流。

图12-1-1a所示是单相桥式全波整流电路，通常也用图12-1-1b、c所示两种画法。它由四个二极管连成电桥四臂，一对角接交流电源，另一对角则接负载，故名桥式整流电路。

它是利用二极管的单向导电性来完成整流功能。

一、工作原理

由图12-1-1a可见，在u_2的正半周期间，a端为正，b端为负，二极管VD_1、VD_3因正偏而导通，VD_2、VD_4则因反偏而截止。流经负载电阻R_L的电流i_{o1}的路径为a→VD_1→R_L→VD_3→b，如图中实线所示，R_L中的电流i_{o1}及两端电压u_o的波形如图12-1-2a中0~π段所示。

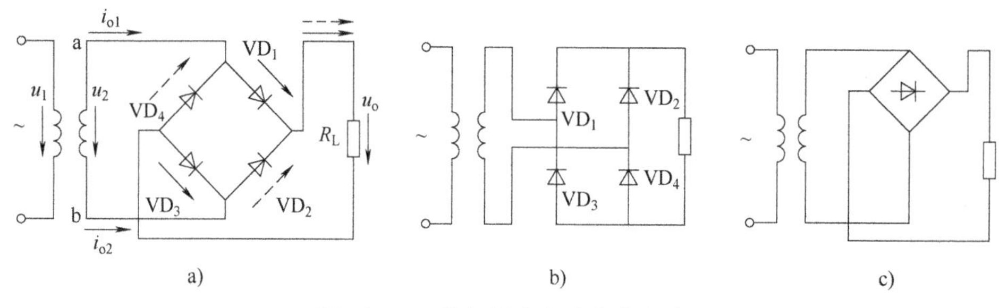

图12-1-1　单相桥式全波整流电路

在u_2的负半周期间，a负b正，二极管VD_2、VD_4正偏导通，VD_1、VD_3反偏截止，电流i_{o2}的路径为b→VD_2→R_L→VD_4→a，如图中虚线所示。i_{o2}及u_o的波形如图12-1-2b中π~2π段所示。可见，在u_2的整个周期内，R_L上获得极性一定、但大小变动的脉动直流电压，负载中流过脉动的直流电流，这就是全波整流的工作原理。

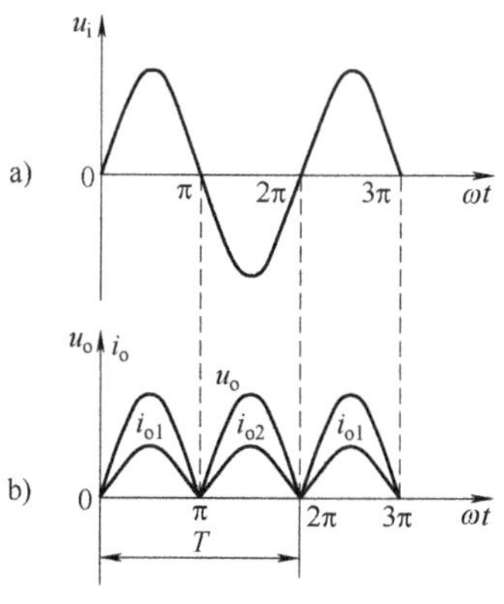

图12-1-2　全波整流电路的电压、电流波形

二、参数计算

很显然，全波整流电路的整流电压的平均值可用下式求得：

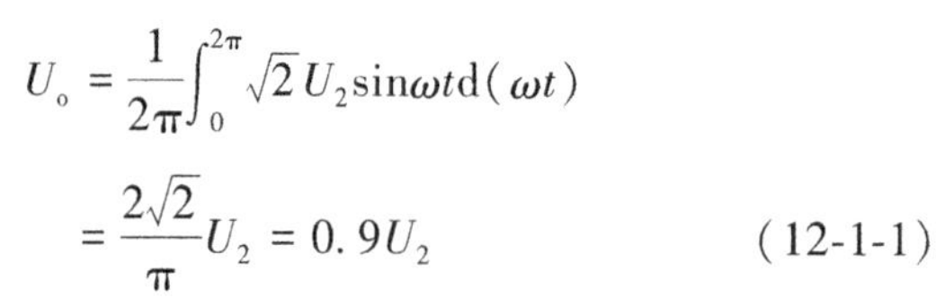

$$U_o=\frac{1}{2\pi}\int_0^{2\pi}\sqrt{2}U_2\sin\omega t\mathrm{d}(\omega t)=\frac{2\sqrt{2}}{\pi}U_2=0.9U_2 \tag{12-1-1}$$

负载电阻R_L中的直流电流I_o为

$$I_o=\frac{I_o}{R_L}=0.9\frac{U_2}{R_L} \tag{12-1-2}$$

桥式全波整流电路中，每两个二极管串联后在u_2的正、负半周轮流导通，因此流过每个二极管的平均电流只是负载中平均电流的1/2，即

$$I_{VD}=\frac{1}{2}I_o=0.45\frac{U_2}{R_L} \tag{12-1-3}$$

二极管承受的最高反向工作电压可从图12-1-1a中看出，当VD_1和VD_3导通时，如不考

虑导通时的正向压降，VD_2和VD_4的阴极与a端同电位，它们的阳极则与b端同电位，因此，截止管两端的最高反向工作电压就是交流电压u_2的幅值U_{2m}，即

$$U_{DRM}=U_{2m}=\sqrt{2}U_2 \tag{12-1-4}$$

变压器二次电流i_2仍为整流电流i_o，其有效值I_2与整流电流平均值的关系为

$$I_2=\frac{U_2}{R_L}=\frac{U_o}{0.9}\frac{1}{R_L}=1.11I_o \tag{12-1-5}$$

式（12-1-3）和式（12-1-4）是选用二极管的依据。

目前，已广泛使用封装成一个整体的桥式整流器，这种桥式整流器给使用者带来极大方便，图12-1-3所示是桥式整流器的外形。它有四个接线端，两端接交流电源，两端接负载。+、-标志表示整流电压的极性。根据需要可在手册中选用不同型号及规格的桥式整流器。

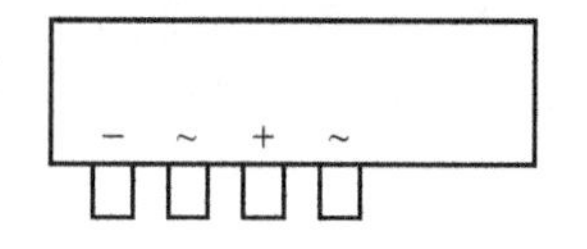

图12-1-3　桥式整流器外形

【例12-1-1】　已知交流电源电压$U_1=220V$，负载电阻$R_L=50\Omega$，采用单相桥式整流电路供电，要求输出电压$U_o=24V$，试问：

（1）如何选用二极管?

（2）求整流变压器的电压比及容量。

解：（1）负载电流

$$I_o=\frac{U_o}{R_L}=\frac{24V}{50\Omega}=480mA$$

二极管的平均电流

$$I_{VD}=\frac{1}{2}I_o=240mA$$

变压器二次电压有效值

$$U_2=\frac{U_o}{0.9}=\frac{24V}{0.9}=26.6V$$

考虑到变压器二次绕组及管子上的压降，变压器的二次电压大约要高出10%，即

$$U_2=26.6V\times1.1=29.3V$$

二极管最大反向电压

$$U_{DRM}=\sqrt{2}\times29.3V=41.4V$$

因此可选用型号为2CZ54C的二极管四只，其最大整流电流为500mA，反向工作峰值电压为100V。

（2）变压器的电压比

$$K=\frac{220}{29.3}\approx7.5$$

变压器二次电流的有效值为

$$I_2=\frac{I_o}{0.9}=\frac{480mA}{0.9}=533.3mA=0.53A$$

变压器的容量为

$$S=U_2I_2=29.3V\times0.53A=15.53V\cdot A$$

【例12-1-2】　对“地”能输出极性为正和负两种直流电压的整流电路如图12-1-4所示。

（1）分析二极管导通情况，画出当变压器二次侧抽头在中心位置时的 u_{o1}、u_{o2} 波形，指出它们对地的极性。

（2）当 $U_{21}=U_{22}=20V$ 时，$U_{o1}=?$ $U_{o2}=?$

解：（1）u_2 的正半周（a 为高电位，b 为低电位），VD_1 与 VD_3 导通，$u_{o1}=u_{21}$，$u_{o2}=-u_{22}$，u_2 的负半周（a 为低电位，b 为高电位），VD_2 与 VD_4 导通，$u_{o1}=-u_{22}$，$u_{o2}=u_{21}$，波形如图 12-1-5 所示。

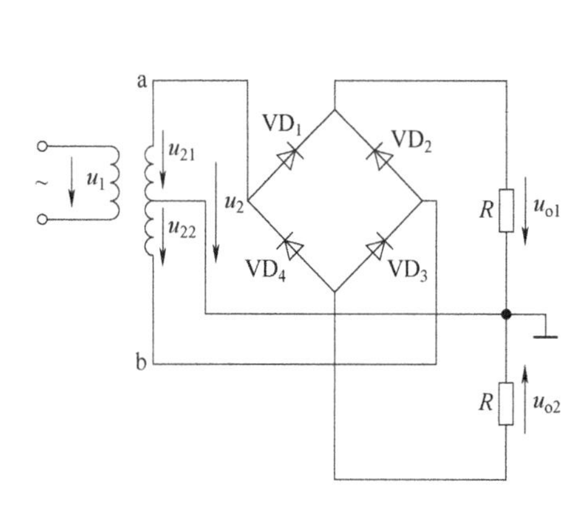

图 12-1-4　例 12-1-2 图

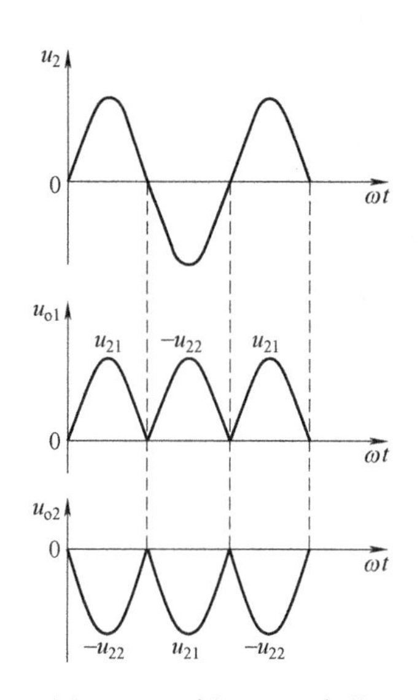

图 12-1-5　例 12-1-2 波形

u_{o1} 对地极性为正，u_{o2} 对地极性为负。

（2）由波形可知，u_{o1} 与 u_{o2} 均为全波整流，且 $U_{21}=U_{22}=20V$，所以直流电压平均值为

$$U_{o1}=|U_{o2}|=0.9\times20V=18V$$

第二节　电容滤波电路

单相半波整流滤波电路

整流电路虽然将交流电变为直流，但输出的都是脉动电压，这种电压远不能满足大多数电子设备对电源的要求。因为脉动电压中除含有直流分量外，还含有不同频率的交流分量。为了改善整流电压的程度，提高其平滑性，在整流电路之后，都要加接滤波器以尽量减小输出电压中的交流分量。构成滤波器的主要元件是电容和电感，下面主要介绍电容滤波电路。

电容滤波电路是最简单的滤波器，它由在整流电路的输出端与负载并联的一个滤波电容 C 组成，如图 12-2-1 所示。

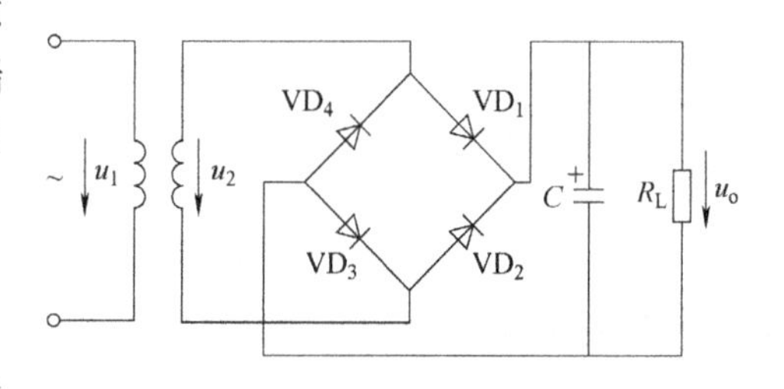

图 12-2-1　接有滤波电容的单相整流电路

一、滤波原理

图 12-2-2 波形图中，虚线所示为未加电容滤波时的 u_o 波形。设 VD 为理想二极管。加入滤波

电容 C，u_2 在正半周的 Oa 段，VD_1 和 VD_3 导通，电源既向 R_L 供电，又向 C 充电储能。当 u_2 经幅值开始下降时，$u_2<u_c$，四个 VD 反偏截止，电容 C 即向 R_L 放电，如图中 ab 实线段，因此 R_L 两端仍有电压，$u_o=u_c$。放电过程一直持续到下一个 u_2 的正半周，当 $u_2>u_c$ 时，VD_2 和 VD_4 正偏导通 C 又被充电，$u_o=u_c$ 又上升，直到 $u_2<u_c$，四个 VD 又截止，C 又放电。如此不断地充电、放电，在负载端就获得如图 12-2-2 所示的 u_o 波形。由波形可见，输出电压的直流分量明显提高了。实际上整流电路是有内阻的（变压器二次绕组和二极管的电阻），输出电压 u_o 的波形与图 12-2-2 中略有不同。

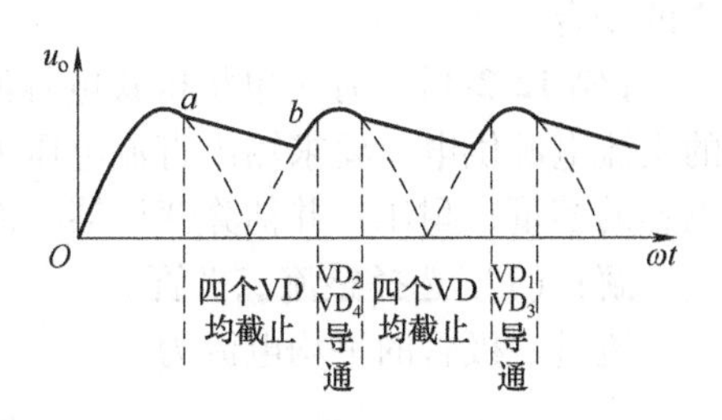

图 12-2-2　电容滤波器的作用

二、电容滤波电路的工程估算

在前面曾讨论过电容器充电、放电过程的快慢与时间常数有关。在桥式整流加电容滤波电路中的放电时间常数就是滤波电容 C 和负载电阻 R_L 的乘积，充电则按正弦规律（不计二极管的正向管压降）。由图 12-2-2 的 u_o 波形可以发现，R_LC 乘积的大小直接影响了直流分量 U_o 的大小。通常，对电容滤波整流电路可按下述工程估算取值：

$$U_o \approx 1.2U_2 \tag{12-2-1}$$

为了达到式（12-2-1）的取值关系，获得较高的输出直流分量，一般要求 $R_L \geqslant (10\sim15)\dfrac{1}{\omega C}$，即

$$R_LC \geqslant (3\sim5)\frac{T}{2} \tag{12-2-2}$$

式中，T 是交流电源的周期。

三、电容滤波的特点

1）在单相桥式电容滤波整流电路中，二极管的导通时间总是小于 $T/2$（导电角小于 180°）。滤波电容 C 是隔直流通交流的，通过电容器的平均电流应该为零，因此，二极管导通时的平均电流和负载的平均电流应相等。带有滤波电容时的整流电路中的二极管因导通时间短，必然会产生较大的峰值，这一电流冲击，往往易使管子损坏，尤其在刚合上交流电源瞬间，因电容两端电压不能突变，好似短路，瞬间的冲击电流更大，在选择二极管时，应考虑以上因素，需有充分裕量。

2）具有电容滤波的整流电路中的二极管，其最高反向工作电压对半波和单相桥式整流电路来说是不相等的。对单相桥式整流电路而言，无论有无滤波电容，二极管的最高反向工作电压都是$\sqrt{2}U_2$。值得注意的是，在半波整流电路中，要考虑到最严重的情况是负载开路，电容器上充有 U_{2m}，而 u_2 处在负半周的幅值时，这时二极管承受了 $2\sqrt{2}U_2$ 的反向工作电压，它与无滤波电容时相比，增大了一倍。

3）U_o 的大小与 R_LC 有关。C 一定时，R_L 值越大，U_o 越大，当 $R_L=\infty$ 时，$U_o=\sqrt{2}U_2$。反之，R_L 值越小，U_o 将随之降低。

关于滤波电容值的选取应视负载电流的大小而定，一般从几十到几百甚至几千微法。电

容器的耐压值应大于输出直流分量电压值，通常都采用电解电容器。

由上面的分析可知，电容滤波电路适用于输出电压较高，负载电流较小且负载变化也较小的场合。

【例12-2-1】 有一单相桥式电容滤波整流电路，电路如图12-2-1所示。用220V、50Hz的交流电源供电。要求输出直流电压$U_o=40V$，负载电流为400mA。试选择整流器件及滤波电容的容量、耐压，并估算变压器二次电压U_2。

解：(1) 选择整流二极管。

流过二极管的平均电流为

$$I_{VD}=\frac{1}{2}I_o=\frac{1}{2}\times400mA=200mA$$

由式(12-2-1)取$U_o=1.2U_2$，所以交流电压有效值为

$$U_2=\frac{U_o}{1.2}=\frac{40V}{1.2}\approx33V$$

二极管承受的最高反向工作电压为

$$U_{DRM}=\sqrt{2}U_2=\sqrt{2}\times33V\approx47V$$

因此，可以选用2CZ53C二极管四个（最大整流电流为300mA，最高反向工作电压为100V）。

(2) 选择滤波电容C。

由式(12-2-2)，取$R_LC=5\times\frac{T}{2}$，因$T=\frac{1}{f}=\frac{1}{50}s=0.02s$，$R_L=\frac{U_o}{I_o}=\frac{40V}{0.4A}=100\Omega$，所以有

$$C=\frac{1}{R_L}\times5\times\frac{T}{2}=\frac{1}{100}\times5\times\frac{0.02}{2}F=500\mu F$$

可选用$C=500\mu F$，耐压值为100V的电解电容器。

四、π形滤波电路

为了进一步提高整流输出电压的平滑性，还可以用图12-2-3所示的π形LC滤波电路及图12-2-4所示的π形RC滤波电路。

由于电阻对交、直流电流都具有降压作用，但是当它和电容配合之后，就使脉动电压的交流分量较多地降落在电阻两端（这是因为电容C_2的交流阻抗很小），而较少地降落在负载电阻之上，从而起到了滤波作用，R越大，C_2越大，滤波效果越好。但若R太大，会使直流压降增加。因此，这种滤波电路主要适用于负载电流较小，而要求输出电压脉动很小的场合。

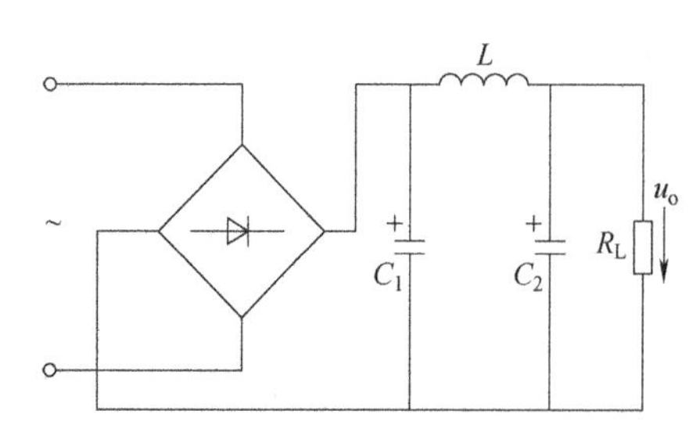

图12-2-3　π形LC滤波电路

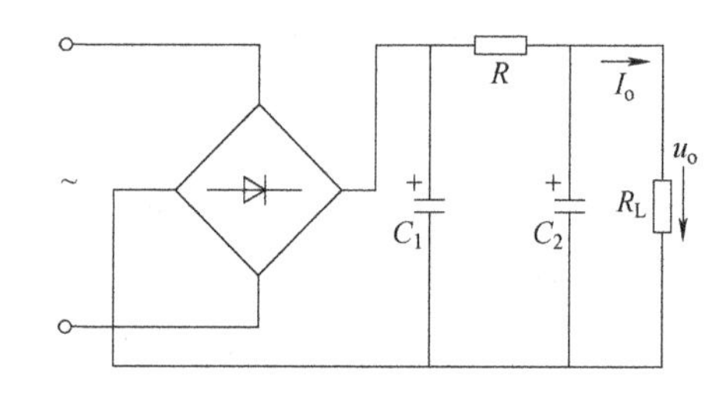

图12-2-4　π形RC滤波电路

第三节　稳 压 电 路

一、串联型晶体管稳压电路

串联型晶体管稳压电路如图 12-3-1 所示。虽然分立元器件稳压电路已基本被集成稳压电源所替代，但其电路原理仍为后者内部电路的基础。

图 12-3-1 所示的串联型稳压电路包括以下四个部分：

（1）采样环节　是由 R_1、R_2、R_{RP}组成的电阻分压器，它将输出电压 U_o 的一部分

$$U_f=\frac{R_2+R_2'}{R_1+R_2+R_{RP}}U_o$$

取出送到放大环节。电位器 RP 是调节输出电压用的。

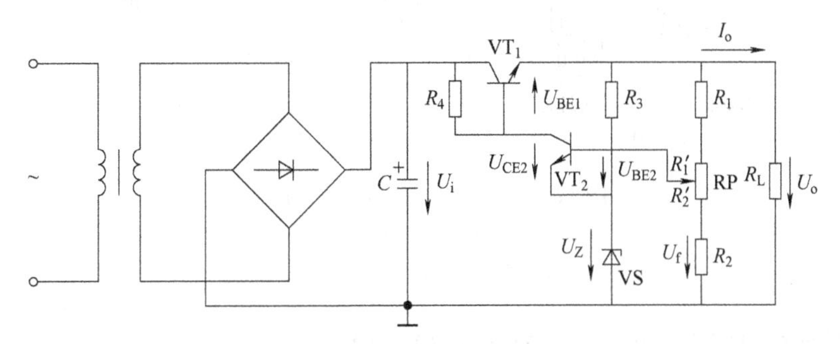

图 12-3-1　串联型晶体管稳压电路

（2）基准电压　由稳压管 VS 和电阻 R_3 构成的电路中取得，即稳压管的电压 U_Z，它是一个稳定性较高的直流电压，作为调整、比较的标准。R_3 是稳压管的限流电阻。

（3）放大环节　是一个由晶体管 VT_2 构成的直流放大电路，它的基-射极电压 U_{BE2} 是采样电压与基准电压之差，即 $U_{BE2}=U_f-U_z$。将这个电压差值放大后去控制调整管。R_4 是 VT_2 的负载电阻，同时也是调整管 VT_1 的偏置电阻。

（4）调整环节　一般由工作于线性区的功率晶体管 VT_1 组成，它的基极电流受放大环节输出信号控制。只要控制基极电流 I_{B1}，就可以改变集电极电流 I_{C1} 和集-射极电压 U_{CE1}，从而调整输出电压 U_o。

图 12-3-1 所示串联型稳压电路的工作情况如下：当输出电压 U_o 升高时，采样电压 U_f 就增大，VT_2 的基-射极电压 U_{BE2} 增大，其基极电流 I_{B2} 增大，集电极电流 I_{C2} 上升，集-射极电压 U_{CE2} 下降。因此，VT_1 的 U_{BE1} 减小，I_{C1} 减小，U_{CE1} 增大，输出电压 U_o 下降，使之保持稳定。这个自动调整过程可以表示如下：

$$U_o\uparrow\longrightarrow U_{BE2}\uparrow\longrightarrow I_{B2}\uparrow\longrightarrow I_{C2}\uparrow\longrightarrow U_{CE2}\downarrow$$
$$U_o\downarrow\longleftarrow U_{CE1}\uparrow\longleftarrow I_{C1}\downarrow\longleftarrow I_{B1}\downarrow\longleftarrow U_{BE1}\downarrow$$

当输出电压降低时，调整过程相反。

从调整过程来看，图 12-3-1 所示的串联型稳压电路是一种串联电压负反馈电路。

二、集成稳压电路

即使采用运算放大器的串联型稳压电路，仍有不少外接元件，还要注意共模电压的允许

值和输入端的保护，因此使用复杂。当前已经广泛应用单片集成稳压电源。它具有体积小、可靠性高、使用灵活、价格低廉等优点。

本节主要讨论的是W78××系列（输出正电压）和W79××系列（输出负电压）集成稳压器的使用。图12-3-2是W78××系列集成稳压器的外形、管脚和接线图，其内部电路也是串联型晶体管稳压电路。这种稳压器只有输入端1、输出端2和公共端3三个引出端，故也称为三端集成稳压器。使用时只需在其输入端和输出端与公共端之间各并联一个电容即可。C_1用以抵消输入端较长接线的电感效应，防止产生自激振荡，接线不长时也不用。C_2是为了瞬时增减负载电流时不致引起输出电压有较大的波动。C_1一般在0.1～1μF之间，如0.33μF；C_2可用0.1μF。

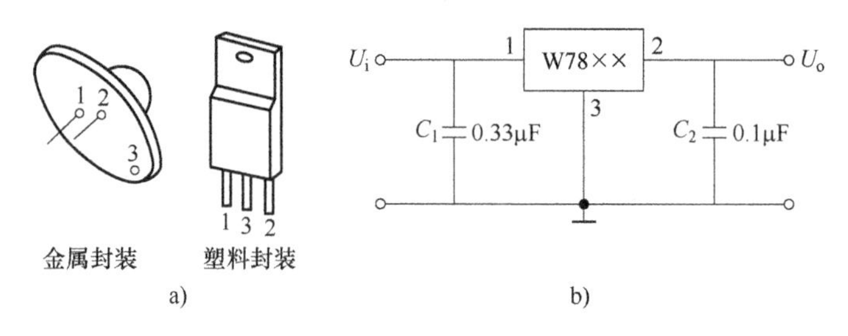

图12-3-2　W78××系列集成稳压器

a）外形　b）接线图

1—输入端　2—输出端　3—公共端

W78××系列输出固定的正电压，有5V、6V、9V、12V、15V、18V、24V多种。例如，W7815的输出电压为15V，最高输入电压为35V，最小输入、输出电压差为2～3V，最大输出电流为2.2A，输出电阻为0.03～0.15Ω，电压变化率为0.1%～0.2%。W79××系列输出固定的负电压，接线图如图12-3-3所示。其参数与W78××基本相同。使用时三端稳压器接在整流滤波电路之后。

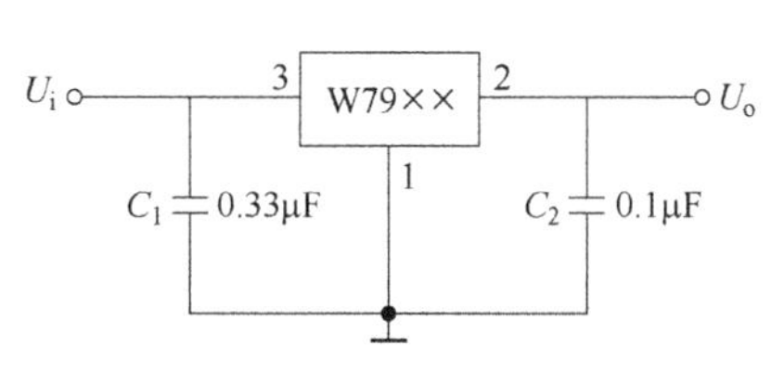

图12-3-3　W79××系列接线图

下面介绍几种三端集成稳压器的应用电路。

（1）输出固定电压的稳压电路　如图12-3-2b和图12-3-3所示。

（2）正、负电压同时输出的电路　如图12-3-4所示。

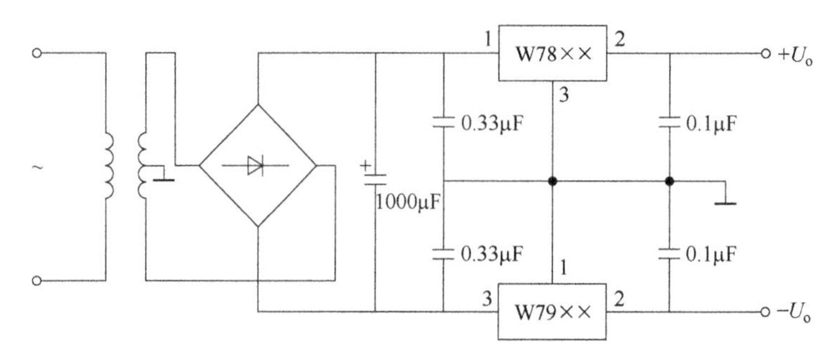

图12-3-4　正、负电压同时输出的电路

（3）提高输出电压的电路　如图 12-3-5 所示。

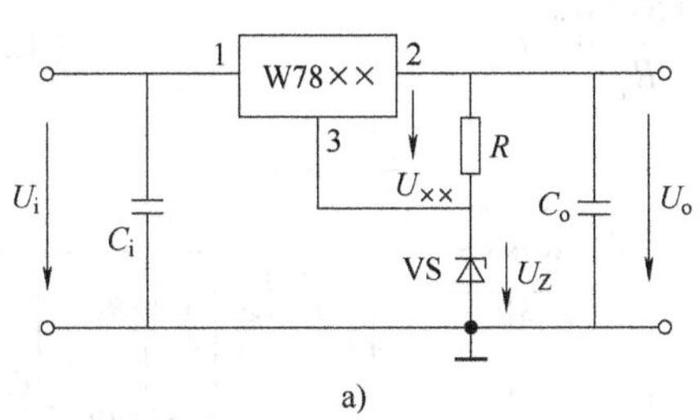

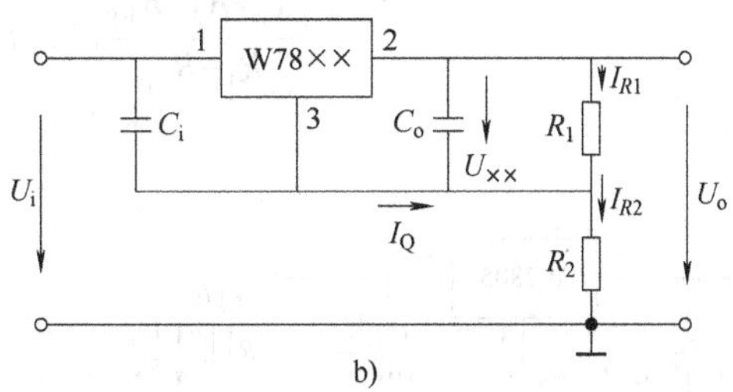

图 12-3-5　提高输出电压的电路

图 12-3-5a 所示电路能使输出电压高于固定输出电压。图中 $U_{××}$ 为 W78××稳压器的固定输出电压，显然

$$U_o=U_{××}+U_Z \tag{12-3-1}$$

也可采用如图 12-3-5b 所示的电路提高输出电压。图中 R_1、R_2 为外接电阻，R_1 两端的电压为集成稳压器的额定电压 $U_{××}$，R_1 上流过的电流 $I_{R1}=U_{××}/R_1$，集成稳压器的静态电流为 I_Q，则

$$I_{R2}=I_{R1}+I_Q$$

稳压电路的输出电压为

$$U_o=U_{××}+I_{R2}R_1+I_{R1}R_2+I_QR_2=\left(1+\frac{R_2}{R_1}\right)U_{××}+I_QR_2$$

由于 I_Q 一般都很小，故当 $I_{R1}\gg I_Q$ 时，可以忽略 I_QR_2，因此，输出电压

$$U_o=\left(1+\frac{R_2}{R_1}\right)U_{××} \tag{12-3-2}$$

由式（12-3-2）可以看出，改变外接电阻 R_1、R_2，可以提高输出电压。

（4）用作直流恒流源的电路　图 12-3-6 所示电路的连接可以作为稳定的直流电流源，其输出电流将不随负载电阻的改变而变动。

R 两端为稳压块输出的稳定电压，只要 R 元件精确，其中电流 I_R 也是稳定的。负载中的电流为

$$I_o=I_R+I_W$$

I_W 为集成块的静态电流，因此，当负载改变时，I_o 由下式决定，并且不受 R_L 变动的影响，即

$$I_o=\frac{U_o}{R}+I_W \tag{12-3-3}$$

（5）输出电压可调的电路　图 12-3-7 所示是由三端集成稳压器构成的输出电压可以调节的稳压电路。图中的运算放大器起电压跟随作用，采用单电源运算放大器，其电源就是稳压电路的输入电压。运算放大器具有很高的输入电阻和很低的输出电阻，忽略稳压器的静态电流 I_Q，当电位器 RP 滑动端处于最上端时，$U_{23}=\dfrac{R_1}{R_1+R_2+R_{RP}}U_o$，而滑动端处于最下端时，$U_{23}=\dfrac{R_1+R_{RP}}{R_1+R_2+R_{RP}}U_o$。

因此稳压电路输出电压的范围是

$$\frac{R_1+R_2+R_{RP}}{R_1+R_{RP}}U_{23}<U_o<\frac{R_1+R_2+R_{RP}}{R_1}U_{23} \tag{12-3-4}$$

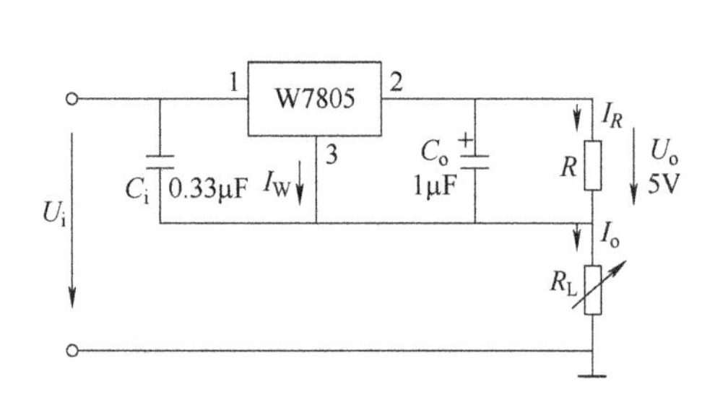

图 12-3-6 作为恒流源的电路

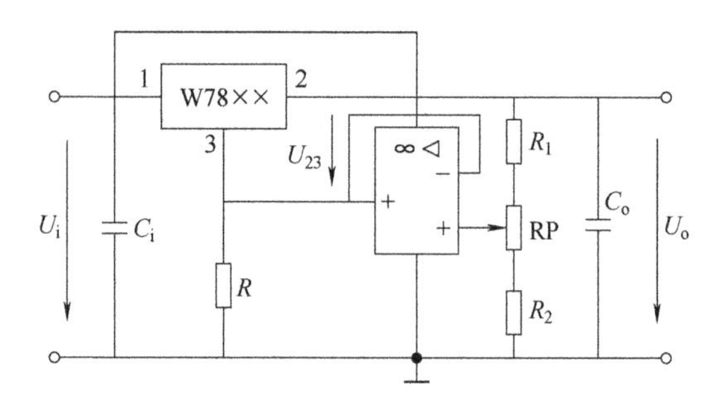

图 12-3-7 输出电压可调的稳压电路

第四节 晶闸管及其应用

晶闸管是晶体闸流管的简称，也称可控硅（SCR），可用于可控整流、逆变、调压等电路，也可作为无触点开关，是在电源和电力电子电路中广泛应用的大功率半导体器件。晶闸管的出现开辟了利用半导体器件进行电能量处理的新时代，产生了电力电子技术这个新兴研究领域。

一、晶闸管

1. 基本结构

晶闸管内部是由四层半导体 PNPN 和三个 PN 结（J_1、J_2 和 J_3）构成，如图 12-4-1 所示。具有三个电极，其中 A 为阳极（anode），K 为阴极（cathode），G 为门极（gate）或控制极。

晶闸管外形及图形符号如图 12-4-2 所示。图 a 是螺栓式（额定电流 I_F<200A）结构，螺栓为阳极 A；图 b 是平面式（I_F>200A）结构，中间的金属环为门极 G，靠近门极的平面为阴极 K；图 c 是晶闸管的电路符号。

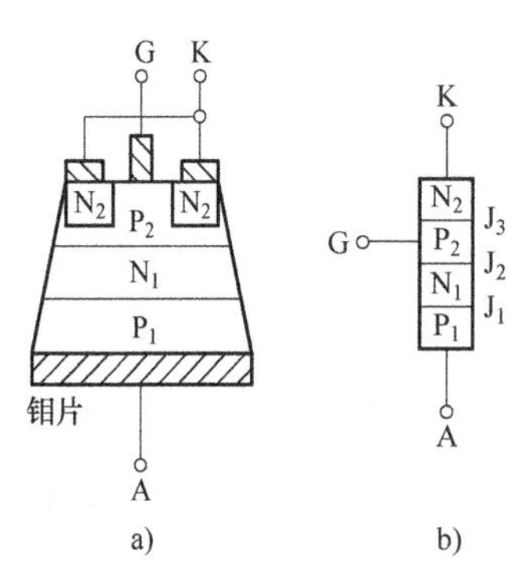

图 12-4-1 晶闸管结构示意图

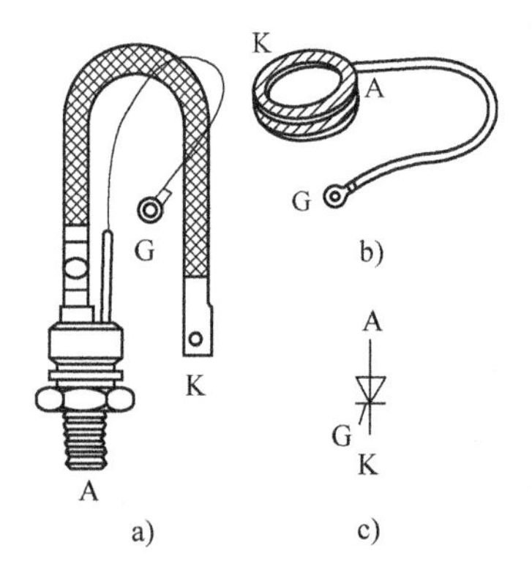

图 12-4-2 晶闸管外形及图形符号

2. 工作原理

在说明晶闸管的性能时，应着重理解门极的作用。

（1）门极和阴极之间不加正向电压　当晶闸管的阳极与阴极之间加正向电压时，会使 J_1、J_3 结处于正向偏止状态，而 J_2 结处于反向偏置状态，在晶闸管中只有很小的漏电流流过，此时晶闸管处于正向阻断状态。

当晶闸管的阳极与阴极之间加反向电压时，会使 J_2 结处于正向偏止状态，而 J_1、J_3 结处于反向偏置状态，晶闸管中也只有很小的漏电流流过，此时晶闸管处于反向阻断状态。

可见，单纯在阳极和阴极之间加外电压，无论是正向电压还是反向电压，晶闸管中都没有电流流过，处于阻断状态。

（2）门极和阴极之间加正向电压　为了说明晶闸管导通的原理，可把晶闸管看作是由 PNP 和 NPN 型两个晶体管互连而成，如图 12-4-3a 所示。其等效电路可表示为图 12-4-3b 中的两个晶体管 VT_1 和 VT_2，每个晶体管的基极同时又是另一晶体管的集电极，这种结构形成了内部的正反馈关系。

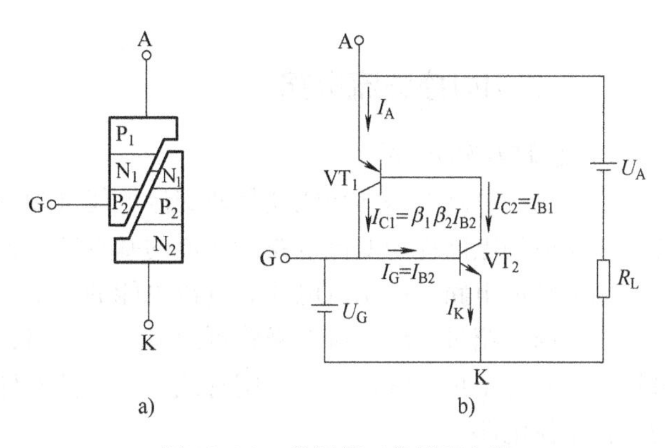

图 12-4-3　晶闸管工作原理电路

在晶闸管加上正向电压时，如果在门极加上足够大的正向电压，则有电流流入 VT_2 的基极，使 VT_2 导通。当 VT_2 导通后，其集电极电流流入 VT_1 的基极，并使 VT_1 也导通，从而加大 VT_2 的基极电流。如此往复循环，形成强烈的正反馈过程，使两个晶体管都饱和导通，结果是晶闸管迅速从阻断状态转变为导通状态。这个过程一般只有几微秒。

$$i_G \rightarrow i_{B2}\uparrow \rightarrow i_{C2}\uparrow (i_{B1}\uparrow) \rightarrow i_{C1}$$

晶闸管导通后，其正向电压 U_{AK} 一般为 0.6～1.2V，此时即使去掉门极和阴极之间的电压，由于其本身的正反馈作用仍能维持导通。所以门极电压 U_G 的作用仅仅是触发晶闸管的导通。

要想使晶闸管由导通变为阻断状态，必须将阳极电流 I_A 减小到不能维持正反馈过程，晶闸管自行关断。这个最小电流称为维持电流。

综上所述，晶闸管的导通条件为：

1）阳极与阴极间加正向电压。

2）门极和阴极间加正向触发电压。

3）阳极电流不小于维持电流。

不满足上述条件，则晶闸管不能导通而呈阻断状态，所以晶闸管是一个可控的单向导电开关。它与二极管相比，差别在于晶闸管的正向导电受门极电流的控制；与晶体管相比，其差别在于晶体管对门极电流没有放大作用。

3. 晶闸管的主要参数

（1）通态平均电流 I_F　在规定环境温度和标准散热条件下，允许通过工频正弦半波电流的平均值，也称额定正向平均电流，简称正向电流。该电流值与环境温度、散热条件、导通角及每个周期内元件的导通次数有关。

（2）维持电流 I_H　在规定的环境温度和门极开路的情况下，维持器件继续导通所需的最小阳极电流。如果通过器件的电流小于 I_H，管子自动阻断。

（3）门极触发电压 U_G 和触发电流 I_G　在规定的环境温度和阳极与阴极之间加一定正向电压的条件下，使晶闸管从阻断状态变为完全导通状态所需要的最小门极电压和门极电流。

（4）正向重复峰值电压 U_{DRM}　门极开路的条件下，允许重复作用在晶闸管上的最大正向电压。

（5）反向重复峰值电压 U_{RRM}　门极开路的条件下，允许重复作用在晶闸管上的最大反向电压。

二、单相可控整流电路

1. 交流电路的分类

电力电子电路的基本功能就是使交流电能（AC）与直流电能（DC）互相转换，也称为变流，相应的电路称为变流电路。交流的基本转换方式有四种。

（1）整流电路　由交流电能到直流电能的变换称为整流，实现这种变换的电路称为整流电路。之前介绍过，用整流二极管可组成整流电路，这种整流电路中二极管的导通角度是不可控的，称为不可控整流。用晶闸管或其他全控器件可组成可控整流电路，如由晶闸管组成的相控整流电路。

（2）逆变电路　由直流电能到交流电能的变换称为逆变，实现这一变换的电路称为逆变电路。逆变电路不但能使直流变成电压可调的交流，而且其输出频率也可以连续调整。

（3）直流变换电路　将一种直流电压变成另一种幅值或极性不同的直流电压的变换称为直流变换。由于通常用斩波方式实现这种变换，所以也称其为斩波电路。

（4）交流变换电路　能使交流电压或频率改变的变换称为交流变换，实现这种变换的电路通常用交流调压或周波变换电路。前者主要用于功率较小的交流调压设备，后者则用于兆瓦级大型电动机的调速系统。

2. 单相半波可控整流电路

图 12-4-4a 所示电路为最简单的晶闸管单相半波可控整流电路，R 是电路的负载电阻。变压器 T 用来变化电压，二次电压为 u_2，如图 12-4-4b 所示。

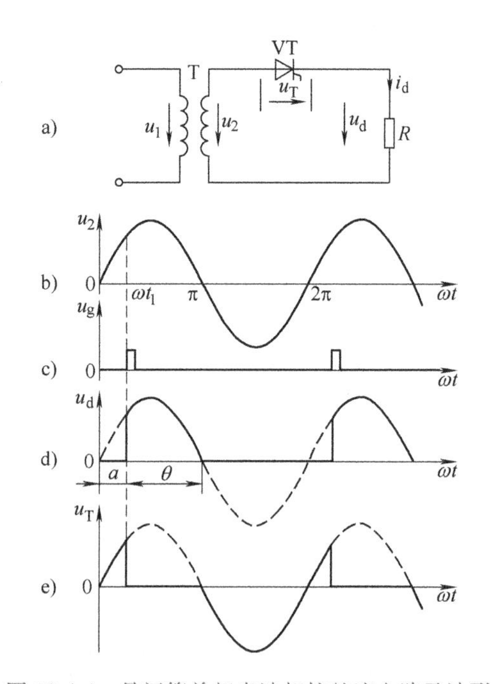

图 12-4-4　晶闸管单相半波相控整流电路及波形

a）单相半波可控整流电路　b）u_2 波形

c）触发脉冲　d）u_d 波形　e）u_T 波形

（1）u_2 正半周　在 $0\sim\omega t_1$ 区间，虽然晶闸管接正向电压，但门极上没有触发脉冲 u_g，晶闸管 VT 不导通，负载电阻中电流 i_d 和电压 u_d 皆为 0，$u_T=u_2$。

当门极脉冲到来时，如图 12-4-4c 所示，晶闸管被触发导通。当忽略晶闸管导通后的管压降（约为1V）时，$u_d=u_2$，$i_d=\frac{u_d}{R}$。这一导通状态一直维持到u_2减小到0为止。

（2）u_2负半周　晶闸管因承受方向电压而处于阻断状态，负载电阻中电流i_d和电压u_d皆为0。直到u_2的下一个周期正半周到来，当有门极触发信号时，晶闸管再次被触发导通。负载上的电压和晶闸管电压波形如图12-4-4d和12-4-4e所示，晶闸管所受最大正、反向电压为$\sqrt{2}U_2$。

如果改变门极触发信号到来的时刻，则输出电压u_d和电流i_d的波形也将相应变化，但极性不变。

把从晶闸管开始承受正向电压起到触发导通为止对应的电角度称为触发延迟角α（$0\sim\omega t_1$），晶闸管导通后对应的电角度称为导通角$\theta(\omega t_1 2\pi)$，故$\theta=\pi-\alpha$。整流电路输出的平均电压为

$$U_d=\frac{1}{2\pi}\int_{\alpha}^{\pi}\sqrt{2}U_2\sin(\omega t)\,d(\omega t)=\frac{\sqrt{2}U_2}{2\pi}(1+\cos\alpha)=0.45U_2\frac{1+\cos\alpha}{2} \quad (12\text{-}4\text{-}1)$$

负载电阻上的电流平均值为

$$I_d=\frac{U_d}{R}=0.45\frac{U_2}{R}\frac{1-\cos\alpha}{2} \quad (12\text{-}4\text{-}2)$$

可见，U_d是α角的函数，即只要改变控制角α，就可以控制改变U_d，因此称为单相半波可控整流电路。触发延迟角α越小，U_d就越大，当$\alpha=0°$时，晶闸管全导通，相当于二极管整流，输出为最大，即$U_{d0}=0.45U_2$。而当$\alpha=180°$时，整流输出电压为零。

因此晶闸管可控移相范围为0°~180°。

3. 单相全控桥式整流电路

在一般小容量的晶闸管整流装置中，较多的是用单相桥式可控整流电路。在单相桥式整流电路中，把四个整流管都换成晶闸管，就组成了单相全控桥式整流电路。下面仅就电阻性负载，分析单相全控桥式整流电路的工作原理。

单相全控桥式整流电路如图12-4-5a所示。晶闸管VT_1和VT_4组成一对桥臂，晶闸管VT_2和VT_3组成另一对桥臂。

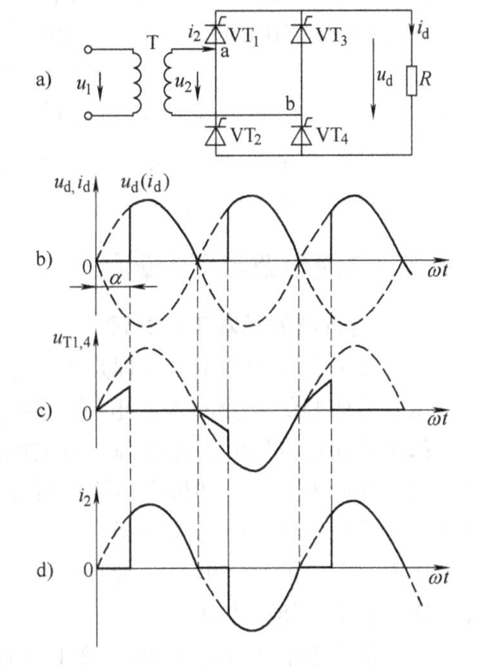

图12-4-5　阻性负载时，单相全控桥式整流电路及波形

a）电路　b）u_d、i_d波形

c）$u_{T1,4}$波形　d）i_2波形

（1）u_2正半周　晶闸管VT_1、VT_4承受正向阳极电压，当$\omega t=\alpha$时，触发脉冲u_g来到，VT_1、VT_4被触发导通，电流沿a→VT_1→R→VT_4→b流通，使电源电压u_2加到负载电阻上。VT_1、VT_4一直导通到$\omega t=\pi$为止，此时因电源电压u_2过零点，晶闸管阳极电流也下降为零而关断。这期间的u_2对VT_2、VT_3来说承受反向电压而处于阻断状态。

(2) u_2 负半周　VT_2、VT_3 承受正向阳极电压。在 $\omega t=\pi+\alpha$ 时，触发脉冲触发 VT_2、VT_3 导通，整流电流沿 b→VT_3→R→VT_2→a 流通，并且在负载电阻 R 上得到与正半周相同方向的电压与电流。VT_3、VT_2 一直导通到 $\omega t=2\pi$ 为止，此时电源电压 u_2 再次过零点，阳极电流为零而关断。同样，在这期间的 u_2 对 VT_1、VT_4 来说承受反向电压而阻断。晶闸管 VT_1、VT_4 和 VT_2、VT_3 在对应的时刻不断相互交替导通、关断，周而复始循环工作下去，其波形如图 12-4-5 所示。

由于负载在两个半波中都有电流通过，属全波整流。一个周期内整流电压脉动两次，脉动程度比半波时要小。变压器二次绕组中，两个半周期的电流方向相反且波形对称，如图 12-4-5d 所示，因此不存在半波整流电路中的直流磁化问题，并提高了变压器绕组的利用率。

由于当一对桥臂上的晶闸管导通时，电源电压 u_2 直接加在另一对晶闸管的两端，因此晶闸管承受的最大反向电压为$\sqrt{2}U_2$。至于承受的正向电压，在晶闸管均不导通时，假设其漏电阻都相等，则其最大值为$\sqrt{2}U_2/2$。

整流输出电压的平均值为

$$U_d=\frac{1}{\pi}\int_{\alpha}^{\pi}\sqrt{2}U_2\sin(\omega t)\mathrm{d}(\omega t)=\frac{2\sqrt{2}U_2}{\pi}\frac{1+\cos\alpha}{2}=0.9U_2\frac{1+\cos\alpha}{2} \tag{12-4-3}$$

它是半波电路输出电压的 2 倍。当 $\alpha=0°$时，相当于不可控桥式整流，此时输出电压最大，即 $U_{d0}=0.9U_2$。当 $\alpha=180°$时，输出电压为零，故晶闸管可控移相范围为 0°~180°。

在负载上，输出直流电流的平均值为

$$I_d=\frac{U_d}{R}=\frac{2\sqrt{2}U_2}{\pi R}\frac{1+\cos\alpha}{2}=0.9\frac{U_2}{R}\left(\frac{1+\cos\alpha}{2}\right) \tag{12-4-4}$$

由于晶闸管 VT_1、VT_4 和 VT_2、VT_3 在电路中是轮流导电的，所以流过每个晶闸管的平均电流只有负载上平均电流的一半。

三、直流斩波与交流调压

1. 直流斩波的基本工作原理

有许多工业传动和生产过程是由直流电源供电的。在多数情况下都要求把固定的直流电源电压变换成幅值可变的直流电压。例如，地铁列车、无轨电车或由蓄电池供电的机动车辆，都是从固定电压的直流电源取得电能，但对它们都有调速的要求，因此要把固定电压的直流电源变换为直流电动机电枢用的可变电压的直流电源。另一些工业应用，则需要定额为几瓦到几千瓦的直流电力变流器。

将固定电压的直流电源变换成大小可调的直流电源的 DC-DC 变换器又称直流斩波器。直流斩波器采用斩控方式。

直流斩波器的工作原理如图 12-4-6a 所示，可控开关 S 以一定的时间间隔重复地接通和断开。当 S 接通时，直流电源 U_s 通过开关 S 施加到负载两端，电源向负载提供能量。当开关 S 断开时，中断了供电电源 U_s 向负载提供能量。但在开关 S 接通期间电感中所储存的能量此时通过续流二极管 VD 使负载电流继续流通。

负载两端得到的电压波形如图 12-4-6b 所示。电压平均值 U_d 可用下式表示：

$$U_d=\frac{t_{on}}{t_{on}+t_{off}}=\frac{t_{on}}{T}U_s=aU_s \tag{12-4-5}$$

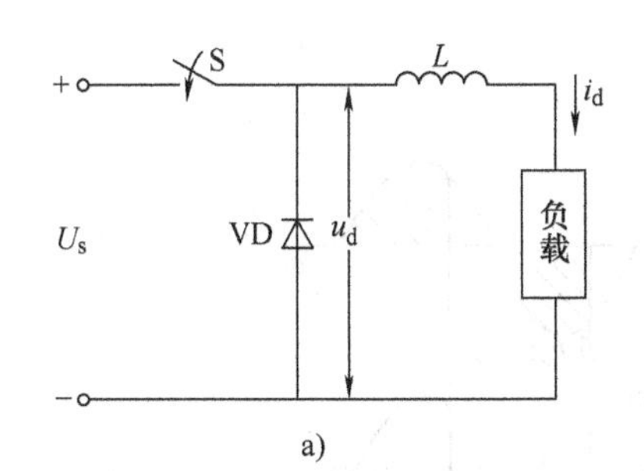

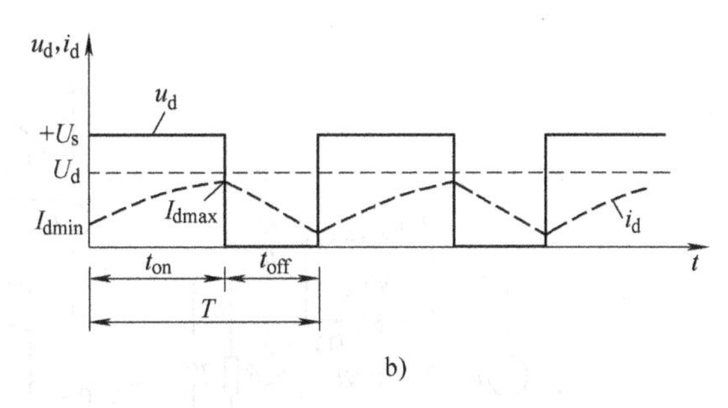

图 12-4-6　直流斩波器

a）原理电路　b）斩波后的输出电压

式中，t_{on}为斩波开关导通时间；t_{off}为斩波开关关断时间；$T=t_{on}+t_{off}$为斩波周期；$a=\dfrac{t_{on}}{T}$为工作率（或称占空比）。由于$a<1$，故称降压型斩波器。

可见，直流斩波器就是将负载与电源接通，继而又断开的一种通—断开关。它能从固定输入的直流电压产生出经过斩波的负载电压，故又称直流-直流（DC-DC）变换器。负载电压受斩波器工作率的控制。

变换工作率 a 有两种方法：

1）脉冲宽度调制。保持斩波频率$f=\dfrac{1}{T}$不变，只改变导通时间 t_{on}。

2）频率调制。保持导通时间 t_{on}或关断时间 t_{off}不变，改变斩波周期 T（即斩波频率f）。

2. 交流调压器的基本工作原理

有许多交流负载要求电源电压能平滑地调节，如扩散炉、单晶炉等需要通过调节电压来精确控制炉温，舞台灯光需要根据剧情灵活地调整亮暗，还有异步电动机的起动与调速等，过去都是采用笨重的饱和电抗器和自耦或感应式调压器。现在，采用晶闸管交流调压器，可使装置轻便和控制灵活，晶闸管交流调压还可用于小容量交流电动机的调速、脉冲焊接、无触点开关等。

交流调压器的晶闸管控制通常采用两种方式：相位控制与整周波控制。

图 12-4-7a 所示电路中，晶闸管调压器供给一电阻负载，两个晶闸管的阴极和阳极对接起来，各工作半个周期，这就是交流调压的基本接线方式。在电源的正半周内，在触发延迟角为 α 时刻触发晶闸管 VT_1，负载上得到电源电压的一部分。因电阻性负载，故当电源电压过零点时，晶闸管 VT_1 自行关断。负半周时在同样的触发延迟角下触发 VT_2 管。如此不断反复，负载上得到如图 12-4-7b 中阴影部分的交流电压。

从图 12-4-7b 电压波形求得输出电压有效值为

$$U_0=\sqrt{\frac{1}{\pi}\int_{\alpha}^{\pi}(\sqrt{2}U\sin\omega t)^2\mathrm{d}(\omega t)}=U\sqrt{\frac{1}{2\pi}\sin2\alpha+\frac{\pi-\alpha}{\pi}} \tag{12-4-6}$$

式中，U 为输入交流电压的有效值。

从式（12-4-6）可看出，随着 α 的逐渐增大，电阻 R 上的电压有效值要逐渐减小。当 $\alpha=\pi$ 时，$U_0=0$。这从图 12-4-7 也可证实。因此单相交流调压器对电阻性负载，其电压可调范围为 $0\sim U$，触发延迟角 α 移相范围为 $0\leqslant\alpha\leqslant\pi$。

如果使用普通晶闸管的派生器件——双向晶闸管，则可简化电路、节约成本，因而双向晶闸管组成的交流调压电路在调温、调光、调速等方面得到了广泛的应用。

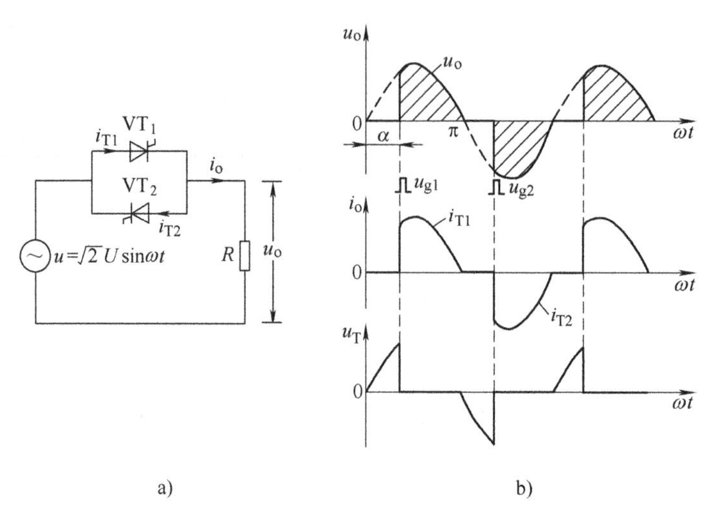

图 12-4-7　电阻负载单相交流调压器

a）电路连接　b）电压、电流波形

本章小结

具体内容请扫描二维码观看。

第十二章小结

习　题

12-1　图 12-T-1 所示电路中，若稳压管 VS_1 和 VS_2 的稳定电压 U_Z 都是 6V，输入电压 $u_i = 10\sin\omega t$V，试画出负载两端电压 u_o 的波形。

12-2　如图 12-T-2 所示，已在电路板上装有 8 个半导体二极管，请分别把 a、b 两组二极管连成桥式整流电路。交流电源及负载应接在哪里？要求画出简明、整齐的电路。

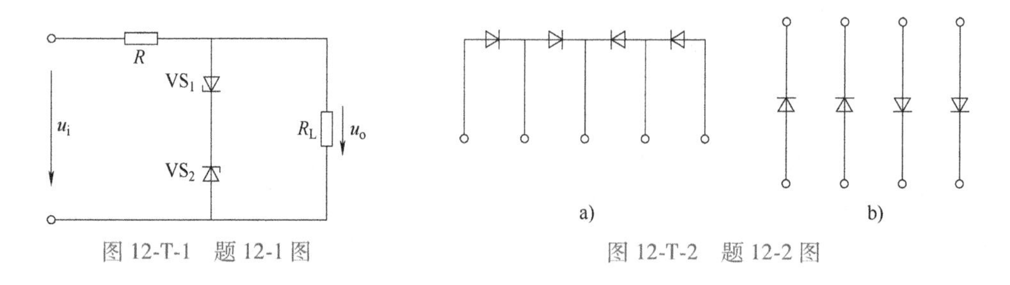

图 12-T-1　题 12-1 图　　图 12-T-2　题 12-2 图

12-3　图 12-T-3 所示电路中，变压器二次电压最大值大于电池电压 U_{GB}，试画出 u_o 及 i_o 的波形。

12-4　在负载要求直流电压高而电流很小的场合，常采用倍压整流电路。图 12-T-4 所示电路为二倍压整流电路，$U_o=2\sqrt{2}U_2$，试分析之，并标出 U_o 的极性。

12-5　一电容滤波单相桥式整流电路，交流电源为 220V、50Hz，要求输出直流电压 $U_o=30$V，直流电流 $I_o=150$mA，试选二极管型号和滤波电容，并决定电源变压器的电压比。

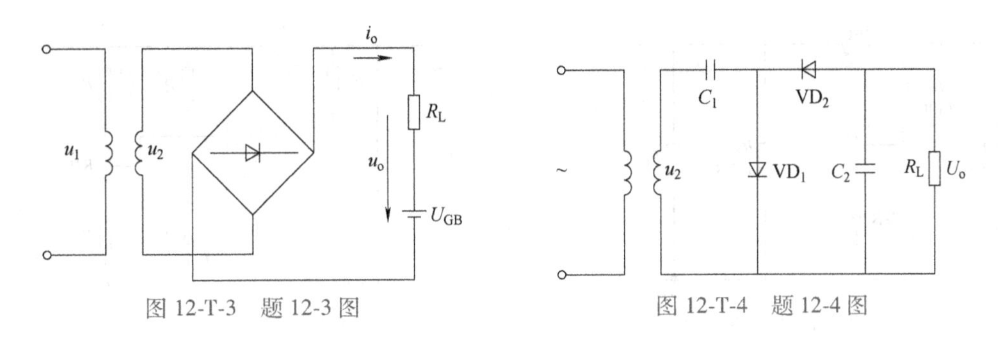

图 12-T-3　题 12-3 图　　　图 12-T-4　题 12-4 图

12-6　图 12-T-5 所示电路中，设 $U_2=20$V，试问：

（1）输出电压 $U_o=$？标出电容 C 两端的极性。

（2）如把 VD_1 反接，会出现什么问题？

（3）如 VD_1 短路，会出现什么问题？

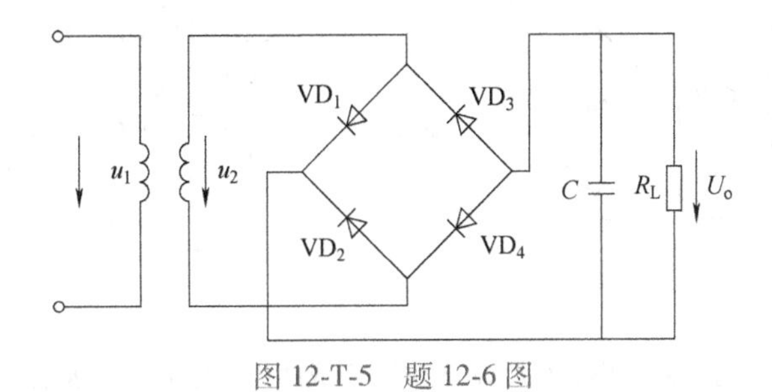

图 12-T-5　题 12-6 图

12-7　上题中，二极管承受的最高反向电压是多少？若断开 VD_1，二极管承受的最高反向电压又是多少？

12-8　桥式整流电容滤波电路中（见图 12-2-1），已知 $R_L=400\Omega$，$C=100\mu F$，$U_2=20$V，用直流电压表测 R_L 两端电压时，出现下述情况，说明哪些是正常的，哪些是不正常的，并指出原因。

（1）$U_o=28$V；（2）$U_o=18$V；（3）$U_o=24$V。

12-9　利用稳压管和二极管的正向电压是否也可以稳压？图 12-T-6 所示电路是供计算器用的稳压电源，输出电压为 3V。说明二极管 $VD_5\sim VD_8$ 的作用，并指出指示灯两端的电压。已知 $U_2=4.8$V。

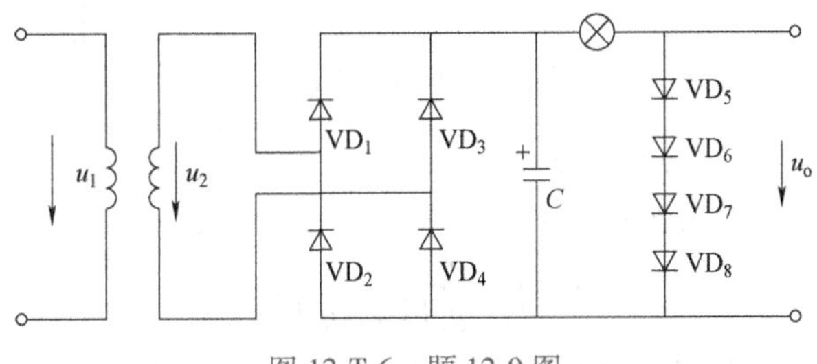

图 12-T-6　题 12-9 图

12-10　图12-T-7所示电路为最简单的串联型稳压电路，试简述其稳压过程。

12-11　串联型稳压电路如图12-T-8所示。稳压管VS的稳定电压$U_Z=6V$，晶体管的$U_{BE}=0.7V$，$R_1=R_2=300\Omega$，$R_{RP}=400\Omega$。求：

（1）说明电路的调整管、基准电压电路、比较放大电路、取样电路等部分各有哪些元件组成。

（2）计算输出电压U_o的调节范围是多大。

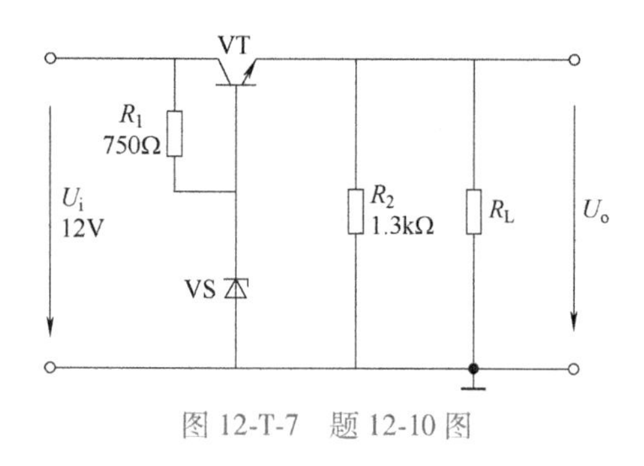

图12-T-7　题12-10图

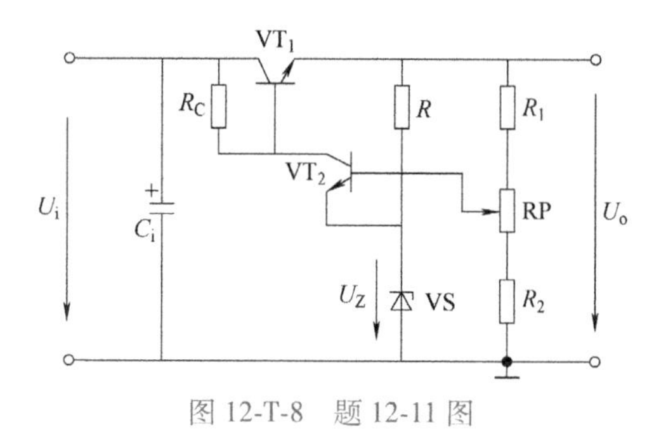

图12-T-8　题12-11图

12-12　利用三端集成稳压器W7805可以接成扩展输出电压的可调电路，如图12-T-9所示，试求该电路输出电压的调节范围。

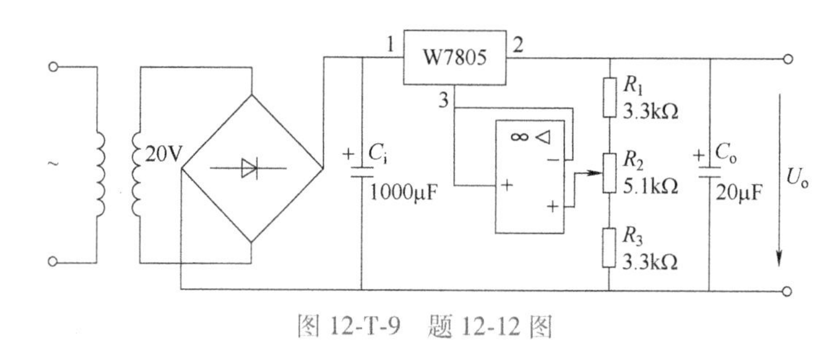

图12-T-9　题12-12图

12-13　图12-T-10所示电路为由集成稳压器W7812组成的稳压电源，试求输出端A、B对地的电压U_A和U_B，并标出电容C_1、C_2的极性。

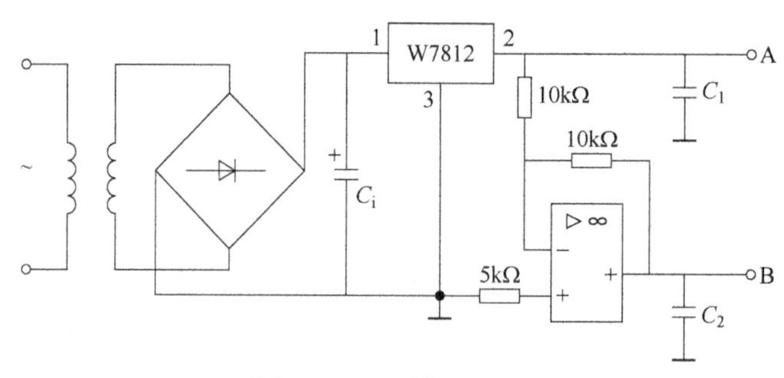

图12-T-10　题12-13图

12-14　图12-T-11所示电路为W78××系列集成稳压块扩展输出电压的应用电路，运放N工作在线性区，U_o'为稳压块输出电压，U_o''为运放输出电压，U_o为扩展后的输出电压，试证明：

$$U_o=\left(1+\frac{R_2}{R_1}\right)\left(\frac{R_3}{R_3+R_4}\right)U_o'$$

12-15　额定电流为100A的晶闸管流过单相全波电流时，允许其最大平均电流是多少？

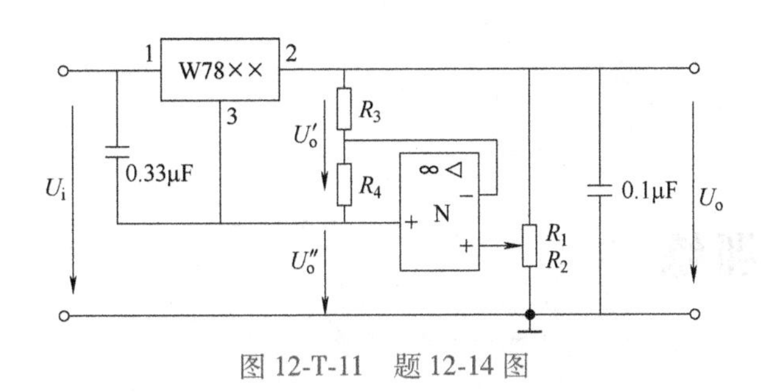

图 12-T-11　题 12-14 图

12-16　具有续流二极管的单相半波可控整流电路，电感性负载，电阻为 5Ω，电感为 0.2H，电源电压 U_2 为 220V，直流平均电流为 10A，试计算晶闸管和续流二极管的电流有效值，并指出其额定电压。

12-17　单相桥式全控整流电路，$U_2 = 100V$，负载中 $R_L = 2\Omega$，L 值极大，反电势 $E = 60V$，当 $\alpha = 30°$ 时，求：

（1）画出 u_d、i_d 和 i_2 的波形。

（2）整流输出平均电压 U_d、电流 I_d 及变压器二次电流有效值 I_2。

第四篇综合训练

一、阶段小测验

模拟篇阶段小测验

二、趣味阅读

1. 实际中的晶体管

实际中的晶体管除了在本篇中学习的普通晶体管外，为放大各种不同的信号，晶体管家族中还有很多种类供大家使用。

（1）小信号管　其外形如图 4-Z-1 所示。这种晶体管可用来放大低电平信号，也可以作为开关。其典型的β值范围为 10~500，最大I_C范围为 80~600mA，最大工作频率范围为 1~300MHz。这种管既有 PNP 型的，也有 NPN 型的。

（2）小型开关管　其外形如图 4-Z-2 所示。这种晶体管主要用作开关，也可作放大管。β值的范围 10~200，最大I_C范围为 10~1000mA，最大开关速率范围在 10~2000MHz 之间。NPN 型和 PNP 型两种管型都有。

（3）高频管　其外形如图 4-Z-3 所示。这种晶体管常作为高频小信号高速开关应用。它的基区很薄，芯片也很小。它们常应用于高频、甚高频、特高频、电缆电视等的放大器和振荡器电路中。它们的最高额定频率大约为 2000MHz，最大电流为 10~600mA。NPN 和 PNP 两种管型都有。

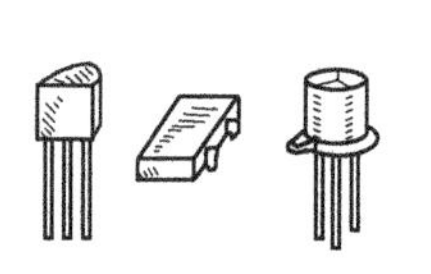

图　4-Z-1

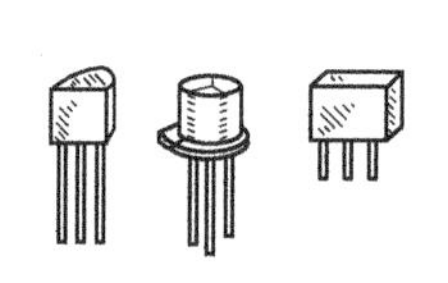

图　4-Z-2

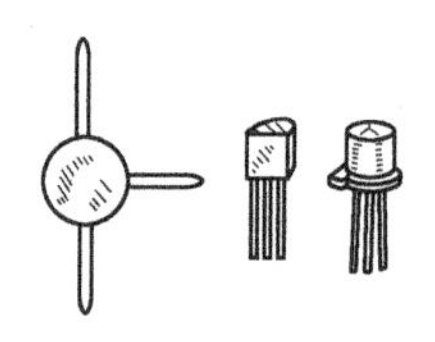

图　4-Z-3

（4）功率晶体管　其外形如图 4-Z-4 所示。这种晶体管用于高功率放大器和电源电路。它们的集电极与作为散热片的金属材料相连。典型功率范围为 0～300W，工作频率为 1～100MHz，最大集电极电流 I_C 值范围在 1～100A 之间。这种晶体管有 NPN 型、PNP 型和达林顿管（PNP 型及 NPN 型）。

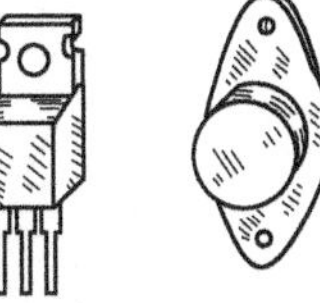
图　4-Z-4

（5）达林顿对管　其外形如图 4-Z-5 所示。这种管由两个晶体管组成一体，在大电流时能稳定工作。其有效 β 比单个晶体管大得多，所以可以获得更大的电流放大。它们以 NPN(D-NPN) 和 PNP(D-PNP) 型的达林顿对管形式封装。

（6）光电晶体管　其外形如图 4-Z-6 所示。光电晶体管属于光电子器件。相当于一个光敏的表面取代基极引脚的晶体管。当基区表面处于黑暗时，光电晶体管截止；当基区表面被光照时，将产生一个小的基极电流控制产生一个大的管流流过集电极到发射极。而场效应光电晶体管则是光照产生的栅极电压来控制产生漏源电流的。

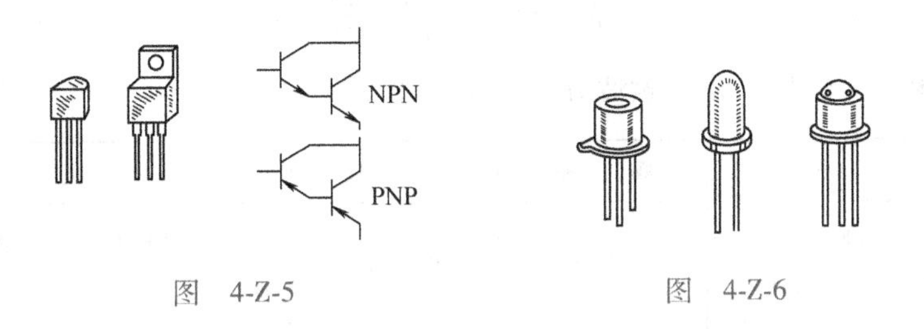

图　4-Z-5　　　　图　4-Z-6

根据类型不同有两引脚光电晶体管（见图 4-Z-7a）和三引脚光电晶体管（见图 4-Z-7b）。在三引脚光电晶体管中增加的基极引脚可以引入外加的电流来帮助提升注入基极的电子数量。

在晶体管的实际使用中，除了选择合适类型的晶体管外，晶体管的工作参数是主要考虑的问题。虽然晶体管的电流放大系数 β 一般在几十到几百的很大范围内，但实际应用中选 β 值在 50～80 之间。而且在实际制作放大电路时，不可过分依赖 β 值的大小，因为即使同一类型的晶体管其 β 值也不相同，而且随 I_C、U_{CE}的变化而改变。因此，定量计算、实验调整是制作放大电路不可缺少的过程。另外，晶体管的极限参数（I_{CM}、$U_{CEO(BR)}$、P_{CM}）在实际使用中都不能超过，否则晶体管将损坏。实际中常用的保护晶体管的办法如图 4-Z-8。

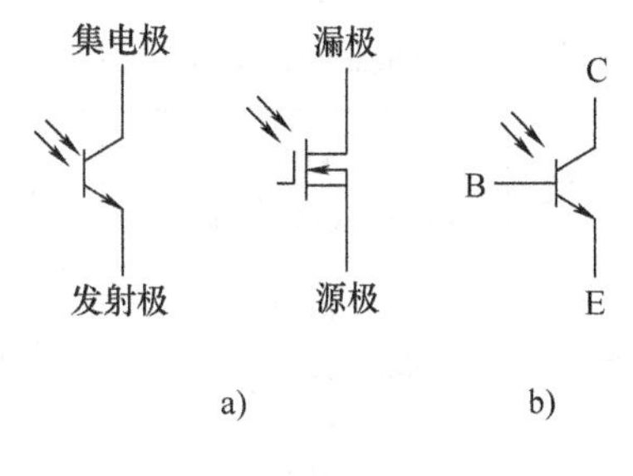

图　4-Z-7

当把上述各种晶体管适当地安排在前面学过的各种基本放大电路中，就产生了具有各种实际用途的模拟电路。

2. 电磁波

当高频电流通过一根导线时，就会在其周围产生交变的磁场；交变的磁场又能在邻近的空间产生交变的电场；交变的电场又能在邻近的空间产生交变的磁场……，这种以电场和磁场相互交替变化，并越来越远地向空间传播电能和磁能的现象称为电磁波。电磁波以每秒 30 万公里的速度传播，它的速度、频率、波长之间的关系为

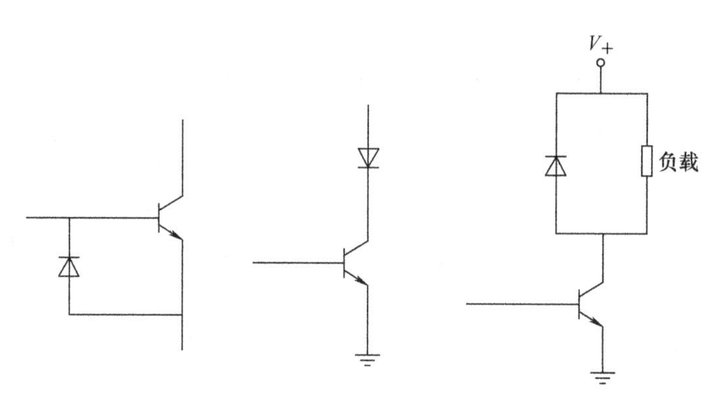

图　4-Z-8

$$\lambda(\text{波长})=\frac{c(\text{波速})}{f(\text{频率})}$$

一般按频率（或波长）将电磁波分类与命名如下：

名称	简　　称	频　　率	波　　长	用　　途
超长波	VLF (very low frequency)	3~30kHz	30~10km	长距离通信、方位测定、海上通信、报时
长波	LF (low frequency)	30~300kHz	10~1km	长波广播、方位电波、船舶及航空通信
中波	MF (medium frequency)	300~3MHz	1km~100m	中波广播、业余无线电、船舶及航空通信
短波	HF (high frequency)	3~30MHz	100~10m	短波广播、业余无线电、船舶及航空通信、各种国际通信
超短波	VHF (very high frequency)	30~300MHz	10~1m	FM 广播、TV 广播、业余无线电、短距离移动通信
极超短波	UHF (ultra high frequency)	300MHz~3GHz	1~10cm	UHF TV 广播、业余无线电、多路通信、短距离移动通信
微波	SHF (super high frequency)	3~30GHz	10~1cm	微波中继（复用）
毫米波	EHF (extremely high frequency)	30~300GHz	—	雷达、无线电望远镜

由上表可见，由于频率（或波长）的不同，电磁波在空间的传播特点也不同，因而其应用领域也有所不同，这里只能从浩瀚如海的电磁波中，“波海拾贝”加以介绍。

(1) 无线电波　无线电波是电磁波的一种。人们利用无线电波能远距离传播的特点，把不能远距离传送的音频信号（语言、音乐变成的电信号）、视频信号（图像变成的电信号）“寄载”在高频无线电波（称载波）上，通过调制（上述寄载过程）放大，从广播无线发送出去。调制方式有调幅、调频和调相三种。调幅是使高频载波的幅度随音频（或视频）信号的幅度而变化的过程，被调幅后的高频无线电信号称调幅波；调频是利用音频（视频）信号来控制高频载波的频率，使高频载波的频率随音频（或视频）信号的电压幅度而变化的过程，被调制后的高频无线电信号称为调频波。我国规定调幅广播的频段范围是：中波为535~1605kHz，短波为2~24MHz，调频广播的频段范围为88~108MHz。由于电视信号所占频带很宽，所以必须采用超短波传送。我国电视广播频段为1~12频道（VHF）及13~68频道（UHF），占据着48.5~814MHz的频率范围。

（2）微波　目前，把波长为1m~1mm或者频率为$3\times10^{8}\sim3\times10^{11}$Hz范围内的电磁波称为微波。人们重视开发微波频谱资源，是因为微波与普通无线电波相比有如下特点：

1）微波的似光性。微波波长短，它的波长比地球上的宏观物体（如建筑物、飞机、军舰等）的尺寸小得多，其传播特性与几何光学相似：沿直线传播、遇到障碍物时将发生显著的反射。利用这种似光性的特点，可以制造高方向性天线，发射及接收由地面或高空传来的微弱的微波信号，以确定目标的方位、大小和开关，从而为雷达、微波中继通信、卫星通信和导弹制导等提供了条件。

2）微波的频率高。微波的频率比无线电波高得多，因此在不太大的相对带宽（即频带宽度与中心频率之比）中，可用的频带很宽，能容纳的信息容量很大。采用微波作载频可以传送多路电报、电话和电视。此外，与普通无线电波相比，微波的外来干扰小，且不受电离层的影响，故其通信质量高于普通无线电波。

3）微波能穿过电离层。微波可以毫无阻碍地穿透电离层，是电磁频谱中的一个“宇宙窗口”，这一特点为微波在宇宙通信、卫星通信、导航及射电天文等方面的应用与发展开辟了广阔的天地。

4）微波与物质相互作用强烈。一些分子和原子的超精细结构能级落在微波波段，固体中的顺磁物质在一定磁场作用下的能级差也落在这一波段。利用微波与这些物质相互作用产生的物理现象，可用以研究有关物质的结构，并形成一门微波波谱学。在此基础上可研制成频率稳定度很高、可用作时间基准的氨分子钟、氢和铯原子钟。水（H_2O）是极性分子，与微波作用强烈，利用水分子吸收微波能产生热效应的现象已广泛应用于医疗、卫生、食品加工等国民经济各个领域。

（3）红外光　红外光也是电磁波的一种，又称红外线。它是日光经折射后所形成的红、橙、黄、绿、青、蓝、紫的可见光的日光光谱之中的比红光波长（0.76μm）还长的一种不可见光。在现代科学技术领域中，红外线的应用非常广泛。

当把波长为0.76~1.5μm的近红外线作为遥控光源时，恰好与光电二极管、光电晶体管的受光峰值波长相匹配，可获得较高的传输效率及较好的抗干扰性能。由于红外线遥控不具有像无线电遥控那样穿过非屏蔽的遮挡物去控制被控制对象的能力，因此，多用于遥控距离一般在几米到几十米的电视机、录像机、电风扇等家用电器中。其所有产品的遥控器都可以有相同的遥控频率或编码，这为工厂的大批生产提供了方便。同时，也不会干扰其他家用电器或邻近的无线电设备。

在红外检测技术中，人们利用待检测对象自身能发射出不同波长的红外线的特点，可以不用另设光源，就能很方便地实现对这些物体的测量、成像或控制，而不受周围可见光的影响（这一点是指中、远红外线）。

但是上面介绍的各种电磁波在发送、接收、检测、控制过程中，都需要所学过的各种模拟电路来帮忙。

三、能力开发与创新

1. 通常，我们收到的广播电台的高频载波信号要经过变频级变成一个固定的465kHz的中频信号，再进行中频放大、检波、音频放大和功率放大，从而大大提高收音效果，这就是超外差式收音机。那么你能用学过的基本放大电路和*LC*谐振电路实现对465kHz的中频信号的选频放大吗?

2. 集成运算放大器是所学过的典型的模拟集成电路，在实际的使用中应注意如下事项：

1）电源极性不能接反，否则将损坏。通常把二极管串接在负电源端以实现反极性保护。

2）接到运放电源端的引线要既短又直，这样有利于消除输出端不必要的振荡与噪声。

3）为减小电源电压的变化对运放造成的干扰，通常在运放的电源引脚与地之间连接0.1μF瓷介电容或1.0μF的钽电容。

4）为防止输入信号过大对运放造成损坏，一般在其输入端用稳压二极管组成的限幅电路加以保护。

当你了解了上述集成运放在工程实践中的注意事项后，可能会跃跃欲试地制作一个运放电路。别忙，你知道集成运放有多少种典型的应用吗？请你总结归纳一下，这样才能做到心中有数，有的放矢。

第五篇
数字电子电路

第十三章　数字电路基础

第一节　数字电路概述

一、数字电路和模拟电路

电子电路分为模拟电路和数字电路两类。

1. 模拟电路

在前面几章所讨论的直流和交流放大电路中，信号有一个共同的特点，这就是信号在时间上和幅度上的取值都是连续变化的（如正弦信号），把这种信号称为模拟信号，把处理模拟信号的电子电路称为模拟电路。

2. 数字电路

在电子电路中，还有一种在时间和幅度上都是不连续的突变信号（如脉冲信号），把这种信号称为数字信号，而把处理数字信号的电路称为数字电路。

3. 模拟电路与数字电路的区别

（1）处理的信号不同　模拟电路处理的是时间和幅度连续变化的模拟信号，而数字电路处理的是用“0”和“1”两个基本数字符号表示的离散信号。在数字电路中，通常低电平用数字“0”来表示，高电平用数字“1”来表示。

（2）晶体管的工作状态不同　在模拟电路中，晶体管通常工作在线性放大区，而在数字电路中，晶体管通常工作在饱和或截止状态，即开关状态。

（3）研究的着重点不同　研究模拟电路时关心的是电路输入与输出之间的大小、相位、效率、保真等问题，要计算出信号的实际数值，而研究数字电路时关心的是输入与输出之间的逻辑关系。数字电路只需判别数字信号的有无，不必反映数字信号本身的实际数值。

（4）研究的方法不同　模拟电路主要分析方法有解析法、微变等效电路法、图解法等，而数字电路的主要分析方法有真值表、逻辑代数、卡诺图、波形图等。

二、数字集成电路简介

数字集成电路按集成度，即在一块硅片上包含的逻辑门电路或元器件的数量，分为小规模、中规模、大规模和超大规模集成电路。小规模集成电路（SSI）的集成度约为 1~10 门/片或 10~100 元器件/片，是逻辑单元电路，包括逻辑门电路、集成触发器等；中规模集成电路（MSI）的集成度为 10~100 门/片或 100~1000 元器件/片，是逻辑功能部件，包括译码器、编码器、选择器、算术运算器、计数器、寄存器、比较器及转换电路等；大规模集成电路（LSI）的集成度为大于100门/片或大于1000元器件/片，是数字逻辑系统，包括中央控制器、存储器、串并行接口电路等；超大规模集成电路（VLSI）的集成度大于1000门/片或大于10万元器件/片，是高集成度的数字逻辑系统，如在一个硅片上集成一个完整的微型计算机。数字集成电路按内部有源器件的不同可分为两类：一类是双极型晶体管集成电路，另一类是绝缘栅场效应晶体管集成电路（MOS集成电路）。两者相比，前者工作速度高、驱动能力强，但功耗大、集成度低；后者集成度高、功耗小。超大规模集成电路基本上都采用MOS集成电路，它的缺点是工作速度略低。

三、数字电路的工作信号

在数字电路中，工作信号通常都是持续时间短暂的脉冲信号。脉冲信号的波形有多种，如矩形脉冲、尖脉冲、锯齿波脉冲、三角波脉冲等，其中矩形脉冲最为常见，如图13-1-1所示。根据脉冲跃变前后电平的高低，可以分为正脉冲和负脉冲。如果脉冲波跃变后的值比初始值高，称正脉冲，反之为负脉冲。

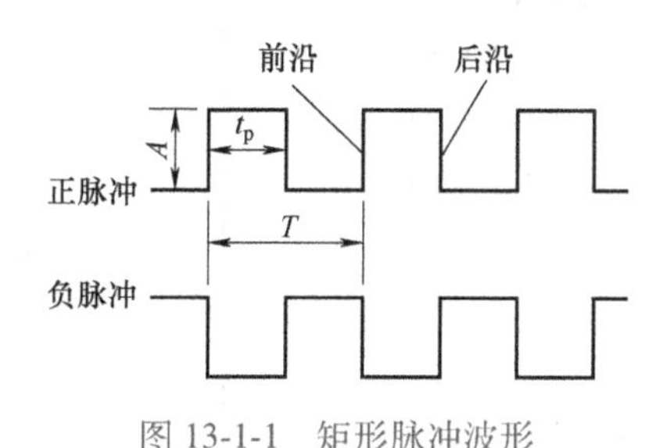

图13-1-1　矩形脉冲波形

脉冲的特征常用以下几个参数来说明：

（1）脉冲幅度 A　脉冲变化的最大值。

（2）脉冲周期 T　周期性脉冲信号前后两次出现的时间间隔。

（3）脉冲频率 f　每秒钟脉冲出现的次数。

（4）脉冲的前沿　指正脉冲的上升沿或负脉冲的下降沿。

（5）脉冲的后沿　指正脉冲的下降沿或负脉冲的上升沿。

（6）脉冲宽度 t_p　脉冲前沿与后沿之间的时间间隔。

四、晶体管的开关作用

在数字电路中，晶体二极管、三极管或MOS管等器件一般都工作在开和关的状态，因此，数字电路又称为开关电路。

1. 二极管的开关作用

图13-1-2a所示为一个理想的二极管，当阳极电位高于阴极电位时，二极管导通，相当于开关闭合，如图13-1-2b所示；当阳极电位低于阴极电位时，二极管截止，相当于开关断开，如图13-1-2c所示。

2. 三极管（晶体管）的开关作用

晶体管不仅有放大作用，而且还有开关作用，在数字电路中，晶体管一般都工作在开关状态。晶体管截止相当于开关断开，晶体管饱和相当于开关闭合，即应用它的饱和与截止两个状态分别对应开关的通和断。以 NPN 型管为例，如图 13-1-3 所示，其工作情况见表 13-1-1。

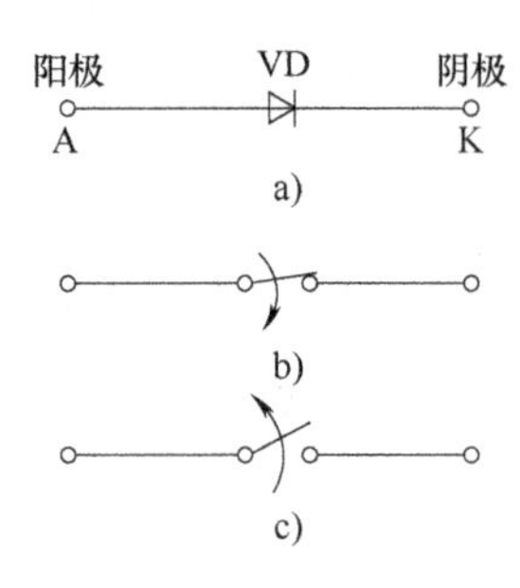

图 13-1-2　二极管及其开关作用

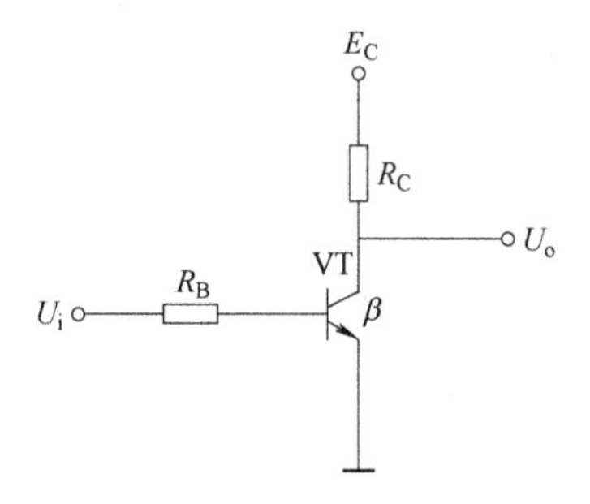

图 13-1-3　NPN 型管的开关作用

表 13-1-1　NPN 管工作状态、特点及等效电路

工作条件	工作状态	特　　点	等效电路
$U_B<0.5V$	截止	发射结和集电结均反偏 $I_B=0$ $I_B\approx I_C\approx 0$ $U_{CE}\approx U_{CC}$	C B E 三个电极在内部断开，相当于开关断开
$I_B>I_{BS}\approx\dfrac{U_{CC}}{\beta R_C}$	饱和	发射结和集电结均正偏 $U_{CE}\approx U_{CES}\approx 0.3V$	B　C 0.7V　0.3V E U_{CES}很小，C、E 间相当于接通
$0<I_B<I_{BS}$	放大	发射结正偏集电结反偏 $U_{CE}\approx U_{CC}-I_CR_C$	B　C i_b　r_{be}　βi_b　i_c E 在小信号线性放大电路中的等效电路

【例 13-1-1】　图 13-1-3 所示 NPN 型硅管共射基本放大电路中，$U_{CC}=6V$，$R_C=3k\Omega$，$R_B=10k\Omega$，$\beta=25$，$U_{BE}=0.7V$，当输入电压 U_i 分别为 3V、1V、−1V 时，试判断晶体管的工作状态及输出电压 U_o 是多少。

解：当发射结正偏时，晶体管可能处于放大状态或饱和状态，关键是要判断基极电流 I_B 和临界饱和电流 I_{BS}的关系。

（1）当 $U_i=3V$ 时

$$I_B=\frac{U_i-U_{BE}}{R_B}=0.23mA$$

$$I_{BS}=\frac{U_{CC}}{\beta R_C}=0.08mA$$

因为 $I_B>I_{BS}$，所以此时晶体管处于饱和状态，即

$$U_o \approx 0.3V$$

（2）当 $U_i=1V$ 时

$$I_B = \frac{U_i - U_{BE}}{R_B} = 0.03mA$$

因为 $0<I_B<I_{BS}$，所以晶体管处于放大状态，即

$$U_o = U_{CC} - I_C R_C = 3.75V$$

（3）当 $U_i=-1V$ 时，发射结和集电结均反偏，晶体管截止，$I_C\approx0$，$U_o=U_{CC}=6V$。

五、MOS 管的开关作用

MOS 管作为开关器件，它工作在导通或截止状态。以 N 沟道增强型为例，NMOS 增强管构成的开关电路如图 13-1-4a 所示。若 u_{GS}小于 NMOS 管的开启电压 U_T，则 MOS 管工作在截止区，i_{DS}基本为零，输出为 $u_{DS}\approx U_{DD}$，这是 MOS 管的关态，等效电路如图 13-1-4b 所示；若 u_{GS}大于开启电压 U_T，则 MOS 管工作在导通状态，此时漏源电流 $i_{DS}=U_{DD}/(R_D+r_{DS})$，其中 r_{DS}为 MOS 管导通时的漏源电阻。输出电压 $u_{DS}=U_{DD}/(R_D+r_{DS})r_{DS}$；若 $r_{DS}<<R_D$，则 $u_{DS}\approx0$，这是 NMOS 管的开态，等效电路如图 13-1-4c 所示。

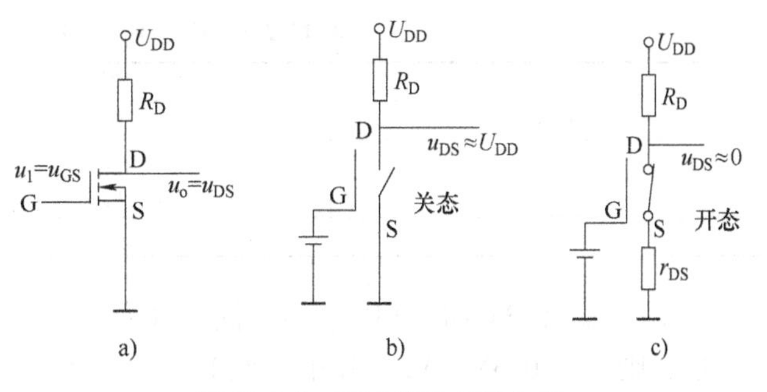

图 13-1-4　MOS 管的开关作用

第二节　基本逻辑关系及其门电路

逻辑关系是生产和生活中各种因果关系的抽象概括。如果决定某一事件 F 是否发生（或成立）的条件有多个，分别用 A、B、C 等来表示，则事件 F 是否发生与条件 A、B、C 是否具备之间有三种基本的因果关系，即“与”逻辑，“或”逻辑和“非”逻辑。门电路是实现各种逻辑关系的基本电路，是组成数字电路的基本单元，和基本的逻辑关系相对应，有“与门”“或门”“非门”以及由它们组合而成的“与非门”“或非门”“异或门”等。

门电路的输入和输出都是用电位（或叫电平）的高低来表示的，而电位的高低用“1”和“0”两种状态来区别。若用“1”表示高电平，用“0”表示低电平，则称为正逻辑系统；若用“0”表示高电平，用“1”表示低电平，则称为负逻辑系统。在本书中，如无特殊说明，均采用正逻辑系统。

一、与逻辑和与门

1. “与”逻辑

若决定某一事件 F 的所有条件必须都具备，事件 F 才发生，否则这件事情就不发生，这样的逻辑关系称为“与”逻辑，常用图 13-2-1 所示电路来表示这种关系。图中，灯 F 亮的条件是开关 A 和 B 都闭合，因此灯亮与开关闭合之间是“与”的逻辑关系。

2. “与门”电路

实现“与”逻辑功能的电路称为“与门”电路，图13-2-2所示即为二极管“与门”电路。其中V_A、V_B是两个输入信号，V_F是输出信号，信号的高电平$V_H=3V$，低电平$V_L=0.3V$。若忽略二极管导通时的管压降，则输入与输出V_F之间的电位关系列于表13-2-1中。

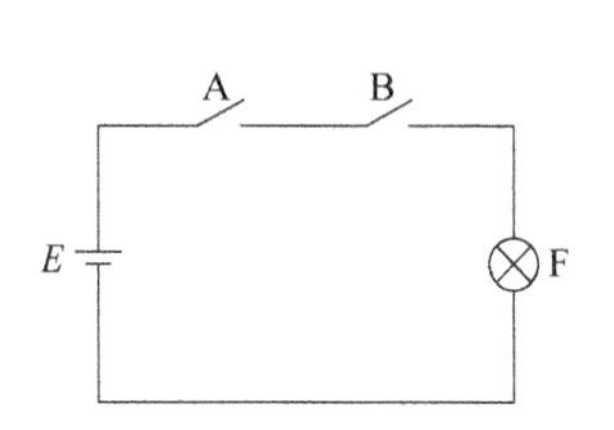

图13-2-1　“与”逻辑示意图

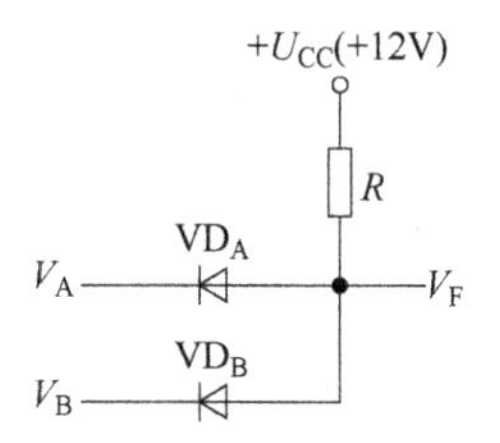

图13-2-2　二极管“与门”电路

表13-2-1　V_A、V_B与V_F之间的关系

V_A	V_B	V_F
0.3	0.3	0.3
0.3	3	0.3
3	0.3	0.3
3	3	3

当$V_A=V_B=0.3V$时，VD_A、VD_B同时导通，$V_F=0.3V$；当$V_A=0.3V$，$V_B=3V$时，VD_A先导通，则$V_F=0.3V$，VD_B截止；当$V_A=3V$，$V_B=0.3V$时，VD_B先导通，则$V_F=0.3V$，VD_A截止；当$V_A=V_B=3V$时，VD_A、VD_B同时导通，$V_F=3V$。可见这个电路对输出高电平而言是“与”逻辑关系，即为“与门”电路。若用“1”表示高电平3V，用“0”表示低电平0.3V，则表13-2-2表示了输入与输出之间的逻辑关系。这种能完整地表达输出与输入之间所有可能的逻辑关系的表格称为真值表。两个输入端有$2^2=4$种组合，若有n个输入端，则有2^n种组合。“与门”的逻辑符号如图13-2-3所示。

表13-2-2　A、B与F的逻辑关系

A	B	F
0	0	0
0	1	0
1	0	0
1	1	1

A　&　F　B

图13-2-3　“与门”逻辑符号

“与”逻辑关系可以用数学表达式表示为

$$F=A\cdot B$$

式中的小“·”表示A、B之间的运算，A·B读作“A与B”，也表示逻辑乘，在不致引起混淆的情况下，小“·”可以省略，写作“AB”。在多变量的情况下，与关系的表示方法相同，不再讨论。

二、或逻辑和或门

1. “或”逻辑

若决定某一事件F的条件中，至少有一个具备，事件F就发生，否则这件事情就不发生，这样的逻辑关系称为“或”逻辑，常用图13-2-4所示电路来表示这种关系。当开关A和B中有一个闭合或全闭合，灯 F 就亮，因此灯 F 亮与开关 A、B 闭合之间是“或”的逻辑关系。

2. “或门”电路

实现“或”逻辑功能的电路称为“或门”电路，图 13-2-5 所示为二极管“或门”电路。V_A、V_B 是两个输入信号，V_F 是输出信号，信号的高电平 $V_H=3V$，低平电 $V_L=0.3V$。若忽略二极管导通时的管压降，则输入 V_A、V_B 与输出 V_F 之间的电位关系列于表 13-2-3 中。

当 $V_A=V_B=0.3V$ 时，VD_A、VD_B 同时导通，$V_F=0.3V$；当 $V_A=0.3V$，$V_B=3V$ 时，VD_B 先导通，则 $V_F=3V$，VD_A 截止；当 $V_A=3V$，$V_B=0.3V$ 时，VD_A 先导通，则 $V_F=3V$，VD_B 截止；当 $V_A=V_B=3V$ 时，VD_A、VD_B 同时导通，$V_F=3V$。可见这个电路当输入有高电平时，输出为高电平，只有输入全是低电平时输出才是低电平，实现了输出和输入之间的或逻辑关系，即为“或门”电路。其真值表见表 13-2-4，其逻辑符号如图 13-2-6 所示。

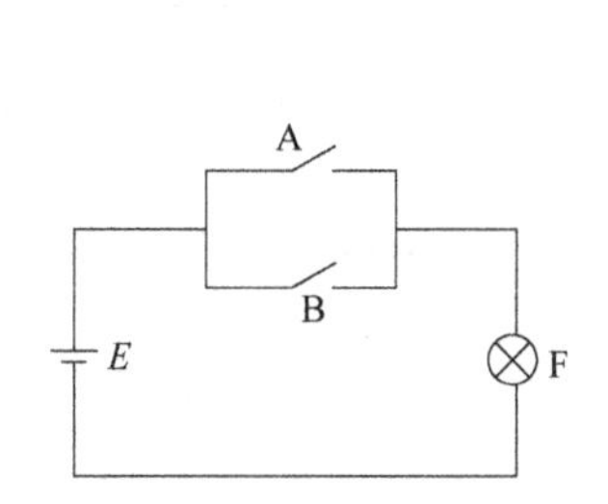

图 13-2-4　“或”逻辑示意图

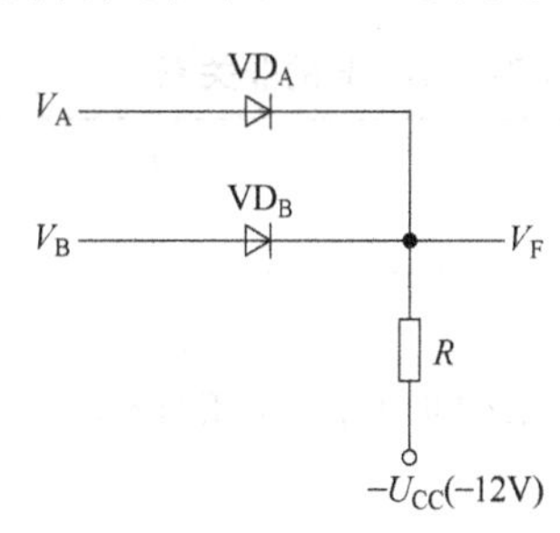

图 13-2-5　二极管“或门”电路

表 13-2-3　V_A、V_B 与 V_F 的关系

V_A	V_B	V_F
0.3	0.3	0.3
0.3	3	3
3	0.3	3
3	3	3

表 13-2-4　A、B 与 F 之间的逻辑关系

A	B	F
0	0	0
0	1	1
1	0	1
1	1	1

“或”逻辑关系可以用数学表达式表示为

$$F=A+B$$

式中的“+”号表示 A、B 之间的或运算，A+B 读作“A 或 B”，也表示逻辑加。在多变量的情况下，或关系的表示方法相同，不再讨论。

图 13-2-6　“或门”逻辑符号

三、非逻辑和非门

1. “非”逻辑

决定某事件 F 是否发生的条件只是一个 A，当 A 成立时，F 不发生，当 A 不成立时，F 却发生，这样的逻辑关系称为“非”逻辑，常用图 13-2-7 表示这种逻辑关系。开关 A 闭合则灯 F 不亮，A 断开则灯 F 亮。因此灯亮与开关闭合之间呈非的逻辑关系。

2. “非门”电路

实现非逻辑功能的电路称为“非门”电路，如图 13-2-8 所示，当 $U_I=3V$ 时，适当选择 R_1、R_2 大小，可使晶体管饱和导通，$U_{CES}\approx0.3V$，即 $V_F=0.3V$；当 $U_I=0.3V$ 时，晶体管截止，$V_F\approx U_{CC}$。可见当输入为高电平时输出为低电平，输入为低电平时，输出为高电平，实现了非的逻辑关系。表 13-2-5 为非门的真值表，图 13-2-9 所示为“非门”的逻辑符号。

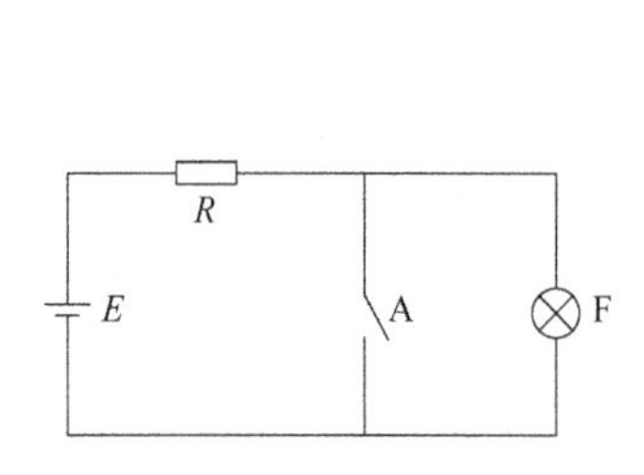

图 13-2-7　“非”逻辑示意图

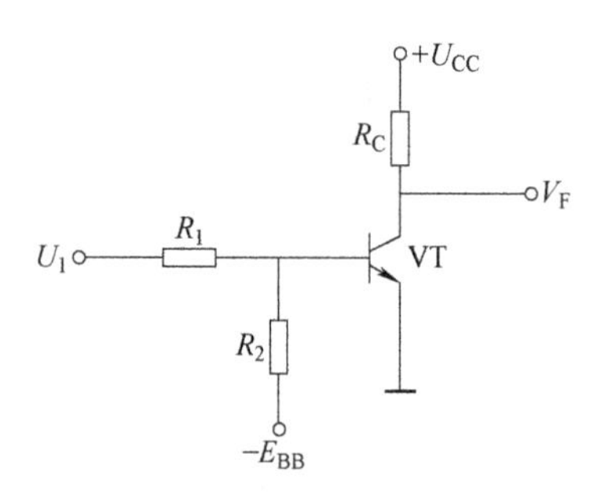

图 13-2-8　“非门”电路

表 13-2-5　A、F 的非关系

A	F
0	1
1	0

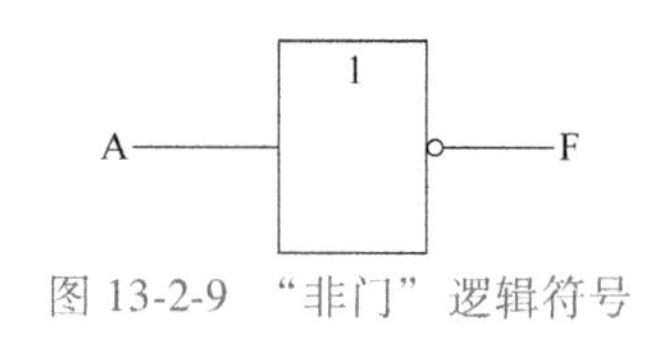

图 13-2-9　“非门”逻辑符号

输出与输入之间可用下边的逻辑表达式表示：

$$F=\overline{A}$$

字母 A 上方的“—”表示非运算，$\overline{A}$ 读作“A 非”。

四、复合门

1. 与非门和或非门

以上介绍的与、或、非门是三种基本的逻辑门电路，用这三种基本的逻辑门电路可以组成各种复合门电路，如“与门”和“非门”串接可构成“与非门”电路，“或门”和“非门”串接可构成“或非门”电路。图 13-2-10 和图 13-2-11 所示分别为“与非门”电路和“或非门”电路。

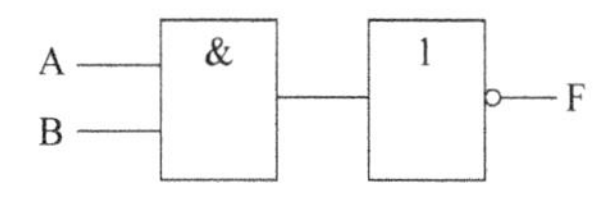

图 13-2-10　“与非门”电路

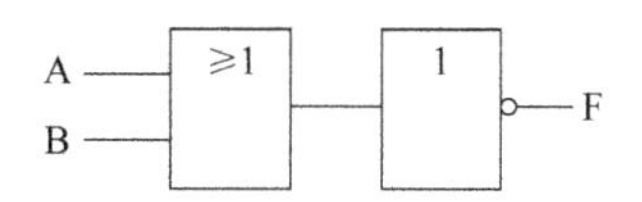

图 13-2-11　“或非门”电路

表 13-2-6 和表 13-2-7 分别为与非门和或非门的真值表。

表 13-2-6　与非门真值表

A	B	F
0	0	1
0	1	1
1	0	1
1	1	0

表 13-2-7　或非门真值表

A	B	F
0	0	1
0	1	0
1	0	0
1	1	0

与非门的逻辑表达式为

$$F=\overline{A\cdot B}$$

或非门的逻辑表达式为

$$F=\overline{A+B}$$

两输入与非门的逻辑符号如图 13-2-12 所示，两输入或非门的逻辑符号如图 13-2-13 所示。

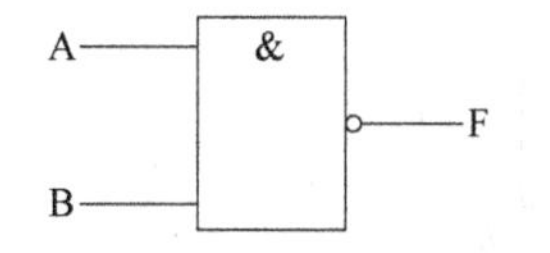

图 13-2-12　两输入与非门逻辑符号

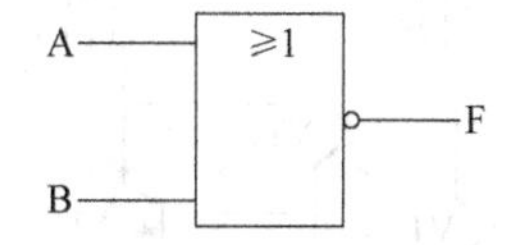

图 13-2-13　两输入或非门逻辑符号

可见与非门的逻辑规则为：“有 0 则 1，全 1 则 0”；或非门的逻辑规则为：“有 1 则 0，全 0 则 1”。

2. 与或非门

将与门、或非和非门连接成与或非门，如图 13-2-14a 所示，逻辑符号如图 13-2-14b 所示。

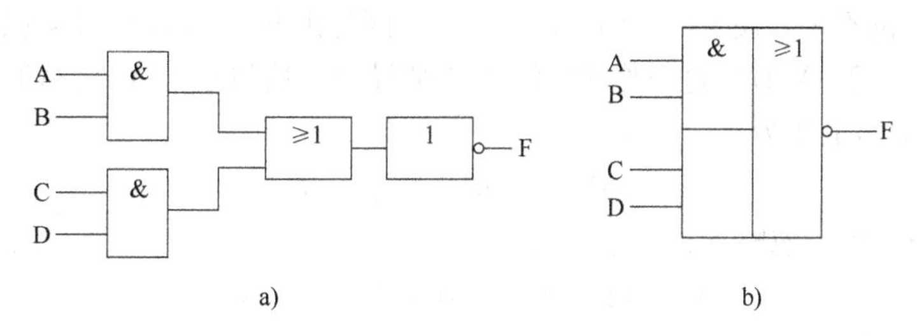

图 13-2-14　与或非门的电路及逻辑符号

与或非门的逻辑表达式如下：

$$F=\overline{A\cdot B+C\cdot D}$$

以上各种门电路均为分立元器件门电路。在实际应用中，这种分立元器件的门电路存在许多缺点，如体积大、可靠性差等。因此，在实际应用中，大部分的分立元器件的门电路已被集成门电路所取代，下面将对集成门电路加以介绍。

第三节　集成门电路

集成门电路与分立元器件门电路相比，不仅有体积小、可靠性高等优点，更主要的优点是转换速度快，输入与输出的高低电平取值相同，这样便于多级连接。

集成门电路按其内部电路使用的电子器件类型的不同可分为多种，如二极管-晶体管集成逻辑门电路（DTL）、晶体管-晶体管集成逻辑门电路（TTL）以及金属氧化物半导体场效应晶体管集成门电路（MOS）等。

一、TTL 与非门

1. 工作原理

典型的 TTL 与非门电路如图 13-3-1 所示，图中 VT_1 为实现“与”功能的多发射极晶体管，它的每一发射极都和其基极、集电极构成一个 NPN 型晶体管。下面分析一下其“与非”功能的实现。

多发射极管 VT_1 可以按图 13-3-2 来理解，把多发射极管的集电极、各发射极与基极之间的 PN 结用二极管表示，显然 VT_1 相当于前面讲过的二极管与门。

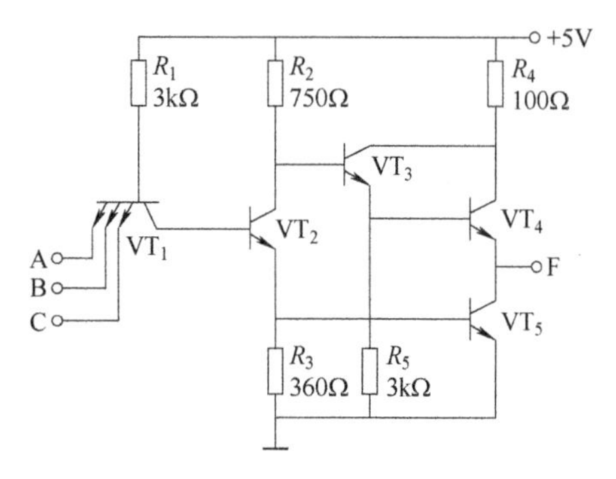

图 13-3-1　典型 TTL 与非门电路

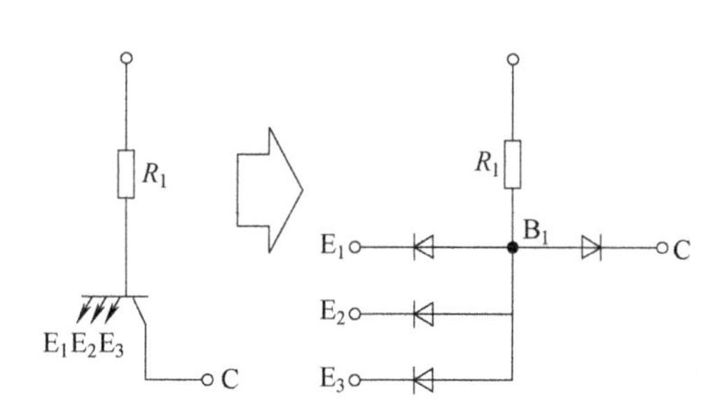

图 13-3-2　多发射极管的原理图

1）当输入 A、B、C 中有一个（或多个）为低电平（0.3V）时，B_1 点电位被钳制在 1V 左右。这个电位不足以使 VT_2、VT_5 同时导通，因为由 B_1 到 VT_5 的发射极要经过三个 PN 结，因此，当 $V_{B1} \approx 2.1V$ 时，这三个 PN 结才能都导通，所以这时 VT_2、VT_5 均截止，VT_3、VT_4 导通，此时输出电压为

$$V_F = 5V - I_{B3}R_2 - U_{BE3} - U_{BE4}$$

因为 I_{B3} 很小，可以忽略不计，于是输出为

$$V_F = (5 - 0.7 - 0.7)V \approx 3.6V$$

输出相当于高电平“1”。

2）当输入全为高电平（3.6V）时，电源通过 R_1 和 VT_1 的集电结向 VT_2 提供足够的基极电流使 VT_2 饱和，VT_2 的发射极电流在 R_2 上产生的压降又为 VT_5 提供足够的基极电流，使 VT_5 也饱和，此时 $V_{B1} = 2.1V$，VT_1 的几个发射结都处于反向偏置。又由于 $V_{C2} = U_{CES2} + U_{BE5} \approx 1V$，不足以使 VT_3、VT_4 同时导通，所以 VT_4 截止，VT_5 饱和，$U_{CES5} \approx 0.3V$，$V_F = 0.3V$，输出为低电平“0”。

从以上可以看出：输入有 0，输出为 1；输入全 1，输出为 0。实现了与非的逻辑功能。

逻辑表达式为：$F = \overline{A \cdot B \cdot C}$。

逻辑符号如前节图 13-2-12 所示，只是输入端变成三个。

2. TTL 与非门的电压传输特性和主要参数

TTL 与非门的输入电压和输出电压之间的关系曲线称为电压传输特性曲线，该曲线是通过对 TTL 电路的实验测量得到的。测试电路如图 13-3-3 所示。该测试电路其实就是一个 TTL 反相器，当 U_i 逐渐升高时 U_o 的变化规律测试结果如图 13-3-4 所示，该曲线即为 TTL 与非门的电压传输特性曲线。

（1）输出高电平 U_{OH} 和输出低电平 U_{OL}　通常约定 $U_{OH} \approx 3.6V$，$U_{OL} \approx 0.3V$，但实际门电路的 U_{OH} 和 U_{OL} 不是定值，由于产品的分散性，每个门之间互有差异，因此，规定：$U_{OH} \geq 2.4V$，$U_{OL} \leq 0.4V$ 便认为合格。

（2）开门电平 U_{ON} 和关门电平 U_{OFF}　U_{ON} 和 U_{OFF} 是反映 TTL 与非门抗干扰能力的两个参数，输出为低电平时称为开门，输出为高电平时称为关门。

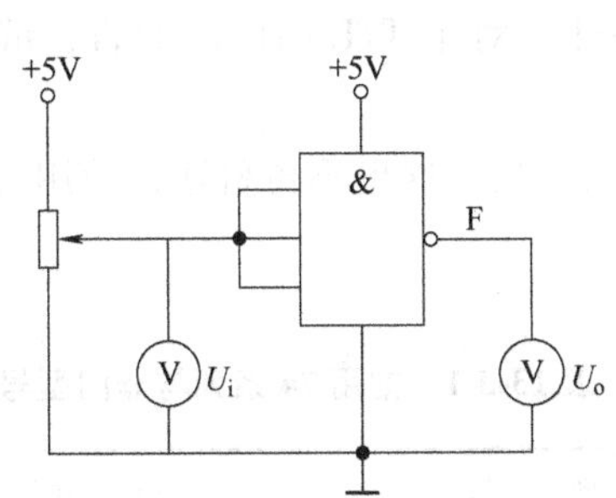

图 13-3-3　TTL 与非门电压传输特性测试电路

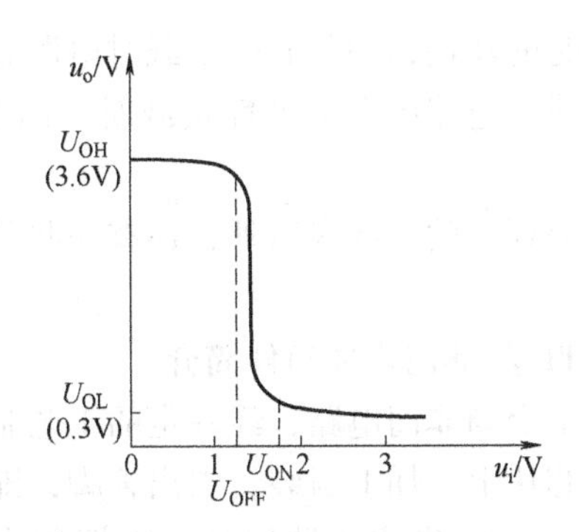

图 13-3-4　电压传输特性图

开门电平是指在额定负载下，输出为低电平时允许输入高电平的最小值。开门电平越小，抗干扰能力越强。

关门电平是指在空载情况下，输出为高电平时允许输入低电平的最大值。关门电平越大，抗干扰能力越强。

从上面的定义可以得出这样的结论，关门电平和开门电平越接近，TTL 与非门的抗干扰能力越强。

（3）扇入系数 N_i 和扇出系数 N

1）扇入系数 N_i。TTL 门电路的扇入系数取决于输入端的个数，如果一个 3 输入端的与非门，它的扇入系数 $N_i=3$。

2）扇出系数 N。TTL 与非门输出端能驱动作为负载的同类门的数目，称为扇出系数，用 N 表示，N 也称为带负载能力。对其分析有两种情况，一种是灌电流负载情况，即负载电流从外电路流入与非门；另一种是拉电流负载情况，即负载电流从与非门流向外电路。关于这两种情况，这里不进行讨论，请参看相关资料。

一般典型的 TTL 与非门扇出系数为 10。在工程设计中，并不能从器件手册上查找到该参数，必须通过实验或计算的方法得到，并且要注意留有余地，以确保系统正常运行。

（4）平均传输延迟时间 t_{pd}　传输延迟时间是表征门电路开关速度的参数，是指门电路在输入脉冲波形的作用下，其输出波形相对于输入波形延迟了多少时间。在与非门的输入端加一个脉冲电压，由于各晶体管运作（由饱和到截止或截止到饱和）都需要一些时间，因此输出电压将有一定的时间延迟，如图 13-3-5 所示。从输入脉冲上升沿的 50%处起到输出脉冲下降沿的 50%处的时间称为前沿的延迟时间 t_{pd1}，从输入脉冲下降沿的 50%处到输出脉冲上升沿的 50%处的时间称为后沿延迟时间 t_{pd2}。通常用平均延迟时间 t_{pd}来表示传输延迟时间，即

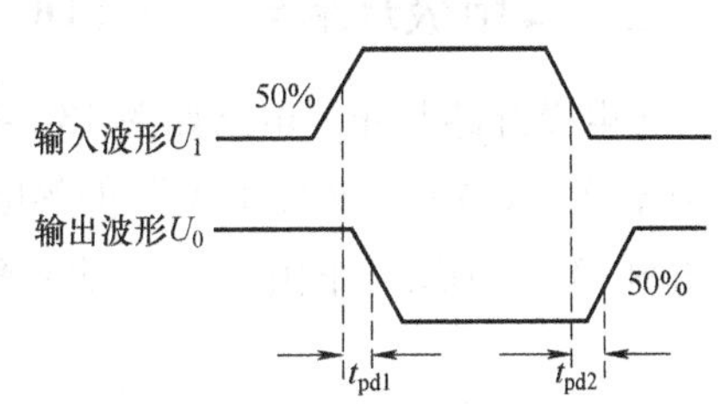

图 13-3-5　平均传输延迟时间示意图

$$t_{pd}=\frac{t_{pd1}+t_{pd2}}{2}$$

t_{pd}的值越小越好，典型值为 3~10ns。

（5）功耗　功耗对门电路来说很重要，它有静态和动态之分。静态功耗是指电路没有

状态转换时的功耗，即与非门空载时电源总电流与电源电压的乘积；动态功耗是指状态变化的瞬间，或者电路中有电容性负载时，门电路的功耗。对于 TTL 门电路而言，静态功耗是主要的。

除以上列举的一些参数外，还有一些其他常用的参数，这里不再赘述，使用时可查阅有关手册。

3. TTL 与非门集成组件简介

将若干个与非门电路，经一定的工艺制做在同一块芯片上，加上封装，引出管脚，即制成了 TTL 与非门集成电路组件。根据其内部所包含的门电路个数不同，同一门输入端个数不同，以及电路的工作速度、功耗不同等，有多种型号的 TTL 与非门。

常用的几种 74 系列与非门型号及功能列于表 13-3-1 中。

表 13-3-1　常用 74 系列与非门型号及功能

型　号	功　能
74LS00	四个 2 输入端与非门
74LS04	六个反相器
74LS10	三个 3 输入端与非门
74LS20	两个 4 输入端与非门

TTL 与非门集成电路大都采用插针式塑料封装，以 74LS00 为例，图 13-3-6 所示为其封装图，图 13-3-7 所示为其引脚分布图。

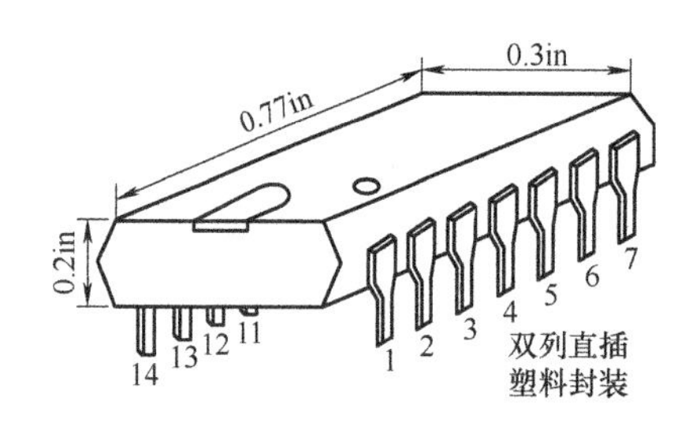

图 13-3-6　TTL 集成电路插针式塑料封装图

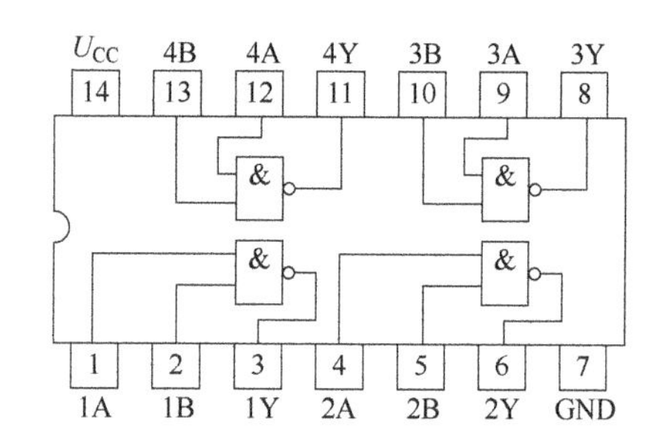

图 13-3-7　74LS00 引脚分布图

二、集电极开路与非门（OC 门）

集电极开路与非门电路如图 13-3-8 所示。它与普通 TTL 门相比，差别在于用外接电阻 R_C 代替 VT_3、VT_4，实际上 VT_3 的集电极是悬空的，因此称为集电极开路与非门。其逻辑符号如图 13-3-9 所示，图中“◊”表示集电极开路。

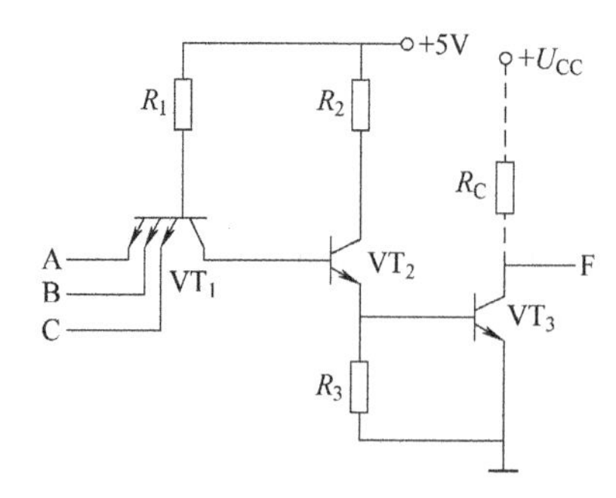

图 13-3-8　集电极开路与非门电路

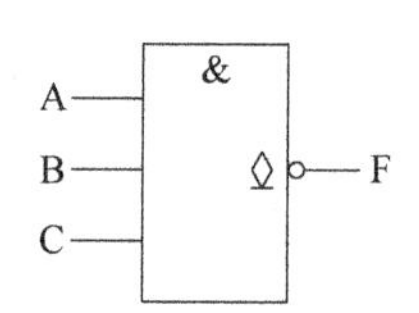

图 13-3-9　集电极开路与非门逻辑符号

OC 门的主要特点：

1. 实现“线与”

所谓“线与”指的是把若干个门的输出端并联在一起，实现多个信号之间与的逻辑关系，具体接法如图 13-3-10 所示，它的输出级等效为图 13-3-11 所示电路。从图中可以看出，任何一个门的 VT_5 饱和导通，都能使 u_o 成为低电平，只有当所有 VT_5 管都截止时，u_o 才是高电平，这样就在 u_{o1}，u_{o2}，…与 u_o 之间实现了“与”关系。

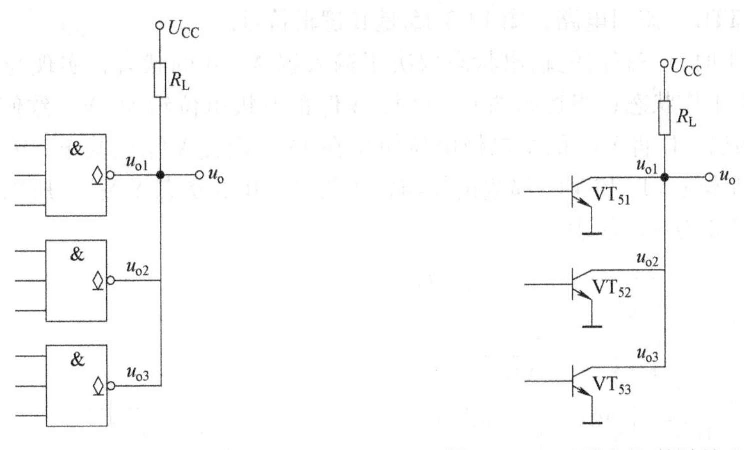

图 13-3-10　“线与”的接法　　　　图 13-3-11　“线与”等效输出级电路

2. 可以直接驱动较大电流的负载

集成 OC 门不仅能实现“线与”，还可以直接驱动一些较大电流的负载，图 13-3-12 所示电路为 OC 门驱动发光二极管显示电路，图 13-3-13 所示为集电极开路反相器驱动指示灯（12V，20mA）的电路，当输入为高电平时，输出为低电平，发光二极管和指示灯亮，否则不发光。

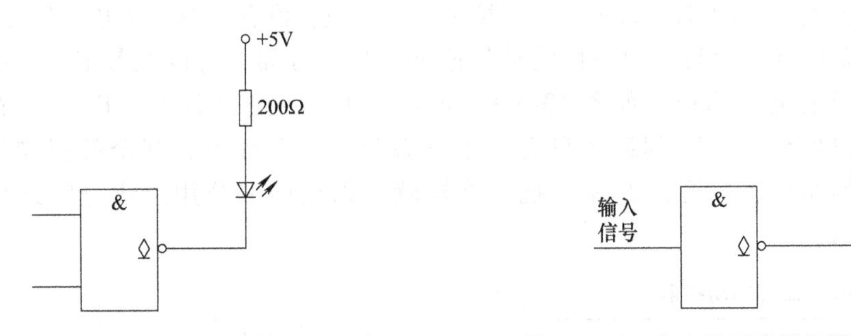

图 13-3-12　OC 门发光二极管显示电路　　　　图 13-3-13　集电极开路反相器驱动指示灯电路

负载 R_C 的取值由两个因素决定，当所有 OC 门同时截止时，输出为高电平，为使输出高电平不低于规定的 U_{OH} 值，R_C 不能选得太大；当 OC 门有一个输出为低电平时，由于所有的负载电流都流入导通的 OC 门，为保证流入导通 OC 门的电流不超过允许的最大值，因而 R_C 的取值不能太小。下面只给出其参考范围，关于这方面的研究，请参看相关资料。

$$R_{Cmin} \leqslant R_C \leqslant R_{Cmax}$$

$$\frac{U_{CC} - U_{OLmax}}{I_{OL} - NI_{IL}} \leqslant R_C \leqslant \frac{U_{CC} - U_{OHmin}}{nI_{OH} + NI_{IH}}$$

式中，U_{CC}是直流电源电压；I_{OH}是 OC 门输出管截止时的漏电流；I_{IH}为负载门的高电平输入电流；U_{OHmin}为规定的产品高电平下限值；I_{OL}为每个OC门所允许的最大负载电流；I_{IL}为每个负载门的低电平输入电流；U_{OLmax}为规定的产品低电平上限值；n为相连的OC门的个数；N为后面带的OC门的个数。

三、三态门（TSL）

顾名思义，三态门的输出端除了有高、低电平之外，还有第三种状态，即高阻状态。图13-3-14所示是TTL三态门电路，图13-3-15是其逻辑符号。

当控制端E=1时，三态门的输出状态取决于输入端A、B的状态，实现与非的逻辑关系，此时电路处于工作状态；当控制端E=0时，VT_1的基极电位约为1V，致使VT_2和VT_5截止，同时，二极管VD将VT_2的集电极电位钳位在1V，而使VT_4也截止。因为这时与输出端相连的两个晶体管VT_4和VT_5都截止（与输入端A、B的状态无关），所以输出端处于高阻状态。表13-3-2为其功能表。

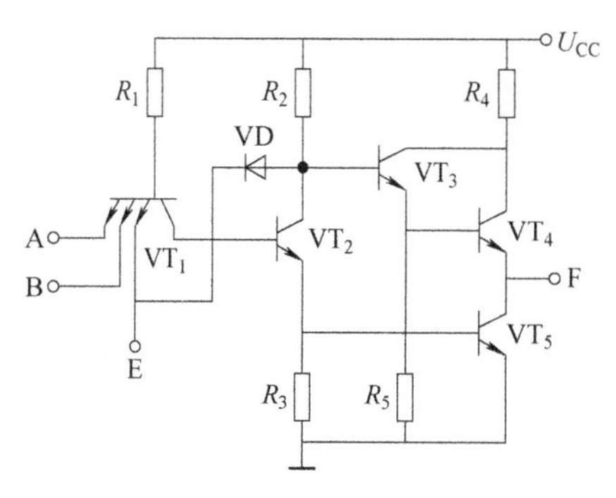

图13-3-14　TTL三态与非门电路

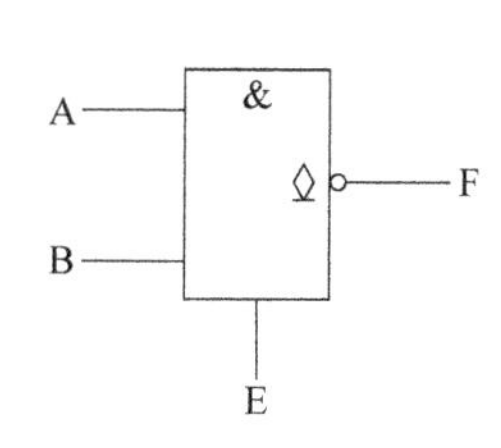

图13-3-15　三态与非门逻辑符号

由于电路结构不同，有的三态门是控制端高电平有效，也有的三态门是控制端低电平有效，其区别标记为逻辑符号的控制端有小圈说明低电平有效，没有小圈为高电平有效。

三态门一方面具有一般与非门一样的动作速度，另一方面又可以把若干个门的输出接到同一公用总线上进行选择，如图13-3-16所示。只要使控制端E_1、E_2、E_3在时间上互相错开就可以保证每一时刻最多只有一个三态门接到总线上，其余各门均处于高阻悬空状态，从而避免各门之间互相干扰，这样就可以用同一公用总线分时地传送不同数据d_1、d_2、d_3。

表13-3-2　三态门功能表

E	输入		输出
	A	B	
1	0	0	1
	0	1	1
	1	0	1
	1	1	0
0	×	×	高阻

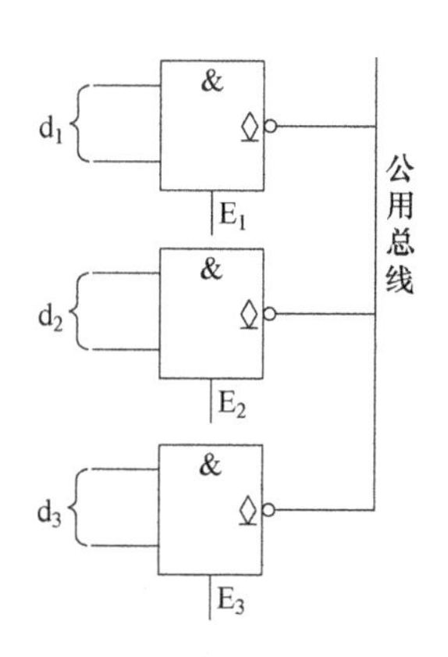

图13-3-16　若干门输出接到同一总线

四、CMOS 门电路

CMOS 电路是在 MOS 电路的基础上发展起来的一种互补对称场效应晶体管集成电路，目前用得最多。

1. CMOS 非门电路

图 13-3-17 所示是 CMOS 非门电路（常称为 CMOS 反相器），驱动管 VF_1 采用 N 沟道增强型（NMOS），负载管 VF_2 采用 P 沟道增强型（PMOS），它们被制作在一块硅片上。两管的栅极相连，由此引出输入端 A，漏极也相连，由此引出输出端 F，两者连成互补对称的结构，衬底都与各自的源极相连。

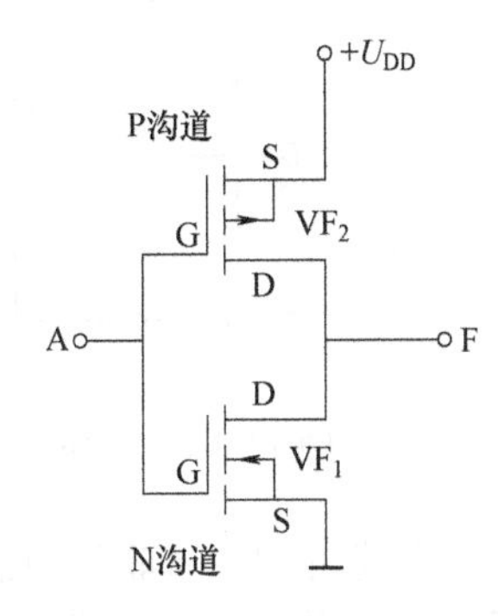

图 13-3-17　CMOS 非门电路

当输入端 A 为“1”(约为 U_{DD}) 时，驱动管 VF_1 的栅-源电压大于开启电压，它处于导通状态，而负载管 VF_2 的栅-源电压小于开启电压的绝对值，它不能开启，处于截止状态。这时 VF_2 的电阻比 VF_1 高得多，电源电压便主要降在了 VF_2 上，故输出端 F 为“0”(约为 0V)。当输入端 A 为“0”(约为 0V) 时，VF_1 截止，而 VF_2 导通，电源电压主要降在 VF_1 上，故输出端 F 为“1”(约为 U_{DD})。

CMOS“非”门电路和 NMOS“非”门电路相比，具有不少优点：

1）由于两管不是同时导通，而截止管的电阻很高，这就使在任何时候流过电路的电流都很小，仅为管子的漏电流（小于微安级），所以，这种连成互补对称的非门电路的功耗是极其微小的，每门静态功耗只有 0.01mW（TTL 每门功耗约 10mW）。

2）由于输出低电平约为零伏，输出高电平约为 U_{DD}，因此，输出幅度加强了，并且还可以取用较低的电源电压（5~15V），这有利于和 TTL 或其他电路连接。

由于上述优点，CMOS 电路在微型计算机、自动化仪器仪表以及人造卫星的电子设备等方面得到了应用。

2. CMOS 与非门电路

图 13-3-18 所示是 CMOS 与非门电路，驱动管 VF_1 和 VF_2 为 N 沟道增强型管，两者串联；负载管 VF_3 和 VF_4 为 P 沟道增强型管，两者并联，负载管整体与驱动管相串联。

当 A、B 两个输入端全为“1”时，驱动管 VF_1 和 VF_2 都导通，电阻很低，而负载管 VF_3 和 VF_4 不能开启，都处于截止状态，电阻很高（并联后的电阻仍很高）。这时，电源电压主要降在负载管上，故输出端 F 为“0”；当输入端有一个或全为“0”时，则串联的驱动管截止，而相应的负载管导通，因此负载管的总电阻很低，驱动管的总电阻却很高。这时，电源电压主要降在串联的驱动管上，故输出端 F 为“1”。

CMOS“与非”门电路在结构上是互补对称的，因此它具有和 CMOS“非”门电路相同的优缺点。

3. CMOS 或非门电路

图 13-3-19 所示是 CMOS 或非门电路，驱动管 VF_1 和 VF_2 为 N 沟道增强型管，两者并联；负载管 VF_3 和 VF_4 为 P 沟道增强型管，两者串联。

当 A、B 两个输入端全为“1”或其中一个为“1”时，输出端 F 为“0”，只有当输入端全为“0”时，输出端才为“1”。

图 13-3-18 CMOS 与非门电路

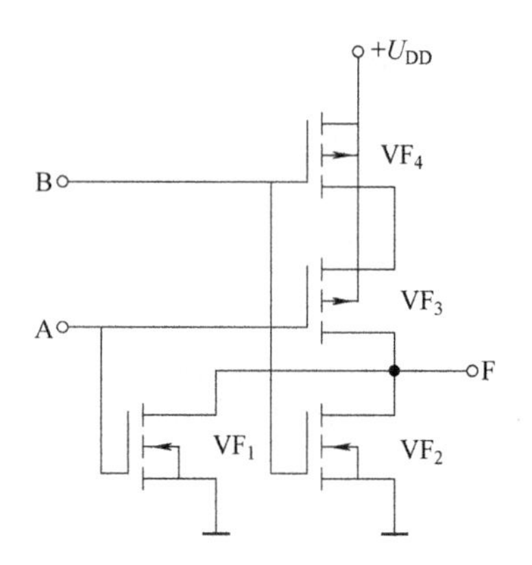

图 13-3-19 CMOS 或非门电路

由上述可知，与非门的输入端越多，串联的驱动管也越多，导通时的总电阻就越大，输出低电平值将会因输入端的增多而提高，所以输入端不能太多。而或非门电路的驱动管是并联的，不存在这个问题，所以在 MOS 电路中，或非门用得较多。

4. CMOS 三态门

与 TTL 门电路一样，CMOS 也有三态门，图 13-3-20 所示为低电平使能的三态门。当使能控制端 E=1 时，VF_1 和 VF_4 同时截止，故输出端 F 呈高阻态；当使能控制端 E=0 时，VF_1 和 VF_4 同时导通，非门正常工作，$F=\overline{A}$。

与 TTL 一样，CMOS 三态门也可方便地构成总线结构。

5. CMOS 传输门（TG）

CMOS 传输门由一个 N 沟道增强型 MOS 管 VF_N 和一个 P 沟道增强型 MOS 管 VF_P 并联构成，如图 13-3-21a 所示，图 13-3-21b 是其逻辑符号。

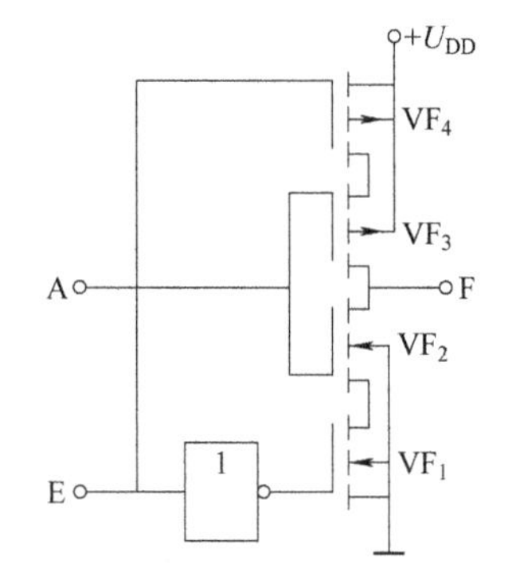

图 13-3-20 低电平使能的三态门

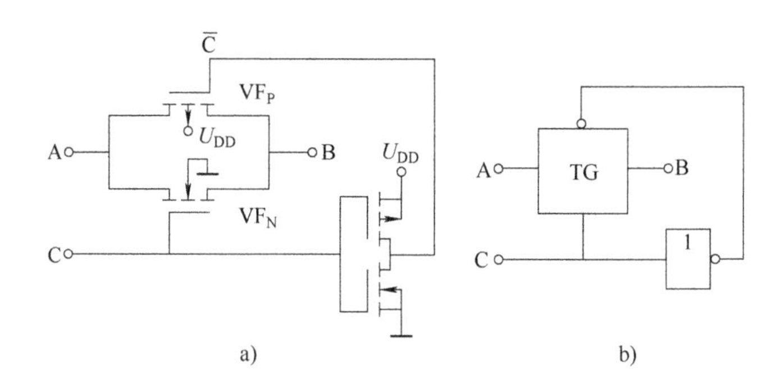

图 13-3-21 CMOS 传输门

a）CMOS 传输电路 b）逻辑符号

C 为控制端，另一控制端为 $\overline{C}$，A 为输入端，B 为输出端。设输入 u_A 的变化范围为 0~U_{DD}，当控制信号 C=1 时 $\overline{C}=0$，即 $u_C=U_{DD}$，$u_{\overline{C}}=0V$。若 u_A 在 0~($U_{DD}-U_{VN}$) 范围内则 VF_N 导通；若 u_A 在 $|U_{VFP}|$~U_{DD}范围内则 VF_P 导通，因此在 u_A 从 0 到 U_{DD}的整个范围内，VF_N 和 VF_P 中至少有一个导通，A 点的信号就传到了 B 点，即有 $u_B=u_A$，相当于开关接通。在控制信号 C=0 时，$\overline{C}=1$，即 $u_C=0V$，$u_{\overline{C}}=U_{DD}$，在 u_A 从 0 到 U_{DD}的整个范围内，VF_N 和 VF_P 总

是都截止，A 点的信号就送不到 B 点，相当于开关断开。

由此可见，CMOS 传输门可实现信号的可控传输。

这里再补充说明两点：

1）传输门在导通状态下的等效电阻小于 1kΩ，当后面接 MOS 电路输入端（输入电阻达 $10^{10}\Omega$）或运算放大器（输入电阻达兆欧级）时，信号传输的衰减可忽略不计。

2）由于 MOS 管在结构上是源、栅对称的，所以传输门是双向器件，既可把 A 当输入、B 当输出，也可把 B 当输入、A 当输出，即输入和输出端允许互换使用。

CMOS 传输门的传输特性在原点附近呈线性对称性，因此常用作模拟开关。模拟开关广泛应用于采样—保持电路、D/A 和 A/D 转换电路等。

6. CMOS 电路使用注意事项

CMOS 电路输入端虽然已经设置了保护电路，但由于保护二极管和限流电阻的几何尺寸有限，它们所能承受的静电电压和脉冲功率都有一定的限度，在输入端电压过高或反向击穿电流过大以后，会使保护电路损坏，进而导致 MOS 管损坏。因此，在使用 CMOS 集成电路时，还要采取一些附加的保护措施。应遵循的正确使用方法有：

1）为防止静电造成损坏，在储存和运输 CMOS 器件时，不要用容易产生高压静电的化工材料和化纤织物包装，最好使用金属屏蔽层作包装材料；组装调试时，烙铁、仪表、工作台面等应良好接地，操作人员的服装、手套等应选用无静电的原料制作。另外，不用的输入端不应悬空。

2）为防止输入保护电路中钳位二极管过电流损坏，输入端接低内阻信号源时，应在输入端与信号源之间串进保护电阻，保证保护电路二极管导通时电流不超过 1mA。

总之，CMOS 电路由于其具有功耗低、抗干扰能力强、工作稳定可靠、电源电压范围宽等特点，应用非常广泛。

第四节　逻辑函数最小项之和的形式和化简方法

一、逻辑代数的基本定律

逻辑代数也称为布尔代数，是英国数学家布尔 1954 年提出的，它是按一定逻辑规律进行运算的代数，是组合逻辑电路分析与设计不可缺少的数学工具。

逻辑代数的基本定律如下：

1. 0-1 律

$$A+1=1 \quad A+0=A \quad A\cdot 0=0 \quad A\cdot 1=A$$

2. 互补律

$$A+\overline{A}=1 \quad A\cdot\overline{A}=0$$

3. 重叠律

$$A+A=A \quad A\cdot A=A$$

4. 还原律

$$\overline{\overline{A}}=A$$

5. 交换律

$$A+B=B+A \quad A\cdot B=B\cdot A$$

6. 结合律

$$A+(B+C)=(A+B)+C$$

$$A\cdot(B\cdot C)=(A\cdot B)\cdot C$$

7. 分配律

$$A\cdot(B+C)=A\cdot B+A\cdot C$$

$$A+(B\cdot C)=(A+B)(A+C)$$

8. 吸收律

$$A+AB=A$$

$$A+\overline{A}B=A+B$$

$$AB+\overline{A}C+BC=AB+\overline{A}C$$

9. 反演律（摩根定理）

$$\overline{A\cdot B}=\overline{A}+\overline{B}\quad \overline{A+B}=\overline{A}\cdot\overline{B}$$

证明上述公式的最有效方法是真值表法，也就是说，列出等式左右函数的真值表，看是否吻合。表 13-4-1 和表 13-4-2 为反演律证明的真值表。

表 13-4-1　反演律证明的真值表一

A	B	$\overline{AB}$	$\overline{A}+\overline{B}$
0	0	1	1
0	1	1	1
1	0	1	1
1	1	0	0

表 13-4-2　反演律证明的真值表二

A	B	$\overline{A+B}$	$\overline{A}\,\overline{B}$
0	0	1	1
0	1	0	0
1	0	0	0
1	1	0	0

当然，也可以用逻辑代数中的其他基本定律进行证明。

【例 13-4-1】　证明 $AB+\overline{A}C+BC=AB+\overline{A}C$。

证明　等式左侧　$AB+\overline{A}C+BC=AB+\overline{A}C+(A+\overline{A})BC=AB+\overline{A}C+ABC+\overline{A}BC$

$$=AB(1+C)+\overline{A}C(1+B)$$

$$=AB+\overline{A}C=\text{等式右侧}$$

【例 13-4-2】　证明 $A+\overline{A}B=A+B$。

证明　等式右侧 $=(A+B)(A+\overline{A})=A+\overline{A}B=$ 等式左侧

二、逻辑代数的三个重要规则

1. 代入规则

任何一个含有变量 A 的等式，如果将等式两边所有出现 A 的位置都代之以一个逻辑函数 F，则等式仍然成立。例如，$\overline{A\cdot B}=\overline{A}+\overline{B}$，若将该等式中的变量 A 以（C · D）代入，则可得到

$$\overline{(C\cdot D)\cdot B}=\overline{C\cdot D}+\overline{B}$$

2. 反演规则

对于任何一个逻辑式 F，如果把其中的所有“ · ”变成“+”，“+”变成“ · ”，“0”

变成“1”，“1”变成“0”，原变量变成反变量，反变量变成原变量，那么得到的逻辑表达式是 $\overline{F}$ 的表达式。

【例 13-4-3】 利用摩根定理求 $F=A+\overline{B\,\overline{C}+\overline{D+\overline{E}}}$的非。

解：

$$\overline{F}=\overline{A}\cdot\overline{(\overline{B}+C)\cdot\overline{\overline{D}\cdot E}}$$

3. 对偶规则

对于任意一个逻辑式 F，如果把其中所有的“·”变为“+”，“+”变为“·”，“0”变为“1”，“1”变为 0，而变量不变，这样得到的一个新函数式 F'，F'称为 F 的对偶式，实际上 F 与 F'互为对偶式。

如果两个函数式相等，则它们的对偶式也相等，这就是对偶定理。

【例 13-4-4】 写出 $F=A\cdot\overline{B}+C\cdot\overline{D}$ 的对偶式。

解：根据对偶规则有

$$F'=(A+\overline{B})\cdot(C+\overline{D})$$

三、逻辑函数最小项之和的形式

1. 最小项

在 n 个变量的逻辑函数中，若 m_i 为包含了 n 个因子的乘积项，而且这 n 个变量均以原变量或反变量的形式在 m_i 中出现一次，则称 m_i 为该组变量的最小项。下标 i 是最小项编号，用十进制表示。

例如，A、B、C 三个变量的最小项有 8 个，列于表 13-4-3 中，n 变量的最小项有 2^n 个。

表 13-4-3　三变量的最小项列表

A	B	C	最小项	m_i	A	B	C	最小项	m_i
0	0	0	$\overline{A}\,\overline{B}\,\overline{C}$	m_0	1	0	0	$A\,\overline{B}\,\overline{C}$	m_4
0	0	1	$\overline{A}\,\overline{B}\,C$	m_1	1	0	1	$A\,\overline{B}\,C$	m_5
0	1	0	$\overline{A}\,B\,\overline{C}$	m_2	1	1	0	$AB\,\overline{C}$	m_6
0	1	1	$\overline{A}\,BC$	m_3	1	1	1	ABC	m_7

若两个最小项只有一个因子不同，则称这两个最小项具有相邻性。例如，$\overline{A}\,B\,\overline{C}$ 和 $AB\,\overline{C}$ 两个最小项仅第一个因子不同，所以它们具有相邻性。这两个最小项相加时能合并成一项，并将一对不同的因子消去

$$\overline{A}\,B\,\overline{C}+AB\,\overline{C}=B\,\overline{C}(\overline{A}+A)=B\,\overline{C}$$

2. 最小项的性质

1）在输入变量的任何取值下必有一个最小项，而且仅有一个最小项的值为 1。

2）全体最小项之和为 1。

3）任意两个最小项的乘积为 0。

4）具有相邻性的两个最小项之和可以合并成一项并消去一对因子。

3. 逻辑函数的最小项之和的形式

逻辑函数可以化为最小项之和的形式表示。

【例 13-4-5】　写出 $F=\overline{A}B+BC+A\overline{B}\overline{C}$ 的最小项表达式。

解：$F=\overline{A}B+BC+A\overline{B}\overline{C}$

$=\overline{A}B(C+\overline{C})+BC(A+\overline{A})+A\overline{B}\overline{C}$

$=\overline{A}BC+\overline{A}B\overline{C}+ABC+A\overline{B}\overline{C}$

$=\sum m(2,3,4,7)$

四、逻辑函数的化简方法

同一个逻辑函数可以写成不同的逻辑式，逻辑式越简单，它所表示的逻辑关系越明显，同时也有利于用最少的电子器件实现这个逻辑函数。因此，经常需要通过化简的手段找出逻辑函数的最简形式。常用的化简方法有公式化简法和卡诺图化简法。

1. 公式化简法

【例 13-4-6】　化简逻辑函数 $F=\overline{A}C+ABC+A\overline{B}C$。

解：$F=\overline{A}C+ABC+A\overline{B}C$

$=\overline{A}C+AC(B+\overline{B})$

$=C(\overline{A}+A)$

$=C$

【例 13-4-7】　化简逻辑函数 $F=ABC+AB\overline{C}+A\overline{B}C$。

解：$F=ABC+AB\overline{C}+A\overline{B}C$

$=ABC+AB\overline{C}+ABC+A\overline{B}C$

$=AB(C+\overline{C})+AC(B+\overline{B})$

$=AB+AC$

2. 卡诺图化简法

（1）卡诺图　将 n 变量的全部最小项各用一个小方块表示，并使具有逻辑相邻性的最小项在几何位置上也相邻地排列起来，所得到的图形称为 n 变量最小项的卡诺图。因为这种表示方法是由美国工程师卡诺（M. Karnaugh）首先提出的，所以将这种图形称为卡诺图（Karnaugh Map）。

图 13-4-1 中画出了二到四变量最小项的卡诺图。图形两侧标注的 0 和 1 表示使对应小方格内的最小项为 1 的变量取值。同时，这些 0 和 1 组成的二进制数所对应的十进制数大小也就是对应的最小项的编号。

为了保证卡诺图中几何位置相邻的最小项在逻辑上也具有相邻性，这些数码不能按自然二进制数从小到大地顺序排列，而必须按循环码排列，以确保相邻的两个最小项仅有一个变量是不同的。

从图 13-4-1 所示的卡诺图上还可以看到，处在任何一行或一列两端的最小项也仅有一个变量不同，所以它们也具有逻辑相邻性。因此，从几何位置上应当将卡诺图看成是上下、左右闭合的图形。

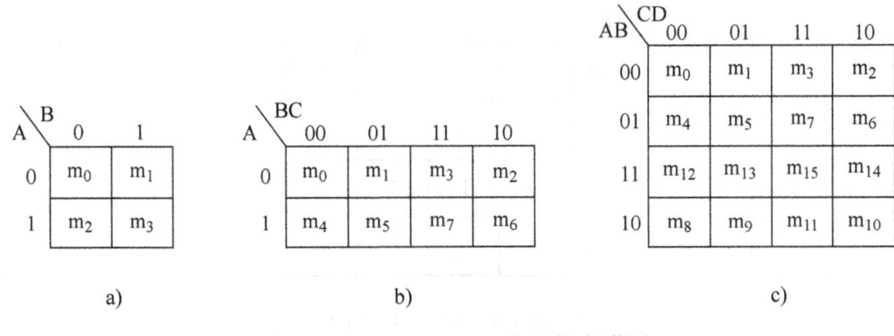

图 13-4-1　二、三、四变量的卡诺图

（2）卡诺图的画法

1）给出真值表画卡诺图：在变量卡诺图中，根据真值表填写对应变量每种组合下的逻辑函数值。

【例 13-4-8】　函数 F 的真值表见表 13-4-4，画出 F 的卡诺图。

解：先画出三变量的卡诺图，然后根据真值表，将最小项的值填入相应最小项的方格中，函数 F 的卡诺图如图 13-4-2 所示。

表 13-4-4　函数 F 的真值表

A	B	C	F
0	0	0	0
0	0	1	0
0	1	0	0
0	1	1	1
1	0	0	1
1	0	1	1
1	1	0	0
1	1	1	0

A \ BC	00	01	11	10
0	0	0	1	0
1	1	1	0	0

图 13-4-2　例 13-4-8 卡诺图

2）给出逻辑函数的最小项表达式画卡诺图：把逻辑函数的最小项填入变量卡诺图中，在对应于函数的每一个最小项的方格中填入 1，其余的填 0。

【例 13-4-9】　画出函数 $F(ABCD)=\sum m(0,3,5,6,9,10,12)$ 的卡诺图。

解：先画出四变量卡诺图，然后填最小项的值，F 的卡诺图如图 13-4-3 所示。

3）给出一个逻辑表达式画卡诺图：将逻辑函数所包含的最小项在卡诺图相应的位置上填 1，其余部分填 0，即得到了该逻辑函数的卡诺图。

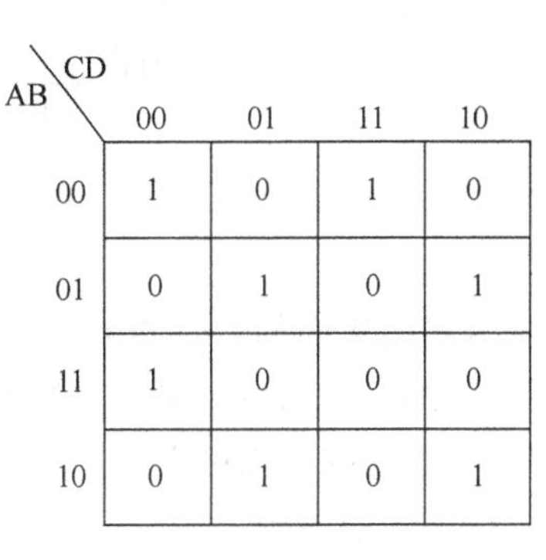

AB CD 00 01 11 10
00 1 0 1 0
01 0 1 0 1
11 1 0 0 0
10 0 1 0 1

图 13-4-3　例 13-4-9 图

【例 13-4-10】　画出逻辑函数 $F(ABCD)=AB+\overline{A}\,\overline{B}+\overline{C}\,\overline{D}$ 的卡诺图。

解：确定每一个乘积项所包含的最小项

$$AB=m_{12}+m_{13}+m_{14}+m_{15}$$

$$\overline{A}\,\overline{B}=m_0+m_1+m_2+m_3$$

$$\overline{C}\,\overline{D}=m_0+m_4+m_8+m_{12}$$

得到 F 的卡诺图如图 13-4-4 所示。

（3）用卡诺图化简逻辑函数　最小项合并规则：在变量卡诺图中，凡是几何相邻的最小

AB \ CD	00	01	11	10
00	1	1	1	1
01	1	0	0	0
11	1	1	1	1
10	1	0	0	0

图 13-4-4　例 13-4-10 图

项均可合并，合并时可以消去有关变量。2 个最小项合并成一项时，可消去一个变量；4 个最小项合并成一项时，可消去两个变量，8 个最小项合并成一项时，可消去三个变量。一般，2^n 个最小项合并成一项时可以消去 n 个变量，这就是最小项合并规则。

图 13-4-5~图 13-4-7 分别给出了 2 个最小项、4 个最小项、8 个最小项合并成一项的情况。

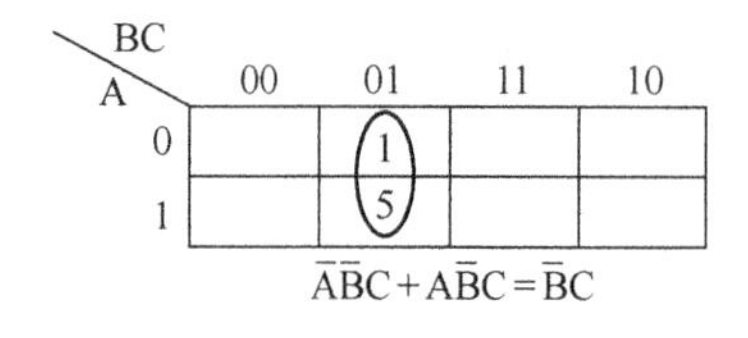

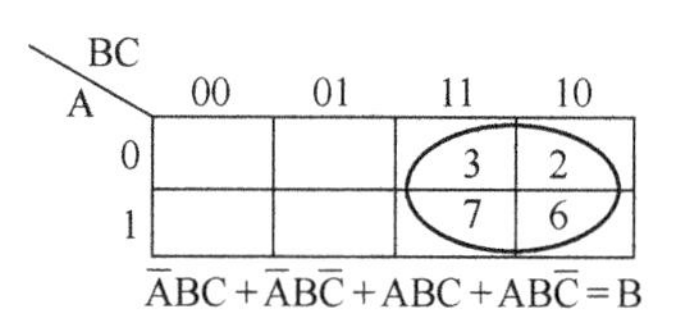

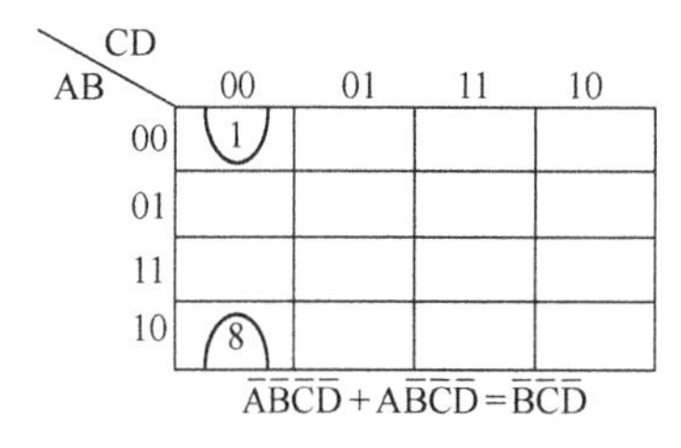

图 13-4-5　2 个最小项合并成一项

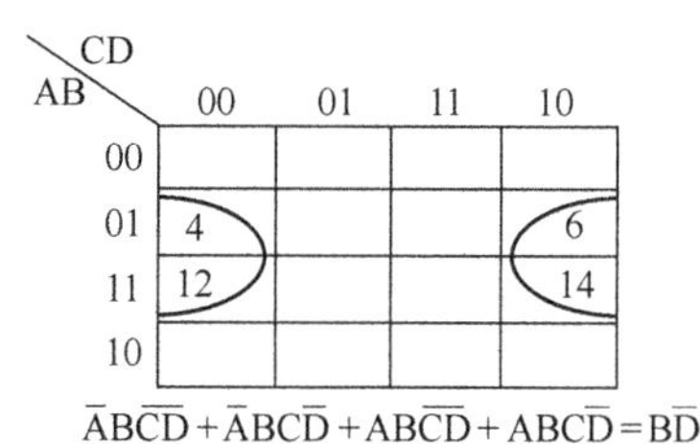

图 13-4-6　4 个最小项合并成一项

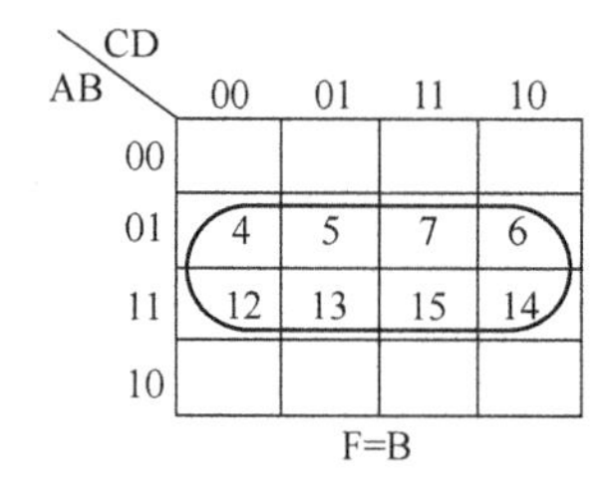

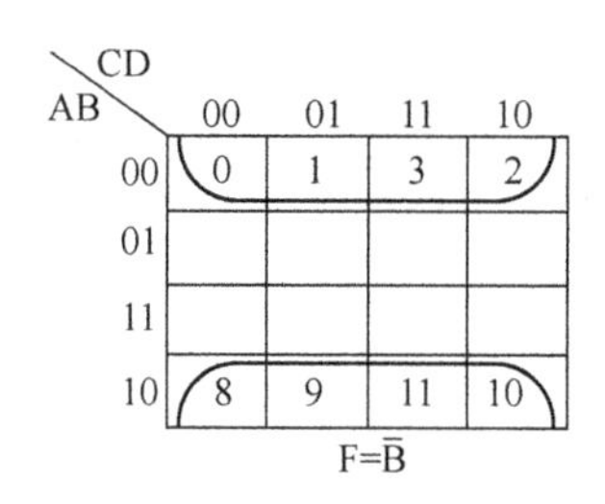

图 13-4-7　8 个最小项合并成一项

卡诺图化简的步骤如下：

1）画出表示该逻辑函数的卡诺图。

2）按规则圈出可以合并的最小项（应覆盖卡诺图中所有的 1），使圈中最小项个数尽量多，圈的个数最少。

3）写出化简后的逻辑表达式。

【例 13-4-11】　用卡诺图化简逻辑函数

$$F(ABCD)=\sum m(0,\ 4,\ 5,\ 8,\ 10,\ 12,\ 15)$$

解：先画出该逻辑函数的卡诺图，圈出可以合并的最小项 1，如图 13-4-8 所示。每一个圈写出一个与项，最后全部与项的和即为该逻辑函数的最简与或表达式。

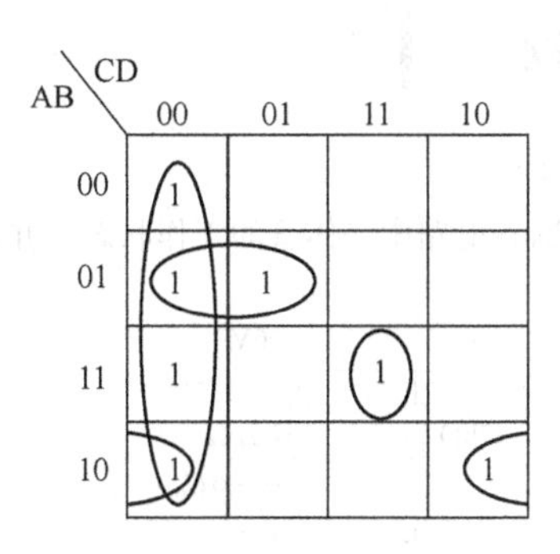

图 13-4-8　例 13-4-11 卡诺图

卡诺图例题

化简结果为 $F(ABCD)=ABCD+\bar{A}B\bar{C}+A\bar{B}\bar{D}+\bar{C}\bar{D}$

【例 13-4-12】　用卡诺图化简逻辑函数

$$F(ABCD)=\sum m(0,\ 2,\ 8,\ 10)$$

解：该逻辑函数的卡诺图如图 13-4-9 所示。化简时要注意利用卡诺图的循环相邻性。

【例 13-4-13】　用卡诺图法化简逻辑函数 $F(ABCD)=\sum m(3\sim5,\ 7,\ 9,\ 13\sim15)$。

解：F 的卡诺图如图 13-4-10 所示。化简后

$$F=\bar{A}B\bar{C}+\bar{A}CD+A\bar{C}D+ABC$$

注意：此题在求解时，若先画大圈（见图中虚线所围的圈），则得到冗余项 BD。

用卡诺图化简逻辑函数应注意以下几点：

1）画包围圈的顺序为：先画小圈，再画大圈，直至所有的 1 都被圈到。

2）每一个包围圈至少应包含一个新的最小项，任何一个最小项 1 均可重复使用。

3）在卡诺图中，若所有的 0 能合并成一项，可采用圈 0 的办法写出 $\bar{F}$ 的表达式，再转换为 F 的表达式。

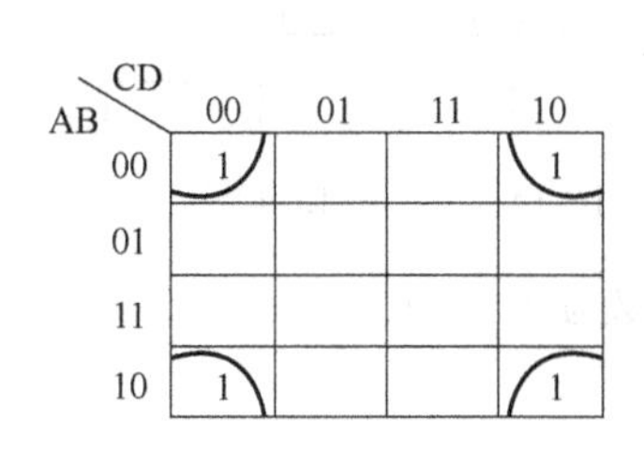

图 13-4-9　例 13-4-12 卡诺图

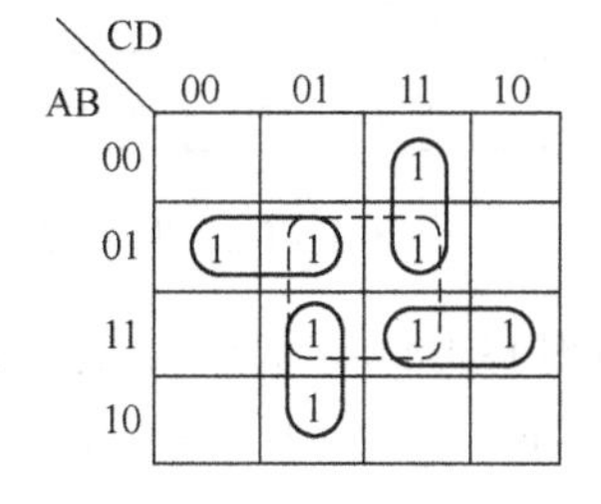

图 13-4-10　例 13-4-13 卡诺图

本章小结

第十三章小结

习　题

13-1　晶体管的放大区、饱和区和截止区各有什么特点？

13-2　晶体管接成的电路如图13-T-1a～d所示，试判断各电路中晶体管的工作状态，并说明理由。

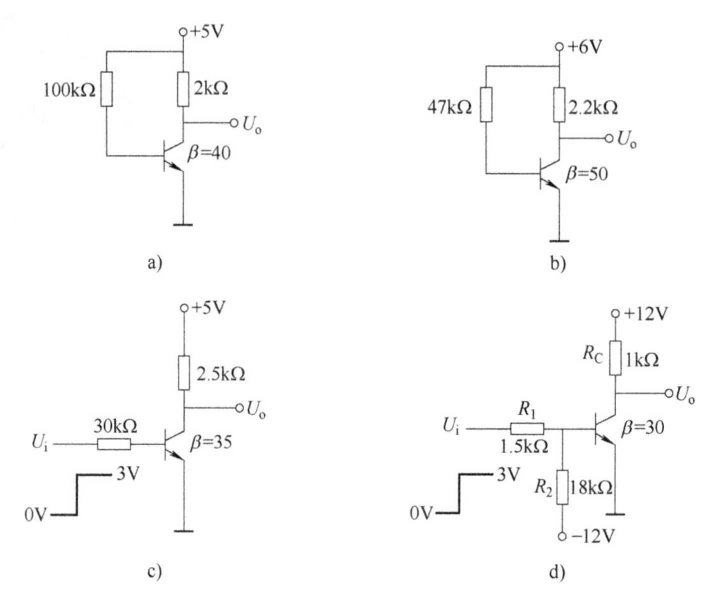

图13-T-1　题13-2图

13-3　已知A、B的波形如图13-T-2所示，当作为两个输入端与门和与非门的输入时，分别画出它们的输出波形。

13-4　已知A、B、C的波形如图13-T-3所示，当作为三输入端或非门的输入信号时，试画出它的输出波形。

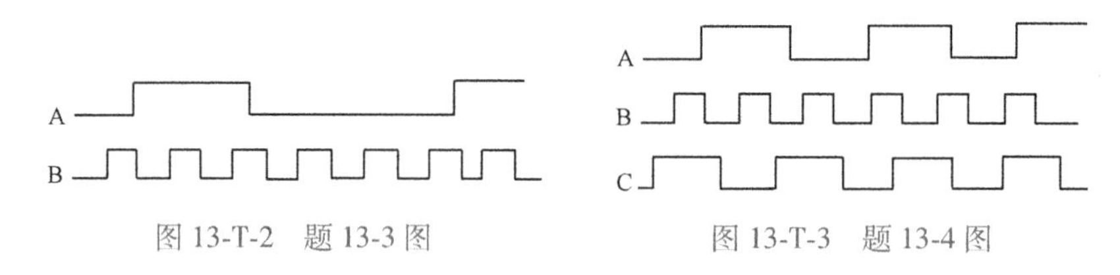

图13-T-2　题13-3图　　图13-T-3　题13-4图

13-5　在图13-T-4所示电路中，若采用正逻辑，则逻辑函数为（　　）。

（1）$F=A+B$　　（2）$F=A+\overline{B}$

（3）$F=A\cdot\overline{B}$　　（4）$F=\overline{A}\cdot B$

13-6　电路图和输入端A、B波形图如图13-T-5a、b所示，试画出F的波形（设二极管为理想二极管）。

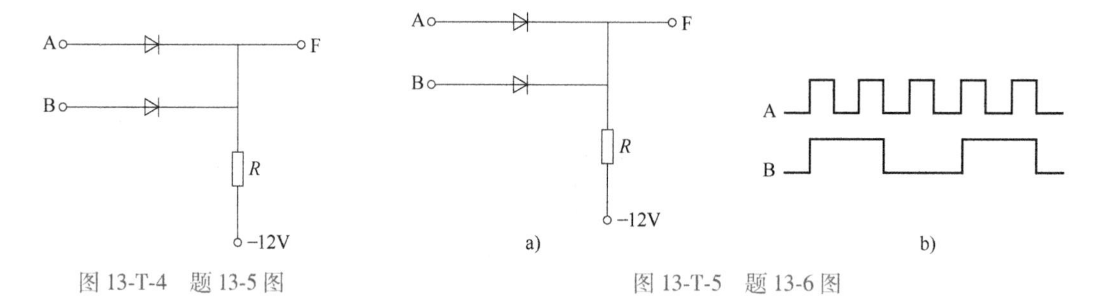

图13-T-4　题13-5图　　图13-T-5　题13-6图

13-7 在下列逻辑式中，变量 A、B、C 为哪些取值时，F 的值为 1

(1) $F=(A+B)+A\cdot B$；　(2) $F=A\cdot B+\overline{A}\cdot C+\overline{B}\cdot C$；　(3) $F=(A\cdot\overline{B}+\overline{A}\cdot B)\cdot C$。

13-8 用布尔代数基本公式验证下列等式：

(1) $A+\overline{A\cdot\overline{B}}=1$；　(2) $B\cdot C+\overline{A+\overline{B}}=B(\overline{A}+C)$；

(3) $A\cdot\overline{C}+A\cdot B\cdot\overline{C}(\overline{D}+E)=A\cdot\overline{C}$。

13-9 试用卡诺图化简下列逻辑函数，写出最简与或表达式。

(1) $F=A\,\overline{B}\,C+(\overline{A}+\overline{C})(\overline{B}+\overline{D})+\overline{A+B+D}$；

(2) $F(ABCD)=\sum m(0,\ 2,\ 5,\ 6,\ 7,\ 8,\ 9,\ 10,\ 11,\ 14,\ 15)$；

(3) $F=A\,\overline{B}+B\,\overline{C}\,\overline{D}+ABD+\overline{A}\,B\,\overline{C}\,D$；

(4) $F=\overline{A}\,\overline{C}+AC+A\,\overline{B}\,\overline{C}\,\overline{D}+\overline{A}\,\overline{B}\,C\,\overline{D}$；

(5) $F(ABCD)=\sum m(0,\ 2,\ 3,\ 4,\ 6,\ 8,\ 10,\ 11,\ 12,\ 14)$。

第十四章　组合逻辑电路

第一节　组合逻辑电路的分析

在任何时刻，输出状态只取决于同一时刻各输入状态的组合而与先前状态无关的逻辑电路称为组合逻辑电路。它是由与门、或门、非门、与非门、或非门等各种基本逻辑门电路组合而成。本节将对组合逻辑电路进行分析。

所谓组合逻辑电路的分析就是通过对逻辑电路的分析得出相应的逻辑功能，其步骤如下：

1）由逻辑图写出输出端与输入端之间的逻辑表达式。

2）化简或变换逻辑表达式。

3）列出真值表。

4）根据真值表和逻辑表达式对逻辑电路进行分析，最后确定其逻辑功能。

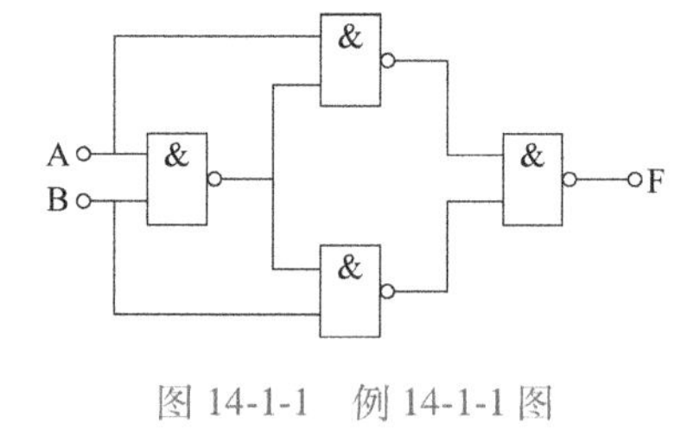

图 14-1-1　例 14-1-1 图

【例 14-1-1】　分析图14-1-1所示电路的逻辑功能。

解：（1）根据逻辑电路写出逻辑表达式

$$F=\overline{\overline{A\cdot\overline{AB}}\cdot\overline{B\cdot\overline{AB}}}$$

（2）用代数法对表达式进行化简

$$\begin{aligned}F&=A\cdot\overline{AB}+B\cdot\overline{AB}\\&=A\cdot(\overline{A}+\overline{B})+B(\overline{A}+\overline{B})\\&=A\overline{B}+\overline{A}B\end{aligned}$$

（3）列真值表，见表 14-1-1。

表 14-1-1　例 14-1-1 真值表

A	B	F
0	0	0
0	1	1
1	0	1
1	1	0

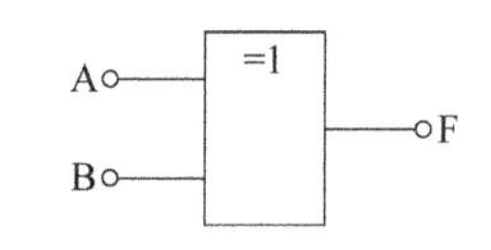

图 14-1-2　“异或”门逻辑符号

（4）确定逻辑功能

由真值表可以看到，当 A、B 相同时，输出为“0”，当 A、B 不同时，输出为“1”，称

这种电路实现了异或的逻辑功能，称为“异或”门。这是一种很实用的复合门，其逻辑符号如图 14-1-2 所示，表达式为

$$F=A\oplus B$$

【例 14-1-2】　分析图14-1-3所示逻辑电路的逻辑功能。

解：(1) 由逻辑图写出表达式

$$F=\overline{\overline{AB}\cdot\overline{\bar{A}\,\bar{B}}}$$

(2) 由反演规则进行化简

$$F=AB+\bar{A}\,\bar{B}$$

(3) 列出真值表，见表 14-1-2。

表 14-1-2　例 14-1-2 真值表

A	B	F
0	0	1
0	1	0
1	0	0
1	1	1

(4) 分析逻辑功能

由状态表可知当 A、B 相同时输出 F=1；当 A、B 相异时，输出 F=0，称这种逻辑关系为同或的逻辑关系。此电路称为“同或”门，逻辑符号如图 14-1-4 所示。

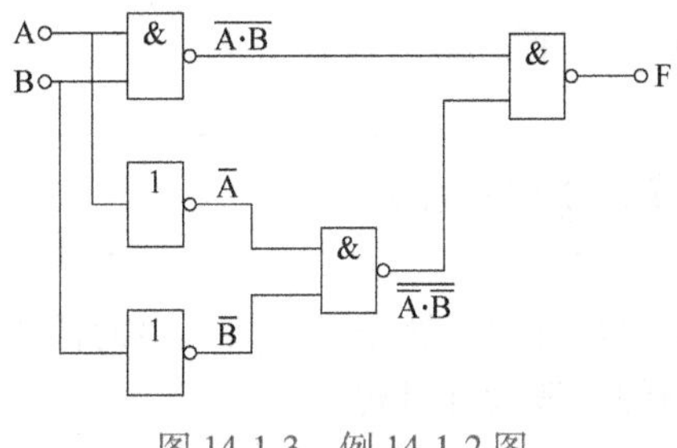

图 14-1-3　例 14-1-2 图

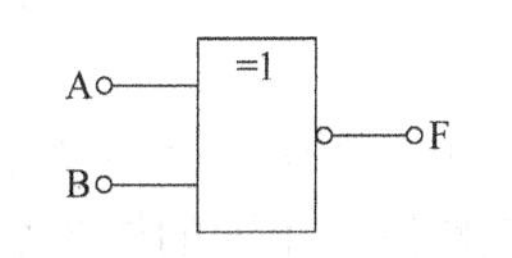

图 14-1-4　“同或”门逻辑符号

【例 14-1-3】　分析图14-1-5所示电路的逻辑功能。

解：(1) 写出输出表达式并进行化简

$$F=\overline{\overline{AM}\cdot\overline{B\bar{M}}}=AM+B\bar{M}$$

(2) 列出输出与输入之间的真值表，见表 14-1-3。

A
M
&
1
2
&
4
F
&
3
B

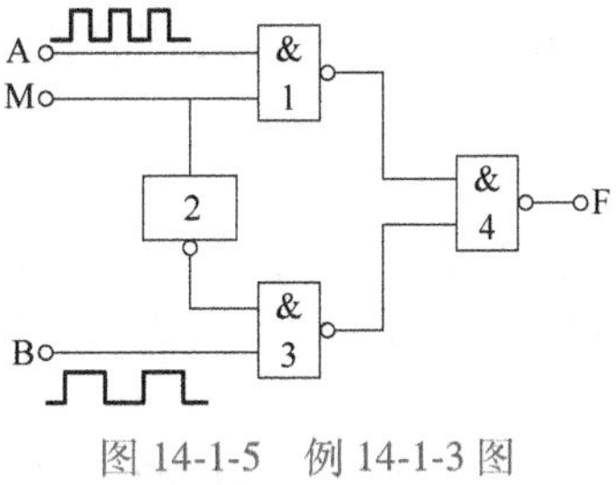

图 14-1-5　例 14-1-3 图

表 14-1-3　例 14-1-3 真值表

M	A	B	F
0	0	0	0
0	0	1	1
0	1	0	0
0	1	1	1
1	0	0	0
1	0	1	0
1	1	0	1
1	1	1	1

（3）分析真值表，得出逻辑功能

从真值表可见，当 M=0 时，电路的输出与输入变量 B 相同，即电路能把输入变量 B 传送到输出端去，使 F=B；当 M=1 时，电路的输出与输入变量 A 相同，即电路能把输入变量 A 传送到输出端去，使 F=A。因此可以看出，M 为控制端，在它的控制下，该电路能有选择地把两个变量中某一个传送到输出端去，因此，该电路叫作二选一的选通电路。

【例 14-1-4】 分析图14-1-6a所示电路的逻辑功能。

解：

$$F=(\overline{A}+\overline{B})(\overline{C}+\overline{D})=\overline{AB+CD}$$

此电路完成的逻辑功能是与或非门，逻辑符号如图 14-1-6b 所示。

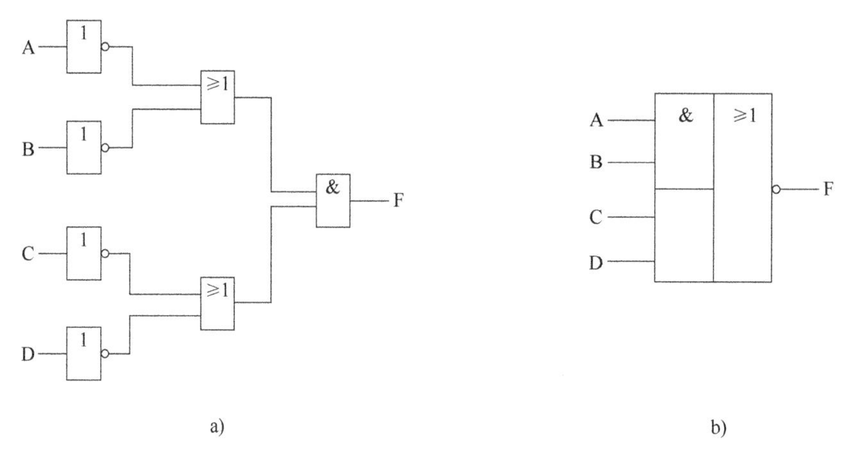

图 14-1-6　例 14-1-4 图

第二节　组合逻辑电路的设计

所谓组合逻辑电路的设计，就是根据实际要求设计出电路来满足所提出的任务，最后得到逻辑电路图。下面的框图给出了组合逻辑电路的一般设计过程。

组合逻辑电路的设计分为以下几个步骤。

1. 分析实际设计要求

实际设计要求可能是一段文字说明，也许就是一个具体的逻辑问题。分析的任务就是要确定哪些是输入变量，哪些是输出函数，以及它们之间的相互关系。正确的分析是建立在对设计要求的深入调查和了解基础上的，所以调查、了解、分析是关键，也是组合逻辑电路设计过程中较难的一步。

2. 列真值表

一般地说，首先列出输入信号状态和输出函数状态之间对应关系的表格——功能要求表，简称为功能表；然后进行状态赋值，即用“0”、“1”表示输入信号和输出函数的相应状态，从而得到逻辑真值表，简称为真值表。

值得注意的是，同一张功能表，状态赋值不同，得到的真值表是不一样的，即输出和输入之间的逻辑关系也会不同。

例如，用两个串联的开关 A 和 B 控制电灯 Z，电路原理图如图 14-2-1 所示，由电路图可以直接列出功能表，见表 14-2-1。

表 14-2-1　功能表

开关 A	开关 B	灯 Z
断开	断开	灭
断开	闭合	灭
闭合	断开	灭
闭合	闭合	亮

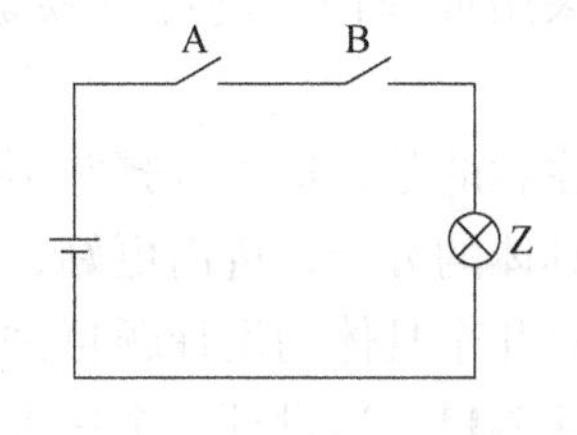

图 14-2-1　开关和灯的电路原理图

用数字“0”和“1”表示开关和灯的不同状态，由功能表得到由四种不同状态赋值情况下的真值表，见表 14-2-2，可以分别得到 $Z=A\cdot B$、$Z=A+B$、$Z=\overline{A\cdot B}$、$Z=\overline{A+B}$。四种不同的状态赋值得到四种不同的逻辑关系，所以，必须根据状态赋值去理解“0”、“1”的具体含义，即真值表的实际意义。

表 14-2-2　四种不同状态赋值下的真值表

A	B	Z
0	0	0
0	1	0
1	0	0
1	1	1

a)“0”表示断开和灭
“1”表示闭合和亮

A	B	Z
1	1	1
1	0	1
0	1	1
0	0	0

b)“0”表示闭合和亮
“1”表示断开和灭

A	B	Z
0	0	1
0	1	1
1	0	1
1	1	0

c)“0”表示断开和亮
“1”表示闭合和灭

A	B	Z
1	1	0
1	0	0
0	1	0
0	0	1

d)“0”表示闭合和灭
“1”表示断开和亮

列功能表和真值表时，不会出现或不允许出现的输入信号状态组合和输入变量取值组合可以不列出，如果列出，则可在相应输出处记上“×”号，以示区别，化简时可作约束项处理。

3. 逻辑函数化简

逻辑函数的化简方法主要有两种，一种是逻辑代数法，另一种是卡诺图法。在逻辑变量较少时（一般在四变量以下时），用卡诺图法较好，变量比较多用卡诺图就不方便，则可用公式法。

4. 画逻辑图

用公式法或者卡诺图法化简得到的基本都是与或表达式，但根据采用门电路类型的不同，需要适当地变换表达式的形式。例如，若采用与非门，则应将与或表达式变换为与非表达式；若采用或非门，则应变换成或非表达式；若采用与或非门，则应变换成与或非表达式。

应该注意的是，这些步骤并不是固定不变的，应该根据题目的具体情况，以及题目的难易程度作具体的分析，进而更好、更客观、更科学地完成设计任务。

下面对几个具体的设计题目进行分析设计。

【例 14-2-1】 试设计一个三人表决电路，一位主裁判，两位副裁判，主裁判有一票否决权，若主裁判赞成，则副裁判有一人赞成，表决即通过，否则表决事项不通过。

解：（1）明确输入输出

根据给定的逻辑问题，设定主裁判表决输入为 A，两名副裁判表决输入分别为 B 和 C；输入为“1”表示赞成，“0”表示反对；设输出为 F，“1”表示通过，“0”表示不通过。

（2）列出真值表

表决事项通过与否由参加表决情况来决定，输入输出构成逻辑因果关系。真值表见表 14-2-3。

表 14-2-3　例 14-2-1 真值表

A	B	C	F	A	B	C	F
0	0	0	0	1	0	0	0
0	0	1	0	1	0	1	1
0	1	0	0	1	1	0	1
0	1	1	0	1	1	1	1

（3）写出逻辑表达式并化简

由真值表写逻辑表达式的方法有多种，这里只介绍与或表达式的写法。从真值表中找到输出结果为“1”的变量组合，变量值为“1”的写成变量本身，变量值为“0”的写成变量的非，变量之间是与逻辑关系，这样对于 F=1 的每一种组合都可以写出一个乘积项，而各种组合之间是或逻辑关系。因此，根据表 14-2-3 可以写出 F 的逻辑表达式为：

$$F=A\ \overline{B}C=+AB\ \overline{C}+ABC=AB+AC$$

（4）画逻辑图

化简后的逻辑表达式为与或表达式，画逻辑图时，逻辑乘用与门，逻辑加用或门，逻辑图如图 14-2-2 所示。

若用与非门实现上述逻辑功能，则将表达式变换为：

$$F=\overline{\overline{AB+AC}}=\overline{\overline{AB}\cdot\overline{AC}}$$

其逻辑图如图 14-2-3 所示。

【例 14-2-2】 设计一个有三个输入端、一个输出端的判奇电路。所谓判奇电路，就是在三个输入信号中，当有奇数个为高电平时，输出是高电平，否则输出为低电平。

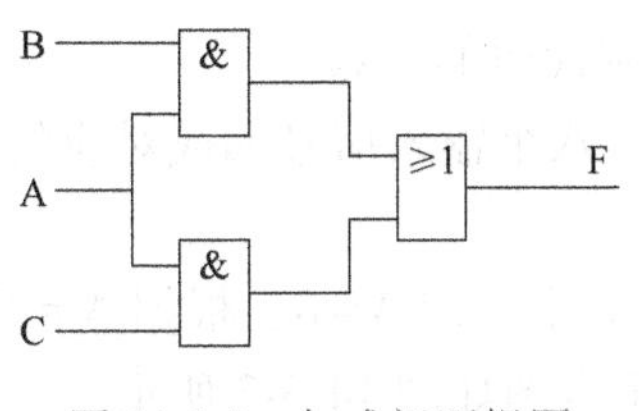

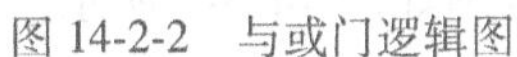
图 14-2-2　与或门逻辑图

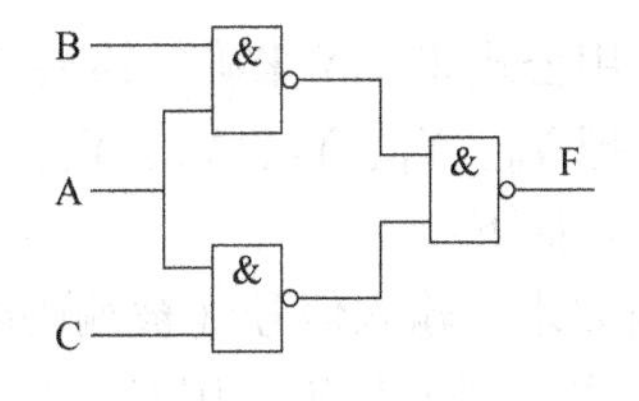

图 14-2-3　与非门逻辑图

解：（1）用 A、B、C 分别表示三个输入信号，用 F 表示输出信号，按要求列出与逻辑功能对应的真值表，见表 14-2-4。

表 14-2-4　例 14-2-2 真值表

A	B	C	F	A	B	C	F
0	0	0	0	1	0	0	1
0	0	1	1	1	0	1	0
0	1	0	1	1	1	0	0
0	1	1	0	1	1	1	1

（2）写出逻辑表达式并化简。取 F = 1 的各项组合，写出逻辑与或表达式

$$F = \bar{A}\bar{B}C + \bar{A}B\bar{C} + A\bar{B}\bar{C} + ABC$$

$$= B(AC + \bar{A}\bar{C}) + \bar{B}(A\bar{C} + \bar{A}C)$$

$$= B\overline{(A \oplus C)} + \bar{B}(A \oplus C)$$

$$= A \oplus B \oplus C$$

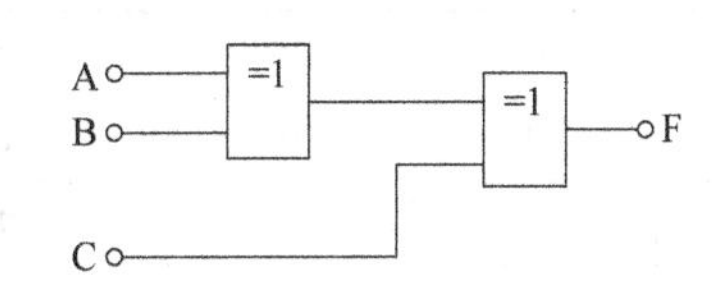

图 14-2-4　异或门逻辑电路图

（3）从表达式可以看到，其逻辑功能可以用两个异或门来完成，逻辑电路如图 14-2-4 所示。

第三节　编码器和译码器

在数字系统里，常常需要将某一信息变换为特定的代码，即编码；有时又需要在一定的条件下将代码翻译出来作为控制信号，即译码。这分别由编码器和译码器来实现，下面分别讨论这两种电路。

一、编码器

一般地说，用文字、符号或者数码来表示特定对象的过程叫作编码。在日常生活中经常能遇到编码的问题，如开运动会给运动员编号、装电话要给个电话号码等，都是编码。在数字电路中采用的是二制数，它有“0”、“1”两个状态，而实际中使用的信号是多种多样的，如十进制数、各种字母、符号等，因此需要将若干个“1”、“0”按一定规律排列在一起组成不同的代码来表示各种信号。完成这种功能的电路叫作编码器。图 14-3-1 所示为编码器输入和输出框图。

1. 二进制编码器

一般地说，n 位二进制数，有 2^n 种不同组合，可以表示 2^n 种信号，所以对 N 个信号进

行编码时，可用公式 $2^n \geq N$ 来确定需要使用的二进制代码的位数。

例如，要把 Y_0、Y_1、Y_2、Y_3、Y_4、Y_5、Y_6、Y_7 八个输入信号编成对应的二进制代码输出，其编码过程如下：

（1）分析要求　输入信号（被编码的对象）有8个，即 $N=8$，根据 $N=2^n=8$ 可知，输出是一组 $n=3$ 的二进制代码，用C、B、A表示，示意图如图14-3-2所示。

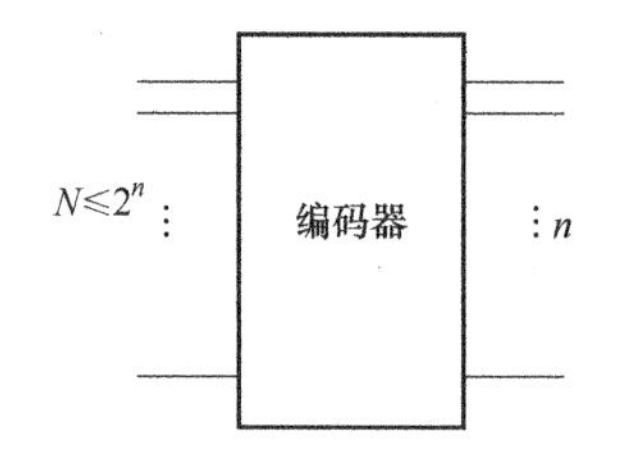

图14-3-1　编码器输入输出框图

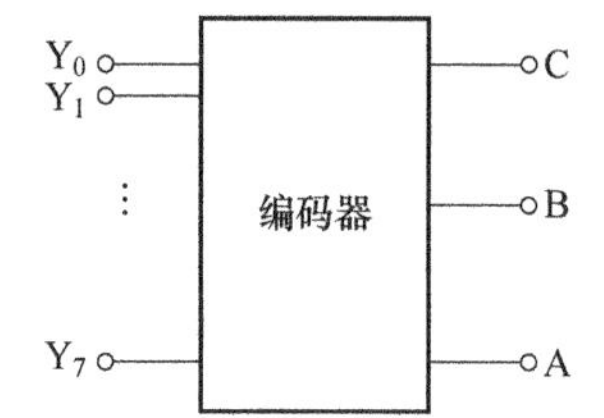

图14-3-2　3位二进制编码器示意图

（2）列编码表　由于某一时刻编码器只能对一个输入信号进行编码，输入端不允许出现两个或两个以上信号同时为“1”的情况。把待编码的8个信号用三位二进制数来表示的方案很多，表14-3-1为其中之一，用000代表 Y_0，001代表 Y_1，…，111代表 Y_7。

表14-3-1　8个信号用三位二进制数来表示的方案之一

	C	B	A		C	B	A
Y_0	0	0	0	Y_4	1	0	0
Y_1	0	0	1	Y_5	1	0	1
Y_2	0	1	0	Y_6	1	1	0
Y_3	0	1	1	Y_7	1	1	1

（3）由编码表写出C、B、A的逻辑表达式

$$C = Y_4 + Y_5 + Y_6 + Y_7 = \overline{\overline{Y_4} \cdot \overline{Y_5} \cdot \overline{Y_6} \cdot \overline{Y_7}}$$

$$B = Y_2 + Y_3 + Y_6 + Y_7 = \overline{\overline{Y_2} \cdot \overline{Y_3} \cdot \overline{Y_6} \cdot \overline{Y_7}}$$

$$A = Y_1 + Y_3 + Y_5 + Y_7 = \overline{\overline{Y_1} \cdot \overline{Y_3} \cdot \overline{Y_5} \cdot \overline{Y_7}}$$

（4）由逻辑表达式画出逻辑图　实现上述编码的逻辑电路图（即二进制编码器）如图14-3-3所示。例如，当 $Y_2=1$，其余均为“0”时，输出为010；当 $Y_4=1$，其余均为“0”时，输出为100。应该注意的是，这里 Y_0 的编码是隐含着的，当 $Y_1 \sim Y_7$ 均为“0”时，输出为000，即表示 Y_0。

2. 二-十进制编码器

所谓二-十进制编码器，就是将十进制数的0、1、2、3、4、5、6、7、8、9编成二进制代码的电路。它的输入是0~9十个数码，输出是一组二进制代码，这组二进制代码又称二-十进制代码，简称为BCD（Binary-Coded-Decimal）码。输入有十个数码，即十种状态，$N=10$，根据 $2^n \geq N$，所以取 $n=4$。但四位二进制代码共

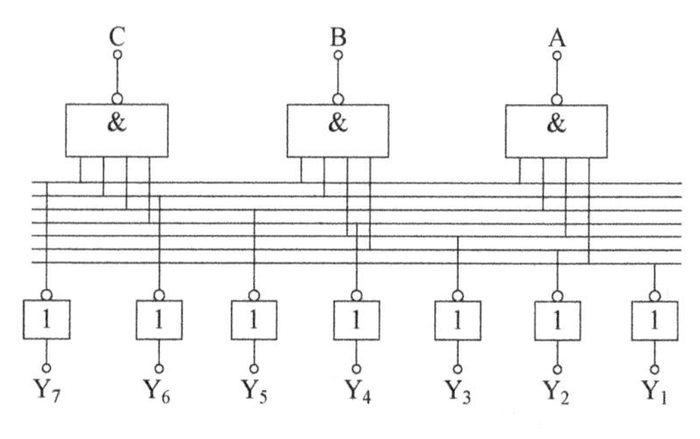

图14-3-3　3位二进制编码器逻辑电路图

有 16 种组合，可以用其中任何十种组合来表示 0~9 十个输入信号，而最常用的是 8421 编码方式。二-十进制的 8421 编码表见表 14-3-2，即二进制代码各位的“1”所代表的是十进制数从高位到低位的权，依次为 8、4、2、1，把数值为“1”的二进制数按权相加即可得出相应的十进制数，如 1001 代表的十进制数是 $2^3+2^0=9$。

表 14-3-2　二-十进制的 8421 编码表

输　入	输　出			
十进制	D	C	B	A
$0(Y_0)$	0	0	0	0
$1(Y_1)$	0	0	0	1
$2(Y_2)$	0	0	1	0
$3(Y_3)$	0	0	1	1
$4(Y_4)$	0	1	0	0
$5(Y_5)$	0	1	0	1
$6(Y_6)$	0	1	1	0
$7(Y_7)$	0	1	1	1
$8(Y_8)$	1	0	0	0
$9(Y_9)$	1	0	0	1

由编码表可以写出 D、C、B、A 的逻辑表达式

$$D=Y_8+Y_9=\overline{\overline{Y_8}\cdot\overline{Y_9}}$$

$$C=Y_4+Y_5+Y_6+Y_7=\overline{\overline{Y_4}\cdot\overline{Y_5}\cdot\overline{Y_6}\cdot\overline{Y_7}}$$

$$B=Y_2+Y_3+Y_6+Y_7=\overline{\overline{Y_2}\cdot\overline{Y_3}\cdot\overline{Y_6}\cdot\overline{Y_7}}$$

$$A=Y_1+Y_3+Y_5+Y_7+Y_9=\overline{\overline{Y_1}\cdot\overline{Y_3}\cdot\overline{Y_5}\cdot\overline{Y_7}\cdot\overline{Y_9}}$$

由逻辑表达式可画出它的逻辑图，如图 14-3-4 所示。

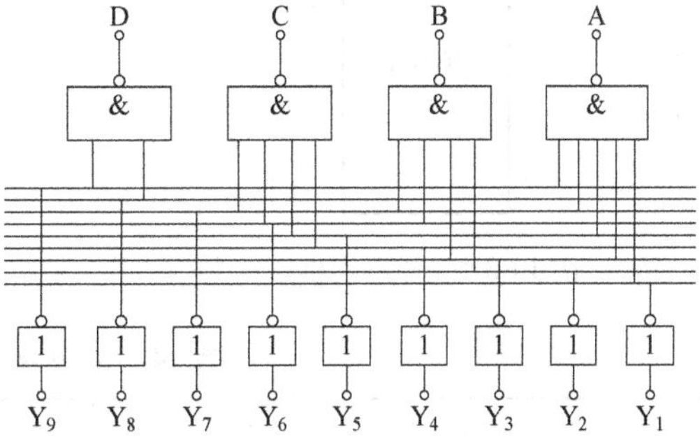

图 14-3-4　二-十进制编码器逻辑图

当输入某一个十进制数时，只需要使相应的输入端为高电平，其余均为低电平即可。例如 $Y_7=1$，其余为 0，由电路可知，输出为 0111 即为十进制数的 7。另外，当 $Y_1\sim Y_9$ 全为 0 时，输出端为 0000，相当于 Y_0 状态，即十进制数的 0。

上述两种编码器只允许一个输入端有信号，或者说输入互相排斥。而实际上，编码器的种类很多，其输入也不一定是互相排斥的。例如，优先编码器，它的各个输入端的优先权是不同的，若几个输入同时有信号到来，输出端给出优先权较高的那个输入信号所对应的代码。优先编码器在控制系统中有时是非常重要的。例如，一个控制系统有多个探测器，有可能几个探测器同时发出请求，希望对相应的部件进行控制。这时，控制系统应先处理急待处理（即优先权较高）的请求，然后再解决可以晚些处理（即优先权较低）的请求。为了自动按优先权排队，可使用优先编码器。优先编码器只对诸输入信号中优先权较高的输入进行

编码，然后将所编的代码送入控制系统，再去控制机器自动工作，这些就不再进行详细讨论了。

二、译码器

译码是编码的逆过程，即把特定含义的二进制代码还原成一定的信息。具有译码功能的逻辑电路称为译码器，图 14-3-5 所示为译码器的框图。显然，对于三位的译码器，其输出有 8 个，简称 3 线-8 线译码器。对于四位的译码器，则输出有 16 个，简称 4 线-16 线译码器。

译码器主要分为两类，即通用译码器和显示译码器，下面分别加以介绍。

1. N-2^n 线译码器

已知 n 位二制进数，共有 $N=2^n$ 种不同的组合，将 n 位二进制数的 2^n 种组合译成电路的 2^n 种输出状态，完成这一功能的译码器称为 N-2^n 线译码器。图 14-3-6 所示为由门电路组成的两个输入端、四个输出端的译码电路，简称 2 线-4 线译码器，其状态表见表 14-3-3。

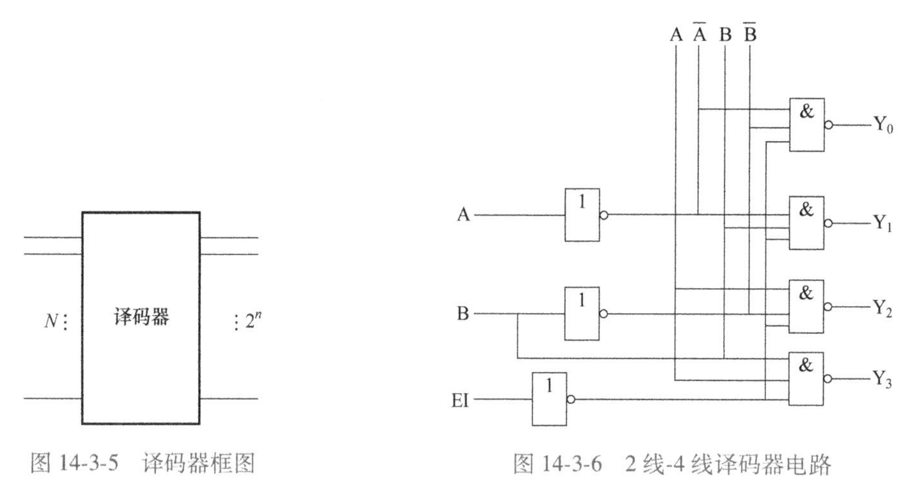

图 14-3-5　译码器框图

图 14-3-6　2 线-4 线译码器电路

表 14-3-3　2 线-4 线译码器状态表

输　入			输　出			
EI	A	B	Y_0	Y_1	Y_2	Y_3
1	×	×	1	1	1	1
0	0	0	0	1	1	1
0	0	1	1	0	1	1
0	1	0	1	1	0	1
0	1	1	1	1	1	0

可以列出各输出端的逻辑表达式

$$Y_0=\overline{\overline{EI}\,\overline{A}\,\overline{B}}\quad Y_1=\overline{\overline{EI}\,\overline{A}B}\quad Y_2=\overline{\overline{EI}A\overline{B}}\quad Y_3=\overline{\overline{EI}AB}$$

由状态表和逻辑表达式可以看出，输出状态是由输入端 A、B 和使能端 EI 共同决定的，当 EI 为“1”时，无论 A、B 状态如何，任意态用“×”来表示，输出全部为“1”，译码器处于不工作状态；当 EI 为“0”时，对应 A、B 的一种组合，其中只有一个输出是“0”，其余各输出为“1”。例如，当输入状态为 AB=00 时，$Y_0=0$，其余为 1；当输入状态为 AB=01 时，$Y_1=0$，其余为 1；当输入状态 AB=10 时，$Y_2=0$，其余为 1；当输入状态为 AB=11 时，$Y_3=0$，其余为 1。因此，四个输出端 $Y_0 \sim Y_3$ 均为低电平有效。译码器是通过输出端的逻辑电平来识别不同代码的。

同理，3 线 8 线译码器可产生八个不同的电路输出状态，4 线-16 线译码器可产生十六个不同的电路输出状态。目前，这几种译码器都有现成的集成组件出售，如 74LS139 是内部含有两个 2 线-4 线译码器的集成译码器；74LS138 是集成 3 线-8 线译码器；74LS42 是二-十进制译码器。74LS139 的引脚图如图 14-3-7 所示，图中 $1\overline{S}$ 和 $2\overline{S}$ 分别为两个 2 线-4 线译码器的使能控制端。当 $\overline{S}=1$ 时译码器的输出均为高电平，处于非工作状态；当 $\overline{S}=0$ 时为正常译码状态。由于输出为低电平有效，因此用 $1\overline{Y_0} \sim 1\overline{Y_3}$ 和 $2\overline{Y_0} \sim 2\overline{Y_3}$ 表示译码输出。

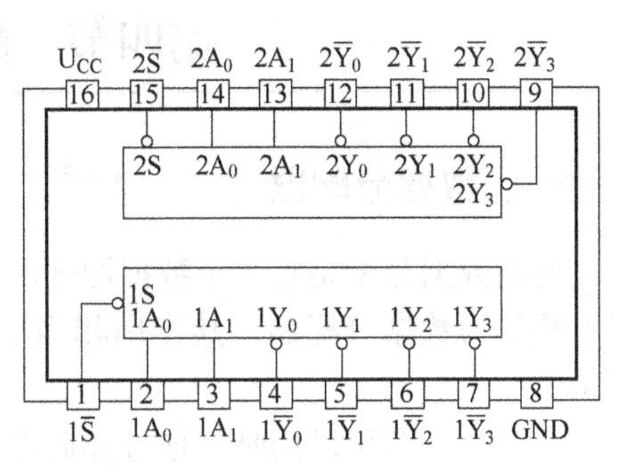

图 14-3-7　74LS139 译码器引脚图

图 14-3-8 为 2 线-4 线译码器的一个应用实例，图中利用 2 线-4 线译码器可以控制将四个外部设备的采样数据分时地送入计算机中。

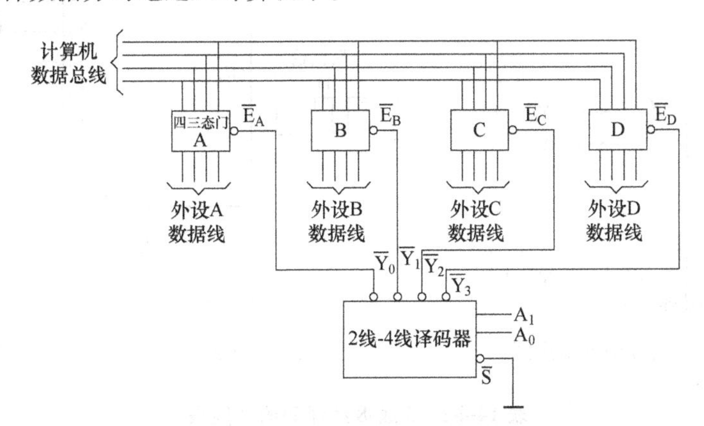

图 14-3-8　2 线-4 线译码器应用实例

A、B、C、D 为四个三态门，每个三态门的控制端分别为 $\overline{E_A}$、$\overline{E_B}$、$\overline{E_C}$、$\overline{E_D}$，低电平有效，分别与 2 线-4 线译码器的输出端 $\overline{Y_0}$、$\overline{Y_1}$、$\overline{Y_2}$、$\overline{Y_3}$ 相连，2 线-4 线译码器的控制端接地。通过改变译码输入 A_0、A_1 的状态，可使四个输出端 $\overline{Y_0}$、$\overline{Y_1}$、$\overline{Y_2}$、$\overline{Y_3}$ 中某一路为低电平，此时与之相连的三态门的控制端为低电平，则该门处于工作状态，相应的外设数据便可送入计算机。其他各三态门的控制端均为高电平，三态门处于高阻状态，外设数据不能送入计算机。同理，只要改变 A_0、A_1 的状态，就可以把其他外设的数据分别送至计算机。当 A_0A_1 为 00 时，计算机接收外设 A 的数据；当 A_0A_1 为 01 时，计算机接收外设 B 的数据；当 A_0A_1 为 10 时，计算机接收外设 C 的数据；当 A_0A_1 为 11 时，计算机接收外设 D 的数据。

七段显示译码器

2. 显示译码器

在数字测量仪表和各种数字系统中，都需将测量的结果直接显示出来，以方便人们直接读取测量结果。一个数码显示电路通常由译码驱动电路和数码显示器组成。显示译码器的功能是将二进制信息代码经过译码后，再送给数码显示器件显示出相应的信息。目前常用的数码显示器有发光二极管组成的七段显示数码管和液晶七段显示器等。

第四节 数据分配器和选择器

一、数据分配器

所谓数据分配是将一个数据源来的数据发送到多个不同的通道上去，实现这种功能的逻辑电路称为数据分配器，其作用相当于一个多输出的单刀多掷开关，其示意图如图 14-4-1 所示。

数据分配器可以用唯一地址译码器实现，如前面所讲的 3 线-8 线译码器，可以把一个数据信号分配到 8 个通道上去，其功能表见表 14-4-1。其原理图如图 14-4-2 所示，其中 G_1 为使能控制端，使用时接高电平，G_{2B} 接低电平，G_{2A} 为数据输入端，A、B、C 为通道地址输入端。

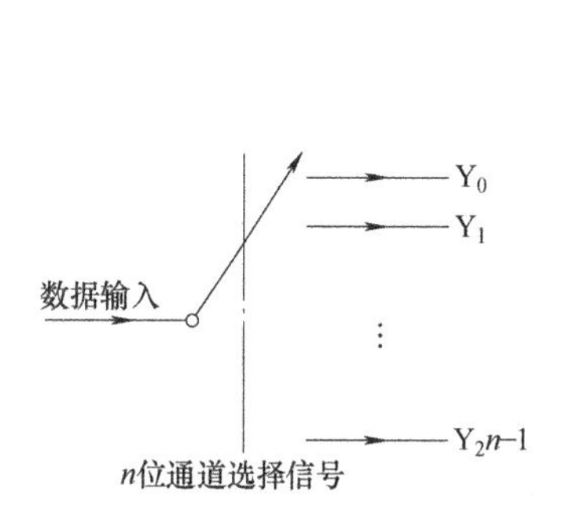

图 14-4-1 数据分配器示意图

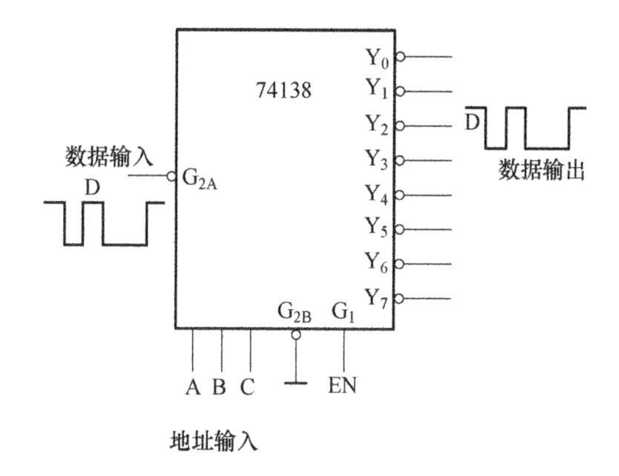

图 14-4-2 3 线-8 线译码器原理图

表 14-4-1 3 线-8 线译码器功能表

输入						输出							
G1	G_{2B}	G_{2A}	C	B	A	Y_0	Y_1	Y_2	Y_3	Y_4	Y_5	Y_6	Y_7
0	0	×	×	×	×	1	1	1	1	1	1	1	1
1	0	D	0	0	0	D	1	1	1	1	1	1	1
1	0	D	0	0	1	1	D	1	1	1	1	1	1
1	0	D	0	1	0	1	1	D	1	1	1	1	1
1	0	D	0	1	1	1	1	1	D	1	1	1	1
1	0	D	1	0	0	1	1	1	1	D	1	1	1
1	0	D	1	0	1	1	1	1	1	1	D	1	1
1	0	D	1	1	0	1	1	1	1	1	1	D	1
1	0	D	1	1	1	1	1	1	1	1	1	1	D

数据分配器的应用较多，例如，一台微机有多个外设与之连接，可以通过数据分配器将微机信息送到各个外设上去，这里不做详细讨论。

二、数据选择器

数据选择是指通过选择，能从多个数据输入端中选择与地址相对应的数据传送到唯一的公共数据通道上去，实现这种功能的电路称为数据选择器，其作用相当于一个多输入的单刀多掷开关。其示意图如图 14-4-3 所示。

图示是共有 2^n 个数据输入通道的数据选择器，需要的地址输入端为 n 位。数据源越多，地址输入端的位数也就越多。图 14-4-4 所示是八选一数据选择器的逻辑图，表 14-4-2 是其功能表，其中 E 为使能端，S_2、S_1、S_0 为数据通道选择端，Y 为数据输出端。

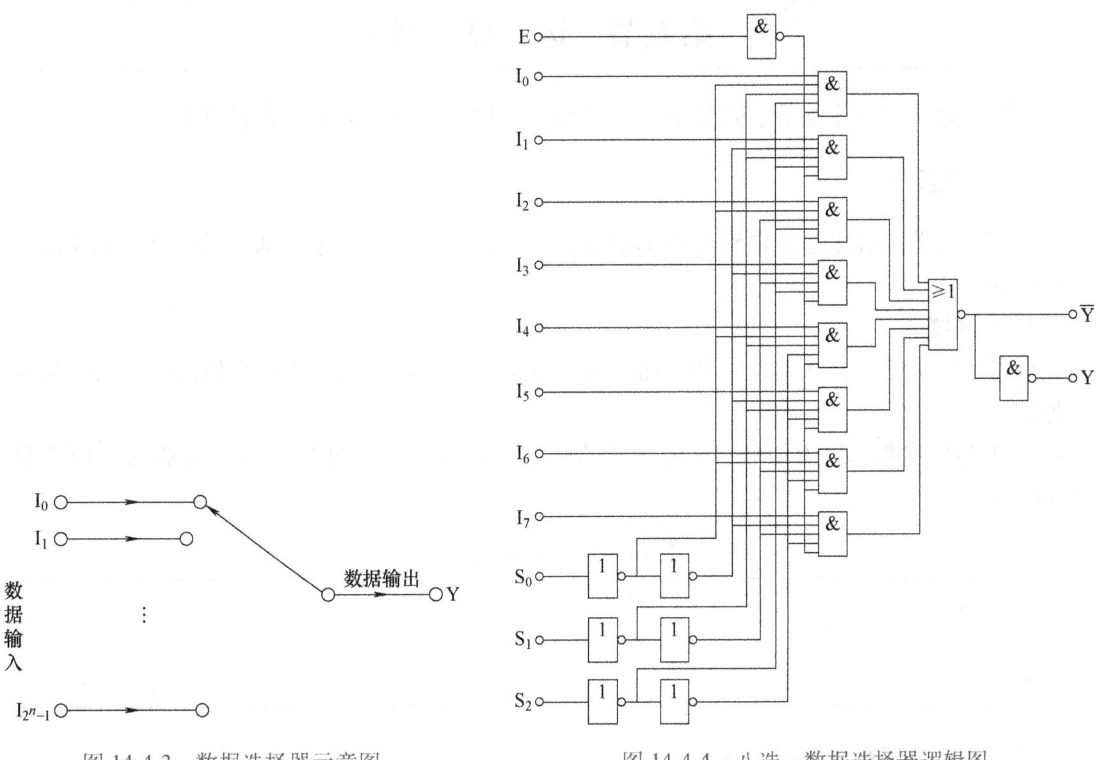

图 14-4-3　数据选择器示意图

图 14-4-4　八选一数据选择器逻辑图

在实际应用中，往往采用集成的数据选择器，如 74LS151 就是常用的八选一的集成数据选择器。以上讨论的是一位数据选择器，如果需要多位数据选择时，可以由多个一位数据选择器组成。如果需要更多位数选一的选择器，也可以由低位数的数据选择器扩展组成。

表 14-4-2　八选一数据选择器功能表

输　入				输　出
S_2	S_1	S_0	E	Y
×	×	×	1	0
0	0	0	0	I_0
0	0	1	0	I_1
0	1	0	0	I_2
0	1	1	0	I_3
1	0	0	0	I_4

（续）

输　入				输　出
1	0	1	0	I_5
1	1	0	0	I_6
1	1	1	0	I_7

数据选择器的应用很多，如逻辑函数产生器、实现并行数据到串行数据的转换等，这里不再研究讨论，请参看相关资料。

第五节　运　算　器

运算器是实现算术运算、逻辑运算、量值大小比较等功能的组合逻辑电路。

一、加法器

数字加法器是算术运算电路的基本单元，在计算机中，四则运算都是通过分解成加法运算进行的。

1. 半加器

所谓半加就是：只求本位的和，而不考虑低位送来的进位数，实现半加的逻辑器件称为半加器。

设A为被加数，B为加数，S为本位的和，C为向高位的进位，则半加器的真值表见表14-5-1。

表14-5-1　半加器真值表

A	B	S	C	A	B	S	C
0	0	0	0	1	0	1	0
0	1	1	0	1	1	0	1

由真值表可以得到逻辑表达式

$$S=\overline{A}B+A\overline{B}=A\oplus B \quad C=AB$$

变换成与非形式

$$S=\overline{\overline{\overline{A}B}\cdot\overline{A\overline{B}}} \quad C=\overline{\overline{AB}}$$

得到半加器的逻辑图如图14-5-1所示。

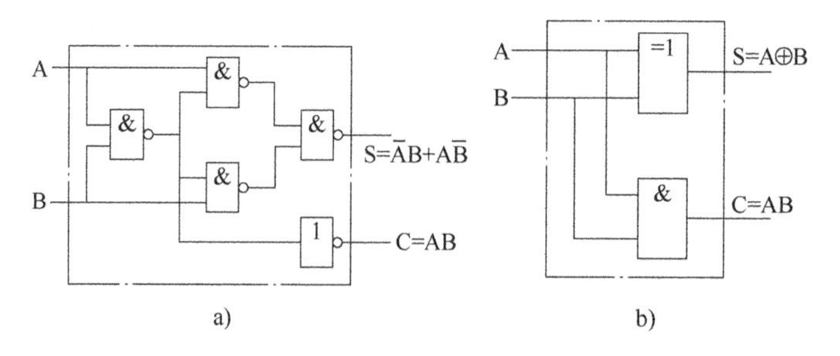

图14-5-1　半加器逻辑图
a）由与非门组成　b）由异或门和与门组成

从图中可看出，半加器可以由与非门组成，也可以由一个集成异或门和与门组成，其逻辑符号如图 14-5-2 所示。

显然，在进行多位二进制加法运算时，半加器是不行的，它只能用于最低位求和，并给出进位数。

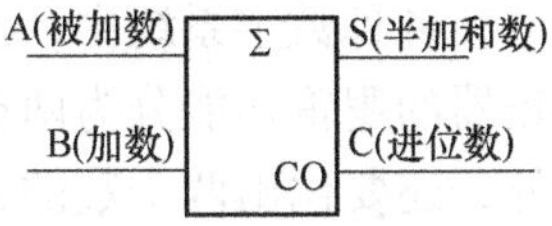

A(被加数)　Σ　S(半加和数)
B(加数)　CO　C(进位数)

图 14-5-2　半加器逻辑符号

2. 全加器

所谓全加就是被加数、加数以及来自低位的进位数三者相加，得出本位的和并给出向高位的进位数，故全加器电路有三个输入端和两个输出端。三个输入端分别是：A_i 为被加数，B_i 为加数，C_{i-1}为相邻低位向本位的进位数；两个输出端分别是：S_i 为本位的和，C_i 为本位向相邻高位的进位数。全加器的真值表见表 14-5-2。

表 14-5-2　全加器真值表

A_i	B_i	C_{i-1}	S_i	C_i	A_i	B_i	C_{i-1}	S_i	C_i
0	0	0	0	0	1	0	0	1	0
0	0	1	1	0	1	0	1	0	1
0	1	0	1	0	1	1	0	0	1
0	1	1	0	1	1	1	1	1	1

由真值表得到全加器的逻辑表达式

$$S_i=\overline{\overline{A}_i\overline{B}_i\overline{C}_{i-1}+\overline{A}_iB_iC_{i-1}+A_i\overline{B}_iC_{i-1}+A_iB_i\overline{C}_{i-1}}$$

$$C_i=\overline{\overline{A}_i\ \overline{B}_i+\overline{B}_i\ \overline{C}_{i-1}+\overline{A}_i\overline{C}_{i-1}}$$

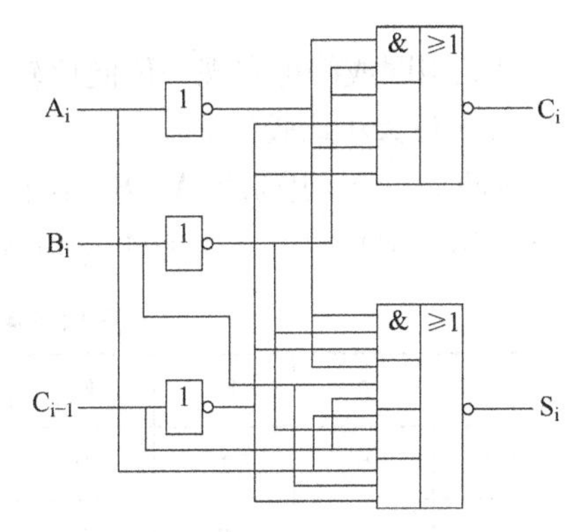

图 14-5-3　全加器的逻辑图

由表达式可得到全加器的逻辑图，如图 14-5-3 所示。可以看到，该逻辑图是用现成的与或非门来实现，其逻辑符号如图 14-5-4 所示。

其实，一个全加器可用两个半加器和一个或门组成，这里就不再介绍。

以上是实现多位二进制数中某一位全加的加法器，用多个全加器串联，可组成多位二进制数加法器。图 14-5-5所示为由四个全加器组成的实现四位二进制数加法的运算电路。

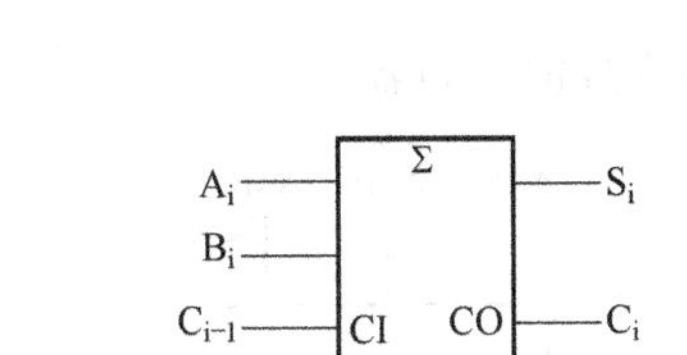

图 14-5-4　全加器的逻辑符号

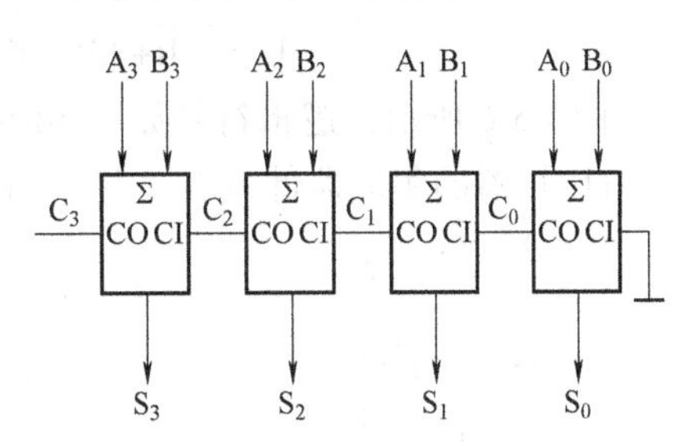

图 14-5-5　四个全加器组成的运算电路

目前加法器也有现成的集成电路组件，如 74LS183 即是两个独立的全加器集成到一个组件中，74LS283 是一个集成四位加法器。

二、比较器

在各种数字系统中，经常需要对两个数进行比较，以判断它们的相对大小或是否相等。比较器的逻辑功能分为两类：一类是仅比较两个数是否相等，另一类是除比较两个数是否相等外，还要比出两个数的大小。因为一位比较器是多位比较器的基础，因此，下面以一位数值比较器为例进行说明。

1. 一位同比较器

这种比较器只比较两个一位二进制数是否相等，称为同比较器。

设两个二进制数分别为 A、B，比较结果用 F 表示，F=1 为相同，F=0 为不同，逻辑真值表见表 14-5-3。

表 14-5-3　一位同比较器逻辑真值表

A	B	F	A	B	F
0	0	1	1	0	0
0	1	0	1	1	1

由真值表得到逻辑表达式为

$$F=\overline{A}\,\overline{B}+AB=A\odot B$$

可见用同或门可实现一位同比较器。

2. 一位大小比较器

设两个一位二进制数 A、B，比较这两个数，用 $F_1=1$ 表示 A=B，$F_2=1$ 表示 A>B，$F_3=1$ 表示 A<B，则其逻辑真值表见表 14-5-4。

表 14-5-4　一位大小比较器逻辑真值表

A	B	F_1	F_2	F_3	A	B	F_1	F_2	F_3
0	0	1	0	0	1	0	0	1	0
0	1	0	0	1	1	1	1	0	0

由真值表得到逻辑表达式为

$$F_1=\overline{A}\,\overline{B}+AB \quad F_2=A\,\overline{B} \quad F_2=\overline{A}B$$

其逻辑图如图 14-5-6 所示，逻辑符号如图 14-5-7 所示。

现在数值比较器的集成器件也有一些，如 74LS85 就是四位数值比较器。

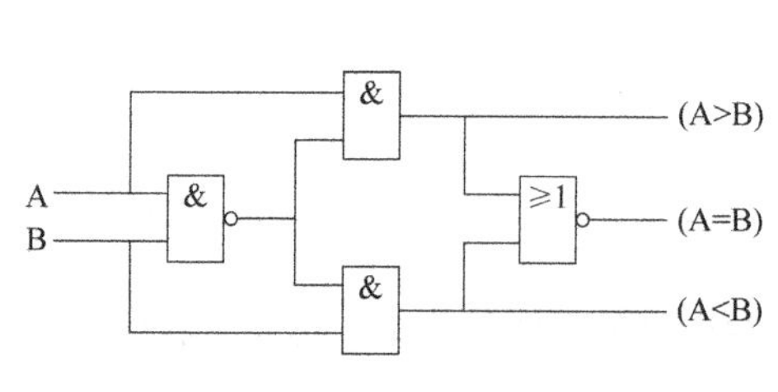

图 14-5-6　一位大小比较器逻辑图

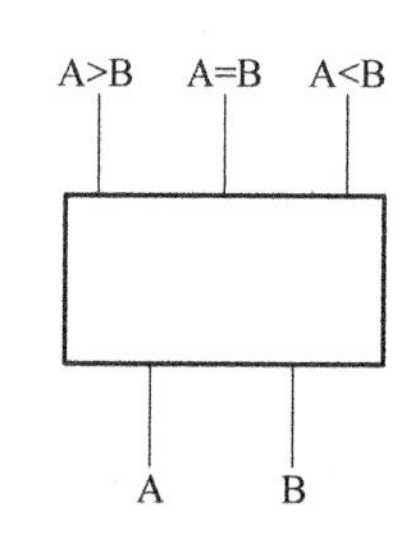

图 14-5-7　一位大小比较器逻辑符号

本章小结

具体内容请扫描二维码观看。

第十四章小结

习　题

14-1　试分析图 14-T-1 所示电路的逻辑功能。

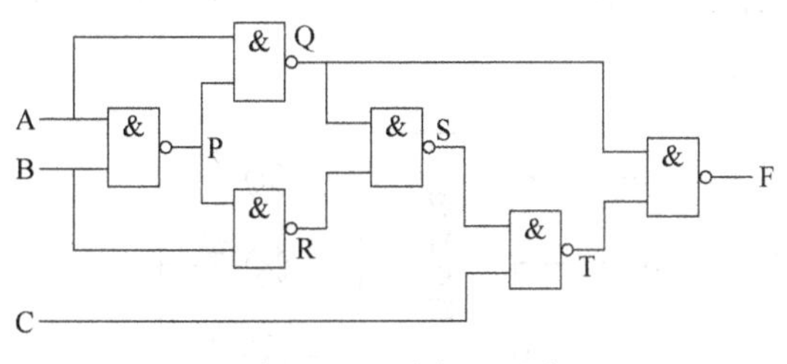

图 14-T-1　题 14-1 图

14-2　试分析图 14-T-2a、b 所示电路的逻辑功能。

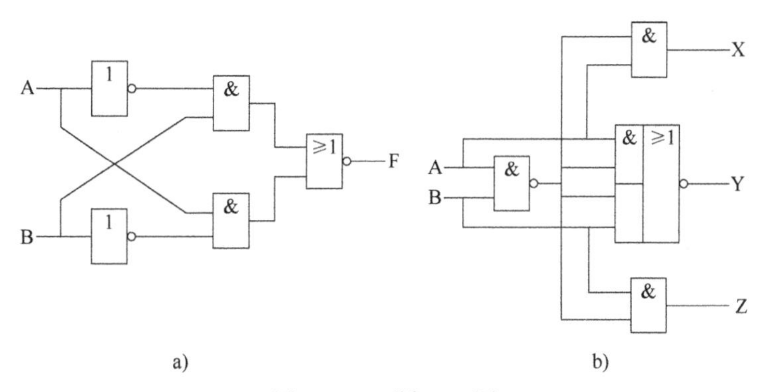

图 14-T-2　题 14-2 图

14-3　试写出图 14-T-3 所示电路中 F 的逻辑表达式，并将 F 化简。

14-4　某组合逻辑电路的输入 A、B、C 和输出 F 的波形如图 14-T-4 所示，列出该电路的真值表，写出逻辑表达式，并用最少的与非门来实现。

14-5　设计一个交通信号灯故障检测电路。要求交通信号灯在正常情况下：红灯（A）亮—停车；黄灯（B）亮—准备；绿灯（C）亮—通行。正常时只有一个灯亮；如果都不亮或两个及两个以上同时亮，都是故障。输入变量为 1，表示灯亮；输入变量为 0，表示灯不亮；输出为 1 时，表示有故障；输出为 0 时，表示工作正常。

14-6　用与非门设计一个三变量偶数电路（三个变量中有偶数个 1 时，输出为 1，否则输出为 0）。

14-7　设有三台电动机 A、B、C，要求：

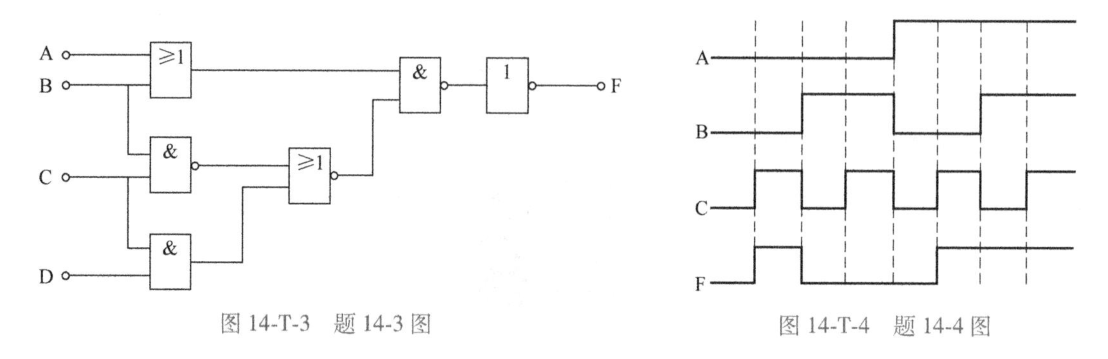

图 14-T-3　题 14-3 图　　　图 14-T-4　题 14-4 图

（1）A 开机，B 必须关机；（2）B 开机 C 也必须开机。

如果不满足上述要求就发出报警信号，试写出报警信号的逻辑表达式，并画出逻辑图。

14-8　设计一个三输入三输出的红绿灯显示逻辑电路。如图 14-T-5 所示，当 A＝1，B＝C＝0 时，红绿灯亮；当 B＝1，A＝C＝0 时，绿黄灯亮；当 C＝1，A＝B＝0 时，黄红灯亮；当 A＝B＝C＝0 时，三个灯全亮。

14-9　设计一个三人表决器，分别用 A、B、C 代表三个投票人的按键，每人有一个按键，如表示赞成，就按下此键；如果不赞成，就不按此键。表决结果用指示灯来表示，如果多数赞成，则灯亮，否则灯不亮。

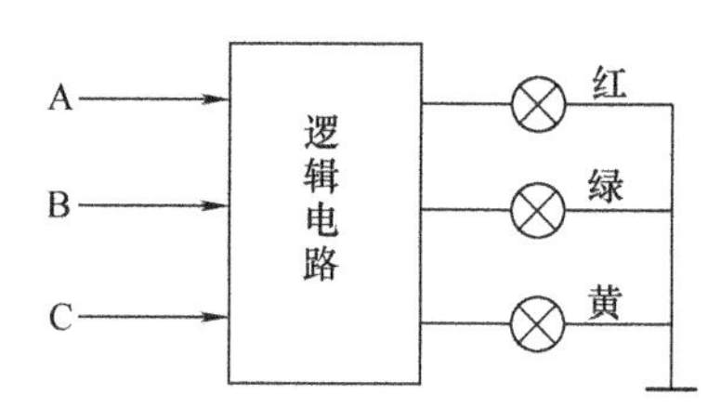

图 14-T-5　题 14-8 图

第十五章　双稳态触发器和时序逻辑电路

第一节　基本双稳态触发器

数字电路中还常常用到另一类具有记忆功能的逻辑器件——双稳态触发器，以及由双稳态触发器和逻辑门组成的逻辑电路。这种逻辑电路在某一时刻的输出状态，不仅取决于当时电路的输入状态，而且还与电路的过去状态有关，当输入信号撤去后，电路的输出状态能保持不变。这种具有记忆功能的逻辑电路称为时序逻辑电路。首先介绍双稳态触发器。

双稳态触发器有两个互非的输出端 Q 和$\overline{Q}$，它们有两个基本性质：一是其稳定状态总是相反的；二是在一定的输入信号作用下，能够从一个稳定状态翻转到另一个稳定状态。

图 15-1-1 所示是由两个与非门交叉连接组成的双稳态触发器。这种最简单的触发器又是构成其他不同类型双稳态触发器的基本部分，因此称为基本双稳态触发器。由于它的输入端分别用 R_D 和 S_D 表示，故这种触发器又称为基本 RS 触发器。

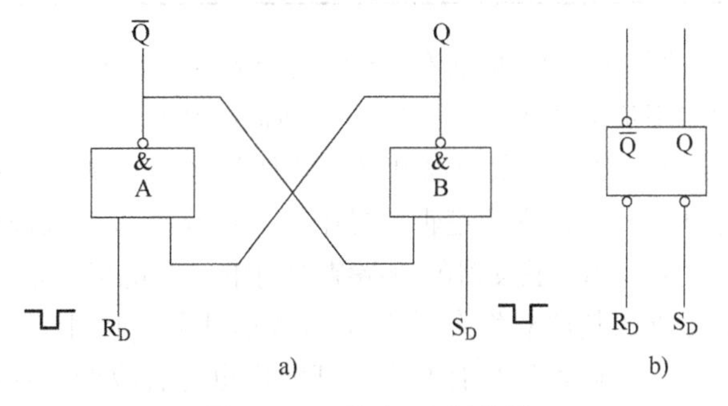

图 15-1-1　基本 RS 触发器
a）逻辑图　b）逻辑符号

Q 和$\overline{Q}$为触发器的输出端，在正常条件下两个输出端保持相反状态。规定触发器的输出状态由 Q 端决定，即当 Q=1（$\overline{Q}$=0）时，触发器为 1 态，称为置位状态；当 Q=0（$\overline{Q}$=1）时，触发器为 0 态，称为复位状态。

下面分四种情况来分析基本 RS 触发器的逻辑功能。

（1）$R_D=0$，$S_D=1$　设触发器的初始状态为 1 态，即 Q=1，$\overline{Q}$=0，这时与非门 A 有一个输入端 R_D 为 0，其输出$\overline{Q}$变为 1，而与非门 B 的两个输入端全为 1，其输出端 Q 变为 0。因此，在 R_D 端加一负脉冲，触发器就由 1 态翻转为 0 态。如果它的初始状态为 0 态，触发器仍保持 0 态不变，所以把 R_D 端叫做直接复位端或直接置 0 端。

（2）$R_D=1$，$S_D=0$　设触发器的初态为 0 态，即 Q=0，$\overline{Q}$=1，这时与非门 B 有一个输入端 S_D 为 0，其输出端 Q 变为 1，而与非门 A 的两个输入端全为 1，其输出端$\overline{Q}$变为 0。因此，在 S_D 端加一负脉冲后，触发器就由0态翻转为1态。如果它的初始状态为1态，触发器仍保持1态不变。所以把 S_D 端叫做直接置位端或直接置1端。

（3）$R_D=1$，$S_D=1$　设触发器原态为1态，即 $Q=1$，$\overline{Q}=0$，由于与非门B有一个输入端 $\overline{Q}$ 为0，其输出端Q为1，而与非门A的两个输入端均为1，其输出端 $\overline{Q}=0$，触发器保持原态不变；如果原来触发器处于0态，即 $Q=0$，$\overline{Q}=1$，由于与非门A有一个输入端Q为0，其输出端 $\overline{Q}$ 为1，而与非门B的两个输入端均为1，其输出端Q为0，触发器仍保持原有状态。这体现了双稳态触发器的记忆或存储功能。

无震颤开关

（4）$R_D=0$，$S_D=0$　当 S_D 端和 R_D 端同时加负脉冲时，两个与非门输出都为1，根据对触发器状态的规定，它既不是1态，又不是0态，而且一旦负脉冲撤去后，触发器的状态将由偶然因素决定。因此，这种情况的触发器为不定状态，使用时应禁止出现。

根据以上分析，基本RS触发器的逻辑功能可用表15-1-1表示。

表15-1-1　基本RS触发器真值表

R_D	S_D	Q
0	1	0
1	0	1
1	1	不变
0	0	不定

图15-1-1b是基本RS触发器的逻辑符号。图中输入端引线上靠近方框的小圆圈表示触发器用负脉冲来复位或置位，即低电平有效。

基本RS触发器也可以由其他门电路组成，有的用正脉冲复位或置位，即正脉冲有效，这种情况下，它的逻辑符号中输入端靠近方框处没有小圈。

基本RS触发器的电路结构简单，有记忆功能，可以存储一位二进制数，它是组成功能更完善的其他双稳态触发器的基本部分。由于基本RS触发器的状态直接受输入信号的控制，一旦输入信号有改变，其输出也随着改变，这点使它在应用上受到一定的限制。

第二节　钟控双稳态触发器

具有时钟脉冲CP输入端的双稳态触发器称为钟控双稳态触发器，CP是时钟脉冲Clock Pulse的缩写。钟控双稳态触发器输出状态的改变不仅取决于输入端信号，还决定于时钟脉冲信号。在数字系统中，多个触发器工作时，可以在系统时钟脉冲控制下协调有序地工作。

按电路结构，钟控双稳态触发器可分为四门基本型、主从型和维持阻塞型等。

按逻辑功能，钟控双稳态触发器可分为RS触发器、T触发器、JK触发器和D触发器等。

按触发方式，钟控双稳态触发器可分为电平触发、主从触发和边沿触发等。

逻辑功能相同的触发器，采用不同的电路结构，就有不同的触发方式。在电路结构、逻辑功能和触发方式三者中，要重点掌握逻辑功能和触发方式，对电路结构只需作一般了解即可。

一、钟控 RS 触发器

钟控 RS 触发器的逻辑电路如图 15-2-1a 所示，上面两个交叉连接的与非门构成基本 RS 触发器，下面两个与非门是引入输入信号和时钟脉冲的控制门。

Q 和$\overline{Q}$是信号输出端，R 和 S 是信号输入端，CP 是时钟脉冲输入端。

在时钟脉冲到来之前，即 CP = 0 时，C 门和 D 门被锁，不管输入端 R 和 S 状态如何，C 门和 D 门输出均为 1，基本触发器保持原状态不变，当脉冲到来后，即 CP = 1 时，触发器才按 R 和 S 的输入状态来决定其输出状态。

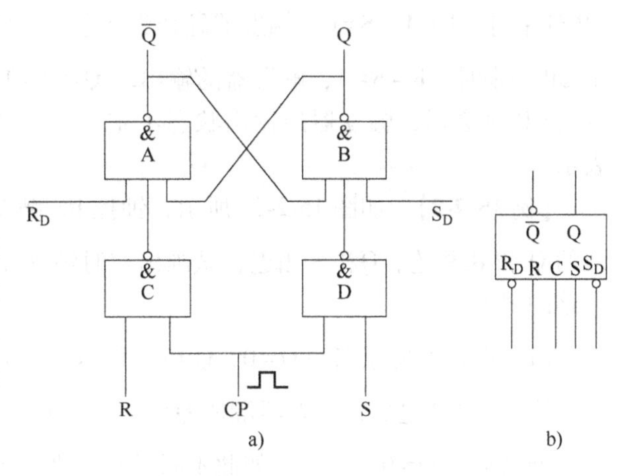

图 15-2-1　钟控 RS 触发器

a）逻辑电路　b）逻辑符号

R_D 和 S_D 端是直接复位和直接置位端，就是不经过时钟脉冲 CP 的控制可以对基本触发器置 0 或置 1。一般用在工作之初，预先使触发器处于某一指定状态，在工作过程中 R_D 端和 S_D 端不用，让它们处于 1 态或悬空。

钟控 RS 触发器的逻辑功能分析如下。

设时钟脉冲到来之前触发器的状态用 Q^n 表示，时钟脉冲到来之后触发器的状态用 Q^{n+1} 表示。时钟脉冲到来后，CP = 1。

1）R = 0，S = 1，这时 C 门输出为 1，D 门输出为 0，触发器输出为 1 态。

2）R = 1，S = 0，此时 D 门输出为 1，C 门输出为 0，触发器输出为 0 态。

3）R = S = 0，此时 D 门和 C 门输出都为 1，触发器保持原来的状态。

4）R = S = 1，此时 D 门和 C 门的输出均为 0，使触发器的输出端 Q 和$\overline{Q}$均为 1，这违背了 Q 与$\overline{Q}$应该相反的逻辑要求。当时钟脉冲过去时，触发器的状态将由偶然因素决定，把这种状态称为不定状态，使用时应尽量避免出现。

钟控 RS 触发器的逻辑功能见表 15-2-1，此表用逻辑表达式表示出来，就可以得到其特性方程为

$$\begin{cases} Q^{n+1} = S + \overline{R}Q^n \\ SR = 0 \text{（约束条件）} \end{cases}$$

表 15-2-1　钟控 RS 触发器真值表

R	S	Q^{n+1}
0	0	Q^n
0	1	1
1	0	0
1	1	不定

本电路如前所述，只有在 CP = 1 时，触发器才能接收输入信号，并立即输出相应状态。而且在 CP = 1 的期间内，输入信号变化时，输出状态都要相应发生变化。像这种当 CP 时钟脉冲在规定的电平时，触发器接收输入信号并立即输出相应状态的触发方式称为电平触发。电平触发又分为高电平触发和低电平触发。本电路属于高电平触发，其逻辑符号如图 15-2-1b 所示。

【例 15-2-1】　在图 15-2-1 所示的钟控 RS 触发器中，已知输入信号 R、S 及时钟脉冲 CP 的波形如图 15-2-2 所示。设触发器的初态为 0，$R_D = S_D = 1$，试画出 Q 与$\overline{Q}$端的波形。

解：根据已知的R、S及CP的波形，由钟控RS触发器的真值表可知：第一个CP到来时，R=S=0，所以触发器保持原态0；第二个CP到来时，R=0，S=1，触发器翻转为1态；第三个CP到来时，R=1，S=0，触发器翻转为0态；第四个CP到来时，R=S=1，触发器的输出端$Q=\overline{Q}=1$，且当CP过去后，触发器的输出状态不定，用虚线表示。

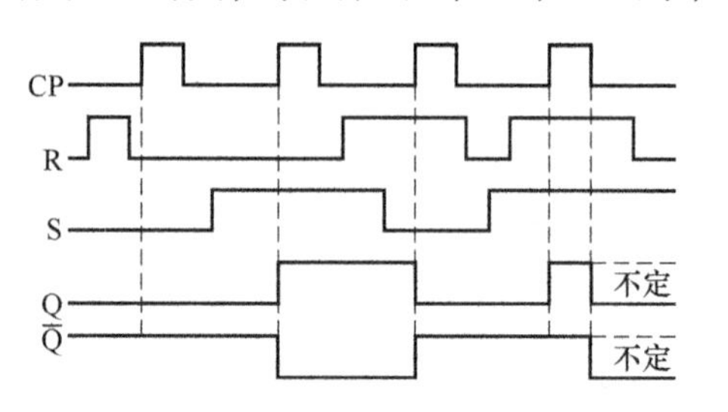

图15-2-2　例15-2-1图

【例15-2-2】　如图15-2-3a所示，钟控RS触发器的Q和R相连，$\overline{Q}$和S相连，试画出在时钟脉冲CP作用下的输出端Q的波形，并分析该电路的逻辑功能。

解：设触发器原态为Q=0，$\overline{Q}=1$，即R=Q=0，$S=\overline{Q}=1$，由钟控RS触发器逻辑功能可知，第一个CP过后，触发器翻成Q=1，$\overline{Q}=0$。此时R=Q=1，$S=\overline{Q}=0$，第二个CP过后，触发器又翻成Q=0，$\overline{Q}=1$。如此不断重复，来一个CP脉冲，触发器翻转一次，触发器翻转的次数，记忆了脉冲来的个数，实现了对CP脉冲的计数。

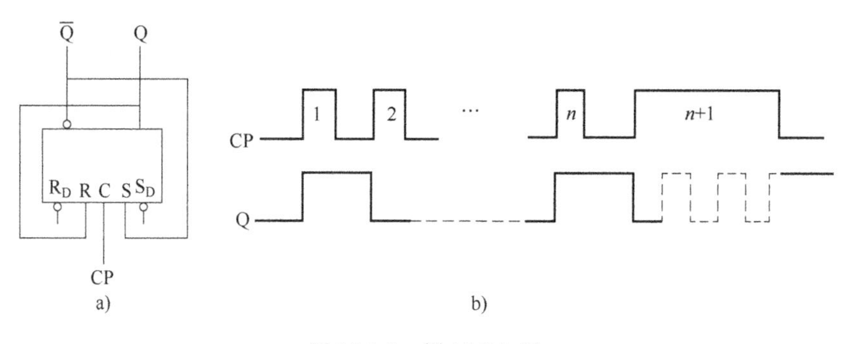

图15-2-3　例15-2-2图

a）逻辑电路　b）波形图

但是，这个计数器实现计数是有条件的，要求在触发器翻转之后，时钟脉冲的高电平及时降下来，也就是说，要求时钟脉冲宽度恰好合适。本电路前n个时钟脉冲CP宽度恰好合适，所以来一个CP脉冲，触发器就翻转一次。但第$n+1$个时钟脉冲CP宽度较宽，在其作用期间，触发器翻转了多次，除了第一次翻转是有效的，后面的多次翻转都是无效的，称为空翻，这将造成错误计数。为了防止空翻，应在电路结构上进行改进，采用主从型触发器和维持阻塞型触发器等。

二、T′和T触发器

1. T′触发器

T′触发器也叫计数触发器。它的逻辑功能是每来一个时钟脉冲，触发器状态翻转一次。

图15-2-4a所示为主从型T′触发器的结构原理图。它由两个钟控RS触发器串联组成，下面的RS触发器叫主触发器，上面的RS触发器叫从触发器，通过非门使主触发器和从触发器的时钟脉冲反相。

逻辑功能分析如下：设T′触发器初态为0，即Q=0，$\overline{Q}=1$。当时钟脉冲由0跳至1上升沿到来时，CP=1，主触发器输入端打开，$R_1=Q=0$，$S_1=\overline{Q}=1$，使 $Q'=1$，$\overline{Q'}=0$。此时$\overline{CP}=0$，从触发器被封锁，输出状态保持原态不变；当时钟脉冲从 1 跳至 0 下降沿到来时，CP=0，主触发器被封锁，其输出 Q'和$\overline{Q'}$状态保持 CP=1 时的状态不变。$\overline{CP}=1$，使从触发器的输入端打开，$R_2=\overline{Q'}=0$，$S_2=Q'=1$，使从触发器向主触发器看齐而翻转，$Q=Q'=1$，$\overline{Q}=\overline{Q'}=0$。此时主触发器被封锁，输出状态的变化不能进入主触发器中，从而避免了空翻现象，达到了每来一个时钟脉冲，触发器翻转一次的目的。

图 15-2-4b、c 所示为主从型 T′触发器的工作波形和逻辑符号。

从逻辑符号中可以看到：CP 端加“∧”表示边沿触发，不加“∧”表示电平触发；CP 端有“○”且加“∧”表示时钟脉冲下降沿触发，没有“○”表示时钟脉冲上升沿触发；输出端 Q 和$\overline{Q}$处的符号“⌐—”是延迟符号。

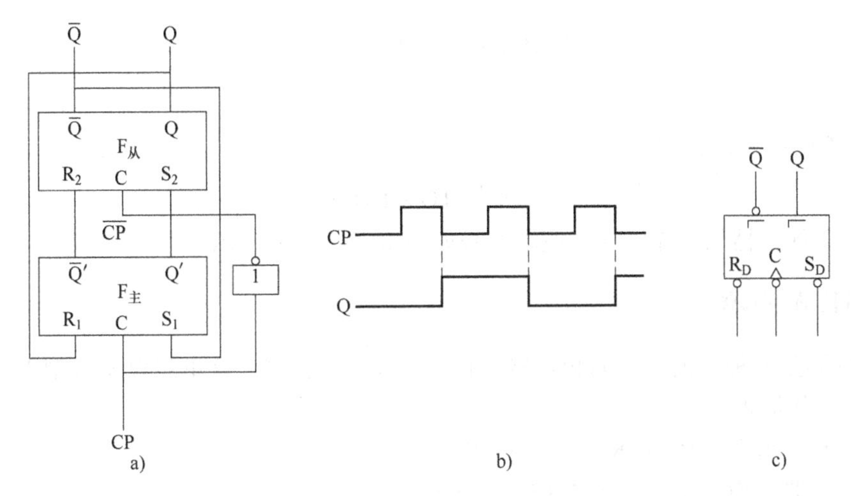

图 15-2-4　主从型 T′触发器

a）结构原理图　b）工作波形　c）逻辑符号

这种主从型 T′触发器的触发过程分为两步，第一步 CP=1，主触发器接收输入信号；第二步 CP=0，从触发器向主触发器看齐输出相应的信号。这种触发方式称为主从触发，主从触发又分为上升沿（前沿）主从触发和下降沿（后沿）主从触发两种。图 15-2-4c 中，C 处加符号“○”和“∧”表示该触发器在时钟脉冲的下降沿触发；输出端 Q 和$\overline{Q}$处加符号“⌐—”表示该主从型触发器在时钟脉冲上升沿开始接收输入信号，延迟至时钟脉冲下降沿到来时输出相应信号。

2. T 触发器

如图 15-2-5a 所示，主触发器的 R 和 S 都各有两个输入端，这两个输入端之间是与的逻辑关系。将 R 端和 S 端各引出一根线连在一起作为控制输入端 T，就构成主从型 T 触发器。

T 触发器是一个可控计数器，它的逻辑功能是当 T=0 时，触发器被封锁，CP 不起作用，触发器保持原状态，当 T=1 时和 T′触发器相同，实现计数。

T 触发器的真值表见表 15-2-2。

表 15-2-2　T 触发器真值表

T	Q^{n+1}
0	Q^n
1	$\overline{Q^n}$

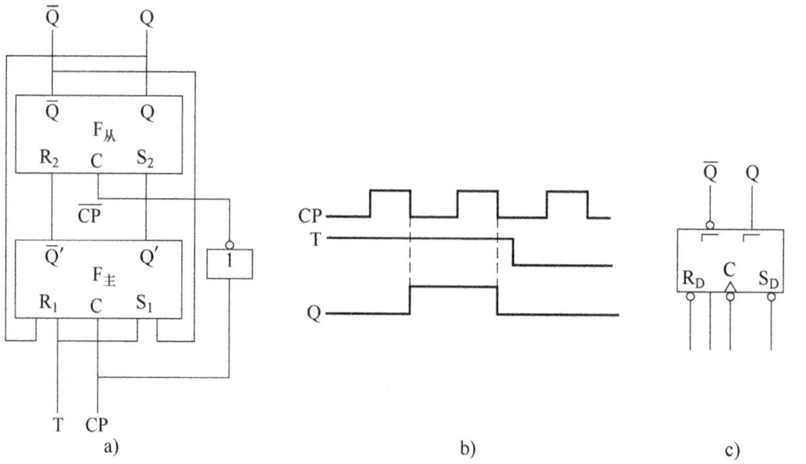

图 15-2-5　主从型 T 触发器

a）结构原理图　b）工作波形　c）逻辑符号

T 触发器的特性方程为

$$Q^{n+1}=\overline{T}Q^{n}+T\overline{Q^{n}}$$

主从型 T 触发器的工作波形及逻辑符号如图 15-2-5b、c 所示。

三、JK 触发器

JK 触发器是一种功能完善的触发器，它的构成方式很多，这里仅以主从型 JK 触发器为例说明它的工作原理。

图 15-2-6 所示为主从型 JK 触发器的电路，它是在 T′触发器的输入端增加两个控制端 J 和 K 而构成。

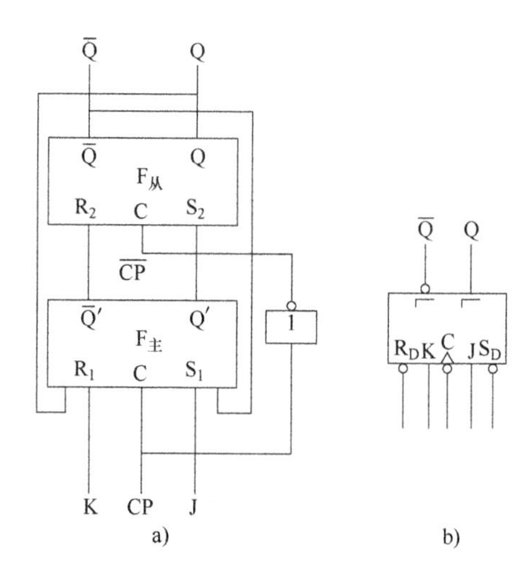

图 15-2-6　主从型 JK 触发器

a）结构原理图　b）逻辑符号

逻辑功能分析如下：

当 J=K=0 时，相当于 T 触发器 T=0，触发器输入端被封锁，输出保持原态。

当 J=1，K=0 时，设触发器的初态为 0，即 $Q=0$，$\overline{Q}=1$，因为 $R_1=Q\cdot K=0$，$S_1=\overline{Q}\cdot J=1$，因此当 CP=1 时，将有 $Q'=1$，$\overline{Q'}=0$，当 CP 由 1 变 0 以后，Q'和$\overline{Q'}$的状态传送到输出端，使 $Q=Q'=1$，$\overline{Q}=\overline{Q'}=0$；若触发器原态为 1，则有 $Q=1$，$\overline{Q}=0$，$R_1=Q\cdot K=0$，$S=\overline{Q}\cdot J=0$，触发器输入端被封锁，输出状态保持不变。所以，无论触发器原态如何，当 J=1，K=0,CP 下跳时，触发器的输出状态为 $Q=1$，$\overline{Q}=0$。

当 J=0，K=1 时，用同样的分析方法可知，无论触发器的原态如何，CP 下跳时，触发器的输出状态是 $Q=0$，$\overline{Q}=1$。

JK 触发器的逻辑功能归纳起来，可得到表 15-2-3 所示的真值表。

JK 触发器的特性方程为

$$Q^{n+1}=J\overline{Q^n}+\overline{K}Q^n$$

图 15-2-6b 所示是主从型 JK 触发器的逻辑符号。图中 C 处有“○”且加“∧”，Q 端有“⌐”，可知触发器的触发方式采用时钟脉冲下降沿主从触发。

表 15-2-3 JK 触发器真值表

J	K	Q^{n+1}
0	0	Q^n
0	1	0
1	0	1
1	1	$\overline{Q^n}$

从 JK 触发器的功能表中可以看出该触发器功能齐全，对 JK 触发器的输入端 J、K 的所有组合，在时钟脉冲的作用下都有确定的输出状态，并且由于采用主从结构，有效地防止了空翻。但主从结构的 JK 触发器抗干扰能力较差，存在着一次变化的问题。如图 15-2-7 所示，在 CP 下降沿到达时，J=K=0，根据 JK 触发器的功能表知，$Q^{n+1}=0$，触发器处于保持状态。但由于在 CP=1 期间，曾出现过 J=1，K=0，主从触发器的主触发器将被置 1，随后，虽然 J=K=0，这时主触发器的状态处于保持，即 Q′=1，从而在 CP 下降沿来到之后触发器置 1，而并不是按J=K=0 的状态保持（Q=0）。所以使用时必须注意在整个 CP=1 期间，输入端 J、K 始终处于不变的状态，在这种条件下，时钟脉冲的下降沿到来时，触发器变化的状态才是可靠的。

【例 15-2-3】 已知主从型 JK 触发器（见图 15-2-7）J、K 及 CP 脉冲的波形如图 15-2-8 所示。试画出触发器输出端 Q 的波形。设触发器原态为 0。

分析：根据 JK 触发器的真值表，并注意 CP 脉冲的下降沿触发，第一个 CP 下跳时，J=1，K=0，Q=1；第二个 CP 下跳时，J=0，K=1，Q=0；第三个 CP 下跳时，J=0，K=0，Q=0；第四个 CP 下跳时，J=1，K=1，触发器翻转，Q=1。

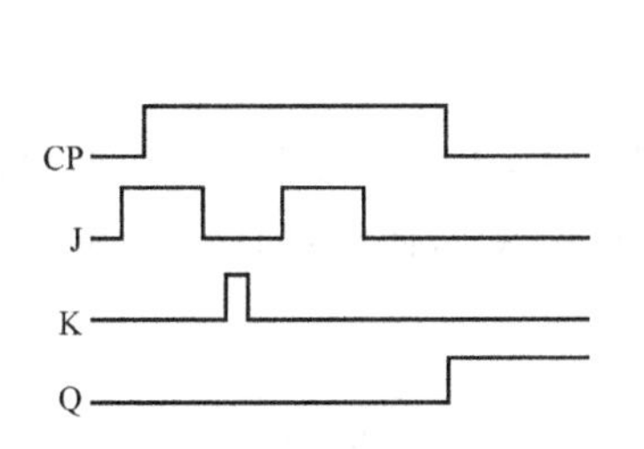

图 15-2-7 主从型 JK 触发器一次翻转波形

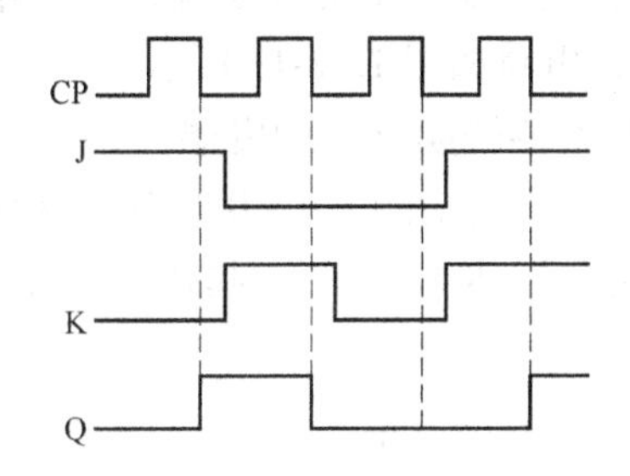

图 15-2-8 例 15-2-3 波形

四、D 触发器

这种触发器的内部电路采用的是一种维持阻塞型的电路结构，输入端只有一个，用 D 表示，所以称为维持阻塞型 D 触发器，简称 D 触发器。

由于维持阻塞型 D 触发器的内部逻辑电路及工作情况较为复杂，而这一切又与它们的外部应用无关，因此这部分内容省略了。

D 触发器的逻辑符号如图 15-2-9 所示，其真值表见表 15-2-4。

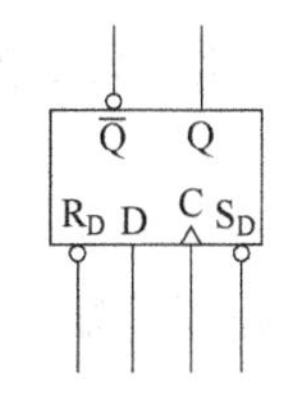

图 15-2-9 D 触发器的逻辑符号

表 15-2-4 D 触发器真值表

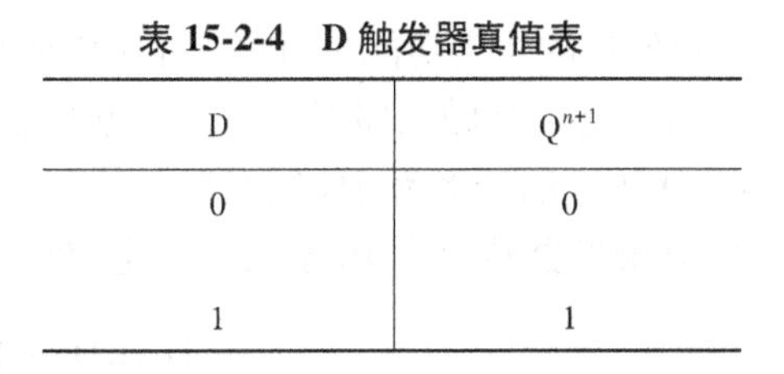

D	Q^{n+1}
0	0
1	1

D 触发器的特性方程为

$$Q^{n+1}=D$$

在触发方式上，D 触发器采用的是边沿触发。在逻辑符号中，C 处没有“○”有“∧”，可知 D 触发器是在时钟脉冲的上升沿接收输入信号并改变相应输出状态的。

维持阻塞型 D 触发器既没有计数式 RS 触发器的空翻，也没有主从型 JK 触发器的一次翻转，抗干扰能力强，是一种应用广泛的触发器。

【例 15-2-4】 已知维持阻塞型 D 触发器的输入端 D 及 CP 脉冲波形如图 15-2-10 所示，试画出触发器输出端 Q 的波形。设触发器原态为 0。

解：根据 D 触发器的真值表，并注意其上升沿触发，第一个 CP 上沿来时 D=1，因此使 Q=1；第二个 CP 上沿来时 D=0、Q=0；第三个 CP 上沿来时 D=0，Q=0；第四个 CP 上沿来时，D=1，Q=1，如图 15-2-10 所示。

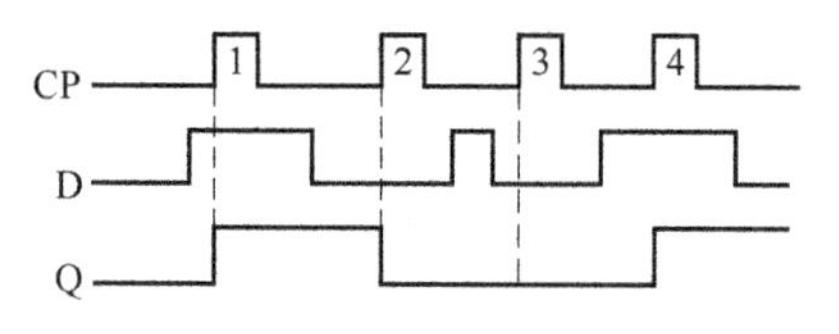

图 15-2-10　例 15-2-4 波形

五、触发器逻辑功能的转换

根据实际需要，可将某种功能的触发器经改接或附加一些门电路后转换为另一种触发器。

1. JK 触发器转换为 D 触发器

D 触发器的逻辑功能是 CP 脉冲来了以后触发器的输出状态与 D 相同，而 JK 触发器在 J、K 状态不同时，输出总是与 J 端状态一样，因此只要令 $J=D$、$K=\overline{D}$即可将 JK 触发器转换为 D 触发器，电路如图 15-2-11 所示。

2. JK 触发器转换成 T 触发器

T 触发器的逻辑功能是 T=0 时触发器保持原态，T=1 时触发器工作在计数状态，因此将 JK 触发器的 J、K 端连在一起作为控制端 T，JK 触发器便转换成了 T 触发器，电路如图 15-2-12 所示。

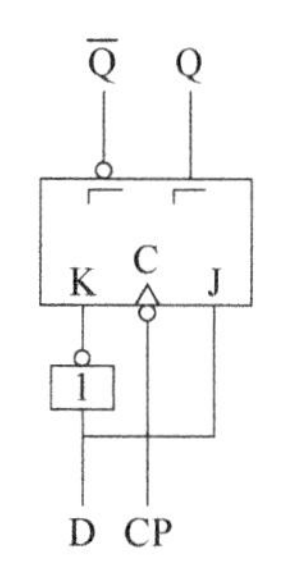

图 15-2-11　JK 转换成 D 触发器

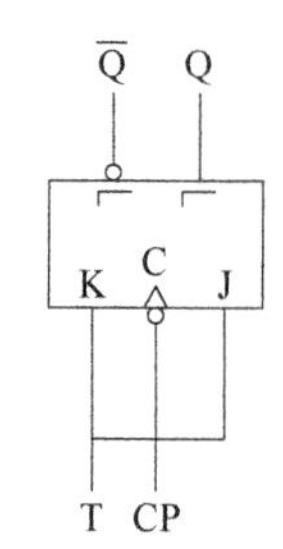

图 15-2-12　JK 转换成 T 触发器

3. D 触发器转换成 T′触发器

T′触发器的逻辑功能是每来一个 CP 脉冲触发器翻转一次。因此，只要把 D 触发器的$\overline{Q}$端和 D 端相连，D 触发器就变成了 T′触发器，电路如图 15-2-13 所示。

4. D 触发器转换为 JK 触发器

由 D 触发器转换为 JK 触发器的电路如图 15-2-14 所示。由电路图可知

$$D=\overline{\overline{\overline{K}Q^n}\cdot\overline{J\overline{Q^n}}}=\overline{K}Q^n+J\overline{Q^n}$$

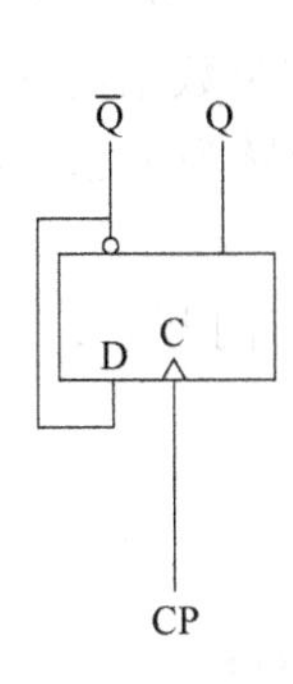

图 15-2-13　D 转换成 T′触发器

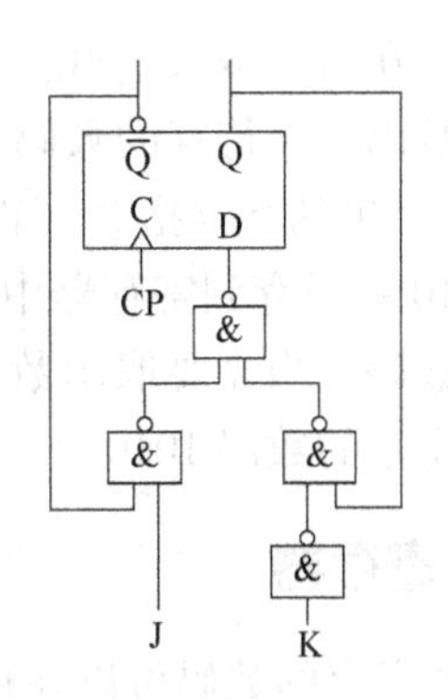

图 15-2-14　D 转换成 JK 触发器

功能表见表 15-2-5。

表 15-2-5　功能表

J	K	D	Q^{n+1}
0	0	Q^n	Q^n
0	1	0	0
1	0	1	1
1	1	$\overline{Q^n}$	$\overline{Q^n}$

由功能表可以看出，该电路具有 JK 触发器的逻辑功能。

第三节　寄　存　器

寄存器主要用于暂时存放各种输入、输出的数据和运算结果。按其有无移位功能，可分为数码寄存器和移位寄存器两种。

一、数码寄存器

数码寄存器有接收、存放、清除数码的功能。它由具有记忆功能的触发器组成。由于一个触发器有 0、1 两种稳定状态，故它可以存放一位二进制数，如果需存放 n 位二进制数码，必须由 n 个触发器适当连接，组成一个 n 位数码寄存器。

图 15-3-1 所示是由 D 触发器和与门组成的四位数码寄存器。其工作过程如下：

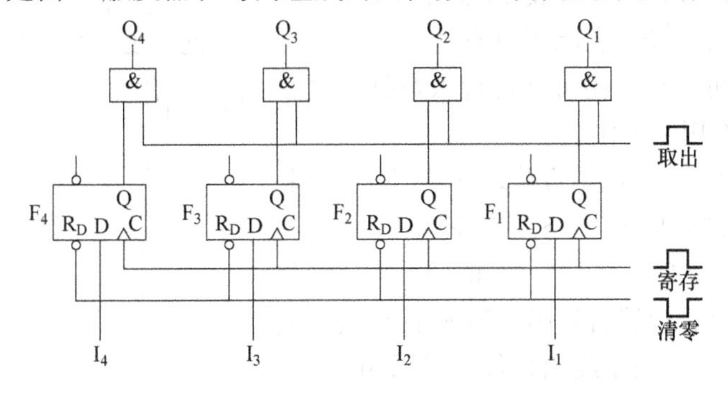

图 15-3-1　数码寄存器

（1）清零　在清零输入端 R_D 加一负脉冲，使各触发器 Q_4、Q_3、Q_2、Q_1 置0。

（2）寄存数码　设待存的数码为1010，分别加到寄存器的四个数据输入端 $I_4 \sim I_1$。当接到时钟脉冲CP发出的寄存指令（正脉冲）时，触发器 F_4、F_2 翻转为1态，F_3、F_1 为0态。这样，数据1010就暂存到寄存器中了。

（3）取出数码　当需要取出数码时，发出取出指令，四个与门开启，于是从数据输出端 $Q_4 \sim Q_1$ 得到寄存的数码1010。

二、移位寄存器

移位寄存器寄存的数码可以在移位脉冲的作用下逐次左移或右移。

图15-3-2所示是由D触发器组成的右移移位寄存器，左边触发器 D_1 端是数据输入端，每个触发器的输出端Q接到下一个触发器的输入端D，右边触发器的输出端 Q_3 是数据输出端。移位脉冲同时加到各触发器的CP端。

移位寄存器的工作过程是：先在 R_D 清零输入端加一负脉冲，使各触发器的输出端 Q_1、Q_2、Q_3 置0；然后将待存的数据，设为101，从高位到低位逐个输入，在逐个移位脉冲作用下存到触发器的输出端 Q_1、Q_2、Q_3 中，其移动过程见表15-3-1。由表可见，当第三个移位脉冲作用后，101这三位数码就出现在三个触发器的Q端。输出方式有两种：一种是继续送来三个移位脉冲，使寄存的数码逐位从 Q_3 输出，这种取数方式称为串行（移位）输出；另一种是直接从 Q_1、Q_2、Q_3 取出数码，这种取数方式称为并行输出。

表15-3-1　移位寄存器的状态表

CP顺序	寄存器数码		
	Q_1	Q_2	Q_3
0	0	0	0
1	1	0	0
2	0	1	0
3	1	0	1

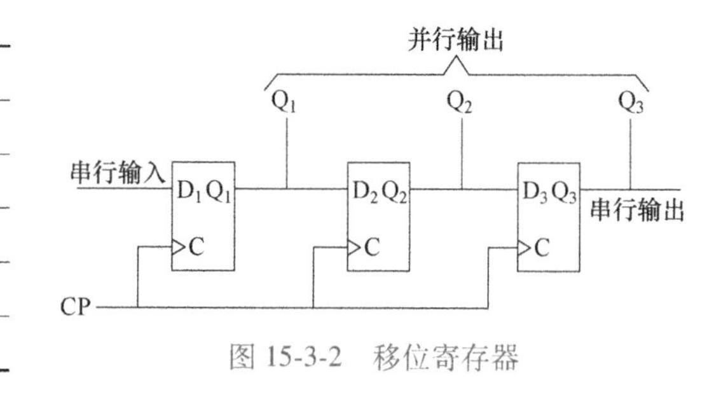

图15-3-2　移位寄存器

三、集成寄存器

目前，各种功能的寄存器组件很多，如常用的四位双向移位寄存器74LS194便是一种，它的管脚图见图15-3-3，逻辑功能表见表15-3-2。这是一种功能较强的寄存器，它除了具有清零和保持功能外，既可左移又可右移，还可并行输入数据。这些功能均在CP正沿作用下工作。

使用中大规模组件最关键的是理解它的控制端。74LS194的主要控制端是 S_0 和 S_1，它们状态的不同组合决定了寄存器的工作方式。例如，作串行右移时，只要令 $S_1S_0=01$，根据右移串行输入端R输入的数据，自动由 Q_A 向 Q_D 顺序逐拍移位，最后由 Q_D 端输出。

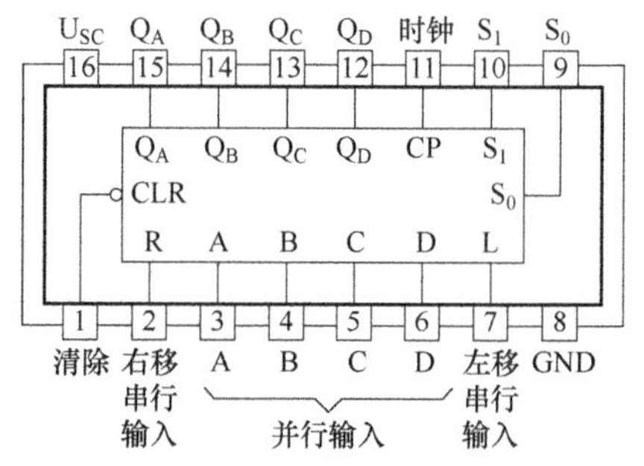

图15-3-3　74LS194管脚图

表 15-3-2　74LS194 逻辑功能表

CLR	CP	S_1	S_0	功　能
0	×	×	×	直接清零
1	↑	0	0	保持
1	↑	0	1	右移（Q_A 向 Q_D 顺序移位）
1	↑	1	0	左移（Q_D 向 Q_A 顺序移位）
1	↑	1	1	并行输入

第四节　计　数　器

计数器是最基本的时序逻辑电路，它不仅可以用来统计输入脉冲的个数，还可作为数字系统中的分频、定时电路，用途相当广泛。

计数器有多种分类方式，按其计数功能可分为加法计数器、减法计数器和可逆计数器；按数制分，有二进制计数器和非二进制计数器（如十进制计数器）；按计数器中各触发器状态更新情况不同，可分为同步计数器和异步计数器等。

计数器的分析可按下述步骤进行：

首先，根据电路定出各触发器的输入驱动方程。

其次，有两种方法可供选择：一是将各触发器的输入驱动方程代入到触发器的特性方程，写出各个触发器的次态 Q^{n+1} 的状态方程；二是将各触发器的输出 Q^n 状态代入到驱动方程，当（n+1）个时钟脉冲到来时，根据触发器的真值表，确定各触发器的 Q^{n+1} 状态。这两种方法可以选择其一。

最后，根据上述的输入逻辑关系列状态表，画波形图，总结概括这个时序电路的逻辑功能。

一、异步二进制计数器

图 15-4-1 所示是由三个 JK 触发器组成的计数器。它的结构特点是：各级触发器的时钟脉冲来源不同，除第一级 CP 由外加时钟脉冲控制外，其余各级的 CP 均来自上一级的 Q 输出端，所以，各触发器动作的时刻不一致，故称异步计数器。图中各触发器的 JK 端均悬空，悬空相当于 1 态，各触发器的 J=K=1，根据真值表，都处于计数状态，即每来一个时钟脉冲，触发器输出状态翻转一次，各触发器均在 CP 的下降沿到来时刻变化。下面分析它的工作过程。

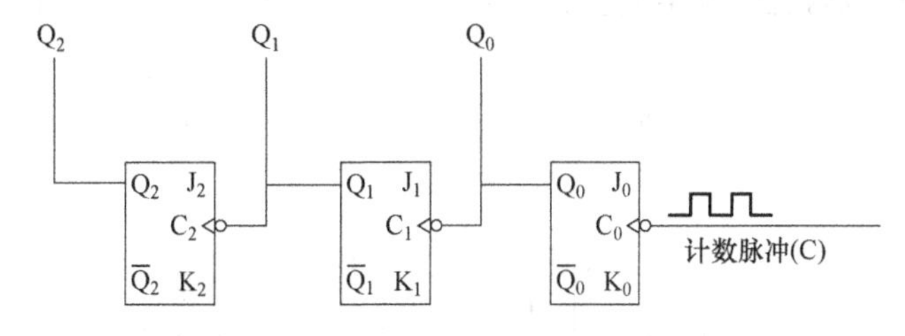

图 15-4-1　异步二进制计数器

设计数器原态为 $Q_2Q_1Q_0$=000，第一个 CP 的负沿到达时，Q_0 由 0 变为 1，由于 Q_0 端出现的是正跳变，所以 Q_1、Q_2 都不翻转，计数器状态变为 $Q_2Q_1Q_0=001$。当第二个 CP 负沿到达时，Q_0 再次翻转，由 1 变为 0，此时它的负跳变使 Q_1 翻转，由 0 变成 1，Q_2 状态不变，此时计数器状态为 $Q_2Q_1Q_0=010$。依次分析，经过 8 个计数脉冲后，计数器又恢复到原态，完成一个计数循环。其状态表见表 15-4-1，波形图如图 15-4-2 所示。

表 15-4-1　状态表

CP	Q_2	Q_1	Q_0
0	0	0	0
1	0	0	1
2	0	1	0
3	0	1	1
4	1	0	0
5	1	0	1
6	1	1	0
7	1	1	1
8	0	0	0

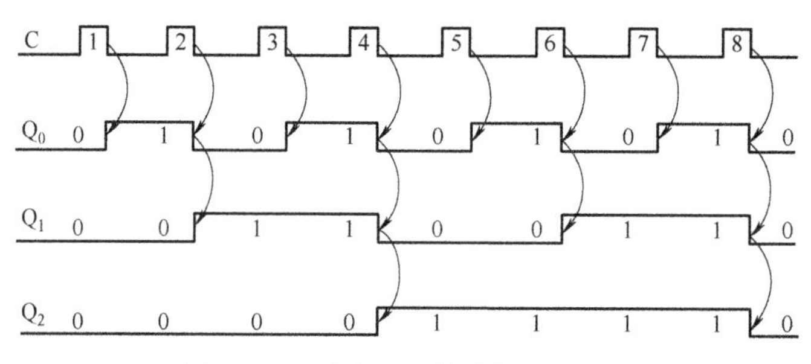

图 15-4-2　异步二进制计数器波形图

从以上分析可以看出：一个触发器可以表示一位二进制数，两个触发器串联，就有四种状态（$2^2=4$），可构成四进制计数器，n 个触发器串联，则可组成 2^n 进制计数器。由波形图可见，Q_0 波形的频率是 CP 波形频率的$\frac{1}{2}$，Q_1 的频率又是 Q_0 频率的$\frac{1}{2}$，…，各级输出波形的频率均为前一级的二分频，所以，Q_2 为 CP 的八分频。计数器的计数顺序是从 000 到 111，每经一个 CP 加 1，所以叫加法计数器。

若将三个 JK 触发器按图 15-4-3 连接，则构成异步二进制减法计数器。其工作过程请读者自行分析。

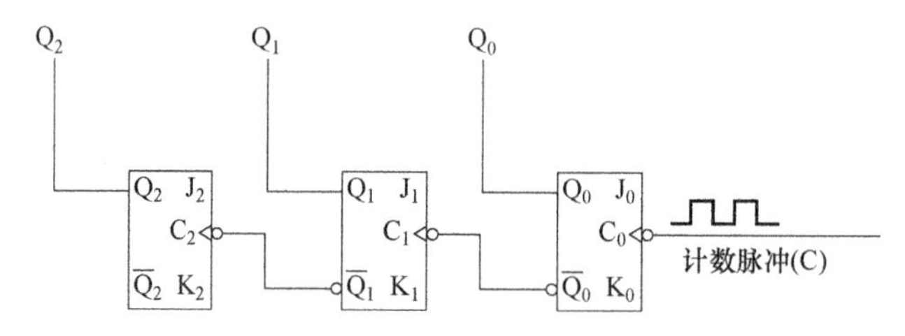

图 15-4-3　异步二进制减法计数器

二、十进制计数器

图 15-4-4 所示为同步十进制加法计数器电路图。由逻辑图可知各触发器的输入端的逻辑表达式为

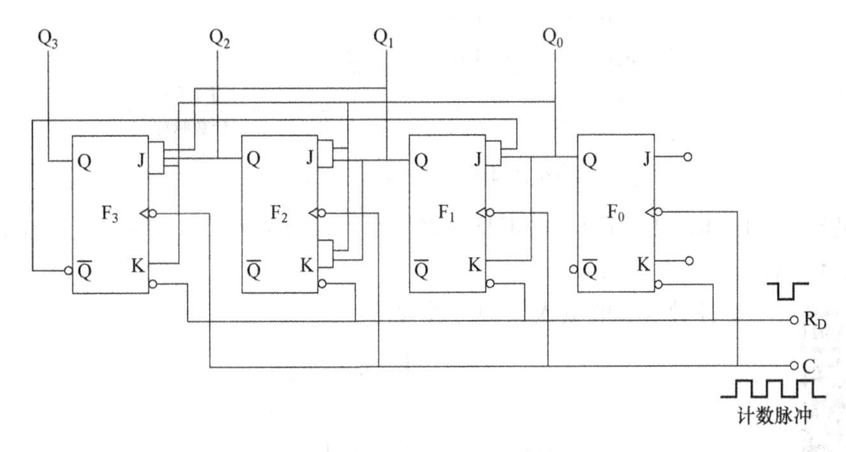

图 15-4-4　同步十进制计数器

$$J_0 = K_0 = 1$$

$$J_1 = Q_0\overline{Q}_3,\ K_1 = Q_0$$

$$J_2 = K_2 = Q_0Q_1$$

$$J_3 = Q_2Q_1Q_0,\ K_3 = Q_0$$

设计数器的原态为 $Q_3Q_2Q_1Q_0 = 0000$，表 15-4-2 为其状态表。

表 15-4-2　状态表

CP	$Q_3Q_2Q_1Q_0$	$J_3=Q_2Q_1Q_0$	$K_3=Q_0$	$J_2=Q_0Q_1$	$K_2=Q_0Q_1$	$J_1=Q_0\overline{Q}_3$	$K_1=Q_0$	$J_0=1$	$K_0=1$
0	0　0　0　0	0	0	0	0	0	0	1	1
1	0　0　0　1	0	1	0	0	1	1	1	1
2	0　0　1　0	0	0	0	0	0	0	1	1
3	0　0　1　1	0	1	1	1	1	1	1	1
4	0　1　0　0	0	0	0	0	0	0	1	1
5	0　1　0　1	0	1	0	0	1	1	1	1
6	0　1　1　0	0	0	0	0	0	0	1	1
7	0　1　1　1	1	1	1	1	1	1	1	1
8	1　0　0　0	0	0	0	0	0	0	1	1
9	1　0　0　1	0	1	0	0	0	1	1	1
10	0　0　0　0	0	0	0	0	0	0	1	1

三、任意进制计数器

【例 15-4-1】　列状态表分析图 15-4-5 所示电路的逻辑功能。设计数器原态 $Q_2Q_1Q_0 = 000$。

分析：由电路图可以看到，Q_2 和 Q_0 是同一时钟脉冲 CP 控制的，而 Q_1 的时钟脉冲是由

图 15-4-5　例 15-4-1 电路

Q_0 提供，虽然 $J_1=1$，$K_1=1$，但 Q_1 并不是每来一个时钟脉冲 CP 就翻转一次，而是当 Q_0 出现下降沿时才翻转。

计数器例题

各触发器的输入驱动方程为

$$J_0=\overline{Q}_2,\quad K_0=1$$
$$J_1=1,\quad K_1=1$$
$$J_2=Q_1Q_0,\quad K_2=1$$

计数器的状态表见表 15-4-3。

表 15-4-3　状态表

CP	$Q_2Q_1Q_0$			$J_2=Q_1Q_0$	$K_2=1$	$J_1=1$	$K_1=1$	$J_0=\overline{Q}_2$	$K_0=1$
0	0	0	0	0	1	1	1	1	1
1	0	0	1	0	1	1	1	1	1
2	0	1	0	0	1	1	1	1	1
3	0	1	1	1	1	1	1	1	1
4	1	0	0	0	1	1	1	0	1
5	0	0	0	0	1	1	1	1	1

由分析可知该电路是一个异步五进制计数器。

第五节　集成计数器

随着集成电路的发展，各种大规模集成计数器已大量生产，并得到广泛应用。下面介绍一种常用的异步集成计数器 74LS90。

74LS90 是一个异步二-五-十进制计数器。

一、电路结构

74LS90 的内部逻辑电路由 JK 触发器和门电路组成，其逻辑图、引脚排列及逻辑示意图如图 15-5-1a、b、c 所示，功能表见表 15-5-1。

由图 15-5-1a 可知，F_0 从$\overline{CP}_0$端输入时钟脉冲，从 Q_0 端输出信号，构成二进制计数器。F_3F_2 和 F_1 构成的逻辑电路，从$\overline{CP}_1$端输入时钟脉冲，从 $Q_3Q_2Q_1$ 端输出信号，构成异步五进制计数器（具体分析请参见例 15-4-1）。

若时钟脉冲接到 F_0 触发器的$\overline{CP}_0$，Q_0 接到 F_1 触发器的$\overline{CP}_1$，从 $Q_3Q_2Q_1Q_0$ 端输出信号，

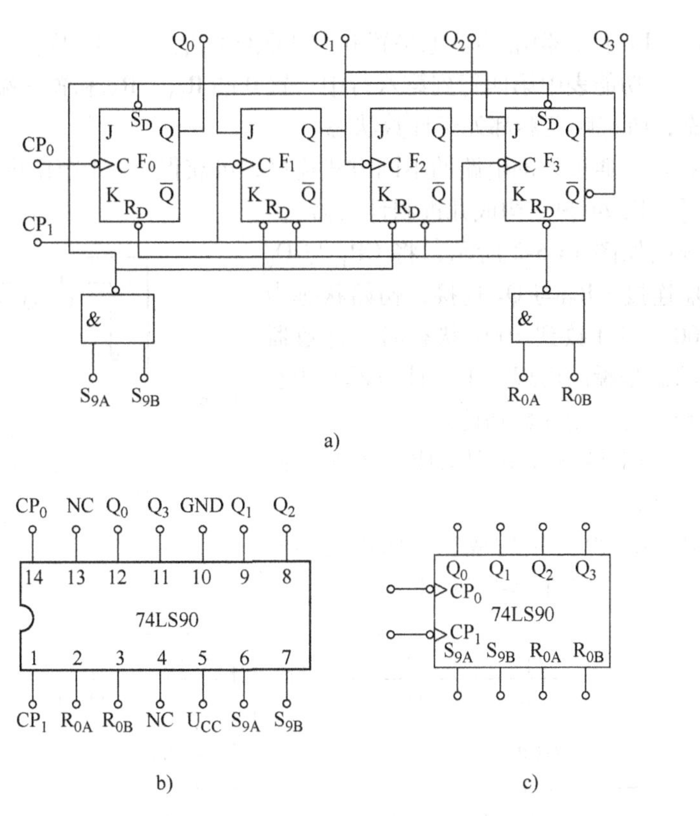

图 15-5-1　74LS90 异步二-五-十进制计数器

a）逻辑图　b）引脚排列　c）逻辑示意图

就构成了异步十进制计数器。

表 15-5-1　功能表

R_{01}	R_{02}	S_{91}	S_{92}	Q_3	Q_2	Q_1	Q_0
1	1	× 0	0 ×	0	0	0	0
× 0	0 ×	1	1	1	0	0	1
×	0	×	0	计数			
0	×	0	×	计数			
0	×	×	0	计数			
×	0	0	×	计数			

二、电路功能

（1）直接复位　R_{0A}、R_{0B}为置 0 端，当 $R_{0A}R_{0B}=11$ 时，通过与非门使各触发器 $\overline{R}_D$ 为低电平清零，即 $Q_3Q_2Q_1Q_0=0000$。

（2）置 9　S_{9A}、S_{9B}为置 9 端，当 $S_{9A}S_{9B}=11$ 时，通过与非门，使 F_3、F_0 触发器$\overline{S_D}$为低

电平置1，使 F_2、F_1 触发器$\overline{R}_D$ 为低电平置0，即 $Q_3Q_2Q_1Q_0=1001(9)$。

（3）计数　在功能表中第四行到第八行中，置0端 R_{0A}、R_{0B}和置9端 S_{9A}、S_{9B}中各有一个低电平0状态，所有触发器都处于计数状态。

（4）功能扩展　通过外部电路的不同方式连接，可获得二~十范围内的任意进制计数。

【例 15-5-1】　用74LS90构成九进制计数器

解：电路构成如图15-5-2所示，将 CP_1 与 Q_0 连接，R_{01}与 Q_0 连接，R_{02}与 Q_3 连接，初始状态为 $Q_3Q_2Q_1Q_0=0000$。当计数到1001状态时，计数器复位。1001的状态是瞬间出现一下，计数器的状态回到0000，实现了九进制计数功能。

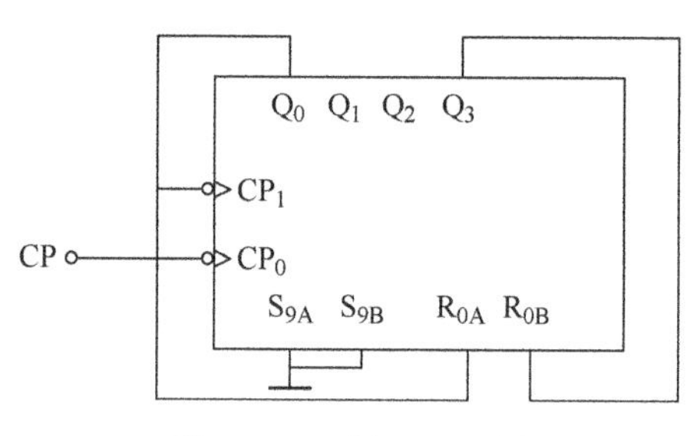

图15-5-2　例15-5-1图

【例 15-5-2】　用74LS90分别构成二十四进制和六十四进制计数器。

解：用两片74LS90分别构成二十四进制和六十四进制计数器，电路如图15-5-3a、b所示。

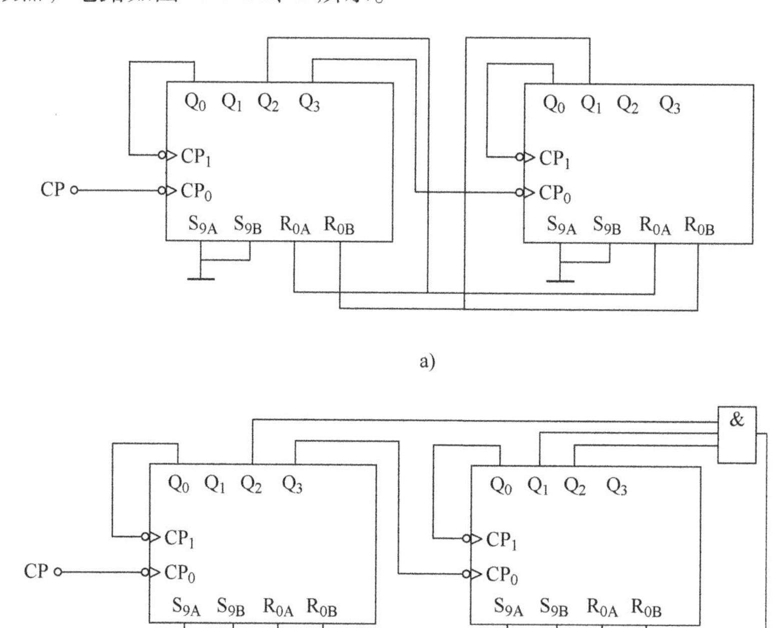

图15-5-3　例15-5-2图

第六节　存储器与可编程逻辑器件

存储器（Memory）是数字系统中用于存储大量信息的大规模集成电路，是现代计算机的重要组成部分之一。典型的存储器是由数以千万计的有记忆功能的存储单元构成的，每一个存储单元都有唯一的地址代码加以区分，并能存储一位（或一组）二进制信息。半导体存储器因其集成度高、体积小、速度快，是目前最广泛的存储器件。

半导体存储器按其不同的工作方式可以分为只读存储器（Read Only Memory，ROM）和随机存取存储器（Random Access Memory，RAM）两大类。ROM、RAM 又可以分为双极型半导体存储器和单极型 MOS 存储器；MOS 型 RAM 还可分为静态 RAM（SRAM）和动态 RAM（DRAM）两种。

一、只读存储器

只读存储器（ROM）中的内容是在专门的条件下写入的，信息一旦写入就不能或不易再修改。根据不同的信息写入方式，ROM 可以分为固定 ROM、可编程 ROM（PROM）、可擦除可编程 ROM（EPROM）和电可擦除可编程 ROM（E^2PROM）四种。固定 ROM 中的内容是在出厂前事先已写入的，使用时不能改写；PROM 可由用户以专用设备将信息写入，但一经写入，就不能再改写；EPROM 也可由用户以专用设备将信息写入，写入后还可以用专门方法将原来内容擦除后重新再写入新内容，但改写过程比较麻烦；E^2PROM 与 EPROM 类似，只是采用电气方法对已写入的内容进行擦除。在正常工作时，信息都只能读出而不能写入。ROM 中的信息一旦写入后，即使断电也仍能保存，通常用于存放固定信息。

（一）ROM 的结构

ROM 的一般结构如图 15-6-1 所示，它由存储矩阵、地址译码器和读出电路三部分组成。

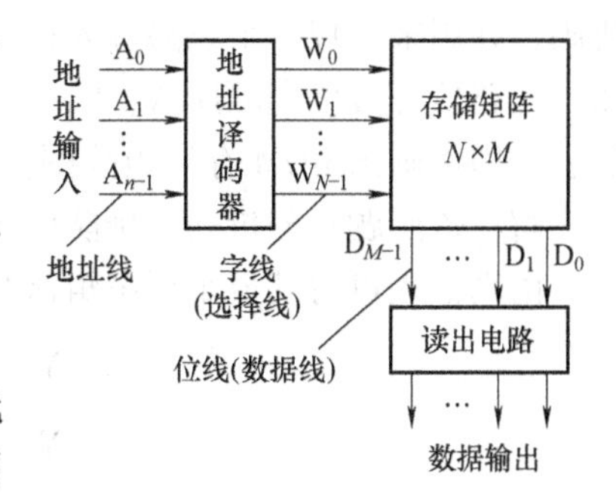

图 15-6-1　ROM 的一般结构框图

1. 存储矩阵

它是存储器的主体，由若干存储单元组成，每单元存放 1 位二进制数。一条指令或一个数据用 M 位二进制数表示，称为一个字，M 为字长。M 个存储单元为一组，存放一个字，称为字单元。每个字单元有一个地址，按地址来选择所需的指令字或数据字。$W_0 \sim W_{N-1}$ 为地址选择线（字线）。$D_0 \sim D_{M-1}$ 为数据线（位线）。存储容量 $=N×M$。

由于 ROM 的容量很大，使用时常将指令和数据分开存放在各自规定的区域内，以便于程序管理。例如，计算机做一个加法运算，要在数据区内先取被加数和加数放入相应的寄存器中，再在指令区取加法指令才能运算，运算结果将和数再送回数据区。

2. 地址译码器

由上可知，存储矩阵相当于一个寄存二进制数码的“货栈”，为了读取不同存储单元里存放的“字”，应将每个单元编上代码，这个代码称作地址。输入不同的地址码，就能在存储器的输出端读出相应的字，这就是“地址”输入代码与“字”输出数码间的固定对应关系。

指令或数据的存放地址用二进制编码，由地址线输入地址译码器。地址译码器有 n 条地址线（$A_0 \sim A_{n-1}$），可译出 N 条字线，$N=2^n$，它们作为译码器的输入变量，可组成 $N=2^n$ 个最小项，所以地址译码器也称最小项译码器。但同一时间只能有一条字线（即一个地址）有效。

3. 读出电路

读出电路通常是由三态“非”门组成的数据总线，它一方面可增强 ROM 的带负载能力，另一方面当 ROM 不输出数据时，总线上可传输其他部件中的数据。

通常机器的字长 M 是一定的，即 ROM 的位线数一定，如 8 位、16 位、32 位等。而字线数则取决于地址线数，如果机器只有 8 条地址线，则译码器可译码出 $2^8=256$ 条字线，控制 256 条指令或数据，那么 ROM 的存储容量也只能有 $256\times M$。可以小于此数，多了就不能控制。

（二）ROM 的应用

综上所述，ROM 中地址译码器由与门阵列构成，存储矩阵由或门阵列构成。地址译码器的每一根字线输出，实际上就对应地址编码输入的一个最小项，而每一位位线输出则相当于特定的最小项之和。因为任何组合逻辑电路都可以表示为最小项之和的形式，所以它们的功能都可以用 ROM 来实现，如本书中提到的全加器、序列脉冲发生器和字符发生器等。

【例 15-6-1】 试用 8×4 位 ROM 实现一个排队组合电路，电路的功能是输入信号 A、B、C 通过排队电路后分别由 Y_A、Y_B、Y_C 输出。但在同一时刻只能有一个信号通过，如同时有两个或两个以上的信号输入时，则按 A、B、C 的优先顺序通过。

分析：本例给出的是一个 8×4 位 ROM，表明该 ROM 的存储体可存储 8 个 4 位的二进制代码，并用来实现一个三路输入信号 A、B、C 的排队电路，要求画出对应的 ROM 存储矩阵图。三路信号按优先顺序 A、B、C 排队，每次只能输出其中一路信号。依照排队电路的真值表，即可画出 ROM 存储矩阵图。

解：依照题意分析列出排队电路的真值表，见表 15-6-1。

由真值表可得其最小项逻辑函数

$$Y_A=A\overline{B}\overline{C}+A\overline{B}C+AB\overline{C}+ABC$$

$$Y_B=\overline{A}B\overline{C}+\overline{A}BC$$

$$Y_C=\overline{A}\,\overline{B}C$$

利用三个输入信号作为地址译码器的输入代码，对应于三个输出端的逻辑取值作为存储的内容，并设 4 条位线分别为 $D_3=Y_A$，$D_2=Y_B$，$D_1=Y_C$，$D_0=0$，得到 ROM 阵列图如图 15-6-2 所示。

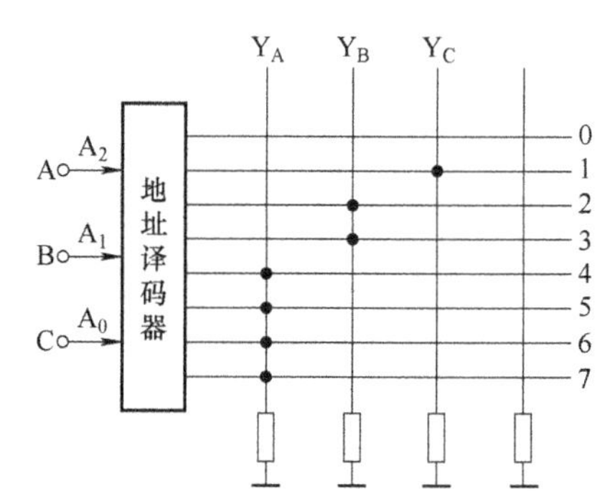

图 15-6-2　例 15-6-1ROM 阵列图

讨论：利用 ROM 实现给定功能的逻辑电路，是 ROM 应用的重要内容之一。特别是对于具有多个输出的逻辑电路，利用 ROM 实现更为简便。只要依照电路功能列出输入输出真值表，用输入变量作为地址组成地址译码器，将对应于输入取值的各输出函数值作为一组代码，存储在 ROM 相应的存储单元内，则从每条位线读取的输出即是要实现电路的一个输出函数。

表 15-6-1　例 15-6-1 电路真值表

A	B	C	Y_A	Y_B	Y_C
0	0	0	0	0	0
0	0	1	0	0	1
0	1	0	0	1	0
0	1	1	0	1	0
1	0	0	1	0	0

（续）

A	B	C	Y_A	Y_B	Y_C
1	0	1	1	0	0
1	1	0	1	0	0
1	1	1	1	0	0

【例 15-6-2】 试用 ROM 产生一组“与或”逻辑函数，画出 ROM 阵列图，并列表说明 ROM 存储的内容。逻辑函数是

$$Y_0=AB+BC$$

$$Y_1=A\overline{B}+\overline{A}B$$

$$Y_2=AB+BC+CA$$

解：函数只有三个输出变量 Y_0、Y_1 和 Y_2，所以 ROM 只用三条位线。有 A、B、C 三个输入变量，应采用 3/8 线地址译码矩阵。将函数变换成最小项形式

$$Y_0=AB+BC=AB(C+\overline{C})+(A+\overline{A})BC=\overline{A}BC+AB\overline{C}+ABC=m_3+m_6+m_7$$

$$Y_1=A\overline{B}+\overline{A}B=A\overline{B}(C+\overline{C})+\overline{A}B(C+\overline{C})=A\overline{B}C+A\overline{B}\,\overline{C}+\overline{A}BC+\overline{A}B\overline{C}=m_2+m_3+m_4+m_5$$

$$Y_2=AB+BC+CA=AB(C+\overline{C})+(A+\overline{A})BC+CA(B+\overline{B})$$

$$=\overline{A}BC+AB\overline{C}+A\overline{B}C+ABC=m_3+m_5+m_6+m_7$$

由此便可画出 ROM 阵列图如图 15-6-3 所示，状态表见表 15-6-2。由表可看出各字单元存储的内容。

从上述例子可以看出，用 ROM 设计组合逻辑电路的过程不需要进行函数化简，对技巧性的要求大大降低。另外，ROM 芯片的集成度远高于门电路芯片，用 ROM 实现逻辑电路可以大幅度减小所用的芯片数。

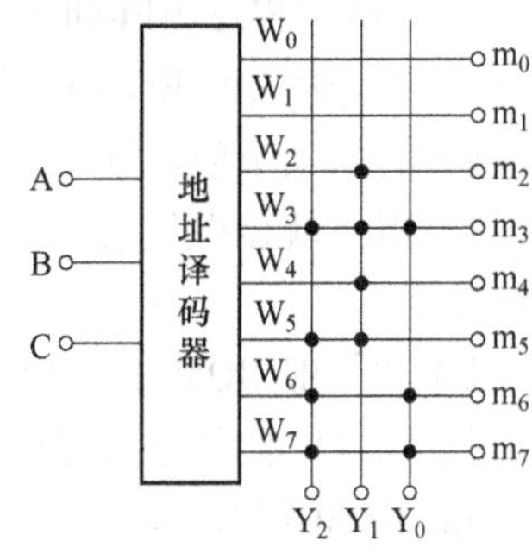

图 15-6-3　例 15-6-2 ROM 阵列图

表 15-6-2　例 15-6-2 ROM 状态表

地址			最小项	选中	位线		
A	B	C	编号	字线	Y_2	Y_1	Y_0
0	0	0	m_0	W_0	0	0	0
0	0	1	m_1	W_1	0	0	0
0	1	0	m_2	W_2	0	1	0
0	1	1	m_3	W_3	1	1	1
1	0	0	m_4	W_4	0	1	0
1	0	1	m_5	W_5	1	1	0
1	1	0	m_6	W_6	1	0	1
1	1	1	m_7	W_7	1	0	1

二、可编程逻辑器件

可编程逻辑器件（Programmable Logic Device，PLD）是由用户编程、配置的一类逻辑器件的泛称。从构成逻辑函数的功能来说，PROM 就是一种 PLD。除此之外，本节将要介绍的

可编程逻辑阵列（Programmable Logic Array，PLA）、可编程阵列逻辑（Programmable Array Logic，PAL）和通用阵列逻辑（Generic Array Logic，GAL）都是典型的PLD。

PLD是由可编程的“与”阵列和可编程的“或”阵列组成的，其逻辑符号如图15-6-4所示，图a表示“与”阵列，图b表示“或”阵列，图c表示缓冲器。Y_1为反相缓冲器，Y_2为同相缓冲器，它们都具有较强的带负载能力。图中打“·”者表示固定连接点，出厂时已接好，不可更改；打“×”者表示用户定义编程点，出厂时是接通的，用户可将其断开，即擦去“×”，也可保留接通，仍用“×”表示；既无“·”又无“×”者表示不接通，或被用户擦除（断开）的，该变量则不是其输入量。

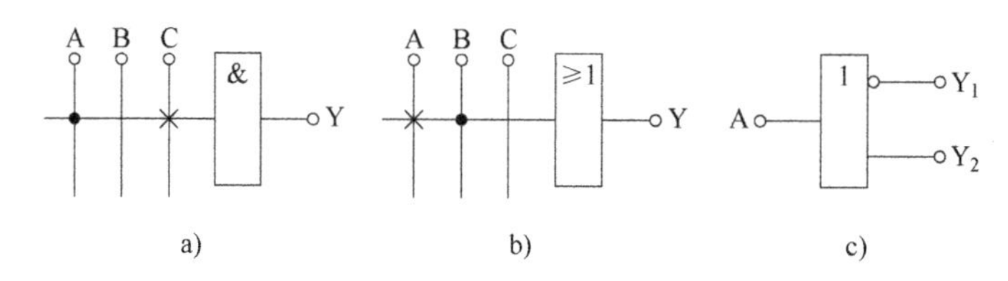

图15-6-4　PLD阵列电路符号

a）“与”阵列　b）“或”阵列　c）缓冲器

（一）**可编程逻辑阵列**（PLA）

n个变量输入的ROM电路，应有2^n个最小项，因此有2^n根字线。当某个n变量的与或逻辑函数的与项个数远远小于2^n个时，用一般的ROM电路来实现这个逻辑函数，它的译码部分的与矩阵就显得很浪费，如果用一种特殊的ROM电路PLA来实现此函数，则元器件可省得多。

PLA和一般ROM电路相比，其相同点是均由一个“与”阵列和一个“或”阵列组成，其不同点则在它们的地址译码器部分：

一般ROM用最小项来设计译码阵列，而PLA是先经过逻辑函数化简，再用最简与或表达式中的与项来编制“与”阵列。因此从字线的内容和数量来看，一般ROM有2^n根字线，且以最小项顺序编排，不可随意乱编；而PLA的字线数由化简后的最简与或表达式的与项数决定，其字线内容是根据函数式“编排”的。

由于PLA的与门阵列是可编程的，由它构成的地址译码器是一个非完全译码器，它输出的每一根字线可以对应一个最小项，也可以对应一个由地址变量任意组合成的“与”项，因此PLA允许用多个地址码选中同一根字线以访问同一个存储单元。例如，PLA有A、B、C三个地址变量，只要A=1、B=0，不管C为何值，均可以访问$A\overline{B}C$字线所对应的存储单元，即100和101两个地址码可以访问同一个存储单元。同理，PLA也允许用一个地址码同时访问多个字单元。例如，101地址码既可访问$A\overline{B}C$字线对应的单元，也可访问$A\overline{B}$字线对应的单元。这样，就使PLA可以根据逻辑函数的最简“与或”式，直接产生所需的“与”项，以实现相应的组合逻辑电路。

用PLA进行组合逻辑电路设计时，只要将函数转换成最简“与或”式，再根据最简“与或”式画出逻辑阵列图就可以了。

【例15-6-3】 试用PLA实现例15-6-1中的逻辑要求，并与用ROM实现操作相比较。

解：例15-6-1是一个优先排队的问题，其逻辑函数化简后为

$$Y_A=A\overline{B}\,\overline{C}+A\overline{B}C+AB\overline{C}+ABC=A$$

$$Y_B = \overline{A}B\overline{C} + \overline{A}BC = \overline{A}B$$

$$Y_C = \overline{A}\,\overline{B}C$$

若用ROM实现，阵列图如图15-6-5a所示，其中除了“与”阵列中固有的24个元件外，“或”阵列中要用7个元件，共31个元件。

若用PLA实现，可画出阵列图如图15-6-5b所示，全部只用了9个元件。

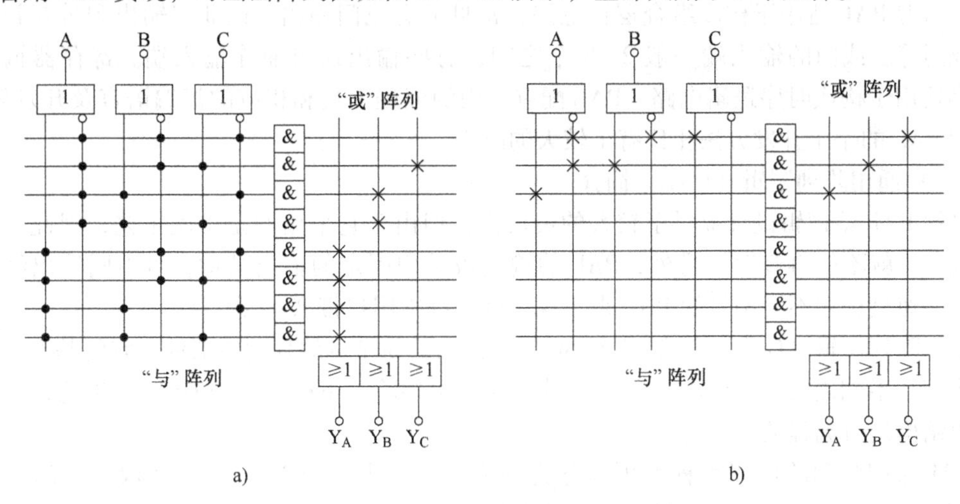

图15-6-5　例15-6-3阵列图

a）ROM阵列图　b）PLA阵列图

可见，用PLA实现操作，电路要简单得多，所用元件大大减少，且消耗电流及功率要小得多。完成同样功能的PLA结构比ROM结构简单的程度将更加显著。

上述PLA只能用以实现组合逻辑电路，故称为组合PLA。若在PLA中加入触发器阵列，就可用以实现时序逻辑电路，这种PLA就称为时序PLA。

（二）可编程阵列逻辑（PAL）简介

20世纪70年代末推出的可编程阵列逻辑（PAL）是在PLA基础上改进得到的，在阵列控制方式上做了较大的改进，并采用熔丝式双极型工艺，所以在操作的简便性、编程的灵活性和速度方面都比PLA有了较大的提高。PAL可以取代常规的中、小规模集成电路，其通用性比非可编程的TTL、CMOS等逻辑器件更强。在数字系统开发中采用PAL，有利于简化和缩短开发过程、减小元器件数量、简化印制电路板的设计、提高系统可靠性，因而得到了广泛的应用。

PAL由可编程的与门阵列和固定的或门阵列构成。或门阵列中每个或门的输入与固定个数的与门输出（即地址输入变量的某些“与”项）相连，每个或门的输出是若干个“与”项之和。由于与门阵列是可编程的，也即“与”项的内容可由用户自行编排，因此PAL可用以实现各种逻辑关系。

根据输出结构类型的不同，PAL有多种不同的型号，但它们的与门阵列都是类似的。组合输出型PAL适用于构成组合逻辑电路，常见的有或门输出、或非门输出和带互补输出端的或门等。或门的输入端一般在2~8个之间，有些输出还可兼作输入端。寄存器输出型PAL则适用于构成时序逻辑电路。PAL配有专用的编程工具和相应的汇编语言及开发软件，与早期PAL的手工开发方法相比有了较大的改进。

PAL由可编程的与门阵列和固定的或门阵列构成。或门阵列中每个或门的输入与固定个数的与门输出（即地址输入变量的某些“与”项）相连，每个或门的输出是若干个“与”项之和。由于与门阵列是可编程的，也即“与”项的内容可由用户自行编排，所以PAL可用以实现各种逻辑关系。

根据输出结构类型的不同，PAL有多种不同的型号，但它们的与门阵列都是类似的。组合输出型PAL适用于构成组合逻辑电路，常见的有或门输出、或非门输出和带互补输出端的或门等。或门的输入端一般2~8个之间，有些输出还可兼作输入端。寄存器输出型PAL则适用于构成时序逻辑电路。PAL配有专用的编程工具和相应的汇编语言及开发软件，与早期PAL的手工开发方法相比有了较大的改进。

（三）通用阵列逻辑（GAL）简介

虽然PAL给逻辑设计提供了较大的灵活性，但由于它采用的是熔丝工艺，因此一旦编程完成后，就不能再修改。另外，PAL的输出级采用固定的输出结构，对不同输出结构的需求只能通过选用不同型号的PAL来实现。这些都给用户带来不便。

通用阵列逻辑（GAL）是20世纪80年代推出的新型可编程逻辑器件，它的基本结构与PAL类似。不同之处是，GAL采用了一种称为电可擦除CMOS（E^2CMOS）的工艺，并且它的输出结构是可编程的。

GAL按门阵列的可编程程度可以分为两大类，一类是与PAL基本结构类似的普通型GAL器件，它的与门阵列是可编程的，或门阵列是固定连接的，如GAL16V8；另一类是新一代GAL器件，它的与门阵列和或门阵列都是可编程的，如GM39V18。

GAL电路的功耗比PAL低，兼容性强，能快速地擦除和编程，是一种理想的硬件加密电路。使用GAL芯片需要有特殊的开发器，需要一定的经费，但对系统设计带来了体积小、可靠性高、设计灵活、保密性强等优点，因此目前使用较广泛。

本章小结

具体内容请扫描二维码观看。

第十五章小结

习　题

15-1　基本RS触发器电路如图15-T-1a所示，根据图b的输入波形画出Q和$\overline{Q}$的波形。设触发器的初始状态Q=0。

15-2　根据给定的逻辑符号和输入波形，分别画出图15-T-2a、b两图的Q端波形。设初始状态Q=0。

15-3　电路如图15-T-3所示，设触发器的初始状态$Q_1=Q_2=0$，根据给定的输入波形，分别画出Q_1和F的波形。

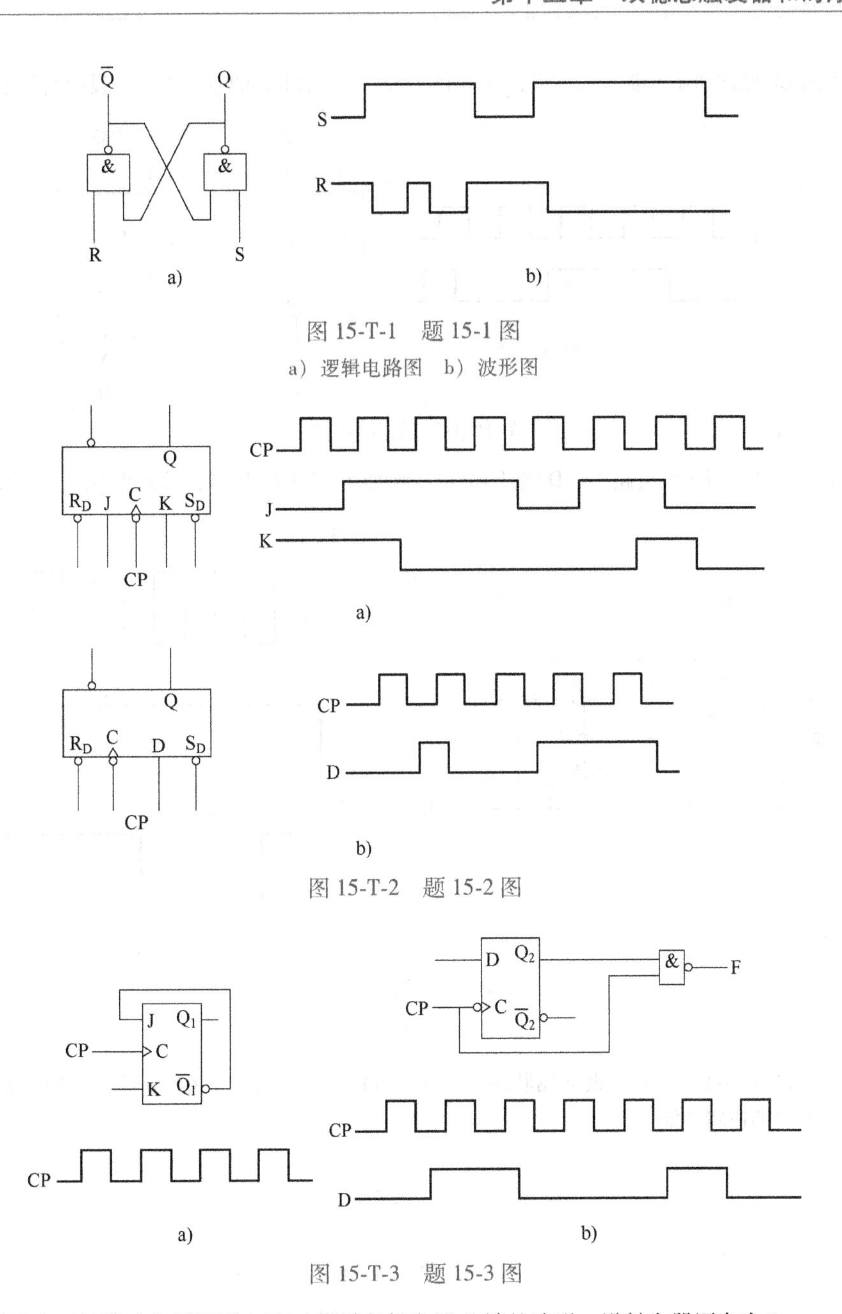

图 15-T-1　题 15-1 图

a）逻辑电路图　b）波形图

图 15-T-2　题 15-2 图

图 15-T-3　题 15-3 图

15-4　试画出时钟脉冲作用下图 15-T-4 所示各触发器 Q 端的波形。设触发器原态为 0。

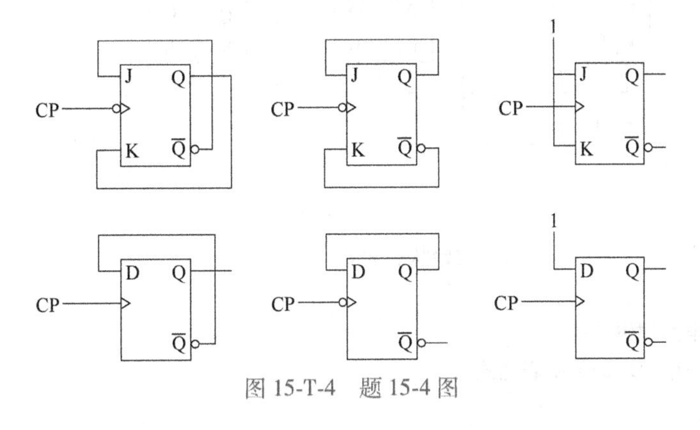

图 15-T-4　题 15-4 图

15-5　根据CP脉冲和输入端A的波形，画出15-T-5a、b所示电路的Q端波形。设初始状态 $Q_1=Q_2=0$。

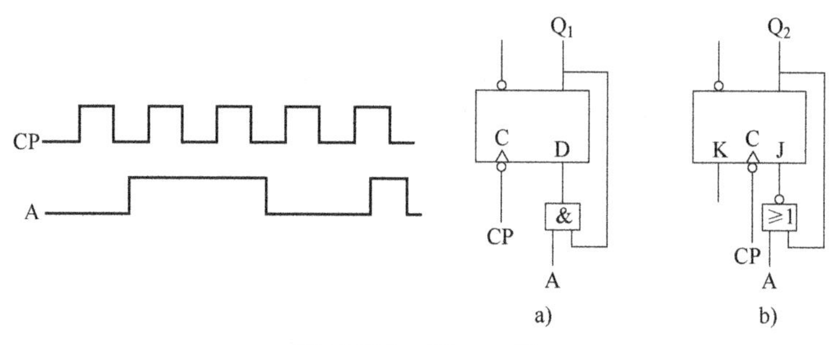

图15-T-5　题15-5图

15-6　在图15-T-6所示的电路中，D端及CP的波形如图15-T-6b所示，试画出 Q_1、Q_2 的波形。

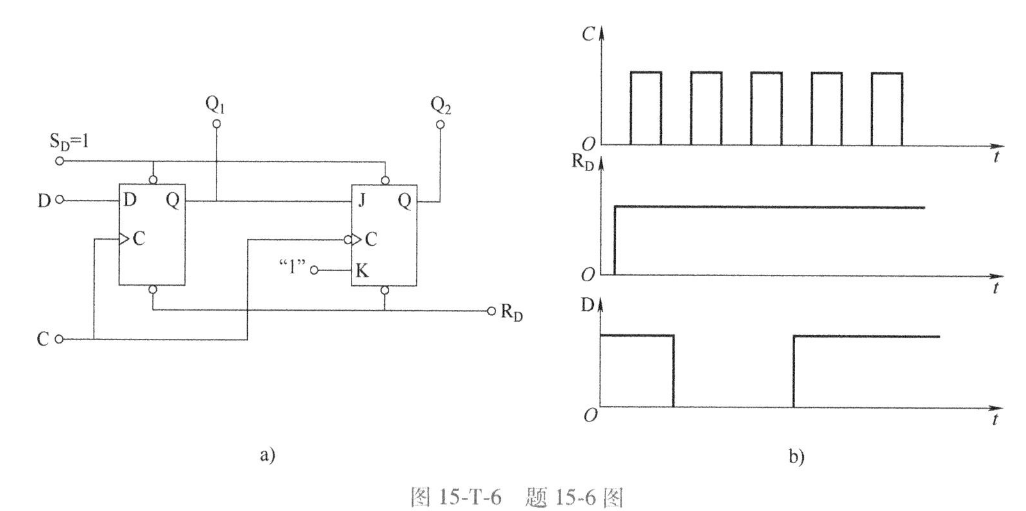

图15-T-6　题15-6图

a）电路图　b）波形图

15-7　电路如图15-T-7所示，设初始状态 $Q_3Q_2Q_1=111$，分析前八个CP脉冲作用期间各触发器的状态，并判别该电路的逻辑功能。

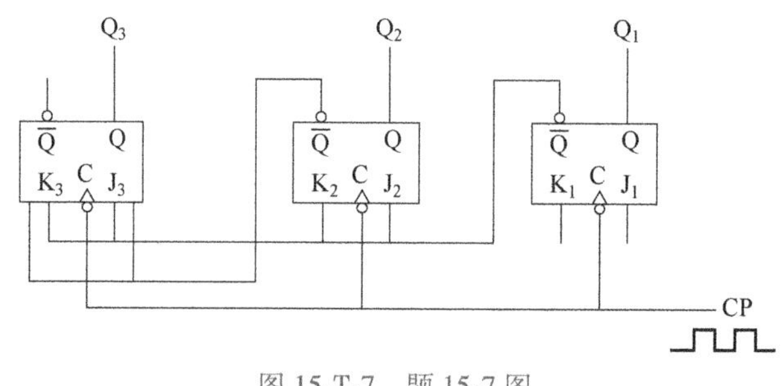

图15-T-7　题15-7图

15-8　电路如图15-T-8所示，计数器初始状态为000，试求：

（1）驱动方程。

（2）状态表及电路逻辑功能。

（3）U_0 与 Q_0、Q_1、Q_2 的关系表达式。

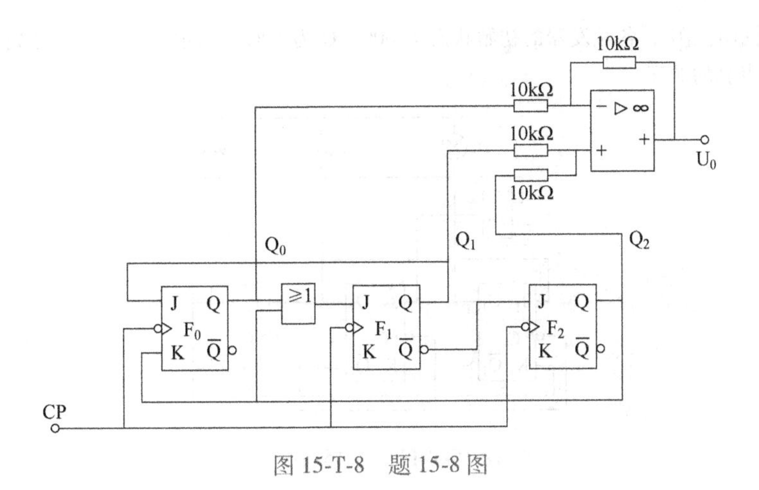

图 15-T-8　题 15-8 图

15-9　列出状态表，分析图 15-T-9 图所示电路为几进制计数器。

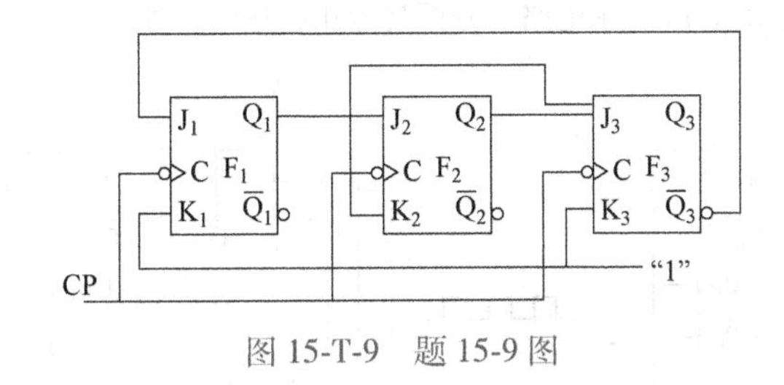

图 15-T-9　题 15-9 图

15-10　分析图 15-T-10 所示电路的逻辑功能。

15-11　同步计数电路如图 15-T-11 所示，列状态表，分析其逻辑功能。

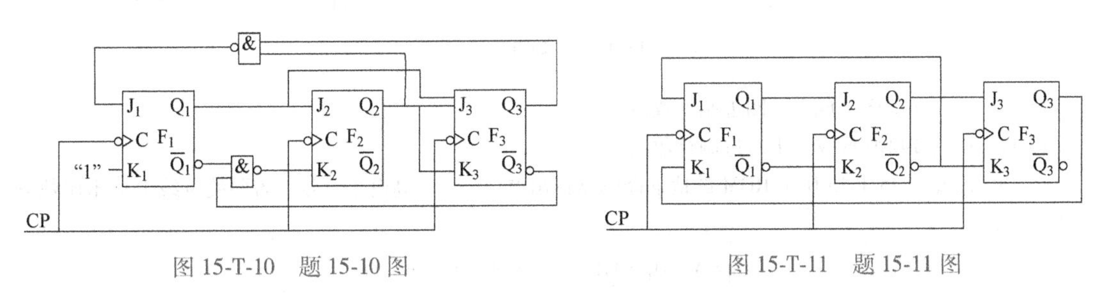

图 15-T-10　题 15-10 图　　　　图 15-T-11　题 15-11 图

15-12　分析图 15-T-12 所示逻辑电路的功能。计数器初始状态为 000。

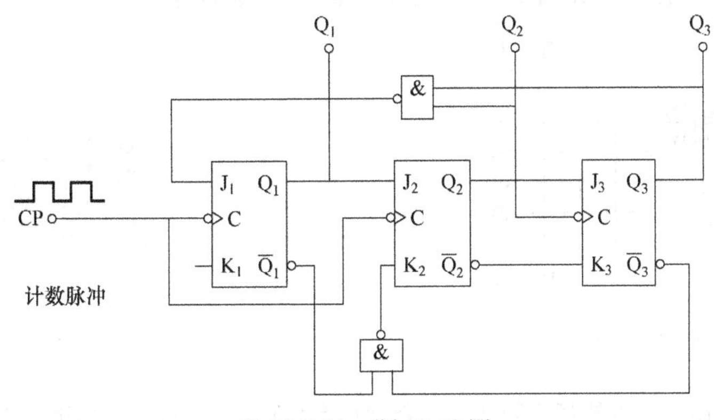

图 15-T-12　题 15-12 图

15-13　在图示电路中，各触发器的初始状态为000，Q为1时，指示灯点亮，黄灯亮。试通过计数器分析说明三盏灯点亮的顺序。

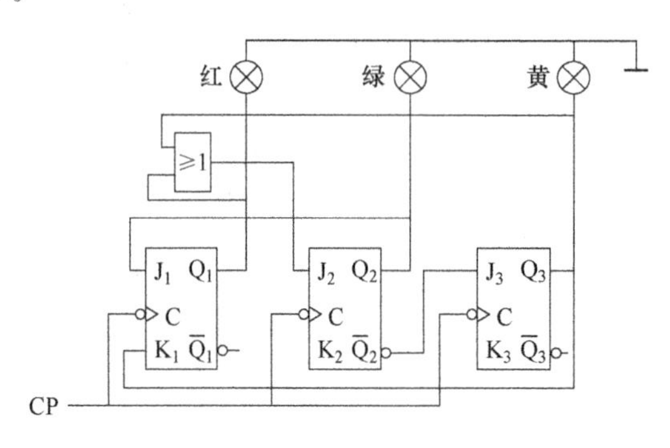

图15-T-13　题15-13图

15-14　试用三个D触发器组成一个三位二进制异步减法计数器，并画出CP、Q_0、Q_1、Q_2的波形图。

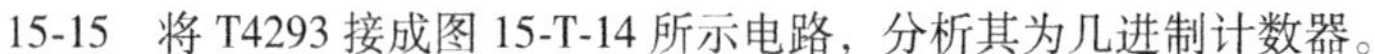

15-15　将T4293接成图15-T-14所示电路，分析其为几进制计数器。

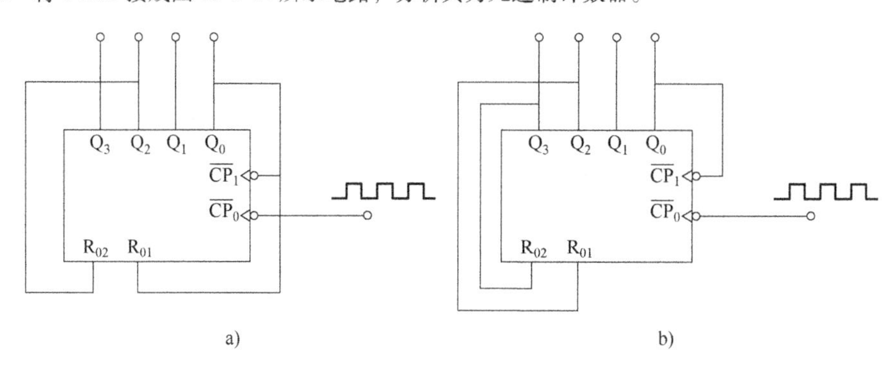

图15-T-14　题15-15图

15-16　试用T4293构成六十四进制计数器。

15-17　试用T4290构成三十六进制计数器。

15-18　已知图15-T-15所示ROM的地址译码器输出$W_0 \sim W_3$均高电平有效，若要使位线上输出函数分别为

$$D_0=\overline{A}\quad D_1=\overline{AB}\quad D_2=\overline{A+B}\quad D_3=A\oplus B$$

试用二极管作存储器件，构成上述ROM的存储矩阵。（提示：先用最小项表示各输出函数。）

15-19　已知ROM如图15-T-16所示，试列表说明ROM存储的内容。

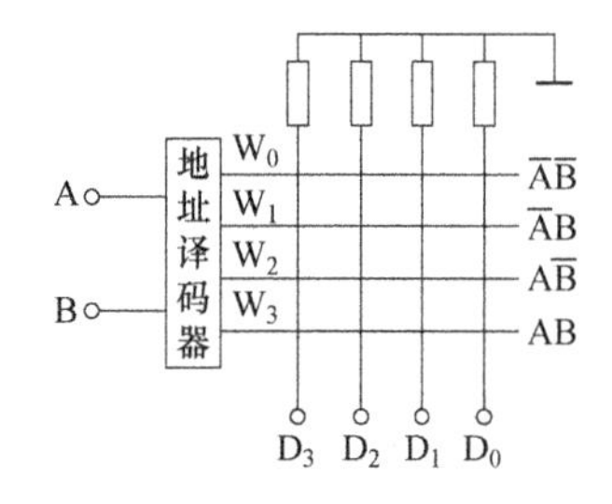

图15-T-15　题15-18图

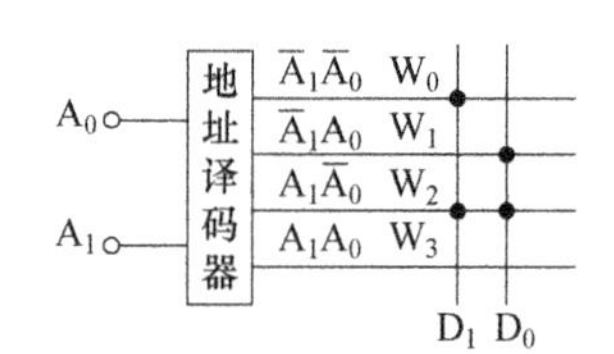

图15-T-16　题15-19图

15-20　二极管存储矩阵如图15-T-17所示，选择低电平有效。试画出其简化阵列图并说明其存储的内容。

15-21　试写出图 15-T-18 所示 ROM 中存储的逻辑函数 Y_0、Y_1、Y_2 的表达式。若用 PLA 实现，试画出其阵列图。

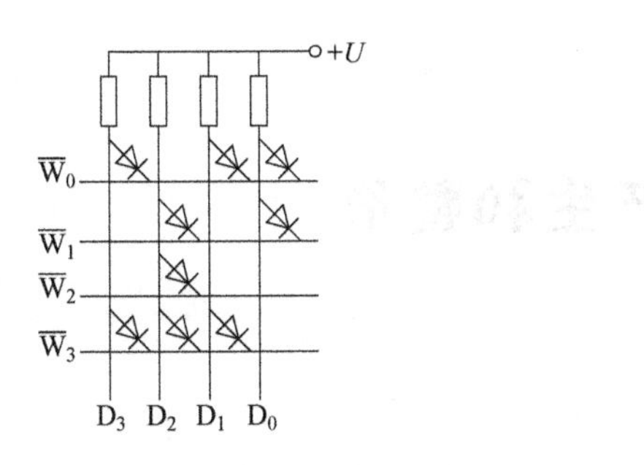

图 15-T-17　题 15-20 图

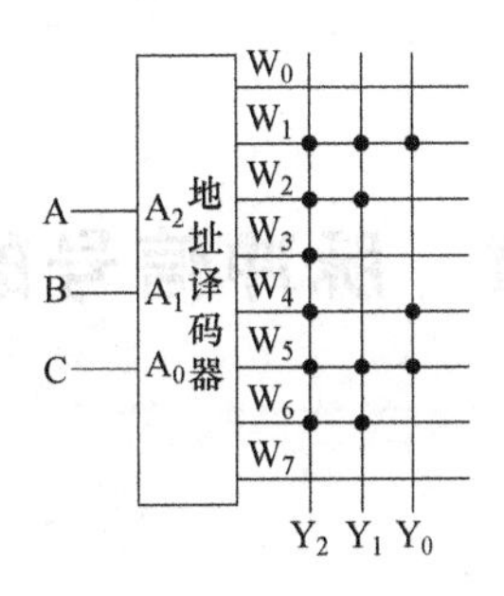

图 15-T-18　题 15-21 图

15-22　图 15-T-19 所示为已编程的 PLA 阵列图，试写出其实现的逻辑函数。

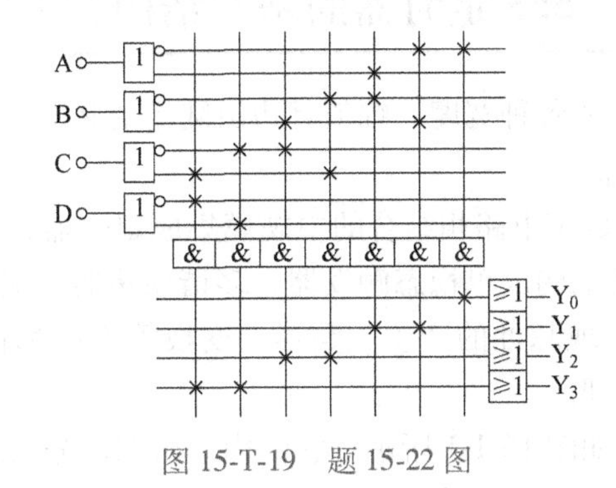

图 15-T-19　题 15-22 图

第十六章　脉冲信号的产生和整形

第一节　555 定时器的基本结构及工作原理

在数字系统中，常常需要各种宽度、幅值且边沿陡峭的脉冲信号，这些信号的产生、变换都可以由 555 定时器完成。

555 定时器是将模拟和数字电路相结合的中规模集成定时器，它的优点是使用方便，带负载能力强。利用它能方便地构成单稳态触发器、多谐振荡器、施密特触发器等，这些触发器应用于数字系统中，在实现脉冲的产生、整形、变换等方面都得到广泛应用。下面介绍 555 定时器的结构及工作原理。

555 定时器的内部电路如图 16-1-1 所示。它的内部由四部分组成：三个 5kΩ 电阻组成的分压器；供外接电容放电用的放电晶体管 VT；两个电压比较器 A_1、A_2；一个 RS 触发器。整个组件共有八个出线端，管脚图如图 16-1-2 所示。各管脚的功能如下：

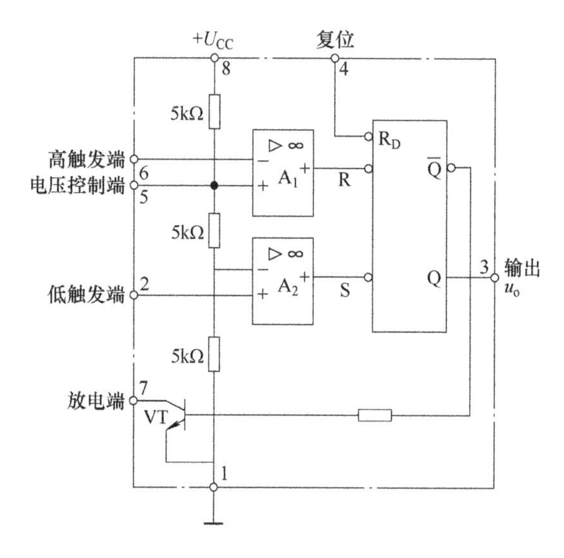

图 16-1-1　555 定时器内部电路图

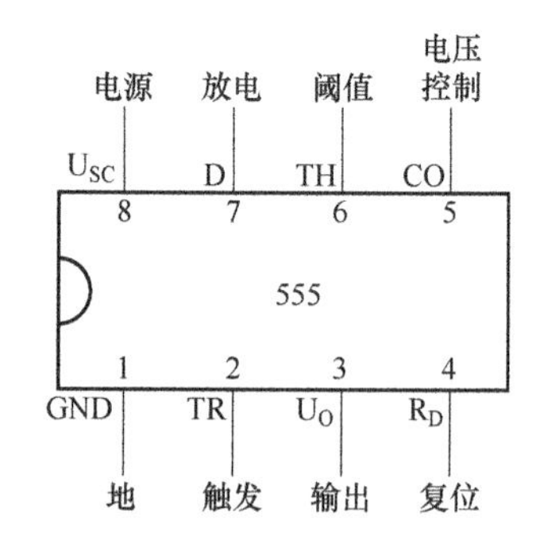

图 16-1-2　555 管脚图

⑧脚：电源端。当外接电源电压在+4. 5～+18V 范围内变化时，电路均能正常工作。

⑥脚（TH）：高电平触发端，接 A_1 的反相输入端，当⑥脚的输入电压大于$\frac{2}{3}U_{CC}$时，A_1

的输出由1→0，此负跳变使RS触发器置0；当⑥脚的输入电压小于$\frac{2}{3}U_{CC}$时，A_1输出由0→1，RS触发器保持原态不变。

②脚（TR）：低电平触发端。接A_2的同相端，与⑥脚同为外触发脉冲输入端，用来启动电路。当②脚的输入电压小于$\frac{1}{3}U_{CC}$时，比较器A_2输出为0，使RS触发器置1；当②脚的输入电压大于$\frac{1}{3}U_{CC}$时，A_2输出由1→0，RS触发器保持原态不变。

⑦脚（D）：放电端。与放电晶体管VT的集电极相连，当RS触发器的$\overline{Q}=1$时，VT导通，外接电容C通过VT放电。

⑤脚（CO）：电压控制端。可在一定范围内调节比较器的参考电压。不用时，经0.01μF电容接地，以防止干扰的侵入。

④脚（R_D）：复位端。低电平有效。

③脚（U_O）：输出端。输出电流可达200mA，可直接驱动继电器、发光二极管、扬声器、指示灯等。

①脚：接地端。

555定时器的功能表见表16-1-1。

表16-1-1　555定时器功能表

R_D	TH	TR	U_O	VT
0	×	×	0	导通
1	大于$\frac{2}{3}U_{CC}$	大于$\frac{1}{3}U_{CC}$	0	导通
1	小于$\frac{2}{3}U_{CC}$	小于$\frac{1}{3}U_{CC}$	1	截止
1	小于$\frac{2}{3}U_{CC}$	大于$\frac{1}{3}U_{CC}$	保持	保持

第二节　单稳态触发器

顾名思义，单稳态触发器只有一个稳态，它具有以下特点：

1）电路有一个稳态，一个暂稳态。

2）在外来触发信号作用下，电路由稳态翻转到暂稳态。

3）暂稳态维持一段时间以后，将自动返回到稳定状态，而暂稳态时间的长短，与触发脉冲无关，仅取决于电路本身的参数。

组成单稳态触发器的电路形式很多，这里只介绍积分型单稳态触发器和由555定时器构成的单稳态触发器。

一、积分型单稳态触发器

图16-2-1所示为TTL与非门组成的积分型单稳态触发器。静态时，输入端为低电平，所以$u_{o1}=u_o=u_H$，电容上的电压u_A也等于u_H，电路处于稳定状态。当输入一个正的触发脉冲时，$u_{o1}=u_L$，与此同时，输入的高电平亦加到门Ⅱ的输入端，由于$u_A=u_H$，u_i="1"，所以$u_o=u_L$，电路处于暂稳状态。随着u_A通过RC向u_{o1}放电，当u_A电压下降到u_T时，门Ⅱ翻转，$u_o=u_H$。因此在输出端便得到一个一定宽度的负脉冲。当输入正脉冲消失后，$u_{o1}=u_H$，从而电路恢复到原先的稳定状态。电路中各点电压的波形如图16-2-2所示。

图16-2-1所示的基本积分型单稳态电路的缺点是：输入正触发脉冲的宽度必须大于输出脉冲宽度，否则电路不能正常工作。其次，由于电路没有正反馈回路，因此输出脉冲的边

沿较差。为此，图16-2-3所示的改进电路就基本上可克服上述两个缺点。当u_i输入一窄的负脉冲，经过门Ⅲ、门Ⅱ使u_{o2}变为低电平，而且u_{o2}将反馈到输入端，即使窄的负脉冲消失后仍然保持u_{o3}的高电平，从而保证了电路工作在暂稳态，直到u_A放电到u_T后，$u_{o2}=u_H$，电路回到稳定状态。

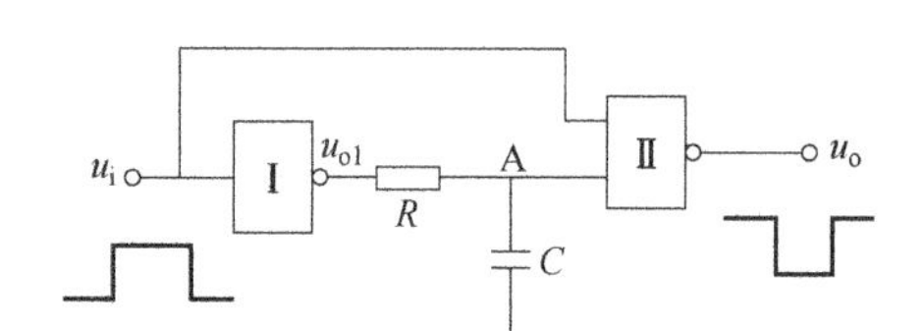

图16-2-1　积分型单稳态触发器电路原理图

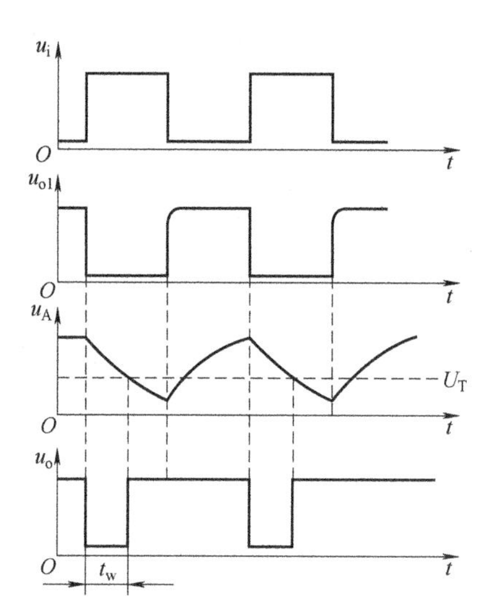

图16-2-2　积分型单稳态电路波形

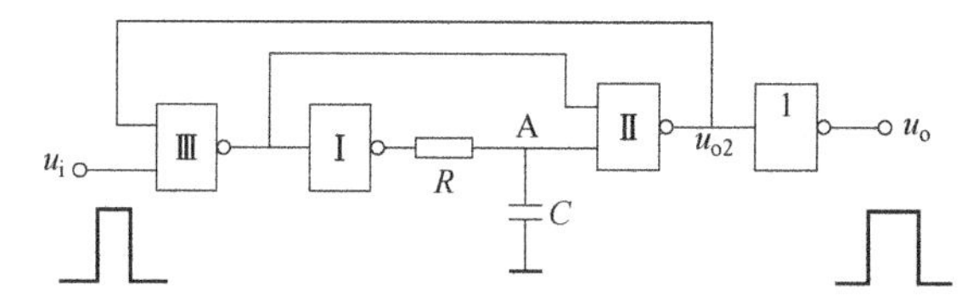

图16-2-3　改进的积分型单稳态触发器电路原理图

二、由555定时器构成的单稳态触发器

图16-2-4a、b所示是由555构成的单稳态触发器，其工作原理如下：

电源接通后，未加触发信号时，应使u_i为高电平，其值大于$\frac{1}{3}U_{CC}$，因此电压比较器A_2的输出端S为高电平，这时U_{CC}经电阻R向电容器C充电。当电容电压$u_C>\frac{2}{3}U_{CC}$时，A_1的输出端R为低电平。根据基本RS触发器的功能，端点3（即Q端）将输出低电平，这时由于$\overline{Q}$端为高电平，使晶体管VT导通，电容器C通过晶体管迅速放电，使A_1输出端R变为高电平。这种情况下RS触发器的两个输入端均为1，因而输出端u_o保持0态。所以在不加触发信号时，这种单稳态触发器处于稳定状态，输出为低电平。

当端点2外加低触发信号，且其值小于$\frac{1}{3}U_{CC}$时，A_2输出端S=0，使触发器翻转，u_o变为1，这时电路处于暂稳态。之所以称为暂稳态是因为这种状态不能长久维持下去，经过一定的延时后，电路会自动返回原来的稳态。这是由于$u_o=1$时，RS触发器的$\overline{Q}$端为0，使晶体管 VT 截止，电源将再次通过 R 向电容 C 充电，当电容器电压 $u_C>\frac{2}{3}U_{CC}$时，A_1 输出端 R 又变为低电平，使 RS 触发器又翻转为 0 状态，即输出返回到稳态。

图 16-2-4c 是上述单稳态触发器的工作波形。显然暂稳态维持时间就是电容器 C 经 R 充电从零电位达到$\frac{2}{3}U_{CC}$所需的时间。电容通过电阻充电的暂态方程为

$$u_C=U_{CC}\left(1-e^{-\frac{t}{\tau}}\right)$$

式中，$\tau=RC$。把 $u_C=\frac{2}{3}U_{CC}$代入上式就可得到输出脉冲宽度为

$$t_p=RC\ln3\approx1.1RC$$

用 5G1555 构成单稳态触发器的输出脉冲宽度可达十几分钟，精度为 1%。

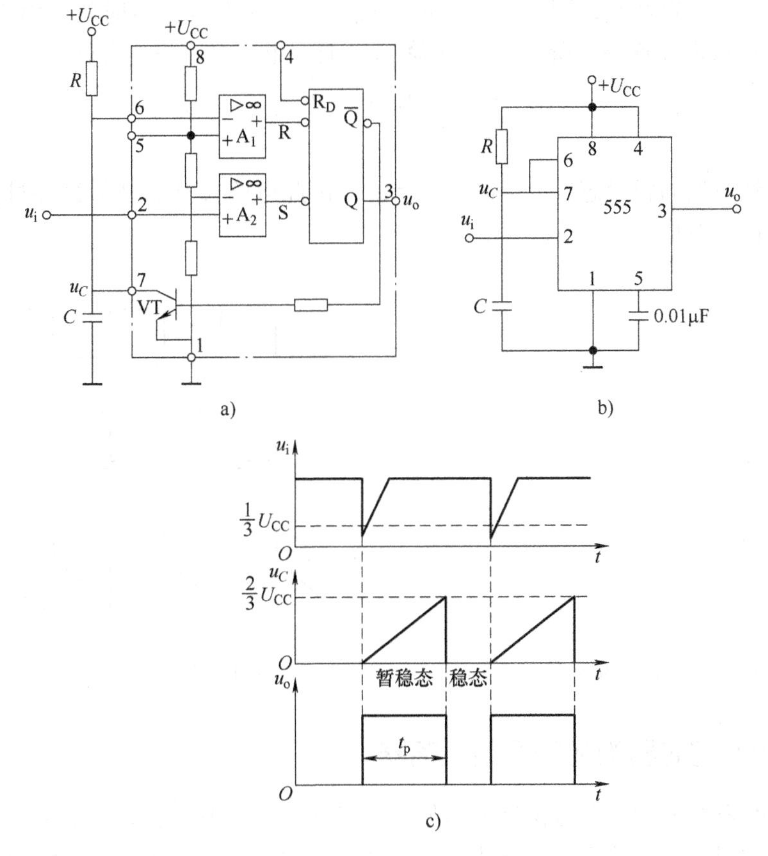

图 16-2-4　由 555 构成的单稳态触发器
a）内部电路图　b）管脚接线图　c）波形图

第三节　多谐振荡器

多谐振荡器又称无稳态电路，主要用于产生各种方波或时钟信号。由于矩形波含有极丰富的谐波信号，所以这种电路被称为多谐振荡器。

多谐振荡器的特点是：①没有稳定状态，而只有两个暂稳态；②不需要外加触发信号，

在接通电源后就能使两个暂稳态自动地、周期性地交替转换，从而形成周期性的矩形脉冲。下面介绍一种非对称式多谐振荡器及由555定时器构成的多谐振荡器。

一、非对称式多谐振荡器

图16-3-1所示为CMOS非门组成的非对称式多谐振荡器。电阻R的选择一般需保证使门Ⅰ工作于转移特性曲线的转折处，这样可使电路易于起振。通常R取10~100kΩ。设电源开启时电路处于这样的状态：$u_{o1}=u_H$，$u_{o2}=u_L$，随着u_{o1}通过R对电容充电，u_{i1}逐渐上升，当上升到CMOS反相器的门槛电平u_T时，由于门Ⅰ和门Ⅱ都工作于转移特性曲线的转折处，因此电路将发生翻转，这时

$$u_{i1}\uparrow \rightarrow u_{o1}\downarrow \rightarrow u_{o2}\uparrow$$

使电路迅速转入新的暂稳态，即$u_{o1}=u_L$，$u_{o2}=u_H$。这个状态也是暂时的，因为u_{i1}的高电平将通过RC向u_{o1}放电而逐渐下降，当u_{i1}下降到u_T时，电路又将发生翻转

$$u_{i1}\downarrow \rightarrow u_{o1}\uparrow \rightarrow u_{o2}\downarrow$$

从而使电路回到原先的暂稳态：$u_{o1}=u_H$，$u_{o2}=u_L$，由此电路又开始新的循环过程，图16-3-2所示为电路的振荡波形。

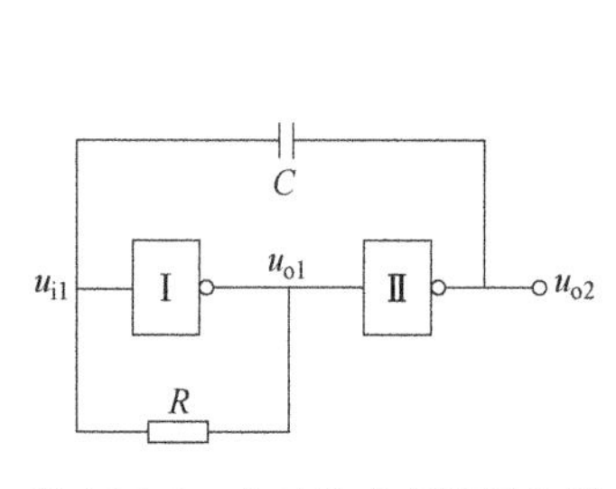

图16-3-1 非对称式多谐振荡器

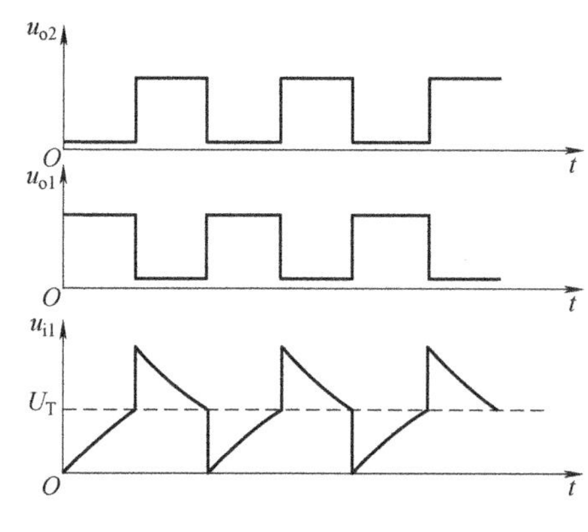

图16-3-2 波形图

二、由555定时器构成的多谐振荡器

由555定时器构成的多谐振荡器电路如图16-3-3所示，其工作过程如下：

当接通电源时，电容器来不及充电，电容电压$u_C=0$。这时A_1输出高电平，A_2输出低电平，即R=1，S=0，RS触发器的输出Q=1，$\overline{Q}=0$，电路输出高电平。当电容C充电至$u_C>\frac{2}{3}U_{CC}$时，A_1输出低电平，即R=0，S=1，故电路输出变为低电平。这时由于RS触发器的$\overline{Q}=1$，所以晶体管VT导通，电容C经R_2和晶体管放电。当C放电至$u_C<\frac{1}{3}U_{CC}$时，A_2输出变为低电平，使电路输出u_o又翻为高电平，同时晶体管截止。根据电容器经电阻放电的暂态方程可以得出u_C由$\frac{2}{3}U_{CC}$放电至$\frac{1}{3}U_{CC}$所需的时间为

$$t_2=R_2C\ln 2\approx 0.7R_2C$$

由于晶体管 VT 截止，U_{CC}将再次通过 R_1 和 R_2 向电容充电。u_C 由$\frac{1}{3}U_{CC}$充电到$\frac{2}{3}U_{CC}$所需时间为

$$t_1=(R_1+R_2)C\ln 2\approx 0.7(R_1+R_2)C$$

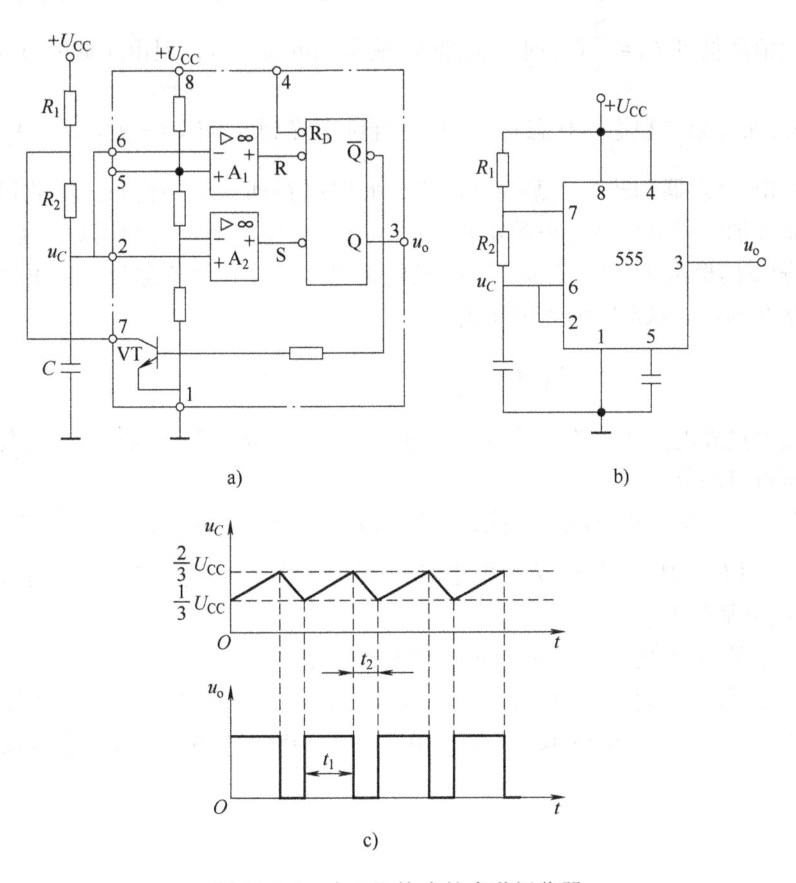

图 16-3-3 由 555 构成的多谐振荡器

a）内部电路图 b）引脚图 c）波形图

当 u_C 升高到$\frac{2}{3}U_{CC}$时，电路的状态又将翻转，如此周而复始，在输出端获得的就是周期性矩形波，其频率为

$$f=\frac{1}{t_1+t_2}\approx\frac{1.43}{(R_1+2R_2)C}$$

只要改变外接元件 R_1、R_2 和 C 的数值，就可改变输出矩形脉冲的频率和脉宽。

第四节 施密特触发器

由于施密特触发器从一个稳定状态转换到另一个稳定状态的转换时间极短，亦即输出电压的边沿极陡，因而常用于波形的整形，可以有效地将缓慢变化的信号整形为边沿陡直的矩形波。下面介绍由 555 定时器构成的施密特触发器。

图 16-4-1a、b 所示是应用 5G1555 构成的施密特触发器的内部电路和引脚图。假定输入波形 u_i 如图 16-4-1c 所示，当 $u_i=0$ 时，R=1，S=0，故 RS 触发器输出端 Q=1，即 u_{o1} 为高电平，电路处于第一稳态。当 u_i 上升到 $u_i=U_1=\frac{2}{3}U_{CC}$ 时，由于 A_1 输出变为 0，A_2 输出变为 1，使电路的输出 u_{o1} 翻转为低电平，电路处于第二稳态，u_i 继续增加，电路保持第二稳态。当 u_i 经过最大值降低到 $U_1=\frac{2}{3}U_{CC}$ 时，虽然 A_1 输出端 R 变为 1，但由于此时 S 也为 1，所以电路的输出 u_{o1} 保持第二稳态（0 态）。直到 u_i 继续下降到 $u_i=U_2=\frac{1}{3}U_{CC}$ 时，A_2 输出端 S 才变为 0，并使 RS 触发器翻转，u_{o1} 翻为高电平，此时电路回到第一稳态。由此可见，施密特触发器是依靠外加信号电位高低来触发的，这一点和双稳态触发器利用脉冲触发是不同的。U_1 称为上限触发门槛电压，U_2 称为下限触发门槛电压，二者之差称为滞后电压，也叫回差电压。该电路在端点 5 悬空时回差电压为

$$U_1-U_2=\frac{2}{3}U_{CC}-\frac{1}{3}U_{CC}=\frac{1}{3}U_{CC}$$

如果设法通过外电路适当改变端点 5 的电位，将使电路的触发电平发生变化，从而使电路的回差电压可以调节。

如果需要对输出信号进行电平转换，可以用 u_{o2} 作为输出端。由于 u_{o2}（端点 7）通过电阻 R_4 与另一电源 U_{CC}' 相接，当 u_{o1} 为高电平时，RS 触发器的 $\overline{Q}$ 端为低电平，晶体管截止，因而 u_{o2} 输出的高电平为 U_{CC}'。

u_i、u_{o1}、u_{o2} 的波形如图 16-4-1c 所示。图 b 中假定 $U_{CC}'>U_{CC}$。

施密特触发器的用途很广，它可以用作信号整形、鉴幅、电平转换等。555 定时器构成的触发器电源电压范围为 4.5~18V，输出电流可达 100~300mA，因此能直接驱动小型继电器。

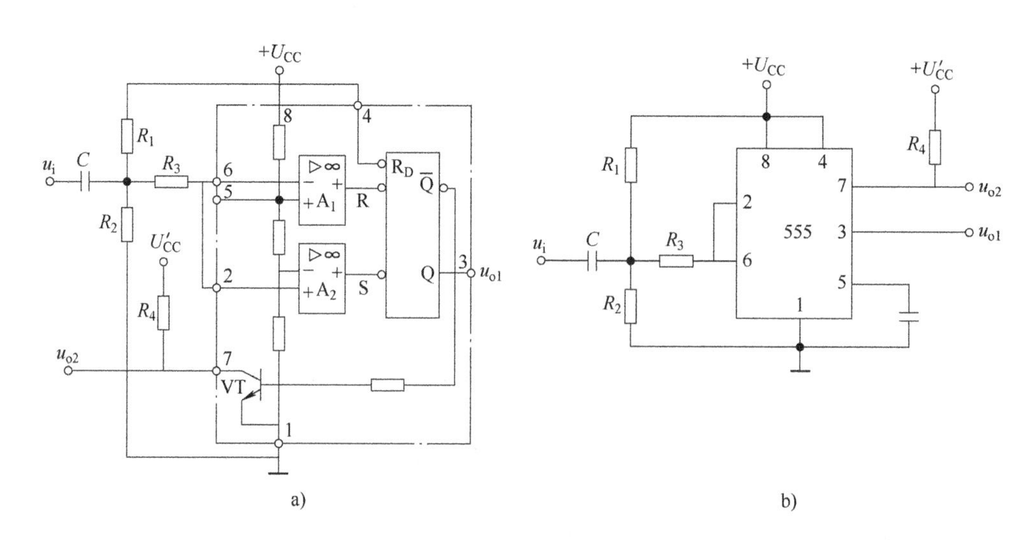

图 16-4-1　由 555 构成的施密特触发器

a）内部电路图　b）引脚接线图

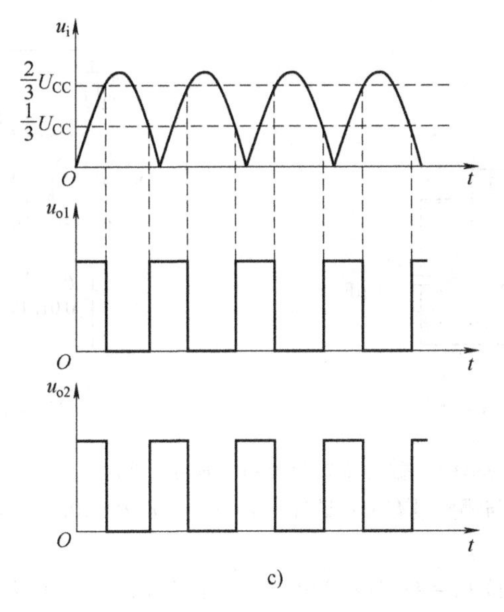

图 16-4-1　由 555 构成的施密特触发器（续）

c）波形图

习　题

16-1　图 16-T-1 所示电路为一单稳态触发器，请回答下列问题：

（1）u_i是什么端，应加入正向还是负向脉冲？

（2）对 u_i加入脉冲的宽度有何限制？

（3）定性画出正常工作时的 u_i、u_{o1}、u_R及 u_o的波形。

16-2　电路和 u_i波形如图 16-T-2 所示，试回答：

（1）这是什么电路？

（2）已知 $t_{W1}=5\mu s$，TTL 门的 $U_{OH}=3.6V$、$U_{OL}=0.3V$，在给定参数下，求输出脉冲的幅度 U_m、输出脉冲宽度 t_{W0}和最高工作频率 f_{max}。

（3）画出 u_o的波形。

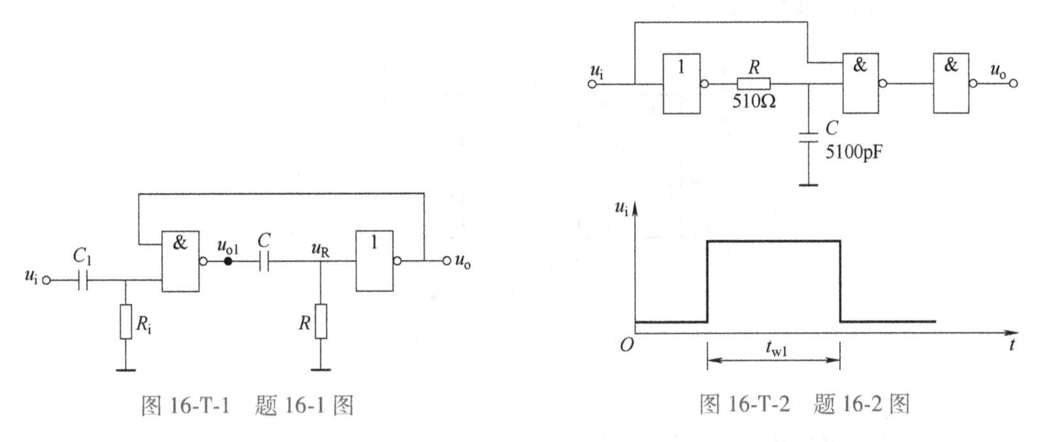

图 16-T-1　题 16-1 图　　　图 16-T-2　题 16-2 图

16-3　图 16-T-3 所示电路是由 CMOS 反相器构成的多谐振荡器，试推导振荡周期的计算公式。

16-4　图 16-T-4 所示电路是用 555 定时器组成的，试分析其工作原理，画出输出波形并标明其主要的时间参数。

图 16-T-3 题 16-3 图

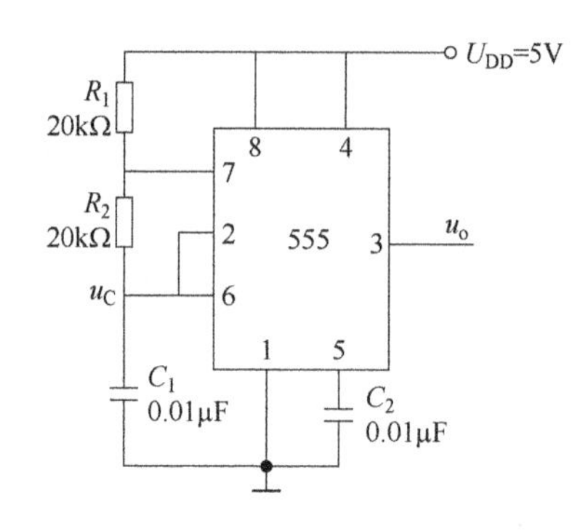

图 16-T-4 题 16-4 图

16-5 由 555 定时器构成的单稳态触发器如图 16-T-5 所示，问：

（1）电路中输出脉宽 T_W 与哪些量有关？试导出其公式。若 $R=10\text{k}\Omega$，$C=6200\text{pF}$，则输出脉宽 T_W 为多少？

（2）若将图中的 CO 端改接 $U_R=4\text{V}$ 的参考电压，上述 T_W 的公式有什么改变？若 R、C 参数不变，计算 T_W 值。

16-6 图 16-T-6 所示为电子门铃电路。根据 555 定时器的功能分析它的工作原理。（图中 SB 为门铃按钮。）

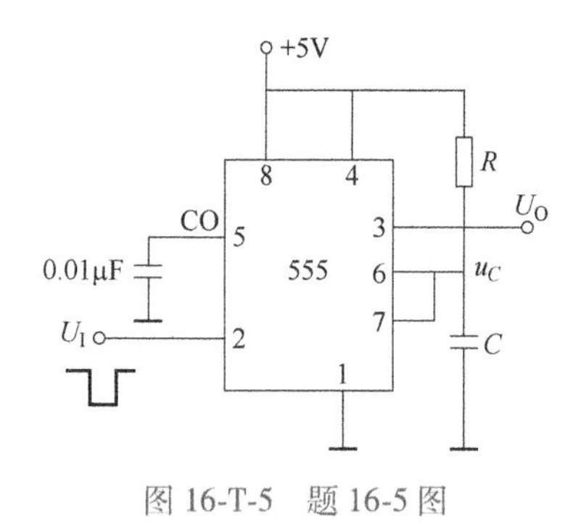

图 16-T-5 题 16-5 图

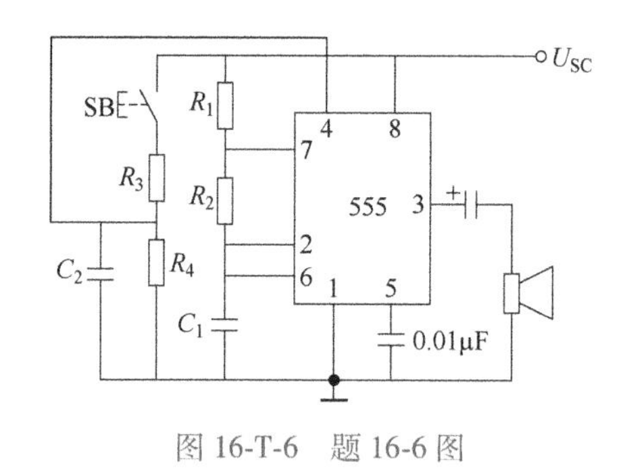

图 16-T-6 题 16-6 图

16-7 图 16-T-7 所示为电子触摸游戏电路图。当手摸在触摸端 A 上时，相当于给 555（1）的 TR 端以触发脉冲。试分析电路的工作过程。

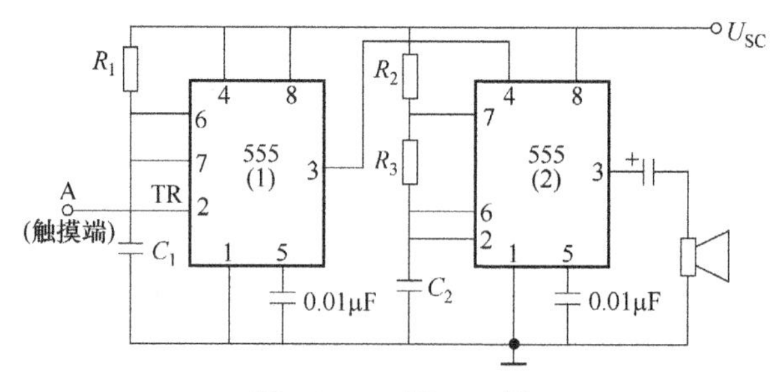

图 16-T-7 题 16-7 图

16-8 由 555 定时器构成的施密特触发器如图 16-T-8 所示，问：

（1）若 $U_{CC}=5\text{V}$，则电路的 U_{T+}、U_{T-}、ΔU_T 各为多大？

（2）画出电路的电压传输特性曲线 $U_O=f(U_I)$，若在 U_I 端加三角波，峰-峰值为+5～-5V，试定性画出 U_O 的波形。

（3）若将图中 CO 端改接 $U_R=4V$ 的参考电压，则电路的 U_{T+}、U_{T-}、ΔU_T应为多少伏？

16-9　由 555 定时器构成的多谐振荡器如图 16-T-9 所示，问：

（1）若 $U_{CC}=5V$，$R_1=15k\Omega$，$R_2=25k\Omega$，$C=0.033\mu F$，则输出波形的振荡频率为多少赫兹？

（2）若将图中的 CO 端改接 $U_R=4V$ 的参考电压，输出波形的频率又为多少？（设电路中其他参数均不变）

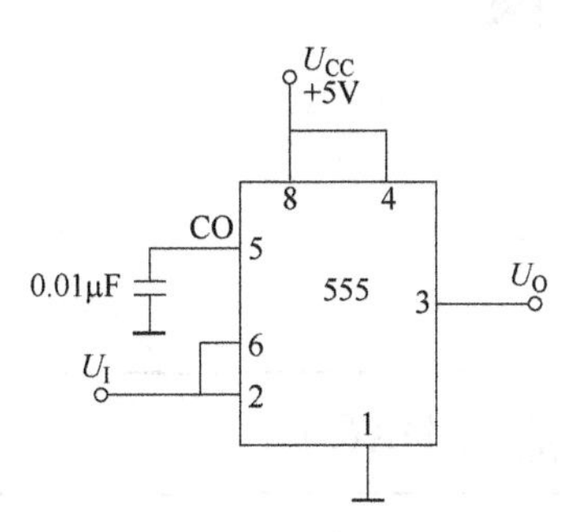

图 16-T-8　题 16-8 图

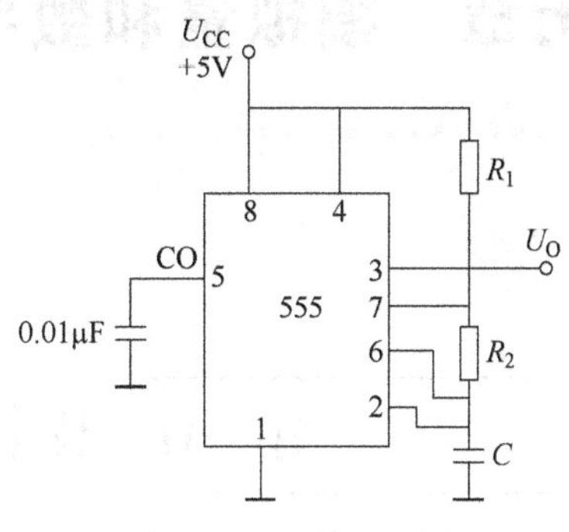

图 16-T-9　题 16-9 图

第十七章　模拟量和数字量的转换

第一节　数字-模拟转换器（DAC）

在生产实践中所要控制和测量的参数往往是一些非电量，如温度、压力等，计算机要对生产过程进行监视和控制，首先必须把这些非电量通过传感器变成电信号（电压或电流）。这些电信号大部分是模拟量，而计算机只能处理数字信号，因此还必须把这些模拟量转换成数字量，才能送到计算机中运算和处理，然后又要将运算处理得到的数字量转换为模拟量，才能实现对被控参数的控制。所以模拟量和数字量的互相转换是计算机应用于生产过程自动控制的桥梁，是必不可少的电路。将数字量转换成模拟量的装置称为数-模转换器（DAC），将模拟量转换为数字量的装置称为模-数转换器（ADC）。下面首先介绍 DAC。

一、DAC 基本概念

图 17-1-1 所示为 DAC 的基本框图。它有 n 位输入代码，经过 DAC 电路后输出为模拟电压 U_O，其大小与输入的二进制代码的大小成比例。设比例系数为 K，则

$$U_O = K\sum_{i=0}^{n-1} D_i 2^i$$

若输入是三位二进制代码，DAC 的输入与输出转换特性如图 17-1-2 所示。由转换特性曲线可知，输入一定的代码，就有相应的模拟电压值输出；若最大转换电压 U_m 为 1V，则输入数字量的位数越大，输入数字量的最低位所对应的输出电压值 U_{LSB} 就越小。例如，三位的 DAC 最低位 001 所对应的电压值为 1/8V，而十位的 DAC 最低位 0000000001 所对应的电压值为（1/1024V）。这就表明位数 n 越大，DAC 所能分辨的能力越大，通常用分辨率 $1/(2^n-$

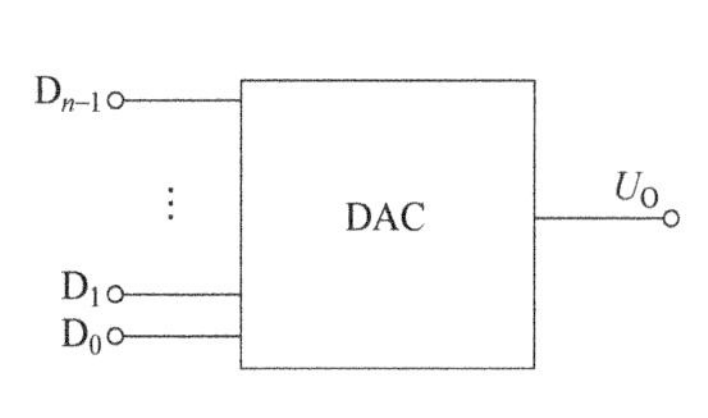

图 17-1-1　DAC 基本框图

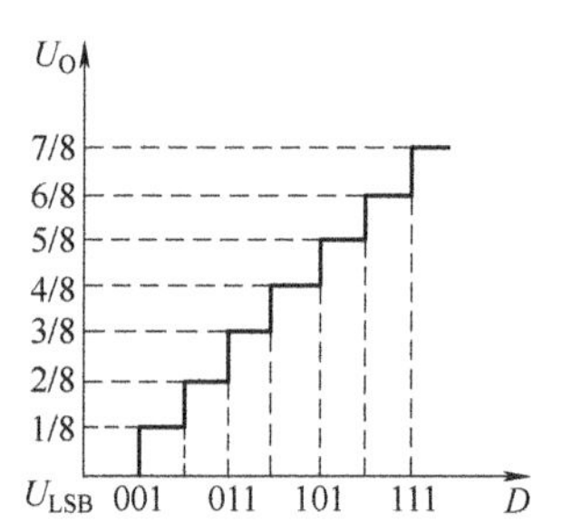

图 17-1-2　三位 DAC 转换特性

1)≈(1/2^n)×100%来表示。例如，十位的 DAC 分辨率为(1/1024)×100%≈0.1%，八位 DAC 的分辨率是 1/256×100%≈0.4%，显然十位 DAC 的分辨能力大于八位。

二、DAC 的电路结构及工作原理

DAC 的种类和电路形式比较多，如权电阻 DAC、T 形和倒 T 形电阻网络 DAC、集成 DAC 等，本节只讨论 T 形和倒 T 形电阻网络 DAC。

图 17-1-3 为四位 T 形电阻网络 DAC 电路。电路由 $R-2R$ 构成的 T 形电阻网络、模拟开关、基准电压源和运算放大器组成。其特点是：电阻网络仅由 R 和 $2R$ 组成。各个模拟开关受输入数字信号 $D_3 \sim D_0$ 的控制。当 D_i 为 1 时，模拟开关接到参考电压 U_R 上；当 D_i 为 0 时，模拟开关接至地。T 形电阻网络具有如下特点：

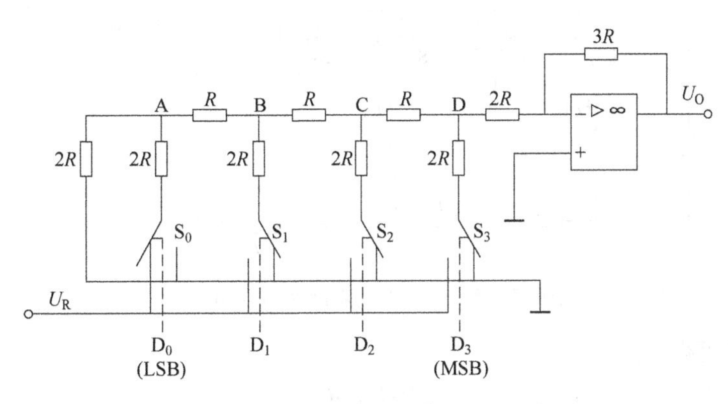

图 17-1-3　T 形电阻网络 DAC 电路

当 $D_i=1$、其余的 D 为 0 时，从节点 i 向左、向右、向下看去的等效电阻都是 $2R$。例如，设 $D_0=D_1=D_2=0$，$D_3=1$ 时，如图 17-1-3 所示，从节点 D 向右看，是 $2R$ 接运放的反相输入端，即虚地；向下看是 $2R$ 接参考电压源 U_R；向左看是 $2R$ 接地。其等效电路如图 17-1-4 所示。

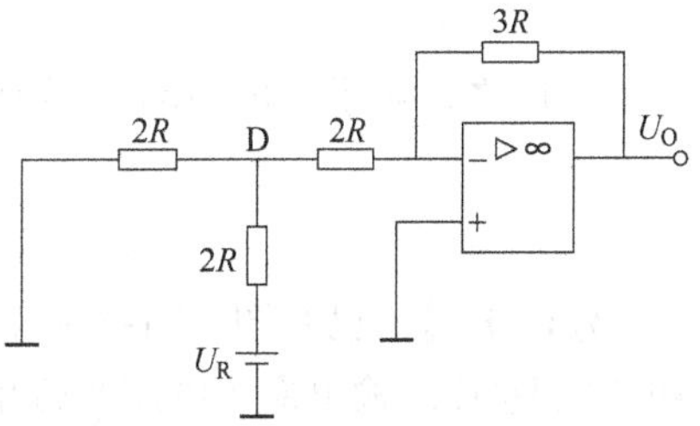

图 17-1-4　D=1 时 T 形网络 DAC 等效电路

显然，U_R 在 D 点的分压为 $U_D=\frac{1}{3}U_R$，则输出电压 U_O 为

$$U_O=-\frac{U_R}{3}\cdot\frac{1}{2R}\cdot 3R=\frac{U_R}{2}$$

同理，可分别求出仅当 $D_2=D_1=D_0=1$ 时的输出电压，它们分别为 $U_R/4$、$U_R/8$、$U_R/16$。根据叠加原理，并行输入数字代码 D_i，在输出端的电压 U_O 为

$$U_O=-\frac{U_R}{2^4}\sum_{i=0}^{3}D_i 2^i$$

推而广之，对于 n 位 T 形电阻 DAC，其输出电压 U_O 为

$$U_O=-\frac{U_R}{2^n}\sum_{i=0}^{n-1}D_i 2^i \tag{17-1-1}$$

T 形电阻网络 DAC 的特点是电阻种类只有 R 和 $2R$ 两种，便于集成和提高精度。为了进一步提高 T 形电阻网络 DAC 的工作速度，可将 T 形网络倒过来，称为倒 T 形电阻

网络，如图17-1-5所示。该电路的特点是模拟开关S_i在地与虚地之间转换，因此不论开关是1还是0，各支路的电流始终不变，从而避免了T形网络的模拟开关在动态经0（或1）的过程中所产生的尖峰电压的影响。同时，这种倒T形电阻网络各支路的权电流是直接加到运放的输入端，而不像T形网络各节点的电压并非直接加到运放的输入端，低位节点电压必须经过多级T形网络的传输才能到达运放输入端，因而存在较大的传输延迟时间。而倒T形网络就没有这种传输延迟时间，因而这种形式的DAC目前被广泛采用。

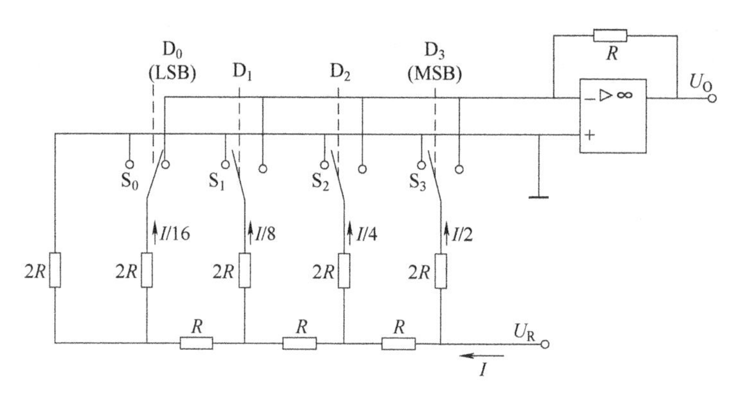

图17-1-5　倒T形电阻网络DAC电路

由图17-1-5可得

$$I=U_R/R$$

流入各支路的电流从高位到低位依次为：$I/2$、$I/4$、$I/8$、$I/16$，因此输出电压为

$$U_O=-\frac{U_R}{2^4}\sum_{i=0}^{3}D_i2^i \tag{17-1-2}$$

推而广之，对于n位的倒T形DAC，其输出电压为

$$U_O=-\frac{U_R}{2^n}\sum_{i=0}^{n-1}D_i2^i \tag{17-1-3}$$

【例17-1-1】　已知图17-1-5所示的倒T形电阻网络DAC的参考电压$U_R=10V$，试求出4位和8位DAC的输出最小电压和输出最大电压。

解：根据式（17-1-3），4位DAC输出最小电压为

$$U_{Omin}=-\frac{10}{2^4}\times1V=-0.625V$$

8位DAC输出最小电压为

$$U_{Omin}=-\frac{10}{2^8}\times1V=-0.039V$$

4位DAC输出最大电压为

$$U_{Omax}=-\frac{10}{2^4}\times(2^3+2^2+2^1+2^0)V=-\frac{10}{2^4}\times(2^4-1)V=-9.375V$$

8位DAC输出最大电压为

$$U_{Omax}=-\frac{10}{2^8}\times(2^8-1)V=-9.96V$$

三、DAC 的主要技术指标

1. 分辨率

数-模转换器的分辨率是指最小输出电压（对应的输入二进制数为 1）与最大输出电压（对应的输入二进制数的所有位全为 1）之比。例如，十位数-模转换器的分辨率为

$$\frac{1}{2^{10}-1}=\frac{1}{1023}\approx 0.001$$

2. 精度

转换器的精度是指输出模拟电压的实际值与理想值之差，即最大静态转换误差。这个误差是由于参考电压偏离标准值、运算放大器的零点漂移、模拟开关的压降以及电阻阻值的偏差等原因所引起的。

3. 线性度

通常用非线性误差的大小表示数-模转换器的线性度。产生非线性误差有两种原因：一是各位模拟开关的压降不一定相等，而且接 U_R 和接“地”时的压降也未必相等；二是各个电阻阻值的偏差不可能做到完全相等，而且不同位置上的电阻阻值的偏差对输出模拟电压的影响又不一样。

4. 输出电压（或电流）的建立时间

从输入数字信号起，到输出电压或电流到达稳定所需的时间，称为建立时间。建立时间包括两部分：一是距运算放大器最远的那一位输入信号的传输时间；二是运算放大器到达稳定状态所需的时间。由于 T 形电阻网络数-模转换器是并行输入的，其转换速度较快。目前，像十位或十二位单片集成数-模转换器（不包括运算放大器）的转换时间一般不超过 1μs。

5. 电源抑制比

输出电压的变化与相对应的电源电压变化之比，称为电源抑制比。在高质量的数-模转换器中，要求模拟开关电路和运算放大器的电源电压发生变化时，对输出电压的影响非常小。

此外，尚有功率消耗、温度系数以及输入高、低逻辑电平的数值等技术指标，在此不再一一介绍。

第二节　模拟-数字转换器（ADC）

模拟-数字转换的过程包括取样、保持、量化、编码四个步骤。一般取样、保持用一个取样保持电路完成，量化与编码用 ADC 完成。模-数转换器的种类很多，这里介绍两种：并联比较型 ADC 及逐次逼近型 ADC。

一、并联比较型 ADC

并联比较型 ADC 的电路结构如图 17-2-1 所示，它包括分压器、比较器、编码器三部分。

分压器由基准电压源 E 和八个相等的电阻 R 串联组成。每个电阻上的压降为$\frac{1}{8}E$，也即取$\frac{1}{8}E$为量化单位对输入模拟电压进行量化。八个电阻将 E 分成七个标准电压。如果要提高

转换精度，可采用更多电阻串联，减小量化单位，但电路会更复杂。

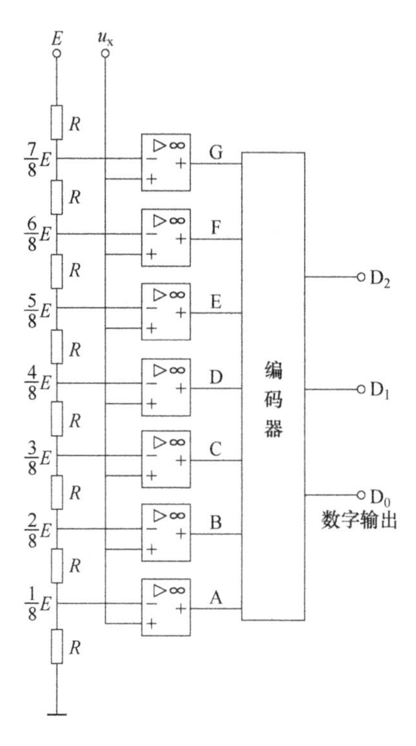

图 17-2-1　并联比较型 ADC 电路结构

七个比较器的同相端都接输入模拟电压 u_x，反相端分别接分压器分得的七个标准电压 $\frac{1}{8}E \sim \frac{7}{8}E$。$u_x$ 的允许范围是 0~E。当比较器的 $u_+ > u_-$，也就是待测电压 u_x 高于标准电压时，该比较器输出为 1，否则输出为 0。

编码器把七个比较器的输出 A、B、C、D、E、F、G 译成三位二进制数码 $D_2D_1D_0$，其逻辑状态关系见表 17-2-1。根据逻辑状态表可作出编码器设计如下：

由于输入量共有七位，所以不用卡诺图法化简，直接由表观察得出的逻辑表达式如下：

$D_2 = D$（由表知，只要 D=1，即能使 $D_2=1$）

$D_1 = F + \overline{D}B$（由表知，在 F=1 或 D=0、B=1 时，D_1 才为 1）

$D_0 = G + \overline{F}E + \overline{D}C + \overline{B}A$（自行分析）

根据以上关系可以画出编码器的逻辑电路图，如图 17-2-2 所示。

这种 ADC 的优点是转换速度快。缺点是需要的比较器数目多。位数越多此矛盾越突出。

表 17-2-1　比较器输入与编码器输入逻辑关系表

输入电压 u_x	比较器输入							编码器输入		
	A	B	C	D	E	F	G	D_2	D_1	D_0
$E > u_x > \frac{7}{8}E$	1	1	1	1	1	1	1	1	1	1
$\frac{7}{8}E > u_x > \frac{6}{8}E$	1	1	1	1	1	1	0	1	1	0

（续）

输入电压 u_x	比较器输入							编码器输入		
	A	B	C	D	E	F	G	D_2	D_1	D_0
$\frac{6}{8}E>u_x>\frac{5}{8}E$	1	1	1	1	1	0	0	1	0	1
$\frac{5}{8}E>u_x>\frac{4}{8}E$	1	1	1	1	0	0	0	1	0	0
$\frac{4}{8}E>u_x>\frac{3}{8}E$	1	1	1	0	0	0	0	0	1	1
$\frac{3}{8}E>u_x>\frac{2}{8}E$	1	1	0	0	0	0	0	0	1	0
$\frac{2}{8}E>u_x>\frac{1}{8}E$	1	0	0	0	0	0	0	0	0	1
$\frac{1}{8}E>u_x>0$	0	0	0	0	0	0	0	0	0	0

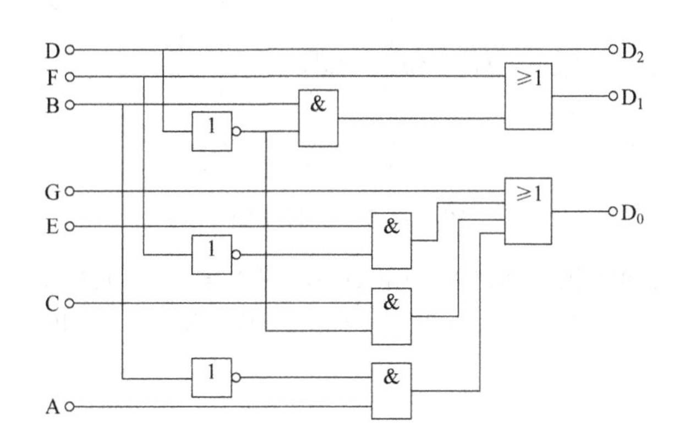

图 17-2-2 编码器逻辑电路图

二、逐次逼近型 ADC

其工作原理可用天平称量过程做比喻来说明。若有四个砝码共重 15g，每个重量分别为 8g、4g、2g、1g。设待称重量 $W_x=13$g。可采用表 17-2-2 的步骤称重。

表 17-2-2 称重步骤

顺序	砝码重量	比较判别	该砝码是否保留或除去
1	8g	8g < 13g	留
2	8g + 4g	12g < 13g	留
3	8g + 4g + 2g	14g > 13g	去
4	8g + 4g + 1g	13g = 13g	留

从表 17-2-2 可见，称量过程遵循如下几条规则：

1）按砝码重量逐次减半的顺序加入砝码。

2）每次所加砝码是否保留，取决于加入新的砝码后天平上的砝码总重量是否超过待测重量。若超过，则新加入的砝码应撤除；若未超过，则新加砝码被保留。

3）直到重量最轻的一个砝码也试过后，则天平上所有砝码的重量总和就是待测物重量。

逐次逼近型模-数转换器的工作过程与上述称物过程十分相似。具体电路请读者查阅相关资料。

习　题

17-1　图 17-T-1 所示 $R-2R$ 梯形求和网络中的电阻 $R=10\text{k}\Omega$。运放反馈电阻 $R_F=30\text{k}\Omega$，数字量“0”为 0V，“1”为 5V。求：对应 $S_3S_2S_1S_0$ 分别为 0101、0110、1011 三种情况下的输出电压 U_O。

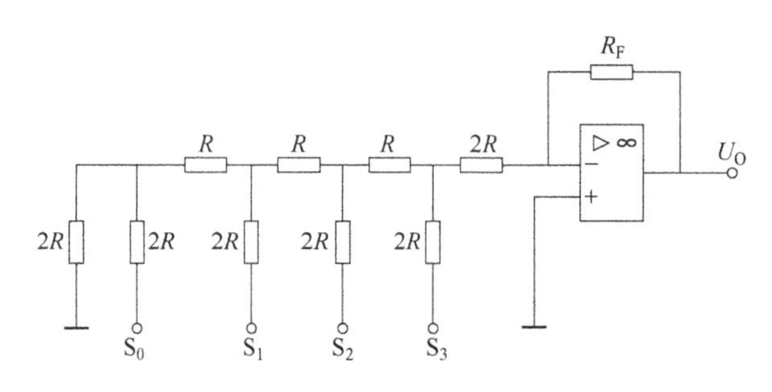

图 17-T-1　题 17-1 图

17-2　在图 17-T-2 所示电路中，$X_3X_2X_1X_0$ 为输入信号。若 $X_i=1(i=0,1,2,3)$，则 S_i 接 U_{REF}；若 $X_i=0$，则 S_i 接地。试问此电路是什么电路？若 $U_{REF}=8V$，分别求出对应于 $X_3X_2X_1X_0=1011$ 及 1100 时的 U_O 值。

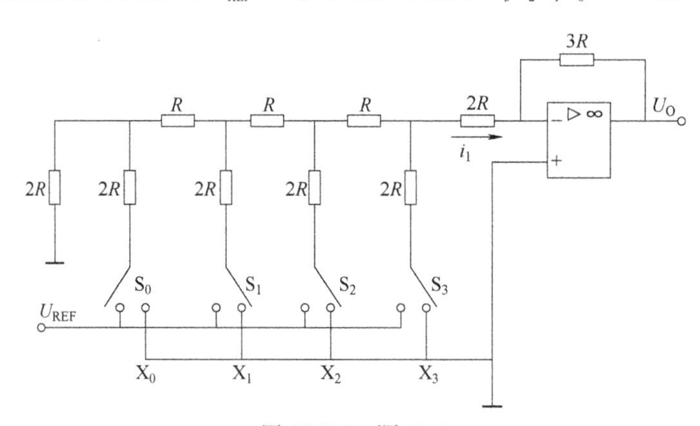

图 17-T-2　题 17-2

17-3　图 17-T-3 所示电路是倒 T 形电阻网络 DAC，已知 $R=10\text{k}\Omega$，$U_{REF}=10V$，当某位数为 0、开关接地为 1 时，接运放反相端，试求：

（1）U_O 的输出范围。

（2）当 $D_3D_2D_1D_1=0110$ 时，U_O 为多少？

17-4　在图 17-T-4 所示的并行 ADC 中，若输入电压 u_x 为负电压，试问：

（1）电路是否能正常进行 ADC 变换？为什么？

（2）电路需要如何改进，才能正常工作？

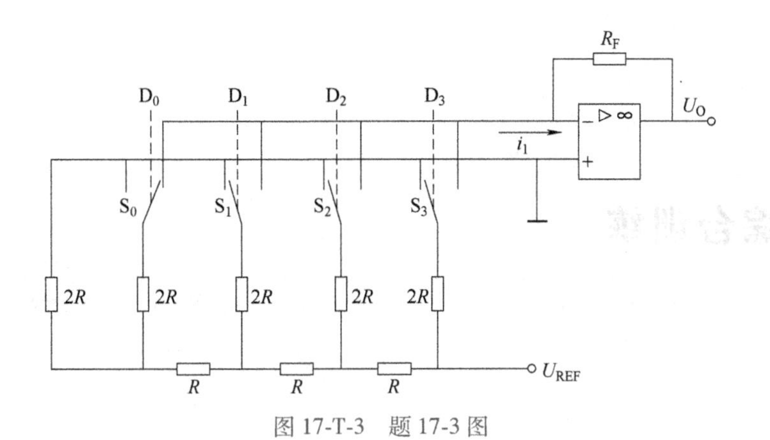

图 17-T-3　题 17-3 图

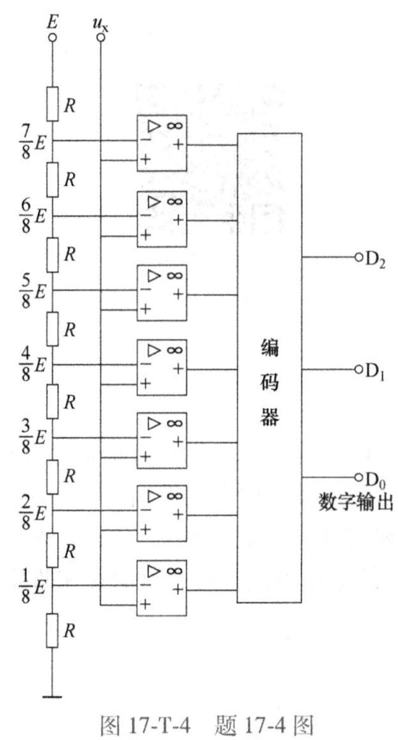

图 17-T-4　题 17-4 图

第五篇综合训练

一、阶段小测验

数字篇阶段小测验

二、趣味阅读

1. 消除触点抖动的电路

在电子设备中经常要用到按钮开关进行操作，特别是进行触发操作时。现在假如用一只普通的按钮去给一个计数器发脉冲信号，你会发现当每按一次按钮时，计数器并不是只增加一个数，而是增加若干个数，要想让它如你所愿，几乎是做不到的。你能回答这是为什么吗？如果你把按钮加上图 5-Z-1 的电路再试试看，这时按钮肯定会听你的话。

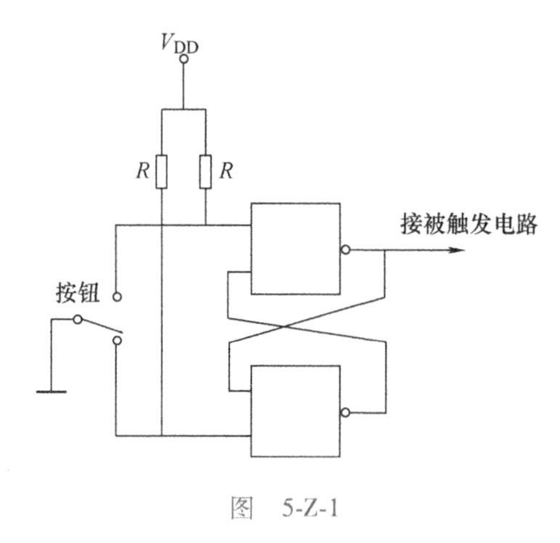

图　5-Z-1

2. 自动辨向电路

如图 5-Z-2 所示，这是一个自动辨向电路。在自动生产线上，经常会遇到要自动记录生产线上工件的数量，前进时自动加数，后退时自动减数；或者是测定某一工作台的转数，同时判断是正转，还是反转。

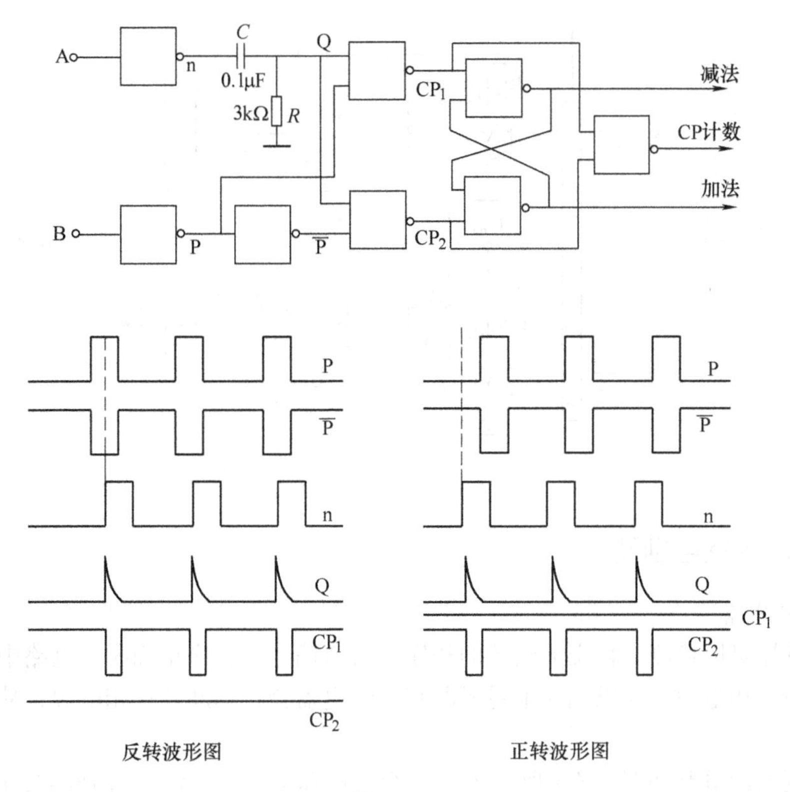

图 5-Z-2

该电路原理如下：A 和 B 是来自被检测的信号，经过倒相后得到 n 和 P。反转时 n 点输出波形经微分后，在 Q 点产生正向尖脉冲时，P 点正处于“1”，于是在 CP_1 点就产生一个负脉冲，将后面的两个与非门组成的 RS 触发器减法输出端置为“1”，加法输出端置为“0”；正转时，在 Q 点产生正向尖脉冲，P 点为“0”，$\overline{P}$ 点为“1”，于是在 CP_2 点就产生一个负脉冲，将后面的两个与非门组成的 RS 触发器减法输出端置为“0”，加法输出端置为“1”。输出的 CP 计数脉冲供可逆计数器计数。

3. 自动单向电路

在有些情况下人们希望只对单方向运动的物体进行检测，而对反方向运动的物体不检测。这时可利用图 5-Z-3 所示电路来实现这个功能。

图中的 VT_1 和 VT_2 是光电晶体管，当被检测的物体沿着箭头方向移动时，首先挡住的是照射到光电晶体管 VT_1 上的光线，此时 VT_1 截止，A 点为高电平；物体沿着箭头方向继续向前移动，挡住照射到光电晶体管 VT_2 上的光线，此时 VT_2 截止，B 点为高电平，此高电平通过两个与非门后，在 C 点得到一个高电平，经 R_1C 微分电路作用后，在电路的 D 点得到一个正尖脉冲，因此可在输出端 E 点得到一个正脉冲。而当物体反方向运动时，首先挡住的是照射到光电晶体管 VT_2 上的光线，虽然此时在 C 点输出高电平，而且在 D 点同样得到一个正尖脉冲，但因此时 A 点因 VT_1 没被挡住光线而处于低电平，因此 E 点没有脉冲输出。

此电路的工作条件是，VT_1 和 VT_2 的安装间隔应小于被检测物体的长度。

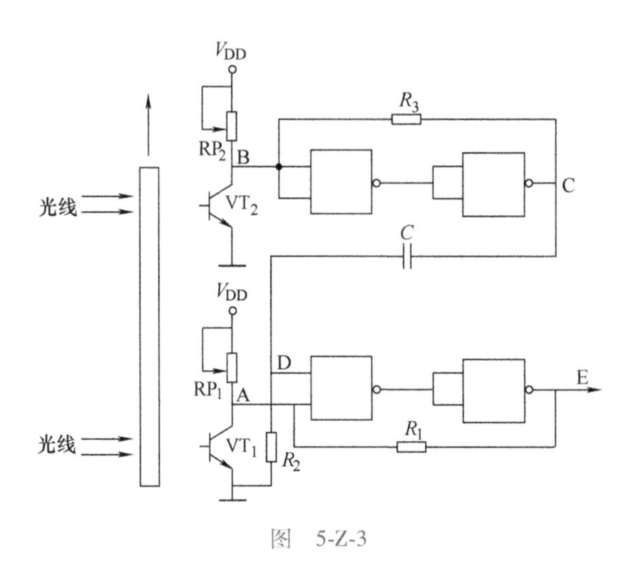

图　5-Z-3

三、能力开发与创新

1. 相序检测器

相序检测器可以检测三相交流电源的相序是否正确。当相序正确时，电路中的继电器就会工作，接通三相电源；如果相序不对或断相，继电器会自动断开三相电源，从而起到保护作用。

相序检测器的电路如图5-Z-4所示。三相交流电压 u_A、u_B 和 u_C 分别经过电阻 R_1、R_2、R_3 及稳压管 VS_1、VS_2、VS_3 进行限幅、整形后，u_A'和 u_B'分别加到D触发器的时钟脉冲 CP_1 和 CP_2 上，u_C'经过 C_1、R_4 微分后的正脉冲加到两个D触发器和复位端 R_{D1}和 R_{D2}上。如果相序依次是A、B、C，则 u_A'首先使触发器 F_1 的输出端 $Q_1=1$，然后 u_B'使触发器 F_2 的输出端

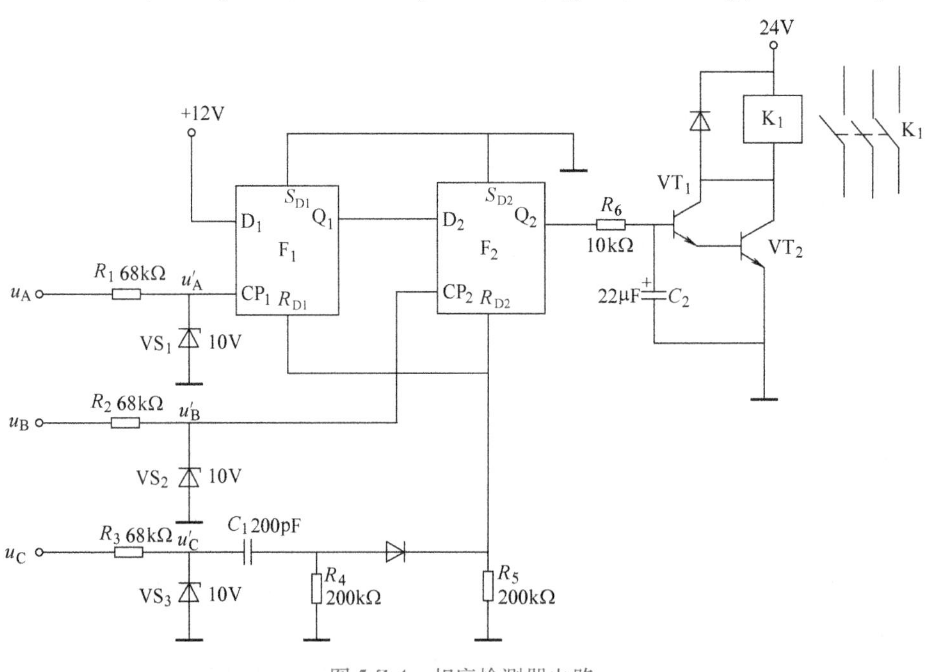

图5-Z-4　相序检测器电路

$Q_2=1$，接着 u_C' 使两个触发器复位（R_{D1}、R_{D2} 处没有“∘”，高电平复位），使 $Q_1=Q_2=0$。电路一直这样循环下去，Q_2 的输出信号经 R_6、C_2 低通滤波后，使复合管 VT_1、VT_2 导通，继电器 K_1 工作，其常开触点闭合，接通三相电源。

如果三相电源相序不对或者断相，触发器 F_2 的输出端 $Q_2=0$，不会出现高电平，复合晶体管 VT_1、VT_2 截止，继电器 K_1 不工作，断开三相电源。

2. 洗相曝光定时器

在 555 定时器构成的单稳态触发器的输出端接一继电器线圈 K，并利用继电器触点控制曝光用的红灯和白灯，便构成一个曝光定时器。电路如图 5-Z-5 所示。

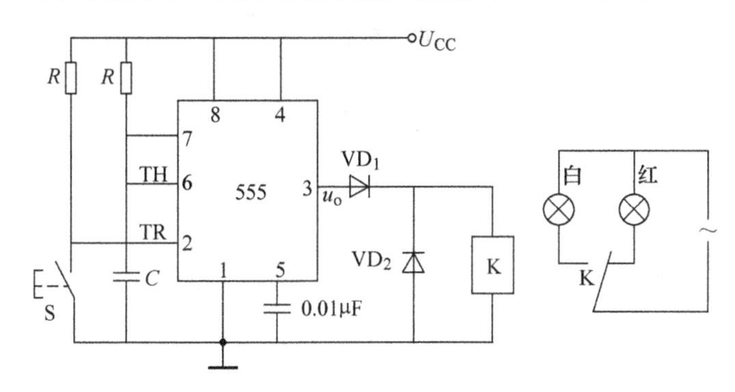

图 5-Z-5　洗相曝光定时器

工作时，若不按按钮 S，则 $u_o=0$，线圈 K 不通电，其常闭触点不动作，白灯不亮，红灯亮；按下按钮 S，u_o 由 0 变 1，线圈通电，常开触点闭合，白灯亮，开始曝光，直到 u_o 的复为 0，于是线圈断电，常开触点断开，白灯熄灭，红灯点亮，曝光完毕。欲改变曝光时间，只需调节 RC 的大小即可。

图中的两个二极管，VD_1 起隔离作用，VD_2 为续流二极管，防止继电器线圈断电时产生过高的反电动势。

3. 简易电子琴电路

欲构成电子琴电路，只要通过琴键改变多谐振荡器的时间常数即可实现。如图 5-Z-6 所示，图中 $S_1\sim S_8$ 代表八个琴键开关。按下不同琴键时，振荡器接入不同电阻（$R_{21}\sim R_{28}$ 中的一个）。因此，振荡器可以输出八种不同频率的方波。如果 $R_{21}\sim R_{28}$ 阻值选配得当，则喇叭可发出 1234567 $\dot{1}$ 八种音响。

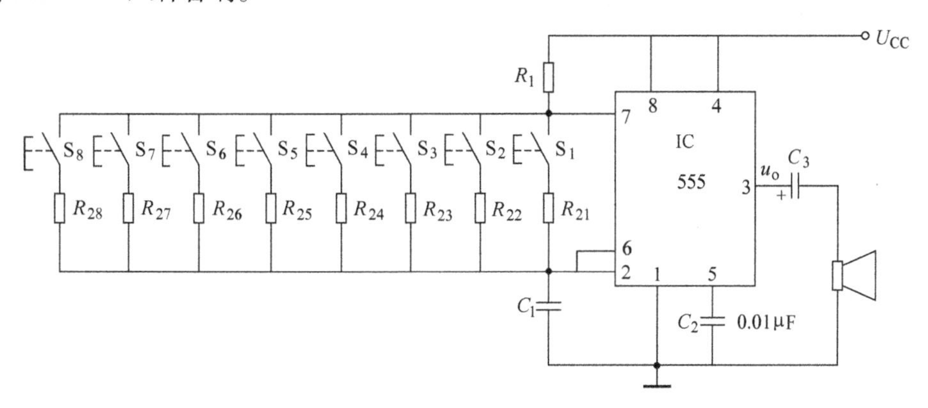

图 5-Z-6　简易电子琴电路

4. 脉冲分配器

你听说过“脉冲分配器”吗？它是做什么用的？你能用所学的知识按图 5-Z-7 的要求设计一个环形脉冲分配器吗？

A→AC→C→BC→B→AB→A→…

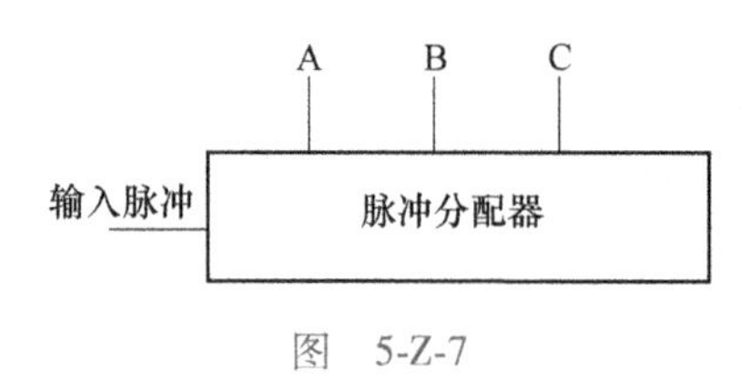

图　5-Z-7

部分习题答案

第一章

1-1　2V

1-2　a）−4A　b）36V

1-3　（1）a）3V　b）−2V　c）$U_1=3V$　$U_2=-10V$

（2）a）$P_{Us}=-1.5W$ 发出 $P_{Is}=-3W$ 发出 $P_R=4.5W$ 吸收

b）$P_{Us}=3W$ 吸收 $P_{Is}=-5W$ 发出 $P_R=2W$ 吸收

c）$P_{Us}=-1.5W$ 发出 $P_{Is}=-13W$ 发出 $P_{2\Omega}=4.5W$ 吸收 $P_{10\Omega}=10W$ 吸收

1-4　A_1，A_2

1-5　−1A，1A，3A，−1A，−1A，5A

1-6　$P_{US1}=48W$、吸收，$P_{US2}=-72W$、发出，$P_{IS}=-20W$、发出

1-7　$U_{ab}=18V$，$I_E=-3A$

1-8　6A，−90V，7/3Ω

1-9　2V

1-10　7V，12V，10V

1-11　12V，0.169Ω

1-12　2V，−5V

第二章

2-1　$I_1=-0.8A$，　$I_2=2.2A$

$P_{R_1}=2.56W$，$P_{R_2}=29.04W$，$P_{Is}=-39.6W$，$P_{Us}=8W$

2-2　$I_1=2.5A$，　$I_2=0.5A$，　$I_3=2A$，　$I_4=-1A$

2-3　10V

2-4　8A

2-5　8V

2-6　5.6V

2-7　15V，5Ω；　8V，2Ω

2-8　4.5A

2-9　0.1A

2-10 1A

2-11 2A

2-12 −1A

2-13 0.4A

2-14 0.33A

2-15 0.4A

2-16 $I_x=9A$，$U_x=-47V$，$P_x=-423W$，电源

2-17 $I=3.5A$，$P_s=32.5W$

2-18 1.5A 2A

2-19 1.43A

第三章

3-1 $u_C(0_-)=6V$，$i_1(0_+)=1.5A$，$i_2(0_+)=3A$，$i_C(0_+)=-3A$

$u_C(\infty)=2V$，$i_1(\infty)=0.5A$，$i_2(\infty)=1A$，$i_C(\infty)=0$

3-2 $i_L(0_+)=3A$，$i_1(0_+)=1.8A$，$i_2(0_+)=1.2A$，$u_L(0_+)=4.8V$

$i_L(\infty)=5A$，$i_1(\infty)=3A$，$i_2(\infty)=2A$，$u_L(\infty)=0$

3-3 $u_C(t)=13.3e^{-25t}V$，$i_C(t)=-1.33e^{-25t}mA$

3-4 $C=12.5\mu F$，$i(0_+)=0$，$u_C(t)=10(1-e^{-8t})V$

3-5 $i_1(t)=(11.1+3.7e^{-8333t})A$，$i_2(t)=5.55e^{-8333t}A$，$i_3(t)=(11.1-1.85e^{-8333t})A$

3-6 $u_C(t)=(9-e^{-33.3t})V$

3-7 $u_C(t)=(30+20e^{-1.12\times10^4t})V$，$i(t)=-0.896e^{-1.12\times10^4t}A$

3-8 $u_C(t)=(-2.5+7.5e^{-2.5t})V$，$i_0(t)=(-0.625-0.935e^{-2.5t})A$

3-9 $i_1(t)=-e^{-t}A$，$i_2(t)=2e^{-t}A$

3-10 $i_L(t)=e^{-4\times10^2t}A$，$u_L(t)=-4e^{-4\times10^2t}V$

3-11 $i_L(t)=(5-3e^{-2t})A$

3-12 $i(t)=(1-1/6e^{-750t})A$，$u_L(t)=1.25e^{-750t}V$

3-13 $u_{C1}(t)=(25-8.3e^{-5\times10^4t})V$，$u_{C2}(t)=(25-16.7e^{-5\times10^4t})V$，

$i(t)=83e^{-5\times10^4t}mA$

3-14 $i_L(t)=(3.8-1.8e^{-5t})A$，$i(t)=(0.2+1.2e^{-5t})A$

3-15 $i(t)=(2-0.8e^{-7.5\times10^5t})A$ 曲线略

3-16 $u_C(t)=(8-2e^{-333t})V$，$i(t)=(-0.67-0.22e^{-333t})mA$

第四章

4-2 较低，并联适当大小电容

4-3 变小，不变，不变

4-4 $X_L=8\Omega$，$Z=10\angle53.1°\Omega$；

$\dot{U}_L=176\angle90°V$，$\dot{U}_R=132\angle0°V$，$\dot{I}=22\angle0°A$

4-5 $1.84\mu F$

4-6 (1) $Z=(44.7+j33.7)\Omega$, $R=44.7\Omega$, $X_L=33.7\Omega$

(2) $R=70.2\Omega$, $X_L=93.2\Omega$

4-7 (1) $\dot{I}_1=2\sqrt{2}\angle 45°\text{A}$, $\dot{I}_2=2\angle -90°\text{A}$

(2) $\dot{U}_{Z_1}=10\sqrt{2}\angle -45°\text{V}$, $\dot{U}_{Z_2}=2\sqrt{5}\angle -63.43°\text{V}$, $\dot{U}_{Z_3}=10\angle -36.87°\text{V}$

4-8 $I=10\text{A}$, $L=7.96\text{mH}$, $R_L=2.5\Omega$, $C=0.637\text{mF}$

4-9 a) $\text{A}_0=2\text{A}$

b) $\text{V}_0=14.14\text{V}$

c) $\text{A}_0=10\text{A}$, $\text{V}_0=141.4\text{V}$

4-10 $U_2=10\text{V}$, $U_3=20\text{V}$, $U_4=10\text{V}$, $U_5=14.14\text{V}$, $U_6=14.14\text{V}$

4-11 $R_L=29.69\Omega$, $L=0.144\text{H}$

4-12 $\dot{I}=2\angle -15.33°\text{A}$, $\dot{I}_1=1.64\angle -60.3°\text{A}$, $\dot{I}_2=1.45\angle 37.8°\text{A}$

$\dot{U}_1=8.2\angle -7°\text{V}$, $\dot{U}_2=4\angle 14.68°\text{V}$

4-13 (1) $i_1=44\sqrt{2}\sin(314t-53.1°)\text{A}$

$i_2=22\sqrt{2}\sin(314t+36.9°)\text{A}$

$i=49.2\sqrt{2}\sin(314t-26.56°)\text{A}$

(2) 0.9, 9741.6W, 4840.6var, 10824V·A

4-14 $R=10\Omega$, $L=0.172\text{H}$

4-15 $I=10\text{A}$、$X_C=15\Omega$、$R_2=X_L=7.5\Omega$

4-16 $\dot{U}_L=220\angle 135°\text{V}$, $\dot{U}_C=220\sqrt{2}\angle 0°\text{V}$

4-17 $\dot{I}_1=4\angle -53.13°\text{A}$, $\dot{I}_2=8.25\angle 22.83°\text{A}$, $\dot{U}=81.42\angle 9°\text{V}$, $P=804.2\text{W}$

4-18 $i=10\sqrt{2}\sin(314t+30°)\text{A}$, $i_L=10\sqrt{2}\sin(314t-30°)\text{A}$, $i_C=10\sqrt{2}\sin(314t+90°)\text{A}$

4-19 $\dot{I}_1=2\angle -60°\text{A}$, $\dot{I}_2=2\angle 60°\text{A}$, $\dot{I}=2\angle 0°\text{A}$, $\dot{U}_{ab}=60\angle 0°\text{V}$

4-20 $Z_1=21.3\Omega$, $Z_2=14\Omega$, $P_1=2268.6\text{W}$, $P_2=1731.4\text{W}$

4-21 $i_1=2\sin(2000t+45°)\text{A}$, $i_C=\sqrt{2}\sin(2000t+90°)\text{A}$

$u_R=200\sqrt{2}\sin(2000t)\text{V}$, $\dot{U}_L=200\sqrt{2}\angle 135°\text{V}$, $\dot{U}_s=200\angle 90°\text{V}$

$\cos\varphi=0.707$, $P=200\text{W}$, $Q=200\text{var}$, $S=282.84\text{V·A}$

4-22 91.3Ω

4-23 $f_0=593.135\text{kHz}$, $Q=44.71$; $Z=10\Omega$, $I=1\text{mA}$

$U_R=10\text{mV}$, $U_L=447.1\text{mV}$, $U_C=447.1\text{mV}$; $P=10\mu\text{W}$

第五章

5-1 星形联结；$\dot{I}_A=11\angle -30°\text{A}$, $\dot{I}_B=11\angle -150°\text{A}$, $\dot{I}_C=11\angle 90°\text{A}$

5-2 每相 40 只（并联），$I_L=I_P$, 14.54A

5-3 三角形联结；$\dot{I}_{AB}=10\angle -45°\text{A}$, $\dot{I}_{BC}=10\angle -165°\text{A}$

$\dot{I}_{CA}=10\angle 75°\text{A}$, $\dot{I}_A=10\sqrt{3}\angle -75°\text{A}$

$\dot{I}_B=10\sqrt{3}\angle -195°\text{A}$, $\dot{I}_C=10\sqrt{3}\angle 45°\text{A}$

5-4 $7.82\angle 28.36°\Omega$

5-5　$\dot{I}_A=5\angle 90°A$，$\dot{I}_B=14.88\angle -40°A$，$\dot{I}_C=12.3\angle -201°A$

5-6　$\dot{I}_A=22\angle 0°A$，$\dot{I}_B=22\angle -66.87°A$

$\dot{I}_C=22\angle -210°A$，$\dot{I}_N=14.8\angle -38.9°A$

5-7　烤箱三角形联结，保鲜柜星形联结，电源线电流 78.7A，满足电流要求。

5-8　$\dot{I}_1=20\angle 0°A$，$\dot{I}_{AB}=20\angle -30°A$，$\dot{I}_2=20\sqrt{3}\angle 0°A$，$\dot{I}_A=54.64\angle 0°A$，$\dot{I}_B=54.64\angle -120°A$，$\dot{I}_C=54.64\angle 1200°A$，不变，变暗

5-9　65.8A；0.8；34.656kW

5-10　$10\angle -60°A$，$10\sqrt{3}\angle -60°A$，$27.32\angle -60°A$

5-11　Y：$\dot{I}_A=7.3\angle -36.9°A$，$\dot{I}_B=7.3\angle -156.9°A$，$\dot{I}_C=7.3\angle 83.1°A$

△：$\dot{I}_{AB}=7.3\angle -36.9°A$，$\dot{I}_{BC}=7.3\angle -156.9°A$，$\dot{I}_{CA}=7.3\angle 83.1°A$

$\dot{I}_A=12.6\angle -66.87°A$，$\dot{I}_B=12.6\angle -186.87°A$，$\dot{I}_C=12.6\angle 53.13°A$

5-12　$100\angle 36.9°\Omega$

5-13　220V

5-14　0.8，3kW，2.3kvar，3.77kV·A

5-15　$\dot{I}_A=25.4\angle -36.87°A$，0.8，7.74kW，5.8kvar，9.68kV·A

5-16　$U_L=220V$，$U_P=127V$，$S=9.68kV·A$，$R_L=12\Omega$，$X_L=9\Omega$

第六章

6-1　铁心中交变的磁通会在铁心中引起铁损耗，用涂绝缘漆的薄硅钢片叠成铁心，可以大大减小铁损耗，若在铁心磁回路中出现较大的间隙，则主磁通所经过的铁心磁回路的磁阻就比较大，产生同样的主磁通所需的励磁磁动势和励磁电流就大大增加，即变压器的空载电流会大大增加。

6-2　答：变压器的主要额定值有：(1) 额定视在功率或称额定容量 S_N(kV·A)；(2) 额定线电压 U_{1N}/U_{2N}(kV)；(3) 额定线电流 I_{1N}/I_{2N}(A)；(4) 额定频率 f_N(Hz)。

一台单相变压器的额定电压为 220/110V，额定频率为 50Hz，这说明：(1) 该变压器高压绕组若接在 50Hz、220V 电源上，则低压绕组空载电压为 110V，是降压变压器；(2) 若该变压器低压绕组接在 50Hz、110V 电源上，则高压绕组空载电压为 220V，是升压变压器。

当这台变压器加负载，使高压绕组电流为 4.55A、低压绕组电流为 9.1A 时，称其运行在额定状态。

6-3　(1) 15/1；(2) 250 只，$I_1=3.03A$，$I_2=45.5A$

6-4　直接接入时，扬声器功率为 $P_1=0.0903W$

通过变压器接入，扬声器功率为 $P_1=0.25W$

6-5　略

6-6　(1) $N_1=1100$，$N_2=180$

(2) 6

(3) $I_1=2.27A$，$I_2=13.9A$

6-7　略

6-8 $I_1 = 0.27\text{A}$
$N_2 = 90$ 匝
$N_3 = 30$ 匝

第七章

7-1 定子绕组通电产生的旋转磁场转速，即同步转速，其大小 n_1 由电网的频率 f 和电机极对数 p 决定，即 $n_1 = \frac{60f}{p}$。

异步电动机工作时的转子转速总是小于同步转速，这是因为如果转子转速等于同步转速，则转子绕组与旋转磁场就没有相对运动，也就不能切割磁力线，因此转子绕组中感应电动势和电流为零，转子绕组产生的电磁转矩为零，也就无法拖动转子旋转，所以异步电动机工作时转子转速总是小于同步转速。

7-2 下降为原来的 72.25%

7-3 无关

7-4 本身没有起动转矩；电容式起动，罩极式起动

7-5 (2)

7-6 (1) $s = 0.0333$
(2) $s = 0.1$
(3) $s = 1$

7-7 100A

7-8 输出转矩减小，转速升高，电流减小

7-9 220V，10.9V

7-10 0.02，142.9N · m，42.5A

7-11 绕线转子

7-12 增加

7-13 (1) 83.36A，0.013，290.37N · m，551.71N · m，638.82N · m
(2) 不能
(3) 194.51A，183.9N · m

7-14 (1) 0.04，0.82，26.53N · m
(2) 19.45N · m

7-15 (1) 不可以
(2) 可以

7-16 (1) $I_{st} = 589.4\text{A}$，$T_N = 290\text{N} \cdot \text{m}$，$T_{st} = 551\text{N} \cdot \text{m}$
(2) $I_{stY} = 196.5\text{A}$，$T_{stY} = 183.7\text{N} \cdot \text{m}$
(3) 70%不可以，50%可以

7-17 线电流的额定电流：$I_{LN} = 5\text{A}$
相电流的额定电流：$I_{PN} = 5\text{A}$
额定转差率：$s_N = 0.053$

7-18 (1) $s_N = 0.04$
(2) $I_N = 11.6\text{A}$

(3) $T_N=36.5N\cdot m$

(4) $I_{st}=81.2A$

(5) $T_{st}=80.3N\cdot m$

(6) $T_{max}=80.3N\cdot m$

第八章

8-1 a) 不能停车；SB_2 被短路 b) 点动； c) 线圈短路

第九章

9-1 图 a 电路：VD 截止，$V_{AO}=-12V$；

图 b 电路：VD_1 导电，VD_2 截止，输出 $V_{AO}=-0.7V$。

9-2 烧坏二极管

9-3 (1) $V_F=0$，$I=3.08mA$，$I_1=I_2=1.54mA$

(2) $V_F=0$，$I=I_2=3.08mA$，$I_1=0$

(3) $V_F=3V$，$I=2.3mA$，$I_1=I_2=1.15mA$

9-4 5V

9-5 1.25μA，80μA

9-8 3V

9-14 (1) 硅管，NPN 管，①集电极②发射极③基极

(2) 锗管，NPN 管，①基极②发射极③集电极

(3) 硅管，PNP 管，①发射极②基极③集电极

9-18 截止，饱和

9-22 能，不能，不能

第十章

10-1 (a) 三极管已处于饱和状态，$I_C=5.7mA$

(b) $V_{CE}=-4.8V$

10-2 (1) $R_B=250.8k\Omega$；(2) $R_B=456k\Omega$；

(3) R_B 调到零，易损坏管子，因为 $U_{BE}=U_{CC}=12V$，通常在 R_B 支路串一个固定的电阻 R'_B；(4) 截止失真

10-3 (1) $I_B=8.8\mu A$；$I_C=0.88mA$；$U_{CE}=5.6V$

(2) $A_u=-50$；$A_{us}=-21$

(3) $R_i\approx2.91k\Omega$；$R_o\approx3k\Omega$

10-4 (1) $I_B=0.047mA$，$I_C=1.88mA$，$U_{CE}=6.36V$；(2) 0.7V，6.36V；(3) −93.8

10-5 (1) 10mA；(2) 153.4mW；(3) 2.7kΩ

10-6 (1) $I_B=33\mu A$，$I_C=1.65mA$，$U_{CE}=5.4V$；(2) $r_i=1.1k\Omega$，$r_o=2k\Omega$，$\dot{A}_u=-45$

(3) 不变；(4) 减少

10-7 (1) $r_i=4.77k\Omega$，$r_o=10k\Omega$，$\dot{A}_u=-11.5$；(2) 40mV；(3) 48mV

10-8 (1) $I_B=37.6\mu A$，$I_C=1.88\mu A$，$U_{CE}=6.36V$

（2）图略

（3）$r_i=222k\Omega$，$r_o=56.4\Omega$

（4）$\dot{A}_u=0.992$，$\dot{A}_{us}=0.989$

10-9 $\dot{A}_u=0.98$，$r_i=15.96k\Omega$，$r_o=20\Omega$

10-10 2.55kΩ

10-11 2kΩ，4V

10-12 $\dot{A}_{u1}=-\dfrac{\beta R_C}{r_{be}+(1+\beta)R_E}$，$\dot{A}_{u2}=-\dfrac{(\beta+1)R_C}{r_{be}+(1+\beta)R_E}$

第十一章

11-1 （1）$U_{CE_1}=U_{CE_2}=1.8V$；（2）$\dot{A}_{ud}=-49.6$；（3）12.1kΩ，20kΩ

11-2 50kΩ

11-4 （1）第一级反相加法，第二级差动；（2）-1.5V；（3）12.5kΩ

11-5 （1）$i_L=U_i/R_1$；（2）$i_L=U_i/R_1$

11-6 -12

11-7 $-2u_i \sim u_i$

11-8 S开 $u_o=2u_i$，S合 $u_o=0.5u_i$

11-9 根据虚短的概念可知，电阻 R_1 两端的电压应为 $u_{i1}-u_{i2}$，运放 A_1 和 A_2 之间的电阻 R、R_1、R 是串联关系，两端电压为 $u_{o1}-u_{o2}$，根据串联分压原则，可得

$$\frac{u_{i1}-u_{i2}}{R_1}=\frac{u_{o1}-u_{o2}}{2R+R_1}$$

即
$$u_{o1}-u_{o2}=\left(1+\frac{2R}{R_1}\right)(u_{i1}-u_{i2})$$

运放 A_3 是差动运算电路，输出电压

$$u_o=\frac{R}{R/2}(U_{o2}-U_{o1})=2(U_{o2}-U_{o1})$$

$$u_o=2\left(1+\frac{2R}{R_1}\right)(U_{i2}-U_{i1})$$

11-10 -1V，-2V，3V，8.5V

11-11 $u_{o1}=2.4V$，$u_{o2}=3V$，$u_{o3}=5.4V$

11-14 $t=0.8s$，积分加法，比较器

11-15 $u_o=\dfrac{1}{RC}\int ui\mathrm{d}t$

第十二章

12-6 （1）-24V；（2）、（3）均造成变压器二次侧短路

12-7 $20\sqrt{2}V$，$20\sqrt{2}V$

12-8 （1）R_L 开路；（2）C开路；（3）正常

12-9 稳压，2.76V

12-11　(1) VT_1 为调整管，R、稳压管 VS 为基准电压源电路，VT_2、R_C 为比较放大电路，R_1、R_2 和 RP 为取样电路。

(2) U_o 的调节范围：9.57~22.33V。

12-12　6.96~17V

12-13　$U_A=12V$，$U_B=-12V$

12-15　141.4A

12-16　$I_{VT}=5A$，$I_{VD}=8.66A$，$U_{TN}=622\sim933V$

12-17　(2) 77.97V，8.99A，8.99A

第十三章

13-2　a) 放大；b) 饱和；c) $U_i=0V$，截止，$U_i=3V$，饱和

d) $U_i=0V$，截止，$U_i=3V$，饱和

13-5　(1)

13-9　(1) $\overline{B}+\overline{C}\,\overline{D}+\overline{A}\,\overline{D}$；(2) $\overline{B}\,\overline{D}+\overline{A}BD+BC+A\overline{B}$；(3) $B\overline{C}+AD+A\overline{B}$；

(4) $\overline{A}\,\overline{C}+AC+\overline{B}\,\overline{D}$；(5) $\overline{D}+\overline{B}C$

第十四章

14-1　$F=A\overline{B}+\overline{A}BC$

14-2　a) $F=AB+\overline{A}\,\overline{B}$；b) $X=Z=AB$，$Y=\overline{AB}$

14-3　$F=BC\overline{D}$

14-4　$F=\overline{B}C+AB$

14-9

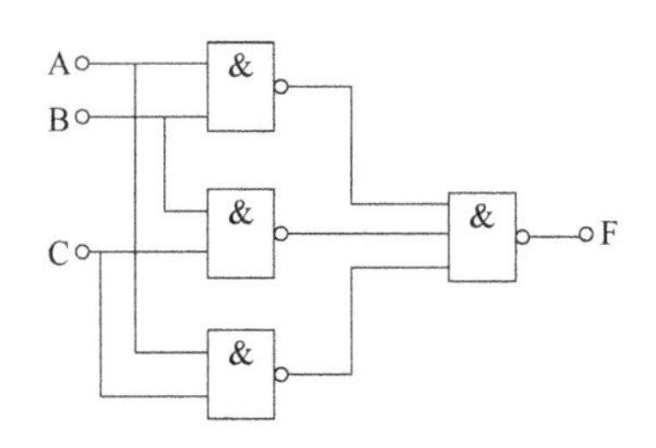

第十五章

15-7　同步八进制减法计数器

15-8　同步五进制计数器，$U_0=Q_1+Q_2-Q_0$

15-9　同步五进制加法计数器

15-10　同步七进制加法计数器

15-11　同步五进制计数器

15-12　异步七进制计数器

15-13　全灭→黄→绿→红→全亮→全灭

15-15　a) 五进制；b) 十二进制

第十六章

16-1　(1) 输入端，正向脉冲

（2）必须大于输出脉冲宽度

16-2 （1）积分型单稳态触发器

（2）3.3V，1.8μS，147kHz

第十七章

17-1 1.56V，1.87V，3.43V

17-2 T形电阻DAC电路，-5.5V，-6V

17-3 （1）-0.625～-9.375V

（2）-3.75V

参考文献

[1] ROY P, BERGER S, SCHMUKI P. TiO_2 Nanotubes: synthesis and applications [J].Angewandte Chemie International Edition, 2011, 50 (13): 2904-2939.
[2] 张邦维. 纳米晶体管研究进展 [J]. 微纳电子技术, 2003, 40 (12): 7-15.
[3] BAUGHMAN R H, ZAKHIDOV A A, HEER W A D. Carbon Nanotubes-the Route Toward Applications [J]. Science, 2002, 297 (5582): 787-792.
[4] 叶挺秀, 潘丽萍, 张伯尧. 电工电子学 [M]. 5 版. 北京: 高等教育出版社, 2021.
[5] 康华光, 张林. 电子技术基础 [M]. 7 版. 北京: 高等教育出版社, 2021.
[6] 唐介, 王宁. 电工学: 少学时 [M]. 5 版. 北京: 高等教育出版社, 2020.
[7] 邹春明, 雷宇凌, 李蕾. 数字电路与逻辑设计 [M]. 2 版. 北京: 清华大学出版社, 2019.
[8] 黄俊, 王兆安. 电力电子变流技术 [M]. 3 版. 北京: 机械工业出版社, 2019.
[9] 段玉生, 王艳丹. 电工电子技术与 EDA 基础 [M]. 2 版. 北京: 清华大学出版社, 2018.
[10] 曾建唐, 蓝波. 电工电子技术简明教程 [M]. 2 版. 北京: 高等教育出版社, 2018.
[11] 雷勇, 宋黎明. 电工学: 上册 [M]. 2 版. 北京: 高等教育出版社, 2017.
[12] 高伟增, 徐君鹏. 松下 PLC 编程与应用 [M]. 2 版. 北京: 机械工业出版社, 2015.
[13] 段树成, 李庆海, 黄北刚, 等. 工厂电气控制电路实例详解 [M]. 2 版. 北京: 化学工业出版社, 2012.
[14] 王桂琴, 詹迪铌, 王汇平. 电工学: Ⅰ 电工技术 [M]. 2 版. 北京: 机械工业出版社, 2011.
[15] 常文秀. 电工学: Ⅱ 电工技术 [M]. 2 版. 北京: 机械工业出版社, 2011.
[16] 秦曾煌. 电工学: 上册 [M]. 7 版. 北京: 高等教育出版社, 2011.
[17] 秦曾煌. 电工学: 下册 [M]. 7 版. 北京: 高等教育出版社, 2011.
[18] 李翰荪. 电路分析基础 [M]. 4 版. 北京: 高等教育出版社, 2006.
[19] 秦曾煌. 电工学学习指导 [M]. 5 版. 北京: 高等教育出版社, 2001.